Potentialität und Possibilität.
Modalaussagen in der Geschichte der Metaphysik

Potentialität und Possibilität.
Modalaussagen in der Geschichte der Metaphysik

Herausgegeben von Thomas Buchheim,
Corneille Henri Kneepkens und Kuno Lorenz

frommann-holzboog 2001

Gedruckt mit freundlicher Unterstützung des Erzbischöflichen Ordinariates Freiburg i. Br., der Görres-Gesellschaft zur Pflege der Wissenschaft und der Wissenschaftlichen Gesellschaft in Freiburg im Breisgau

Die Deutsche Bibliothek – CIP-Einheitsaufnahme
Ein Titeldatensatz für diese Publikation ist bei Der Deutschen Bibliothek erhältlich.
ISBN 3-7728-2200-2

© Friedrich Frommann Verlag · Günther Holzboog
Stuttgart-Bad Cannstatt 2001
Konzeption und Redaktion: Guido Löhrer, Christian Strub, Hartmut Westermann
Satz: Hans Peter Engelhard, Hinterzarten
Druck: BoD, Norderstedt
Gedruckt auf säurefreiem und alterungsbeständigem Papier

Inhalt

Vorwort 7

Das Können und die Möglichkeiten. Potentialität und Possibilität 9
Klaus Jacobi

Möglichkeit, Parmenideisch 25
Mischa von Perger

„Das Saatkorn ist dem Vermögen nach eine Pflanze".
Über ontologische und logische Aspekte Aristotelischer Möglichkeitssätze .. 43
Ulrich Nortmann

Anselm und die modallogische Betrachtung der göttlichen Notwendigkeit .. 59
Sang-Jin Kang

Petrus Abaelardus on Modalities de re and de dicto 79
Michael Astroh

Abaelard on Modality. Some Possibilities and Some Puzzles 97
Christopher Martin

Avicenna and Averroes: Modality and Theology 125
Allan Bäck

Die Differenz von persönlicher und unpersönlicher Möglichkeit
bei Thomas von Aquin 147
Seung-Chan (Elias) Park

"Art" and Possibility: The Rule Concerning Possibility in the *Ars lulliana*   165
Charles Lohr

Duns Scotus on Possibilities, Powers, and the Possible 175
Peter King

Gottes Allmacht und die Wahrheit modaler Sätze.
Potentialität und Possibilität bei Wilhelm von Ockham 201
Matthias Kaufmann

On the History of Theory of Modality as Alternativeness 219
Simo Knuuttila

Potentia vs. Possibilitas? Posse! Zur cusanischen Konzeption der Möglichkeit 237
Stephan Meier-Oeser

Cartesische Möglichkeiten 255
Dominik Perler

Leibnizsche Handlungsmodi zwischen Ontologie und Deontologie 273
Hans Poser

Der transzendentale Möglichkeitsbegriff bei Kant und Fichte 293
Wilhelm Metz

Heidegger: Die eigenste eigentliche Möglichkeit 305
Rainer Marten

Möglichkeiten des Seins, Möglichkeiten des Denkens 317
Tilman Borsche

Zwischen Antinomie und Kompatibilität:
Versuch über die natürliche Einbettung unserer Handlungsfreiheit 333
Thomas Buchheim

Dynamis und Energeia.
Zur Aktualität eines begrifflichen Werkzeugs von Aristoteles 349
Kuno Lorenz

Zu den Autoren 369

Personenregister 375

Vorwort

Die Frage, wie sich Aussagen über Fähigkeiten von Personen[1] zu Aussagen über Möglichkeiten von Zuständen in der Welt verhalten, ist für unser menschliches Selbstverständnis zentral, weil sie das Verhältnis zwischen dem, was an uns ist, und dem, was in der Welt ist, betrifft. Der vorliegende Band versammelt unter dieser Frage, die der erste Beitrag entfaltet, durchweg Originalbeiträge in historisch-systematischer Absicht; sie behandeln die Geschichte der Metaphysik und Ontologie von Parmenides bis Heidegger.

Bedingung für etwas, was an uns ist, ist ein Können, eine Fähigkeit, die wir besitzen: daß wir etwas tun, heißt immer auch, daß wir es überhaupt tun können. Dagegen ist Bedingung für etwas, was in der Welt ist, immer auch dessen Möglichkeit: daß etwas ist, heißt immer auch, daß es überhaupt möglich ist. Sucht man nun nach einem Unterschied zwischen der Logik des Könnens und der Logik der Möglichkeiten, so wird man, achtet man auf den Gebrauch der Wörter „können" und „möglich sein", erst einmal enttäuscht: Nicht nur im Deutschen wird hier nichts sichtbar, denn wir drücken dasselbe aus, wenn wir sagen, daß wir etwas tun können wie auch, wenn wir sagen, daß es uns möglich ist, etwas zu tun; und wir drücken dasselbe aus, wenn wir sagen, daß es möglich ist, daß etwas geschieht wie auch, wenn wir sagen, daß etwas geschehen kann. Ist daraus zu schließen, daß die Beschreibung unseres Könnens und die Beschreibung der Möglichkeiten der Welt derselben Logik gehorchen? Nein. Denn (um ein in der Scholastik häufig diskutiertes Beispiel aufzugreifen) der (jetzt) sitzende Sokrates kann zwar gehen, d.h. er hat (jetzt) die Fähigkeit zu gehen, aber es ist nicht möglich, daß er, der (jetzt) sitzende Sokrates, (jetzt) geht – es ist keine Welt denkbar, in der er zugleich sitzt und geht. Umgekehrt ist es zwar möglich, daß Peter (jetzt) Rad fährt, obwohl er (jetzt) gar nicht die Fähigkeit hat, Rad zu fahren – es ist durchaus eine Welt denkbar, in der Peter (jetzt) Rad fährt. Fähigkeiten sind keine Möglichkeiten, sondern Wirklichkeiten. Denn sie stellen ein Handlungspotential dar, das wir aktuell besitzen

---

[1] Seit Aristoteles kann man auch über die Fähigkeiten von Sachen sprechen, also Dispositionsprädikate auch auf nichtpersonale Entitäten anwenden. Inwiefern diese Anwendungsweise eigene Probleme aufwirft, sei hier nicht erörtert.

und über das wir aktuell so verfügen, daß wir unter gegebenen Umständen (vorausgesetzt wir wollen es) die entsprechenden Handlungen vollziehen. Umgekehrt können wir mögliche Zustände in der Welt durchaus beschreiben, ohne uns auf die aktuellen Fähigkeiten von Personen zu beziehen. Die klassische modallogische Unterscheidung von de re- und de dicto-Aussagen verdankt sich dieser Differenz.

Wir bescheiden uns nicht mit der Feststellung dieser Differenz, sondern suchen Zusammenhänge. Trivialerweise setzen Aussagen über ein Können Aussagen über Möglichkeiten logisch voraus: Jemand kann etwas nur, wenn der Zustand, den er durch sein Können realisiert, überhaupt möglich ist und wenn es möglich ist, daß er das, was er kann, nicht tut. Umgekehrt aber scheint, daß etwas möglich ist, nicht vorauszusetzen, daß jemand etwas kann. Wirklich? Dieses triviale Voraussetzungsverhältnis wird zum einen dann problematisch, wenn man das, was möglich ist, als das bestimmt, was jemand widerspruchsfrei denken kann. Dann scheint nämlich die Möglichkeit von Zuständen doch eine personale Fähigkeit vorauszusetzen: Wenn das, was an Zuständen in der Welt möglich ist, von der Fähigkeit von Personen abhängt, diese Zustände zu denken, wird das triviale Voraussetzungsverhältnis von Können und Möglichkeiten umgekehrt. Aber muß man wirklich die Widerspruchsfreiheit von Zuständen an ein personales Denkenkönnen binden? Das triviale Voraussetzungsverhältnis wird zum zweiten problematisch, wenn man als Urgrund der Welt einen personalen Schöpfergott annimmt. Denn dann stellt sich die Frage, wie sich Möglichkeiten von Zuständen und das Können Gottes zueinander verhalten: Kann Gott nur das, von dem es möglich ist, daß es realisiert wird? Oder ist nur das möglich, was Gott kann?

Metaphysische und ontologische Konzeptionen können auf das Verhältnis von Können und Möglichkeiten eigens reflektieren. Jedenfalls aber müssen sie Modalbegriffe benutzen, in deren Bestimmung sich ein bestimmtes Verhältnis von Können und Möglichkeiten immer schon manifestiert hat. Daher kann man, so will der Band zeigen, mit Recht behaupten, daß sich metaphysische und ontologische Konzeptionen, wie sie in der Geschichte der Philosophie vorgelegt wurden, danach unterscheiden lassen, wie sie – unter den beiden o.g. Problematisierungen – das Verhältnis von Können und Möglichkeiten fassen.

Die Herausgeber

Das Können und die Möglichkeiten.
Potentialität und Possibilität

Klaus Jacobi[1]

Die Ausdrücke ‚können' und ‚möglich' gebrauchen wir, wenn wir nachdenken, überlegen und planen. Wir gehen über Gegebenes hinaus und fragen: „So ist es. Aber könnte es nicht auch anders sein? Kann sich der gegenwärtige Zustand ändern? Kann ich ihn vielleicht verändern? Welche Möglichkeiten habe ich?" Wir fragen nicht nur in die Zukunft hinein, sondern auch reflektierend in die Vergangenheit zurück: „Wie konnte es dazu kommen? Wie war das möglich?"

Es gibt andere Sprachausdrücke, die ähnlichem Gebrauch dienen. Die deutsche Nachsilbe ‚-bar' oder oft auch die Nachsilbe ‚-lich' verweisen auf eine Möglichkeit. Mit Ausdrücken wie ‚vermag', ‚ist fähig zu', ‚ist geeignet zu' und ‚Macht', ‚Kraft', ‚Eignung' bezeichnen wir Weisen des Könnens.

Ich will nicht versuchen, solche Redeweisen gegeneinander abzugrenzen oder ihrem Sinn durch Definitionsversuche nahezukommen. Ich glaube nicht, daß ein solcher Versuch sehr sinnvoll wäre. Die Grenzen sind unscharf; die Redeweisen lassen sich oft mühelos untereinander austauschen oder ineinander umformen. Und Grundworte lassen sich ohnehin nicht definieren. Definieren heißt ja entweder Unbekanntes auf Bekannteres zurückführen oder einen bestimmten Sinn für einen bestimmten Redezweck festsetzen und andere Konnotationen ausschließen. Das Erste ist in unserem Fall nicht möglich. Was sollte bekannter sein als die Redewendungen ‚kann' und ‚ist möglich', ohne die wir nicht einen einzigen Gedanken zu Ende denken und nicht einen einzigen Plan fassen könnten! Das Zweite ist nicht wünschenswert. Ich will nicht auf einen bestimmten Redezweck reduzieren, sondern die Vielfalt der Gebrauchsweisen von ‚kann' und ‚ist möglich' genauer und gründlicher verstehen.

Über Grundworte nachzudenken, ist eine Aufgabe für Philosophen. Wer eine solche Aufgabe in Angriff nimmt, weiß, daß er nicht neu anfängt, sondern vielfältige Untersuchungen und reichhaltige Theoriebildungen auf diesem Feld schon vorfindet. Er beginnt also damit zu untersuchen, was Philosophen andernorts und

---

[1] Erstmals erschienen in: Christoph Hubig (Hg.), *Cognitio humana – Dynamik des Wissens und der Werte. XVII. Deutscher Kongreß für Philosophie Leipzig, 23.-27. September 1996. Vorträge und Kolloquien*, Berlin 1997, 451-465.

zu früheren Zeiten über Können und Möglichkeit untersucht und herausgefunden haben.

Wie schon einmal im 17. und 18. Jahrhundert, so wird auch im letzten Drittel des 20. Jahrhunderts das philosophische Denken und Wissen in Enzyklopädien zugänglich gemacht. So liegt es nahe, die philosophischen Wörterbücher zur Hand zu nehmen; vor allem das *Historische Wörterbuch der Philosophie*, aber auch andere, eher systematisch orientierte Enzyklopädien.

Wenn wir aber den Versuch machen, uns in den Enzyklopädien und Wörterbüchern darüber zu informieren, was über Können und über Möglichkeiten gedacht worden ist und gedacht wird, geraten wir in Verwirrung. Wir finden eine Vielzahl von Artikeln, die alle mit unserer Frage zu tun haben, die aber unverbunden nebeneinanderstehen. Am schlimmsten – oder, wenn man die Verwirrung als Aufforderung zu gründlicherer Untersuchung liebt, am schönsten – geht es uns mit dem *Historischen Wörterbuch der Philosophie*. Man findet mindestens sechs Hauptartikel zu unserer Frage: „Möglichkeit", geschrieben von Horst Seidl,[2] „Akt und Potenz" von Pater Dietrich Schlüter,[3] „Possibilien" von Ludger Honnefelder und Hans Werner Arndt,[4] „Modalanalyse" von Hermann Weidemann,[5] „Modalität des Urteils" von Albert Menne,[6] „Modallogik" von Nicholas Rescher und Hermann Weidemann,[7] dazu noch Artikel über verschiedene scholastische Unterscheidungen zu „Potentia",[8] Artikel über „Dynamis"[9] und „Dynamik",[10] über „Entelechie",[11] über „Kraft"[12] und „Macht"[13] und über „Dispositionsbegriffe"[14]. Ich behaupte nicht, daß meine Aufzählung vollständig ist; ich bezweifle dies eher. In anderen Wörterbüchern, etwa in der von Jürgen Mittelstraß herausgegebenen *Enzyklopädie Philosophie und Wissenschaftstheorie*[15] oder in dem von Hans Burkhardt und Barry Smith konzipierten *Handbook of Metaphysics and Ontology*[16] ist

---

2 J. Ritter (Hg.), *Historisches Wörterbuch der Philosophie*, Bd. VI, Basel 1984, Spp. 72-92.
3 A.a.O., Bd. I, Basel 1971, Spp. 134-142.
4 A.a.O., Bd. VII, Basel 1989, Spp. 1126-1139.
5 A.a.O., Bd. VI, Basel 1984, Spp. 3-7.
6 A.a.O., Bd. VI, Basel 1984, Spp. 12-16.
7 A.a.O., Bd. VI, Basel 1984, Spp. 16-41.
8 W. J. Courtenay / L. Hödl / O. Wanke in: a.a.O., Bd. VII, Basel 1989, Spp. 1157-1166.
9 G. Plamböck in: a.a.O., Bd. II, Basel 1972, Sp. 303 f.
10 H.M. Nobis in: a.a.O., Bd. II, Basel 1972, Sp. 302 f.
11 W. Franzen / K. Georgulis / H.M. Nobis in: a.a.O., Bd. II, Basel 1972, Spp. 506-509.
12 M. Jamme / F. Kaulbach in: a.a.O., Bd. IV, Basel 1976, Spp. 1177-1184.
13 Th. Kobusch / L. Oeing-Hanhoff / K. Röttgers in: a.a.O., Bd. V, Basel 1980, Spp. 585-604.
14 K. Brockhaus in: a.a.O., Bd. II, Basel 1972, Sp. 266.
15 J. Mittelstraß (Hg.): *Enzyklopädie Philosophie und Wissenschaftstheorie*, Mannheim / Wien / Zürich, I (1980), II (1984); Stuttgart / Weimar, III (1995), IV (1996), Bd. I, Spp. 59-61: Akt und Potenz; Sp. 515: Dynamik; Sp. 515 f.: Dynamis; Bd. II, Spp. 904-906: Modalität; Sp. 906 f.: Modalkalkül; Spp. 907-911: Modallogik.
16 H. Burkhardt / B. Smith (Hg.), *Handbook of Metaphysics and Ontology*, 2 Bde., München / Philadelphia / Wien 1991, Bd. I, Spp. 198-201: De Dicto / De Re (Carlos A. Dufour); Sp. 242 f.: Ener-

die Anzahl der Stichworte zu unserem Thema nicht ganz so groß, aber immer noch groß genug.

Die Hauptunterscheidung scheint die zwischen Potentialität und Possibilität zu sein. Der Potentialität sind die Gegenbegriffe ‚Aktualität' und ‚Akt' zuzuordnen; zugehörig sind die entsprechenden griechischen Begriffe ‚dynamis' und ‚energeia' oder ‚entelecheia'. Die Artikel über Possibilität können durch Artikel über Modallogik ergänzt, manchmal auch ersetzt werden.

Es liegt zunächst nah, Zuordnungen der deutschen Ausdrücke vorzunehmen: ‚Können' erscheint als geeignete Übersetzung von ‚potentia', ‚Möglichkeit' als geeignete Übersetzung von ‚possibilitas'.

Aber dieser Zuordnungsversuch erweist sich bei näherem Zusehen als allzu gewaltsam. ‚Können' und ‚möglich' haben im normalen Sprachgebrauch keine unterschiedlichen Bedeutungsfelder. Jedes Vorkommnis von ‚a kann — ' kann ohne Bedeutungsveränderung in ein Vorkommnis von ‚Für a ist es möglich zu — ' umgeformt werden, jedes Vorkommnis von ‚Es ist möglich, daß — ' in ein Vorkommnis von ‚Es kann sein, daß — '.

Wie sollen wir also verfahren? Soll der Philosoph sich einüben, jeden Gebrauch von ‚kann' oder ‚möglich' unterscheidend zu interpretieren: Hier ist ‚kann' im Sinne von Potentialität gemeint, hier im Sinne von Possibilität – und eventuell weitere Sinne? Das wäre dann geraten, wenn unsere normalsprachlichen Ausdrücke entweder ganz vage oder im schlechten Sinn äquivok wären und wenn es gälte, deren Vagheit oder Mehrdeutigkeit durch Unterscheidungsarbeit zu beseitigen. Das aber wäre eine irrige Voraussetzung. Es gibt zwar vielfältige Gebrauchsweisen von ‚kann' und ‚möglich', aber es ist nicht sinngemäß, die Unterschiede zwischen den Gebrauchsweisen terminologisch zu verfestigen und jeder Gebrauchsweise einen speziellen Begriff zuzuordnen.

Ich will die Sachlage, in die ich mit meinen Überlegungen geraten bin, klar ins Auge fassen. Mich interessieren Möglichkeitsaussagen deswegen, weil wir von ihnen Gebrauch machen müssen, wann immer wir nachdenken und planen. Ich halte den normalen Gebrauch für hochkomplex und bemühe mich um Analyse. Mit dieser Zwecksetzung besinne ich mich auf philosophische Forschungen, die von bedeutenden Philosophen früher angestellt worden sind. Es geht mir nicht darum zu zeigen, wie unterschiedliche Möglichkeitsbegriffe, je verbunden mit anderen Begriffen, systembildend für unterschiedliche philosophische Systeme sind. Mir geht es umgekehrt darum herauszufinden, was die fachphilosophischen Unterscheidungen zur Aufklärung unseres normalen Nachdenkens beitragen können.

---

geia / Dynamis (Friedo Ricken); Bd. II, Spp. 560-562: Modalities, Ontological (Jerzy Perzanowski); Spp. 563-565: Modal Logic (Graeme Forbes).

Nun finde ich in der Tradition verschiedene Möglichkeitsbegriffe. Jeder von ihnen ist je anderen Begriffen benachbart oder entgegengesetzt; jeder von ihnen eröffnet je andere Fragestellungen. Die entsprechenden Diskurse, der Possibilitätsdiskurs und der Potentialitätsdiskurs vor allem, sind voneinander separierbar. Sie sind dies sogar dann, wenn ein und derselbe Autor beide Diskurse führt. Man kann Leibniz' Theorie der möglichen Welten darstellen, ohne von Leibniz' Dynamik Kenntnis zu nehmen, und umgekehrt.

Die terminologischen Unterscheidungen, die ausgebildet worden sind, sind in der Sprache des normalen Nachdenkens und Planens nicht repräsentiert; sie können auch nicht zwanglos in die Normalsprache eingeführt werden. Wer die Normalsprache analysiert, gelangt zur Unterscheidung von Gebrauchsweisen des Ausdrucks ‚möglich' bzw. des Ausdrucks ‚können', aber nicht zu unterschiedlichen Möglichkeitsbegriffen. – Es scheint demnach, daß wir die Hoffnung aufgeben müssen, bei den Philosophen der Vergangenheit Hilfe für die Aufgabe, die wir uns gestellt haben, zu finden.

Es scheint so. Aber dieses Urteil wäre voreilig. Wenn ich recht sehe, finden wir in der philosophischen Tradition sogar sehr große Hilfe für die Durchführung der gestellten Aufgabe. Nur ist die Begriffsgeschichte für unser Untersuchungsvorhaben nicht der geeignete Zugang zur Tradition. Erforderlich ist ein anderer Zugang, nämlich ein argumentationstheoretischer.

Ich möchte Sie für folgende Doppelthese interessieren:

I. Grundlegend für die Analyse unserer Rede über Mögliches ist die Unterscheidung zwischen Aussagen der Form

   (A) ‚Für a ist es möglich zu — ' oder ‚a kann — ', in denen an die Leerstelle ein Infinitiv im Aktiv oder Passiv tritt,

   und Aussagen der Form

   (B) ‚Es ist möglich, daß — ' oder ‚Es kann sein, daß — ', in denen die Konjunktion ‚daß' mit der folgenden Leerstelle einen aussagbaren Gehalt anzeigt, der durch Umformung in einen Hauptsatz oder durch Beifügung von ‚es ist wahr', ‚es ist falsch', ‚es ist möglich' oder ähnlichen Wendungen zu einer Aussage wird.[17]

II. Der Begriff der Potentialität steht der Struktur (A) nahe, der Begriff der Possibilität der Struktur (B). Die Strukturunterscheidung hat vor der Begriffsunterscheidung einen wesentlichen Vorteil: Während die Begriffsunterscheidung leicht zur Trennung der Diskurse führt, führt die Strukturunterscheidung zur

---

17 Vgl. Schema I am Schluß dieses Beitrags.

Frage nach dem Verhältnis von Aussagen der einen Form zu Aussagen der anderen Form.

Mein Hauptvorhaben ist heute, die Tragfähigkeit meiner These II zu prüfen. Ich stelle also begriffliche Analysen dar und frage, ob sie wirklich in Unterscheidungen der Aussageform transformierbar sind. Ich orientiere mich an Aristoteles und an Thomas von Aquin. Aristoteles wähle ich deshalb aus, weil er meiner Zielsetzung am nächsten kommt. Er arbeitet noch nicht mit mehreren Ausdrücken für ‚möglich‘, sondern er differenziert den einen Ausdruck ‚dynaton‘ in Gebrauchs- und Begründungskontexte. In der Scholastik werden die Begriffe ‚Potentialität‘ und ‚Possibilität‘ deutlich voneinander geschieden. An einem Artikel aus Thomas' *Summa theologiae* kann man gut sehen, welche Fragestellung zur Scheidung führt.

Aristoteles geht davon aus, daß alle philosophischen Grundworte „in vielfachem Sinn gesagt" werden.[18] Er unterscheidet – nicht in der Absicht, äquivoke Wörter durch univoke Begriffe zu ersetzen, sondern in der Absicht, den vielfachen Sinn von Worten wie ‚Ursache‘, ‚Ganzes‘, ‚Eines‘, ‚Seiendes‘ oder eben ‚möglich‘, ‚notwendig‘ zu klären. Daß wir solche in vielfachem Sinn gesagten Worte verwenden, ist sinnvoll. Es gibt zwar kein eindeutig Gemeinsames für alle Verwendungen, wohl aber Bezüge zwischen ihnen.

Das Buch Δ der *Metaphysik* ist Aristoteles' Lexikon der Grundbegriffe seines eigenen Philosophierens. In Kapitel 7 führt Aristoteles aus, daß ‚seiend‘ in vielfachem Sinn gesagt wird. Die für Aristoteles wichtigsten Unterscheidungen, mit denen er sich auch jedes spezielle Untersuchungsgebiet zugänglich macht, sind zum einen die „nach den Formen der Kategorien" und zum andern die zwischen ‚der Möglichkeit nach‘ und ‚in Wirklichkeit‘.[19]

Die Frage nach Möglichkeit und Wirklichkeit gehörte vor Aristoteles nicht zu den philosophischen Grundfragen. Wie kam es dazu, daß sie für Aristoteles zum Rüstzeug gehört, mit dem er sich das Seiende erschließt?

Die Initialfrage ist die nach einer Theorie der Natur. Eine Wissenschaft der Natur muß Wissenschaft von Veränderlichem sein. „Für uns", so schreibt Aristoteles in der *Physik*, „soll dies die Grundannahme sein: Die natürlichen Gegenstände unterliegen entweder alle oder zum Teil dem Wechsel".[20] Eine Theorie von Naturprozessen hat es vor Aristoteles nicht gegeben. Die Naturphilosophen hatten Prinzipientheorien entwickelt, die aber nicht in wissenschaftliche Erfassung von einzelnen Phänomenen umsetzbar waren. Platon hielt eine Theorie der wechselnden Erscheinungen für unmöglich; die Theorie habe es, so seine These, mit dem Bleibenden

---

18 Vgl. Aristoteles, *Metaph.* Δ.
19 A.a.O., cap. 7.
20 Aristoteles, *Phys.* I 2, 185a 12-13.

und nur mit ihm zu tun. Aristoteles erarbeitet eine Theorie der Prozessualität, indem er Veränderungen von ihren Fixpunkten her bestimmt. Dabei hat der gedanklich vorweggenommene Endpunkt begrifflich den Vorrang; nach ihm benennen wir Vorgänge, z. B. als Erwärmung oder als Reifung. Das, was z. B. warm wird, konnte zuvor warm werden; es ist dasselbe, nämlich warm, zuerst der Möglichkeit nach und dann in Wirklichkeit.

In der *Metaphysik* wird der Anwendungsbereich der Unterscheidung ‚der Möglichkeit nach – in Wirklichkeit' erweitert. Aristoteles sucht eine Wissenschaft vom Seienden überhaupt. Damit verglichen ist die Wissenschaft vom Veränderlich-Seienden nur eine Bereichswissenschaft. Aristoteles findet die Unterscheidung von Vermögen und Erfüllung, die er für die Prozeßanalyse entwickelt hat, fruchtbar auch für eine Konstitutionsanalyse des Seienden. Aristoteles analysiert in die Momente ‚Stoff' und ‚Form'. Der Stoff ist das Bestimmbare, die Form das Bestimmende; durch sie ist das Seiende jeweils das bestimmte Etwas, das es ist. Stoff und Form verhalten sich zueinander wie Möglichkeit und Erfüllung.[21]

Im Buch Θ der *Metaphysik*, dem Buch über Möglichkeit und Wirklichkeit, rekapituliert Aristoteles zunächst ausführlich den Gebrauch der Unterscheidung für die Theorie der Veränderung. Ausdrücklich betont er, die Redeweise von Vermögen (dynamis), in der das Vermögen auf Veränderung bezogen werde (dynamis kata kinesin), sei die hauptsächliche.[22] Sie sei aber, so fügt er hinzu, für den gegenwärtigen Redezweck nicht die brauchbarste; denn Vermögen und Wirklichkeit erstrecken sich weiter als nur auf das in bezug auf Veränderung Gesagte.[23]

Bleiben wir zunächst bei der Analyse der „hauptsächlichen" Redeweise; sie ist für *unseren* gegenwärtigen Redezweck, nämlich die Klärung unserer alltäglichen Rede von ‚Können' und ‚Möglichkeiten', die wichtigste. Aristoteles bezieht sich auf seine Unterscheidung der Gebrauchsweisen von ‚Vermögen' und ‚möglich' (dynaton) in Buch Δ 12 zurück: Vermögen heißt einmal das Prinzip der Bewegung in einem anderen oder sofern es ein anderes ist;[24] als Beispiele werden Baukunst und Heilkunst genannt. Andererseits heißt Vermögen aber auch das Prinzip der Veränderung von einem anderen her oder insofern es ein anderes ist.[25] Nicht nur von dem eine Veränderung Bewirkenden sagen wir, daß es sie bewirken kann, sondern auch von dem eine Veränderung Erleidenden sagen wir, daß es sie erleiden kann. In der Naturphilosophie korrespondieren sich Tunkönnen und Erleidenkönnen: Von

---

21 Aristoteles, *Metaph.* Z - Θ.
22 Vgl. Schema II am Schluß dieses Beitrags.
23 Aristoteles, *Metaph.* Θ 1, 1045b 35 – 1046a 2, zitiert: a 1-2.
24 *Metaph.* Δ 12, 1019a 15-16; vgl. Θ 1, 1046a 10-11.
25 *Metaph.* Δ 12, 1019a 20; vgl. Θ 1, 1046a 11-13.

dem Feuer wie von dem brennbaren Material sagen wir, daß es brennen kann; dem Brechenkönnen entspricht das Brechbare, dem Sehenkönnen das Sichtbare.[26]

Was Aristoteles' Analyse zugrundeliegt, sind offenbar Aussagen der Form ‚Für a ist es möglich zu — '.[27] Daß die Leerstelle durch einen Infinitiv im Aktiv wie auch durch einen Infinitiv im Passiv ergänzt werden kann, ist belangvoll. Zu jeder Aussage im Aktiv über eine Fähigkeit ist in der Naturphilosophie eine Aussage im Passiv über eine Eignung zu suchen und umgekehrt. Im Lateinischen bieten sich die Suffixe ‚-tivum' (z.B. ‚calefactivum') und ‚-bile' (‚calefactibile') an, diese Zusammengehörigkeit deutlich zu machen.

Die Unterscheidung ‚der Möglichkeit nach – in Wirklichkeit' läßt Abstufungen zu. Jemand, der entsprechend begabt ist, kann Musiker werden. Er wird es wirklich durch Üben. Jemand, der Musiker ist, kann musizieren, wenn er dies will und wenn er ein Instrument hat. So ist zunächst die Begabung eine Möglichkeit, die verwirklicht werden kann, dann aber ist auf höherer Stufe auch die wirklich ausgebildete Fähigkeit eine Möglichkeit, die verwirklicht werden kann.

Aristoteles will die typischen Wirksamkeiten von etwas aus dessen spezifischer Wirklichkeit begreifen. Deshalb ist die Übertragung der Frage nach Möglichkeit und Wirklichkeit in die Metaphysik für ihn ein Übergang vom Fundierten zum Fundierenden. Semantisch aber ist der bisher erörterte Gebrauch der Unterscheidung fundierend.[28]

In die aristotelische Stoff-Form-Metaphysik wollen wir uns heute nicht vertiefen; ich erörtere nur kurz den Übergang, den Aristoteles in *Metaphysik*, Buch Θ, Kapitel 6, macht.

Aristoteles betont, daß Definitionen für ‚möglich' und für ‚Wirklichkeit' nicht gegeben werden können. Man muß mit Beispielen arbeiten und „das, was im Verhältnis zueinander steht (to analogon), zusammenschauen".[29] Über Beispielpaare, deren Glieder sich jeweils wie Wirklichkeit und Mögliches zueinander verhalten, führt Aristoteles zu einer neuen Rede von ‚wirklich' und ‚möglich', die mit der bisher erörterten nicht gleichsinnig ist, wohl aber im Verhältnis steht (to analogon).[30] Wie sich die Bewegung zum Vermögen verhalte, so das Wesen (ousia) zum Stoff.[31] „Unter Stoff", so hatte Aristoteles an anderer Stelle formuliert, „verstehe ich [...] dasjenige, was, ohne der Wirklichkeit nach ein bestimmtes Etwas zu sein, doch der Möglichkeit nach ein bestimmtes Etwas ist".[32]

---

26 Vgl. *Metaph.* Θ 1, 1046a 19-29.
27 Vgl. Schema I.
28 Vgl. Schema II.
29 Aristoteles, *Metaph.* Θ 6, 1048a 35-37, zitiert: a 37.
30 *Metaph.* Θ 6, 1048b 6-7.
31 *Metaph.* Θ 6, 1048b 8-9.
32 *Metaph.* H 1, 1042a 27-28; vgl. Θ 8, 1050a 15-16.

Wie in der aristotelischen Naturphilosophie aktives Können und passive Eignung zusammengehören, so in der Metaphysik des Aristoteles Form und Stoff. Die Form braucht gewissermaßen einen bestimmten Stoff; ein Stoff ist geeignet für eine bestimmte Form. Auch hier denkt Aristoteles an Abstufungen. Jeder bestimmte Stoff ist bereits geformter Stoff. Eine gänzlich ungeformte Materie wäre, weil gänzlich unbestimmt, offen für jede Bestimmung, deshalb aber auch ein Nur-Mögliches, ein Nicht-Seiendes.

In *Metaphysik* Δ 12 erörtert Aristoteles auch die Verneinung von ‚Vermögen‘, das Unvermögen. Dies bringt ihn dazu, auch über den Ausdruck ‚unmöglich‘ zu handeln, und dies wiederum führt ihn zu einer Gebrauchsweise von ‚möglich‘, die von allem bisher Erörterten abstieht. ‚Möglich‘ und ‚unmöglich‘ werden jetzt in bezug auf ‚wahr‘ bestimmt.[33] Die Analysen sind flüchtig. Aristoteles erwähnt hier diese Gebrauchsweise offenbar nur, um Verwechslungen vorzubeugen. Deutlich ist nur die Bezugnahme auf Wahr- und Falschsein, also auf Aussagen, und die Verbundenheit von ‚möglich‘, ‚unmöglich‘ und ‚notwendig‘. In den logischen Schriften finden sich gründlichere Erörterungen. Ob es Aristoteles gelungen ist, eine konsistente Theorie der Modalaussagen und Modalsyllogismen auszuarbeiten, ist allerdings bis heute unter den Fachleuten umstritten.[34]

Die Abtrennung des „dynaton ou kata dynamin" in *Metaphysik* Δ ist sehr unbefriedigend. Das Unterschiedene wird in diesem Fall nicht aufeinander bezogen. Wer bei Aristoteles zwei disparate Begriffe von Möglichkeit entdeckt, einen der realen und einen der logischen Möglichkeit, findet hier seinen Anhalt. Aber wenn diese Gebrauchsweisen nichts miteinander zu tun hätten – warum gebrauchen wir dann denselben Ausdruck?

Es gibt einige wenige Passagen, an denen deutlich wird, daß Aristoteles doch einen Zusammenhang zwischen den Gebrauchsweisen annimmt.[35] Er macht ihn nicht zum Thema, aber er setzt ihn voraus und argumentiert auf dieser Grundlage. In der Dynamis-Abhandlung der *Metaphysik* verteidigt er sein Möglichkeitsdenken gegen die Megariker. In der Diskussion bestimmt er das, was er ‚möglich (dynaton)‘ nennt, einmal folgendermaßen: „Möglich aber ist dasjenige, bei welchem, wenn die wirkliche Tätigkeit (energeia) dessen eintritt, wessen Vermögen (dynamis) ihm zugeschrieben wird, nichts Unmögliches (adynaton) eintreten wird."[36] Aristoteles beginnt in diesem Satz mit ‚Für a ist es möglich zu — ‘ und endet bei

---

33 *Metaph.* Δ 12, 1019b 23-24. Vgl. Schema II.
34 Vgl. neuerdings die gründlichen Untersuchungen von R. Patterson, *Aristotle's modal logic. Essence and entailment in the „Organon"*, Cambridge 1995 und besonders von U. Nortmann, *Modale Syllogismen, mögliche Welten, Essentialismus. Eine Analyse der aristotelischen Modallogik*, Berlin / New York 1996.
35 Vgl. zum folgenden U. Wolf, *Möglichkeit und Notwendigkeit bei Aristoteles und heute*, München 1979, 75 f. u. 104.
36 Aristoteles, *Metaph.* Θ 3, 1047a 24-26.

Das Können und die Möglichkeiten 17

‚Es ist möglich, daß — '.³⁷ Man kann sich eine Untersuchung folgender Art vorstellen. Behauptet wird ‚a kann F', z. B. ‚a kann gehen'. Diese Behauptung wird geprüft: ‚Angenommen, es tritt ein (endechetai): F(a)', z. B. ‚Angenommen, a geht'. Aus der Annahme werden Folgerungen gezogen. Wenn es dem Opponenten gelingt, eine Folgerung herzuleiten, die in sich unmöglich ist, ist die Annahme falsifiziert. Wenn aber die Annahme falsifiziert ist, wenn ‚F(a)' also nicht realisierbar ist, dann ist auch ‚Es ist möglich, daß F(a)' falsch. Daraus wieder folgt die Falschheit von ‚a kann F'. Umgekehrt gilt: ‚a kann F' impliziert ‚Es ist möglich, daß F(a)'.

Aber wir müssen bei solchen Übergängen sehr sorgfältig sein. Erinnern wir uns an den Beispielsatz, daß der Sitzende gehen kann, den Aristoteles in *De sophisticis elenchis* als Beispiel für die Unterscheidung zwischen „getrenntem" und „verbundenem Sinn" erörtert³⁸ und der im 12. Jahrhundert bei Abaelard und seinen Zeitgenossen Anlaß zu subtilen Untersuchungen geworden ist. Wird der Satz in dem Sinn ‚Für den Sitzenden ist es möglich zu gehen' verstanden, so ist er wahr. Aber ‚Es ist möglich, daß der Sitzende geht' ist unmöglich wahr. Damit der Übergang von der Könnensbehauptung ‚Jemand, der sitzt, kann gehen' zur Realisierbarkeitsprüfung korrekt vonstatten geht, muß der Satz in ‚Jemand sitzt und derselbe kann gehen' umgeformt werden; nur die zweite Teilbehauptung wird auf Realisierbarkeit geprüft.

In *Metaphysik* Θ 8, einer Abhandlung über den Vorrang der Wirklichkeit vor dem Vermögen, finden wir folgendes Argument: „Jedes Vermögen (dynamis) geht zugleich auf den Gegensatz; denn was unmöglich statthat (me dynaton hyparchein), das hat auch nicht bei irgendeinem statt; jedes aber, was möglich (dynaton) ist, davon kommt es auch vor (endechetai), daß es nicht wirklich tätig ist. Was also möglich ist, davor kommt es sowohl vor, daß es ist, wie auch, daß es nicht ist. Von demselben ist also möglich (dynaton), daß es ist, und möglich, daß es nicht ist."³⁹ Erneut haben wir einen Übergang von ‚a kann — ' auf ‚Es ist möglich, daß — '. Hier wird präzisiert: Vermögen sind nicht notwendigerweise realisiert. ‚a kann F' impliziert also auch ‚Es ist möglich, daß nicht F(a)' . Der dem Vermögen entsprechende Modalbegriff ist der der Kontingenz: möglich, daß — , und: möglich, daß nicht — .

Aussagen der Form ‚a kann F' implizieren, so fasse ich die zuletzt vorgetragenen Überlegungen zusammen, Aussagen der Form ‚Es ist möglich, daß F(a)'. Umgekehrt werden Möglichkeitsbehauptungen der Form ‚Es ist möglich, daß — '

---

37 U. Wolf, *Möglichkeit* (Anm. 35) spricht im ersten Fall vom „prädikativ verwendeten ontologischen Dynamisbegriff", im zweiten Fall vom „propositionale[n] Möglichkeitsausdruck" (76). Ich kann mich mit dieser Terminologie nicht anfreunden, weil der Möglichkeitsbegriff nie für sich allein an Prädikatstelle stehen kann; er wird allenfalls beim Prädikat (apprädikativ) verwendet.
38 Aristoteles, *Soph. El.* I 4, 166a 23-30.
39 Aristoteles, *Metaph.* Θ 8, 1050b 8-12.

inhaltlich durch Aussagen der Form ‚a kann F', sei es im ontologischen, im physikalischen oder im handlungstheoretischen Sinn, begründet.

Wenn Aristoteles zwischen dem „in bezug auf ein Vermögen gesagten Möglichen" und dem „nicht in bezug auf ein Vermögen gesagten Möglichen" unterscheidet, dann ist sein Bestreben, Verwirrungen zu vermeiden und ontologische Untersuchungen von logischen Untersuchungen zu trennen. Eine Theorie der Unterscheidung fehlt. Die Unterscheidung zwischen potentia und possibilitas dagegen, die die mittelalterlichen Scholastiker treffen, ist theoretisch fundiert. Sie ist Ergebnis einer theologischen Fragestellung. Ich möchte den Gedankengang darlegen, den Thomas von Aquin im I. Teil seiner theologischen Summe, quaestio 25 a. 3, vorgetragen hat.

Gefragt ist, ob Gott allmächtig (omnipotens) ist. Wie bei vielen anderen Fragen, die Thomas erörtert, steht von vornherein fest, wie die Antwort auf die Frage lauten muß. Es geht nicht darum, die richtige Antwort erst zu finden, sondern sie zureichend zu begründen und theoretisch auszuarbeiten. Die Eingangsargumente dienen dieser Zielsetzung. Durch sie soll deutlich werden, daß hier überhaupt etwas fraglich ist. Ich stelle eine Erwägung aus dem 4. Argument vor: „Zu der Stelle 1 Kor 1, 20: ‚Gott hat die Weisheit dieser Welt zur Torheit gemacht', sagt die Glosse: ‚Gott hat die Weisheit dieser Welt zur Torheit gemacht, indem er zeigte, daß möglich ist, was jene als unmöglich beurteilt hat.' Daher ist anscheinend etwas nicht gemäß den niederen Ursachen als möglich oder unmöglich (possibile vel impossibile) zu beurteilen, wie es die Weisheit der Welt tut, sondern gemäß der göttlichen Macht. Wenn Gott also allvermögend (omnipotens) ist, dann wird alles möglich sein (omnia erunt possibilia); also ist nichts unmöglich."[40]

Das ist das Problem, dem Thomas sich zu stellen hat. Jedem Wesen dieser Welt ist einiges möglich, was seiner Natur entspricht, anderes unmöglich, was seiner Natur widerspricht. Es hat spezifische Vermögen und spezifische Unvermögen. Nun soll der Begriff eines Allvermögenden gefaßt werden. Damit ist der Nachdenkende aufgefordert, die begrenzten Blickpunkte aufzugeben und nicht in bezug auf endliche Vermögen, sondern absolut über möglich und unmöglich zu urteilen. Sobald man aber diesen Versuch macht, scheint die Unterscheidung zwischen den Modalitäten zu schwinden: Wenn alles möglich ist, ist nichts unmöglich.

Zu Beginn des corpus articuli formuliert Thomas die Aufgabe, vor der er steht: „Im allgemeinen bekennen alle, daß Gott allmächtig ist. Es scheint aber schwierig anzugeben, was unter Allmacht zu verstehen ist."[41] Der nächste Schritt präzisiert: Es geht um die richtige Interpretation des Distributivbegriffs ‚alles' im Begriff ‚Allmacht'. Wenn gesagt wird, Gott könne alles, was ist dann „unter dieser Distributi-

---

40 Thomas von Aquin, *Summa theologiae* I, q. 25 a. 3 arg. 4.
41 A.a.O., c.a.

on enthalten" zu denken? Thomas' Antwort ist: alles Mögliche (omnia possibilia). „Cum Deus dicitur omnia posse, nihil rectius intelligitur quam quod possit omnia possibilia, et ab hoc omnipotens dicatur."[42]

Diese Auskunft aber steht im Verdacht, zirkulär und damit nichtssagend zu sein. Thomas prüft Argumentationen. Er orientiert sich an Aristoteles' Unterscheidung: „Possibile [...] dupliciter dicitur, secundum Philosophum quinto Metaphysicorum". Der erste Sinn von ‚möglich' ist der „in bezug auf ein Vermögen gesagte". Kann die Aussage ‚Gott kann alles, was möglich ist' in diesem Sinn ausgelegt werden? Thomas erörtert zwei Varianten.

(1) „Was dem menschlichen Vermögen untersteht, wird ‚menschenmöglich' genannt (quod subditur humanae potentiae, dicitur esse possibile homini)"[43]. Jedes geschaffene Wesen hat seine Vermögen und ihm entsprechende Möglichkeiten. Kann mit der Aussage ‚Gott kann alles, was möglich ist' gemeint sein ‚All das, was für irgendein Geschaffenes je getrennt möglich ist, das ist für Gott insgesamt möglich'? Diese Explikation ist jedenfalls dann falsch, wenn sie als *Bestimmung* dessen, was dem Allmächtigen möglich ist, verstanden wird. Gott hätte andere Geschöpfe und andere Welten schaffen können. „Die göttliche Allmacht erstreckt sich auf mehr" als das, was für Geschöpfe möglich ist.[44]

(2) Wenn nicht das Vermögen von geschaffenen Wesen Grundlage für das Verständnis der Distribution ‚alles Mögliche' ist, finden wir dann die Grundlage in Gottes eigenem Vermögen? Ein solcher Interpretationsversuch wäre zirkulär. „Das wäre nichts anderes, als wenn man sagt: Gott ist allmächtig, weil er alles kann, was er kann (quia potest omnia, quae potest)."[45]

Demnach fällt die Bindung des Möglichen an ein Vermögen weg. Es bleibt das zweite von Aristoteles angebotene Verständnis von ‚möglich'. Thomas nennt es ‚das auf absolute Weise Mögliche'.[46]

Das ist der andere Sprachgebrauch für ‚möglich'. „Es wird aber etwas auf absolute Weise ‚möglich' oder ‚unmöglich' genannt nach dem Verhältnis der Termini, und zwar ‚möglich', sofern das Prädikat dem Subjekt nicht widerstreitet, z. B. daß Sokrates sitzt, ‚unmöglich' auf absolute Weise aber, sofern das Prädikat dem Subjekt widerspricht, z. B. daß der Mensch ein Esel ist."[47]

Das nicht respektiv, in bezug auf etwas Mögliche ist das Widerspruchsfreie. Thomas führt weiter aus: „Alles, was den Sinngehalt von seiend haben kann (quicquid

---

42 Ebd.
43 Ebd.
44 Ebd.
45 Ebd.
46 Vgl. Schema I.
47 Thomas von Aquin, *Summa theologiae* I, q. 25 a. 3 c.a.

potest habere rationem entis), das ist für Gott möglich"; unmöglich ist nur, was in sich zugleich und in derselben Hinsicht sein und nichtsein impliziert.[48]

Thomas folgt, wie er im Responsum zum 4. Argument klarstellt, nicht dem Vorschlag, über möglich und unmöglich „gemäß den höheren Ursachen" zu urteilen. Entweder man spricht über möglich und unmöglich im absoluten Sinn, d. h. secundum seipsum. Diese Redeweise ist angebracht für die Auslegung des Satzes ‚Gott kann alles, was möglich ist'. Oder man spricht über möglich und unmöglich respektiv, in bezug auf Ursachen, also „gemäß Vermögen" von etwas. Dann aber ist die „causa proxima" das Kriterium, nicht eine höhere, entferntere Ursache. „Darum heißt, was wesensmäßig unmittelbar allein von Gott geschieht, wie Erschaffen, Rechtfertigen und Derartiges, ‚möglich' gemäß der höheren Ursache. Was aber wesensmäßig von niederen Ursachen geschieht, heißt ‚möglich' gemäß den niederen Ursachen."[49]

Nehmen wir ein bißchen Abstand und überlegen wir, was hier gedanklich geschehen ist! Das widerspruchsfreie, logisch Mögliche ist das in sich Mögliche: possibile absolute. Es wird in die Metaphysik eingeführt, sobald versucht wird, nicht nur über Wirklichkeiten, sondern über die Wirklichkeit im ganzen nachzudenken. In der Interpretation der Aussage ‚Gott kann alles, was möglich ist' verbindet Thomas den Potentialitäts- und den Possibilitätsdiskurs. Da es Thomas nicht um Möglichkeitsbegriffe, sondern um Kriterien des Gebrauchs der Ausdrücke ‚möglich' und ‚unmöglich' geht, können wir besser sagen: Er verbindet die Aussage der Form ‚Für a ist es möglich zu — ' mit der Aussage der Form ‚Es ist möglich, daß — '.

Haben wir damit eine Basis für die Lösung des systematischen Problems, das wir uns gestellt hatten, gefunden? Das wohl nicht. Wir haben eher eine Basis gefunden, die terminologische Trennung zwischen Potentialität und Possibilität zu verstehen. Denn indem Thomas die Diskurse an dem höchsten Punkt – der Frage nach Gottes Allmacht – verbindet, trägt er dazu bei, daß sie für alle anderen Fragen getrennt werden. Von ‚Für Gott ist es möglich zu — ', kann man zu ‚Es ist widerspruchsfrei, daß — ', übergehen, und umgekehrt von ‚Es ist widerspruchsfrei, daß — ' zu ‚Für Gott ist es möglich zu — '. Aber *wir* können nur formallogisch Widerspruchsfreiheit oder Widersprüchlichkeit erweisen; die schullogischen Beispielsätze, die Thomas anführt, sind tatsächlich für uns nicht „aus dem Verhältnis der Termini" als widerspruchsfrei bzw. als widersprüchlich zu erweisen, sondern ihre Plausibilität beruht entweder auf Erfahrung oder auf unseren Definitionen der Termini, die zwar akzeptabel sein mögen, die aber nicht unangreifbar sind.

Aber klar gedachte Gedanken führen oft auch in Fragen weiter, welchen sie nicht unmittelbar als Antworten zugedacht worden waren. Wie ich meine, können wir

---

48 Ebd.
49 A.a.O., ad 4.

von Thomas doch etwas Wichtiges lernen, was in unserer Fragestellung weiter hilft. Die sichere, sachhaltige Rede über Mögliches ist ein Urteil, das sich an Nächstursachen orientiert. Wir sprechen über Wesen und ihre Fähigkeiten oder Kräfte, über Sachen und ihre Dispositionen oder Geeignetheiten. Die Urteilsform ist ‚Für a ist es möglich zu — '. Etwas ist z. B. bewegbar, ein Anderes hat die Fähigkeit zu bewegen; etwas ist sichtbar, ein Anderes hat Sehfähigkeit; etwas ist erkennbar, ein Anderes hat die Fähigkeit zu erkennen. Und wir bilden die Gegenbegriffe: unbeweglich, unsichtbar, unerkennbar; nicht fähig zu bewegen, ohne Sehkraft, ohne Erkenntnisfähigkeit.

Und was ist mit den Möglichkeitsaussagen der anderen Form ‚Es ist möglich, daß — ' und mit entsprechenden Unmöglichkeitsaussagen? Wer sie äußert, tut dies normalerweise so, daß er über das Gegebene hinausgeht. Er erweitert den Kreis dessen, was er in seine Überlegungen einbezieht. Dazu, vom Gegebenen auf alles widerspruchsfrei Denkbare überzugehen, sind wir nicht in der Lage; wir können über widerspruchsfrei und widersprüchlich nur relativ in bezug auf Vorausgesetztes urteilen. Die Erweiterung geht variierend vor. Ich unterscheide versuchsweise zwei Typen. Der erste ist, mit den scholastischen Logikern zu sprechen, der der Suppositionserweiterung. Wenn wir z. B. sagen ‚Es ist möglich, daß Menschen einmal dies oder jenes tun werden', sprechen wir nicht mehr über wirkliche Menschen, sondern über mögliche. Wir tun dies auf der Grundlage dessen, was wir über wirkliche Menschen und ihre Fähigkeiten wissen. Insofern bleibt die unpersönliche Rede ‚Es ist möglich, daß — ' an die persönliche Rede ‚Für a ist es möglich zu — ' zurückgebunden. Der zweite Typus ist der, daß wir vom Urteil über einzelne Wesen und ihre Fähigkeiten und Eignungen zur Betrachtung von Situationen übergehen. Wenn ich z. B. sage, ‚Es ist möglich, daß ich komme', dann bestätige ich damit zwar, daß es mir möglich ist zu kommen, ich gebe aber zugleich zu verstehen, daß es noch von weiteren Faktoren abhängt, ob ich tatsächlich kommen werde: von meinen Stimmungen z. B. und von den Wünschen anderer Menschen und vom Wetter. – Beide Typen von Erweiterung, die Suppositionserweiterung und die Erweiterung auf mögliche Sachlagen, sind oft miteinander verbunden.

Robert Musil hat in dem Roman *Der Mann ohne Eigenschaften* zwischen Menschen mit Wirklichkeitssinn und Menschen mit Möglichkeitssinn unterschieden.[50] Die dem Möglichkeitssinn zugeordnete Aussageform ist die unpersönliche. Musil verdeutlicht ihren Sinn, indem er den Potentialis wählt: ‚Es könnte sein, daß — '. Wenn wir an der Unterscheidung von Möglichkeitsbegriffen festhielten, müßten wir den grammatischen Potentialis verwirrenderweise dem Possibilitätsdenken zuordnen. Auf unerwartete Weise bestätigt sich, daß es sich empfiehlt, zwischen Aus-

---

50 Robert Musil, *Der Mann ohne Eigenschaften*, Erstes Buch, Erster Teil, Kapitel 4: „Wenn es Wirklichkeitssinn gibt, muß es auch Möglichkeitssinn geben".

sageformen mit Möglichkeitsausdrücken und nicht zwischen Möglichkeitsbegriffen zu unterscheiden.

Auch der realistisch planende Wirklichkeitsmensch denkt über Möglichkeiten nach. Er schätzt Potentiale ab. Musil nennt das, womit er rechnet, „wirkliche Möglichkeiten". Diese liegen gewissermaßen schon vor; nur sind sie latent. Der Möglichkeitsmensch dagegen erdenkt „mögliche Wirklichkeiten". Der Utopist, der Erfinder, aber auch der Phantast, der Spinner, der Zweifler denken in der Denkform ‚Es könnte sein, daß — '.

Musil sympathisiert mit dem Menschen mit Möglichkeitssinn. Die Hauptfigur des Romans repräsentiert ihn. Aber bereits in der Benennung als „Mann ohne Eigenschaften" zeigt Musil auf eine Gefährdung. Möglichkeitssinn als Lebensform führt dazu, daß jeder Stand verloren geht: Alles, einschließlich meiner selbst, könnte immer auch ganz anders sein.

Ich denke, daß beide Lebensformen – wie beide Aussageformen – aufeinander angewiesen sind. Phantast und Planer brauchen einander. Planung ohne erfinderische Phantasie ist eng. Das Erdenken von Möglichkeiten ohne Rückkehr zum Tubaren ist unfruchtbar.

Die theoretische Frage, wie bestimmte alltägliche Aussageformen zueinander gehören, ist, so zeigt sich, auch eine lebenspraktische Frage.

Schema I

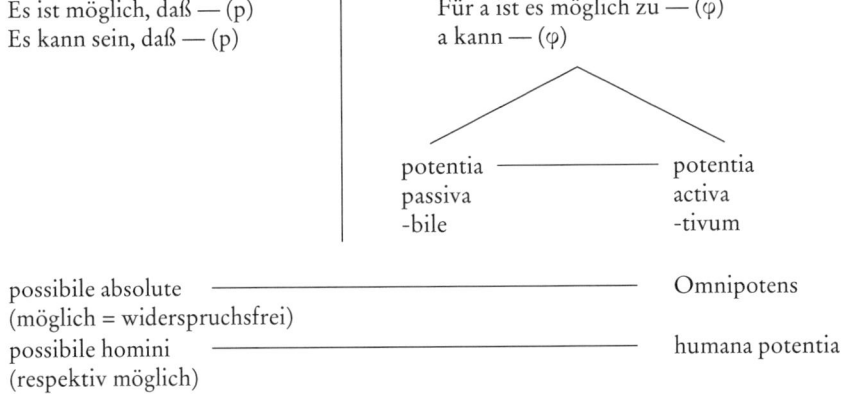

Das Können und die Möglichkeiten

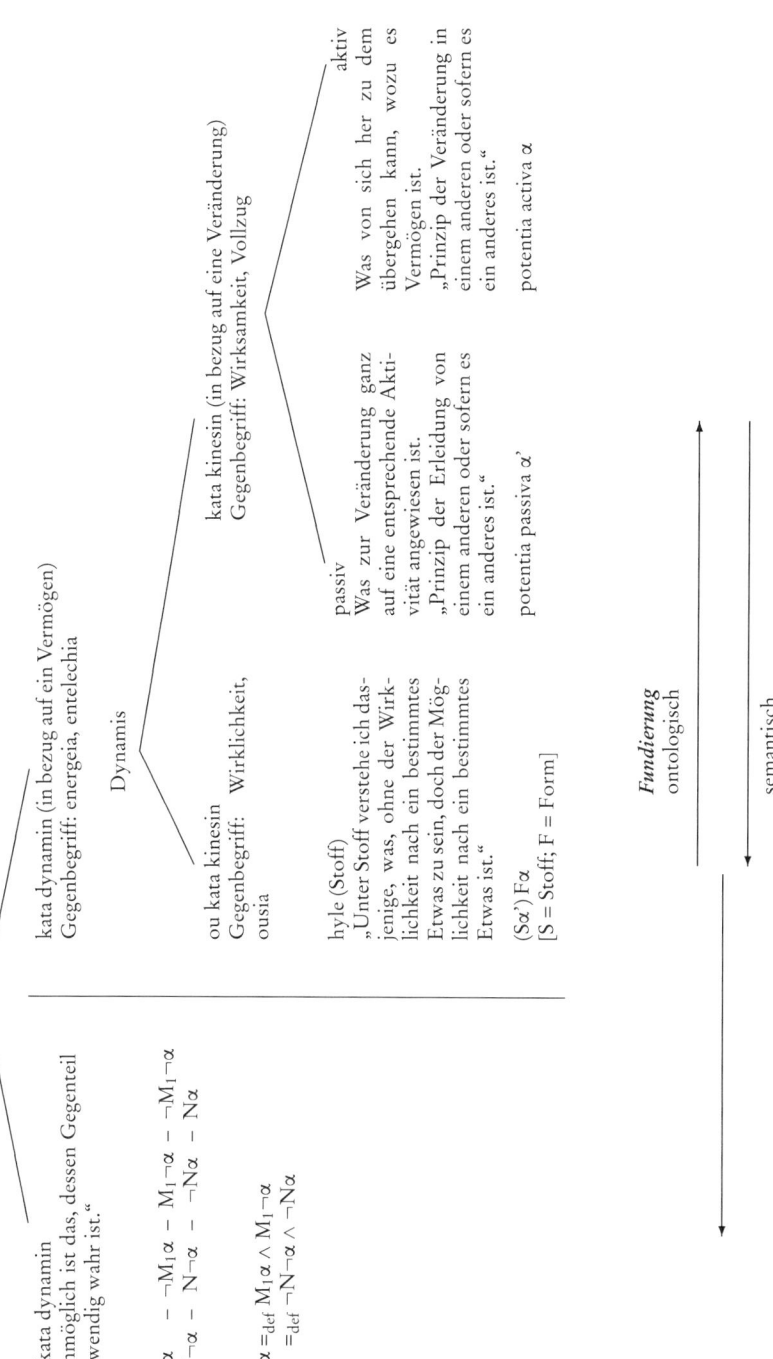

Schema II

Möglichkeit, Parmenideisch

Mischa von Perger

Von Möglichkeit sprechen wir, wenn wir uns eine Entwicklung oder einen Bestand der Wirklichkeit so oder so vorstellen können, ohne daß diese Vorstellungen mit bereits Gewußtem in Widerspruch geraten. Möglichkeit in diesem Sinne ist an eine Alternative gebunden. Wenn nun zwei Situationen alternativ zueinander stehen und die eine davon verwirklicht wird, wird dann dadurch die andere Situation negiert oder zunichte gemacht, oder wird sie im Bereich der widerspruchsfreien Vorstellung, und damit des Möglichen, belassen? Hierauf sind verschiedene Antworten denkbar und verschiedene Auskünfte darüber, wie man im sprachlichen Ausdruck mit dieser Frage umgeht. Ein Weg ist der folgende: Was so und so ist, kann offenbar so sein; was so und so geworden ist, konnte offenbar so werden. Man mag nun den Bestand einer Wirklichkeit so verstehen, daß durch ihn die beiden Seiten einer Alternative (oder, wie wir auch sagen: die beiden Alternativen) auf eine einzige reduziert werden. Das muß nicht heißen, daß die Alternative von Möglichkeiten nicht wirklich bestanden hätte, aber es kann dies heißen: Was wirklich ist, das war möglich, und zwar nur das; was außer der nun wirklich gewordenen Situation noch als möglich galt, beruhte auf bloßem Schein, auf einem Mangel an Information, es schien nur möglich zu sein, die Wirklichkeit hat diesen Schein zunichte gemacht.

Im Leistungssport werden bestimmte Möglichkeiten bestätigt, andere widerlegt. Ist es möglich, daß jemand eine bestimmte Strecke in einer bestimmten Zeit im Lauf überwindet? Wir werden zu dieser Fragestellung nehmen können, wenn wir verschiedene Wettkämpfe beobachtet haben. Kann Herr X so schnell laufen? Er möge es beweisen! Er ist die Strecke gelaufen und hat länger dafür gebraucht? Vielleicht geben wir ihm eine zweite Chance. Nach einer gewissen Anzahl von Versuchen, bei denen Herr X das ihm gesetzte Zeitlimit deutlich überzog, werden wir ihm das behauptete Können absprechen. Und nach ähnlichen Mißerfolgen verschiedener Läufer werden wir mehr und mehr zu der Auffassung tendieren, die besagte Leistung sei – derzeit – nicht menschenmöglich.

Die Läufer X, Y, ... können nicht so schnell laufen. Ein Mensch kann nicht so schnell laufen. Es ist nicht möglich, daß ein Mensch so schnell läuft. Wir schließen induktiv vom Können oder Nicht-Können einzelner Menschen auf das Können oder Nicht-Können des Menschen im allgemeinen und auf das Gegebensein oder Nicht-Gegebensein einer Möglichkeit innerhalb der Natur der Dinge. Aber in diesem Fall läßt sich die Unmöglichkeit, die in der Natur der Dinge liegt, auf ein Nicht-Können bestimmter ‚Dinge' reduzieren: Kein Mensch kann so schnell laufen.

Auch nicht-lebendigen Dingen können wir Potentialität zuschreiben. ‚Ein Stück Käse kann in der Sonne schmelzen.' ‚Kein Stein kann in der Sonne schmelzen.' ‚Es ist unmöglich, daß ein Stein in der Sonne schmilzt.' Die Frage ist, ob solche Möglichkeiten und Unmöglichkeiten von den logischen Modalitäten – Possibilität und Impossibilität – verschieden oder mit ihnen identisch sind. Immerhin wird man die Sätze vom Stein nicht primär aufgrund von logischen Überlegungen für wahr halten. Wir könnten Behauptungen wie: ‚Es ist möglich, daß ein Stück Käse in der Sonne schmilzt', oder: ‚Ein Mensch kann soundso schnell laufen', als Behauptungen von empirischer Possibilität kennzeichnen, die in der Sache womöglich mit Behauptungen von Potentialität – jemand oder etwas kann etwas – gleichbedeutend sind. Eine Impossibilität ist nicht immer, wie die vom Stein, induktiv erschlossen, sie kann auch logisch erschlossen sein: Wer läuft, kann nicht gleichzeitig in derselben Hinsicht jemand sein, der nicht läuft – das ist nicht möglich. Wenn eine Possibilität nicht induktiv erschlossen ist, ist sie nur bis auf weiteres gesetzt: Es ist möglich, daß jemand so schnell läuft. Es ist möglich, daß jemand läuft. Diese Behauptungen von Möglichkeiten gelten solange, wie nichts in unserer Vorstellung ihnen widerspricht. Wir könnten von falsifizierbarer Possibilität sprechen.

Die obigen Überlegungen gelten unter der Voraussetzung, daß wir einem wirklichen Sachverhalt zugestehen, er sei möglich. Diese Voraussetzung ist nicht selbstverständlich. Wer Herrn X laufen sieht, wird ohne weiteres folgern können: Herr X kann laufen. Er wird auf Befremden stoßen, wenn er während seiner Beobachtung des Laufes äußert: ‚Es ist möglich, daß Herr X läuft.' Hier scheint die Wirklichkeit eines Geschehens seine Möglichkeit im Sinne von Potentialität (dem Können von Herrn X) zu bestätigen, im Sinne von Possibilität aber aufzuheben: Daß Herr X läuft, ist eben offensichtlich nicht (bloß) möglich, sondern es ist Tatsache. Die besagte Äußerung könnte wohl nur so verstanden werden, daß der Sprecher von der Verläßlichkeit seiner Sinneswahrnehmung nicht recht überzeugt ist.

Bilden wir nun versuchsweise einen Beispielsatz mit Identität von Subjekt und Prädikat: Herr X ist Herr X. Damit könnten wir uns gegen die Zumutung eines Dritten wenden, von Herrn X etwas zu erwarten oder ihm etwas zuzugestehen, was ihm gar nicht entspricht. Wie, Herr X sollte in jener Auseinandersetzung klein beigeben? Nein, das wird er nicht tun: Herr X ist Herr X.[1] – Behaupten wir nun die

---
[1] Von einer Identität des Subjekts und des Prädikats ist also nicht in logischem Sinne die Rede; die Formalisierung ‚A ist A' würde die Pointe, mit der wir einen Ausdruck wie ‚Herr X ist Herr X' verwenden, beseitigen.

Möglichkeit: Herr X kann Herr X sein. Es ist möglich, daß Herr X Herr X ist. Mit der letzteren Behauptung wäre offenbar nichts Zu-Verwirklichendes ausgedrückt oder etwas, zu dem es für Herrn X eine Alternative gäbe. Eine Alternative wäre allenfalls für uns denkbar: Etwas könnte Herrn X hindern, in diesem besonderen Fall er selbst zu sein, seiner Natur zu entsprechen. Dem widerspräche unsere Behauptung. Durch sie geben wir dem statt, daß Herr X sein Herr-X-Sein vollzieht. Auch die Kann-Behauptung könnte so zu verstehen sein: Wir schreiben Herrn X das Können zu, ganz er selbst zu sein. Können und Möglichkeit stehen hier für etwas, wovon die Wirklichkeit eine Erfüllung bzw. ein Vollzug zu sein scheint. Es kann bei solchen Behauptungen darauf ankommen, daß es eine Alternative zur Erfüllung gibt, die Möglichkeit, hinter der Erfüllung zurückzubleiben oder sie zu vermeiden. Es kann aber auch darauf ankommen, der Wirklichkeit den Charakter eines Sich-Vollziehens zuzuerkennen. Vielleicht ließe sich von einer performativen Potentialität (beim Können) oder Possibilität (beim ‚Es ist möglich, daß ...') sprechen.

Parmenides' Gedicht enthält (1.) eine Lehre über das ‚Sein', das ‚Seiende' oder ‚das, was ist'. Sofern man dieses Sein im Sinne des Autors auffaßt, kommt ihm Exklusivität zu: Außer dem Sein gibt es nichts. Es ist nicht in einer Natur der Dinge situiert; allenfalls ist es selbst die einzige, unwandelbare Natur. Insofern wären Aussagen, die dem Sein Möglichkeiten zuweisen, im Sinne von Potentialität zu verstehen: Möglichkeiten, die das Sein hat – allerdings sicher nicht im Sinne von Alternativen, die für es selbst bestünden. Das Gedicht enthält auch (2.) eine Lehre über die Melange aus Sein und Nicht-Sein, die den sinnengeleiteten Menschen erscheint. Der Kosmos ist ein von den Menschen aufgestelltes Schein-Gebilde, innerhalb dessen die beiden elementaren Prinzipien interagieren. Für diese Interaktion bestehen gewisse Möglichkeiten: Eine Welt mit Possibilitäten und Impossibilitäten ist für den Wissenschaftler, der sich auf den Schein einläßt und aufgrund von Empirie forscht, zu rekonstruieren. Woher aber kommt seine wissenschaftliche Logik, und was kann sie hier leisten? Der Wissenschaftler beschreibt in Kenntnis des Seins, wie die Menschen in Unkenntnis des Seins den Kosmos aufgrund von Setzungen sehen. Er kann den Kosmos in der größten erreichbaren Folgerichtigkeit rekonstruieren, weil er dessen Unwirklichkeit und Widersprüchlichkeit durchschaut. (3.) Das Verhältnis zwischen dem Sein und der kosmischen Melange schließlich wird durch eine logische Überlegung geklärt. In dieser Erklärung beansprucht Parmenides, im Sinne einer Fundierung von Erkenntnis zwingend zu argumentieren. Eine Alternative von zwei Wegen erledigt sich wie von selbst, indem der zweite ausfällt; unverhofft aber meldet sich ein dritter Weg – als Mitte? Als Möglichkeit zwischen Zwang und Unmöglichkeit?

Seinslehre, Kosmologie, Methodenlehre: An diesen drei Komponenten ist die folgende Darlegung orientiert. Ich bewege mich dabei auf unsicherem Boden. Parmenides dürfte vielen als recht ungeeigneter Kandidat gelten, um eine charakteristische und mehr als marginale Form von Möglichkeitsdenken bei ihm aufzusuchen. Seine Philosophie des unwandelbar Einen scheint vielmehr jeden Gedanken an offene Möglichkeiten auszuschließen. In einer Diskussion in Boston hat ein Teilnehmer den Vorschlag, eine bestimmte Formulierung bei Parmenides mit dem Ausdruck ‚es ist möglich ...' zu übersetzen, rundheraus abgelehnt, ohne die verschiedenen Bedeutungsmöglichkeiten dieses Ausdrucks und seine Funktion an der betreffenden Stelle auch nur zu prüfen: Parmenides lasse keinen Raum für irgendeine ‚Möglichkeit'.[2] Von dieser Annahme bin ich nicht überzeugt; vielmehr möchte ich bestimmte, in der bisherigen Forschung aufgebrachte Indizien für die Gegenthese aufnehmen, um der Frage, ob der eine oder andere Begriff von Möglichkeit im Parmenideischen Denken eine Rolle spielt, einen neuerlichen Anstoß zu geben.[3] „Im Parmenideischen Denken" soll heißen: für das Verstehen der Fragmente von Parmenides' Gedicht.

1. Seinslehre: Die Verbindung ‚ἔστιν + Infinitiv'

‚Von hier aus ist das Meer zu sehen.' – ‚Von hier aus ist es möglich, das Meer zu sehen.' – ‚Von hier aus kann man (können wir) das Meer sehen.'

‚Von X ist zu sprechen, X ist zu erfassen.' – ‚Von X ist es möglich zu sprechen, es ist möglich, X zu erfassen.' – ‚Von X kann man (können wir) sprechen, X kann man (können wir) erfassen.'

„Es ist zu sein (ἔστιν γὰρ εἶναι)."[4] – Hier stockt die Umwandlungsmaschine unserer Sprachkompetenz, obwohl wir gelernt haben, daß im Griechischen ‚ἔστιν',

---

[2] Vgl. Stanley Rosen, „Commentary on Long", in: *Proceedings of the Boston Area Colloquium in Ancient Philosophy* 12 (1996), 152-160. Möglichkeit sei „abwesend nicht nur von dem überlieferten Fragment, sondern von der ganzen Parmenideischen Konzeption des Seins" (155, Übers. v. Vf.).

[3] Insbesondere beziehe ich mich auf die Übersetzung und Interpretation, die A. H. Coxon zu den Fragmenten vorgelegt hat: *The Fragments of Parmenides. A critical text with introduction, translation, the ancient ‚testimonia' and a commentary*, Assen / Maastricht / Wolfeboro 1986. Hieran knüpft Anthony A. Long an: „Parmenides on Thinking Being", in: *Proceedings* (Anm. 2), 125-151.

[4] Simplikios zitiert diesen Satz (Parmenides, frg. 6, 1 DK) so, als wäre er nur durch das „denn" auf den vorangehenden bezogen, im übrigen aber ein vollständiger Satz (*In Phys.* I 3, S. 117 Diels): „εἰπὼν γάρ ‚ἔστι γὰρ εἶναι, μηδὲν δ' οὐκ ἔστιν, τά γ' ἐγὼ φράζεσθαι ἄνωγα ...'". Für das Folgende vertraue ich dieser Verständnisweise. A. H. Coxon dagegen, der meint, die Verbindung ‚ἔστιν + Infinitiv' werde von Parmenides durchweg persönlich konstruiert, folgt dieser seiner Auffassung auch hier und ergänzt deshalb das Subjekt unter Rückgriff auf den vorigen Satz: „Denn es [scil. das, von dem zuvor gesagt worden war, es sei Seiendes] ist zu sein". *Fragments* (Anm. 3), 54: „For it is for being [...]" An dieser Übersetzung finde ich befremdlich, daß das intransitive ‚sein' an die Stelle eines transitiven Verbs tritt, das wir erwarten würden (wie z.B. in ‚Das Meer ist zu sehen'); Coxon meint aber, Parmenides könne diese Konstruktion im Griechischen durchaus auch mit dem intransitiven Verb ‚εἶναι' durchführen, und das Subjekt des Infinitivs ‚εἶναι' sei dann dasselbe – und ebenso unausgedrückt – wie das von ‚ἔστιν' (a.a.O., 174 unten). Ich halte diese Rekonstruktion nicht für ausgeschlossen, mei-

verbunden mit einem Infinitiv, ‚Es ist möglich zu …‘ bedeutet. Was macht den Satz von Parmenides so fremd und unhandlich? Der jeweils erste Satz der beiden obigen Beispielreihen enthält keinen ausdrücklichen Hinweis auf Leute, deren Können der dort ausgedrückten Möglichkeit zugrundeläge, aber wir nehmen solche Subjekte an, um die Sätze zu verstehen. Man kann sich (wir können uns) zu einem Aussichtspunkt bewegen; man kann seine (wir können unsere) Augen aufsperren und sehen, was es zu sehen gibt; man kann (wir können) einen bestimmten Gegenstand sprachlich und gedanklich erfassen. Von diesen Vermögen, die wir uns zueignen oder deren wir uns bewußt sind, ist in diesen Sätzen unausgesprochen mit die Rede. Aber das dritte, Parmenideische Beispiel läßt uns ratlos: Wir scheuen uns hier, eine ähnliche Annahme zu machen. Soll auch hier implizit von uns die Rede sein? Geht es um eine Möglichkeit, die für diesen oder jenen von uns – oder auch nur für diesen oder jenen Bestandteil unserer Welt, oder gar für die Welt im ganzen – bestehe? Ist hier überhaupt von einer Möglichkeit die Rede, die einer tatsächlichen, beständigen oder wiederholbaren Erfahrung oder Praxis zugrundezulegen wäre? Einer Möglichkeit, die sich von solcher Erfahrung oder Praxis her einem Gegenstand und einer Welt zuschreiben ließe, als ob der Gegenstand oder die Welt uns diese Möglichkeit böten? ‚Es ist möglich zu sein‘ – ein solcher Satz riefe die befremdliche Vorstellung hervor, es gebe etwas, für das die doppelte Möglichkeit bestünde, zu sein oder auch nicht zu sein, oder für das zumindest eine gegebene Seinswirklichkeit von einer ihm noch erst möglichen zu unterscheiden wäre: Wir verstehen einen solchen Satz unwillkürlich im Sinne einer Potentialität (einer Möglichkeit, die jemand oder etwas hat), nicht nur einer empirischen Possibilität (einer Möglichkeit, die in der Natur der Dinge besteht), verstehen ihn als elliptischen Satz, wollen ihn durch ein möglichst allgemeines Subjekt und zudem durch eine alternative Möglichkeit oder Wirklichkeit ergänzen. Parmenides aber gesteht uns zur Festlegung des ersten seiner drei „Wege der Forschung"[5] ein solches, dem Sein als einer Möglichkeit vorgeordnetes Subjekt ebensowenig zu wie eine Alternative zum Sein, denn auch ein dem Sein vorgeordnetes Subjekt müßte ja etwas anderes sein als das Sein, und dasselbe gälte von einer Wirklichkeit, die gegenüber einer Möglichkeit zu unterscheiden wäre. Die Weglassung eines Subjekts des Seins[6] und die

---

ne aber, daß sich durch das Zeugnis von Simplikios ein einfacheres Verständnis der betreffenden Verse anbietet.
5 Vgl. frg. 2, 2 DK: „ὁδοὶ […] διζήσιος".
6 Vgl. die Formel für den ersten „Weg der Forschung", frg. 2, 3 DK: „[…] ὅπως ἐστίν τε καὶ ὡς οὐκ ἔστι μὴ εἶναι". Wenn durch „… ist" Sein als solches gesetzt wird, kann man nachträglich ‚Sein‘ oder ‚das, was ist‘ als Subjekt ergänzen, nicht aber etwas, was außer der Existenz noch Bestimmungen hat, die die Existenz einschränken. Wer irgendwelche Ableitungen des ersten „Weges der Forschung" so versteht, daß beliebige Dinge an die Subjektstelle zu setzen wären, belastet Parmenides mit unverständlichen Überlegungen wie: ‚Wer sagt, daß ein Hund kein Stein ist, der sagt, daß es einen Hund nicht gibt [daß ein Hund nicht ist]; wer sagt, daß ein Hund nicht immer lebendig ist, der sagt, daß

Verknüpfung des Infinitivs ‚zu sein' mit ‚ist' gestattet deshalb, wie es scheint, hier nicht einmal die Umformung des Satzes zu ‚Zu sein ist möglich', geschweige denn die Ergänzung des Subjekts durch ‚man' oder ‚wir' oder auch ‚etwas'.

Bleiben wir vorerst noch bei dem Versuch, die Parmenideische Behauptung ohne den präzisen Kontext der sie umgebenden Verse zu verstehen! Anzunehmen, Parmenides habe sich hier gänzlich über die übliche Verwendungsweise von ‚ἔστιν + Infinitiv' hinweggesetzt und den Infinitiv zum Subjekt einer Ist-Aussage gemacht: ‚Sein ist' (‚Sein existiert' oder ‚Sein ist der Fall', ‚Zu konstatieren ist Sein') – das wäre wohl die ultima ratio.[7] Aber die Überlegungen Charles H. Kahns, der die Gebrauchsweise von ‚εἶναι' im Griechischen untersucht hat, zeigen einen anderen Ausweg. Der besondere Status des Infinitivs in der besagten Verbindung wurde von Kahn – im allgemeinen, nicht in bezug auf diese Parmenides-Stelle – als „intentional" bestimmt.[8] Mit dem Infinitiv ist eine beabsichtigte oder möglicherweise beabsichtigte Handlung ausgedrückt, die durch das ‚ist (nicht)' etwa als zulässig, naheliegend, untunlich oder nicht ausführbar gekennzeichnet wird. In den Augen eines Beobachters ist eine bestimmte Situation auf eine noch nicht realisierte, aber von jemandem beabsichtigte oder jemandem zuzutrauende Handlung hin angelegt. Wer diese Handlung dann vollzieht, handelt nicht aus Willkür, sondern entspricht dieser Hinordnung und vollzieht sie. Wenn es Parmenides also nicht um einen modalen Charakter des ‚ist', wodurch dem Sein eine Bedingung voraus- und eine Alternative zur Seite gesetzt würde, zu tun sein kann, dann aber doch wohl um den intentionalen Charakter des ‚zu sein'. Das feststellende ‚ist' des ersten „Weges der Forschung" würde dadurch nicht abgeschwächt, sondern in seinem Bestand zu einem Vollzug seiner selbst erklärt. Was auch immer ‚beabsichtigt' zu sein, dessen ‚Absicht' wird hier stattgegeben. Die ‚Absicht' kann freilich nicht von dem Gegenstand geäußert werden, über dessen Sein hier entschieden wird; sie ist ihm vom

---

etwas, das es gibt [das ist], aus etwas entstanden ist, was es nicht gibt [was nicht ist], aber dann würde etwas aus nichts entstehen.' So versteht z. B. Allan Bäck Parmenides: ders., *Aristotle's Theory of Predication,* Leiden / Boston / Köln 2000, XI.

7 Der Satz, der durch „Sein ist, nichts aber ist nicht" begründet werden soll, lautet: „χρὴ τὸ λέγειν τε νοεῖν τ' ἐὸν ἔμμεναι". Faßt man diesen Satz im Sinne einer Anweisung darüber auf, was man sagen und auffassen soll, so wäre der erste Teil der Begründung tautologisch: ‚Man muß sagen und auffassen, daß Seiendes ist (oder: daß das Zuvorgenannte seiend ist), denn Sein ist ...'. Faßt man ihn aber als Aussage über das auf, was man sagen und auffassen kann (s. u.), so bliebe der erste Teil der Begründung undeutlich: ‚Was man sagen und auffassen kann (was zu sagen und aufzufassen „ist"), muß sein; denn Sein ist ...' – der Leser müßte, ohne weitere Begründung, aus der Formulierung der Begründung erst erschließen, daß der Gegenstand von Sagen und Auffassen unter das ‚Sein' subsumiert werden soll. Diese Resultate sprechen dagegen, hier das artikellose „εἶναι" als substantivierten Infinitiv aufzufassen. Damit ist noch nicht gesagt, daß Parmenides niemals Infinitive substantiviert verwendete; in Sätzen etwa, in denen das ‚ist' als Kopula fungiert – z. B. „Dasselbe ist (Denken und Sein)" (vgl. frg. 3 DK: „τὸ γὰρ αὐτὸ νοεῖν ἐστίν τε καὶ εἶναι"), wäre diese Frage neu zu stellen und zu entscheiden.

8 Charles H. Kahn, *The Verb ‚Be' in Ancient Greek,* Dordrecht / Boston 1973, 295 f.

Sprecher, vom Forscher mitgegeben. Um dieses Verhältnis des Sprechenden zu seinem Gegenstand zu kennzeichnen, benutze ich den Terminus ‚Setzung'. Wer von etwas sagt, es sei, der setzt etwas als Seiendes. Man könnte den Versuch machen, eine solche Setzung zu widerrufen. Durch ‚ἔστιν εἶναι' aber wird sie bestätigt: Was zu sein ‚beabsichtigt', indem es als Seiendes ‚gesetzt' wird, das wird in dieser Absicht, in dieser Setzung zugelassen. Diese Bestätigung heißt für das Gesetzte: Es ist eben darum: um zu sein, und es vollzieht, was für es in Frage kommt: zu sein. Durch das Aussprechen dieses Verhältnisses weist Parmenides zunächst nichts und niemandem für sich Existenz zu, sondern setzt, in einem unpersönlichen Ausdruck, unbedingt und als ihrer selbst bewußte die Setzung: „Es ist zu sein."

Die Fortsetzung und das Pendant dieses Satzes lautet nicht: ‚Nicht zu sein aber ist nicht', sondern (frg. 6, 2 DK): „... nichts aber ist nicht." Entsprechen in chiastischer Anordnung „ist" und „ist nicht", „zu sein" und „nichts" einander? Oder sollen wir die Aussagen parallel zueinander in Beziehung setzen: „ist" zu „nichts", „zu sein" zu „ist nicht"? Die Alternative der ersten beiden „Wege der Forschung", die die Göttin anfangs aufgestellt hatte (frg. 2 DK), legt hier eher das chiastische Gegenüber von „ist" und „ist nicht" nahe. Wenn nichts wäre, so hieße das, nicht zu sein käme in Frage – und dies sowohl unter der sparsameren Annahme, irgendetwas wäre ‚ein Nichts', also etwas, das nicht wäre, als auch im Sinne der totalitären These, es gebe keinerlei ‚Etwas'.

„Denn es ist zu sein, nichts aber ist nicht." Der vorangehende Satz, der hierdurch begründet wird, ist wiederum aufgrund einer eigenartigen Verwendung des Verbs ‚εἶναι' schwer zu verstehen. Kahn lehnt mangels sonstiger Belege die von manchen Interpreten vertretene Annahme ab, Parmenides könne einen Ausdruck des Typs ‚ἔστιν + Infinitiv' in partizipiale Form gebracht haben.[9] Aber Parmenides drückt sich ohnedies ungewöhnlich aus, und ungewöhnlich und pointiert ist insbesondere sein Umgang mit dem Verb ‚εἶναι'. Ich möchte deshalb doch das Risiko eingehen, das mit der Vermutung verbunden ist, am Anfang von frg. 6, 1 DK werde der Ausdruck „τὸ λέγειν ... ἐόν" im Sinne von ‚das, was zu sagen ist' verwendet. Dies scheint mir die einzige Interpretation zu sein, die zu dem Argument paßt, das Simplikios aus diesen Versen entwickelt.[10] Das Argument enthält die These: Was auch immer jemand sage, es füge sich in die Rede vom genau Einen, d. h. von dem, was ist. Diese These wäre den zitierten Versen nicht zu entnehmen, wenn dort nur eine ganz bestimmte Rede vorgeschrieben würde, in der ‚sein' oder ‚seiend' als Prädikat bzw. als Prädikativum dient (‚Man muß sagen und erfassen, daß ... ist'), oder

---

9 A.a.O., 294, Anm. 57; vgl. ders., „The Thesis of Parmenides", in: *Review of Metaphysics* 22 (1969), 700-724, hier 722.
10 Simplikios, *In Phys.* I 2, S. 86 Diels: „εἰ οὖν ὅπερ ἄν τις ἢ εἴπῃ ἢ νοήσῃ τὸ ὂν ἐστι, πάντων εἷς ἔσται λόγος ὁ τοῦ ὄντος, ‚οὐδὲν γὰρ ἔστιν ἢ ἔσται ἄλλο πάρεξ τοῦ ἐόντος' ".

wenn der Rede selbst der Status dessen, was ist, zugewiesen würde.[11] Hingegen wäre der Ausdruck ‚das, was zu sagen und zu erfassen ist', bei Simplikios ohne weiteres in der Umformung wiederzuerkennen: ‚was auch immer jemand sagt' – das bedeutet ja, daß man solches sagen kann. In argumentativem Zusammenhang mit dem Notwendigkeitsausdruck ‚χρή' hätte demnach hier die Verbindung ‚ἐόν + Infinitiv' ganz selbstverständlich ihren von ‚ἔστιν + Infinitiv' her zu erwartenden, potentialen Sinn. Wir können hier ein Subjekt ergänzen, das, mit spezifischen Fähigkeiten ausgestattet, der Possibilität zugrundeliegt: ‚Man kann, wir können etwas sagen und auffassen – was aber sag- und auffaßbar ist, muß sein. Denn es ist zu sein, nichts aber ist nichts.' In frg. 2 DK haben wir einen passenden Kontext für diese Argumentation der Göttin. ‚Kundtun' (φράζειν) und ‚erkennen' (γιγνώσκειν) – ein Ausdruckspaar, das dem von ‚sagen' (λέγειν) und ‚erfassen' (νοεῖν) in frg. 6 DK entspricht – waren dort im Potentialis, zur Bezeichnung einer vom Gegenstand her möglichen oder unmöglichen Zugangsweise verwendet worden, und in der Verwendung der zweiten Person singularis, des allgemeinen ‚du', war das Subjekt angeklungen, das diese Zugänge versuchen könnte (frg. 2, 7 f. DK): „[...] denn weder könntest du das Nicht-Seiende erkennen, denn das ist nicht zu vollbringen, noch es kundtun [...]".

Das Argument, das sich so ergibt, scheint einer Art von Argumenten verwandt zu sein, die Aristoteles kritisiert hat (*Soph. el.* cap. 5, 167a 1 f.). Aristoteles unterscheidet, indem er den syntaktischen Zusammenhang beachtet, mehrere Bedeutungen von ‚sein'. Aus der Prämisse: ‚x ist zu meinen' (oder ‚etwas Zu-Meinendes'), sei nicht zu schließen: ‚x ist'. Aus ‚Chimären sind etwas, an das man glauben kann' ist nicht zu folgern: ‚Chimären sind' (im Sinne von: ‚Es gibt Chimären'). Doch genau besehen kann man Parmenides hier keine solch fragwürdige Schlußweise unterstellen. Nach der oben versuchten Interpretation jedenfalls ist weder das ‚ist' in ‚ist zu sagen und zu erfassen' noch das ‚ist' in ‚ist zu sein' ein ‚ist' der bloßen Existenz.

---

11 In aller Kürze seien hier die verschiedenen Möglichkeiten, die Syntax von frg. 6, 1 DK zu deuten, daraufhin geprüft, ob sie mit dem Argument bei Simplikios zusammenpassen; der Leser möge jeweils die verschiedenen Bedeutungen von ‚sein' – ‚existieren' oder ‚wahr sein, der Fall sein' oder auch ‚bestimmt sein als ...' – im Auge behalten: 1. ‚Es ist notwendig, zu sagen und zu erfassen, daß Sein seiend ist.' Für Simplikios müßte dieser Satz erst noch zugespitzt werden, um das Argumentationsziel zu erreichen: ‚Es ist notwendig, nichts zu sagen und zu erfassen, als daß Sein seiend ist.' – 2. ‚Es ist notwendig, zu sagen und zu erfassen, daß das Seiende ist.' Auch dieser Satz bedürfte derselben Zuspitzung. – 3. ‚Das Sagen und Erfassen muß sein, was ist.' Dieser Satz enthielte keine Auskunft über das, worüber zu sprechen und was zu erfassen wäre; über diese Gegenstände aber räsoniert Simplikios. – 4. ‚Seiendes zu sagen und zu erfassen, muß sein.' Wiederum wäre eine Zuspitzung nötig, damit Simplikios diesen Satz brauchen könnte: ‚[...] muß das Einzige sein.' (Die vier Möglichkeiten sind so zu beschreiben: 1. „Ἔμμεναι" ist Objekt zu „τὸ λέγειν [...]", „ἐόν" Prädikativum. – 2. ‚Ἐὸν ἔμμεναι" ist ein A.c.i. – 3. „Τὸ λέγειν [...]" ist der Akkusativ-Ausdruck, „ἔμμεναι" der Infinitiv eines A.c.i., „ἐόν" ist Prädikativum. – 4. „Ἐόν" ist Objekt zu „τὸ λέγειν [...]", im übrigen ist die Konstruktion gleich der von Nr. 3.)

Vielmehr spricht die Göttin in beiden Fällen von einem Gegebensein für einen Vollzug. Etwas ist dem Sprechen und Erfassen zugänglich, etwas ist auf den Vollzug des Seins ausgerichtet – hier wird durch „ist" die Wirklichkeit einer Möglichkeit, die Zulassung eines Sich-Vollziehens ausgedrückt, und die (im Vollzug sich zeigende) Intention auf das Sein soll für die Möglichkeit zu diesem, dem Sagen und Erfassen, oder zu jenem, dem Sein, grundlegend sein. Von Existenz ist dabei auch die Rede (‚zu sein'), doch wird sie nicht ontologisch von einem ihr vorausliegenden Prinzip her erschlossen, sondern logisch aus der Setzung, von etwas sei zu reden oder etwas sei zu erfassen, abgeleitet. In der aristotelischen Kritik wäre, wollte man sie auf Parmenides beziehen, der von diesem durchaus kenntlich gemachte Mittelschritt nicht genügend beachtet: Die Setzung der Möglichkeit eines geistigen Zugangs zu etwas wird bei Parmenides zurückgeführt auf die Setzung, dieses Etwas vollziehe es, zu sein; ohne diese Setzung wäre keine andere möglich, ohne diesen Vollzug böte nichts einen Zugang. Parmenides unternimmt also zwar sehr wohl einen Wechsel zwischen verschiedenen Bedeutungen des Verbs ‚εἶναι', aber er verwechselt nicht diese Bedeutungen, sondern behauptet und will gerade zeigen, daß der Übergang möglich ist.

Was zu sagen und zu erfassen ist, ist als solches gesetzt; das Sagen und Erfassen ist sein Sein, und dieses wird bereits vollzogen, wenn gesagt und erfaßt wird, daß es zu sagen und zu erfassen ist oder daß es sein kann. Denn nicht-sein kann es nicht. Die als Vollzug einer Intention gefaßte Möglichkeit ist hier keine Modalität, in die etwas gesetzt ist, sondern eine Eigenschaft des jeweils Gesetzten – und des Setzenden. Wenn Parmenides ein ‚Idealist' ist, dann einer, der nicht vom Subjekt her spricht – was das Subjekt täte, wäre sein Sein –, und der auch nicht vom Subjekt her die von diesem unterschiedene Wirklichkeit konstituiert sieht. Nicht ‚Auffassen und Sein des Subjekts' ist dasselbe, und auch nicht ‚Aufgefaßtwerden und Sein des Objekts' ist dasselbe, sondern ‚Auffassen und Sein'[12] – so wie jemand auf einer Anhöhe nicht sagt, Gesehenwerden und Meer seien eins, sondern Sehen und Meer seien eins. Dabei meint er nicht, was er sehe, sei das Meer. Vielmehr: Das Meer ist zu sehen.

---

12 Wo Plotin auf frg. 3 DK Bezug nimmt, identifiziert er offenbar „νοεῖν" und „εἶναι": Enn. V 1, 8; V 9, 5; vgl. z. B. auch I 4, 10; III 8, 8. Ich halte diese Deutung für einfacher und näherliegend als diejenige, wonach beide Infinitive von „ἔστιν" abhängig wären; vgl. oben Anm. 4. Anders würde ich urteilen, wären beide Verben transitiv, wie z. B. bei Aristoteles, An. post. I 33, 89a 11: „Πῶς οὖν ἔστι τὸ αὐτὸ δοξάσαι καὶ ἐπίστασθαι;"

2. Kosmologie: Was wird möglich durch Sein und Nicht-Sein?

Was das Auffassen und Darlegen des Seins betrifft, so ist Parmenides ein Monist, als Kosmologe aber ist er Dualist. Dabei spielt das als Eines dargelegte Sein keine Rolle für die Kosmologie, etwa als göttlicher Urheber oder als der stoffliche Grund des Kosmos; vielmehr sind die beiden kosmologischen Prinzipien komplementär aufeinander bezogen und lassen durch das Wirken einer Göttin, des Zwangs (ἀνάγκη: frg. 10, 6 u. 12, 3 DK), den Kosmos aus sich hervorgehen. Jene andere Göttin, die Parmenides und seine Leser belehrt, bezeichnet es als den fundamentalen Irrtum der Menschen, im Kosmos zwei irreduzible Gestalten auszumachen; allerdings beansprucht sie, von derselben Voraussetzung her eine an Plausibilität unübertreffbare Kosmologie geben zu können.[13] Den Irrtum vermiede der, der nur Eines annimmt, aber damit wäre er auf dem ersten „Weg" der Göttin und käme gar nicht mehr dazu, einen Kosmos aus irgendwie differenten Bestandteilen zu rekonstruieren. Damit weist Parmenides zwei Typen von konkurrierenden Entwürfen zurück: Denker, die mehrere Prinzipien des Kosmos annehmen, bleiben auf der Ebene des Scheins und der Meinung und verfehlen das Sein; Denker, die ein einziges Prinzip annehmen, müßten an dem Vorhaben scheitern, daraus einen vielfältigen Kosmos zu rekonstruieren. Parmenides würde wohl an Anaximander die Frage stellen: Wenn du als einziges nur das „Grenzenlose" setzt – wie kommst du von dorther zu der Behauptung, etwas entstehe und vergehe, und es vernichte und restituiere dadurch etwas anderes?

Ein solches Nebeneinander von monistischer Seinslehre und dualistischer Kosmologie ruft unweigerlich den Versuch hervor, beides aufeinander zu beziehen. In Platons *Timaios* orientiert sich der Gott, indem er den Kosmos zusammenstellt, am rein geistigen, wandellosen Sein als an seinem Modell. Aus den Fragmenten des Parmenideischen Gedichts kennen wir eine solche Engführung nicht. Trotzdem ist die Beschreibung des Kosmos in der Wortwahl und im Bemühen um Totalität und Konsequenz der Beschreibung offensichtlich am „ersten Weg" orientiert.[14] Im Kosmos herrscht Zwang. Warum? So wie auf dem ersten Weg die Geltung des ‚Ist' und der Ausschluß des ‚Ist-nicht' unbedingt anzunehmen sind, so gilt auf dem dritten Weg der durchgängige Bestand der beiden komplementären „Formen" Feuer und Nacht. „Nichts, was sich unter keinem von beiden befände" (frg. 9, 4 DK). Der Kommentar von Simplikios zu diesem Satz lautet: „Wenn sich aber ‚nichts unter keinem von beiden' befindet, so sind beide offenbar Prinzipien und einander entgegengesetzt."[15] Dieser Kommentar wird zuweilen mißverstanden und zu-

---

13 Vgl. frg. 1, 30-32 DK; frg. 8, 60 f. DK.
14 Vgl. Coxon, *Fragments* (Anm. 3), 233 f. zu frg. 9 DK.
15 Simplikios, *In Phys.* I 5, S. 180 Diels: „εἰ δὲ μηδετέρῳ μέτα μηδέν, καὶ ὅτι ἀρχαὶ ἄμφω καὶ ὅτι ἐναντίαι, δηλοῦται."

gunsten einer anderen Deutung abgelehnt, derzufolge mit „μηδέν" hier ‚Leere' gemeint sei.[16] „Prinzipien" sind Licht und Nacht „offenbar", weil ohne sie nichts ist; „einander entgegengesetzt" sind sie „offenbar", weil sie die beiden Glieder einer vollständigen Einteilung der Prinzipien ausmachen und insofern in maximaler Differenz zueinander stehen. Parmenides sieht also eine Behauptung wie ‚Nacht ist nicht Feuer' nicht etwa deshalb als in sich widersprüchlich an, weil damit der Nacht zugesprochen würde, sie sei nicht; die Behauptung wäre ja durchaus vereinbar mit ‚Nacht ist Nacht' und ‚Nacht gibt es'. Das Problem liegt vielmehr darin, daß, wer so spräche, vom Feuer behauptete, es gäbe es nicht. Das Sein der Nacht gälte als Nicht-Sein des Feuers; das Feuer dürfte dann, als ein von der Nacht verschiedenes Prinzip, gar nicht gesetzt werden. Die Menschen verstehen ihre Behauptung aber im Sinne von ‚Die Nacht ist nicht das Feuer', d. h. sowohl Nacht als auch Feuer werden gesetzt – sei es als Bestand der Wirklichkeit, oder sei es in einer Alternative als zwei Möglichkeiten, von denen hier und jetzt jeweils die eine oder die andere verwirklicht wäre. Eine analoge Überlegung gilt für die Behauptung: ‚Feuer ist nicht Nacht.' Ein Neben- oder Nacheinander von Nacht und Feuer bedeutete folglich ein Neben- oder Nacheinander von Sein und Nichtsein des Feuers und von Sein und Nicht-Sein der Nacht. Diesen doppelten Gegensatz verurteilt Parmenides als einen Widerspruch gegen die absolute Geltung des ‚Ist'. Die dennoch angestrebte Plausibilität des dritten Weges, so wie Parmenides ihn darlegt, ist die einer zur Tugend gemachten Not: Sein und Nicht-Sein, Licht und Nacht zusammengenommen werden immer widersprüchlich und ohne Erkenntnismöglichkeit bleiben; aber als Erklärungsprinzip für mögliche Kombinationen und Erzeugungen will Parmenides sie immerhin doch konsequent angewendet wissen. Zusammen – und dieses „Zusammen" kann aufgrund der „Ist-nicht"-Formel gerade nicht gedacht werden, sondern ist unverstandene Annahme – zusammen also sollen die beiden Prinzipien das All ausmachen, ohne Rest und ohne Ausweg. Diese Denkungsart kann die Möglichkeit der wechselnden Welt-Phänomene scheinbar erklären, unter diese Phänomene fällt jedoch keines, das selbst ‚Möglichkeit' im Sinne von Offenheit oder Freiheit hieße. Offene Möglichkeiten bleiben nur auf seiten derjenigen, die den Kosmos rekonstruieren. Die Göttin spricht Parmenides als Konkurrenten unter anderen Kosmologen an. Man kann auf diesem Gebiet zu verschiedenen Ergebnissen kommen. Aber niemand soll denjenigen, der den ersten „Weg der Forschung" kennengelernt hat, an Plausibilität seiner Kosmologie übertreffen. Man kann also eine gute oder eine weniger gute Kosmologie vorlegen. Was kosmologisch möglich ist

---

16 So z.B. Coxon, *Fragments* (Anm. 3), 234. Coxon meint, Simplikios lese „μηδέν" adverbiell. Im übrigen hält er es für unerheblich, ob Parmenides das Wort „μηδέν" mit dem Artikel verwendet (frg. 8, 10 DK: „aus dem Nichts anfangen") oder ohne (frg. 6, 2 DK: „Nichts ist nicht"). Das Wort „nichts" (ohne Artikel) kann man aber hier wie in frg. 6, 2 im üblichen Sinne, nämlich distributiv verstehen; der Sinn ist dann: Man kann keine Sache nennen, für die gälte, daß sie nicht sei.

und mit welcher Folgerichtigkeit die Möglichkeit der Naturerscheinungen und der Zwang, dem sie gehorchen, dargelegt werden, hängt allein vom Wissen und Können der Kosmologen ab.

3. Methodologie: Die möglichen und die unmöglichen „Wege der Forschung"

„Los also, davon will ich sprechen, du aber höre und bewahre die Rede,
allein welche Wege der Forschung zu erfassen sind:
(i) Der eine, daß ... ist und daß ... nicht nicht sein kann, ist der Weg des Überzeugens,
denn er geht der Wahrheit[17] nach;
(ii) der andere, daß ... nicht ist und daß es notwendig ist, daß ... nicht ist,
der, sage ich dir, ist ein Pfad völlig ohne Auskunft,
denn weder könntest du das Nicht-Seiende erkennen, denn das ist nicht zu vollbringen,
noch es kundtun <...>.
Es ist notwendig, daß das, was zu sagen und zu erfassen ist, sei. Denn es ist möglich zu sein,
nichts aber ist nicht: Das kundzutun gebiete ich dir.
Denn dies ist der erste Weg der Forschung, von dem <ich> dich <fernhalte>,
(iii) dann[18] aber auch von dem, auf den die nichtswissenden Sterblichen verschlagen werden, doppelköpfig [...],

---

17 Ernst Heitsch hat „ἀλήθεια" lieber durch ‚Evidenz' als durch ‚Wahrheit' übersetzt; siehe Parmenides, *Die Fragmente. Griechisch-deutsch.* Hrsg., übers. u. erl. von E. Heitsch, Darmstadt 3. Aufl. 1995, 15. Aber was ist dadurch gewonnen? Erläutert werden muß der neue Vorschlag nicht weniger als die tradierte Übersetzung. Wem wäre denn das Sein, das den ersten Weg ausmacht, evident? Den Menschen anscheinend nicht. ‚Wahrheit' ist das, was man erkennt und wovon man aufgrund der Sache zu überzeugen hoffen kann. Dem entsprechen Nicht-Erkenntnis und Nicht-Kundtun, bei denen es auf dem zweiten Weg bleibt. Was läge zwischen der Evidenz und dem Ausbleiben von Erkennen? Nicht-evidentes Erkennen. Warum sollte man sich darum kümmern? Zwischen der Wahrheit und dem Ausbleiben von Erkennen aber liegt der Schein, das vermeintliche Erkennen. Dies ist für jeden, der von Wahrheit spricht und überzeugen will oder der mit Menschen lebt, die in seinen Augen der Wahrheit nicht zugetan sind, eine Herausforderung.
18 Die Stelle, an der Simplikios diese Verse überliefert, ist korrupt; man muß aus Gründen der Syntax annehmen, daß er im ursprünglichen Text frg. B 6 DK nicht im Zusammenhang zitiert hat, sondern mit einem Einschub vor v. 4 (vor den Worten „dann aber auch"). Vielleicht ist deshalb, wie Ernst Heitsch es tut, auch im Text des Fragments eine Lücke vor v. 4 anzusetzen; vgl. Parmenides, *Die Fragmente* (Anm. 17), 148 f.; ausführlicher E. Heitsch, *Gegenwart und Evidenz bei Parmenides. Aus der Problemgeschichte der Aequivokation,* Wiesbaden 1970, 42-46. Die Gedankenführung des Fragments scheint mir jedoch lückenlos zu sein – allerdings nur unter der Annahme, daß frg. 6 eng auf frg. 2 folgt. Daß Simplikios sonst in dieser Weise, d. h. durch einen Einschub weniger Worte, Verse zusammenbringt, die bei Parmenides nicht unmittelbar zusammenstehen, kann hier bei frg. 6 nicht den Ausschlag geben: Inhaltlich braucht Simplikios die Verse 1-3 für sein Räsonnement nicht, ihm kommt es ausschließlich auf die Verse 4 ff. an, und das ist Grund genug, die Verse 4 ff. durch einen (im überlieferten Text verlorengegangenen) Einschub von den anderen abzuheben; daß er die Verse 1-3 überhaupt zitiert, dient nur dazu, dem Leser das syntaktische Verständnis und den argumentativen Nachvollzug der Folgeverse zu ermöglichen. Eine Lücke ist also zwar nicht ausgeschlossen, aber doch auch nicht wahrscheinlicher als keine Lücke.

Möglichkeit, Parmenideisch

von denen sowohl das Sein als auch Nicht-Sein für dasselbe erachtet wird und für nicht dasselbe; aber Rückschlag ist der Gang von ihnen allen."[19]

Nach dieser Übersetzung stünde der oben isoliert interpretierte Anfang von frg. 6 DK in engem Zusammenhang mit frg. 2 DK – und der Ausdruck ‚es ist zu sein' erschiene nun doch, dem gewöhnlichen Sinn der Verbindung ‚ἔστιν + Infinitiv' gemäß, als potentialer Ausdruck in der Bedeutung von ‚es ist möglich zu sein'. Warum diese Revision? Bedeutet sie nicht, nach den obigen Ausführungen, eine Trivialisierung hin zum Unverständigen und Unverständlichen?

Die Göttin stellt die drei „Wege der Forschung" als drei Denkmöglichkeiten vor. „Denken" (νοεῖν) heißt geistig wahrnehmen, gewahren, auffassen, vielleicht auch prüfen; es heißt nicht, etwas als gültigen Gedanken setzen oder bestätigen.[20] Der zweite Weg erweist sich sogleich als gar nicht begehbar, er ist im Sinne von Gültigkeit nicht zu denken, aber aufgrund einer antithetischen Struktur des Denkens und Sprechens erscheint er zunächst einmal doch als eine Möglichkeit, die Anspruch darauf erhebt, aufgefaßt und geprüft zu werden. Die Prüfung ergibt, daß die sprachliche und gedankliche Setzung eines Gegenstands, ja schon die Annahme, eine solche Setzung sei möglich, Sein impliziert – Setzung ist nicht nichts, sondern Sein. Was nicht gesetzt wäre und in diesem weiten Sinne nichts wäre, könnte umgekehrt kein Gegenstand von Sagen und Auffassen sein. Die Göttin gebietet deshalb, der Formel, die diesen zweiten Weg kennzeichnet, in präziser Kontradiktion zu widersprechen. Und indem wir die oben zunächst isoliert untersuchte Weisung in chiastischer Entsprechung zur Formel des zweiten Weges verstehen, hält hier die vorher erst abgewiesene, dann im Sinne der Zulassung eines Sich-Vollziehens gedeutete Potentialität doch wieder in aller Schlichtheit Einzug. Der Annahme, daß, um was auch immer es sich handle, nicht sei, widerspricht die eine Hälfte der Weisung: Nichts sei nicht; und der Annahme, daß, um was es sich auch handle, notwendigerweise nicht sei, widerspricht die zweite Hälfte: Zu sein sei möglich. Zusammengenommen ergibt die Weisung nach wie vor eine Begründung für die Behauptung, was man sagen und auffassen könne, müsse sein. ‚Nichts ist nicht' kann

---

19 Frg. B 2 DK; frg. B 6, 1-5 DK (mit Diels' Ergänzung in v. 3); 8 f.: „εἰ δ' ἄγε, τῶν ἐρέω, κόμισαι δὲ σὺ μῦθον ἀκούσας, / αἵπερ ὁδοὶ μοῦναι διζήσιός εἰσι νοῆσαι· / ἡ μέν, ὅπως ἐστίν τε καὶ ὡς οὐκ ἔστι μὴ εἶναι, / πειθοῦς ἐστι κέλευθος, ἀληθείῃ γὰρ ὀπηδεῖ, / ἡ δ', ὡς οὐκ ἔστιν τε καὶ ὡς χρεών ἐστι μὴ εἶναι, / τὴν δή τοι φράζω παναπευθέα ἔμμεν ἀταρπόν· / οὔτε γὰρ ἂν γνοίης τό γε μὴ ἐόν, οὐ γὰρ ἀνυστόν, / οὔτε φράσαις. <...> / χρὴ τὸ λέγειν τε νοεῖν τ' ἐὸν ἔμμεναι, ἔστι γὰρ εἶναι, / μηδὲν δ' οὐκ ἔστιν· τά σ' ἐγὼ φράζεσθαι ἄνωγα· / πρώτης γάρ σ' ἀφ' ὁδοῦ ταύτης διζήσιος <εἴργω>, / αὐτὰρ ἔπειτ' ἀπὸ τῆς, ἣν δὴ βροτοὶ εἰδότες οὐδὲν / πλάζονται δίκρανοι [...] / οἷς τὸ πέλειν τε καὶ οὐκ εἶναι τωὐτὸν νενόμισται / κοὐ τωὐτόν, πάντων δὲ παλίντροπός ἐστι κέλευθος." Punkte in eckigen Klammern markieren Textauslassungen, Punkte in spitzen Klammern Überlieferungslücken, Punkte ohne Klammern (nur in der Übersetzung) sachliche Unbestimmtheiten im Text.

20 Vgl. Kurt von Fritz, „Die Rolle des ΝΟΥΣ [1943-1946]", übers. von Paul Wilpert, in: Hans-Georg Gadamer (Hg.), *Um die Begriffswelt der Vorsokratiker*, Darmstadt 1968, 246-363.

ohne weiteres als absolute Behauptung verstanden werden, statt bloß als kontingente (,Derzeit ist nichts nicht, aber wer weiß, ob es nicht morgen etwas gibt, was nicht ist'); und die Möglichkeit zu sein kann ohne weiteres im Sinne einer Möglichkeit verstanden werden, die durch die Wirklichkeit oder gar Notwendigkeit des Möglichen nicht negiert, sondern zur Geltung gebracht und vollzogen wird. In diesem Sinne genommen, folgt aus der Negation der Annahme, etwas sei nicht, und aus der Möglichkeit zu sein in der Tat die Notwendigkeit, etwas, das sich sagen und auffassen lasse, sei. Es ist, indem es das Sagen und Auffassen bestimmt.

Nicht nur die Ablehnung des zweiten Weges zugunsten des ersten, sondern auch das Verhältnis des ersten zum dritten Weg läßt sich durch modaltheoretische Überlegungen klären. Da die Göttin zwar nur dem ersten Weg attestiert, Erfolg in der Forschung zu versprechen, sie aber trotzdem auch eine akzeptable Art und Weise lehren will, den dritten Weg zu gehen,[21] so kann der erste Weg nicht nur als in sich selbst reichhaltig, sondern auch als Ermöglichungsgrund für den dritten begriffen werden. Doch wieso präsentiert die Göttin uns überhaupt gerade drei Wege, warum legt sie dann zwei davon aus und erkennt dabei nur einen als zielstrebig an?

Ginge es um die Möglichkeiten, zwei voneinander unabhängige Annahmen, behauptet oder negiert, in einer Aussage miteinander zu verbinden, so gäbe es vier: $A \wedge \neg B$; $B \wedge \neg A$; $A \wedge B$; $\neg A \wedge \neg B$. Ist jedoch, wie hier, die zweite Annahme die Negation der ersten, gibt es bloß zwei Möglichkeiten: A oder $\neg A$. Dieses einfache logische Schema läßt sich als Raster für die Unterscheidung der Arten von „Forschung" ausmachen. Aber dieser Unterscheidung zufolge gibt es eine Art von Forschung, die sich der logischen Alternative ,A oder $\neg A$' entzieht. Die Göttin kennzeichnet den ,dritten Weg' dadurch, daß die, die ihn gehen, Sein und Nichtsein zugleich als dasselbe und als nicht dasselbe ansähen; fraglich ist, ob das „und" („sowohl – als auch"), das die beiden Teile des Objekts dieser Ansicht verbindet, distributiv oder kopulativ gemeint ist.[22] Meinen die Unwissenden, A und B seien miteinander identisch, und A und B seien auch voneinander verschieden? Oder meinen sie, A sei dasselbe (mit sich selbst) und B sei dasselbe (mit sich selbst), und beide seien jeweils nicht dasselbe (wie das andere)? Die Anstößigkeit dieser Meinung läuft nach beiden Lesarten auf dasselbe hinaus: Wer Affirmation und Negation für ein und dieselbe Bestimmung des Gegenstandes zuläßt, vermengt jedenfalls Sein und Nichtsein. Den Unwissenden gelte die Nacht wie der Tag, die Erde wie das Feuer oder das Dunkel wie das Licht jeweils als ein Bestandteil des Kosmos, und insofern sei ihnen beides dasselbe: Seiendes; zugleich aber wäre für sie Nacht nicht Tag und Tag nicht Nacht, insofern unterschieden sie Sein und Nicht-Sein. Oder: Die

---

21 Vgl. oben Anm. 13.
22 Parmenides ist es durchaus zuzutrauen, in einem Ausdruck nach Art von ,A und B sind dasselbe' das ,und' durch ,sowohl – als auch' auszudrücken. Siehe hierzu E. Heitsch in: Parmenides, *Die Fragmente* (Anm. 17), 145.

Unwissenden hielten den Tag für den Tag, und nicht für die Nacht; und sie hielten die Nacht für die Nacht, und nicht für den Tag. Die zweite Beschreibung entspräche einer anderen, die an späterer Stelle des Gedichts erscheint und dort deutlicher ausfällt, da der wechselnde Bezugspunkt des Ausdrucks „dasselbe" benannt wird: Feuer ist dasselbe wie Feuer, aber nicht dasselbe wie Nacht, und Nacht ist dasselbe wie Nacht, aber nicht dasselbe wie Feuer.[23] In jedem Fall verbinden und trennen die Unwissenden zweierlei; keines davon kann also schlechthin das Seiende sein, das nichts neben sich hat. Die Menschen stellen laut der Göttin somit nicht etwa eine dritte logische Möglichkeit neben die Alternative ‚A oder ¬A', sondern sie beschreiben einen Weg der Wirklichkeitsauffassung, der sich der logischen, entschiedenen Alternative entzieht und gegen sie verstößt. In seiner Unklarheit und Widersprüchlichkeit könnte man diesen dritten Weg auf die Formel ‚A ∧ ¬A' bringen; aber anders als beim ersten Weg, ‚A ∧ ¬(¬A)', taugte diese Formel höchstens als Sopraporte, das der Wissende dem dritten Weg anheften mag, nicht als Bezeichnung dessen, wie die Menschen selbst diesen Weg verstehen – erst etwa Zenon von Elea würde sie auf die Widersprüchlichkeit hinweisen –, und auch nicht als sichere Ausgangsposition für eine weitere „Forschung" auf diesem Weg.

Laut der obenstehenden Übersetzung verstärkt die zweite Aussage eines jeden der ersten beiden Wege jeweils die erste: Die Göttin bringt die Unmöglichkeit des Gegenteils (1. Weg) bzw. die Notwendigkeit der Behauptung (2. Weg) zum Ausdruck. Die modalen Verstärkungen dienen dazu, diese beiden konsequenten Wege von dem dritten, in sich „rückläufigen" (παλίντροπος) zu unterscheiden, bei dem es ebenfalls eine zweite Aussage gibt, diese aber die erste nicht verstärkt, sondern negiert: Die Menschen bringen, in grandioser Mißachtung der Logik, nicht nur Kontradiktorisches in einer Affirmation zusammen, sondern negieren dann auch noch wieder diese unersprießliche Affirmation (nach der ersten Interpretation), oder sie bestimmen beide Glieder eines Gegensatzes durch dieselbe Affirmation von Kontradiktorischem (nach der zweiten Interpretation).

Daß der zweite Weg, ‚¬A', gar nicht erst ausprobiert werden muß, sondern sich gleich bei der Vorstellung schon als gänzlich aussichtslos zeigt, muß an der Bedeutung der Annahme ‚A' liegen. Was also wird angenommen? Das wird uns zunächst irritierenderweise gerade verschwiegen; in ‚ἔστι' scheint nur die Form der Annahme, nicht aber ihr Gehalt ausgesprochen zu sein. Aber die Kennzeichnungen der Wege, „ἔστιν" und „οὐκ ἔστιν", sind jedenfalls nicht als schlechthin unvollständige, subjektlose Aussagen gedacht; die Subjektstelle ist durchaus vorgesehen, sie bleibt nur vorerst frei. Das zeigt Vers 7: Offenbar wäre es sehr wohl gestattet, das Subjekt der Aussage des ersten Weges als ‚das Seiende', das des zweiten, wie es hier die

---

23 Vgl. frg. 8, 53-59 DK.

Göttin tut, als „das Nicht-Seiende" zu benennen.[24] Jedoch wird diese Benennung als Ergebnis präsentiert, als eine, die aus der Prädizierung erst gewonnen wurde und nicht vor dem Prädikat schon bestimmt war und vorausgesetzt werden konnte. Der Gegenstand der Aussage, das Subjekt, wird von seiner Setzung her bestimmt, vom Prädikat ‚ist' oder ‚ist nicht'. Mit der oben ‚A' genannten Annahme wird also nicht irgendetwas Bestimmtes gesetzt, sondern Setzung und damit Gesetztes überhaupt: „ἔστιν", „... ist" . Wer nun das Nicht-Gesetzte setzen wollte und dabei dessen Nicht-Gesetztsein nicht negieren, sondern bewahren wollte, ist nicht erst vom sicheren Boden des Weges ‚A' aus abzufertigen, vielmehr kann man diese Setzung aufgrund ihrer selbst verneinen. Etwas kann zu einem Charakter von Setzung gar nicht gelangen, wenn nichts gesetzt oder zu setzen beansprucht wird. – Vielleicht aber darf oder gar muß es gerade einen grundlosen Anfang geben, einen Anfang ohne Rechtfertigung durch Vorgängiges oder Mitgebrachtes? In diesem Fall bleiben zur Beurteilung einer Annahme ihre Folgen in den Blick zu nehmen. Die Ausschließung des Weges ‚... ist nicht' bedeutet nicht, Parmenides wolle in irgendeinem Sinne, und sei es auch nur für die von ihm propagierte Art der Forschung, die Verwendung von Negationen verbieten. So gehört zu dem Weg des positiven ‚... ist' auch die doppelte Negation „daß ... nicht nicht-sein kann". Es geht offenbar nicht darum, zwischen zulässigen (positiven) und unzulässigen (negativen) Prädikaten oder Copulae zu unterscheiden, sondern es geht um die richtige oder falsche ‚Hypothese' der Forschung, so wie Platon den Begriff der Hypothese im Dialog *Parmenides* verwendet. Nehmen wir den Ausdruck ‚(das) Sein' oder ‚Seiendes' und bilden aus ihm und dem Prädikat ‚sein' die zwei möglichen Hypothesen: ‚Sein ist' – ‚Sein ist nicht', so propagiert Parmenides die erste Hypothese als wahr, die zweite als falsch. Nehmen wir den Ausdruck ‚Nicht-Sein' oder ‚Nicht-Seiendes' und verfahren ebenso, so propagiert er die Hypothese ‚Nicht-Sein ist nicht' und weist die Hypothese ‚Nicht-Sein ist' ab. Ziel der Hypothesenbildung ist es, „Wege der Forschung" zu finden und zu beurteilen. Die Forschung, die Erkenntnis, das Sprechen über einen Gegenstand werden von Parmenides als möglich gesetzt – als möglich, weil es sie für ihn gibt, weil sie für ihn Wirklichkeit sind. Die Negation des Seins oder die Affirmation des Nicht-Seins hätte die Nichtigkeit der Forschung, des Erkennens, des Sprechens über etwas zur Folge: Es gäbe nichts, was erkannt wird, es gäbe kein Erkennen. Diese Folgerungen lehnt Parmenides als unmöglich ab. Hingegen ergibt die Setzung des Seins als wirklich und die Setzung des Nicht-Seins als unmöglich, daß Forschen, Erkennen, Sprechen einen Gegenstandsbereich und damit selbst Möglichkeit und Wirklichkeit haben. Die Hypothese ‚Seiendes ist' wäre

---

24 Es ist auch gestattet, die auf dem ersten Weg gefundenen Prädikate (σήματα, frg. 8, 2 DK) an die Subjektstelle von „... ist" zu setzen, so wie der von Platon imaginierte Parmenides es als seine Hypothese bezeichnet, Eines sei (Platon, *Parmenides* 137b 1-4). An die Subjektstelle darf treten, was das Prädikat ‚ist' nicht aufhebt oder einschränkt und damit eine widersprüchliche Behauptung ergibt.

Möglichkeit, Parmenideisch

nicht durch Prämissen bewiesen, wohl aber dadurch verbindlich gemacht, daß ihre Konsequenzen besser sind als diejenigen der Gegenthese, die nicht weiterführt, nichts eröffnet.

Die Göttin will auch nicht, daß man den dritten Weg beschreite, und dafür begnügt sie sich nicht mit nüchterner Argumentation, sondern verhöhnt diejenigen, die auf diesen Weg hereinfallen. Sie kümmert sich bei aller Ablehnung doch in zweifacher Weise um diesen Weg: indem sie ihn verächtlich macht, und indem sie eine Art und Weise darlegt, sich im Verächtlichen mit Bravour zu behaupten. Da die Menschen diesem Weg trotz seiner Unersprießlichkeit eben doch anhängen, mag es für den Wissenden immerhin vorteilhaft sein, auch unter ihnen und auf ihrem Weg als einer zu gelten, der sich bestens auskennt. Hätte dieser Weg nun schlechthin seine eigenen Gesetze und Regeln, dann wäre freilich nicht einzusehen, wie jemand sich auf ihm auskennen sollte, ohne ihn gegangen zu sein. Tatsächlich aber ist diejenige Wirklichkeitsauffassung, die die Göttin als unbedingt konkurrenzfähig für den dritten Weg empfiehlt, nicht auf diesem erforscht und erarbeitet, sondern vom ersten Weg abhängig und von ihm her zu durchschauen: Der Wissende gibt durch das, was er auf dem ersten Weg gelernt hat, dem vielfältigen Schein, dem man auf dem dritten Weg sonst ausgeliefert ist, seine möglichst einfache und durchgängige Struktur. Das Zusammen-Bestehen und Zusammenwirken der beiden Prinzipien wird von Parmenides in dem Bewußtsein, daß es undenkbar ist, zur Erklärung der Phänomene zugrundegelegt. Daß der Wissende den dritten Weg nicht gehen soll, heißt also nicht, daß er das dort Erscheinende ignorieren könnte; seine Erklärungsmethode aber stammt nicht von dort.

4. Schlußfolgerungen

Der erste „Weg" von Parmenides schließt Nicht-Sein für jegliches Gesetzte als Unmöglichkeit aus. Damit gilt für jedes Gesetzte die Möglichkeit zu sein, eine Möglichkeit, die folgendermaßen auszuformulieren wäre: Dem Gesetzten ist möglich, sein Sein in der Setzung zu vollziehen, nämlich in demjenigen Auffassen und Sagen, für das es Gesetztes ist. Insofern ihm als Gesetztem die gegenteilige Möglichkeit, nicht zu sein, nicht offensteht, ist sein Sein mit Notwendigkeit von ihm zu vollziehen, von uns aufzufassen. Es gibt für uns nichts aufzufassen als Sein, und wir können es. Zu sein (was heißt: im Auffassen und im Sagen zu sein), das ist die performative Möglichkeit dessen, was wir setzen, um es zu erforschen. Aufzufassen und zu sagen, was ist, das ist das performative Können des Forschers. – Der dritte „Weg" ist einer des gradweisen Könnens. Wir können uns seiner Widersprüchlichkeit nicht entziehen, der Dualismus zwingt zur Ineinssetzung und zur Unterscheidung der beiden angenommenen Prinzipien. Aber der eine kann die Wirkungsweise der Prinzipien konsequenter und einleuchtender zur Geltung bringen als ein anderer. Das vermittelnde Erklärungsprinzip ist der „Zwang", die „Notwendigkeit"; aber durch die falsifizierbare Potentialität des Kosmologen muß auch der behauptete Zwang als falsifizierbar gelten. Auf dem ersten Weg können wir das Gesetzte als das Sein, das es ist, auffassen; auf dem dritten können wir dem Zwang, der die Interaktion der beiden Prinzipien regelt, in unserem kosmologischen Entwurf nachgehen, werden aber in jedem Gesetz und in jedem Teilbereich des Kosmos die dortige Widerstrebigkeit ebenso zu spüren bekommen wie einen Rückschlag in unseren Wissensversuchen. Auf dem ersten Weg finden wir Potentialität: Das Sein, wie es sein kann. Auf dem dritten finden wir Possibilität: Feuer und Nacht, wie es nach unserer fehlgeleiteten Meinung möglich ist, daß sie in der Natur der Dinge, von der jedes der beiden nur ein Element ist, interagieren. Was aber beide Wege in ihrer Abgrenzung gegenüber dem, was auf ihnen nicht möglich ist, bestimmt, ist der logische Zwang: Er läßt auf dem ersten Weg nichts zu, was dem Sein zuwiderliefe, auf dem dritten nichts, was sich der Zweiheit und Widersprüchlichkeit von Licht und Nacht entzöge. Daß sich der erste Weg überhaupt auftut, ist für Parmenides das äußerste Menschenmögliche.

„Das Saatkorn ist dem Vermögen nach eine Pflanze".
Über ontologische und logische Aspekte Aristotelischer Möglichkeitssätze

Ulrich Nortmann

1. Potentialität und Possibilität

Aristoteles hat für das Reden über Möglichkeiten eine Terminologie geschaffen, auf deren Grundlage sich zwei verschiedenartige Diskurstypen entfalten konnten: das, was man den Potentialitätsdiskurs auf der einen Seite und den Possibilitätsdiskurs auf der anderen Seite nennen könnte.

Wer einen Potentialitätsdiskurs führt, spricht über gewisse Fähigkeiten (*potentiae*, griech. *dynameis*) von Individuen, aufgrund deren für diese die Möglichkeit besteht, in der einen oder anderen Weise auf andere Individuen einzuwirken oder aber Einwirkungen seitens anderer Individuen zu erfahren, und zwar zumindest dann, wenn geeignete, im Bedarfsfall für jede Fähigkeit zu spezifizierende Umstände vorliegen. Dabei sind als Grenzfall Einwirkungen auf den Akteur selbst eingeschlossen; er spaltet sich in diesem Fall quasi auf in ein Subjekt und ein Objekt der jeweiligen Aktion.

Nachdem es in den Zeilen 1046b 6 f. des Buches Θ der *Metaphysik*-Schrift des Aristoteles heißt, daß die ärztliche Kunst „das Vermögen der Krankheit und der Gesundheit"[1] sei, könnte von jedem über diese Kunst verfügenden Akteur gesagt werden, daß er sowohl vermögend (*potens*, *dynaton*) sei, Gesundheit herbeizuführen, als auch vermögend, Krankheit zu bewirken, und daß in diesem Sinne sowohl die Möglichkeit bestehe, daß er (irgend jemanden) heilt, als auch die Möglichkeit, daß er (bei irgend jemandem) eine Krankheit entstehen läßt.

Wer dagegen einen Possibilitätsdiskurs führt, redet über mögliche Weisen, auf welche Dinge vonstatten gehen könnten oder hätten vonstatten gehen können, *ohne* sich auf die Position festzulegen, daß etwa ein bestimmtes Individuum auszumachen sei, in dessen Einwirkens- oder Erleidensfähigkeit ein vorrangiger kausaler Faktor (über gewisse Nebenursachen wie geeignete Begleitumstände hinaus) für die eventuelle Realisierung solcher Möglichkeiten gesehen werden müßte.

---

[1] Die *Metaphysik* wird zitiert nach der Übersetzung von Hermann Bonitz: Aristoteles, *Metaphysik*, neu hrsg. v. Ursula Wolf, Hamburg ²1999.

Wo spricht Aristoteles mit welchen Worten über Möglichkeiten? Aristoteles bringt, um ein erstes Beispiel zu nennen, im Kontext seiner Argumentation zugunsten der These, ‚Camestres NXN' (diese Bezeichnung wird gleich erklärt werden) sei kein gültiger syllogistischer Modus, die Behauptung vor:

(1) Es kann nämlich sein (*endechetai*), daß Lebewesen keinem Weißen zukommt (*Analytica priora* A 10, 30b 35).

Gemeint ist hier mit dem Kürzel ‚Camestres NXN' ein konditionales Aussageschema vom Typus ‚wenn A jedem B notwendig und keinem C zukommt, dann kommt B notwendig keinem C zu'. Dabei dienen die Buchstaben ‚A', ‚B' und ‚C' als Stellvertreter für Prädikate.[2]

Um zu verstehen, wie die Behauptung (1) gemeint ist, muß man sich vergegenwärtigen, wie der Argumentationszusammenhang aussieht, in den sie von Aristoteles gestellt wird. Es gibt eine übergeordnete These, um deren Begründung es Aristoteles zu tun ist, und deren Akzent liegt auf der Behauptung, daß die Prämissen des in Rede stehenden Schlußmodus keine *Notwendigkeits*-Aussage implizieren.

Die Begründung der zuletzt genannten Behauptung denkt Aristoteles sich folgendermaßen. Er substituiert für die Prädikatbuchstaben ‚A', ‚B' und ‚C' die Prädikate ‚Lebewesen', ‚Mensch' und ‚weiß' (in dieser Reihenfolge). Im Anschluß daran kann er argumentieren, daß mit den gewählten Einsetzungen eine Interpretation des fraglichen Aussageschemas gegeben ist, bei der – und zwar, wie man sogar sagen kann: relativ zu jedem in Betracht kommenden Verlauf der Dinge oder relativ zu jeder möglichen Bezugssituation – die erste Prämisse wahr ist: jeder Mensch, den es irgendwann einmal gab, gibt oder geben mag, war oder ist (dann, wenn es ihn gibt) notwendig ein Lebewesen.[3] Aristoteles kann weiter beanspruchen, daß die zweite Prämisse, gegeben jene Interpretation, immerhin in wenigstens einer möglichen Bezugssituation wahr ist: es wäre (theoretisch) möglich, daß einmal alle Lebewesen nicht weiß sind[4] oder daß, äquivalent, alle weißen Individuen keine Lebewesen

---

2 In der üblichen scholastischen Logik-Terminologie, wie sie etwa in den *Summule logicales* des Petrus Hispanus fixiert ist, bezeichnet der Kunstausdruck ‚Camestres' den gültigen und von Aristoteles auch als gültig behaupteten Syllogismus ‚Wenn A jedem B, aber keinem C zukommt, dann kommt B keinem C zu' (vgl. *An. pr.* A 5, 27a 9-14; die von Aristoteles an der Stelle verwendeten Prädikatbuchstaben sind andere). Die oben dem traditionellen Modusnamen ‚Camestres' nachgestellte Buchstabenfolge ‚NXN' hat folgende Funktion. Der an erster und dritter Stelle gesetzte Großbuchstabe ‚N' soll anzeigen, daß im vorliegenden Fall die erste der im ‚wenn'-Teil des Konditionals ausgesprochenen Prämissen sowie das Consequens des Konditionals durch die Modalität der Notwendigkeit qualifiziert sind. Der Buchstabe ‚X' soll anzeigen, daß die zweite der Prämissen keine modale Qualifikation mit sich führt, sondern rein assertorisch ist.

3 Plausibel ist dieser Anspruch sicherlich dann, wenn man davon ausgeht, daß hier mit dem Adverb ‚notwendig' die Essentialität des Lebewesenseins (für einen jeden Menschen) zur Sprache gebracht wird.

4 Aristoteles denkt vermutlich an eine Bezugssituation, in der etwa alle weißen (= blassen) Menschen sich sei es zufällig, sei es koordiniert an ihrem jeweiligen Aufenthaltsort gleichzeitig der Sonne ausge-

sind, Lebewesen keinem Weißen zukommt (= (1)). Er ist schließlich in der Position zu behaupten, daß der Schlußsatz bei der angegebenen Interpretation und bezogen auf die ins Auge gefaßte Bezugssituation falsch ist (womit wunschgemäß die Nicht-Gültigkeit des zur Debatte stehenden Schlußmodus erwiesen wäre). Es ist nämlich zwar einerseits richtig, daß in der Bezugssituation jedes weiße Individuum kein Mensch ist (da es ja nach Voraussetzung nicht einmal ein Lebewesen ist); damit kann es sogar, wenn man sich so weit auf einen Aristotelischen Essentialismus einläßt, als Individuum gelten, das notwendig kein Mensch, sondern essentiell ein Nicht-Mensch ist. Andererseits ist es, auch von der Bezugssituation, in der (1) richtig ist, aus betrachtet, *nicht* richtig, daß jedes weiße Individuum, das es irgendwann einmal gab, gibt oder geben mag, kein Mensch und damit essentiell ein Nicht-Mensch war oder ist. Denn warum sollte sich nicht auch aus jener Situation heraus eine Folgesituation entwickeln können, in der etwa ein Mensch über längere Zeit nicht der Sonne ausgesetzt ist und damit ‚weiß' wird, so daß dann etwas Weißes ein Mensch wäre?

Wir sehen nun, wie die Aussage (1) bzw. deren Äquivalent

(1′) Es kann sein, daß Weiß keinem Lebewesen zukommt

gemeint sein muß, damit die erläuterte Argumentation ihr Ziel erreicht. Es kann Aristoteles, um es für (1′) auszusprechen, nicht darum gehen zu behaupten, daß jedes Lebewesen oder jedes Element eines in geeigneter Weise abgegrenzten Bereichs von Lebewesen für sich betrachtet nicht-weiß zu sein vermöge (indem es etwa als Mensch nötigenfalls hinreichend lang die Sonne aufsucht) und je für sich die mit diesem Vermögen gegebene Möglichkeit realisieren könnte. Vielmehr kommt es darauf an zu behaupten, daß der Sachverhalt immerhin eintreten könnte und möglich sei (*endechetai*), daß einmal alle Lebewesen (bzw. vorsichtiger: alle Lebewesen eines geeignet abgegrenzten Bereichs) *gemeinsam* nicht weiß sind. Derartiges mag, wenn es denn einmal bei einem für möglich erachteten Verlauf der Dinge zutreffen sollte, durch einen unwahrscheinlichen Zufall eingetreten sein oder durch eine im Rahmen dieses Verlaufes auf welchen verschlungenen Pfaden auch immer wirkende Ursache – den Fähigkeiten eines der involvierten Individuen wird es sich jedenfalls nicht zurechnen lassen.

Wir haben damit einen Kontext kennengelernt, in dem Aristoteles das Bestehen einer Möglichkeit mittels des Wortes *endechetai* aussagt, mittels der dritten Person Singular des Präsens von *endechesthai* (= können, möglich sein) also. Weiteres

---

setzt und damit weiß zu sein aufgehört haben. Wenn dies die Überlegung ist, dann muß natürlich als verabredet gelten: Lebewesen wie die Exemplare bestimmter Vogelarten, für welche Weiße ein dauerhaftes Spezifikum sein mag, sind aus dem Individuenbereich, welcher der Interpretation zugrunde liegt, herausgenommen.

Vokabular ist anzuführen. Spricht Aristoteles über Möglichkeiten, die für ein Individuum bestehen, das, sagen wir, über eine bestimmte *techne* verfügt (wie z. B. nach *Metaph.* Θ 3, 1046b 34 f. für jeden Baumeister die Möglichkeit zu bauen besteht), so kann er sich des Wortes *dynaton* bedienen. Es liegt nahe, bei Aristoteles eine gewisse Tendenz zu vermuten, mit Blick auf vermögensbezogene Möglichkeiten, also Potentialitäten, Wörter wie *dynaton* und die finiten Formen des zugehörigen Infinitivs *dynasthai* (= können, imstande sein) zu verwenden, dagegen mit Blick auf nicht vermögensbezogene und eher unpersönlich ausgesagte Sachverhaltsmöglichkeit, also Possibilität, sich solcher Wörter wie *endechesthai* und des zugehörigen Partizips *endechomenon* (= angehend, möglich) zu bedienen.

Fest steht allerdings, daß Aristoteles – im Unterschied zu Späteren, die im Ausgang von Aristoteles eine strikte terminologische Differenzierung von Potentialität und Possibilität zu etablieren bestrebt waren – nicht daran gelegen war, konsequent zwischen *dynaton* und *endechomenon* zu unterscheiden. Er könnte sonst nicht in *Metaph.* Δ 12, 1019b 34 f. unter Verwendung des Ausdruckes *dynaton* von Möglichkeiten sprechen, die keine Fundierung in einem Vermögen haben (mit den Worten des Aristoteles handelt es sich um *dynata ou kata dynamin*), und sich dabei u. a. auf Fälle beziehen, in denen von dem als möglich Behaupteten lediglich vorausgesetzt ist, daß dessen Gegenteil nicht notwendig (in irgendeinem Sinne) ist. Wenn (1) richtig ist, so könnte man demgemäß argumentieren, dann ist das Gegenteil des mit (1) als möglich Behaupteten nicht notwendig, es wäre also nach Δ 12 das mit (1) zunächst als möglich im *endechomenon*-Sinn Behauptete auch *dynaton*.

Aufschlußreich ist auch eine weitere Stelle im modallogischen Teil der Logikschrift. Aristoteles formuliert im 15. Kapitel des Buches A der *An. pr.* – in einem Buch, in dem, was das Aussprechen von Möglichkeiten anbelangt, die Formen des Wortes *endechesthai* weit überwiegen – ein gewisses modallogisches Gesetz, nämlich

(2) Wenn sich aus A mit Notwendigkeit B ergibt, dann ergibt sich aus dem Möglichsein von A mit Notwendigkeit das Möglichsein von B (*An. pr.* 34a 5 ff.),[5]

so, daß er vom *dynaton*-Sein der Sachverhalte oder Sätze redet, welche hier durch die Buchstaben ‚A' und ‚B' vertreten werden. Im wesentlichen dieselbe Formulierung findet man in den Zeilen 1047b 14-16 von *Metaph.* Θ 4. Dabei wird von Aristoteles offenbar volle Allgemeinheit der Aussage angestrebt, d. h. für die Satzvariablen ‚A' und ‚B' sollen beliebige Aussagesätze eintreten können – auch solche,

---

5 In der heute gebräuchlichen symbolischen Notation handelt es sich um eines der Gesetze $N(A \supset B) \supset N(MA \supset MB)$ oder $(A \Rightarrow B) \Rightarrow (MA \Rightarrow MB)$.

die den Grund ihrer Möglichkeit keineswegs in den Fähigkeiten irgendwelcher Individuen haben.[6]

Daß hier und an anderen Stellen *dynamis*-gebundene Möglichkeiten und sonstige Möglichkeiten terminologisch über einen Kamm geschoren werden, ist durchaus nicht bedenklich. Denn immerhin sind Möglichkeitsaussagen beiderlei Typs, was ihre Semantik und die jeweils involvierten ontologischen Verhältnisse angeht, durchaus gleichartig. Sowohl dann, wenn ich sage, daß es für die jetzt leider in Not lebende Person *a* möglich gewesen wäre, durch einen geeigneten Gebrauch ihrer Talente zu Wohlstand zu gelangen („*a* hätte zu Wohlstand gelangen können, hätte dazu das Zeug gehabt'), als auch dann, wenn ich sage, daß *a* ein hoher Lotteriegewinn hätte zufallen und dadurch Wohlstand sich bei *a* hätte einstellen können, teile ich jedenfalls mit: es gibt einen (bloß) möglichen alternativen Verlauf der Angelegenheiten, bei dem die Person *a*, auf welche ich mich beziehe, mit im Spiel ist und bei dem diese Person sich in materiellem Wohlstand befindet bzw. Wohlstand erlangt. Nur lasse ich im ersten Fall zusätzlich die Überzeugung einfließen, daß es im wesentlichen in *a*'s eigener Hand gelegen hätte, einen solchen alternativen Verlauf herbeizuführen, während im zweiten Fall dergleichen nicht impliziert ist.

2. I-Potentialität und II-Potentialität

Bedenklicher ist, daß in *Metaph.* Θ wiederholt ein dritter Modalausdruck auftritt, nämlich der zu dem Nomen *dynamis* gehörige Dativ *dynamei* (= dem Vermögen nach, der Möglichkeit nach), und daß Aristoteles diesen Ausdruck zum Aussprechen gewisser Sachverhalte (jedoch nicht *nur* solcher Sachverhalte) verwendet, für die gilt: einerseits liegen diesen Sachverhalten ontologische Verhältnisse zugrunde, die von Verhältnissen des am Ende von Abschnitt 1 erläuterten Typs wesentlich verschieden sind; andererseits zögert Aristoteles nicht, den dritten Ausdruck als gegen die beiden anderen (*endechesthai*, *dynasthai* und deren Formen) austauschbar zu behandeln.

Gemeint sind hier Sachverhalte, wie Aristoteles sie thematisiert, wenn er beispielsweise sagt:

(3) Der Same (das Saatkorn) ist dem Vermögen nach (*dynamei*) Getreide (*Metaph.* Θ 8, 1049b 21 f.).

---

6 Dies kann jedenfalls dann gesagt werden, wenn man nicht auch Sachverhalte selbst als Individuen gelten lassen will, denen, je nach dem, worum es sich handelt, eine „Fähigkeit", realisiert zu werden, entweder innewohnt oder abgeht.

Will man den Gehalt von (3) in mögliche-Welten-semantischen Termini explizieren, so wird man ungefähr sagen müssen (falls man sich den Satz in einen Redezusammenhang gestellt denkt, der die Bezugnahme auf ein *bestimmtes* Saatkorn ermöglicht): (3) beinhaltet, daß es eine mögliche Alternative zur wirklichen Welt gibt, in der ein Entwicklungsprozeß einer bestimmten (im Bedarfsfall zu spezifizierenden) Art stattfindet, an dessen Ende eine Getreidepflanze und an dessen Beginn das gemeinte Saatkorn steht; dabei ist es aber nicht so, daß dieses Korn in jener Alternative am Ende eine Getreidepflanze *wäre* – vielmehr verliert es irgendwann im Laufe des Entwicklungsprozesses seine Existenz.

Während im Falle der kontrafaktisch in einer Alternativwelt zu Wohlstand gelangenden Person *a* nur *ein* Individuum in den Blick genommen zu werden brauchte, nämlich eben die Person *a*, welche in der Alternativwelt lediglich von einem Zustand in einen anderen wechselt, sind in den durch (3) exemplifizierten Fällen wenigstens zwei verschiedene Individuen im Spiel (die in verschiedenen Zeitabschnitten existieren). Ich nehme an, daß auch Aristoteles das so sieht. Dem steht übrigens nicht entgegen, daß Aristoteles natürliche Entwicklungsprozesse, wie sie vom Getreidekorn zur Getreidepflanze und vom (mit weiblichem Blut vermischten)[7] menschlichen Sperma zum Menschen führen, als Prozesse beschreiben würde, in denen das am Beginn stehende Individuum auf irgendeine (auf welche?) Weise bereits die Form in sich trägt, welche das am Ende stehende Individuum dann *hat*. In *De generatione animalium* A 22, 730b 9-23 wird der Samen verglichen mit dem Werkzeug, das ein Schreiner führt, der dem bearbeiteten Holz eine bestimmte Form geben will. Die Form, welche der Schreiner nach der Vorstellung des Aristoteles in der Seele trägt, gibt er über das von ihm geführte Werkzeug an das bearbeitete Material weiter. Da der Samen aber auch und gerade dann seine prozeßsteuernde Wirkung entfaltet, wenn keine räumliche Verbindung zum Spender mehr besteht – an dieser Stelle hinkt der Vergleich mit dem Schreinerwerkzeug –, muß Aristoteles, ist er konsequent, davon ausgehen, daß das Sperma die relevante Form in sich trägt, ohne daß sie jedoch in der Weise im Sperma vorläge, in der sie an einem Menschen vorliegt. Jedenfalls ist in *Metaph.* Θ 8, 1050a 5-7 die Rede von Sperma, welches die betreffende Form noch nicht *habe*. Dann muß es sich aber, auch aus der Sicht des Aristoteles, bei dem am Anfang des Prozesses stehenden Individuum, wenn man es denn als Individuum gelten lassen will, um ein Individuum einer anderen als derjenigen Art handeln, welche durch das Vorliegen der relevanten Form definiert ist.

Ähnliches gilt für Fälle, in denen ein bestimmtes Stück Material durch ‚Formung' – Aristotelisch gesprochen – in ein Individuum erst überführt bzw. in ein Indi-

---

[7] So die Vorstellung des Aristoteles von der Zeugung und dem Ausgangspunkt des damit in Gang gesetzten Entwicklungsprozesses.

viduum einer anderen Art transformiert wird. In derartigen Fällen bewahrt zwar das Materialquantum im Formungsprozeß in gewissem Sinne seine Existenz, doch nichtsdestoweniger sind wiederum *zwei* Individuen involviert (oder ein Individuum und ein Prä-Individuum, wenn man so will). Das Materialquantum ist zwar, aus Aristotelischer Sicht, im Vergleich zu dem, was aus ihm geformt wird, ungeformt und Materie. Doch es stellt (in der Regel) nicht *bloße* Materie dar. Vielmehr handelt es sich um ein Individuum (beispielsweise um einen bestimmten Tonklumpen), das einer anderen Art angehört und, wie man sagen könnte, einen niedrigeren Formungs- oder Organisationsgrad aufweist als dasjenige Individuum, welches am Ende des Formierungsprozesses steht. Aus *Metaph.* Θ 6 und 7 geht hervor, daß Aristoteles auch bei derartigen Stoff-Form-Verhältnissen bereit ist, davon zu sprechen, daß der Stoff *dynamei* das aus ihm Geformte ist („dies, das Holz, ist dem Vermögen nach ein Kasten", Θ 7, 1049a 22 f.).

Die entsprechenden Aussagen möchte ich II-*potentia*-Sätze nennen. Denn es handelt sich um Aussagen, in denen, erstens, auf die Entwicklungs- oder Formungs-*Fähigkeit* von etwas abgehoben wird und in denen, zweitens und wie erläutert, mindestens *zwei* Entitäten in den Blick genommen werden; an letzteres soll durch das Präfix ‚II' erinnert werden. Dagegen sollen fähigkeitsbezogene Möglichkeitssätze der in Abschnitt 1 thematisierten Art fortan I-*potentia*-Sätze heißen. Abgesehen von der hier herausgestellten ontologischen Differenz unterscheiden sich klarerweise viele paradigmatische Möglichkeitssätze vom I-*potentia*-Typ dadurch von etwa auf natürliche teleologische Prozesse bezogenen II-*potentia*-Sätzen, daß die Realisierung der durch die ersteren ausgesagten Möglichkeiten wesentlich an *Entscheidungen* von Individuen dafür, gewisse ihrer Fähigkeiten zu betätigen, gebunden ist – wovon bei Saatkörnern und dergleichen nicht die Rede sein kann. In jedem Fall sind, wenn man die hier vorgenommenen Normierungen zugrunde legt, II-*potentia*- von I-*potentia*-Sätzen logisch unabhängig in dem Sinne, daß weder in der einen noch in der anderen der beiden Richtungen ein Implikationsverhältnis besteht.

Auf II-Potentialitätsdiskurse, wie sie mit jenen Sätzen zu führen wären (und exklusiv mit ihnen, wenn es um terminologische Bereinigung ginge), soll im folgenden ein besonderes Augenmerk gerichtet werden. Wir können zunächst festhalten, daß Aristoteles selbst in der Tat nicht darum bemüht ist, Possibilitäts-, I-Potentialitäts- und II-Potentialitätsdiskurse terminologisch voneinander getrennt zu halten. So spricht er *Metaph.* Θ 7, 1049a 4 f. ohne weiteres davon, daß das zu gesunden Vermögende (= das, was fähig ist, Krankheit zu überwinden und gesund zu werden) *dynamei* gesund sei. In *Metaph.* Θ 8, 1049b 19-22 wird von dem optischer Wahrnehmungen fähigen Individuum, das nur gerade nicht *actualiter* sieht, ebenso gesagt, daß es *dynamei* sehe, wie von dem Saatkorn gesagt wird, daß es *dynamei* Getreide sei. Aus dem Passus 1050b 11-17 im selben Kapitel geht ferner hervor, daß

Aristoteles keineswegs Bedenken hat gegen einen Übergang vom *dynamei* (etwas) Seienden[8] zum (etwas) zu sein Vermögenden (*dynaton*), und dasselbe gilt für den Übergang vom (etwas) zu sein bzw. nicht-zu-sein Vermögenden (*dynaton*) zum *endechesthai einai* bzw. *me einai* (= zum Möglichsein, daß es ist bzw. daß es nicht ist). Es heißt nämlich vom Unvergänglichen, daß es nicht *dynamei* seiend sei, und zwar mit der Begründung: Andernfalls wäre das Unvergängliche auch vermögend (*dynaton*) zu sein, damit aber auch vermögend (*dynaton*), nicht zu sein, so daß man schließlich berechtigt wäre zu sagen, daß es möglich ist (*endechetai*), daß es nicht ist, im Widerspruch zur vorausgesetzten Unvergänglichkeit des Unvergänglichen.

3. Von II-potentia-Sätzen zu Possibilitätssätzen?

Wir haben gesehen, daß Aristoteles in *Metaph.* Θ und in *An. pr.* A Sachverhalte dreier verschiedener Typen thematisiert, die ihm gleichermaßen Anlaß zu Possibilitätssätzen sind – wobei Sachverhalte der beiden hier zuerst voneinander unterschiedenen Typen, sofern sie in einfachen Prädikationen zum Ausdruck kommen, in engerer Verbindung miteinander stehen, als es für Sachverhalte des dritten Typs im Verhältnis zu jedem von jenen gilt. Die Sachverhalte des dritten Typs (die in II-*potentia*-Sätzen zum Ausdruck gebracht werden können) nehmen auch insofern eine Sonderstellung ein, als es aus heutiger Sicht gewichtige sachliche Bedenken dagegen gibt, auf sie – der Praxis des Aristoteles folgend – mit Possibilitätsaussagen Bezug zu nehmen. Dagegen ist es offensichtlich unproblematisch, von einer I-*potentia*-Aussage etwa des Inhalts, daß ein Individuum *a* im Zustand F zu sein vermöge, zu dem Possibilitätssatz überzugehen, der besagt, es bestehe die Möglichkeit, daß *a* sich im Zustand F befindet. Machen wir uns jene Bedenken am Beispiel des Satzes

(4)   Die(se) Eichel ist dem Vermögen nach (*dynamei*) eine Eiche

klar! Man darf annehmen, daß Aristoteles, nachdem er Satz (3) für richtig hält, auch dem analogen Satz (4) zustimmen würde. Ich ziehe es im folgenden vor, überwiegend mit (4) zu arbeiten, da dieser Satz eine vergleichsweise unkomplizierte Entwicklung derjenigen Punkte gestattet, auf die es mir ankommt. Soll man es also für zulässig halten, einen Satz wie (4) in den Satz

(4′)   Diese Eichel ist möglicherweise (*endechetai einai*) eine Eiche

---

8 An der genannten Stelle ist ausnahmsweise vom Sein im existentiellen Sinne die Rede, denn es geht um Vergänglichkeit und Unvergänglichkeit. Im allgemeinen sind dagegen die Sachverhalte, um deren modale Qualifikation es Aristoteles geht, vom Typus des Verfügens von Individuen über bestimmte Eigenschaften, also vom Typus des etwas-Seins.

zu transformieren und ihn anschließend, unter modallogischen Kategorien gedeutet, weiter zu behaupten? Wie könnte denn (4′), so gedeutet, als wahr gelten? (Den Satz (4) kann man, das setze ich hier als unstrittig voraus, als wahr gelten lassen.) Es bieten sich im wesentlichen nur zwei modaltheoretische Präzisierungen des Gehaltes von Satz (4′) an, eine *de dicto*- und eine *de re*-Lesart nämlich, und beide lassen unseren Satz nicht zustimmungsfähig erscheinen. Nach der *de dicto*-Lesart würde (4′) soviel besagen wie

(5) Möglicherweise (gilt): diese Eichel ist eine Eiche.

Es ist aber doch wohl der Satz ‚Diese (aus dem Redezusammenhang sich ergebende) Eichel ist eine Eiche' analytisch falsch und in diesem Sinne des Wortes ‚notwendig' notwendig falsch, der entsprechende Sachverhalt also unmöglich. Nach der *de re*-Lesart würde (4′) soviel besagen wie

(6) Für diese Eichel besteht die Möglichkeit, daß sie – als dasselbe Individuum, das sie ist – eine Eiche ist (bzw. wird),

so wie man, in diesem Fall zweifellos wahrheitsgemäß, den folgenden Satz (7) äußern kann (dabei auf ein bestimmtes, aus dem Redekontext sich ergebendes Kind Bezug nehmend):

(7) Für dieses Kind besteht die Möglichkeit, daß es – als dasselbe (menschliche) Individuum, das es ist – einst das Erwachsenenalter erreicht (haben wird).

Im Gegensatz zu (7) wäre auch Satz (6) falsch, denn die in den Blick genommene Eichel verlöre im Prozeß ihrer Entwicklung zu einer Eiche ihre *Existenz*. Das Kind hingegen verliert im Prozeß des Erwachsenwerdens nicht seine Existenz (als Mensch), sondern es legt bloß seinen Zustand des Kindseins ab. (So stellen sich die Dinge jedenfalls unter den Prämissen der akzeptierten Ontologie dar, die freilich nicht die einzig mögliche Ontologie ist.)

4. Möglichkeitssätze in der Modallogik des Aristoteles

In den vorausgehenden Abschnitten wurde ein (kleiner) Teil des begrifflichen Apparates vorgestellt, den Aristoteles bei der Entwicklung seiner modaltheoretischen Überlegungen einsetzt. Diese Überlegungen begegnen bei Aristoteles zum einen in rein logischem Zusammenhang (nämlich in den modalsyllogistischen Kapiteln des Buches A der *An. pr.* und in einigen Passagen anderer *Organon*-Schriften), zum anderen im Kontext diverser metaphysischer und naturwissenschaftlicher Erörterungen (teils auf bestimmte Stellen wie *Metaph.* Θ konzentriert, teils verstreut über das Werk). Es scheint nicht leicht zu sein, beide Stränge der Aristotelischen Modaltheorie zu einem befriedigend verstandenen Ganzen zusammenzuführen. Eine Durchsicht der Interpretationsliteratur bestätigt diese Einschätzung. Dem Unternehmen, syllogistische und metaphysische Modaltheorie ‚zusammenzudenken', stehen insbesondere erhebliche Verständnisschwierigkeiten entgegen, welche die modallogischen Kapitel von *An. pr.* A heutigen Lesern bereiten. Es konnte der Eindruck entstehen, die von Aristoteles entwickelte Modallogik sei eine Logik *sui generis*, quasi nicht kommensurabel mit einem Modallogik-Projekt, wie man es in der zweiten Hälfte des 20. Jahrhunderts zur Ausführung hat kommen sehen. Mir scheint dieser Eindruck jedoch nicht der wirklichen Sachlage zu entsprechen – eine Hypothese, die ich durch andernorts zusammengestelltes Material zu rechtfertigen versucht habe.[9] Die in *Metaph.* Θ angelegten Möglichkeitsdiskurse können einen weiteren Prüfstein für diese Hypothese abgeben.

Wie aus der letzten Bemerkung schon hervorgeht, möchte ich in diesem Schlußabschnitt einen Beitrag zur Beleuchtung des Verhältnisses von logischen und metaphysischen Anteilen der Aristotelischen Modaltheorie leisten. Mich beschäftigt die folgende, aus zwei Teilfragen bestehende Fragestellung: (i) Sind Possibilitätssätze auf II-*potentia*-Basis (wie Satz (4')) geeignet, Theoreme der modalen Syllogistik zu destruieren – oder (ii) ist im Gegenteil ein Rekurs auf solche Sätze sogar nötig, wenn Aristoteles in vollem Umfang seine modallogischen Beweisziele erreichen will?

Ich erörtere zunächst Teilfrage (i), und zwar mit Blick auf ein Aristotelisches Theorem, dem zufolge Barbara KKK ein gültiger Schlußmodus der Möglichkeitssyllogistik sein soll: „Wenn A jedem B und B jedem C zukommen kann, ergibt sich ein vollkommener Schluß darauf, daß A jedem C zukommen kann" (*An. pr.* A 14, 32b 38-40).[10]

Das von Aristoteles hier als Modalausdruck verwendete Wort ist *endechetai*: τὸ A παντὶ τῷ Γ ἐνδέχεται ὑπάρχειν (32b 39f.). Die in Anm. 10 gewählte Wiedergabe von *endechetai* durch das Adverb ‚kontingenterweise' berücksichtigt die von Aristoteles zu Beginn von *An. pr.* A 13 vorgenommene Präzisierung der Wendung *endechesthai einai*. Danach ist beispielsweise ein Individuum kontingenterweise etwas Gewisses, wenn es sowohl möglich ist, daß das Individuum das Betreffende ist

---

9 Ulrich Nortmann, *Modale Syllogismen, mögliche Welten, Essentialismus. Eine Analyse der Aristotelischen Modallogik*, Berlin 1996.
10 Zur Bezugnahme auf ein solches Konditional, wie es hier von Aristoteles als gültig behauptet wird, verwende ich die um die Buchstabenfolge ‚KKK' erweiterte traditionelle Modusbezeichnung ‚Barbara'. Barbara ist das (aus rein assertorischen Teilsätzen bestehende) Konditional ‚Wenn A jedem B und B jedem C zukommt, dann kommt A jedem C zu', in Kurzform: (AaB, BaC) / AaC (vgl. *An. pr.* A 4, 25b 37-39). Das dreifach gesetzte ‚K' (für ‚Kontingenz') hat die Funktion anzuzeigen, daß es sich bei jedem der drei in jenem Konditional aus A 14 vorkommenden Teilsätze um eine Kontingenzaussage handelt, beim Consequens beispielsweise um eine Aussage vom Typ ‚A kommt kontingenterweise jedem C zu' (kurz: Aa_KC).

(= die betreffende Eigenschaft hat), als auch möglich ist, daß das Individuum das Betreffende nicht ist.

Was geschieht, wenn man Barbara KKK unter Rückgriff auf ein Vermögensverhältnis interpretiert, wie Satz (4) es zum Ausdruck bringt (ein gültiges Aussageschema muß bekanntlich bei *allen* Interpretationen wahr sein)? Wäre mit Satz (4) auch Satz (4′) wahr, wäre ferner mit (4′) auch die Verallgemeinerung von (4′) zu

(4″) Jede Eichel ist möglicherweise eine Eiche

wahr (und weshalb sollte nicht für jede sonstige Eichel gelten, was mit Satz (4′) für eine beliebige in den Blick genommene Eichel beansprucht wird?), so müßte Aristoteles auch den Satz

(4‴) Jede Eichel ist kontingenterweise eine Eiche

als wahr anerkennen. Denn zweifellos kann es jeder Eichel, falls ungünstige Umstände vorliegen, zustoßen, daß sie nicht einmal zum Keimen kommt. Dann aber würde jedes der beiden folgenden, ganz nach Aristotelischem Vorbild gebauten *horos*-Argumente die Gültigkeit von Barbara KKK[11] widerlegen:

(A1) Jede Eichel ist kontingenterweise eine Eiche;
   jede Eiche wird kontingenterweise in Bretter zersägt;[12]
   also (falls Barbara KKK gültig ist):
   Jede Eichel wird kontingenterweise in Bretter zersägt.

Die Prämissen könnten als wahr gelten, es ist aber ausgeschlossen, daß eine Eichel in Bretter zersägt wird.

(A2) Jede Eichel ist kontingenterweise eine Eiche;
   jede Eiche ist kontingenterweise eine Truhe;
   also (falls Barbara KKK gültig ist):
   Jede Eichel ist kontingenterweise eine Truhe.

Die Prämissen könnten, wäre der Übergang vom *dynamei einai* zum *endechesthai einai* legitim, wiederum als wahr gelten, es ist aber ausgeschlossen, daß sich ein Handwerker an eine Eichel mit dem Vorsatz heranmacht, aus ihr eine Truhe zu fertigen.

Aus diesen Befunden ziehe ich die folgende Lehre: Man nehme davon Abstand, die Aristotelische Möglichkeitssyllogistik auf Generalisierungen solcher Möglich-

---

11 Da es für die hier behandelten Fragen unerheblich ist, ob man einen Aristotelischen Syllogismus als Aussage(-schema) oder als Schluß(-schema) versteht, gebrauche ich im folgenden zur Darstellung von Syllogismen auch das Schlußschema-Format.
12 So ähnlich, wie der Mantel in *De interpretatione* 9 zerschnitten oder auch bis zu seinem sozusagen natürlichen Abgang getragen werden kann.

keitssätze anzuwenden, die ihren ausschließlichen Geltungsgrund in II-*potentia*-Verhältnissen hätten; für solche Möglichkeitssätze ist die Möglichkeitssyllogistik offenbar nicht gemacht. In dieser Hinsicht besteht keine Differenz zwischen Aristotelischer Modallogik und entsprechenden neueren Unternehmungen: Wir sahen in Abschnitt 3, daß einfache Prädikationen im Modus der Possibilität wie (4'), die den Grund ihrer Geltung – wenn man sie denn überhaupt gelten lassen will – in II-*potentia*-Verhältnissen haben, sich gegen eine Deutung in heute gebräuchlichen modallogischen Kategorien sperren.

Fatal wäre es unter diesen Umständen, wenn irgendwelche in der Modallogik des Aristoteles aufgestellten Behauptungen, z. B. auch Nichtgültigkeitsbehauptungen, unter Rückgriff auf Generalisierungen in der Art von (4'') oder (4''') verifiziert werden müßten. Genau dies aber – und damit komme ich zur Erörterung von Teilfrage (ii) – scheint sich zu ergeben, wenn wir einer Überlegung folgen, die in einer neueren Analyse der modalen Syllogistik des Aristoteles vorgebracht wird, welche Paul Thom vorgelegt hat.[13] Er schreibt dort, Aristoteles benötige, solle die von ihm unternommene Widerlegung der Gültigkeit von Baroco NXN[14] als erfolgreich gelten, eine gewisse metaphysische Voraussetzung. Diese Voraussetzung umschreibt Thom folgendermaßen (wobei im Kontext der hier bislang angestellten Betrachtungen zu Möglichkeitssätzen, die sich auf natürliche Entwicklungsprozesse beziehen, insbesondere Ziffer (2) des Zitats zu beachten ist):

„The required metaphysical assumption is that there are beings (specifically white non-animals)[15] *which are not necessarily anything.* That such things can be countenanced in an Aristotelian metaphysic is suggested by two types of case. (1) Maybe aggregates (including artefacts) are such, not themselves necessarily anything, though composed of parts each of which is necessarily something: in this case, the required white thing could be a

---

13 Paul Thom, *The Logic of Essentialism. An Interpretation of Aristotle's Modal Syllogistic,* Dordrecht 1996.
14 Diese Formel ist in Anlehnung an die in Abschnitt 1 (im Anschluß an Ziffer (1)) gegebene Erklärung der Formel ‚Camestres NXN' zu interpretieren. Baroco NXN wäre demnach das konditionale Aussageschema ‚Wenn A notwendig jedem B zukommt und A einem C nicht zukommt, dann kommt B notwendig einem C nicht zu' (kurz: (Aa_NB, AoC)/Bo_NC). Zur Behauptung der Nichtgültigkeit: *An. pr.* A 10, 31a 11-14. – Inwiefern sind Möglichkeitssätze, wie sie in vorliegendem Beitrag interessieren, überhaupt im Spiel, wenn es um die Bestreitung der Gültigkeit von Baroco NXN (mit einer *Notwendigkeits*-Aussage vom Typ ‚B kommt einem C notwendig nicht zu' als Schlußsatz) geht? Sie sind es natürlich insofern, als die fragliche Nichtgültigkeits-Behauptung gleichwertig mit der Behauptung ist: die Prämissen von Baroco NXN sind zusammen mit der dem Schlußsatz entgegengesetzten Möglichkeitsaussage ‚B kommt jedem C möglicherweise zu' erfüllbar.
15 Thom spricht hier deshalb von weißen Nicht-Lebewesen, weil Aristoteles in *An. pr.* A 10, 31a 14 f. sagt, die Nichtgültigkeit von (Aa_NB, AoC)/Bo_NC könne auf der Basis derselben Substitutionen von Prädikaten für die Variablen ‚A', ‚B' und ‚C' eingesehen werden, die es schon im entsprechenden allgemeinen Fall taten, nämlich im Fall von Camestres NXN. Die für den allgemeinen Modus gewählten Prädikate aber sind, wie wir gesehen haben, ‚Lebewesen', ‚Mensch' und ‚weiß' (für ‚A', ‚B' und ‚C' in dieser Reihenfolge). Demnach muß für die Wahrheit des Untersatzes AoC die Existenz eines Individuums in Anspruch genommen werden, das weiß und kein Lebewesen ist.

white-man-on-a-white-horse.¹⁶ (2) Or maybe beings such as seeds, which given favourable conditions will naturally develop into members of an Aristotelian species, should be counted as not themselves necessarily anything, yet: the required white thing could be such." (153)

Bevor wir zu einer Einschätzung der Triftigkeit von Thoms Überlegung kommen, ist zunächst festzuhalten, daß die fragliche Nichtgültigkeitsbehauptung des Aristoteles tatsächlich ein Verifikationsproblem aufwirft. Denn angenommen, zur modalprädikatenlogischen Darstellung von Baroco NXN wird eine Repräsentationsweise von ungefähr derjenigen Art gewählt, wie ich sie andernorts zu wählen vorgeschlagen habe:¹⁷

$$\forall x\, N(B(x) \supset NA(x))$$
$$\underline{\exists x\,(C(x) \land \neg A(x))}$$
$$\exists x\,(C(x) \land N\neg B(x))$$

Angenommen weiter, man gibt der Oberformel die naheliegende essentialistische Deutung und liest sie als den Ausdruck des Gedankens, daß jeder Träger der Eigenschaft B nicht bloß zufällig, sondern aufgrund eines gesetzesartigen Zusammenhangs ein Träger der Eigenschaft A sei, und dies essentiell oder seiner Natur nach. Unter diesen Umständen hat man ein Problem. Es scheint nämlich, daß der Modus sich nunmehr keineswegs als nicht-gültig erkennen läßt. Denn wären seine Prämissen einmal wahr, sein Schlußsatz aber falsch, so müßte es, dem Untersatz zufolge, ein Individuum *i* geben, welches unter C, nicht aber unter A fällt. Mit der angenommenen Falschheit des Schlußsatzes hätte man die Wahrheit von dessen Negation $\forall x\,(C(x) \supset MB(x))$ und erhielte damit speziell für jenes Individuum *i* die Aussage, daß *i* in einer möglichen Alternative zur wirklichen Welt ein Exemplar von B ist. Aufgrund der Aussage des Obersatzes ist dann das Individuum *i* in der betreffenden Alternative seiner Natur nach ein A (da es in *jeder* Alternative die Formel $B(x) \supset NA(x)$ erfüllt). Wenn unser Individuum aber in jeder möglichen Welt, in der es vorkommt, dieselbe Natur oder Essenz hat – und so, daß dies gilt, gebrauchen wir gewöhnlich den Begriff der Essenz –, dann müßte *i* auch *faktisch* ein Träger der Eigenschaft A sein, im Widerspruch zur Aussage des Untersatzes.

---

16 Thom könnte sich an dieser Stelle auf David Bostock berufen, der einen Passus in *Metaph.* Z 4 so auffaßt, als stelle Aristoteles dort sogar schon im Hinblick auf ein so normales ‚Zusammengesetztes' wie einen weißen (blassen) Menschen die Frage: „But is there anything which a pale man is said to be in its own right?" (David Bostock, *Aristotle: Metaphysics, Books Z and H*, Oxford 1994, 88; die Bezugsstelle im Text des Aristoteles ist 1029b 28 f.) Dabei dient die Wendung „in its own right" als Übersetzung des griechischen *kath' hauto*, das gebraucht werden kann, um das essentielle Verfügen eines Individuums über eine Eigenschaft auszusagen, und das dann auch mit ‚notwendig' zu übersetzen wäre. Demnach wird erwogen (seltsam genug), daß ein blasser Mensch nichts mit Notwendigkeit sei.

17 Vgl. die Liste von Strukturformeln in Ulrich Nortmann, *Modale Syllogismen* (Anm. 9), 115.

Dürfte man dagegen mit Thom von der Existenz eines Dinges, sagen wir wiederum: eines gewissen Individuums *i*, ausgehen, das nicht irgend etwas notwendig ist und im übrigen unter C und nicht unter A fällt, so könnte man leicht für die Falschheit des Schlußsatzes von Baroco NXN argumentieren (ich mache die zusätzliche, vereinfachende Annahme, daß *i* das einzige Exemplar von C ist): *i* ist nichts mit Notwendigkeit, also alles – insbesondere ein B – der Möglichkeit nach; damit gilt (weil nach Voraussetzung *i* das einzige C ist): jedes C ist möglicherweise ein B, und das wäre wunschgemäß die Wahrheit der Negation des Schlußsatzes von Baroco NXN. Da im übrigen für ‚B' so weit ein beliebiges Prädikat eintreten kann, wird man auch eines finden können, das, zusammen mit einer geeigneten Wahl für ‚A', den Obersatz in eine wahre Aussage übergehen läßt.

Freilich schießt Thom mit seiner „metaphysischen Annahme" weit übers Ziel hinaus. Auch Samen sind, zum ersten, keineswegs nicht irgend etwas essentiell, jede Eichel ist z. B. essentiell eine Eichel (jedenfalls aus der Sicht dessen, der einen Aristotelischen Essentialismus mitzumachen bereit ist). Für Thoms Beweiszweck würde es, zum zweiten, völlig genügen, wenn er mit den in Θ 8 thematisierten II-*potentia*-Verhältnissen im Blick z. B. davon ausginge, daß für Aristoteles jede Eichel nicht essentiell eine nicht-Eiche, sondern statt dessen möglicherweise (und auch kontingenterweise) eine Eiche ist – in genau dem Sinne zumindest, in dem sie Aristoteles als *dynamei* eine Eiche gilt. Unter dieser Voraussetzung wäre das folgende *horos*-Argument geeignet, die Nichtgültigkeit von Baroco NXN zu demonstrieren:

(A3) Jede Eiche ist notwendig ein Baum;
   eine Eichel ist kein Baum;
   also (falls Baroco NXN gültig wäre):
   Eine Eichel ist notwendig keine Eiche.

Nun hatte sich am Fall von Barbara KKK gezeigt, daß die Einbeziehung von Vermögensverhältnissen vom Schlage Saatkorn-Getreide, Eichel-Eiche und Holz-Truhe in die Argumentationen der Möglichkeitssyllogistik tunlichst zu vermeiden ist. *Horos*-Argumente wie (A3) wären demnach unzulässig – wie dann aber die Nichtgültigkeit von Baroco NXN mittels eines *horos*-Argumentes einsehen?

Meine Antwort auf diese Frage (die zugleich eine verneinende Antwort auf Teilfrage (ii) ist) sieht folgendermaßen aus. Die Gesetze der modernen Modallogik gelten der Intention nach für ein breites Spektrum verschiedener Notwendigkeitsbegriffe und korrespondierender Möglichkeitsbegriffe. Jede beliebige konsistente Menge T von Voraussetzungen beispielsweise gibt Anlaß zu einem zugehörigen Möglichkeitsbegriff: möglich ist, wovon die Negation nicht (extensional-)logisch aus T folgt.

Aristotelische Möglichkeitssätze 57

Aristoteles war dieses Modalbegriffs-Format – Relativierung von Möglichkeit und Notwendigkeit auf irgendwelche Mengen von Voraussetzungen – vertraut. Spricht er doch in der Syllogistik von Aussagen, die nicht schlechthin notwendig sein sollen, sondern nur relativ zu den und den bereits gesetzten Annahmen (τούτων ὄντων ἀναγκαῖον; *An. pr.* A 10, 30b 32 f.). Zu erinnern ist auch an die Aussage in *De int.* 9, wonach „es für das, was ist, notwendig [ist], daß es ist, wenn es ist" (19a 23 f.[18]).

So kann man vermuten, daß Entsprechendes auch für die Gesetze gilt, welche die von Aristoteles entwickelte Modallogik umfaßt. Wenn diese Vermutung zutrifft, dann kann man die Nichtgültigkeit eines modalsyllogistischen Modus unter Umständen dadurch zeigen, daß man von der nächstliegenden, essentialistischen Lesart der vorkommenden Modalausdrücke zu einem anderen System von Modalbegriffen übergeht. Im Fall von Baroco NXN bietet sich ein Begriffssystem an, in dem Notwendigkeit soviel meint wie die Irreversibilität eines Prozesses. Danach würde z. B. ein einmal veröffentlichter Text als notwendig veröffentlicht gelten: die einmal geschehene Veröffentlichung ist nicht mehr rückgängig zu machen. Ein noch unveröffentlichter Text würde dagegen als möglicherweise (und auch als kontingenterweise) veröffentlicht gelten: für ihn hält die Zukunft noch beide Wege bereit, den der Veröffentlichung, aber auch den des Eingeschlossenbleibens in der Schublade. Unter Rückgriff auf ein derartiges System von Modalbegriffen läßt sich leicht ein *horos*-Argument gegen Baroco NXN angeben, ohne daß von Eicheln und deren Entwicklungsmöglichkeiten oder gar von dubiosen Aggregaten, die nicht irgend etwas essentiell sind, Gebrauch gemacht werden müßte:

(A4) Alles Veröffentlichte ist notwendig veröffentlicht;[19]
     ein Text ist nicht veröffentlicht;
     also (falls Baroco NXN gültig wäre):
     Ein Text ist notwendig nicht veröffentlicht.

Hier ist gegen die Wahrheit des Schlußsatzes natürlich anzuführen, daß es jedem Text passieren kann, daß er veröffentlicht ist (oder ‚veröffentlicht wird', wenn wir es mit dem Akzent mehr auf dem Prozeß des Übergangs als auf dessen Endzustand sagen): die bereits veröffentlichten Texte sind sogar notwendig (irreversibel) veröffentlicht, und jeder noch unveröffentlichte Text hat immerhin die Chance, ein veröffentlichter Text zu sein (oder zu werden). Damit wäre das Beweisziel, Baroco NXN betreffend, erreicht. Es scheint überdies nicht, daß die Gültigkeit von

---

18 Aristoteles, *Peri hermeneias*, übers. u. erl. v. Hermann Weidemann, Berlin 1994.
19 Will man die Nebenbedingung einhalten, daß Subjekts- und Prädikatsterminus syllogistischer Sätze verschieden sind, so schränke man den Subjektsterminus in geeigneter Weise ein, z. B. auf eine bestimmte Art der Veröffentlichung.

Barbara KKK an einem System von Modalbegriffen, wie es hier verwendet wurde, scheitern könnte.

Abermals hat sich am Detail, insbesondere bei der Berücksichtigung von Möglichkeitsaussagen der *Metaphysik*, ein Anhalt dafür ergeben, daß es sich bei der Modaltheorie des Aristoteles um ein Gedankengebäude handelt, das gar kein so breiter Graben von entsprechenden modernen Ansätzen trennt.

Anselm und die modallogische Betrachtung der göttlichen Notwendigkeit

Sang-Jin Kang

1. Göttliche Notwendigkeit: Zwei Deutungsweisen

Von der göttlichen Notwendigkeit scheint es wenigstens zwei Deutungsweisen zu geben. Zum einen kann man der göttlichen Notwendigkeit einen stärkeren Geltungsanspruch zuschreiben als der Notwendigkeit etwa von Naturgesetzen: Während Naturgesetze Ausnahmen zulassen und durch eben diese Ausnahmen korrigiert bzw. präzisiert werden, kennt die göttliche Notwendigkeit keinerlei Ausnahme oder Einschränkung. Was in göttlicher Weise notwendig ist, muß sich stets so verhalten, andere Möglichkeiten kommen gar nicht in Betracht. Diese Deutungsweise läßt sich als Antwort auf die Frage auffassen, *wie* etwas notwendig ist. Zum anderen kann man die göttliche Notwendigkeit auf ihren göttlichen Ursprung hin betrachten. Sie wird dann als etwas verstanden, was über das nur Faktische und bloß Zufällige hinausgeht, was also einen Grund bzw. Sinn hat, der von dem allwissenden und willentlich tätigen Gott her bestimmt wird. Was auf göttliche Weise notwendig ist, darf also keinem blinden Zufall überlassen sein, sondern muß seinen Grund bzw. Sinn haben – selbst dann, wenn dieser Sinn für die menschliche Vernunft nicht zu erfassen sein mag. Nach dieser Deutung versteht sich die göttliche Notwendigkeit als Antwort auf die Frage, *warum* etwas notwendig ist.

Wenn die erste Deutungsweise die absolute Geltung der göttlichen Notwendigkeit in den Vordergrund stellt, so wird bei der zweiten der Grund bzw. Sinn dieser Absolutheit hervorgehoben. Man kann diese Überlegung dahingehend erweitern, daß die göttliche Notwendigkeit bei der ersten Deutung auf der Ebene des Faktischen gedacht wird, bei der zweiten dagegen auf der Ebene der Reflexion – warum das Geschehende notwendig geschieht – positioniert ist. Wenn es in göttlicher Weise notwendig ist, daß die Menschen irgendwann sterben, so wird dies einerseits bedeuten, daß die Menschen ausnahmslos sterben müssen, und andererseits, daß dieses Sterben-Müssen doch über das Faktum bzw. über eine blinde Notwendigkeit hinaus einen Grund bzw. Sinn haben muß. Da beide Deutungsweisen die göttliche Notwendigkeit aus dem Willen Gottes heraus erklären, läßt sich dieses Sterben-Müssen auch auf zweifache Weise begründen: (a) Jeder Mensch stirbt notwendigerweise, weil alles, was Gott will, unbedingt geschieht. (b) Es ist für jeden Menschen notwendig zu sterben – doch nicht aus blindem Zufall; diese Notwendigkeit hat vielmehr einen Grund bzw. Sinn, weil ja kein anderer als Gott dieses Sterben will.

Es kann nun eine gewisse begriffliche Asymmetrie zwischen den beiden Deutungsweisen festgestellt werden: Ohne die Annahme einer faktischen Notwendigkeit ist es unmöglich, über den Grund und Sinn dieser absolut geltenden Notwendigkeit nachzudenken. Eine Reflexion über Grund und Sinn setzt also die Tatsache bereits voraus. Die tatsächliche Notwendigkeit dagegen kann auch durchaus ohne eine auf sie rückbezogene Reflexion bestehen. Doch wäre es ohne Erkenntnis, welcher spezifische Grund für diese tatsächliche Notwendigkeit besteht, schwierig, die göttliche Notwendigkeit als solche zu verstehen bzw. wahrzunehmen. Denn allein aus der Beobachtung heraus kann sich die göttliche Notwendigkeit nicht als solche entdecken; vielmehr muß der spezifische Grund eingesehen werden, warum etwas nur so und nicht anders sein kann. Ohne eine solche Begründung ist die Behauptung, daß ein bestimmter Sachverhalt auf göttliche Weise notwendig sei, nicht akzeptierbar. Für die menschliche Erkenntnis bzw. Wahrnehmung der Notwendigkeit ist ihr Grund bzw. die Suche nach ihrem Grund fundierend. In diesem Sinne kann man von der notwendigen Tatsache und der auf sie rückbezogenen Reflexion zu dem notwendigen Grund übergehen, der jene notwendige Tatsache allererst als notwendig herausstellt. Sofern man den Ausdruck ‚notwendiger Grund' als eine sinnvolle Redeweise zuläßt,[1] scheint die begriffliche Asymmetrie in der faktischen Notwendigkeit ihr Gegengewicht zu erhalten: Begrifflich setzt zwar die Begründung die bestehende Tatsache voraus, doch macht erst der Grund bzw. die Erkenntnis des Grundes für die menschliche Erkenntnis die Notwendigkeit einsichtig.

Die beiden bisher erörterten Deutungsweisen der göttlichen Notwendigkeit und der Übergang zu der Redeweise ‚notwendiger Grund' machen auf eine grundsätzliche Frage aufmerksam: Ein notwendiger Grund dafür, warum ein Sachverhalt bzw. eine Tatsache auf göttliche Weise notwendig ist, schließt alle anderen Möglichkeiten aus. Impliziert dies nicht, daß die in dieser Erklärung bzw. in der Suche nach dem Grund als unmöglich ausgeschlossenen Möglichkeiten gerade Einschränkungen für das darstellen, was sich ereignen wird? Wirkt nicht der notwendige Grund für diese Unmöglichkeiten zurück auf den göttlichen Willen, der die Suche nach dem Grund als ein sinnvolles Unternehmen ja allererst ermöglicht? Nach der zweiten Deutung der göttlichen Notwendigkeit ist es der Ursprung, der allwissende und willentlich tätige Gott, der zu dieser Suche nach dem Sinn bzw. der Begründung ermutigt hat. Wenn aber eine Erklärung für die göttliche Notwendigkeit eine Logik erfordert, die auch für den göttlichen Willen gelten muß, und infolgedessen Gott etwas unmöglich wollen kann, richtet dann nicht diese Erklärung bzw. die Suche nach

---

[1] Mathematische Beweise sind in der Regel notwendig, nicht wahrscheinlich. Ein mathematischer Sachverhalt gilt erst dann als erwiesen, wenn der notwendige Grund dafür aufgezeigt wird.

den Gründen ihren eigenen Ausgangspunkt zugrunde? Wenn wir behaupten, Gott könne unmöglich seine Ehre verlieren, kann dann daraus erklärt werden, warum es unmöglich ist, daß Gott – ohne Genugtuung (*satisfactio*) zu fordern – die Sünde ungestraft läßt?[2] Aber diese Begründung zwingt uns weiter anzunehmen, daß Gott diese Unmöglichkeit gar nicht wollen kann. Könnte man vor dem Hintergrund dieser Unmöglichkeit bzw. einer Notwendigkeit, die auf den Gotteswillen einschränkende Wirkung zu haben scheint, immer noch nach einem Sinn suchen, der über den bloßen Zufall bzw. über die blinde Notwendigkeit hinausgeht? Könnte man unter solchen Vorzeichen noch weiter von dem göttlichen Willen als dem letzten Grund dafür reden, warum man nicht vergeblich nach dem Grund für die Notwendigkeit sucht, der auch für uns die Feststellung der Notwendigkeit selbst ausmacht?

Diesen Fragen soll anhand von *Cur deus homo* nachgegangen werden. In diesem Werk geht es um den notwendigen Grund (*ratio necessaria*),[3] warum Gott Mensch geworden ist. Die Erklärung für die Notwendigkeit muß beweisen, daß es für die Erlösung der Menschen keine andere Möglichkeit (*aliter non possibile*)[4] gibt als die Menschwerdung Gottes. In seinen Ausführungen kommt Anselm selber auf die Unmöglichkeit zu sprechen, die mit Blick auf Gott ausgesagt zu werden scheint. Dies führt – seinem philosophischen Gehalt nach – zu demselben Problemkomplex, den wir oben angezeigt haben: Kann der spezifische Grund, aus dem die Notwendigkeit eines Sachverhaltes erklärbar wird, für den göttlichen Willen eine Einschränkung bedeuten? Die Suche nach dem verstehbaren Grund wird vor ihrem möglichen Scheitern stehen, wenn nicht geklärt wird, wie der göttliche Wille,

---

2 „Tene igitur certissime quia sine satisfactione, id est sine debiti solutione spontanea, nec deus potest peccatum impunitum dimittere, nec peccator ad beatitudinem, vel talem qualem habebat, antequam peccaret, pervenire." (*Cur deus homo* I, 19 in: S. Anselmi Opera Omnia, ed. F. S. Schmitt, Edinburgh 1946, repr. Stuttgart 1984, vol. II, 85.28-31. Im folgenden wird nach Angabe der Buch- und Kapitelnummer nur mit Seiten- und Zeilenzahl dieser Ausgabe zitiert. Die deutschen Übersetzungen sind, soweit nicht anders vermerkt, der folgenden Ausgabe entnommen: Anselm von Canterbury, *Cur Deus Homo / Warum Gott Mensch geworden*, Lateinisch und Deutsch, besorgt und übersetzt von F. S. Schmitt, Darmstadt 1956)

3 Anselm verwendet häufig die beiden Termini, nämlich „Grund (ratio)" und „Notwendigkeit (necessitas)" nebeneinander bzw. einander erklärend: „aus welchem Grunde (qua ratione) und mit welcher Notwendigkeit (qua necessitate)" (I 1, 48.2). Die gedankliche Verbindung zwischen den beiden Termini scheint aus der Wendung „notwendiger Grund (ratio necessaria)" bzw. „vernunftgemäße Notwendigkeit (rationabilis necessitas)" ersichtlich zu sein, wie wir oben kurz dargelegt haben. Vgl. I 4, 52.7; I 25, 96.2; 96.9; II 15, 115.24; II 18, 126.27.

4 „Nam si homo quod facile posset, cum gravi labore sine ratione faceret, non utique sapiens ab ullo iudicaretur. Quippe quod dicitis deum taliter ostendisse quantum vos diligeret, nulla ratione defenditur, si nullatenus aliter hominem potuisse salvare non monstratur. Nam si aliter non potuisset, tunc forsitan necesse esset, ut hoc modo dilectionem suam ostenderet. Nunc vero cum aliter posset salvare hominem quae ratio est, ut propter ostendendam dilectionem suam ea quae dicitis faciat et sustineat?" (I 6, 54.14 – 55.4. Vgl. I 10, 66.21-22)

der niemals unvernünftig ist,[5] unter keiner Notwendigkeit stehen kann. Es ist also nicht verwunderlich, daß sich Anselm mit all seinen argumentativen Kräften dieser Frage zuwendet. Die Notwendigkeit der Erlösung erklärt er damit, daß das völlige Zugrunderichten der vernünftigen Natur, die Gott erschaffen hat, mit Gott selbst ganz unvereinbar sei. Es ist also notwendig, daß Gott vollbringe, was er begonnen habe. Sonst erwecke es den Anschein, als ließe Gott in einer ihm nicht geziemenden Weise von dem begonnenen Werk ab.[6] Besagt diese Erklärung nicht, so läßt Anselm seinen Diskussionspartner Boso fragen, daß Gott aus der Notwendigkeit heraus, das Unziemliche zu vermeiden, gleichsam gezwungen werde, für das Heil der Menschen zu sorgen?[7] Ferner: Wenn der Gott-Mensch (*deus-homo*) schon – wie es der Heilsplan Gottes vorsieht – vor seiner Geburt zu einem notwendigen Tod für die Rettung der Menschen bestimmt ist, kann man dann, ohne in Widerspruch zu geraten, von einem freiwilligen Opfertod Christi reden, wie ihn der christliche Glaube bekennt?

Anselms Antwort auf diese Fragen soll im folgenden detailliert diskutiert werden. Dabei sind zunächst die Argumentationsstrukturen herauszuarbeiten und die impliziten Voraussetzungen zu explizieren. Was bei Anselms Überlegungen als erstes auffällt, ist – wie noch genauer auszuführen sein wird – seine ‚persönliche' Betrachtungsweise der Modalbegriffe. Unser besonderes Interesse gilt darum der Klärung der Frage, warum Anselm die ‚persönliche' Betrachtungsweise bevorzugt und ob er auch die ‚unpersönliche' Betrachtungsweise der Modalität kennt und wie er gegebenenfalls mit ihr verfährt.

Bevor wir Anselms Antwort näher betrachten, scheint es angebracht, noch eine Anmerkung vorauszuschicken. Das logische Verhältnis zwischen Notwendigkeit und Unmöglichkeit wird von Anselm explizit angesprochen: Was notwendig ist, ist unmöglich nicht; was notwendig nicht ist, ist unmöglich; und umgekehrt.[8] Die Feststellung, daß Anselm die schon von Aristoteles artikulierte Äquivalenz zwischen den Modaltermini ‚Notwendigkeit' und ‚Unmöglichkeit' akzeptiert,[9] ist sicherlich richtig, und man kann in dieser Äquivalenz mit modernen modallogischen Überlegungen einen gemeinsamen Ausgangspunkt finden. Doch Anselm begnügt sich nicht mit dieser Feststellung: Zu beachten ist nicht nur das logische Verhältnis, das zwischen Notwendigkeit und Möglichkeit besteht, sondern auch, um es vor-

---

5 „Voluntas namque dei numquam est irrationabilis." (I 8, 59.11. Vgl. „quia deus nihil sine ratione facit", II 10, 108.23-24)
6 „Necesse est ergo, ut de humana natura quod incepti perficiat. [...] Intelligo iam necesse esse, ut deus faciat quod incepit, ne aliter quam deceat videatur a suo incepto deficere." (II 4, 99.9-13)
7 „Sed si ita est, videtur quasi cogi deus necessitate vitandi indecentiam, ut salutem procuret humanam. Quomodo ergo negari poterit plus hoc propter se facere quam propter nos?" (II 5, 99.18-20)
8 II 17, 123.26-27.
9 E.F. Serene, „Anselm's modal conceptions", in: S. Knuuttila (Hg.), *Reforging the great chain of being*, Dordrecht / Boston 1981, 117-162, hier 117.

sichtig zu formulieren, das philosophische Verhältnis zwischen diesen beiden und dem Willen, das es nicht erlaubt, das eine ohne das andere zu betrachten.[10] Nach Anselm folgt jedes Vermögen dem Willen. Wenn der Wille bei einem angeblichen Können nicht mitverstanden wird, handelt es sich nicht um ein Vermögen, sondern um eine Notwendigkeit. Wenn jemand gegen seinen Willen irgendwohin gezogen oder wenn er besiegt werden kann, so zeigt dies nicht sein eigenes Können an, sondern den Zwang und das Vermögen eines anderen.[11] Wir werden gleich darauf zurückkommen, wie diese Analyse zu interpretieren bzw. zu bewerten ist. Es liegt aber auf der Hand, daß Anselms Überlegungen zu den Modalbegriffen ein semantisches Feld[12] als Grundlage voraussetzen, das nicht unbedingt mit dem der heutigen Logik übereinstimmt. Bei Anselm ist eine philosophische Analyse, die ein angebliches Vermögen als Zwang bzw. als das Vermögen eines anderen erweist, schon vor der Feststellung der logischen Äquivalenz zu leisten. Denn ohne adäquate Berücksichtigung dieser semantischen Verbindung zwischen den Modalbegriffen muß ein Verständnis der Anselmschen Überlegungen auf Schwierigkeiten stoßen.

2. Grundsatz: Die Notwendigkeit unter dem Willen Gottes

Für Anselm steht fest, daß jede Notwendigkeit und Unmöglichkeit dem Willen Gottes unterliegt. Nichts ist notwendig oder unmöglich, wenn Gott es nicht so will.[13] Von diesem Grundsatz her ist auch *unsere* Redeweise zu erklären, die mit

---

10 „Est et aliud propter quod video aut vix aut nullatenus posse ad plenum inter nos de hac re nunc tractari, quoniam ad hoc est necessaria notitia potestatis et necessitatis et voluntatis et quarundam aliarum rerum, quae sic se habent, ut earum nulla possit plene sine aliis considerari. Et ideo tractatus earum opus suum postulat, non multum, ut puto, facile nec omnino inutile; nam earum ignorantia quaedam facit difficilia, quae per earum notitiam fiunt facilia." (I 1, 49.7-13)

11 „Omnis potestas sequitur voluntatem. Cum enim dico quia possum loqui vel ambulare, subauditur: si volo. Si enim non subintelligitur voluntas, non est potestas sed necessitas. Nam cum dico quia nolens possum trahi aut vinci, non est haec mea potestas, sed necessitas et potestas alterius. Quippe non est aliud: possum trahi vel vinci, quam: alius me trahere vel vincere potest. Possumus itaque dicere de Christo quia potuit mentiri, si subauditur: si vellet. Et quoniam mentiri non potuit nolens nec potuit velle mentiri, non minus dici potest nequivisse mentiri. Sic itaque potuit et non potuit mentiri." (II 10, 107.1-9. Vgl. II 16, 121.28-30)

12 Ein anderer Begriff in diesem semantischen Feld ist der des ‚Sollens (debere)'. Ein Paronym aus diesem Begriff, nämlich debitum – in der Regel als ‚Schuld' bzw. ‚Schuldigkeit' übersetzt und so die Sichtung des Paronymitätsverhältnisses erschwerend – spielt in Anselms Argumentation eine wichtige Rolle. Obwohl Anselm die Stelle dieses Begriffs innerhalb des oben genannten semantischen Feldes selbst nicht genau bestimmt, drängt sich der Eindruck auf, daß dieser Begriff auch dazu gehört. Vgl. „Idem enim est non habere potestatem quam debet habere, et habere impotentiam quam debet non habere" (I 24, 92.31-32; I 21, 88.24-28).

13 „Omnis quippe necessitas et impossibilitas eius subiacet voluntati; illius autem voluntas nulli subditur necessitati aut impossibilitati. Nihil enim est necessarium aut impossibile, nisi quia ipse ita vult; ipsum vero aut velle aut nolle aliquid propter necessitatem aut impossibilitatem alienum est a veritate." (II 17, 122.26-30)

Blick auf Gott von Notwendigkeit bzw. Unmöglichkeit spricht: Wenn wir sagen, es sei für Gott unmöglich zu lügen, oder für Gott sei es unmöglich, Vergangenes ungeschehen zu machen, so ist die Unmöglichkeit nicht richtig (*recte*) von Gott ausgesagt. Denn, so Anselms Erklärung, was diese Unmöglichkeit allererst hervorbringt (*operatur*), ist allein Gottes Wille, daß die Wahrheit, so wie sie ist, auch stets unwandelbar sei.[14] Betrachten wir ein anderes Beispiel: Wenn jemand freiwillig gelobt, fortan den heiligen Lebenswandel zu praktizieren, und mit derselben Freiheit weiterhin seinem Gelübde gemäß lebt, so darf man nicht sagen, daß er aus einer Nötigung heraus auf diese Weise lebe, obwohl er ja – den Forderungen seines Standes gemäß – sein Gelübde mit Notwendigkeit einhalten muß und, falls er dies dann doch nicht mehr wollte, zur Einhaltung auch gezwungen werden könnte.[15] Wenn wir von Gott die Notwendigkeit, seine Ehrbarkeit (*honestas*) zu wahren, aussagen, so wird diese Notwendigkeit nach Anselm nur im uneigentlichen Sinne (*improprie*) Notwendigkeit genannt, weil sie ja nichts anderes darstellt als die Unwandelbarkeit seiner Ehrbarkeit, die er ganz aus sich und nicht von einem anderen her hat.[16] Da Anselm von vornherein die Möglichkeit ausschließt, daß Gott sich zwingen oder hindern läßt, etwas zu tun, bleibt im Falle Gottes nur sein Wille bzw. die Unwandelbarkeit (*immutabilitas*) als Erklärung für diese spezifische Notwendigkeit übrig. Anselm hält die Notwendigkeit, die von Gott ausgesagt wird, deswegen für uneigentlich, weil darin kein Zwang, der von einem anderen ausgeht, zu sehen ist. Es liegt also nahe, daß Anselm die Notwendigkeit zunächst in dem Sinne versteht, daß ein Zwang von einem anderen ausgeübt wird.[17] Die mit Blick auf Gott ausgesagte Notwendigkeit, die Ehrbarkeit zu wahren, bzw. die Unmöglichkeit, das Vergangene rückgängig zu machen, ist von Gott selbst gewollt und nicht von einem anderen erzwungen.

Die erste Erklärung, die auf dem oben genannten Grundsatz und auf der Analyse der ‚uneigentlichen' Redeweise beruht, stellt uns vor die Frage, ob nicht dieser Rekurs auf den göttlichen Willen auch einen Zug der Willkürlichkeit beinhaltet[18] und darum für die Suche nach der Begründung abträglich wirken kann. Wenn Gottes Wille prinzipiell über jeder Notwendigkeit und Unmöglichkeit steht, wie könnten

---

14 „[...] nec tamen recte dicitur impossibile deo esse, ut faciat quod praeteritum est non esse praeteritum – nihil enim ibi operatur necessitas non faciendi aut impossibilitas faciendi, sed dei sola voluntas, veritatem semper, quoniam ipse veritas est, immutabilem, sicuti est, vult esse." (II 17, 123.4-8)
15 II 5, 100.9-15.
16 „Quae scilicet necessitas [sc. necessitas servandae honestatis] non est aliud quam immutabilitas honestatis eius, quam a se ipso et non ab alio habet, et idcirco improprie dicitur necessitas." (II 5, 100.24-26)
17 „Omnis quippe necessitas est aut coactio aut prohibitio; quae duae necessitates convertuntur invicem contrarie, sicut necesse est impossibile." (II 17, 123.23-24)
18 Vgl. E.F. Serene, „Anselm's modal conceptions" (Anm. 9), 132: „Unless Anselm has a convincing and general reason for counting God's insuperable strength of veracity as more fundamental an attribute than his inability to lie, this strategy seems arbitrary."

wir dann behaupten, daß Gott für die Rettung der Menschen keine andere Möglichkeit gehabt habe, als selbst Mensch zu werden?[19] Anselms Antwort auf diese prekäre Frage wird deutlich, wenn er zur Freiheit, zur Güte und zum Willen Gottes Stellung bezieht. Anlaß zu dieser Stellungnahme ist die Überlegung, ob es nicht auch möglich sei, daß Gott das ihm zugefügte Unrecht einfach vergebe.[20] Wir müssen, so Anselm, dies vernünftigerweise in der Art auffassen, daß es nicht den Anschein erweckt, wir würden Gottes Würde widersprechen.[21] Die Suche nach dem notwendigen Grund gewinnt dadurch wieder ihren Boden, daß Anselm die Möglichkeit ausschließt, daß Gott *alles* wollen kann. So kann der Verdacht der Willkürlichkeit mittels der Einführung der göttlichen Würde, die bestimmt, was Gott geziemend (*conveniens*) ist und was nicht, abgeschwächt werden. Nun stehen wieder Modalbegriffe vor dem Willen: „Keinesfalls kann ein Wille lügen wollen, außer dem, in dem die Wahrheit verdorben ist, ja welcher eben durch das Verlassen der Wahrheit verdorben ist." [22] Der göttliche Wille zur unwandelbaren Wahrheit und Wahrhaftigkeit, die er selber ist, scheint mit der Unmöglichkeit des Lügens derart verbunden zu sein, daß trotz der Redeweise, welche von Gottes Willen gewisse Notwendigkeiten aussagt, der eingangs dieses Absatzes besprochene Grundsatz, daß dem göttlichen Willen keinerlei Notwendigkeit oder Unmöglichkeit vorausgeht, insgesamt aufrecht erhalten werden kann.

Klar ist auch, daß Gott unter keinem Zwang steht, da hier die Notwendigkeit ‚persönlich' als Zwang aufgefaßt wird. Man kann diese Argumentation auch als Beleg für die persönliche Auffassungsweise der Notwendigkeit bei Anselm verwenden. Welche Prioritätsbestimmung man zwischen Zwang und Willen auch immer ansetzt und wie man den Zwang, der von einem anderen ausgeht, von dem von sich selbst herrührenden Zwang unterscheiden mag: Die Notwendigkeit wird stets als Tätigkeit bzw. als Akt eines Zugrundeliegenden bzw. einer Substanz gedacht. Eine unpersönliche Betrachtungsweise der Notwendigkeit, die sich in der Aussageform „Es ist notwendig, daß — " (mit dem aussagbaren Gehalt an der Leerstelle) ausdrückt, bleibt diesen Überlegungen zwar fern.[23] Doch verdient ein Punkt in diesen Überlegungen unsere Aufmerksamkeit: Anselm begründet die Unmöglichkeit

---

19 Dies ist genau die Frage, die das ganze Werk leitet: „[...] qua scilicet ratione vel necessitate deus homo factus sit, et morte sua, sicut credimus et confitemur, mundo vitam reddiderit, cum hoc aut per aliam personam, sive angelicam sive humanam, aut sola voluntate facere potuerit" (I 1, 48.2-5).
20 I 12, 70.6-10.
21 „[...] sic eas [sc. libertas, benignitas et voluntas dei] debemus rationabiliter intelligere, ut dignitati eius non videamur repugnare" (I 12, 70.12-13).
22 „Nam nequaquam potest velle mentiri voluntas, nisi in qua corrupta est veritas, immo quae deserendo veritatem corrupta est." (I 12, 70.18-20)
23 Vgl. K. Jacobi, „Das Können und die Möglichkeiten. Potentialität und Possibilität", in diesem Band S. 9-23, hier S. 12 f.

des Lügenwollens damit, daß sich daraus ein Widerspruch ergibt. Wenn Gott lügen will, dann folgt daraus nicht, daß Lügen rechtmäßig sei, sondern vielmehr, daß er dann nicht Gott sei.[24] Aus der Prämisse, Gott wolle lügen, leitet sich eine Unmöglichkeit ab, die sogar in einem emphatischen Sinn unmöglich zu sein scheint: Gott wäre nicht Gott. Man ist versucht zu sagen, daß Anselm in dem Moment der auf den göttlichen Willen bezogenen modalen Einschränkung die logische Unmöglichkeit und folglich auch die unpersönliche Rede von Notwendigkeit in Anspruch nimmt. Wir werten diesen Zug als Indiz dafür, daß Anselm innerhalb seiner insgesamt persönlichen Auffassungsweise der Notwendigkeit auch mit einer unpersönlichen Auffassungsweise umzugehen versteht. Dieser Punkt wird später, wenn wir weitere Indizien gesichtet haben, noch ausführlicher zu diskutieren sein.

3. Das Denkschema der Inhärenz: eine semantische Analyse

Anselm schließt seine erste Erklärung damit ab, daß Gott in der Redeweise „Gott kann etwas nicht" keineswegs die Macht abgesprochen, sondern gerade in seiner unüberwindlichen Macht und Stärke bezeichnet wird.[25] Offenbar findet Anselm diese gebräuchliche Redeweise deswegen analysebedürftig, weil man zunächst geneigt ist, aus einem solchen Satz eine bestimmte Unfähigkeit abzulesen. Eine Voraussetzung, die jener gebräuchlichen Redeweise und Anselms Analyse zugrunde liegt, läßt sich folgendermaßen formulieren:

Prinzip der Inhärenz: Wenn eine Eigenschaft P einem Subjekt oder Zugrundeliegenden S zugeschrieben wird, dann inhäriert die Eigenschaft P in S.

Wenn jemand als tapfer gilt, wenn also die Eigenschaft ‚Tapferkeit' einem Individuum zugeschrieben wird, kann man nach diesem Prinzip sagen, die Tapferkeit inhäriere ihm. Es ist darauf zu achten, daß die Zuschreibung der Eigenschaft P in der normalen Prädikation durch die abgeleiteten Termini (*denominativa*) aus dem Abstraktnomen erfolgt, das die Eigenschaft P bezeichnet. Der Mensch, dem die Tapferkeit inhäriert, wird als ‚tapfer' bezeichnet, nicht jedoch als ‚Tapferkeit'. Was einem Zugrundeliegenden inhäriert, ist die Eigenschaft ‚Tapferkeit', was aber von dem Zugrundeliegenden ausgesagt wird, ist das daraus Abgeleitete, nämlich ‚tapfer'. Aus dieser leichten Veränderung der Wortendung bei der Prädikation läßt sich

---

24 „Non enim sequitur: si deus vult mentiri, iustum esse mentiri; sed potius deum illum non esse." (I 12, 70.17-18)

25 „Quotiens namque dicitur deus non posse, nulla negatur in illo potestas, sed insuperabilis significatur potentia et fortitudo. Non enim aliud intelligitur, nisi quia nulla res potest efficere, ut ille agat quod negatur posse." (II 17, 123.11-14)

das Prinzip der Paronymität erklären, in Anlehnung an die Definition im ersten Kapitel der aristotelischen Kategorienschrift.[26]

Prinzip der Paronymität: Wenn eine Eigenschaft von dem Subjekt bzw. Zugrundeliegenden ausgesagt wird, dann erfolgt diese Prädikation durch die abgeleiteten Termini (Paronyma, denominativa) von dem Abstraktnomen, das die Eigenschaft selbst bezeichnet.

Die beiden Prinzipien zusammengenommen lassen zu, daß wir von der Aussage „x ist tapfer" zu der Aussage „Tapferkeit inhäriert x" übergehen. In derselben Weise können wir von der Redeweise „Gott kann x tun" zu der Inhärenz-Formel übergehen, das Können bzw. die Potenz, x zu tun, inhäriere Gott. Nach diesem Denkschema läßt sich aus dem Satz „Gott kann nicht lügen wollen" schließen, daß das Nichtkönnen bzw. die Unfähigkeit, lügen zu wollen, Gott inhäriere. Ähnliches gilt für den Satz „Für Gott ist es unmöglich, x tun": Wir können von dieser Aussage zu der Inhärenz-Formel übergehen, nach der die Unmöglichkeit, x zu tun, Gott inhäriere. Diese Behauptung aber muß mit dem Glauben an die Allmacht Gottes in Konflikt geraten.[27] Die Aufgabe, die sich Anselm stellt, betrifft also eine Analyse, die auf der Folie des Inhärenzschemas die Zuschreibung einer Unmöglichkeit bzw. eines Nichtkönnens an Gott als unberechtigt erweist.

Bevor wir Anselms Analyse im folgenden näher betrachten, scheint eine weitere Anmerkung angebracht: Das Denkschema der Inhärenz setzt voraus, daß jede Eigenschaft (einschließlich der der Möglichkeit, Notwendigkeit und Unmöglichkeit) ein Zugrundeliegendes benötigt, um *dessen* Potenz bzw. *dessen* Impotenz bezeichnen zu können. Wenn wir Anselms Überlegungen hinsichtlich der Modalbegriffe als eine ‚persönliche' Betrachtungsweise bezeichnen, so zunächst deswegen, weil sich sein Denken auf diesem Boden der ‚Inhärenz'-Vorstellung zu bewegen scheint. Ein eindrucksvoller Beleg für dieses Denkschema findet sich bei jenen ‚Eigenschaften' wie Raum und Zeit, die heute sicher nicht mehr als Eigenschaften bestimmter Dinge betrachtet werden.[28] Die Unmöglichkeit etwa, Vergangenes ungeschehen zu machen, wird stets als die Unmöglichkeit von jemand bzw. von etwas gedacht,

---

26 „Man nennt Dinge paronym (parônymos), die ihre Bezeichnung von etwas anderem her, mit einem Unterschied in der Endung, erhalten." (*Cat.* 1, 1a 12-13)
27 Vgl. *Proslogion* 7, Schmitt I, 105.9-11: „Sed et omnipotens quomodo es, si omnia non potes? Aut si non potes corrumpi nec mentiri nec facere verum esse falsum, ut quod factum est non esse factum, et plura similiter: quomodo potes omnia?"
28 Vgl. *Proslogion* 19, Schmitt I, 115.14-15: „[...] tu autem, licet nihil sit sine te, non es tamen in loco aut tempore, sed omnia sunt in te. Nihil enim te continet, sed tu contines omnia." Zum Begriff der Inhärenz in der Tradition siehe: G. B. Mathews, „Container Metaphysics According to Aristotle's Greek Commentators", in: R. Bosley / M. Tweedale (Hg.), *Aristotle and his Medieval Interpreters*, Calgary 1992, 7-23; S. K. Knebel, „Substanz oder Akzidens. Ein Beitrag zur Mythologie des Begriffs", in: N. W. Bolz / W. Hübner (Hg.), *Spiegel und Gleichnis* (FS J. Taubes), Würzburg 1984, 55-86.

dem sie als Eigenschaft inhärieren kann. Anselm muß nun durch seine Analyse zeigen, daß diese mit Blick auf Gott ausgesagten Eigenschaften ‚Unmöglichkeit' bzw. ‚Nichtkönnen' nicht Gott inhärieren, sondern einem anderen Zugrundeliegenden, von dem es philosophisch plausibler ist, ihm eine Unmöglichkeit zuzuschreiben.

Anselm diskutiert einige Beispiele, bei denen die gewöhnliche Annahme, die Eigenschaft P inhäriere dem Zugrundeliegenden S, nicht gilt, sondern eher auf einen anderen Fall von Inhärenz verweist. Wenn man z. B. sagt „Dieser Mensch kann besiegt werden", so zeigt diese Prädikation nicht die Inhärenz der Potenz bzw. der Fähigkeit des Besiegtwerdens an, sondern eher die Inhärenz der Unfähigkeit zu siegen. Wenn daher im Grunde von der Potenz des Siegens die Rede ist, dann inhäriert diese Potenz nicht dem ursprünglichen Subjekt bzw. Zugundeliegenden, sondern dem anderen, das über das ursprüngliche Zugrundeliegende siegen kann. Da nach dieser Analyse der andere die Fähigkeit zu siegen hat, inhäriert die Potenz des Siegens eben diesem anderen und nicht dem ursprünglichen Zugrundeliegenden. Ähnliches gilt für den Satz „Jener kann nicht besiegt werden": Aus dieser Prädikation darf nicht einfach auf die Inhärenz des Nicht-besiegt-werden-Könnens im Subjekt geschlossen werden, also auf die Inhärenz der Unfähigkeit, besiegt zu werden, sondern im Gegenteil auf die Inhärenz der Potenz bzw. Macht, von niemandem besiegt werden zu können.[29]

Was Anselm bei dieser Analyse beabsichtigt, liegt auf der Hand: Er will durch eine semantische Analyse, die tiefer greift als eine oberflächliche Annahme der Inhärenz, eine Auffassungsweise vorlegen, die eine Unmöglichkeit bzw. Ohnmacht und Unfähigkeit nicht dem ursprünglichen Subjekt und Zugrundeliegenden, sondern einem oder mehreren anderen zuschreibt. Wenn von Gott ausgesagt wird, er könne Vergangenes nicht ungeschehen machen, so bedeutet dies nach der vorgeführten Analyse nicht, daß eine Ohnmacht bzw. Unfähigkeit Gott inhäriere, sondern daß eine Ohnmacht bzw. Unfähigkeit anderen Dingen inhäriere, nämlich nicht bewirken zu können, daß Gott etwas tut, was zu können ihm abgesprochen wird.[30] Wenn es also für Gott unmöglich ist, Vergangenes ungeschehen zu machen, so zeigt dies nicht die Unfähigkeit Gottes, sondern die Unfähigkeit aller anderen an, Gott dazu zu bringen, das zu tun, was für ihn als unmöglich erachtet wird.

Als allgemeine semantische Analyse ist diese Gedankenführung durchaus anzuerkennen. Besonders bei den passivisch ausgedrückten Fällen eines Könnens sollte man die Inhärenz genau bestimmen: Um wessen Inhärenz geht es? Welche Inhärenz – eine Fähigkeit oder eine Unfähigkeit – ist hier gemeint? In diesem Zusammenhang ist auch darauf hinzuweisen, daß Anselm ein Können gegen den eigenen Willen als Zwang bzw. als Können eines anderen analysiert.[31] Ein gewisses Problem stellt sich

---

29 II 17, 123.15-20.
30 II 17, 123.11-14.
31 Siehe Anm. 11.

indes bei der Anwendung dieser Analyse auf die Rede von Unmöglichkeit, die auf Gott bezogen wird: Zwar kann es durchaus sein, daß die eben präsentierte Analyse auch für Sätze gilt, in denen von Gott ein Nichtkönnen ausgesagt wird. Doch kommt der notwendige Grund, warum Gottes Nichtkönnen in dieser Weise verstanden werden muß, nicht zum Vorschein. Nicht nur bei dieser Unmöglichkeit, sondern auch in allen Fällen sonst ist ja kein Ding dazu in der Lage, das, was Gott gewollt hat, zu etwas zu machen, was Gott nicht gewollt hat – sei dies nun etwas logisch Unmögliches, oder aber nur etwas für Menschen Unmögliches. Um es kurz zu sagen: Die Erklärung, die scheinbare Inhärenz einer spezifischen Unfähigkeit in Gott stelle nichts anderes dar als die Inhärenz einer allgemeinen Unfähigkeit in allem anderen (*in omnibus aliis rebus*), ist zu unspezifisch, um als angemessene Erklärung akzeptiert werden zu können.

Im Zusammenhang mit dieser Bewertung scheinen einige Anmerkungen am Platz zu sein. Erstens: Anselm hält diese Analyse wohl deswegen auch mit Blick auf Gott für gültig, weil er keinen höheren Vernunftgrund sieht, der dagegen steht. Dies hängt damit zusammen, daß Anselm in seinem Diskussionsrahmen eine ganz bestimmte Auffassung von Notwendigkeit bevorzugt.[32] Zweitens: Anselms Argumentation zeigt deutlich, was es heißt, dem Denkschema der Inhärenz verpflichtet zu bleiben: Der modale Bereich, den Aristoteles als das nicht in bezug auf ein Vermögen gesagte Mögliche[33] bezeichnet hat und den Abailard etwa eine Generation später unter der Rubrik der irreduzibel unpersönlichen Aussagen[34] behandeln wird, liegt gänzlich jenseits der Fragestellung, um wessen Potenz bzw. Unfähigkeit es sich jeweils handle. Dies paßt zwar gut zu dem oben diskutierten Grundsatz, demgemäß jede Notwendigkeit und Unmöglichkeit Gottes Willen unterliegt. Aber als naheliegende Erklärung für Modalbegriffe scheint die Suche nach dem Träger dieser ‚Eigenschaften' nicht sehr hilfreich zu sein. Aus der Entdeckung Abailards, daß sich einige sinnvolle Aussagen nicht auf das traditionelle Inhärenzschema reduzieren lassen, kann man zu der Einsicht gelangen, daß der semantische

---

32 Anselm vereinbart mit seinem Diskussionspartner die folgende Regel: „Wie in Gott einer noch so kleinen Unziemlichkeit die Unmöglichkeit folgt, so begleitet einen noch so geringen Vernunftgrund, falls er nicht durch einen höheren überwunden wird, die Notwendigkeit. (Quoniam accipis in hac quaestione personam eorum, qui credere nihil volunt nisi praemonstrata ratione, volo tecum pacisci ut nullum vel minimum inconveniens a nobis accipiatur, et nulla vel minima ratio, si maior non repugnant, reiciatur. Sicut enim in deo quamlibet parvum inconveniens sequitur impossibilitas, ita quamlibet parvam rationem, si maiori non vincitur, comitatur necessitas.)" (I 10, 67.1-6) Der zweite Teil dieser Vereinbarung, einem noch so geringen Vernunftgrund die Notwendigkeit zuzuschreiben, wird für heutige Leser, die außerhalb jenes Diskussionsrahmens stehen, wohl kaum Geltung haben.

33 Vgl. K. Jacobi, „Das Können und die Möglichkeiten" (Anm. 23), 18.

34 Zum Begriff ‚irreduzibel unpersönliche Aussage' vgl. K. Jacobi, „Diskussionen über unpersönliche Ausdrücke in Peter Abaelards Kommentar zu Peri hermeneias", in: E. P. Bos (Hg.), *Mediaeval Semantics and Metaphysics. Studies dedicated to L. M. De Rijk on the occasion of his 60th Birthday*, Nijmegen 1985, 1-63.

Sachverhalt zwar auf dem ontologischen basiert, zugleich jedoch seine eigene Dimension besitzt, die zu untersuchen Sache der Logik ist.[35] Eine Antwort auf die Frage, was es bedeutet, dem Denkschema der Inhärenz verpflichtet zu bleiben, scheint bei Anselm die zu sein, daß der Primat des göttlichen Willens jede Einführung der unpersönlichen Auffassungsweise der Modalausdrücke unterbindet, auch wenn das Denkschema in Wirklichkeit nicht das leistet, was es zu leisten hat. Die Leistungsfähigkeit des Denkschemas der Inhärenz liegt wohl darin, durch die Bestimmung des Trägers der Inhärenz einigen Akzidentien ihren ontologischen Platz in der Welt zuzuweisen, da schließlich nur die Substanz durch sich selbst (*per se*) existieren kann. Wenn Anselm in seiner Analyse die prima facie von Gott ausgesagte Unmöglichkeit bzw. Unfähigkeit, das Vergangene ungeschehen zu machen, als eine allen anderen Geschöpfen inhärierende Unmöglichkeit bzw. Unfähigkeit analysiert, nämlich als die Unfähigkeit, Gott dazu zu bringen, das zu tun, was tun zu können ihm abgesprochen wird, so wird dabei nur eine Scheininhärenz aufgezeigt. Denn die Konzeption einer nicht Gott, sondern allem anderen inhärierenden Unfähigkeit besagt letztlich wohl nichts anderes als die Negation des Denkschemas der Inhärenz selbst. Denn wie läßt sich diese Inhärenz, diese Sammlung einer jedwedem einzelnen Wesen außer Gott inhärierenden Unfähigkeit noch sinnvoll verstehen?

4. Zur nachfolgenden, nichts bewirkenden Notwendigkeit

Das Denkschema der Inhärenz besitzt in Anselms modallogischen Überlegungen eine so zentrale Stellung, daß man fast den Eindruck gewinnen kann, der unpersönliche Aspekt sei gänzlich verloren gegangen. Dies ist aber nicht der Fall. Systematisch höchst interessant ist die Tatsache, daß Anselm einen Begriff der Notwendigkeit in die modallogische Diskussion einführt, der sich nicht auf eine Person bzw. auf ein Zugrundeliegendes zurückführen läßt. Angesichts der bisher betrachteten persönlichen Auffassungsweise der Modalbegriffe ruft dieser Begriff, der den Rahmen des Inhärenz-Denkschemas zu sprengen scheint, besondere Aufmerksamkeit hervor. Was gewinnt Anselm durch die Einführung dieses Begriffs? Und führt dies nicht zu Problemen mit dem bei Anselm vorherrschenden Denkschema der Inhärenz?

Eine nachfolgende Notwendigkeit (*necessitas sequens*), die Anselm von der vorausgehenden Notwendigkeit (*necessitas praecedens*) unterschieden wissen möchte,

---

35 Vgl. S.-J. Kang, *Prädizierbarkeit des Akzidens. Zur Theorie der denominativa (nomina sumpta) im Kategorienkommentar Abailards*, Diss. Freiburg i. Br. 2000, insbes. 15. These „Zur Rolle der Kategorienschrift im Aufbau einer Logik" (5.2: Thesen zur Systematik) und den dazu gehörenden Teil 5.1.3: „Was heißt es für eine Logik, von den kategorial aufgeteilten Bezeichnungen auszugehen?"

erzwingt nicht, daß eine Sache so oder anders wird; sie wird vielmehr aus der bereits bestehenden Tatsache gefolgert. Während die vorausgehende Notwendigkeit bewirkt – und somit die Ursache dafür wird – , daß eine Sache auf bestimmte Weise existiert, ist das, was die nachfolgende Notwendigkeit ihrerseits ausmacht, die Sache bzw. Tatsache selbst.[36] Die vorausgehende und bewirkende Notwendigkeit kann leicht im Rahmen des Inhärenzschemas plaziert werden. Es handelt sich um die Notwendigkeit *von jemandem*; man kann sie als Zwang bzw. Verhinderung verstehen, die ihn oder es betrifft. Anselms Beispiel hierfür ist die Himmelsbewegung: Die Gewalt der natürlichen Bestimmung (*violentia naturalis conditionis*) zwingt den Himmel, sich zu drehen.[37] Die nachfolgende Notwendigkeit liegt vor, so Anselm, wenn man sagt: „Jemand spricht aus Notwendigkeit, weil er spricht." Damit wird ausgedrückt, daß nichts bewirken kann, daß jemand – während er spricht – nicht spricht. Damit wird nicht ausgedrückt, daß man zum Sprechen gezwungen wird.[38] Solange man spricht, kann man nicht nicht sprechen. Niemand zwingt hier jemanden zu sprechen, aber wenn man spricht, so ist es notwendig, daß man spricht, während man spricht. Aus der bestehenden Tatsache des Sprechens kann man auf die Notwendigkeit des Sprechens schließen, allerdings mit dem entscheidenden Zusatz einer Gleichzeitigkeit. Die Notwendigkeit des Sprechens ist nur unter der Voraussetzung zu verstehen, daß demselben Zugrundeliegenden nicht gleichzeitig einander widersprechende Eigenschaften inhärieren können. In diesem Zusammenhang liegt ein Beispielsatz aus der Aristotelischen Schrift *De sophisticis elenchis* nahe, von dem die gesamte mittelalterliche Modallogik ausgeht, nämlich „Ein Sitzender kann stehen".[39] Eine Deutung, die diesen Satz als falsch erweist, basiert auf genau derselben Logik: Ein Sitzender kann als Sitzender nicht stehen; es ist also unmöglich, daß ein Sitzender *als Sitzender* steht. Es kann nicht sein, daß ein Sitzender steht, *solange* er sitzen bleibt. Die nachfolgende Notwendigkeit, die Anselm hier ins Spiel bringt, verdankt ihre begriffliche Geltung der Gleichzeitigkeitsklausel. Von der bestehenden Tatsache – und weiter von der früher einmal bestanden habenden bzw. der später einmal bestehenden Tatsache, auf die wir noch zu sprechen kommen werden – kann man auf die Unmöglichkeit dessen schließen, was mit dem Bestehen dieser Tatsache in Widerspruch steht. Wie das Sitzen in bezug auf dasselbe Zugrundeliegende mit

---

36 „Est namque necessitas praecedens, quae causa est ut sit res; et est necessitas sequens, quam res facit." (II 17, 125.8-9)
37 „Nam violentia naturalis conditionis cogit caelum volvi." (II 17, 125.13-14. Vgl. I 10, 65.3-7)
38 „[...] sequens [sc. necessitas] vero et quae nihil efficit sed fit, est cum dico te ex necessitate loqui, quia loqueris. Cum enim hoc dico, significo nihil facere posse, ut dum loqueris non loquaris, non quod aliquid te cogat ad loquendum." (II 17, 125.10-13)
39 *De sophisticis elenchis* I 4, 166a 23-30. Vgl. K. Jacobi, „Das Können und die Möglichkeiten" (Anm. 23), 17.

dem Stehen in Widerspruch steht, so widerspricht auch die bestehende Wirklichkeit des Sprechens dem gleichzeitigen Nichtsprechen. Es kann sein, daß man eine bestimmte Zeit lang sitzt und danach wieder steht, oder daß man eine bestimmte Zeit lang spricht und danach nicht mehr spricht. Aber es kann nicht sein, daß man gleichzeitig beides macht, nämlich sitzenbleibend steht oder sprechend nicht spricht.

Hier handelt es sich gewiß um eine merkwürdige Art von Notwendigkeit. Systematisch scheint diese Notwendigkeit der unpersönlichen Betrachtungsweise sehr nahe zu kommen. Anselm erweckt fast den Eindruck, bei der Einführung dieses Begriffs den Boden der persönlichen Auffassung bewußt verlassen zu haben. Anselm fragt hier auch gar nicht, als wessen Zwang dies zu verstehen sei, und eine Antwort auf diese Frage könnte innerhalb des bisher vorgegebenen begrifflichen Rahmens auch nur schwer gegeben werden. Warum also vollzieht Anselm diesen Schritt? Und vor allem: Ist dieser Schritt mit dem bislang dominierenden Denkschema der Inhärenz vereinbar?

Um die Tragweite, die diesem Begriff der Notwendigkeit im Denken Anselms zukommt, richtig einschätzen zu können, ist es ratsam, über die mögliche Motivation für Anselms Begriffsbildung nachzudenken. Eine schwierige, vielleicht die schwierigste Frage in *Cur deus homo* lautet, wie die Notwendigkeit der Menschwerdung und des Leidens und Todes Jesu mit der Freiheit bzw. dem freien Willen des Gott-Menschen, den Tod zu erdulden, kompatibel zu machen sei. Ohne einen *notwendigen* Grund würde das gesamte Unternehmen des Werkes zum Scheitern verurteilt sein; ohne die *Freiheit* bzw. den freien Willen, die eine andere Möglichkeit implizieren, ginge ein wichtiger Glaubensinhalt zugrunde. Eine *nicht zwingende Notwendigkeit* wäre, wenn es eine solche denn geben könnte, eine vielversprechende Antwort auf die gestellte Frage. Die Trennung der Reflexions- von der Tatsachenebene und eine entsprechend unterschiedene Zuordnung – etwa die im ersten Abschnitt angezeigte Plazierung des notwendigen Grunds auf der Ebene der Reflexion und des Zwangs auf der Ebene der Tatsache – kann zwar helfen, die Problemlage etwas zu klären, aber dieser Versuch hat mit Anselm wenig zu tun. Was Anselm erklären will, ist vielmehr, wie der frühere Glaube und die Prophezeiung, die sich auf den freiwilligen Tod Jesu richten, in Zukunft mit dem tatsächlich eingetretenen Tod notwendig verbunden werden kann. Die theoretische Relevanz dieser Begriffsbildung scheint darin zu bestehen, daß Anselm mit ihrer Hilfe auf den Zusammenhang aufmerksam macht, der zwischen der Tatsache der Menschwerdung und dem entsprechenden Glauben bzw. der entsprechenden Prophezeiung besteht. Der Glaube Marias bzw. die Weissagung Christi, daß er aus freiem Willen und nicht aus Notwendigkeit sterben sollte, war wahr. Doch ist dies nicht als Ursache dafür anzusehen, daß Christus dann in der Tat freiwillig starb. Eher gilt die zeitlich umgekehrte Ursache- und Wirkungsfolge: Weil eben dies so kommen mußte, war der frühere Glaube wahr.⁴⁰ Die Notwendigkeit, daß in der Zukunft etwas auf bestimmte Weise geschehen wird, ist mit dem zukünftigen Geschehen derart verbunden, daß jene Notwendigkeit das Eintreten des Geschehens nicht selbst erzwingt. Wenn unsere Interpretation richtig ist, dann steht die Tatsache der Menschwerdung Gottes mit dem auf sie gerichteten Glauben – unabhängig von dem Zeitpunkt des Glaubens, sei es nun vor oder nach der Geburt Christi – in einem Verhältnis, wie es auch zwischen der Tatsache des Sprechens und der Notwendigkeit des Sprechens während des Sprechens anzutreffen ist. Die logische Gleichzeitigkeit, die wir bei der Auslegung der nachfolgenden Notwendigkeit postuliert haben, verliert hier jedoch ihre Geltung, da es im Falle des freiwilligen Todes Jesu bei der Verbindung zwischen Tatsache und Glauben nicht auf die zeitliche Abfolge, sondern auf die einseitige Abhängigkeit der Relation ankommt. Aus dem *factum* leitet sich die Notwendigkeit bzw. die notwendige Wahrheit des Glaubens unabhängig von den relativen Zeitverhältnissen ab – aus dem erst später einmal bestehenden Sachverhalt, wenn der Glaube zeitlich dem *factum* vorausgeht; aus dem gerade bestehenden, wenn der Glaube gleichzeitig zu dem *factum* ist; oder aber aus dem ehemals bestanden habenden, wenn der Glaube dem *factum* nachfolgt.

Die theoretische Leistung des Begriffs „nachfolgende Notwendigkeit" in Anselms Denken ist, verglichen mit der relativ mageren Erklärung des Begriffs, beachtlich. Anselm berücksichtigt diese Notwendigkeit nämlich nicht nur bei der Erklärung des wahren Glaubens bzw. der wahren Weissagung, sondern auch bei der Erklärung anderer Glaubensinhalte, wie der Menschwerdung Gottes und dem Leiden Christi: „Durch diese nachfolgende und nichts bewirkende Notwendigkeit war es – weil der Glaube und die Weissagung von Christus, daß er willentlich und nicht aus Notwendigkeit sterben sollte, wahr war – notwendig, daß es so sei. Mit ihr ist er Mensch geworden; mit ihr tat er und litt er, was er tat und litt; mit ihr wollte er, was immer er wollte."⁴¹

Wenn man diese Erklärungsweise weiter verfolgen wollte, könnte man fast alle Glaubensinhalte als notwendig erweisen. Der Eindruck drängt sich auf, daß Anselms Suche nach einem notwendigen Grund für die Menschwerdung Gottes in dieser nachfolgenden Notwendigkeit ihr Ziel erreicht hat. Aus der eingetretenen Tatsache der Schöpfung läßt sich, so zeigt unsere Rekonstruktion, die Notwendigkeit der Erlösung durch die Menschwerdung Gottes ableiten; und aus dem *factum* der Menschwerdung die Notwendigkeit des freiwilligen Todes Jesu. In der Einsicht

---

40 „Quapropter quoniam vera fuit fides eius, necesse erat ita futurum esse, sicut credidit. Quod si te iterum perturbat quia dico: <necesse erat>: memento quia veritas fidei virginis non fuit causa ut ille sponte moretur, sed quia hoc futurum erat, vera fuit fides." (II 17, 124.27–125.3)
41 „Hac sequenti et nihil efficienti necessitate, quoniam vera fuit fides vel prophetia de Christo, quia ex voluntate non ex necessitate moriturus erat, necesse fuit ut sic esset. Hac homo factus est; hac fecit et passus est quidquid fecit et passus est; hac voluit quaecumque voluit." (II 17, 125.23-26)

in diese Notwendigkeit scheint der Höhepunkt des gesamten Anselmschen Unternehmens zu liegen, den notwendigen Grund für die Menschwerdung Gottes aufzuzeigen. Von dieser Notwendigkeit ist die Rede, wenn die menschliche Reflexion über die Menschwerdung Gottes diese als notwendig erachtet. Weil diese Notwendigkeit nichts bewirkt, ist sie mit der Freiheit Gottes kompatibel. Genauer gesagt: Diese Notwendigkeit setzt Gottes Freiheit gerade voraus, da das *factum*, aus dem sie ihren eigenen notwendigen Charakter schöpft, aus eben dieser Freiheit kommt.

5. Systematische Bewertung

Wenden wir uns nun der Frage zu, ob der Begriff der nachfolgenden Notwendigkeit mit dem Denkschema der Inhärenz zu vereinbaren sei. Da Gottes Wollen und Tun deckungsgleich sind,[42] geht jede nachfolgende Notwendigkeit auf Gottes Willen zurück. Insofern bleibt das Denkschema der Inhärenz, im ganzen gesehen, gültig. Die Frage, als wessen Zwang diese nachfolgende Notwendigkeit zu verstehen sei, kann von Anselm dahingehend beantwortet werden, daß Gott letztendlich nicht nur das *factum*, sondern auch die daraus resultierende Notwendigkeit will. Wer die nachfolgende Notwendigkeit mit der logischen gleichsetzt,[43] wird die Antwort bekommen, daß Gott die logische Notwendigkeit will, um der Wahrheit den Charakter der Unwandelbarkeit zu verleihen. Auch die heute gängige unpersönliche Betrachtungsweise der Modalbegriffe[44] begegnet uns bei Anselm in seinem Hinweis auf die Denkvermögen der vernünftigen Natur, der Menschen. Die in der Diskussion oft auftauchende Redewendung der „Denkmöglichkeit" scheint bei Anselm mehr als nur eine stilistische Frage anzuzeigen.[45] Offen bleibt jedoch, ob die Einführung der nachfolgenden Notwendigkeit als naheliegende Erklärung nicht doch ein Moment in dieser Denkweise zeigt, das seinen eigenen Horizont besitzt. Das *factum* bzw. die Tatsache ist nichts, was etwas erzwingen oder verhindern könnte. Anselm erklärt auch nicht alles direkt aus dem göttlichen Willen. Der überzeitliche Charakter der nachfolgenden Notwendigkeit, oder genauer: der Bezug zu aller Zeit nach der Schöpfung, deutet darauf hin, daß diese Notwendigkeit systematisch der unpersönlichen Auffassungsweise der Modalbegriffe sehr nahekommt. Wie ist dann die nachfolgende Notwendigkeit innerhalb des Inhärenzschemas zu bewerten?

---

42 „[...] quoniam omnia quae vult, et non nisi quae vult facit" (II 17, 122.30 – 123.1).
43 Vgl. E.F. Serene, „Anselm's modal conceptions" (Anm. 9), 138-142.
44 A.a.O., 125.
45 „Potesne cogitare quod homo, qui aliquando peccavit nec umquam deo pro peccato satisfecit, sed tantum impunitus dimittitur, aequalis sit angelo qui numquam peccavit? B. Verba ista cogitare et dicere possum, sed sensum eorum ita cogitare nequeo, sicut falsitatem non possum intelligere veritatem esse." (I 19, 84.17-21)

Die zentrale Rolle der nachfolgenden Notwendigkeit in Anselms Denken läßt darauf schließen, daß Anselm innerhalb des persönlichen Inhärenzrahmens auf die Leistungsfähigkeit der unpersönlichen Auffassungsweise nicht gänzlich verzichten konnte. Wie der Verdacht der Willkürlichkeit durch die Einführung der göttlichen Würde (*dignitas*) bzw. dessen, was Gott geziemend (*conveniens*) ist, abgeschwächt wird, so scheint hier die Geltung des Inhärenz-Schemas dadurch relativiert zu werden, daß die gesuchte Notwendigkeit als von dem bestehenden Sachverhalt hergeleitet verstanden wird. Genau in diesem Punkt, nämlich daß Anselm einer aus dem *factum* resultierenden Notwendigkeit ein systematisches Gewicht verleiht, scheint er die unpersönliche Betrachtungsweise der Modalausdrücke vorwegzunehmen. Es ist dieses systematische Gewicht, das es uns trotz des insgesamt vorherrschenden Inhärenzrahmens erlaubt, in Anselms Überlegungen einen neuen Horizont der unpersönlichen Auffassungsweise zu erblicken.

Wie wir gesehen haben, wird das traditionelle Denkschema der Inhärenz bis zu seiner Grenze ausgereizt – mit der Folge, daß die Erklärung vor dem Hintergrund dieses Schemas nicht mehr zu greifen scheint. Es hat den Anschein, daß die Aussagekraft dieser Erklärung von der Beantwortung der Frage abhängt, ob nicht der Grundsatz, jede Nowendigkeit und Unmöglichkeit stehe unter Gottes Willen, zu selbstverständlich und zu unspezifisch ist, um als geeignete Erklärung akzeptiert werden zu können. Wenn dieser Grundsatz außer Frage steht, so wird der Schritt zur unpersönlichen Betrachtungsweise als einer eigenständigen Lösung nicht weit sein. Es ist zwar richtig, daß Anselms modallogische Betrachtung der göttlichen Notwendigkeit ihren vollen Sinn letztlich von dem theologischen Rahmen her erhält, innerhalb dessen die leitende Frage gestellt wird. Philosophisch aber zeigt seine Lösung eine Tragweite, die weit über den theologischen Rahmen des göttlichen Willens und die damit verbundene Denkweise der Inhärenz hinauszureichen scheint. Gewiß werden wir ohne Rekurs auf den göttlichen Willen keine Antwort auf die Frage geben können, warum die logische bzw. unpersönliche Notwendigkeit Geltungskraft erlangt. Doch erst im Horizont der unpersönlichen Betrachtungsweise wird eine Denkweise ermöglicht, die nicht nur bei Dingen und deren Eigenschaften, sondern auch bei Sachverhalten und Tatsachen bestimmte Ordnungsstrukturen zu erschließen weiß.

6. Schluß

Das Denkschema der Inhärenz ist in seiner theologischen Version, die einen göttlichen Willen voraussetzt, mitunter zu unspezifisch, um als angemessenes Erklärungsmuster akzeptiert zu werden. Jede Notwendigkeit, sei es die vorausgehende und zwingende oder die nachfolgende und nichts bewirkende, geht ja letztendlich auf diesen göttlichen Willen zurück. Wenn es notwendig ist, daß sich der Himmel dreht, und wenn dies unter Berufung auf den Zwang der natürlichen Bestimmung begriffen wird, so wird die letzte Erklärung dafür sein, daß Gott eine solche natürliche Bestimmung will. Wenn es notwendig ist, daß Christus freiwillig sein Leben hingibt, und wenn dies aus der Tatsache der Geburt bzw. der Menschwerdung Gottes erklärt wird, so wird auch die Logik, die den Widerspruch der Menschwerdung Gottes mit dem Nicht-sterben-wollen aufzeigt,[46] auf den göttlichen Willen zurückgehen. Diese Erklärung wird sich überall dort als problematisch erweisen, wo der göttliche Wille als philosophische Erklärungsinstanz nicht akzeptiert wird. Wie läßt sich diese Erklärung verstehen, wenn die Natur und die Logik ohne den Hintergrund theologischer Prämissen als letzte Erklärungsinstanz fungieren sollen?

Es gibt wenigstens einen systematischen Zug, der auch ohne Rückbezug auf einen göttlichen Willen für die Erklärung der logischen bzw. unpersönlichen Notwendigkeit genutzt werden kann. Der Begriff der nachfolgenden Notwendigkeit, der systematisch betrachtet der wohl fruchtbarste Begriff in den Anselmschen Überlegungen ist, erfüllt eben die theoretische Funktion, die von dem Begriff der logischen bzw. unpersönlichen Notwendigkeit geleistet wird. Wenn davon abgesehen wird, daß eine bestehende Tatsache bzw. ein Faktum von Gott gewollt ist, kann die nachfolgende Notwendigkeit, die sich aus der bestehenden Tatsache herleitet, das erklären, was die unpersönliche Notwendigkeit erklärt. Wir haben darauf hingewiesen, daß die unpersönliche Auffassungsweise der Modalbegriffe bei Anselm auf das persönliche Denkvermögen des Menschen als vernunftbegabter Natur zurückzuführen ist. Aus dem Faktum des vernunftgemäßen Denkens läßt sich bei Anselm die logische Notwendigkeit erklären: Weil wir als Menschen vernunftgemäß denken, wird dies, z. B. daß Gott Gott ist, als notwendig, oder jenes, z. B. daß das Wahre das Falsche ist, als unmöglich verstanden. Anders gesagt: Solange wir vernunftgemäß denken, solange also das Faktum des vernunftgemäßen Denkens bestehen bleibt, leitet sich aus diesem Faktum die nichts bewirkende Notwendigkeit ab, die ausschließlich unpersönlich gedacht werden muß. Es kann ausführlich darüber diskutiert werden, was das vernunftgemäße Denken genau ausmacht. Aber solange sich ein solches Denken – wie auch immer es im Detail bestimmt wird – tatsächlich vollzieht, wird eine Notwendigkeit bestehen, der auszuweichen schlicht zu einem Widerspruch mit dem bestehenden Faktum des Denkens führt.

---

46 „Quapropter cum dicimus quia homo ille, qui secundum unitatem personae, sicut supra dictum est, idem ipse est qui filius dei, deus, non potuit non mori, aut velle non mori, postquam de virgine natus est: non significatur in illo ulla impotentia servandi aut volendi servare vitam suam immortalem, sed immutabilitas voluntatis eius, qua se sponte fecit ad hoc hominem, ut in eadem voluntate perseverans moreretur, et quia nulla res potuit illam voluntatem mutare." (II 17, 124.3-9)

Die Suche nach dem notwendigen Grund, die Anselms ganze Bemühung in *Cur deus homo* bezeichnet, kann aus diversen Gründen, z. B. wegen einer anderen theologischen Ansicht, unterschiedlich bewertet werden. Auch die Frage, ob die Menschwerdung Gottes auf göttliche Weise notwendig ist, wird gemäß der theologischen bzw. modallogischen Positionen anders zu beantworten sein. Wir aber sind der Ansicht, daß Anselm uns einen Begriff der Notwendigkeit tradiert hat, der den unpersönlichen Charakter der Notwendigkeit faßbar werden läßt, auch wenn diese dann gerade nicht göttlicher Art sein mag.

Petrus Abaelardus on Modalities de re and de dicto

Michael Astroh

The distinction between modalities de re and de dicto Abaelard discusses in his *Glossae super Peri hermeneias*[1] presents itself as a topic of traditional predication theory. The two varieties of alethic modality are bound to opposite forms of predication. In spite of their uniform linguistic appearance their basic structures are different. Modal propositions de dicto are semantically, not just grammatically, impersonal whereas modal propositions de re are truly personal constructions.[2] Nevertheless Abaelard explains the meaning, scope and purpose of according modal operators in so uniform a manner that he can set forth rules of inference between modal propositions de re and their logical correspondents de dicto.

A systematic presentation of Abaelard's theory pertains to all constitutive features of predication. The grammatical, but even more so the semantical, impersonality or personality of a categorical proposition, its quality and if appropriate its quantity, and finally its temporality and existential presupposition – each of these features predetermines the manner in which modalities de re or de dicto contribute to a proposition's meaning and validity. These basic aspects of Abaelard's account of predication do not obstruct his intuitive conception of alethic modality as determining either de re or de dicto a predicate's inherence or remotion.[3]

With reference to the assertoric role of modal operators as modi concipiendi, but likewise on account of their lexical meaning, Abaelard justifies a number of modal inference rules.[4] Their schematic representation, and even their formal reconstruc-

---

[1] The text of the relevant treatise will be quoted according to its critical edition by Klaus Jacobi and Christian Strub: Petrus Abaelardus, *Glossae super Peri Hermeneias*, Turnhout: Brepols (Corpus Christianorum. Continuatio mediaevalis), forthcoming. As this new edition presents the text with reference to the edition by L. Minio-Paluello: *Twelfth Century Logic. Texts and Studies. Vol. 2: Abaelardiana Inedita, 1. Glosse Magistri Petri Abaelardi super Periermeneias XII-XIV*, Rome 1958, quotations will refer to the latter one (abbreviated with: G).

[2] For Abaelard's account of semantical impersonality cf. Klaus Jacobi, "Diskussionen über unpersönliche Aussagen in Peter Abaelards Kommentar zu Peri Hermeneias", in: E. P. Bos (ed.), *Mediaeval Semantics and Metaphysics. Studies dedicated to L. M. De Rijk on the occasion of his 60th Birthday*, Nijmegen 1985, 1-63.

[3] The usage of this distinction draws on Abaelard's terminology in *Dialectica*, cf. for example 191, 6. The text of *Dialectica* is quoted with reference to the de Rijk edition: Petrus Abaelardus, *Dialectica*, ed. L. M. de Rijk, Assen 1970 (abbreviated with: D).

[4] Cf. G 20, 25 – 21, 2; 29, 13-16; 29, 25 – 30, 3.

tion can be achieved in terms of a connexive version of quantified modal logic plus Barcan formulae whose genuine, modal component is not stronger than T.[5] However, the logical relationship between modalities de re and de dicto depends on a theory of existential presupposition whose logic is not part of modal systems as such.

As for now, a comprehensive commentary on Abaelard's treatise de modalibus is too extensive a task. It would require not just a thorough analysis of the text itself, but likewise a detailed introduction of an appropriate schematic language. First and foremost it would have to allow for the articulation of a logical system free of paradoxes of implication in which a version of strong Boëthius' thesis together with its modal variants is deducible.[6] Cf. for example

(1) $\quad \forall_x(S(x) \sqsupset P(x)) \rightarrow \neg\forall_x(S(x) \sqsupset \neg(P(x))$

Inference rules of this kind can represent various forms of subalternation.[7] (1) accounts for

(2) $\quad SaP \rightarrow SiP$

though without existential import. In connexive logics a corresponding inference rule is invalid:

(3) $\quad \neg\forall_x(S(x) \sqsupset \neg P(x)) \not\rightarrow \neg\forall_x \neg S(x)$

Instead of a thorough interpretation of Abaelard's treatise the present contribution must confine itself to a more basic task. It will offer some reasons as to why a reconstruction of his account of modality might draw on connexive principles that

---

5 For recent discussions on connexive logics cf. Claudio Pizzi / Timothy Williamson, "Strong boethius' thesis and consequential implication", in: *Journal of Philosophical Logic* 26 (1997), 569-588; Shahid Rahman / Helge Rückert, "Dialogical Connexive Logic", in: Shadid Rahman (ed.), *New Perspectives in Dialogical Logic*, Dordrecht 2000; Michael Astroh, "Connexive logic", in: *Nordic Journal of Philosophical Logic* 4 (1999), 31-71, and with some corrections Michael Astroh, "Konnexe Logik", in: Werner Stelzner (ed.), *Ursprünge und Entwürfe nichtklassischer logischer Ansätze im Übergang von traditioneller zu moderner Logik*, Paderborn, 2001, 395-421. On the ancient history of connexivism cf. Mauro Nasti de Vicentis, "Connexive Implication in a Chrysippean Setting", in: *Atti del Congresso "Logica e filosofia della scienza: problemi e prospettive"*. Lucca, Pisa 1994, 7-10; id., "La validità del conditionale crisippeo in sesto empirico e in boezio", in: *Dianoia* 3 (1998), 45-75, and *Dianoia* 4 (1999), 11-43. Medieval sources of connexive logics are discussed in Stephen Read, "Formal and material consequence, disjunctive syllogism and gamma", in: Klaus Jacobi (ed.), *Argumentationstheorie. Scholastische Forschungen zu den logischen und semantischen Regeln korrekten Folgerns*, Leiden / New York / Köln 1993, 233-259.
6 In subsequent schemes the expression "$\sqsupset$" stands for the connexive conditional. "$\rightarrow$" indicates a valid, "$\not\rightarrow$" an invalid inference rule.
7 For the sake of brevity only the most elementary instance of affirmation is put forward. For the intricacies of negative predication cf. for instance D 180, 26-30; 201, 25 – 202, 25; G 30, 17-21.

are known throughout the history of logics, but have been subjected to rigorous research only since Angell's article on subjunctive conditionals.[8]

For this quite limited purpose the present article will comment on an argument Abaelard puts forward in order to defend his distinction between modalities de dicto and de re against those who reject the latter variety and favour the former one. First, the form of Abaelard's argumentation will be set out in an informal manner. The assessment of its context and preconditions will then offer some reasons as to why its formal reconstruction could successfully rely on connexive principles. Even such a minor task cannot be achieved without reference to Abaelard's account of alethic modalities in general. At least the following introductory remarks are thus inevitable.

1. A uniform presentation of modalities de re and de dicto

A systematic investigation of all forms of affirmative or negative propositions enriched by an alethic modality de re depends on their uniform articulation in terms of an appropriate linguistic pattern.[9] For this purpose Abaelard follows the Aristotelian example to present modal propositions de re in terms of a grammatically impersonal, affirmative or negative form of predication such that a nominal mode is applied to an accusativum cum infinito. The nominal mode articulates a modality de re. It qualifies the inherence or remotion of a predicate of a simple, i.e. modal-free, proposition whose dictum comes forth in the a.c.i.-construction. The proposition that for every man it is possible not to run thus translates itself into

(4) omnem hominem possibile est non currere

or even

(5) possibile est omnem hominem non currere.

Now, at least a standard presentation of modal propositions such as (5) allows for a twofold understanding. On the one hand, it might stand for the proposition saying of every man that it is possible for him not to run. In this case (5) is understood de re. On the other hand, the sentence might say that it is possible that every man does not run. In this case (5) is understood de dicto.

For the sake of brevity the present contribution must refrain from the scrutinous introduction of a schematic language sufficiently rich to articulate semantical

---

8 R. B. Angell, "A propositional logic with subjunctive conditionals", in: *Journal of Symbolic Logic* 27 (1962), 327–343.
9 Cf. G 7, 21–8, 2.

impersonality. It is indispensable though to distinguish explicitly between a modal proposition understood de dicto and its alternative reading de re. For this purpose subsequent considerations will follow Abaelard's own tendency to insert the proposition's impersonal predicate between accusative and infinitive whenever it is meant to be understood de re. The de dicto reading of (5) is thus articulated by (5) itself while (4) accounts for the alternative reading de re.

Basically, Abaelard claims that a possibility de dicto logically implies the according possibility de re whilst in the cases of necessity and impossibility the converse relationship holds.[10]

The theses at issue pertain to modal propositions de re and de dicto whose linguistically uniform appearance favours their systematic identification. It is easy, however, to misunderstand these principles and to confuse the relevant pairs of modal propositions with pairs of propositions de re and de dicto having the same linguistic appearance. Hence the following precautions will turn out appropriate.

2. Logical correspondence

Abaelard's conjectures as regards a logical relationship between propositions understood de re or de dicto depend essentially on a uniform account of quantification and presupposition. At least twice[11] Abaelard himself points to the fact that modality and quantification depend on one another. However, he does not spell out the consequences of his observations for his logical conjecture that e.g. an impossibility de re implies the according impossibility de dicto:

> "Sed cum dicitur *Quandam rem impossibile est esse hominem* vera est propositio de re accepta, quia scilicet cuiusdam rei natura repugnat homini, et tunc particularis est; et recte infertur ex ista propositione *Albedinem impossibile est esse hominem* secundum vim partis. Si vero *impossibile* ad totam propositionem particularem reducam, ac si dicam impossibile esse evenire ut dicit haec propositio *Quaedam res est homo*, non procedit; quippe haec quasi universalis est, sicut et si diceretur falsum esse quod quaedam res sit homo."[12]

Seemingly, the de re reading of

(6)   quandam rem impossibile est esse hominem

---

10   Cf. G 29,13-16; 29,25–30,3. Abaelard defends an absolute conception of necessity in terms of nature's exigences. At times, however, he focusses on a relative account of necessity in terms of preconditions for an object's finite or infinite existence. Fortunately, an intriguing passage on necessities de re and de dicto being equipollent can be understood in terms of relative necessity. Cf. G 32,30; 31,2 and D 200,33; 201,17.
11   Cf. G 14,4-8 and 28,7-16.
12   G 28,7-16.

does not imply

(7)   impossibile est evenire ut dicit hec propositio *Quedam res est homo*.

But still (7) circumscribes the appropriate de dicto reading of (6). Abaelard notices that a shift from the de dicto to the de re version results in a change in quantity. It is thus appropriate not to reject the modal inference at stake, but to identify its application more accurately than the text at first glance seems to require. For this purpose yet another observation is indispensable.

The numeral adjective "nullus" enforces a joint articulation of a proposition's quality and quantity. Its usage in an a.c.i.-construction subjected to the application of a nominal mode can lead to an inadequate shift of the scope of negation. When understood de re

(8)   possibile est nullum hominem currere

says that no man can run. However, the understanding de re of

(9)   possibile est omnem hominem non currere

says that for every man it is possible not to run. A systematic account of a proposition's understanding de re or de dicto obviously requires a thorough separation between quality and quantity.

In principle, the difference between modalities de re and modalities de dicto results from alternative readings of nominal modes. In the first instance, it consists in a semantical reconsideration of the syntactical difference between a sentence's reading sensu diviso and sensu composito. The quantificational impact of negation on these alternative applications of nominal modes calls for a basic distinction. The pair of modal propositions de re and de dicto generated by Aristotle's differentiation of scope gives rise to a second one. It consists of a modal proposition de dicto to which the nominal mode gives rise and of the logically corresponding proposition de re.

LC1 A default, grammatically impersonal, rendering of a modal proposition may not contain the numeral adjective "nullus". All its occurrences have to be replaced by a separate articulation of generality and negation.

LC2 If the impersonal expression for an elementary alethic modality, i.e. necessity or possibility, is applied in the affirmative mode then a proposition de dicto and a proposition de re are logically corresponding if, and only if, they differ from one another in only two respects: the position and the according application of their modal expression. The same holds in the case of an impersonal expression for impossibility applied in the negative mode.

LC3 If the impersonal expression for an elementary alethic modality, i.e. necessity or possibility, is applied in the negative mode then a proposition de dicto and a proposition de re are logically corresponding if, and only if, they differ from one another in only three respects: the position and the according application of their modal expression, and the quantity articulated in the underlying a.c.i.-construction. The same holds in the case of an impersonal expression for impossibility applied in the affirmative mode.

Hence, (4) and (5) are logical correspondents. (6) is but an alternative reading of

(10) impossibile est quandam rem esse hominem

while

(11) impossibile est omnem rem esse hominem

and

(12) omnem rem impossibile est esse hominem

are the logical correspondents of (6) and (10) respectively. Accordingly, the following schematic representations suggest themselves.[13] (6) admits of the following two readings:

(13) de dicto: $\mathcal{I} \neg \forall_x (S(x) \sqsupset \neg P(x))$

(14) de re: $\neg \forall_x (S(x) \sqsupset \neg \boxtimes P(x))$

The logically corresponding schemes read as follows:

(15) Cf. (13) $\forall_x (S(x) \sqsupset \boxtimes P(x))$

(16) Cf. (14) $\mathcal{I} \forall_x (S(x) \sqsupset P(x))$

3. Nominal modes and conversion secundum sensum

The first part of Abaelard's introduction to modal logics ends with an important defense of the proposed account of nominal modes against logicians who seem to deny that standard laws of conversion hold for modal propositions too. A detailed analysis of this passage[14] will offer major insights into Abaelard's conception of alethic modalities in general. Consequently, the following explanation of the text

---

13 In the following schemes the expression "$\mathcal{I}$" stands for impossibility de dicto while "$\boxtimes$" stands for impossibility de re.
14 Cf. below p. 87.

will lead to some indispensable demands on a schematic representation and, finally, a logical reconstruction of his proposals.

The argument Abaelard has to refute consists in a reductio ad absurdum and relies on conversion by contraposition. His defensive analysis of the decisive example presupposes the distinction between modalities de dicto and de re, which Abaelard introduces just after this refutation.[15]

In *Dialectica* Abaelard examines the same example. There, however, he first mentions his academic teacher, presumably Guillaume de Champeaux, as the one who introduced the de dicto reading of modal propositions:

> "Est autem Magistri Nostri sententia eas ita ex simplicibus descendere, quod de sensu earum agant, ut cum dicimus: 'possibile est Socratem currere' vel 'necesse', id dicimus quod possibile est vel necesse quod dicit ista propositio: 'Socrates currit'."[16]

Abaelard then asks in what way simple conversion or conversion by contraposition apply to modal propositions when understood de dicto. Those who adopt his master's thesis do not accept all conversions of modal propositions although, in a certain sense, even their own exposition de dicto admits of conversion either simple or by contraposition.[17] For if a modality of this kind applies to the dictum of a simple categorical proposition then it equally applies to the dicta of all its equipollent conversions. In *Dialectica*[18] Abaelard presents this rule as an argument against restricted conversion in modal contexts. In *Glossae*, however, this thesis presents itself as a neutral observation rejecting the logical impact of simple and thus personal propositions for impersonal predications involving their dicta.[19] Both texts discuss the following counterargument:

> "Dicunt enim verum esse quod *Possibile est omnem non-lapidem esse non-hominem*; quod ostenditur per partes, quia scilicet et omnem non-hominem possibile est esse non-hominem et omnem hominem possibile est mori; et ita omnem non-lapidem possibile est esse non-hominem; nec tamen conversio per contrapositionem vera est *Omnem hominem possibile est esse lapidem*."[20]

The logicians he criticizes thus hold that

(17) possibile est omnem non-lapidem esse non-hominem.

---

15 Cf. above p. 82.
16 D 195, 12-15.
17 Cf. D 195, 28-35.
18 Cf. D 195, 35; 196, 1.
19 Cf. G 16, 20 – 17, 8.
20 G 12, 22-29, and likewise cf. D 196, 9-12.

It is worth noticing that for once Abaelard lets "possibile" precede the entire a.c.i.-construction. The word order might point to the proposition's interpretation de dicto. Hence, for the sake of clarity

(18) omnem non-lapidem possibile est esse non-hominem

may be taken to stand for the logically corresponding interpretation de re.

Apparently, Abaelard's opponents regard

(19) omnem hominem possibile est esse lapidem

as a conversion by contraposition of (17) or of (18).[21] The argument against Abaelard's views on the logic of alethic modalities is supposed to be effective because (19) is false although (17) or (18) might count as true. Now, in the text in *Glossae*, he actually subscribes to logical principles such that for an appropriate choice of terms a modal proposition of the form of (17) implies one of the form of (19), provided this proposition is not just a linguistic alternative to

(20) possibile est omnem hominem esse lapidem

but a modal proposition de re.

In both texts Abaelard holds that modal propositions de dicto subjecting the dicta of equipollent simple propositions to the same modality are equipollent too.[22] Hence, for suitable terms, at least a proposition such as (20) follows from one of the form of (17) provided they are both understood de dicto – and provided conversion per contrapositionem is valid for negative subject and predicate terms.

At least in *Glossae* Abaelard equally holds that a modal proposition asserting a possibility de dicto implies the one asserting the logically corresponding possibility de re.[23] Hence, for appropriate terms, (19) follows from (20) and by transitivity from (17). Now, Abaelard rejects (19) as a conversion of (17), but accepts

(21) omne quod non possibile est esse non-hominem, est lapis

to be the correct, though equally false or inadmissible conversion by contraposition of (18).[24] Hence, his own assumptions force him to argue that it is invalid both to infer (19) from (17) and to infer (21) from (18), since in both cases the relevant premise is false or at least inadmissible.[25]

The first case requires him to prove that the de dicto reading of (17), i.e.

(22) possibile est quod dicit haec propositio: *Omnis non-lapis est non-homo*

---

21 Cf. D 196, 11-12, and G 12, 27-29.
22 Cf. above p. 85.
23 Cf. above p. 82.
24 Cf. G 12, 29–13, 3.
25 Cf. D 196, 12-15.

is false. In *Dialectica* Abaelard merely states that (22) is false. In *Glossae* he does not even discuss the de dicto interpretation. Presumably, he takes the modal proposition de re

(23) quendam hominem impossibile est esse lapidem

to be true and by contraposition of the aforementioned principle he infers the logically corresponding proposition de dicto

(24) impossibile est omnem hominem esse lapidem.

Hence by contraposition of the implication between (17) and (20) and by modus ponens

(25) impossibile est omnem non-lapidem esse non-hominem.

In *Glossae* Abaelard denies (18) to be a valid premise for (21). But neither here nor in *Dialectica* he rejects his opponents' reasons in favour of (18).[26]

Their assumption that (18) be true results from an argumentation per partes. For this purpose they examine the two possible cases where something which is not a stone either is or is not a human being. In both cases the opponents argue, and Abaelard agrees, that the kind of object under consideration can be something that is not a human being.

In *Dialectica* he rejects their acceptance of a premise de re as being irrelevant for their overall de dicto account of modality. In *Glossae*, however, he points out that their argument relies on an invalid presupposition. The counterargument ensues from the opponents' incautious acceptance of negative and modalised predicates:

> "[...] sed haec fallacia conversionis eadem de causa contingit in propositionibus simplicibus qua contingit in istis modalibus, quia scilicet termini admiscentur qui omnia continent. Ut si dicam destructa rosa *Omnis non-homo est non-rosa*, *non-rosa* omnia continet nec potest ideo servari conversio; similiter, cum dicitur *Omnem non-lapidem possibile est esse non-hominem* ac si diceretur: *Omnis non-lapis potest esse non-homo*, *posse esse non-homo*, quod in sensu praedicatur, <omnes> singulas res continet, ideoque perit conversio."[27]

This counterargument points to basic aspects of Abaelard's views on alethic modality and the impersonality of dicta. Due to the opponents' argument in favour of (18) a term such as "possibly non-human" is supposed to apply to objects as individual items, i.e irrespective of their particular kind and thus of specific or acci-

---

26 Cf. G 12, 24-27, and again D 196, 4-9.
27 G 13, 3-12.

dental qualities.[28] For none of them it is necessary to be human nor impossible not to be human. In the section de modalibus in *Dialectica* Abaelard does not discuss terms comprising everything. Incidentally though, he alludes to this metaphysical issue of logical relevance: "Aut qualiter 'necessario' inhaerentiam hominis determinat, cum nullam habeat ad aliud ex necessitate inhaerentiam nec talis inhaerentia hominis sit inhaerentia? Nulla enim res homo est ex necessitate."[29]

In *Glossae* Abaelard repeatedly refers to opponents who fail to convert modal propositions. In all these cases he uses examples referring to kinds of objects and their interrelationship.[30] When presenting his own theses, however, he tends to draw on examples concerning accidental properties. But still the text confirms his assertion in *Dialectica* that no thing is by necessity a human being. He holds that

(26) quandam rem impossibile est esse hominem

is true when understood de re while in the same sense

(27) omnem rem impossibile est esse hominem

is false.[31]

Immediately before his analysis of (17) and (18) Abaelard discusses a proposition understood de re that obviously follows from the one he sets forth in *Dialectica*:

(28) nullum corpus necesse est esse hominem.

This proposition is obviously equivalent to

(29) omnem corpus possibile est non esse hominem

which in contrast with (18) does not contain a negative term. Apparently, he distinguishes between a possibility de re modifying the remotion of something specified by a positive term and a possibility de re modifying the inherence of something specified by the according negative term. Abaelard unfortunately refrains from discussing this issue.

When considered in isolation Abaelard's analysis of (18) might suggest that he finally conceives of alethic modalities in logical terms. What nature enforces or concedes would thus be logical necessities and possibilities respectively. While Abaelard's quoted example of an insignificant usage of "non-rosa" depends on particular circumstances, an assertion of "posse esse non-hominem" would relate to logically

---

28 For the meaning of "res" in *Glossae* cf. for instance Klaus Jacobi, "Die Semantik sprachlicher Ausdrücke, Ausdrucksfolgen und Aussagen in Abailards Kommentar zu Peri Hermeneias", in: *Medioevo* 7 (1981), 42–89, esp. 53 and 59.
29 D 193, 24-29.
30 Cf. G 12, 20–13, 14; 26, 25–29, 12.
31 Cf. G 27, 16-17, 20-23.

admissible objects as such. The term "non-human" is not inconsistent and in this respect it might be taken to stand for something any object can be or have – even if it is a human being.[32] However, to predicate what accounts for any object irrespective of its particular kind is not admissible. For propositions of this sort are not liable to conversion.

Most likely, Abaelard has not just logical reasons as to why any object might have the possibility of being non-human. In *Dialectica* Abaelard explains possibility in terms of substance, in *Glossae* he circumscribes the concept in terms of nature's concessions. Both these proposals make it rather likely that he subscribes to a non-logical conception of alethic modality. However, Abaelard does not offer any explicit reason as to why "posse esse non-hominem" has an unrestricted extension.

Interestingly enough, Abaelard does not reject (28), and his account of logical opposition between modal propositions[33] does not exclude those of the form of (29). Hence, the inadmissibility of (18) might result from the fact that (18) consists in a modal affirmation involving a negative predicate term, while (28) and even (29) are modal negations relying on a positive predicate term. The limited purpose of this contribution does not allow a decision as to whether Abaelard's rejection of (18) results from a general rejection of negative predicates in modal contexts or not.

The following consideration might offer a reason for his reservation against (18), though not for his acceptance of (28) or (29). An argument as the one that for both humans as well as non-humans it is possible to be non-human might be given with reference to a specific domain of objects as for instance all kinds of beings that can perish or change. All of them can be non-human. Hence the modalised predicate is inadmissable. For it applies to these very objects, though not to logically admissible objects in general. No subject term could specify a purely logical universe of discourse.

In view of a domain of objects comprising not just finite beings one might want Abaelard to hold that for some things divine it is possible to be undivine. The truth of this proposition and the falsehood of

(30) omnem non-hominem possibile est esse non-divinum

would equally presuppose that "posse esse non-divinum" is admissible for predication. In this case the relevant domain would have to include objects that cannot be undivine. The theological consequences of this logical concern have to be discussed elsewhere.

---

32 Abaelard's argument in *Dialectica* in favour of counterfactual possibilities does not cover this case. Cf. D 193, 31 – 194, 5.
33 Cf. G 21, 16 – 29, 12.

It thus seems appropriate to conceive of necessity and possibility in terms of presupposed, materially specified domains of objects. In this way it is possible to avoid a purely logical conception of alethic modality, though not impossible to distinguish between alethic and material modalities.

4. Historical preconditions of a systematic reconstruction

The discussion of (18) has far-reaching consequences for Abaelard's conception of modal logic, the account of alethic modalities on which it relies, and the preconditions of its formal reconstruction. It is essential to assess the results of the previous section, at least in a preliminary way. They set the focus for a thorough reconstruction of Abaelard's contribution to modal logics at least in the following four respects.

Firstly, the analysis of (18) and of its conversion by contraposition touches upon the problem of existential presupposition in modal contexts. According to the text in *Dialectica* at least negative terms affect a proposition's existential presupposition. As did other scholastic authors, Abaelard here conceives of existential presupposition primarily in terms of affirmation and negation. In his opinion the affirmative application of a negative predicate term is not equivalent to a negative application of the corresponding positive one. The section on modal propositions in *Dialectica* leaves doubt about this issue:

> "Nullo [...] modo ex non-esse concedimus esse provenire; quod tamen quidem in his propositionibus adstruere volunt quod de singulari proponunt. Dicunt enim quod si possibile est vel necesse est Socratem non esse equum, possibile est vel necesse est esse non-equum; quod aperte falsum est. [...] Neque enim cum necesse sit Socratem non esse equum, necesse est esse non-equum. Si enim necesse esset esse non-equum, sempiternum esse et semper verum. Sed antequam esset Socrates vel postquam morietur, falsum est dicere: 'Socrates est non-equus', ut in tractatu affirmationis et negationis ostendimus.[34] Id etiam in universalibus fallit."[35]

In *Glossae* Abaelard discusses (18) as being precarious though neither (28) nor (29) are. Nonetheless it is unlikely that here the quoted position on negative predicates and existential presupposition is mandatory. He holds explicitly that numerous modal affirmations are equipollent with negative ones.[36] Hence they may not differ as regards the semantical impact of existential presupposition. In *Glossae* Abaelard leaves no doubt that modal affirmations either de re or de dicto do have

---

34 Cf. D 180, 26-30.
35 D 201, 33 – 202, 25.
36 Cf. G 24, 22.

existential presuppositions[37] and he takes modal propositions to be false if this precondition is not fulfilled.[38]

Furthermore, the treatise in *Glossae* leaves no doubt that affirmations of possibilities not only de re but also de dicto have existential presuppositions: "Notandum est quoque quod, cum propositiones de sensu dicimus accipi, non ita tamen quod de sensu propositionis habeamus intellectum sed de rebus tantum, sicut et in illa quae de rebus est."[39]

Secondly, the impact of Abaelard's account of (18) throws some light on the understanding of impersonality on which his modal logic relies.[40] His argumentation is meant to prove that his opponents set out from false or at least inadmissible premises. Abaelard does not say explicitly that (18) is false. He merely says that due to its unrestricted predicate term the proposition does not allow of conversion. Hence an according inference rule may not be applied. As a premise (18) is not admissible.

However, not just (18), but likewise (21) contains an unrestricted term, i.e. "quod non possibile est esse non-hominem". Here Abaelard clearly says that the proposition is false.[41] While in other cases a proposition's falsehood might depend on an unfulfilled existential presupposition, that of the present one does not. For the subject term at issue specifies an empty domain of objects. In view of the intrinsic reason for the falsehood of (21) its negation

(31) quiddam quod non possibile est esse non-hominem, non est lapis

must be false as well. Both

(32) falsum est omnem quod non possibile est esse non-hominem, esse lapidem

and

(33) falsum est quiddam quod non possibile est esse non-hominem, non esse lapidem

are truly impersonal propositions. Here "falsum" is predicated de dicto. Hence (32) does not imply its logically corresponding de re version

(34) quiddam quod non possibile est esse non-hominem, falso est lapis.

---

37 Cf. G 29, 4-12.
38 Cf. G 31, 4-7.
39 G 29, 4-7; comp. D 195, 28-30. In *Dialectica* Abaelard's argument seems to imply that his opponents hold an opposite view.
40 For the following cf. G 14, 14-21; 13, 4-7.
41 Cf. G 13, 1-3.

In accordance with Abaelard's own distinction between falsehood de dicto and de re[42] the term "falso" is used here as a replacement for "non".[43] Likewise (33) does not imply

(35) omnem quod non possibile est esse non-hominem, falso est non-lapis.

Thirdly, the analysis of (18) offers some initial information on the kind of modal syllogistics Abaelard implicitly sketches:

In the case of negative predicate terms his theses on modal inferences do not apply unrestrictedly. His scarce remarks concerning this issue unfortunately do not imply a general account of the logical relevance these terms might have for modal inferences.

The alethic modalities for which Abaelard's modal nomina stand are, on the one hand, modi concipiendi.[44] For de dicto as well as de re they pertain to nothing but inherence and remotion. They essentially relate to the logical form of propositions. A thorough investigation of their logics and semantics can result only from a systematic inquiry into the form of categorical propositions.

On the other hand, these modalities relate to nature, and more specifically, to the exigences and concessions that make up an object's kind. Hence, they do not stand for logical possibilities, necessities or impossibilities, but relate to the propositional contents subject and predicate terms establish.

At least some terms, however, allow for the formation of unrestricted modal predicates, e.g. "posse esse non-homo". These predicates pertain to objects, not as instances of their kind, but as logical individuals. Now, Abaelard does not conceive of alethic modalities in purely logical terms. However, his analyses still point to their logical as well as methodological, in a sense philosophical, relevance.

A language wherein modalities come forward comprises basic means to articulate the form of its referential intent. On the one hand, some things are impossible, in so far as there are things that cannot be accordingly. On the other hand, some things are inadmissible, if not impossible, in so far as they cannot be said about something. The form and purpose of language opposes them. Undoubtedly, the value of impersonal propositions can depend on personal preconditions. But only in so far as it does not can these very preconditions be assessed. For Abaelard modalities de re rather than de dicto are genuine modalities. But understanding them properly requires us to speak de dicto. In both *Glossae* and *Dialectica* Abaelard respects the methodological principles underlying his logical insight.

Fourthly, the present observations on modal conversion and negative terms precondition an adequate schematic representation or even logical reconstruction of

---

42 Cf. G 28, 2-7.
43 Cf. G 4, 23–5, 7; 18, 9–19, 9; 19, 22-25, and D 194, 32–195, 3.
44 Cf. G 20, 19–21, 3.

Abaelard's modal logics. Regrettably, the present attempt to identify at least a major aspect of his contribution to the subject's history does not allow for a truly formal presentation of his theorems.

5. Logical perspectives

Subsequent publications will offer more detailed proposals as to how a sufficiently comprehensive reconstruction can be achieved. For this purpose some final remarks will assess the manner in which Abaelard's discussion of (17) and (18) predetermines the logical setup of the intended reconstruction.

Paradoxes of implication. Due to Abaelard's crucial remarks on (18) and (21), but especially on

(36) omnis non-homo est non-rosa

it is prerequisite to account for the logical relevance of terms that apply to anything or nothing. Now, in order to achieve a most uniform and restrained formulation for Abaelard's theory all schemes for personal or impersonal propositions should present themselves as modifications of schemes for simple universal propositions. This methodological option complies best with Abaelard's directive assumption that modal propositions either refine simple categorical ones or relate to their dicta.

Usually, a universal proposition is recast by uniform quantification over a conditional such that two elementary propositional functions, each of them on one side of the conditional, stand for the proposition's subject and predicate terms. Abaelard holds that unrestricted terms applying to everything or to nothing are banned from personal predication, though obviously not from all contexts of impersonal predication. Accordingly, the intended recast has to distinguish standard propositional functions from those that are satisfied by everything or nothing in a presupposed universe of discourse.

Abaelard's concern merely pertains to composite terms whose personal irrelevance results from the meaning of their extra-logical constituents or, as in the case of (36), from particular contexts of application. A logical reconstruction of his theses will a fortiori exclude any logical irrelevance such that propositional functions satisfiable by every element of some universe of discourse or by none of them may not stand in for subject or predicate terms. A logical reconstruction of Abaelard's modal logics thus presupposes a variety of predicate logics free from paradoxes of implication. The systematic rejection of formal irrelevance has to be completed by a logical device identifying a materially insignificant subject or predicate as in (18) or (36). For this purpose the intended reconstruction should be able to articulate a modal proposition's existential presupposition with reference to the description of a stipulated universe of discourse.

Decidability. The intended recast sets out from so reduced a fragment of predicate modal logic that in the first instance it will allow for nothing but a systematic reconstruction of modal syllogisms de re and de dicto, their interrelationship and according principles of opposition, conversion and presupposition. The required fragment will neither allow for nested quantifiers nor for iterated modalities – an according sequent calculus would do without contraction rules and, by the way, could admit only quite restricted forms of thinning. These preliminary hints should suffice to ensure the decidability of the intended set of rules. If paradoxes of implication are supposed not to figure among the system's theorems it must at any stage of a derivation dispose means to decide as to whether a given scheme or else its negation are themselves derivable. The completeness of a logic without paradoxes of implication essentially depends on its decidability.

Since the number of theorems to be reconstructed is finite such concerns about the decidability of the fragment in question might seem obsolete. However, an effort to propose a logical reconstruction even of a finite system such as modal syllogistics is not meant to result in an abbreviation for too long a list of theorems. In essence, a formal presentation of this logics as a fragment of a more comprehensive system allows an assessment of its basic qualities with reference to rivalling forms of modal logics – in a word to gain systematic insight into an historical phenomenon.

Existential presupposition. Abaelard neither rejects strong syllogisms, nor subalternation and simple conversion. Moreover, he accepts existential presupposition at least for simple affirmations as well as modal propositions de re or de dicto in which both the impersonal modal predicate and the underlying dictum are affirmative.[45] The problem as to whether all modal propositions of both kinds are either affirmative or negative leads beyond the scope of the present contribution. At any rate, however, Abaelard undisputedly acknowledges a minimal set of modal propositions with existential presupposition which may not allow for existential import. Apparently it includes all of the aforementioned cases.

In *Dialectica* Abaelard denies that a simple negation has existential presupposition.[46] But neither here nor in *Glossae* does he deny that a universal negation

---

45 Cf. G 9, 15-18, but especially 29, 4-7 and 30, 9–31, 10.
46 Apparently, this view was not uncontroversial. In *Glossae* Abaelard's opponents are supposed to hold that a simple negation has existential presupposition: "Unde nec, cum dico *Filius meus non vivit* faciens negationem separativam, pro vera eam recipimus quia in subiecta oratione, *filii <mei>* scilicet, positio facta est et ab eo quasi existente *vivere* separo; ideoque, cum non existat, falsa etiam est negatio." (G 30, 17– 21)

implies the according particular one. At least in the negative case subalternation is thus independent of existential presupposition.

Furthermore, it is not obvious how one would account for existential presupposition in the case of universal possibilities de dicto such as

(37) possibile est omnem hominem currere

without accepting yet again peculiar disjunctions as their negations. And, what is more, the conjunction of an explicit existential commitment could not even guarantee subalternation or simple conversion inside the scope of the de dicto possibility. (37) is supposed to imply

(38) possibile est quendam hominem currere.

The familiar difficulties of reconstructing the Boëthean square of opposition obviously proliferate when it comes to opposition between modal propositions either de dicto or de re.

If one recalls, however, that a reconstruction of Abaelard's modal logics is bound to reject all paradoxes of implication, a rather harmonious way out is at hand. For under this condition the relevant fragment of predicate modal logic can be extended consistently by connexive principles. In this case theorems such as Boëthius' thesis can account for subalternation without existential import so that negations will be done justice, as well. Hence, all cases of existential presupposition can be handled independently.

In each case an elementary propositional function will stand in for a proposition's subject term, and its logical context will recast the proposition's quantitative, qualitative and modal aspect. Each necessary or sufficient condition for or against existential presupposition Abaelard may specify will thus reproduce itself in the schematic presentation of the relevant kind of proposition. If existential presupposition is conceded it will present itself as a necessary condition to the effect that neither all objects in an accepted or stipulated universe of discourse nor none of them satisfy the propositional function representing the proposition's subject.

Abaelard on Modality.
Some Possibilities and Some Puzzles

Christopher Martin[1]

In his monumental study of William of Sherwood's modal theory Klaus Jacobi[2] surveys the treatment of modality by philosophers in the preceding century and shows that their concern was for the most part to calculate the logical relations between the various forms of modal proposition which they recognised. Although theology demanded that they take an interest in the nature of divine power, without the *Physics* and *Metaphysics*, to prompt them, twelfth century philosophers generally had little to say on the relationship of modal propositions and their structures to the various sources of modal claims, to claims, for example, about the nature of potentiality, physical causation, or action.[3] Some progress was made, however, and in the present paper I will consider the contribution of Peter Abaelard to the de-

---

1 The following abbreviations and editions are used in the notes to this paper:
 – *Isagoge*, Boethius (trans.): *Aristoteles Latinus (AL)* I 6-7 *Porphyrii Isagoge*, L. Minio-Paluello (ed.), Bruges / Paris 1966
 – *Categories*, Boethius (trans.): *AL* I 1-5 *Categoriae vel Praedicamenta*, L. Minio-Paluello (ed.), Bruges / Paris 1966
 – *De Interpretatione*, Boethius (trans.): *AL* II 1-2 *De Interpretatione vel Periermenias*, L. Minio-Paluello (ed.), Bruges / Paris 1965
 – *Dialectica*: Petrus Abaelardus, *Dialectica*, L. M. De Rijk (ed.), 2nd ed., Assen 1970
 – *LI*: *Logica 'Ingredientibus'*, in: *Peter Abaelard's Philosophische Schriften*, B. Geyer (ed.), Münster 1919-1931; *LI*, m.n = the '*Ingredientibus*' commentary on chapter *n* of text *m*, where 1 = *Isagoge*, 2 = *Categories*, 3 = *De Interpretatione*
 – *LI (MP)* 3.12 = '*Ingredientibus*' on *De Interpretatione* 12, in L. Minio-Paluello, *Twelfth Century Logic II, Abaelardiana Inedita*, Rome 1958
 – *Hexameron*: Mary Foster Romig, *A Critical Edition of Peter Abelard's Expositio in Hexameron*, Ph.D. dissertation University of Southern California, 1981
 – *Theologia Christiana*: *Theologia Christiana*, *Corpus Christianorum Continuatio Mediaevalis (CCCM)* XII, E. M. Buytaert (ed.), Turnholt 1969
 – *Theologia 'Scholarium'*: *Theologia 'Scholarium'*, in: *CCCM* XIII, E. M. Buytaert and C. J. Mews (eds.), Turnholt 1987
 – *Commentary on Romans*: *Commentaria in Epistolam Pauli ad Romanos*, *CCCM* XI, E. M. Buytaert (ed.), Turnholt 1969
 – *SDA*: Guglielmo Vescovo Di Lucca, *Summa Dialectice Artis*, L. Pozzi (ed.), Padova 1975.
2 Klaus Jacobi, *Die Modalbegriffe in den logischen Schriften des Wilhelm von Shyreswood*, Leiden 1980.
3 The outstanding exception is St. Anselm's discussion of the logic of action sentences in the Lambeth Fragments printed in R. W. Southern and F. S. Schmitt, *Memorials of St. Anselm*, London 1969, 333-354.

velopment of theories of modality and the curious attitude of one of his followers to his work on modal logic.

Although Abaelard had no access to the *Physics* or *Metaphysics* and precious little, if any, to the *Prior Analytics*,[4] he did find in the *Categories* and *De Interpretatione* texts which posed interpretive problems whose solution demanded that he discuss the nature of possibility and necessity. What follows is for the most part an examination of certain points made by Abaelard in his discussion of these problems. It is divided into two parts.

In the first part of the paper I propose an account of Abaelard's theory of possibility and its application both to creatures and to God.[5] Abaelard's claims about divine power are rather well known and I mention them only very briefly at the end. His treatment of creaturely potentiality in commenting on various claims made by Aristotle in the *Categories* has, on the other hand, barely been noticed and my concern in the first part of the paper is to thus set them out in some detail.

The failure to take into account the full range of Abaelard's thinking about potentiality has led to some very misleading claims about his views on possibility. What my investigation shows is that Abaelard employs three different but related notions of potentiality. The first is the potentiality that an individual has for future action and it is constrained by its species nature, its particular constitution, and its present circumstances. The second and third are both introduced to explain how we may legitimately say, as authority requires, that an amputee is bipedal. They are different but both reduce all unqualified possibility to potentiality and all potentiality to compatibility with species nature. The unqualified possibilities open for an individual creature of a given natural kind are thus for anything which is not incompatible with its species nature.

In the second part of the paper I first examine the account of modal propositions that Abaelard insists upon in discussing chapter 12 of *De Interpretatione*. I show that this account of the semantics of such propositions is completely in agreement with his treatment of the source of modal properties in natures. In his treatment of modal propositions Abaelard famously distinguishes between two different inter-

---

[4] Cf. *Dialectica*, Introduction, xiii-xix. The evidence that Abaelard had direct access to the *Prior Analytics* is extremely slight. The *Dialectica* contains what appear to be two quotations from the *Prior Analytics*, the definition of the syllogism from *An. Pr.* I 1, 24b 18-22 at *Dialectica*, 232.5-8 and the distinction between perfect and imperfect syllogisms from *An. Pr.* I 1, 24b 22-25 at *Dialectica*, 233.36-234.3. In the discussion following the definition of the syllogism, however, Abaelard refers not to the definition which he apparently quotes from Aristotle but rather to the definition given by Boethius in *De Syllogismo Categorico* II (*PL* 64, 821A 7 – 822C 12).

[5] Hermann Weidemann, 'Zur Semantik der Modalbegriffe bei Peter Abaelard', in: *Medioevo* 7 (1981), 1-40, argues that Abaelard thinks of possibility in this way but he does so very much the hard way by attempting to show that Abaelard's remarks on temporally determined modal sentences commit him to it. Here I take the very much easier course of pointing out Abaelard's explict statement of the theory of synchronous possibility in terms of alternative world histories.

pretations of propositions such as '*S* is possibly *P*'. A personal, or '*de re*' reading, in which *S* is said to possess a power to be *P*, and an impersonal, or '*de sensu*' reading in which '*S's being P*' is claimed to be possible where the nominal phrase is held to refer to a proposition, propositional content, or some other kind of entity. Abaelard argues that only the *de re* reading yields a modal claim and that nominal modes are to be resolved into the corresponding adverbial modes. The truth conditions of modal propositions are thus always, according to Abaelard, ultimately to be given in terms of what is compatible and what is not with the specific nature of the subject of the *de re* reading of them.

Information about the fate of Abaelard's theories and the views of his followers is unfortunately very limited and it is pleasant to be able to add here to our knowledge. The texts that we have on divine and creaturely power agree with Abaelard's teaching in reducing unqualified potentiality to compatibility with species nature. In the concluding part of my paper, however, I show that the author of the *Summa Dialectice Artis* attributed to William of Lucca, otherwise an extremely devoted follower of Abaelard in logic, explicitly rejects his master's *de re* account of modality in favour of the alternative *de sensu* reading which Abaelard had gone to great lengths to refute. The *Summa* thus leaves us with a considerable puzzle about the commitment of Abaelard's followers in logic to his theory of modality. As compensation for this, we will see that the *Summa* also provides us with a solution to a small puzzle raised by Jacobi and Knuuttila concerning Abaelard's views on the logical relations between quantified modal propositions.

1. Abaelard on the Limits of the Possible

Aristotle's second division, or '*maneria*', as Abaelard refers to it,[6] of the predicament of quality includes what we would now classify, in the case of human beings, as aptitudes, the abilities, for example, to run well and to fight well, and more generally certain dispositional properties such as being hard, or soft, and the corresponding incapacites.[7] These aptitudes and dispositions are united for Aristotle

---

6 *Dialectica*, 96.18-20 quoted in note 8. Abaelard perhaps uses the curious term 'maneria' to characterise the division of the category of quality because it is into four 'kinds' rather than into two coordinate species. Abaelard uses the word fairly often to mean 'kind' and despite John of Salisbury's complaint in *Metalogicon* II.7 (Ioannes Saresberiensis, *Metalogicon*, J. B. Hall (ed.), CCCM 98, Turnholt 1991) it is also used by other twelfth century writers in this sense. Cf., e. g., Garlandus Compotista, *Dialectica*, L. M. De Rijk (ed.), Assen 1959, 7.10 sqq.

7 *Categories* 8, 9a 14-24, AL 24.23 – 25.8: 'Aliud uero genus qualitatis est secundum quod pugillatores uel cursores uel salubres uel insalubres dicimus, et simpliciter quaecumque secundum potentiam naturalem uel impotentiam dicuntur. Non enim quoniam sunt affecti aliquo modo, unumquodque huiusmodi dicitur sed quod habeant potentiam naturalem uel facere quid facile uel nihil pati; ut pugillatores

by their being natural abilities, or inabilities, of a subject *easily* to do something or *easily* to resist having something done to it. Thus, according to Aristotle, someone is a boxer if he has the ability (*potentia*) to fight well, something is hard if it 'has the ability not to be quickly divided', and it is soft, if it has the corresponding inability (*impotentia*), that is, if it is not easily able to resist division.

The fact that such aptitudes and dispositions are for *easily* acting or suffering distinguishes them, according to Aristotle, from dispositions in general. As dispositions, however, they are properly characterised in counterfactual terms. The combination of counterfactuality with the reference to the individual rather than simply to the specific nature which Abaelard understands to be implied in the qualification in terms of facility makes his account of such aptitudes and dispositions crucial for understanding his theory of potentiality and possibility.

In referring to aptitudes as natural powers Aristotle employs a narrow sense of nature as the particular physical, and presumably also psychical, constitution of an individual. The aptitudes for running well or fighting well are natural in the sense of being inborn rather than acquired, as Abaelard says, by application. The qualification in terms of facility, he claims, is made in order to distinguish the abilities which individuals have because of their particular constitutions, from those which they share with all creatures possessing a human nature.[8]

It is thus not only because he has acquired skill in fighting but also in virtue of being born with a suitably flexible set of limbs, Abaelard suggests, that someone is called a boxer.[9] Nothing that he says, however, indicates that Abaelard requires

---

uel cursores dicuntur non quod sint affecti sed quod habeant potentiam hoc facile faciendi, salubres autem dicuntur eo quod habeant potentiam naturalem ut nihil a quibuslibet accidentibus patiantur, insalubres uero quod habeant impotentiam nihil patiendi. Similiter autem et durum et molle sese habent; durum enim dicitur quod habeat potentiam non citius secari, molle uero quod eiusdem ipsius habeat impotentiam.'

8 *Dialectica*, 96.18-33: 'Adiecit quoque aliam qualitatis maneriam quam naturalem potentiam uel impotentiam nominauit, secundum quas pugillatores uel salubres uel insalubres dicimus: "et simpliciter", inquit, "quaecumque secundum naturalem potentiam uel impotentiam dicuntur." Cum autem omnes potentiae seu impotentiae naturaliter, non per applicationem, subiectis innascantur, quod eas naturales nominaueri<t> non ad determinationem aliquam dixit, sed ad differentiam posuit prioris maneriae, cui secundam istam supposuit. Unde etiam adiecit: "non enim quoniam sunt dispositi aliquo modo unumquodque huius dicitur, sed quod habeat potentiam naturalem, uel facere quidem facile uel nihil pati." Unde etiam manifestum est non hic omnes potentias uel impotentias includi, sed eas tantum quae aptitudinis sunt, ut sunt illae quae in subiectis ipsis secundum membrorum compositionem pensantur, ut aliquis homo pugillator dicitur, non tantum secundum artem pugnandi, uerum etiam secundum membrorum aptitudinem naturalem, cuius scilicet idonea membra ad pugnandum et flexibilia natura creauit.' Cf *LI* 2.8, 229.15 – 230.10. Abaelard explicitly locates the narrow sense of a natural power as a characteristic of an individual as the second of three senses of 'natural' which he distinguishes at *LI* 2.10, 277.39 – 278.3: 'Tribus enim modis naturale sumi solet, quod scilicet natura docet, ut ridere, flere, uel quod a natiuitate inest, ut qualitas parta in natiuitate subiecti, sicut in passibili qualitate et passione dictum est, uel quod idem est apud omnes, sicut intellectus et res, ut calidum secundum hoc quod omni igni conuenit.'

9 Ibid.

that an aptitude must at some time be exercised by the individual who has it. To the contrary, in various places he indicates that, in at least some cases, the possession of a passive ability to be *X'd* is perfectly compatible with there being no agent presently able to *X*, and by implication at least with there never being such an agent.[10] A spoken word, Abaelard maintains, is audible even when everyone is deaf, and a field is ploughable even when no man exists to plough it.

Probably in the case of a boxer we would require some achievements in the ring and prefer to say of someone without such a demonstration of his prowess that he has the constitution, or all the makings, of a boxer. For us to classify something as a soft member of a species whose other members variously resist division does not, however, require that we actually observe it yielding to a knife. Rather, Abaelard would presumably agree, we may claim such a disposition on the basis of our knowledge of what has happened to other individuals of that species with similar physical constitutions. Likewise, Abaelard notices that the possession of the 'aptitude' for health that goes with a healthy physical constitution is neither necessary nor sufficient to ensure continued healthiness. A healthy constitution brings a general ability to resist illness but it does not guarantee that no assault will succeed. Someone with a weak constitution, on the other hand, may, for example with the help of a medicine, on occasion avoid being struck down.[11]

The claim that someone has a particular aptitude thus supports predictions and counterfactual assertions grounded in facts about him. Socrates, say, has poorly developed leg muscles and little upper body strength. If he *were* to engage in a contest with them he *would* stand no chance in racing against someone with the constitution of Pheidippides or in wrestling someone with the constitution of Milo.[12]

---

10 *Hexameron*, pp. 56-57: 'Cum enim iam in praesenti sit ipsa astra esse paria uel esse non paria, nec nobis cognitum sit quod horum iam sit, ipsum tamen naturae cognitum esse Boetius asserit, cum iam uidelicet in ipsis astris sit numerus talis, qui de se cognitionem conferre possit, quod est eum naturae cognosci uel determinatum esse. Nam et uox uel sonus audibilis naturaliter dicitur quantum in ipsis est, etsi nemo assistat qui haec audire ualeat, et ager ad excolendum aptus fuit antequam homo esset qui eum excolere posset.' Despite suggestion with '*antequam*' that the field will be cultivated, Abaelard's reference to the problem of whether the stars are even or odd in number is to a question that a human cannot settle, the fact is determinate but is not certain since it is not known, and presumably may never be known. Cf. *LI* 3.9, 421.16-26; *Theologia 'Scholarium'*, III, 50; *Theologia Christiana*, V, 58.
11 *Dialectica*, 98.4-13: 'Qui enim sanatiui sunt nec facile aegrotare possunt, aliquando aegros esse contingit grandi causa incumbente, et qui aegrotatiui sunt, per adiunctionem alicuius medicinae sanitatem diu seruare poterunt. Unde potius potentiae non facile aegrotare actus erit de non esse: unde ipsa est potentia quod non facile aegrotare dicitur; hunc autem, cum sit de non esse, non necesse est potentiae suae uniuersaliter supponi, ut scilicet dicamus omne quod non facile aegrotat, potentiam ad non aegrotandum facile habere, id est sanatiuum esse; quippe iam lapis ipse et quaecumque et non sunt, aegrotatiua dicerentur!'
12 Abaelard's remarks on the unreliability of healthy constitutions implies that predictions on the basis of aptitudes are defeasible but he does show any awareness of the probabilistic nature of such

The aptitudes of an individual to run well and to fight well have to be distinguished from the corresponding abilities taken without qualification since to be able to run and fight may, Abaelard notes, be features of human nature. The first, at least, is presumably such a feature since it follows upon bipedality which is a differentia of human beings.[13] On this account of unqualified ability an amputee considered simply as a human being can thus be said to be able to walk and a man with crippled hands to be able to box. Such information is entirely unhelpful, however, when we want to know what such disadvantaged individuals are now capable of and so Abaelard notes:[14] 'Granted that a man with crippled hands by nature might box, as an amputee might have feet, or walk, *we do not usually say that he is capable of this*, since he lacks the aptitude.' (My emphasis)

Just why Abaelard supposes that we might ever wish to say such a curious and potentially misleading thing as that an amputee is able to walk is explained by the need for him to justify a remark made by Porphyry in the *Isagoge*. Following Aristotle,[15] Porphyry takes bipedal to be one of the differentiae of a human being and so maintains that even when a man's feet[16] have been amputated, 'his substance is not destroyed, and that he is always said to be what he is by nature',[17] i.e. bipedal. Rather than questioning this choice of a differentia Boethius[18] accepts that we may thus properly say that an amputee is bipedal[19] in the sense, whatever that may be, that he might always 'naturally' have two feet.

---

predictions – most likely Socrates would lose the fight but there is no law of nature, specific nature, that is, to guarantee his defeat.

13 Abaelard does not say anything more about the possession of functioning arms.
14 *LI* 2.8, 229.34-36: 'Licet enim mancus in natura possit pugnare, sicut curtatus pedes habere uel ambulare, non tamen eum ad hoc potentem dicere solemus, cum aptitudine careat.'
15 E.g. *Categories* 5, 3a 23, *AL* 10.6-7.
16 '*Bipes*' can mean either 'two-footed', or 'two-legged'. Here I will simply assume that the amputee has lost his feet.
17 Porphyry, *Isagoge*, 28.13-17: 'Et semper et omni adesse commune utrisque est <sc. differentiae et proprii>; siue enim curtetur qui est bipes, non substantiam perimit sed ad quod natum est semper dicitur; nam et risibile, eo quod natum est habet id quod est semper sed non eo quod semper rideat.'
18 In favour, say of rational and mortal as given in the discussion of differentiae in the *Isagoge*, 18.2-15.
19 Boethius, *In Isagogen, editio secunda*, Brandt (ed.), Vienna 1906, 330.113–331.9: 'Sed obici poterat non semper esse bipedem hominem, cum sit bipes differentia, si unius pedis perfectione curtetur. Quam tali modo soluimus quaestionem. Propria et differentiae non in eo quod semper habeantur, sed in eo quod semper naturaliter haberi possunt, semper dicuntur adesse subiectis. / Si enim quis curtetur pede, nihil attinet ad naturam, sicut nihil ad detrahendum proprium ualet, si homo non rideat. Haec enim non in eo quod assint, sed in eo quod per naturam adesse possint, semper adesse dicuntur. Ipsum enim semper non actu esse dicimus, sed natura. Numquam enim fieri potest, ut per naturae ipsius proprietatem non semper homo bipes sit, etiamsi potest fieri, ut pede curtetur, etiam si deminuto pede sit natus; in his enim non speciei atque substantiae, sed nascenti indiuiduo derogatur.'

Abaelard, on the other hand, seems unhappy with Porphyry's claim.[20] It is understandable that he should be since his account of natures and definitions requires that if being bipedal is a differentia of a human being, then it is a conceptual truth that if Socrates is a man, he is bipedal. That is, it is part of the meaning of the term 'human being' that such a creature is bipedal. Since the consequent can apparently easily be rendered false by an operation which does not destroy Socrates' substance and, as Boethius points out, humans are occasionally born without feet,[21] Abaelard has thus to find some plausible sense in which being bipedal is immune to surgery and the vicissitudes of conception. This is no easy task and Abaelard, it seems, would prefer, perhaps, despite Boethius, not to treat bipedality as essential to a human being.[22]

Being bipedal on the face of it is certainly not an ability like the property of being able to laugh, with which Porphyry compares it, and which can fail to be exercised without the destruction of the substance of which it is a property. Furthermore, it is hard to see what sense there could be in qualifying an ability with a further ability, but in the definition of a human being bipedality is qualified by what clearly is an ability. A human being is 'a bipedal animal which is able to walk'. To be bipedal must, however, be an ability, or potentiality, of some kind[23] since otherwise the necessary truth 'every man is bipedal' would be false.

Abaelard considers two solutions to the puzzle raised by bipedality. The discussion in each case is extremely brief and the intended arguments far from evident.[24] The first[25] solution proposes that to be bipedal is not actually to have two feet but rather to be able to have them, in the sense of being able to produce them. Such an ability as a differentia of human beings would reside in the physical constitution of all humans and its existence would allow us properly to say of an amputee that he is bipedal since new feet could be formed from his body. This potentiality is presumably actualised in most of us in the womb but occasionally it is hindered and a child is born without properly formed lower limbs.

---

20 Concluding his discussion he notes *LI* 1, 105.35-38: 'Fortasse autem dicendum, quia nec pedes de essentia hominis sunt, sed tantum illae partes homo uocantur, sine quibus homo esse non potest, cum tamen Boethius dicat hominem diuidi in pedes, thoracem, manus.'
21 Boethius, *In Isagogen, editio secunda*, Brandt (ed.), 331.5-19, quoted in n. 19 above.
22 *LI* 1, 105.35-38, quoted in n. 20.
23 *Dialectica*, 98.
24 *LI* 1, 104.36-39: 'Occurrit autem hoc loco quaestio, quomodo ille qui curtatus est, possit habere duos pedes, utrum scilicet ita, quod duo illi pedes sint contenti in illa essentia curtati uel illi adhaerentes, sicut prius erant.'
25 *LI* 1, 104.34 – 105.3: 'Sed si ita dicamus, quod in ipsa essentia curtati essent eo quod de parte aliqua illius possent formari pedes, possumus eadem ratione dicere brachium duos pedes habere posse uel quodlibet compositum ex talibus partibus quae ad formandos pedes sufficerent, ita ut in eodem homine maxima pedum multitudo posset esse.'

Abaelard rejects this account of the differentia of human being apparently because he supposes that if there were an ability to regenerate amputated feet, it would have to be located as a potential at some level of corporeal organisation with a less determinate structure than that of the entire fragment of his original body that remains to the amputee. As a potential not of the human body localised in the remnants of the severed limbs but rather, perhaps, of the homoeomerous stuffs, the blood, bone etc., of which the body remaining to the amputee is constituted. This thesis at any rate seems to me to be the only one which might justify Abaelard's explicit rejection of the claim that there is such a capacity because if there were we would have to allow that an arm, or some other part of a human body, might sprout feet, and so that human beings might have many feet. We would thus have to characterise humans as, so we might say, multipedal, rather than, bipedal. As Abaelard notes, however, the Aristotelian definition of a human being, in order to distinguish humans from creatures such as horses and cows, is properly understood as requiring two and only two feet.[26] The implied conclusion of the argument is thus that there is no potential in a human body to regrow feet which have been lost and so the loss of feet cannot naturally be succeeded at by their possession. Although Abaelard does not state it, he thus proves a result which will be taken up below, that is, that the possession and lack of feet are related as a habit and a privation.

The alternative explanation of how bipedality can be a differentia of human beings, and the one that Abaelard accepts, proposes that:[27] 'We should say rather that the amputee is able to have two feet in such a way that they might attach to him extrinsically and agree with him naturally in a human substance, for the composition of which the adjunction of feet alone suffices. We determine the claim in this way, because although feet and a head occur together in a human being, the conjunction of feet to a head is not sufficient for the subsistence of a human being.'

The way in which Abaelard formulates this claim might be thought to suggest that he holds that the amputee is not properly said to be a human being since a human results from conjoining feet to his legs. This is clearly not his view, however, since the whole point of the discussion is to show that the differentia of human beings applies to amputees. That Abaelard does hold that the amputee is human is confirmed immediately after this remark by his raising a puzzle which had already exercised ancient philosophers. Granted that the amputee is a human being, is the corresponding portion of his body before the amputation already a human being and if not, what is the relationship of the human being with the feet to the human

---

26 *LI* 1, 104.24-35.
27 *LI* 1, 105.3-9: 'Dicamus itaque curtatum duos pedes habere posse ita quidem, ut ei adhaerere possint extrinsecus et cum ipso conuenire naturaliter in substantia humana ad cuius compositionem sola pedum adiunctio sufficiat. Hoc autem ideo determinamus, quia et pedes cum capite in homine conueniunt, sed coniunctio pedum ad caput subsistentiae hominis non sufficit.'

being without them? I cannot go into his arguments here but Abaelard's resolution is that they are one and the same human being and one and the same person.[28]

Abaelard offers no further explanation of his appeal to 'extrinsic' attachment but it can perhaps be glossed by referring to the account he gives later in the '*Ingredientibus*' of the category of having, '*habere*'.[29] The type of having, or habit, of interest to us is that in which a substance is said have some feature in virtue, as Boethius says, of 'extrinsic things', that is, in virtue of a cause outside the matter and form which constitute the substance.[30]

Abaelard's claim would thus be that there is nothing within the various stuffs out of which humans are constituted or in the structures into which this matter is organised out of which new feet might naturally be formed. That is to say, in particular, there is no form possessed by the amputee in virtue of which he can be said to be bipedal in the sense of being able to produce replacement feet. There is no form, that is something, which provides him with a natural potentiality for possessing feet. He is said rather to have this potential because if feet were to be attached to him by some external cause, and presumably only God acting miraculously could be such a cause, then the amputee would still be human. The bipedality of an amputee according to Abaelard amounts, then, to no more than the claim that

---

28 *LI* 1, 105.9-14: 'Occurrit alia quaestio, cum post abscisionem pedum illa substantia curtata quae prius pars hominis <fuit>, dum homo integer permanebat, *homo sit*, utrum in ipsa constitutione hominis integri illa substantia quae modo curtata est, homo etiam tunc esset et animata et sensibilis et rationalis et mortalis, sicut modo est, aut potius per abscisionem fiat homo quod prius non erat.' Geyer for some reason thinks that '*homo sit*' is to be deleted. Clearly it should not be. The point is that after the removal of his feet the amputee's substance, which when the whole human being remained was part of a human being, is a human being. For a discussion of issues related to this question see my: 'The Logic of Growth: Twelfth-Century Nominalists and the Development of Theories of the Incarnation', in: *Medieval Philosophy and Theology* 7 (1998), 1-15.

29 The last of the predicaments listed in the *Categories* and mentioned very briefly in chapter 9 and in chapter 15 where Aristotle non-exhaustively lists various kinds of X for which we say: 'Something has X'.

30 It should be said, however, that Boethius' reference (*In Cat.* 9, *PL* 64, 264A) to things 'coming from the outside' is to separable accidents like being clothed and being armed. Although Abaelard goes further and notes that both the first and second divisions of the category of quality are also kinds of having, or *habitus*, his remarks on extrinsic origin are directed at features of the sort mentioned by Boethius. Note how in arguing that '*habere*' is not a form he anticipates Bradley's famous regress argument against the reality of relations, *LI* 2.9, 258.23-40: ' "Habere" quoque loco nominis ponitur, ac si diceretur "habitus". Cuius habitus tres sunt significationes. [1] Est enim habitus qui cum dispositione sub prima specie qualitatis ponitur, [2] est etiam habitus priuationis. [3] Praeterea habitus hoc loco dicuntur quaedam proprietates, quae teste Boethio ueniunt ex rebus extrinsecis, quae habentur, ut ex armis, quae habeo, quaedam mihi inest proprietas, quae habere uocatur siue armatum esse. [...] Et attende quod cum ait Boethius habere ex rebus extrinsecis uenire, non ex his quae in ipsa sunt substantia tamquam materia eius uel formae, ab inconuenienti infinitatis nobis cauet. Si enim ex forma quae habetur, sicut ex albedine innasceretur Habere, cum ipsum quoque habere forma sit, profecto ex unoquoque Habere aliud Habere usque in infinitum nasceretur. Cum itaque dico me habere formam, ad quod teste Boethio Aristoteles aequiuocat nomen Habere, nil aliud praedicari nisi formam intendo, ac si dicerem formatum esse.'

his possessing two feet would be compatible with his being human. The potential of the amputee is, however, to have only two feet; for a greater number to be attachable there would have to be a change in substance. Humans with two feet and fewer are bipeds but it is impossible for a human being to be a quadruped, or for a quadruped, by the removal of two of its legs, to become human.

Evidence for the correctness of this interpretation may be found in a brief remark which Abaelard makes about the logic of negative properties. In general, he claims, the possession of a form is not required to guarantee the potential for not being white of something which is in fact not white: 'Thus the actuality of not being white cannot be universally subordinated to a potentiality for not being white so that we could say that everything which is not white has that potentiality. But rather, perhaps, we may say "able not to be white" in such a way that we do not understand there to be any form indicated by the term "able" but rather only that which is not repugnant to nature. This, indeed, is the sense in which we use the term "possible" in modal propositions.'[31]

The reason that the inference from actuality to potentiality does not hold here is that we may truly say of subject that it does not have some feature which is not proper to its species. We may say of a stone, for example, according to Abaelard, that it does not easily become ill, since it does not become ill at all, it is simply not that kind of thing. We cannot, however, infer that a stone has the ability to not easily become ill, and so has a healthy constitution.[32]

When Abaelard in his commentary on the *Isagoge* casts his account of the bipedality of an amputee in terms of an ability (*'Dicimus curtatum duos pedes habere posse ita quidem, ut ei adhaerere possint extrinsecus.'*), he thus means no more than that if his feet were to be restored, his nature would remain the same. The possession of two feet is compatible with the human nature of the amputee and so we may infer, since Abaelard tells us that this is how 'possibility' is used in modal propositions, that it is possible for an amputee to have two feet and so that he is bipedal.

If this reading of Abaelard is correct then his solution to the puzzle of bipedality in his commentary on the *Isagoge* turns upon a counterfactual claim about a natural

---

31 *Dialectica*, 98.13-18: 'Sic quoque et potentiae non esse album, cum sit actus non esse album, ipsi tamen uniuersaliter subdi non potest, ut uidelicet dicamus omne quod non est album potentiam illam habere, sed fortasse ita: "potens non esse album", ut nullam formam in nomine "potentis" intelligamus, sed id tantum quod naturae non repugnet; in qua quidem significatione nomine "possibilis" in modalibus propositionibus utimur.'

32 The failure of this inference is related to the failure of the locus from immediate opposition. We cannot, according to Abaelard, infer from the fact that something is not well that it is sick. A stone is not well but it is also not sick. For a discussion of Abaelard's account of topical arguments and his rejection of this locus see my 'Embarrassing Arguments and Surprising Conclusions in the Development of Theories of the Conditional in the Twelfth Century', in: J. Jolivet and A. de Libera (eds.), *Gilbert de Poitiers et ses Contemporains*, Naples 1987, 377-400.

impossibility, if, *per impossibile*, his feet were to be restored, the amputee would remain human. This is a different counterfactual claim from the one which he makes elsewhere to the effect that the amputee might have feet in the sense that he *could have had feet*.[33] That is, he could still have had them now, when he in fact has none. The two claims are related, however, because each is justified by an appeal to possibility as compatibility with species nature. Let us, then, now turn to the second claim and consider Abaelard's view that things could have gone otherwise for the amputee.

In chapter 10 of the *Categories* Aristotle distinguishes between four different kinds of opposition, (i) the opposition between relatives, (ii) that between contraries, (iii) that between a habit and a privation, and (iv) that between contradictory statements. The second and the third of these kinds of opposition are important here for understanding Abaelard's views on the nature of alternative possibilities.

Contraries are pairs of features which cannot both belong to their subjects at the same time. Of a pair of *immediate* contraries, such as sickness and health with respect to an animal, one or else the other must belong to it at any time at which the subject exists. *Mediate* contraries, on the other hand, are two of a wider range of alternative features, such as being white and being black among the colours, which cannot both belong at the same time to their subject, here a body, but both of which may be absent while the subject continues to exist. Contraries may in addition be natural features of their subjects, in which case whichever contrary belongs to its subject belongs to it necessarily. Thus, for example, being hot, the contrary of being cold, is a substantial differentia of fire.[34] Unlike water which may be hot or cold but not both, it is impossible for fire to be other than hot. If neither of a pair of contraries is a differentia or an inseparable accident of its subject, then *each* is able to succeed the other in the subject. So, for example, sitting and standing are mediate contraries with respect to the substance Socrates. Socrates cannot both be sitting and standing at the same time but he may be doing neither. He may stand after he has been sitting and sit after he has been standing. The possibility of succession in this way is the crucial feature for distinguishing contraries from habit and privation and the important one for the analysis of possibility. To claim that Socrates might be sitting when he is standing may be, when properly disambiguated, to claim simply that sitting may be followed by standing.[35]

---

33 See below.
34 Aristotle, *Categories* 10, 12b 37-40. Cf. Boethius, *In Cat.* 5, *PL* 64, 192B; Abaelard, *LI* 2.5, 155.1-3. Thus the 'inhering' contrary may be a substantial difference, or an inseparable or separable accident of its subject. E. g. white in the case of snow, black in the case of a crow, and being ill in the case of Socrates.
35 For Abaelard's treatment of modal propositions see sect. 2 below. Abaelard's account of the standing man's ability to be sitting has been much discussed and I will not consider it here beyond saying that I think that the present subjunctive with an indefinite temporal adverb '*possit quandoque*

The third form of opposition,³⁶ that between a habit and the corresponding privation shares with immediate contrariety the properties of exclusivity and exhaustivity with respect to a subject. It differs from contrariety, however, because a habit and its privation begin to stand in this relationship to their subject only after it has already existed for some time.³⁷ Aristotle's examples are having teeth and being toothless, presumably for a human being,³⁸ and being sighted and being blind, perhaps for a cat. Thus, according to Abaelard, before a kitten is nine days old, before, that is, it opens its eyes, it is not able to see but also not properly said to be blind. If it cannot see after it opens its eyes, then it is blind.³⁹

Since there is a time at which neither is in their subject, habit and privation are separable accidents.⁴⁰ They are, however, a very special kind of separable accident. What distinguishes them from mediate, separable, contraries is that they are temporally ordered with respect to one another. The habit may be present in a subject without ever being succeeded by the privation and the privation may be present without the habit ever having been there. It is impossible, however, for the privation to be succeeded by the habit.

Abaelard expresses some unease with the requirement that there be a determinate time in the history of a subject before which it is not proper to characterise it in terms of either a habit or the corresponding privation. His explicit concern is with Boethius' claim that having a wife and being widower are related as a habit and a privation.⁴¹ The problem is that there is no determinate⁴² time after which a man must be either married or a widower but before which he is neither. The same

---

  sedere', *LI(MP)*, 3.12, 13, has to be read straightforwardly as a possibility of being seated at some *later* time. See J. Marenbon, *The Philosophy of Peter Abaelard*, Cambridge 1997, 221 sq. and the references there.
36 *Categories* 10, 12a 26 – 13a 36.
37 Aristotle, *Categories* 10, 12a 29-34, says that it is not necessary that either the habit or the privation belong to their subject but that there is a time at which the habit should naturally be present and if it is not, the subject is said to suffer the privation. Cf. Boethius, *In Cat.* 10, *PL* 64, 275B-C: 'In habitu uero et priuatione non ita est. Non enim semper quaelibet res aut habitum habet aut priuationem sed est tempus quando utrumque non habeat, ut catuli quibus nondum per naturam oculi patent. Illos enim nec habere habitum dicimus, quoniam non uident, nec priuatos uisu, quoniam paruuli adhuc uisum per naturam habere non possunt.'
38 Boethius, *In Cat.* 10, *PL* 64, 269C-280A, comments that humans are only said to have teeth or to be toothless after their first seven years. Milk teeth, apparently, do not count.
39 Aristotle does not give example in the *Categories* of a creature which is neither blind nor sighted for some determinate period after its birth. In *History of Animals* V 20, 574a 23-24, ignoring his own account of privation, however, he says that a puppy is blind for twelve days before being able to see. Abaelard, *LI* 2.10, 269.1-33, follows Boethius, *In Cat.* 10, *PL* 64, 269B-C, with the kitten (*catulus*) but specifies, where Boethius does not, the time before which it cannot be said to be blind.
40 *LI* 2.10, 269.1-2.
41 *LI* 2.10, 272.36 – 273.11, referring to Boethius, *De Divisione*, *PL* 64, 883B.
42 Boethius, *In Cat.* 10, *PL* 64, 269C, speaks rather vaguely of there being some number of days when it is not proper to speak of habit and privation. Abaelard construes this as commiting him to a determinate time. *LI* 2.10, 272.36-39: 'Praeterea dicet in determinato tempore necessario inesse

problem, however, seems to arise, and to be much more pressing, for being sighted and being blind with respect to human beings.[43] In any event Abaelard is prepared to do without the requirement of a determinate beginning time[44] since the essential condition characterising habit and privation is the impossibility of regression. This condition is satisfied for humans, Abaelard holds, for sight and blindness but also, as we saw above, by the possession of feet and lack of them.

Thus, while he disclaims any knowledge of their proper definitions, Abaelard insists that what distinguishes habit and privation from contraries is the requirement of temporal ordering.[45] It is impossible that someone who has been born, or become blind, might regain his sight. Just as it is impossible that someone who has lost his feet might recover them.

In his discussions of habit and privation in the *'Ingredientibus'* and *Dialectica* Abaelard claims again that it is possible that an amputee has feet and proposes that this is so in that it is not repugnant to his nature as human.[46] We know that it is not repugnant since we observe that other human beings have two feet which they retain throughout their lives and, as a general principle:[47] 'What we observe in one individual, we believe to be able to occur in all individuals of the same species. For we construe "potency" and "impotency" according to nature, so that something can only sustain that which its nature allows, and it cannot sustain that which its nature expels.'

Thus, since human nature is 'not repugnant to sight', there is, Abaelard agrees, a possibility that a blind man might see. There is none, however, that his blindness might be succeed by sight. Although he again cites Porphyry's assertion that an amputee might have two feet,[48] Abaelard's interpretation of that claim here is different from that which he made to save bipedality as a differentia in discussing it in his commentary on the *Isagoge*. What the appeal to our observation of other

---

    uel priuationem uel habitum et ante determinatum tempus neutrum inesse, sed post determinatum tempus semper alterum inesse.'

43 Abaelard does not discuss this case. Since some humans are born blind there is no time after birth, at least, at which it is not proper to characterise a human as sighted or blind.

44 *LI* 2.10, 273.6-8.

45 *LI* 2.10, 274.30-32: 'Si quis priuationis et habitus definitionem requirat, sciat nos eam nescire, sicut et contrariorum. Quaedam enim cum sub definitione non cadant, soli auctoritati committenda sunt.'

46 *LI* 2.10, 273.31-36: 'Illud quoque quaerendum uidetur, quomodo dicit non posse fieri regressionem de priuatione ad habitum, cum is quoque qui caecus est, possit uidere, sicut et ille qui curtatus est, teste Porphyrio, aptus est ad habendum duos pedes; unde et bipes dicitur sicut caeteri homines quoque, pro eo scilicet <quod> quamquam habitus pedum in quibusdam <non> contingat hominibus, humanae naturae non repugnet.' Cf. *Dialectica*, 384.32–385.30.

47 *Dialectica*, 385.1-5: 'Quod enim in uno particularium uidemus contingere, id in omnibus eiusdem speciei indiuiduis posse contingere credimus; "potentiam" enim et "impotentiam" secundum naturam accipimus, ut id tantum quisque possit suscipere quod eius natura permittit, idque non possit quod natura expellit.'

48 Cf. n. 46.

humans supports, he explains, are counterfactuals to the effect that the blind man might not have lost his sight or the amputee his feet. His statement in the '*Ingredientibus*' of this aspect of his theory of alternative possibility is so clear, that I will quote it in full:

> 'Whence we concede that all men are able to see, even those who are blind, but nevertheless that there may be no reversion from privation to habit. For it might have fallen out, that he who has been made blind, would have seen even at this time at which he remains blind, in such a way, that is, that he never would have been blind, and there would have been no regression. But it is entirely impossible that someone who is blind, or anyone else, might see after he is blind, that is, that after he has become blind he might recover his vision. We concede thus that someone who is blind might, without qualification, see, because he might have seen in such a way that he never became blind, just as others do. For him to be able to see after he is blind is, however, not possible. Thus we concede that an amputee might have two feet, but not that he might have them after he has lost them, that is, not that he might recover his feet; and we concede that a standing man might sit at the present moment, but not that he is able to sit, while he stands, in such a way, that is, that he is able to be both sitting and standing.'[49]

What we have here is the very familiar counterfactual possibility of the *might have been*, sometimes referred to as by modern writers as 'broadly logical possibility'.[50] Things *could be* other than they now are in the sense that they *could have been* otherwise. Events might have turned out in such a way that the amputee retained his feet and the blind man his sight. At this very moment Socrates who is standing could have been sitting. Each of these possibilities is referred to an alternative history to give a present possibility of things being other than they are. This is obviously perfectly compatible with the possibility that Socrates will at some time later sit but, as Abaelard repeatedly insists there is no possibility of any kind that blindness will be followed by the restoration of sight, or amputation by the restoration of feet.

---

49 *LI* 2.10, 272.39–273.19: 'Unde omnes homines concedimus posse uidere, etiam eos qui caeci sunt, nec tamen regressionem posse fieri de priuatione ad habitum. Posset enim contingere, ut is qui caecus factus est, uideret hoc etiam tempore quo caecus permanet, ita quidem, ut numquam habuisset caecitatem atque nulla esset regressio. Sed hoc omnino impossibile est, ut is qui caecus est, uel quislibet alius possit uidere, postquam caecus est, hoc est praecedente caecitate reperiret uisionem. Concedimus itaque eum qui caecus est, posse uidere simpliciter, quia sic uidere posset, ut numquam habuisset caecitatem, sicut caeteri faciunt, posse autem eum uidere, postquam caecus est, non est possibile. Sic curtatum concedimus posse habere duos pedes, sed non posse habere, postquam amiserit, hoc est non posse recuperare pedes; et stantem concedimus sedere in praesenti, sed non posse sedere, dum stat, in eo scilicet quod possit habere stationem et sessionem.'
50 Cf. e. g. Graham Forbes, *The Metaphysics of Modality*, Oxford 1985, 2 (taking the term from Plantinga): 'As a rough elucidatory guide, "it is possible that *P*" in the broadly logical sense means that there are ways things might have gone, no matter how improbable they may be, as a result of which it would have come about that *P*.'

Just what range of unqualified possibilities,[51] then, are open for Socrates on Abaelard's account? In any counterfactual situation, an individual must have those features which its specific nature requires (*exigit*)[52] it to have. Abaelard makes it clear in discussing modal propositions that what is required by nature in this context is whatever cannot be separated from an individual of the kind in question without it ceasing to exist.[53] This will include what follows in a natural consequence upon its being the kind of thing that it is, that is, its genus and differentiae, but also its inseparable accidents. While Socrates might be white rather than black, this possibility is not open to his pet crow.[54]

The further limitations on the alternatives available to Socrates will turn upon just what constitutes him as an individual human being. Abaelard holds that no more is required to constitute Socrates as Socrates than is required to constitute him as *this* human being.[55] The problem is to say just what is required to make him this human being rather than that one. Socrates could be a bishop, since other humans are, or have been, and so long as 'Socrates' is dummy name for a twelfth century contemporary and not that of the historic Socrates it would not require too much imagination to tell a story in which he was so elevated. On the other hand, Socrates could not have been, and so could not be Plato, for to be Plato would be for him not to be the human being which he is. Could he have had parents other than he did, or have been conceived at a different time? Abaelard does not provide obvious answers to these questions and I will not pursue them here. I will note, however, that their answer must take into account some rather remarkable suggestions which he makes about the counterfactual possibilities open to individual accidents.

In chapter 2 of the *Categories* Aristotle introduces individual accidents as the bottommost items in the accidental categories. Socrates' whiteness, for example, as

---

51 Ways that is that he might have been, might be, and might be going to be. The 'qualified' possibilities for the future open to him as the individual with the physical and psychical constitution that he now has, are a small subset of these.
52 *Dialectica*, 391.33–392.3: 'Posset etiam ipse homo, si simplicem eius substantiae naturam respiciamus, integer et sanus omni tempore uitae suae subsistere absque utroque, tam uisione quam caecitate. Quicquid enim natura non impedit, possibile est fieri, et quicquid ipsa non exigit, possibile non esse. Ipsa neutrum exigit, cum sine utroque aliquando consistat, ante quidem, non post, determinatum tempus.'
53 *Dialectica*, 200.33-36: 'Sic etiam alias modales de rebus exponas, ut eas quae de necessario fiunt, sic: "omnem hominem necesse est esse album", id est: "omnis hominis natura albedinem necessario exigit", ut uidelicet sic eam habeat, ut praeter eam nullatenus subsistere queat.'
54 Abaelard sometimes, e. g. *Dialectica*, 472.21-29, refers to this kind of necessary connection as '*comitatio*' in contrast to '*consequentia*'. It is enough for the validity of an argument but not for the truth of a conditional which requires in addition conceptual containment. For details of this distinction and its importance in Abaelard's logic see my 'Embarrassing Arguments' (n. 32).
55 *LI* 1, 65.5-9: 'Unde pro eodem penitus haec duo nomina Socrates et hic homo in hac arte accipimus ut nullius accidentis Socratis designatiua esse hic uolumus, sed tantum hominis substantiam in personali discretione designare.'

distinct from Plato's whiteness. Boethius' translation of *Categories* 2, 1a 24-25 has Aristotle parenthetically providing as his criterion for inherence that something is in a subject '*cum in aliquo sit non sicut quaedam pars, impossibile est esse sine eo in quo est*'. There is nothing corresponding to '*cum*' in the Greek but its presence allows Abaelard to gloss the criterion as imposing the temporal restriction that '*postquam sunt in eo non possunt esse sine eo*'. He, thus, allows the possibility that an individual accident such as Socrates' whiteness, might have belonged to Plato in the sense that before it came to inhere in Socrates it could instead have inhered in Plato. The relation of individual accidents to their subjects is, he explains, precisely that of habit and privation to their subject, of the amputee to his feet, and of the presently standing man to the possibility of sitting. We cannot truly say that it is not possible for an individual accident to exist without its present subject, since there is a counterfactual possibility that it might have done so. We can truly say, however, that once it does inhere in its subject it cannot be transferred to another subject.[56] Thus, so long as he began to exist before them, although Socrates could not have been Plato, he could have had all of Plato's accidents. Not only could he have had the physique of a Milo, he could[57] have had Milo's own physique.

The above discussion has located three different but related ways in which Abaelard explains the possibilities open to individuals. First, there are the possibilities for the future open to an individual given its history up to that time. Second, there is the curious 'possibility' that Abaelard claims for an individual to have a feature compatible with its nature but which cannot come to have but which might be provided by extrinsic addition. Third, there is the possibility of an individual having some feature in the sense that at some point in the past history of the individual it was compatible with its nature and circumstances that it come to have this feature.

These various kinds of possibility are related by the appeal to compatibility with species nature. The second seems to play no role in Abaelard's thinking other than that of providing a solution to the problem of bipedality in his '*Ingredientibus*' commentary of the *Isagoge*. The third kind of possibility offers a different solution to this problem though hardly more a satisfactory one. It tells us that amputee is bipedal since he once had feet and might still have had them but simply begs the question of how one can fail to have a differentiating feature without ceasing to be human.[58]

The first set of possibilities open to an individual is a subset of the third. Socrates might perhaps now become a bishop, and he certainly might have become a bishop, but if his feet have been amputated, then it is not now possible that he will later

---

56 *LI* 2, 129.6–131.9.
57 Making the corresponding asssumption about their temporal origins.
58 By this kind of reasoning a corpse would seem to be rational since in some possible history it is the body of a living human.

walk but nevertheless he might have been walking now and might have been going to walk later.

The third kind of counterfactual *might have been* is Abaelard's standard way of talking about alternative possibilities for creatures.[59] Each counterfactual refers us to a different moment in the actual history of the world and claims that alternative histories can be constructed from then on. The constraints upon such constructions will depend upon the times chosen though it is not clear from Abaelard's account just what times can be chosen in constructing alternative histories for a given individual. After Socrates' birth things could certainly have gone differently for him though as time goes on certain possible futures become foreclosed. Once he has lost his feet there is no possibility that he will recover them, once he has developed his puny physique it becomes very unlikely that he would defeat Milo.

So much for creaturely possibility. The possibilities open to God are likewise according to Abaelard whatever is compatible with the divine nature.[60] Since the divine nature is perfectly good and immutable, however, Abaelard notoriously concludes that God has no power to providentially ordain a world history other than the one which he in fact does ordain.[61] The striking result is that Abaelard is able to maintain, and indeed insist, both that there are no alternative providential programmes available to God and that a range of alternative histories is open to creatures.[62]

As I noted at the beginning of the paper, Abaelard is unusual among twelfth century philosophers in offering such a detailed account of the nature of possibility. In addition and like them, however, he also investigates the logical relations between modal propositions and famously distinguishes between two different readings of such propositions: the personal, or *de re*, reading and the impersonal, or *de sensu*, reading. Let us now turn to the question of the relationship of his account of the logic of modal claims to his theory of possibility as compatibility with nature.

---

59 See especially his use of it in his *Commentary on Romans*, I, iii, v. 4. There he draws upon all the ideas discussed above to show that it is possible that the man united to the second person of the Trinity in Christ might sin and so be damned.
60 *Theologia 'Scholarium'* III, 51, 522.698-703: 'Unde cum aliquid "possibile" uel "impossibile" dicunt, quantum ad creaturarum naturas hoc intelligunt, ut uidelicet id solum "possibile" dicant quod nullius creaturae repugnat naturae. Cum autem dicimus "possibile est hoc uel illud deum facere", ad naturam diuinitatis potius quam re creaturarum "possibile" sumimus.'
61 Cf. *Theologia Christiana* V, 17-58; *Theologia 'Scholarium'* III, 17-128.
62 The question of the compatibility of these two claims and indeed the proof that Abaelard is committed to both of them is something which I must leave for another time.

2. The Manipulation of Modalities: Abaelard and the *Summa Dialectice Artis*

Abaelard's most extensive accounts of modal propositions are the discussions in the *Dialectica* and *Logica 'Ingredientibus'* of Aristotle's remarks in *De Interpretatione* 12 on the proper negations of modal claims. The treatment in the '*Ingredientibus*' was apparently written after that in the *Dialectica* since in it Abaelard refers to Aristotle's distinction in the *Sophistical Refutations* between exposition *per coniunctionem* and exposition *per divisionem*. Neither the work nor the terms are mentioned in the *Dialectica*.

The key to understanding Abaelard's theory of modal propositions is his account of their relation to the categorical propositions from which he says they descend. Abaelard insists that properly speaking a simple modal sentence is syntactically (*in constructione*) a subject-predicate sentence in which the predicate verb is adverbially modified. Thus 'Socrates is possibly running' descends from 'Socrates is running' and the adverb 'possibly' is syntactically a mode since it modifies the verb.[63]

Semantically speaking (*in sensu*), however, the only proper modal propositions are those whose adverbial modifiers correspond, if they are true, to some real modification of the inherence of the predicate in the subject.[64] Since possible inherence is not a kind of inherence, 'Socrates is possibly running' and 'Socrates is possibly a bishop' are thus, semantically speaking, not modal. Nevertheless since they satisfy the syntactic condition of adverbial qualification they may be said to be modal.[65] They are properly interpreted, however, not as claims about inherence but rather as about ability: '[...] for when we say "Socrates is possibly running", that is "is able to run", we do not in any way indicate that running inheres in him but intend only to show that he might run [...]'.[66] Claims for possibility are thus reduced to claims about ability, or potential, and these again, as Abaelard advertised earlier,[67] are further reduced to claims about compatibility with nature: 'when we say "it is possible that Socrates is a bishop", even if he never should be bishop, nevertheless it is true, since his nature is not repugnant to being a bishop; we conclude this from what we know of others of the same species, which we see to actually partake in

---

63 *LI(MP)* 3.12, 3-4.
64 *LI(MP)* 3.12, 6.
65 *LI(MP)* 3.12, 6-7. Abaelard sets out his account of the adverbial mode '*possibiliter*' and the reduction to it of the nominal mode '*possibile*' in *Dialectica*, 193.18–195.26. He gives the same account of the modes in *LI(MP)* 3.12, 1-15.
66 *LI(MP)* 3.12, 4: '[...] cum enim dicimus "Socrates currit possibiliter", id est "potest currere", non in eo cursum ullo modo constituimus ut quomodo insit ostendamus, sed id solum monstrare intendimus quod possit currere [...]'.
67 *Dialectica*, 98.13-18; *Vid. sup.* n. 31.

the property of being a bishop.'⁶⁸ Although, as we have seen, such claims are, for practical purposes, generally uninformative and sometimes misleading, the discussion in the *Dialectica* and '*Ingredientibus*' requires no more for the truth of a claim about possibility than that the minimal condition of compatibility with species nature be satisfied.

For the logic of modal propositions, what is important for Abaelard is that a modal proposition is one which asserts something about the subject of the corresponding categorical statement in relation to its predicate. That is to say, in the terminology which Abaelard apparently introduces, modal assertions are assertions of necessity, possibility, etc. *de re* or *de rebus*. Thus assertions containing what Abaelard calls nominal (*casualis*) modes, for example '*possibile*' and '*necesse*' are, according to him, modal only if they are understood as making *de re* claims. On this *de re* reading the subject of '*Socratem possibile est esse episcopum*' is Socrates and the predicate is being-a-bishop.

Syntactically, on the other hand, according to Abaelard, the subject term of the proposition is the nominal expression '*esse episcopum*', the predicate term '*possibile*', and '*Socratem*' is a quasi-determination of the subject. This analysis, he argues, explains Aristotle's remark that modality is predicated of *esse* and *non-esse* and is required furthermore by the fact that the subject term cannot be in the accusative case.⁶⁹ A consequence of this syntactical analysis is that propositions containing nominal modes may be syntactically transformed by contraposition of predicate and subject but the result of the transformation is not syntactically a modal proposition. '*Omnem hominem possibile est vivere*', for example, is equipollent by contraposition to '*Omne quod non est possibile vivere est non homo*'.⁷⁰

Abaelard reports in the *Dialectica* that his master had held quite a different theory of nominal modes, proposing that they should be expounded *de sensu*.⁷¹ On this account '*Possibile est Sortem currere*' is understood syntactically to have for

---

68 *Dialectica*, 193.34–194.1 '[...] cum dicimus: "Socratem possibile est esse episcopum", etsi numquam sit, tamen uerum est, cum natura ipsius episcopo non repugnet; quod ex aliis eiusdem speciei indiuiduis perpendimus, quae proprietatem episcopi iam actu participare uidemus.' As we will see below Abaelard resolves the nominal mode into the adverbial. So *Dialectica*, 191.15-16: 'Resoluuntur enim huiusmodi nomina in aduerbia, quae uidelicet aduerbia proprie modos dicimus. [...] Idem itaque <est> dicere: "Socratem possibile est esse episcopum" et "Socrates possibiliter est episcopus".'
69 Syntactically the structure of the sentence is thus [subject = esse episcopum] + [quasi-determination = Socratem] + est + [predicate = possibile], cf. *LI(MP)* 3.12, 11: 'aliud uero praedicatum et subiectum secundum constructionem habet quia infinitiuus modus, "currere" scilicet, subicitur et "Socrates" quasi determinatio subiecti ponitur, modus uero ipse, id est "necesse", praedicatur. "est" enim uerbum "Socratem" qui obliquus est regere non potest [...]'; cf. *Dialectica*, 191.29-32.
70 *LI(MP)* 3.12, 16.
71 *Dialectica*, 195.12-15: 'Est autem Magistri nostri sententia eas ita ex simplicibus descendere, quod de sensu earum agant, ut cum dicimus: "possibile est Socratem currere uel necesse", id dicimus quod possibile est uel necesse quod dicit ista propositio: "Socrates currit".'

its subject term the nominal phrase '*Sortem currere*' and for its predicate term the mode '*possibile*'. Semantically the *de sensu* reading is taken to be equivalent to the statement that 'What this proposition says is possible: *Socrates currit*'. Abaelard does not mention his master in the discussion of modal propositions in the '*Ingredientibus*' but he does notice, now deferring to Aristotle, that the distinction between the *de re* and the *de sensu* expositions corresponds to Aristotle's distinction for the proposition '*Stans possibile est sedere*' between exposition *per divisionem* and exposition *per coniunctionem*.[72]

Abaelard argues most extensively in the *Dialectica* but also in the '*Ingredientibus*' that the *de sensu* exposition does not provide the correct account of propositions containing nominal modes.[73] Rather than go into the details of his criticism, however, I will conclude by turning to the *Summa Dialectice Artis* attributed, perhaps doubtfully, by its editor to William of Lucca,[74] with whose help we will be able to solve one puzzle while raising another.

Whoever he is, the author of the *Summa* defers to Abaelard as *the Philosopher* and is committed to many of the theses which were taken in the twelfth century to be characteristic of those followers of Abaelard known as the *Nominales*. He disagrees fundamentally with Abaelard, however, on the proper interpretation of modal propositions. Since none of the theses attributed to the *Nominales* commit them to follow Abaelard on this point, the author of the *Summa* may well have been a member of the group and certainly in other respects his book is, indeed, something of a *Compendium Logicae Nominalium*. I have argued elsewhere that the *Nominales* differed from Abaelard in their commitment to the thesis '*nothing grows*'.[75] If the author of the *Summa* was one of them, then perhaps we have a more substantial difference between the master and his followers.

According to the *Summa* the proper analysis of a proposition containing a nominal mode is as a categorical predication with an expression (*oratio*) as its subject and

---

72 *LI(MP)* 3.12, 18-19.
73 *Dialectica*, 195.27 sqq; *LI(MP)* 3.12, 18-54, *passim*. The treatments in the two works differ, however, in that in the *Dialectica* Abaelard argues directly against his master's *de sensu* reading as offering an adequate account of such propositions. In *LI* he is concerned rather to explore the logical relations between the *de sensu* and *de re* readings. Abaelard offers a variety of arguments against the *de sensu* reading. In both the *Dialectica* and *LI* he gives arguments to the effect that this reading yields the wrong results for the relative truth value of propositions formed by various logical operations on the original. In *Dialectica*, 205.20 – 206.6, he also offers metaphysical arguments against the attribution a modal status to whatever candidates might be given for the refernt of the nominalised expression which the *de sensu* reading takes to be the subject term of a modal proposition.
74 Cf. F. Gastaldelli, 'Note Sul Codice 614 Della Biblioteca Capitolare Di Lucca E Sulle Edizioni del De Arithmetica Comendiose Tractata E Della Summa Dialectica Artis', in: *Salesianum* 39 (1977), 693-702. The only evidence that has been given that William is its author is the *incipit* according to which the ms. of the *SDA* was donated by him to the library at Lucca.
75 Cf. note 28.

mode as its predicate. It records as the opinion of 'some', with Aristotle as an apparent authority, that, rather than the nominal phrase, the subject of such a proposition is the infinitive and the accusative is a determination of it. This is, of course, precisely Abaelard's theory though the *Summa* does not refer it to *the Philosopher*. It's author tells us that he himself prefers the theory that the entire accusative infinitive phrase is the subject.[76] Despite his use of the term '*oratio*', however, the author of the *Summa* is not here advocating a position, touched upon briefly by Abaelard, according to which modal claims should be expounded *de re* as assertions that a particular written or spoken expression has the modal status indicated by the predicate.[77] That is, for example, that '*Possibile est Socratem esse episcopum*' attributes possibility to the written expression '*Socratem esse episcopum*'.

The account of the meaning of modal claims given in the *Summa* makes it clear that its author understands their subjects to be propositional contents and that he is committed to precisely the exposition of nominal modals that Abaelard rejects. Like Abaelard, he appeals to nature, unlike Abaelard, however, what nature permits or does not is, according to the author of the *Summa*, a state-of-affairs. Thus, the meaning of the modal proposition '*Possibile est Socratem esse hominem*' is that the 'nature of the thing is not repugnant to but permits *that* (*quod*) Socrates is a man'.[78]

The appearance of the '*quod*' is important. Abaelard, surely deliberately, never employs the construction in his exposition of modal propositions. The nature that is at issue for him is that of an individual *res*, the specific nature of Socrates, for example, or of a seated man. A propositional content, what Abaelard in the *Dialectica* calls an '*existentia rei*' is not, he argues, a thing at all, and so not something which can have modal properties.[79] Though the exposition in the *Summa* is compressed and slight it seems that for its author propositional contents are indeed the bearers of these properties. His theory of nominal modes is thus precisely the one which Abaelard is concerned to reject in the *Dialectica* and '*Ingredientibus*'. The author

---

76 *SDA*, 7.07-08: 'Harum itaque propositionum modalium alie sunt affirmative, alie negative, ut predicta declarant exempla, sed cum hee modales sint cathegorice solet queri quid in his subiciatur et predicetur; ad hoc autem dicimus quoniam quocumque modo hee disponantur semper in his modus predicatur et oratio subicitur. [...] Quidam tamen dicunt orationes in his non subici, sed "esse" vel "legere" vel talia verba, ut in predicta propositione dicunt "possibile" predicari, "legere" vero subici, "Socratem" esse determinationem, "est" vero est copula. [...] In subiectis ergo harum differunt sed in hoc quod modus predicatur omnes conveniunt. Nobis autem prior magis placet sententia.'
77 *Dialectica*, 204.29–205.19.
78 *SDA*, 7.09: ' "Possibile" iniunctam significat tantum quantum natura rei non repugnat; "impossibile" quod natura rei repugnabat; "necesse" vero quod natura exigit. Et est sensus talis: "possibile est Socratem esse hominem" idest natura rei non repugnat, sed patitur quod Socrates sit homo [...].'
79 *Dialectica*, 205.20-206.6. Cf. K. Jacobi / P. King / C. Strub, 'From "intellectus verus / falsus" to the "dictum propositionis": The Semantics of Peter Abelard and his Circle', in: *Vivarium* 34 (1996), 15-40.

of the *Summa* does not, we should note, distinguish, as Abaelard does, between the exposition of modal propositions *de re* and *de sensu* but he does employ the Aristotelian terminology of '*per divisionem*' and '*per coniunctionem*' to mark the very same distinction.

Abaelard appears only once as *the Philosopher* in the section of the *Summa* devoted to modal propositions[80] when he is cited for his observation that quantified modal propositions are singular. They are singular, of course, according to him, only when expounded improperly, that is non-modally, with a *de sensu* reading. The author of the *Summa* notes that *the Philosopher* held that such sentences were equipollent to genuine modals, that '*Possibile est omnem hominem legere*', for example, is equipollent to '*Omnis homo potest legere*', but this is the only hint we are given that Abaelard himself was committed to the *de re* exposition of modal claims.

One of Abaelard's arguments against the *de sensu* exposition is that it fails to warrant the conversion of modal propositions in the appropriate way and against its advocates that, amongst other faults, they refuse to accept certain conversions which according to their own theory are valid.[81] The account given in the *Summa* is guilty on both counts.

First the *Summa* acknowledges, what Abaelard had noticed, that there is no way to transform the subject into a predicate and the predicate into a subject in modal sentences expounded *de sensu*. If, for example, we transpose subject and predicate in '*Possibile est Sortem esse hominem*' expounded *de sensu*, we obtain '*Sortem esse hominem est possibile*'. That is exactly the same proposition *de sensu*. Expounded in this way, as Abaelard observes, propositions which predicate nominal modes are irreducibly impersonal.[82]

Secondly, the *de sensu* reading of modals construes them as assertions that the propositions corresponding to their subjects have a particular modal status. Since modal status is preserved under equipollence, the theory is thus committed to the equipollence of modals whose subject propositions are simple converses of one another. If, for example, 'Some *S* is *P*' is necessarily true, then 'Some *P* is *S*' is necessarily true. The author of the *Summa* claims, however, that though this principle holds in most cases it fails occasionally.[83] It fails, for example, for the simple conversion

---

80 *SDA*, Tract. 7.
81 *Dialectica*, 195.28 sq.; *LI(MP)* 3.12, 17.
82 *SDA* 118, 7.43: 'Notandum quoque est de modalibus istud quod si conversionem pro illa transpositione accipiamus de qua Boetius in Cathegoricis agit ut scilicet de predicato fit subiectum et de subiecto predicatum, talis conversio in modalibus servari non potest, quia sive ita dicatur "possibile est Socratem esse hominem" seu "Socratem esse hominem est possibile", quocunque modo dicatur "possibile" est semper predicatum et oratio subicitur.' Cf. *Dialectica*, 195.30 sq., *LI (MP)* 3.12, 20 sq.
83 *SDA* 118, 7.44: 'Sed si conversionem pro illa transpositione accipiamus quam Aristotiles facit in Analeticis ubi dicit "possibile est animal esse hominem" sic posse converti "possibile est hominem

of the particular affirmatives (1a) '*Possibile est quendam hominem esse mortuum*' to (1b) '*Quoddam mortuum esse hominem est possibile*' and for the simple conversion of the universal negatives (2a) '*Nullum corpus esse hominem est necesse*' to (2b) '*Nullum hominem esse corpus est necesse*'. (1a) is true but (1b) false, he tells us, and (2a) true but (2b) false. Abaelard objects to precisely this response given by the advocates of the *de sensu* reading to the conversion of (2a) to (2b) and to the similar response which they give to the *per accidens* conversion corresponding to that of (1a) into (1b).[84]

As well as simple and *per accidens* conversion of the subject, the *de sensu* reading requires us to accept a form of conversion by contraposition. Since 'Every A is B' is equipollent to 'Every non-B is non-A', 'It is possible that every A is B' is equipollent to 'It is possible that every non-B is non-A'. The author of the *Summa* observes again, however, that the principle may fail. No matter how (3a) '*Possibile est omnem non-lapidem esse non-hominem*' is expounded, he tells us, it is true, while (3b) '*Possibile est omnem hominem esse lapidem*' is false.[85]

In both the *Dialectica* and the '*Ingredientibus*' Abaelard notes that the advocates of the *de sensu* reading rejected the conversion in this way of (3a), which they held to be true, into (3b) which they held to be false.[86] He provides the same argument for the truth of (3a) in both works, and in the *Dialectica* he attributes it explicitly to those who read modal claims *de sensu*. Curiously, however, the argument that he gives expounds the premisses *de re*. It proceeds 'from parts' as follows: (4a) It is possible that every non-man is a non-man, since every non-man is now a non-man, (4b) it is possible that every man is a non-man, since every man will die and what is future is possible, (4c) every non-stone is a non-man or a man; therefore (3a) it is possible that every non-stone is a non-man. In the *Dialectica* furthermore Abaelard notes that (4b) is a problem for those who read *de sensu* but it is not clear

---

esse animal", talem conversionem posse observari fere in omnibus dicimus: fallit enim in quibusdam ista conversio. Cum enim vera sit "possibile est quendam hominem esse mortuum", falsa est conversio illius idest "quoddam mortuum esse hominem est possibile" [...].'

84 *Dialectica*, 195.30–196.28, especially 196.22-28: 'In his enim omnibus alteram partem conuersionis ueram, alteram falsam concedunt. Sed, si secundum sententiam suam de sensu propositionum, non de rebus, eas exponant, inuenient easdem hoc modo: si nullum corpus necesse est esse hominem, et nullum hominem esse corpus, id est si necesse est quod dicit ista propositio: nullum corpus est homo, necesse est quod ista dicit: nullus homo est corpus.'

85 *SDA* 119, 7.44: '[...] similiter ista "possibile est omnem non lapidem esse non hominem" quocunque modo exponatur vera est, conversa autem ipsius, hec scilicet "possibile est omnem hominem esse lapidem" omnino est falsa.'

86 *Dialectica*, 195.37–196.11: 'Nihil ergo est quod in quibusdam conuersionibus opponunt, si suas attendant expositiones. Opponunt autem tam in simplici conuersione quam in simplici etiam contrapositione sic: aiunt quidem istam propositionem: "omnem non-lapidem esse non-hominem possibile est" ueram esse, [...] falsam tamen eius conuersam per contrapositionem non dubitant, id est "omnem hominem possibile est esse lapidem".' Cf. *LI(MP)* 3.12, 17.

from what he says whether they wrongly, on their own account, took it to be true, or that it is a failing of their account of it that (4b) is false.[87]

In the *Dialectica* Abaelard insists that read *de sensu* (3a) is false since it is not possible that the proposition 'Every man is a non-man' is true. On his account of the truth-value of (3a) according to their theory, the advocates of the *de sensu* reading were thus wrong to reject conversion by contraposition. In the '*Ingredientibus*', however, Abaelard implies that in this particular case giving the proper *de sensu* exposition yields precisely the wrong relation between (3a) and (3b).[88] For the corresponding *de re* conversion fails. Read *de re* (3a) asserts that every non-stone is such that it may be a non-man, which is true, since any thing may cease to exist. Its contrapositive *de re* is (3*b) '*Omne quod non possibile est esse non-hominem est lapis*', that is every existing thing which is such that it cannot be a non-man, i. e. everything whose nature is incompatible with being a non-man, is a stone. This is false, Abaelard says, since the subject term is empty – presumably because everything may cease to exist – and so the proposition fails to satisfy a necessary condition for the truth of a universal affirmation.[89] This failure, however, Abaelard argues, is not at all embarrassing to the *de re* reading. It was only to be expected since the modalised contraposition here corresponds to a conversion which fails even in the case of simple categoricals. If the extension of a general term B includes all existing things, then 'Every A is B' is true but, since the extension of non-B is empty, 'Every non-B is non-A' is false. When there are no roses 'Every non-man is a non-rose' is true, but its contrapositive is false.[90] In the *de re* modal case the inference from 'Every A might be B' to 'Everything which cannot be B is non-A' fails when everything that exists is such that it might be B. This is so when 'B' is any privative term, say 'non-man', since everything may cease to exist and so may be a non-man.

---

87 *Dialectica*, 195.12-15: 'Sed, si quidem suae sententiae expositionem attenderent, et primam falsam dicerent, hanc scilicet: "possibile est omnem non-lapidem esse non-hominem", id est "possibile est quod dicit haec propositio: omnis non-lapis est non-homo".'
88 *LI(MP)* 3.12, 17.
89 The text has '*singulas res*' here, but Abaelard clearly intends to indicate that the predicate applies to all things so that the subject, by contraposition, applies to none. *LI(MP)* 3.12, 17: '[...] sed haec fallacia conuersionis eadem de causa contingit in propositionibus simplicibus qua contingit in istis modalibus, quia scilicet termini admiscentur qui omnia continent. Ut si dicam destructa rosa "omnis non-homo est non-rosa", "non-rosa" omnia continet nec potest ideo seruari conuersio; similiter, cum dicitur "omnem non-lapidem possibile est esse non-hominem" ac si diceretur "omnis non-lapis potest esse non-homo", "posse esse non-homo" quod in sensu praedicatur singulas res continet, ideoque perit conuersio.'
90 *LI(MP)* 3.12, 17: '[...] sed haec fallacia conuersionis eadem de causa contingit in propositionibus simplicibus qua contingit in istis modalibus, quia scilicet termini admiscentur qui omnia continent. Ut si dicam destructa rosa "Omnis non-homo est non-rosa", "non-rosa" omnia continet nec potest ideo seruari conuersio [...]'.

There is none of this complexity in the few lines that the *Summa Dialectice Artis* devotes to conversion and his response to the objections that he raises is simply to deny the general applicability of the rules. Just the response that Abaelard complains of in his master. We thus have the very curious situation that the author of the *Summa* who otherwise follows Abaelard extremely closely and honours him above Aristotle and Boethius, advocates a theory held by one of Abaelard's teachers which Abaelard himself entirely rejected for convincing reasons which the author of the *Summa* acknowledges without offering a response.

While raising a very considerable puzzle about our understanding of the relation of the *Nominales* to Abaelard, the *Summa* can, however, solve for us a much smaller puzzle concerning Abaelard's modal logic.

In chapter 13 of *De Interpretatione* Aristotle provides a schematic table of the relations between modes and quality. Combinations of quality and mode are collected together into equivalent schemata as what Abaelard calls orders.[91] We may represent them as follows, where 'X' is the subject and 'Y' the predicate of a categorical proposition.[92]

Order 1
(a) X possibile est esse Y
(b) X contingit esse Y
(c) X non impossibile est esse Y
(d) X non necesse est non esse Y

Order 2
(a) X possibile est non esse Y
(b) X contingit non esse Y
(c) X non impossibile est non esse Y
(d) X non necesse est esse Y

Order 3
(a) X non possibile est esse Y
(b) X non contingit esse Y
(c) X impossibile est esse Y
(d) X necesse est non esse Y

Order 4
(a) X non possibile est non esse Y
(b) X non contingit non esse Y
(c) X impossibile est non esse Y
(d) X necesse est esse Y

The author of the *Summa* observes[93] that on the *de sensu* reading, if 'X' is a quantified general term, that is, '*omnis A*' or '*quidam A*', then each proposition of Order 1 is the contradictory of every proposition of Order 3, and each proposition of Order 2 the contradictory of every proposition of Order 4. Thus (1a), for example '*Omnem hominem possibile est esse animal*' divides with (3a) '*Omnem hominem non possibile est esse animal*'. Since, read *de sensu*, (1a) asserts that things

---

91 From the opening line of *De Interpretatione* 13, Boethius trans. (*AL* 29.8): 'Consequentie vero secundum ordinem fiunt [...]'.
92 *LI(MP)* 3.12, 33 sqq.; *Dialectica*, 198.12 sq.
93 *SDA* 116, 7.37-38.

may be as 'Every man is an animal' says they are, and (3a) that things cannot be as 'Every man is an animal' says that they are.

If, however, one wishes to read these modal claims *de re*, the author of the *Summa* notes, these relations do not hold. (1a) thus expounded asserts that of each existing man it is true that *he* might be an animal, (3a) that of each existing man it is true that he cannot be an animal, that is, of no existing man can it be true that he is an animal. Because of this failure in dealing with the relations of quantified modality, he tells us, the proponents of the *de re* interpretation doubled the number of orders.[94] They gave four orders, that is, for '*omnis*' (Orders 1-4: (1a) '*Omnis A possibile est esse B*' etc.) and four more for '*quidam*' (Orders 5-8: (4a) '*Quidam A possibile est esse B*' etc.) and located the contradictories of the propositions in the first four orders with those in the second four. Thus, read *de re*, (1a) '*Omnem hominem possibile est esse animal*' divides with (6a) '*Quidam hominem non possibile est esse animal*'. That is, 'It is true of every man that he may be an animal' divides with 'It is true of some man that he cannot be an animal'.

If we now turn back to Abaelard we find that this is precisely what he does.[95] First he notes that on the *de re* reading *singular* modal propositions may be assigned to Aristotle's four orders and that, if they are, then the following relations hold: A proposition of Order 1 (e. g. '*Socratem possibile est esse hominem*') is the contradictory of the corresponding proposition of Order 3 ('*Socratem possibile non est esse hominem*'); one of Order 2 is the contradictory of the corresponding proposition of Order 4; a proposition of Order 3 and the corresponding proposition of Order 4 are contrary; a proposition of Order 1 and the corresponding proposition of Order 2 are subcontrary. Furthermore the inferential relations between the orders are the same as those between contraries and subcontraries in the non-modal case: The truth of a proposition of Order 4 is inseparable[96] from the truth of the corresponding proposition of Order 1 but not vice versa, and the truth of a proposition of Order 3 is inseparable from the truth of the corresponding proposition of Order 2 but not vice versa.

Abaelard next investigates the relation between quantified modal propositions expounded *de re* and precisely for the reason given in the *Summa* is forced to introduce two distinct quadruples of orders.[97] His procedure at this point has puzz-

---

94 SDA 117 sq., 7.41-42.
95 LI(MP) 3.12, 35-38 ; Dialectica 198.12-20.
96 Abaelard insists on the mere inseparability of '*comitatio*' rather than the conceptual containment of '*consequentia*', cf. LI(MP) 3.12, 39: 'Inferentiam autem ubique accipimus in naturali comitatione, quia scilicet ita adiunctae sunt propositiones ut non possit euenire ita ut una dicit quin etiam contingat ita ut alia proponit. Si enim secundum consequentiam inferentias pensaremus, fortassis falleretur, cum uidelicet una propositio alterius in se sententiam non contineat, ut "necesse est esse", cum inferat "possibile est esse", sensum eius non uidetur continere.'
97 LI(MP) 3.12, 40-41; Dialectica 198.20 sq.

led contemporary commentators and both Jacobi and Knuuttila[98] have taken him to claim that the relation between the four orders of quantified modals – formed with '*omnis*' (and '*nullus*') – is the same as that between singular modals. We can see now that this is precisely what Abaelard did not want to claim. Confusion has arisen because he tells us that in the case of quantified modals within each pair of orders the inferential relations are the same as those for simple propositions. That is, each proposition of Order 3 implies each of Order 2, each of Order 7 implies each of Order 6 etc. What he does not tell us, because it is false, is that within each pair of orders of quantified modals contradictories, contraries, and subcontraries are located in the same way as they are for singulars. Rather he says that if we examine the *eight* orders we well easily see which proposition divides with which other and so on.[99] His account of the relations between such modals expounded *de re* is perfectly correct. He was much to good a logician to make elementary mistakes.

One puzzle solved, then, but at the price of raising another. Let us hope that further research into the development of modal logic after Abaelard will enable us to solve it too.

3. Conclusion

The importance of Peter Abaelard for the history of logic is still much too little appreciated. He is well known for his discussion of universals but hardly at all for his theory of inference and the conditional. Likewise he is famous for the condemnation for his claims about divine power but much else that he has to say on power and possibility has not been studied. I have tried in this paper to remedy the situation a little. The basic thesis that I have proposed is that there is a single notion underlying all Abaelard's various claims about modality. The thesis, that is, that all such claims are ultimately to be reduced to claims about properties of the specific natures of individual things. In the first part of the paper I showed how Abaelard applies his reduction of possibility to potentiality and potentiality to compatibility with nature in various ways. The most interesting application is in some ways the first that I examine. Here Abaelard begins to suggest an account of future directed possibility grounded in specific nature constrained by individual

---

98 Jacobi, *Modalbegriffe* (n. 2), 140; S. Knuuttila, *Modalities in Medieval Philosophy*, London 1993, 88.
99 *LI (MP)* 3.12, 41: 'In his autem octo ordinibus ex signis appositis, sicut in simplicibus propositionibus, facile est dinoscere contrarias, subcontrarias, contradictorias. Et nota quod quattuor primi ordines, qui sunt de propositionibus uniuersalibus, sic se habent ad inuicem sicut quatuor quos supra posuimus, et rursus quatuor posteriores inter se, qui sunt de particularibus propositionibus, quantum uidelicet ad inferentias suas.'

circumstances and history up to the present. Unfortunately he does not develop this theory in any detail but is concerned rather to offer an account of the source of unqualified claims about potentiality. Abaelard's analysis of such claims, save for his appeal once to the notion of 'extrinsic attachment', is in terms of counterfactuals interpreted as assertions about 'ways things might have been', that is, in terms of alternative possible world histories. Abaelard's concentration on the case of the amputee is perhaps unfortunate, since if he had not had to go to the lengths that he did to explain why a man who has lost his legs is bipedal, he might have had more time for the problem of analysing counterfactual claims about individuals which do not reduce simply to claims about what might happen to any member of the species.

In the second part of the paper I showed that Abaelard applies the same conception of possibility in his treatment of modal propositions. He is famous for the distinction between the *de re* and the *de dicto* interpretations of modal propositions, but again the details of his treatment of the formalities of modality have not been studied. There is certainly a development in his thinking about these questions between the *Dialectica* and the *Logica 'Ingredientibus'*. In the former work he is entirely critical of the *de sensu* interpretation but in the latter he is much more concerned to relate the two interpretations and, indeed, though I have not examined it here, develops what he seems to consider an acceptable account of the *de sensu* reading. He is, nevertheless, highly critical of the interpretation of modal claims *de sensu* which was proposed by his master and holds that only his own account of them as *de re* with its ultimate appeal to compatibility with nature can yield the correct account of the relation between such propositions. The strength of Abaelard's insistence on the correctness of his own theory and the falsity of his master's makes it quite extraordinary, it seems to me, that the author of the *Summa Dialectice Artis* should reject Abaelard's theory in the way that I have shown that he does. Why is he so convinced that the *de sensu* reading is the superior one when the man he defers to as *the Philosopher* says otherwise? There is nothing like a good mystery to provoke excitement and perhaps the existence of this one will encourage further study.

Avicenna and Averroes: Modality and Theology

Allan Bäck

Here I shall consider the distinction of personal and impersonal statements of possibility in Avicenna (Ibn Sina) and Averroes (Ibn Rushd). I shall approach the topic by presenting and then critiquing the standard picture of Avicenna's doctrine and Aquinas' reaction to it.

In a lucid article Gerard Smith summarizes the doctrine of the *Avicenna Latinus* thus:

> "Stiff and spiky with reality, the possible is set over and against God. He sees it with the same constraint with which we should eye it [...]. The possible is a datum given to, but not by, us. We are bound by laws of possibility which do not depend upon us. Just so with Avicenna's God. He eyes these data, and what He sees does not depend for its being such as it is upon His seeing [...]. God's willing the possible into existence is a consent to a pre-established state of affairs. One may say that God's consent is an acquiescence to the possibles' existence, is neither a willing of the possible to be possible [...] nor is it a free willing of the possible to exist."[1]

For Avicenna, possible beings are possible in themselves, in respect of the consistency of their definitions and the compossibility of their attributes. Still, being merely possible, they need an external cause determining them to exist or not to exist. The necessary being, God, causes possible beings to come to exist *in re*, in a process of emanation, flowing immutably from the immutable nature of the divine essence. Consequently, the possibility of these contingent beings precedes and is independent of the power of the necessary being. Accordingly, possibility cannot be reduced to the powers or potencies of (actually existing) substances.

Smith summarizes the position thus: "Avicenna maintains 1) that the possibles in themselves are possible independently of God's power, and 2) that they are necessarily willed into existence by God."[2] The second claim means that all possible beings must exist at some time and that God could not choose not to actualize them. On this view, Avicenna would resemble Spinoza. As for the first claim, because of this independence from God's power, or from the power of any agent,

---

1 Gerard Smith, "Avicenna and the Possibilities", in: *The New Scholasticism* 17 (1943), 346 sq.
2 Loc. cit., 348.

possible beings can serve as subjects in their own right. Accordingly, Smith contrasts Avicenna's view with Aquinas': "Which is true: God can create something, or something can be created by God? The first [...]. The reason is, if one says something can be created by God, then, before a creature could be, He could have created nothing unless the potency of the creature had anteceded its existence."[3] Smith here is giving Aquinas' position, where, he says, even logical possibilities are able to be possible only because of being in the power of an actually existent being, namely God. In contrast, he holds that for Avicenna the possibles are possible prior to coming into God's power, which consists solely in the power of actualizing them. For Avicenna, God can create something only if something can be created by God; for Aquinas, something can be created by God only if God can create something. Hence, for Avicenna, the impersonal statement, 'It is possible that S is P', is prior to and independent of the personal statement, 'X can bring it about that S is P'. For Aquinas, the personal statement, 'X can bring it about that S is P', is prior to and independent of the impersonal statement, 'It is possible that S is P'. Aquinas favors the priority of the personal modal statement in order to preserve the freedom to God to will to create any world He may choose or not to create any world at all.[4]

The same story of the rejection of Avicenna's views can be found in later Islamic philosophy. Here too metaphysical considerations influenced the logical ones. Theological considerations influenced the metaphysical ones. The basic issue concerned the freedom of God to create a world other than the one that actually is, or to create not at all. Avicenna, it was said, agrees with Aristotle at least in having a view where God does not "decide which world to create". Rather, God is the necessary being, actualizing possible beings in a type of eternal emanation. For Muslims like Al-Ghazali, like the earlier followers of the Kalam and Al-Ashari, this view of the philosophers limits the divine power impiously: God would have less control over how things are.

At any rate this seems to be the received, general picture: that Avicenna allowed no choice of which beings the necessary being actualizes, where the constituents of those beings precede and are independent of God's power and will; like the earlier Mutakallimum, the Asharite Al-Ghazali protests that this doctrine limits unduly the free will of Allah. Although opposing Al-Ghazali on many issues, Averroes too, like the later Latin medievals who followed him, starts making more room for

---

3 Loc. cit., 350. Cf. Aquinas, *De veritate* q 2 a 2; q 10 a 2. See *La Métaphysique du Shifā'*, transl. and comm. by Georges Anawati, Paris 1978, Vol. I, 75, on Aquinas' view of Avicenna.
4 A standard requirement by Aquinas' time, that actual states of affairs are the case while possibly not existing. Cf. Klaus Jacobi, "Statements about Events: Modal and Tense Analysis in Medieval Logic", in: *Vivarium* 12 (1983), 105-107; Simo Knuuttila, *Modalities in Medieval Philosophy*, London 1993, 121: "it was in some sense heretical to deny it".

divine choice and agency. For him, the possibles, like all that is actual, themselves have being as existing in the divine intellect. That is, their being possible follows from their existing in the divine intellect. Because an actual being, God, thinks them, they are possible. The impersonal statements of possibility have come to depend upon the personal ones.

In sum, then, this is the apparent, general account of Avicenna and Averroes on modal structure and ontology.[5] However, like much else, the actual details look quite different.

1. Avicenna Latinus

One inadequacy with this picture, particularly in its Latin medieval version, concerns its sources: the *Avicenna Latinus* contains very little of Avicenna's logical writing on modality. The *Metaphysica* that it does contain often refers to those logical treatises for the completion of discussions on various topics.[6] We have then the problem of "le Avicenne fictif": the *Avicenna Latinus* need not be the real Avicenna.[7] (Too, the medieval Averroes was the Commentator; his own views were much better known only later, once the West gained access to his *Tahafut*.[8])

However, I suggest, even the *Avicenna Latinus* contains enough evidence to modify the general picture sketched above. First of all, Avicenna allows for un-

---

5 *La Métaphysique du Shifā'* (n. 3), Vol. I, 43.
6 For example, the account of relations, begun in *Al-Maqūlāt*, ed. M. Al-Khudayri et al., Cairo, 1959, IV.3-4, is continued explicitly in *Al-Ilāhiyyāt*, ed. G. Anawati et al., Cairo 1960, III.10.
  Works of Avicenna cited:
  – *Fī Al-Nafs*, ed. G. Anawati, Cairo 1962
  – *Al-'Ibāra*, ed. M. Al-Khudayri, Cairo 1970
  – *Al-Jadal*, ed. A. Al-Elwany, Cairo 1965
  – *Al-Madkhal*, ed. G. Anawati et al., Cairo 1952
  – *Al-Maqūlāt*, ed. M. Al-Khudayri et al., Cairo 1959
  – *Kitāb al-Najāt*, ed. Kurdi, Cairo 1938
  – *Al Manṭiq al-Mashrīqīyyīn*, Cairo 1973
  – *Al-Qīyās*, ed. S. Zayid, Cairo 1972
  – *Al-Ilāhiyyāt [Metaphysica]*, ed. G. Anawati et al., Cairo 1960
  – *Al-Burhān*, Cairo 1954
  – *Al-Ishārāt wa-'l-tanbihāt*, ed. S. Dunya, Cairo 1972.
7 *La Métaphysique du Shifā'* (n. 3), Vol. I, 68. The same point might even be made for Avicenna's reputation in later Islamic philosophy, for he had few followers and a tarnished image, due to his disdain for popular Islamic religious practices – and, perhaps too, also due to his disdain for popular religious beliefs like abstinence from alcohol, prophecy, and divine intervention in human history. Cf. *The Metaphysica of Avicenna*, trans. and comm. Parviz Morewedge, New York 1973, 273.
8 Averroes' *Tahafut Al-Tahafut*, [*The Incoherence of the Incoherence*] became available in 1328, but even then seems to have been read little. Cf. Ernest Renan, *Averroës et l'Averroïsme*, in: *Œuvres complètes de Ernest Renan*, Paris 1949, 175.

actualized possibilities. He defines 'the universal' as "what can be said of many."[9] He gives as examples 'heptagonal house' and 'sun'. 'Heptagonal house' is a universal even though there never has nor will be, suppose, a heptagonal house. 'Sun' is a universal even though there has been and will be, by physical necessity, only a single sun.

'Heptagonal house' is an example of a corruptible, terrestrial substance. Now Avicenna holds that God does not have knowledge of these individuals as individuals, but only with respect to their universal attributes.[10] Hence for Avicenna divine foreknowledge and prophecy of terrestrial individuals, whether of the time period in which each one of them exists or of the accidental features of their lives (including their moral and intellectual virtues and vices!), is not possible.[11] Even, then, if God were the necessary cause of all that happens, such events fall outside of the divine causality. Consequently, Avicenna recognizes future contingent singular statements that may be true even without ever becoming actualized. So too Aristotle says that it is possible for this cloak to be cut up even though it never will be (*De Int.* 19a 12 sq.).

'Sun' is an example of an incorruptible, celestial substance. The nature of the physical world does not allow there to be more than one sun, one center of the world, as Aristotle held too (*De Cael.* I.8-9). Yet Avicenna says that there can be more than one sun. Well, not in this world. As with terrestrial substances, according to Avicenna, God does not know the particular attributes and instances of the celestial substances either.[12] Accordingly, even though he admits unactualized possibilities, Avicenna does not seem to hold that God chooses between various possible worlds – at least in the sense that God knows the features of individuals in that world.

On the other hand, we can no longer identify causal and logical necessity for Avicenna as the received doctrine suggests.[13] It is causally, or physically, necessary that there be only one sun; it is not logically necessary. Likewise it is logically possible that there be many suns, but not causally possible. Again, it is logically

---

9 *Al-Ilāhiyyāt* V.1, 195, 6 – 196, 3. Cf. Aristotle, *De Int.* 17a 39 sq.
10 *Al-Ilāhiyyāt* VIII.6, 359, 3 – 360, 10.
11 Avicenna does speak of prophecy in *Al-Ilāhiyyāt* X.2.
12 Cf. his analogy to the astronomer who does not know at *Al-Ilāhiyyāt* VIII.6, 360, 11 – 362, 11.
13 Pace Barry Kogan, *Averroes and the Metaphysics of Causation*, Albany 1985, 23; 29; 37. Kogan is right, 26-30; 55, that Avicenna says that, given the existence of the cause, the effect follows by necessity and simultaneously. Cf. *Al-Ilāhiyyāt* 264, 5 – 265, 5; *Al-Burhān*, Cairo 1954, IV.4, 218-224. The difficulty is that Avicenna distinguishes the cause from the thing that is the cause. Cf. his examples about the scribe and the builder (Aristotle, *Phys.* 191b 4 sq.; 202b 6-8; *De An.* 426a 9 sq.): Socrates builds *qua* builder and as such the building does follow. Accordingly Kogan is wrong, 103, that Avicenna cannot account for the priority of the cause over the effect. Cf. Julius Weinberg, *Abstraction, Induction, and Relation*, Madison 1965, 70.

and physically possible for there to be a heptagonal house without there ever being one.

Too, Avicenna's theory of universals provides different grounds for logical and for physical modality.[14] Logical modality concerns the relations of quiddities in themselves, apart from existence *in re* or *in intellectu*. Horseness has a necessary connection with animality and a merely contingent connection with whiteness. The possibility of a quiddity's existence is *per se* and not due to God's will.[15] Physical modality concerns the relations between things that exist. Given the current state of the world, it is possible for this horse, unrestrained, to move around or not in the next five minutes; it would not be possible if the horse were in restraints.

Above all we must remember that Avicenna says that there is only a single (absolutely) "necessary being".[16] Nevertheless he holds that the celestial spheres have always and will always exist.[17] Consequently Avicenna does not identify temporality and modality.[18]

So, for Avicenna, God does not choose between possible worlds in the sense of knowing the particulars of each world and then selecting to create one set. Does then everything follow necessarily from the necessary being, God? Avicenna says that God is ultimate goodness.[19] Then God will think of and cause the best: "[The necessary being] desires the best possible world order, and brings, therefore, into existence what can exist."[20] Avicenna goes on to discuss the popular belief that "there are acts of which the Creator is capable, although He neither wishes nor even performs them, such as an act of injustice."[21] Given the nature of God, the possible beings that come to be will be the best possible. Yet, Avicenna holds, there are unactualized possibilities. Then not everything that is possible in itself comes to exist.

For the necessary being to be a sufficient cause it would have to actualize some possible beings and not others. It helps here to distinguish different sorts of unactualized possibilities: 1) those of individual instantiations or 2) those of types. The example of the sun shows that Avicenna recognizes unactualized possibilities of the first sort. But God does not know these, and so cannot be said to choose among

---

14 For a general account see Allan Bäck, "The *Triplex Status Naturae* and its Justification", in: *Studies on the History of Logic*, ed. I. Angelelli and M. Cerezo, Berlin 1996, 133-138.
15 *Al-Ilāhiyyāt* 406, 2 sq.
16 *Al-Ilāhiyyāt* I.7.
17 *Al-Ilāhiyyāt* IX.1.
18 Cf. Taneli Kukkonen, "Possible Worlds in the Tahafut al-tahafut: Averroes on Plenitude and Possibility," in: *Journal of the History of Philosophy* 38 (2000), 345 n. 59.
19 *Al-Ilāhiyyāt* VIII.5, 355, 6 – 356, 5.
20 *The Metaphysica of Avicenna* (n. 7), § 33, p. 67.
21 Loc. cit. § 34, p. 70: "That agent is not able who is merely capable of acting at any time but fails to act, nor is that agent able who is capable of willing something at any time, but does not exercise his will." Cf. *Al-Ishārāt wa-'l-tanbīhāt*, ed. S. Dunya, Cairo 1972, III.78-84.

them. Is the example of heptagonal house an example of the second sort? The problem is that 'house' signifies an artifact. Yet the context suggests that Avicenna is treating 'house' as a genuine universal.

So it seems that Avicenna allows for the necessary being to cause certain sorts of possibilities to be unactualized, since they need a cause for not existing as well as one to come into existence.[22] Then he would be denying the principle of plenitude, according to which everything possible must have actual instances. Would not then God in creating be "choosing" (but not in the human way, to avoid anthropomorphism) among the possible alternatives? On this view Avicenna would resemble Leibniz.[23] Antecedent to God's choice, God could choose to actualize possibles other than the ones that He does; consequent to his will, given His perfectly good moral character, God must choose the best of all possible worlds – but, unlike Leibniz, only the best of all sets of natural laws and not the best compossible set of individuals.[24]

So then even the *Metaphysica* of the *Avicenna Latinus* suggests that Avicenna allows God to choose between different worlds in the sense of types, as different sets of laws of nature. Then, unlike Aristotle, perhaps, he would be distinguishing logical from physical necessity: the internal consistency of a statement about many suns would make it logically possible, while, to become physically possible, it would have to agree with the attributes of the necessary being, especially the decisions following upon the divine goodness. In effect the divine goodness would be the principle for selecting one set of laws of nature out of all the possible sets.

Consequently, even in the *Avicenna Latinus*, there are grounds for modifying the received picture of Avicenna's views. Avicenna does not advocate a determinism, where everything possible must happen at some time and where all events follow necessarily from the necessary being who cannot choose to do otherwise. Logical necessity differs sharply from the causal necessity of the divine will and the actual set of the laws of nature. The impersonal statement, 'It is possible that S is P', would represent the logically possible and be prior to the personal statement, 'X can bring it about that S is P', which would represent what is physically possible for an actually existent being. Given that the actually existent God can choose to create a world with laws of nature different from the actual world, God can do what is logically possible, although the powers of other beings are limited to what is physically possible.

Still, even this account would not make Avicenna a good Muslim or Christian. Avicenna has restricted God's knowledge: the necessary being does not know indi-

---

22 *Al-Ilāhiyyāt* I.7, 38, 11–39, 4.
23 Gottfried Wilhelm Leibniz, *Die philosophischen Schriften*, ed. Carl I. Gerhardt, Berlin 1875 sqq., VI.386; 401; VII.309 sq. Cf. *The Metaphysica of Avicenna* (n. 7), 205.
24 Lenn Goodman, *Avicenna*, London 1992, 81, attributes such a view to both Al-Farabi and Avicenna.

viduals of corruptible species as individuals, nor their contingent attributes and actions.[25] Further, for occasionalists like the Asharites, Avicenna has curtailed God's freedom: God cannot change nor intervene in human history; all (types of) things do follow necessarily from God's essence in the sense that they follow given God's being perfectly good. Moreover, Avicenna has limited God's power: God can only do what is logically possible, and the logically possible has its content apart from God.

2. Avicenna Arabus

If we turn to the logical works, generally unavailable in the Latin West, Avicenna's position, although more complex, clearly allows for unactualized possibilities. Too it makes a sharp distinction between the compound and the divided senses of possibility.[26]

For Avicenna, a categorical statement, say, the universal affirmative of form 'Every S is P', has the structure: 'Every thing that is S is existent as a P'. Two features here have some novelty: first the subject term generally has some implicit specification of the duration of the existence of the subject. Second, the predicational 'is', also known as the copula, makes an explicit assertion of existence. Avicenna distinguishes many different ways in which such sentences need to be construed: 1) 'Everything that is S' needs to have its temporal duration specified. The usual reading is: 'as long as its essence is existent'.[27] One major ambiguity arises when the subject term is paronymous.[28] E.g., 'everything white' can mean a) everything that is white so long as it has the essence of whiteness (so long as it is white) or b) everything that is white so long as it has the essence of its substance (so long as it, say, is a swan); 2) the predicate term can modify the time duration specified by the subject. E.g., in 'The moon has eclipses', 'the moon' refers to the moon not so long as its essence is existent (at all times when it is a moon) but only to the moon at the times when it is eclipsed.[29]

Avicenna views modalities normally to concern the predication relation.[30] So, for instance, 'Every S is necessarily P' asserts that everything that is S, so long as its essence is existent, is necessarily P. That is, the things existing *in re* described

---

25 *Al-Ilāhiyyāt*, VIII.6; *The Metaphysica of Avicenna* (n. 7), 63-66.
26 Yet we can also understand why those like Knuuttila have been misled in attributing to Avicenna (Latinus) a "necessitarian" metaphysics and temporal frequency view of modality. Cf. Knuuttila, *Modalities* (n. 4), 113 sq.
27 Cf. Ioannes Philoponos, *In An. Pr.*, ed. M. Wallies, Berlin 1905, 126, 8-10.
28 *Al-Qīyās*, ed. S. Zayid, Cairo 1972, 144, 9 – 145, 10.
29 Loc. cit., 135, 4 – 136, 4.
30 Loc. cit., 31, 4 sq.; *Al-'Ibāāra*, ed. M. Al-Khudayri, Cairo 1970, 112, 6; 114, 18.

by 'S' have 'P' predicated necessarily of them. Still he recognizes that the modality can be "connected to the quantifier".[31] For example, consider the attachment of possibility to 'Every man is a scribe'. If it is attached to the predicate (copula), then it means that every man (existing *in re*) has the possibility of being a scribe. If attached to the quantifier, it means that every (possible) instance of the human species has the possibility of also being a scribe.[32] Here then we have a divided and a compound type of modal statement. Avicenna says that ordinary (Arabic *and* Persian?) language has a strong presumption for the divided sense so as to have actually existing subjects. Still, the logician does not require this.[33] Yet, even Avicenna advises using the divided sense in making inferences.[34]

In any case, Avicenna does sharply distinguish between the divided and the combined senses of possibility: 'That S is P is possible' (or, in the usual Arabic sentence ordering, 'It is possible that S is P') concerns the structures of beings possible in themselves, apart from their existence; 'S is possibly P' concerns the possible attributes of an actually existing subject, S.

There is one more extremely important fact stressed in the logical works and absent from the discussions in the *Metaphysica*. The logical concept of necessity is *not* the concept of necessity used in the metaphysical discussions of the necessary being. Avicenna sharply distinguishes *ḍarūrī* from *wājib*.[35] The latter is the "necessary" in Avicenna's stock phrase, "the necessary being". The former is the "necessary" used as a modal operator in the syllogistic. This distinction conforms to his logical theory sketched above. At least in some passages Avicenna is careful to keep the two expressions distinct.[36]

Logical necessity applies to subjects that always exist as well as to those that do not always exist, or even to those that never exist. It is necessary that every swan is an animal, but it is not necessary that every swan exist at all times. It is necessary that every heptagonal house has walls, but it is not necessary that any ever be built. Modalities like 'necessary' and 'contingent' concern the relation of predicate to subject. In normal contexts, where the modality is attached to the copula, the subject exists and then takes on simple and modal predicates: 'Everything that is an S exists as being a P, or as possibly being a P, or as necessarily being a P: then,

---

31 *Al-Qīyās*, 142, 14-17; *Al-'Ibāāra*, 112, 15 – 113, 5. Cf. Philoponos, *In An. Pr.* (n. 27), 43, 8-13.
32 *Al-'Ibāāra*, 115, 2-11.
33 *Al-'Ibāāra*, 115, 12 – 116, 9.
34 *Al-'Ibāāra*, 116, 13-14.
35 *Al-'Ibāāra*, 119, 1-8; *Al-Qīyās*, 166, 16; 168, 8-10; 169, 16. Avicenna, 169, 6-7, complicates the distinction by allowing further that logical necessity may be taken absolutely or hypothetically. In *Al-Najāt*, ed. Kurdi, Cairo 1938, 20, 1-5, he mentions the distinction but does not use it much. He does say, though, 25, 8 sqq., that *ḍarūrī* describes everything determined in view of the *intellect* to exist. That is, to be necessary in this sense does not guarantee existence *in re*. Cf. too *Al-Ishārāt*, 320, 1-2; 341, 5; 343, 15; 344, 2.
36 E.g., *Al-Qīyās*, 151, 14 – 152, 5.

but only then, given the existence of the subject, 'necessary' amounts to 'always'.[37] Still, when the modality is attached to the quantifier, it is possible that some heptagonal house is pink, without the subject's ever existing *in re*. This is the sense of *ḍarūrī*.

On the other hand, we may ask about the existence of the subject: does S exist only at some times or at all times? Does S exist at all times necessarily or contingently? Aristotle had already marked such a distinction in his modal logic when he distinguished P's possibly belonging to all to which S belongs from P's possibly belonging to all to which S possibly belongs (*An. Pr.* 32b 15-32). So we have, *inter alia*, 'Everything that is contingently S but never is S in fact (the heptagonal house that never existed)', 'Everything that is S for some finite time (a swan)', 'Everything that is S always but not necessarily (the stars)', and 'Everything that is S always and necessarily (God)'. This is the sense of *wājib*.

In sum, Avicenna distinguishes logical necessity, typically stated in the form of compound propositions, from physical necessity, typically stated in the form of divided ones. A modal operator attached to the subject term consequently plays a different role than one attached to the predicate. E.g., in 'The necessary being is necessarily unique', 'necessary' (*wājib*) specifies the mode of how the essence of the subject is existent, namely that it exists always and necessarily, while 'necessarily' (*ḍarūrī*) indicates there that that subject during the time of its existence must be unique.

Similar distinctions apply to statements about 'possible beings', those that are "contingent in existence".[38] In normal scientific contexts, we are speaking about things that exist in fact but contingently, depending upon external causes. Avicenna generally uses this sense when speaking of "possible beings" in his metaphysics: beings that do exist but need not exist.[39] However, we might speak of beings that could exist but do not in fact. Accordingly, 'It is possible that S is P' can be read as: 1) an actual being S is asserted to have a contingent attribute, as in 'Whatever is S is possibly P'; 2) a possible being, which may or may not exist in fact, is asserted to have a contingent attribute, as in 'Whatever can be S is possibly P'. Thus Avicenna

---

37 *Al-'Ibāara*, 112, 8-10; *Al-Najāt*, 16, 4-5; *Al-Ishārāt*, 314, 1; 318, 1-3: "And there is included in this possible the existence for whose existence there is no duration of necessity even if it has necessity in one time and in another like the eclipse."

38 Avicenna does not seem to have two different words for 'possible' as he (sometimes!) does for 'necessary'. He does note, *Al-'Ibāara*, 114, 10-6, that Aristotle has two different words (*dynaton* and *endechomenon*), but like Aristotle he uses them interchangeably in his logic. Aristotle at times distinguishes the potential (*dynaton*) from the possible (*endechomenon*), e.g. at *Metaph.* IX.4. But not in his logical works: cf. *De Int.* cap. 12; *An. Pr.* 34a 5-12; 31b 8-9. Cf. *Aristotle's 'Categories' and 'De Interpretatione'*, trans. and comm. J. L. Ackrill, Oxford 1963, 149; *Prior Analytics*, trans. and comm. Robin Smith, Indianapolis 1989, 123; 131.

39 *Al-Najāt*, 19, 4-5; 25, 21-22. *Al Manṭiq al-Mashrīqīyyīn*, Cairo 1973, 73, 18–74, 7; *Al-Ishārāt*, 320, 30-8.

says that you can stipulate that at some time every color is white, because that is possible, but this statement is not true when the mode is connected to the predicate.[40] That is, it is true in the second but not in the first sense because then the subject has existential import.

The distinction of logical and physical necessity derives from Avicenna's threefold distinction of quiddity (*triplex status naturae*). Logical modality concerns the interrelations of quiddities in themselves. Thus, horseness (*equinitas*) has animality necessarily, but whiteness possibly. Definitional statements concern this respect of quiddities in themselves. Thus horse is animal necessarily and is white only contingently, even if in fact all horses at all times have always been white. Conversely, many things may exist always without being necessary.[41] So too Avicenna speaks of a heptagonal house being a universal, even if there never have been or will be any heptagonal houses. There are many possibilities that the Necessary Being could actualize without their having to exist.[42] Avicenna ties the abstract reading of the paronymous term to the level of the quiddity in itself. So statements about 'the white' considered abstractly, as not presupposing a thing that is white, are grounded upon the level of quiddities in themselves.[43]

Physical modality concerns actual existents, primarily the quiddities *in re* and secondarily those *in intellectu*. The statements of their interrelations will hold of things existing necessarily or contingently and having necessary attributes, contingent accidents, and actual powers. Only here does the notion of potentiality come into play.[44]

Hence Avicenna makes a fundamental distinction between two types of statements of possibility, one having the divided, the other the compound sense: the former, if true, concerns only actually existent objects; the latter can embrace whatever things are logically possible, the possibles in themselves.

---

40 *Al-Ishārāt*, 337, 1.
41 *Al-Ishārāt*, 325, 1-3: "And know that the permanent is non-necessary. So scribehood may be denied of some individual permanently in the state of his existence, aside from the state of his non-existence, whereas that denial is not necessary." 329, 1-3: "An example: we say: every C is B always, so that we are as if we are saying: each and every C, according to the explanation that we have given, has B present [existent] to it always, as long as the essence is existent, without necessity."
42 *Al-Qīyās*, 33, 11-15.
43 *Al-Qīyās*, 144, 9–145, 10. Cf. too *Al-ʿIbāāra*, 115, 3-11; *Al-Qīyās* 99, 9–100, 12, on 'scribe qua scribe' as signifying a quiddity in itself; cf. *Al-Ilāhiyyāt* V.1, 196, 8–197, 5 on the equivalence of 'horseness' with 'horse *qua* horse'. On 'builder *qua* builder' cf. Aristotle, *Physics* 191b 4-5.
44 Avicenna does discuss potentiality, pace Kogan, *Averroes* (n. 13), 35 n. 39. Cf. *Al-ʿIbāāra*, 118, 12–120, 9; *Al-Ilāhiyyāt* IV.2.

3. Averroes Medievalis

I have given an interpretation of Avicenna at odds with the generally received one. The differences, I submit, have mostly historical causes. First, the Latin medieval West lacked most of Avicenna's logical works, as discussed above. Second, they were given explanations of Avicenna's views by Al-Ghazali and Averroes. In medieval times Al-Ghazali was considered a follower of Avicenna, as he was known only for his epitome of the philosophy of Al-Farabi and Avicenna, while the rest of the work attacking them was not known.[45] He paints a necessitarian description of Avicenna's metaphysics.

Too, the Averroes known to the medieval West tended to give such a picture of Avicenna, while the views presented in his commentaries on Aristotle tended to stress the dependence of possibility on powers of actual agents. However, in his own views, as given in his *Tahafut*, Averroes ends up stressing the necessary, sempiternal emanation of the world from God, perhaps even more than Avicenna – but this was not known much to the medieval West. Hence to medieval Christian philosophers Averroes's views on possibility could appear more congenial for preserving God's free will and unactualized contingencies, and Avicenna's less so, although the reverse may in fact have been true.

In his commentary on *On Interpretation*, Averroes ties logical possibility to the actual powers of agents existing *in re*. He says that not everything that is "possible" to be P can both be and not be P, for irrational powers allow for only one option to become actualized.[46] Actual beings are prior to those powers. Beings that exist

---

45 E. g., Aquinas, *Summa Theologiae* I q 46 a 2 ad 8. Cf. Averroes, *Destructio Destructionum Philosophiae Algazels*, trans. et comm. Beatrice Zedler, Milwaukee 1961, 5 sq.
46 Averroes, *De Interpretatione Liber Secundus Expositio*, trans. J. Mantinus, in: *Aristotelis Opera cum Averrois Commentariis*, Vol. 1.1., Venice 1562-1574; repr. Frankfurt a. M. 1962, 96M; 100B. Averroes, *Talkīs Kitāb al 'Ibarāh*, ed. M. Kassein et al., Cairo 1981, was consulted too.
Works of Averroes cited:
   – In Metaphysicorum Aristotelis Commentaria, in: *Aristotelis Opera cum Averrois Commentariis*, Vol. 8, Venice 1562-1574; repr. Frankfurt a. M. 1962
   – Averrois in Librum V Metaphysicorum Aristotelis Commentarius, ed. Ruggero Ponzali, Bern 1971
   – Das neunte Buch des lateinischen grossen Metaphysik-Kommentars von Aristoteles, ed. Bernard Bürke, Bern 1969
   – Aristotelis De Interpretatione cum Averrois Cordubensis Expositione, trans. J. Mantinus, in: *Aristotelis Opera cum Averrois Commentariis*, Vol. 1.1., Venice 1562-1574; repr. Frankfurt a. M. 1962
   – Commentarium in Librum De Interpretatione, Venice 1562, trans. J. Mantinus, in: *Aristotelis Opera cum Averrois Commentariis*, Vol. 1.1., Venice 1562-1574; repr. Frankfurt a. M. 1962
   – Averroes' Middle Commentaries on Aristotle's Categories and De Interpretatione, trans. C. Butterworth, Princeton 1983
   – Media Expositio in Libros Priorum Resolutionum, Venice 1562, trans. J. Mantinus, in: *Aristotelis Opera cum Averrois Commentariis*, Vol. 1.1., Venice 1562-1574; repr. Frankfurt a. M. 1962
   – Talkīs Kitāb al 'Ibarāh, ed. M. Kassein et al., Cairo 1981

always have no potencies but are pure act.[47] The necessary being, always existing, could not do otherwise.[48] Accordingly Averroes limits two-sided contingency to the future states of individual corruptible substances.[49] In general, Averroes stresses those passages of Aristotle where everything that is possible happens at some time, while ignoring those where Aristotle recognizes unactualized possibilities.

Indeed, Averroes finds a connection of logical necessity between cause and effect: given sufficient causal power in the agent the agent must act and the effect must occur.[50] Averroes argues that if the effect does not occur either the cause has an external impediment or that the power of the agent has a defect in it so as to fail in a few cases. He blames Avicenna for not allowing for the second type of causal failure.[51] Yet all this means that, in either case, the cause is not perfect: the agent called the cause does not suffice by itself to produce the effect. Hence strictly it is not the "cause", Avicenna would say.[52]

Averroes rejects the emanation model of causation, it seems, not so much because it is necessitarian but because eternal beings have no potentialities. For the necessary being would have the potentiality of producing other beings prior to their actual emanation.[53]

In his *Questions on Logic*, Averroes sees Avicenna as the oddball among commentators who has committed many errors both of interpretation and of philosophy. He insists, against Avicenna, that the copula serves merely to connect subject

---

- *In libros Physicorum commentaria*, in: *Aristotelis Opera cum Averrois Commentariis*, Vol. 7, Venice 1562-1574; repr. Frankfurt a. M. 1962
- *Quaestiones in libros logicae*, in: *Aristotelis Opera cum Averrois Commentariis*, Vol. 1.1., Venice 1562-1574; repr. Frankfurt a. M. 1962
- *Destructio Destructionum Philosophiae Algazels*, trans. et comm. Beatrice Zedler, Milwaukee 1961.

47 *De Interpretatione Liber Secundus Expositio* 97C; 100H-I.
48 *In Metaphysicorum Aristotelis Commentaria*, in: *Aristotelis Opera cum Averrois Commentariis*, Vol. 8, Venice 1562-1574; repr. Frankfurt a. M. 1962, 229B-231K. (When appropriate, *Averrois in Librum V Metaphysicorum Aristotelis Commentarius*, ed. Ruggero Ponzali, Bern 1971, and: *Das neunte Buch des lateinischen grossen Metaphysik-Kommentars von Aristoteles*, ed. Bernard Bürke, Bern 1969, were consulted.)
49 *Media Expositio in Libros Priorum Resolutionum*, trans. J. Mantinus, in: *Aristotelis Opera cum Averrois Commentariis*, Vol. 1.1., Venice 1562-1574; repr. Frankfurt a. M. 1962, 5D; *In Metaph.* 227A.
50 *In Metaph.* 227C; 234K.
51 *In libros Physicorum commentaria*, in: *Aristotelis Opera cum Averrois Commentariis*, Vol. 7, Venice 1562-1574; repr. Frankfurt a. M. 1962, 66 M – 67 A.
52 Kogan, *Averroes* (n. 13), 132 sq., gives the following interpretation of Averroes: "[...] an effect of C is naturally necessary if C, in having the nature it does, also has sufficient power to produce E [...]. X is logically necessary with respect to Y if the relation between them cannot be otherwise." Kogan says (145) that it is logically ("conceptually") possible that fire is not hot. "Given either explicit or implicit definitions of the terms involved, no contradiction necessarily follows [...]." But if Kogan is right, Averroes has reverted to the position of Avicenna despite himself – so I claim anyway.
53 Averroes, *In Metaph.* 328D-E on 1073b 1-3. Cf. Kogan, *Averroes* (n. 13), 254.

and predicate and not to make an assertion of existence.[54] He particularly dislikes Avicenna's analysis of necessary and categorical propositions into different types according to the duration of the existence of the subject and the time of predication.[55] However, Averroes' own views look peculiar. He says that the existence of individual men has no relevance to the truth of 'Every man is an animal' because "the universals are not generable".[56] That is, a universal proposition concerns universals and not individuals. This surely moves away from Aristotle's insistence on the priority of individual substances. (Averroes may have been inclined to this view by his view of the copula.)

So in texts available in the Middle Ages, Averroes represents himself in contrast to Avicenna, whom he portrays as a metaphysical necessitarian and as a logical renegade, despite his own necessitarian tendencies. The Latin medievals had enough of Avicenna's metaphysical works to rectify this metaphysical picture. However, then as even up to today, Avicenna's logical works were not widely available nor read enough to provide a full picture of his logical thought.

4. Averroes Renatus

In the Renaissance, more texts of Averroes became widely available in the Latin West, notably his *Tahafut Al-Tahafut*, where he refutes Al-Ghazali and supposedly gives his own views, as opposed to commenting on Aristotle. Also in this period Averroes supplanted Aristotle in providing the main texts being used at some universities. It was then only in the sixteenth century that the *Tahafut* came to have great influence, perhaps because the Commentator had replaced Aristotle as the Philosopher at the university and perhaps because the text does give some ammunition against Aristotelianism.[57] We then have materials for a new conception of Averroes, as well as of Avicenna, as portrayed in the debate between Al-Ghazali and Averroes.

Judging by the contents of his *Tahafut*, Al-Ghazali objects to Avicennas removing God from the temporal processes of the world: "[...] the agent must be willing,

---

54 *Quaestiones in libros logicae*, in: *Aristotelis Opera cum Averrois Commentariis*, Vol. 1.1., Venice 1562-1574; repr. Frankfurt a. M. 1962, 78B. Also in D. M. Dunlop, "Averroes on the Modality of Propositions", in: *Islamic Studies* 1 (1962), 32-34, §§ 11-12. (I have consulted the Arabic text when available.)
55 *Quaestiones in libros logicae* 79L; 80B. He says, 80B-C, that Avicenna has a different view in *Al-Najāt* (so too Nicholas Rescher, "Averroes' Quaesitum on Assertoric (Absolute) Propositions", in: id., *Studies in the History of Arabic Logic*, Liverpool 1963, 104. But cf. the notes above: Avicenna seems there only to be summarizing and simplifying his doctrines. George Hourani, "Ibn Sina on Necessary and Possible Existence", in: *The Philosophical Forum* 14.1 (1974), 74, agrees.
56 *Quaestiones in libros Logicae* 80C.
57 Cf. *Destructio Destructionum Philosophiae Algazelis* (n. 45), 30-34.

choosing, and knowing what he will to be the agent of what he wills, but according to them God does not will, He has no attributes whatever, and whatever proceeds from him proceeds by the compulsion of necessity."[58] "What a terrible blasphemy is this doctrine [that God knows nothing besides his own essence], [...] for this theory rates God's effects higher than Himself, since angel and man and every rational being knows himself and his principle and knows also of other beings, but the First knows only its own self and is therefore inferior to individual men [...]."[59] In contrast to Avicenna, Al-Ghazali wants God to be creating a world from moment to moment, to know particulars, to have a will of a human sort, and to be able to intervene at particular times, as the religious tradition of the Mutakallimum insisted.[60] Moreover, Al-Ghazali charges the philosophers, notably Avicenna, with identifying causality with logical necessity: for them, Creation would follow necessarily from the divine nature.[61] God then would not have free will. Here, however, Al-Ghazali seems to misrepresent Avicenna's position. As Kukkonen says, Al-Ghazali presents a "reified 'eternal possible' " as "the goal of the philosophers:" this "may refer either to the world in its fulfilled actuality or to its pre-existent potency of existing in some subject."[62] Yet neither of these, he agrees, is Avicenna's position. For he affirms unactualized possibilities.[63] To be sure, the necessary being makes its decisions timelessly. Still, possible beings have their possibility in themselves, as logically prior to their being in the divine intellect. (Al-Ghazali himself embraces this doctrine, at least at times.[64]) Avicenna may not admit a God able to change His mind in time, as Al-Ghazali wants, but is no necessitarian in a simple way.

---

58 *Tahafut al-Tahafut*, trans. et comm. Simon van den Bergh, London 1954, 87 [Bouyges 147]. Averroes, *Tahafot at-tahafot*, ed. Maurice Bouyges, Beirut 1930, was consulted as was the *Destructio* [n. 45]. Cf. loc. cit., 263 [Bouyges 437].) In the following notes the page-numbers of Bouyges are given in square brackets.
59 *Tahafut* 213 [354]; cf. 276 [457].
60 William Courtenay, "The Critique of Natural Causality in the Mutakallimum and Nominalism", in: *Harvard Theological Review* 66 (1973), 82 n. 9.
61 *Tahafut* 312-313 [512]: "[...] this connection observed between causes and effects is of logical necessity, and that the existence of the cause without the effect or the effect without the cause is not within the realm of the contingent and possible. [...] it is necessary to contest it [this point], for on its negation depends the possibility of affirming the existence of miracles which interrupt the normal course of nature [...] like the resurrection of the dead." Averroes replies 315 [515] that only Avicenna held this. Van den Bergh remarks 315 n. 4 that Averroes is being obscure when he says this.
62 Kukkonen, "Possible Worlds" (n. 18), 233.
63 Cf. Herbert Davidson, *Proofs for Eternity, Creation, and the Existence of God in Medieval Jewish and Islamic Philosophy*, Oxford 1987, 16 sq.
64 Stephen Riker, "Al-Ghazali on Necessary Causality in *The Incoherence of the Philosophers*", in: *Monist* 79 (1996), 321 [*Tahafut* 329]. Van den Bergh 312 has a text where Al-Ghazali denies this "logical" possibility, but there may be a problem with the translation. In any case, he does not say "logical" there. See Riker, n. 2; Ilai Alon, "Al-Ghazali on Causality", in: *Journal of the American Oriental Society* 100 (1980), 398 n. 10.

Avicenna and Averroes: Modality and Theology 139

Averroes defends philosophy from these charges of Muslim heresy in his *Tahafut Al-Tahafut*. Generally, he replies that the true philosophy, the philosophy of Aristotle, occasions no heresies. Rather only certain innovations of Al-Farabi and Avicenna do: "But the demonstrations are in the work of the ancients which they wrote about this science, and especially in the books of Aristotle, not in the statements of Avicenna about this problem and of other thinkers belonging to Islam [...]."[65] "The theory which Ghazali ascribes to the philosophers, that the separate principles act by nature, not by choice, is not held by any important philosophers; on the contrary, the philosophers affirm that that which possess knowledge must act by choice."[66] Even in his "original" work, like his *Tahafut*, Averroes will follow what he thinks to be the original doctrines of Aristotle, generally in agreement with his own commentaries on Aristotle mentioned above. Thus he rejects many doctrines of Avicenna as errors, since, he claims, they are not found in Aristotle. However, Averroes' approach has two main flaws: first, his interpretations of Aristotle do not seem always to be correct; second, on some points Avicenna might be right and Aristotle wrong.

At any rate, Averroes in his *Tahafut* accuses Avicenna of many errors. He charges Avicenna with making existence an accident of a quiddity (other than God):[67] "an erroneous doctrine".[68] Averroes claims that Avicenna erred because he thought that 'existent' meant 'true' in the Arabic language.[69] He says that Avicenna should have taken 'true' rather to signify a second intention.[70] Averroes also charges Avicenna of not being aware of focal meaning, but only of synonymy or homonymy.[71] Too, he sees flaws in Avicenna's proof of a necessary being.[72]

Following Aristotle, Averroes' own view on Creation is that "[...] the actualization of existents which have in their substance a possible existence necessarily

---

65 *Tahafut* 194 [325].
66 *Tahafut* 322 [526]. Van den Bergh 322 n. 2 refers to 288 [473] where Averroes seems to say otherwise.
67 *Tahafut* 179 [302].
68 *Tahafut* 180 [304].
69 *Tahafut* 223; as Van den Bergh 223 n.2 says, '*mawjūd*' does not mean 'true'; cf. 224 n. 5: "There seems to be some confusion in this sentence through Averroes' ignorance of Greek and of the difference between Greek and Arabic [...]".
70 *Tahafut* 224 n. 5: "For Averroes existence is the existent, τὸ ὄν, the individual τόδε τι, it is the substance, ἡ οὐσία, it is the subject, τὸ ὑποκείμενον of a sentence; for Avicenna existence is to exist, τὸ εἶναι, it is added to the subject as a predicate in such sentences as 'Socrates exists', and as a predicate is an accident." "That the existence of a thing is prior to its quiddity is Averroes's own theory, based on the Aristotelian thesis that the copula implies being or existence: since everything is something, it has to be, prior to its being something, from which it would follow that the nonexistent also exists, a consequence which Aristotle fully accepts." (236 n. 3) The difficulty again is that, given contingent existents need a cause, to be caused they must be at least logically possible prior to coming into existence.
71 *Tahafut* 234 [389].
72 *Tahafut* 187 [313-314]; 194 [325].

occurs only through an actualizer which is in act, i. e., acting, and moves them and draws them out of potency into act".[73] Ultimately there must exist an actualizer "necessary in its substance". Thus far Averroes agrees with Avicenna. What he objects to is Avicenna's going on to say that "the possible existent must terminate in an existence necessary through another or in an existent necessary through itself", that the necessary through another is "a consequence of the necessary through itself, for he affirms that the existent necessary through another is in itself a possible existent [...]". This is a mistake, "for in the necessary in whatever way you suppose it, there is no possibility whatsoever, and there exists nothing of a single nature of which it can be said that it is in one way possible and in another way necessary in existence. For the philosophers have proved that there is no possible whatsoever in the necessary".[74] Here Averroes is denying that there are beings possible in themselves, independently of their being in the divine intellect. By saying, though, that "there is no possibility in the necessary," he seems also to deny that there are unactualized possibilities, that God could have created otherwise. He does this again when, following *De Caelo* I 9, 279a 9, he denies that it is possible that there be more than a single world.[75] This denial would seem to rule out too its being possible for there to be more than one sun. In what sense, then, is 'sun' a universal? For Averroes holds this world to be the only one possible. True, Averroes does speak of the possibles prior to their existence, and at times does seem to admit the merely logically possible.[76] However he holds that possibilities arise from substances that actually exist. For possibilities are grounded on the existence of matter that can take on contraries.[77] Being possible prior to existing *in re* amounts to being in the power of a substance actually existing *in re*. He denies that a thing can become completely non-existent: it can only change from being actual to being merely potential (again).[78] Here he claims to differ from Avicenna, whom he accuses of having omitted the mention of potential existence in describing how the world comes to exist.[79] Accordingly he infers that, since the world is always possible, the world must be eternal. The Prime Mover is ceaselessly moving the world in a continual act of "creation".[80]

---

[73] *Tahafut* 237 [393].
[74] Van den Bergh in *Tahafut* 238 n. 1 is not convinced either.
[75] *Tahafut* 25-29 [42-51].
[76] *Tahafut* 55 [94]. Cf. Kukkonen, "Possible Worlds" (n. 18), 341 n. 49.
[77] *Tahafut* 59-62 [101-106].
[78] *Tahafut* 86 [45-46].
[79] *Tahafut* 97-98 [163-164]; Avicenna, *Al-Ilāhiyyāt* VI.1. Averroes' view may resemble Plato's here more than Aristotle's: for Plato *Rep.* 509b says that the Forms get their essence and existence from God.
[80] *Tahafut* 99-100 [166-167].

So then, where is the free choice of God the Creator? The possibles that do exist are in the power of the Necessary Being. Averroes has maintained against Avicenna that there is nothing contingent, nothing "possible in the necessary". Indeed he accuses Avicenna for making the innovation of radical contingency: "And the first to develop this theory of the existent, possible by itself and necessary through another, was Avicenna; for him possibility was a quality in a thing different from the thing in which the possibility is, and from this it seems to follow that what is under the First Agent is composed of two things, one to which possibility is attributed, the other to which necessity is attributed, but this is a mistaken theory."[81] Averroes then seems to be denying that God is a creator choosing to create from equally possible alternatives. His own view, "that there is no possible in the necessary", as Kukkonen remarks, "is certainly a remarkable feat. At the same time it is highly suspect, both from a logical point of view and from separate theological considerations."[82]

Like Avicenna, Averroes denies that God is an agent in the usual, human sense.[83] He concludes: "The philosophers do not deny absolutely that God wills, for He is an agent through knowledge and from knowledge, and He performs the better of two contrary acts, although both are possible; they only affirm that He does not will in the way that man wills."[84] In reply to Al-Ghazali's charge that God has no will according to the philosophers, Averroes distinguishes two senses of will by analogy.[85] The view that he gives, though, looks a lot like Avicenna's: "Since it is established that the world exists through a First Agent which preferred its existence to its non-existence, it is necessary that this agent should be a willer, and if this First Agent does not cease to prefer the world's existence to its non-existence [...]."[86] Here God wills this world to exist, however, without having an antecedent will choosing between alternatives. Again, Averroes says about God's knowledge that it is neither individual nor universal.[87] God does not know individual substances nor historical events.[88] So God's knowledge does comprehend all, but not in the way of a human knower.[89] Despite Averroes' protests, all this sounds Avicennean,

---

81 *Tahafut* 118-119 [198]. Van den Bergh, 188 n. 9, points out that "the theory is originally Aristotelian". Cf. *Metaph.* 1015b 10.
82 Kukkonen, "Possible Worlds" (n. 18), 338.
83 *Tahafut* 88 [48-49].
84 *Tahafut* 95 [160].
85 *Tahafut* 264 [438]; 271 [449].
86 *Tahafut* 271 [449]. Cf. notes 20-21.
87 *Tahafut* 280 [461-462].
88 Thérèse-Ann Druart, "Averroes on God's Knowledge of Being qua Being", in: P. Lockey (ed.), *Studies in Thomistic Theology*, Houston 1996, 184 sq.
89 *Tahafut* 267-268 [443-444].

albeit necessitarian: God does not choose antecedently between possible worlds. Averroes certainly would not have appeased Al-Ghazali.[90]

For Averroes, even the universals that can be predicated of many have this possibility grounded in the individual things that exist. From these things the mind abstracts the universals.[91] Then, the mind can think that in the future certain singular events are contingent. But all this depends upon the existent individuals from which these universals are abstracted. Consequently, Averroes seems to recognize no universals that are not instantiated. All that can be has been and will be exemplified. Unlike Avicenna, he does not recognize the level of quiddities in themselves that provides an objective ground for possibilities that have never in fact existed.

From this brief sketch we may well conclude that Averroes offers a more necessitarian metaphysics than Avicenna does. We might even doubt his prowess as the Commentator. For, like Avicenna, Aristotle allows for possibilities at least for individuals that do not come to pass: certainly for individuals, like the cloak that can but may never be cut up (*De Int.* 19a 12-13); perhaps for kinds, as when he says that it is possible that everything moving is a horse at some time (*An. Pr.* 34b 11-13). In short we may have little sympathy for Kukkonen's remark about "the high level of argumentation employed by both parties".[92]

Furthermore, Averroes may have been partly responsible for the Latin medievals' having an "Avicenne fictif", as well as an "Aristote fictif". For he represents Avicenna as defining the possible as what has a cause and the necessary existent as what does not have a cause.[93] True, Avicenna does hold that the "possible existent" needs a cause to exist while the necessary existent does not.[94] Still, he holds too that the logically possible itself like the necessary needs no cause for being possible: it is possible in itself. Averroes makes other mistakes about Avicenna's doctrines, e. g., that he denied that there can be an infinite number of souls.[95] Again, Averroes accuses Avicenna of being wrong on the nature of the empirical agent, and sides with Aristotle. However, he does not seem to have Aristotle's view correctly.[96] Again, Averroes may be making the same mistake in accusing Avicenna for introducing matter for incorporeal substances and not following Aristotle.[97]

---

90 Indeed, Tanelli Kukkonen, "Possible Worlds in the *Tahāfut al-Falāsifa*", in: *Journal of the History of Philosophy* 38 (2000), 480, claims that Al-Ghazali is closer to Avicenna than to Averroes on this issue.
91 *Tahafut* 65 [110].
92 Kukkonen, "Possible Worlds" (n. 18), 331.
93 *Tahafut* 164-166 [277-280].
94 *Al-Ilāhiyyāt* I.6.
95 *Tahafut* 163 [274], but see 14 n. 6, n. 1 and *Al-Ilāhiyyāt* IX.3-4.
96 *Tahafut* 108-109 [180-182]; 108 n. 1. Cf. Aristotle, *Metaph.* 1073a 28.
97 *Tahafut* 160 [270-271], but cf. Aristotle, *Metaph.* 1069b 25.

One circumstance that might explain Averroes' inaccurate portrait of Avicenna – and Aristotle? – concerns the philosophical community in Spain at his time. There were then some rather fervent followers of Al-Farabi and Avicenna.[98] Averroes might be attacking their interpretations rather than the tortuous texts of Avicenna.

We might further explain a lot of Averroes' claims in light of his political motives.[99] He wanted to make philosophy respectable to Muslim fundamentalists perhaps at the cost of truth. Too, Averroes may be attacking some of his Avicennean contemporaries more than Avicenna himself. For many of Avicenna's current followers ascribe some of Alexander's of Aphrodisias doctrines to him: the world as a necessary eternal animal; the divinity of the heavenly animal.[100] Given his political motives, Averroes may well be attacking them more than Avicenna proper. At any rate, clearly Averroes has the goal of making philosophy respectable to Muslims. E.g., on miracles he says: "The ancient philosophers did not discuss the problem of miracles, since according to them such things must not be examined and questioned, for they are the principles of the religions, and the man who inquires into them and doubts them deserves punishment, like the man who examines the other general religious principles, such as whether God exists [...]."[101] Given Aristotle's (and Plato's!) contempt for popular religion, these claims have little truth.[102] But they would serve to clear Aristotle of heresy, as Averroes wanted. For, at the conclusion of his *Tahafut*, Averroes says that Al-Ghazali had accused the philosophers of heresy, and now he has cleared them of the charges.[103]

Averroes then may clear philosophy of heresy at the cost of making an Aristotle and an Avicenna fictif. Indeed he may have created one or more Averroes fictifs too! For his views in his various works do not agree.[104]

---

98   Nicholas Rescher, "Abū Ṣalt of Denia on Modal Syllogisms", in: id., *Studies in the History of Arabic Logic*, Liverpool 1963, 90.
99   Cf. Kogan, *Averroes* (n. 13), 7; 12-15; 722 sq. He says p. 52 sq. that Averroes is concealing his real views in the *Tahafut*. But where then are they? In his "commentaries" on Aristotle? Cf. too, Druart, "Averroes" (n. 88), 185.
100 *Tahafut* 254 [421].
101 *Tahafut* 315 [514]. Averroes approves of religion pragmatically, because religion causes virtue in men. Cf. too 359 [580-582].
102 Alfred Ivry, "Towards a Unified View of Averroes' Philosophy", in: *The Philosophical Forum* 14.1 (1974), 108, says: "It seems well nigh impossible for Averroes to modify his position to accommodate the dogmas of religion or any particularist religion [...]; in Averroes' view certain locutions [in the political sphere] are ones that are absurd outside that sphere." Ivry 109 sq. has the implausible view that Averroes is struggling towards a view that the philosophical viewpoint is just as metaphorical and inadequate as the religious one.
103 *Tahafut* 362 [587].
104 Cf. George Hourani, *Averroes on the Harmony of Religion and Philosophy*, London 1961, 41-54; 77, who attributes two different views to Averroes.

5. Conclusions

Al-Ghazali, Averroes charges, in the end has to return to the doctrine of the philosophers that he has repudiated.[105] He too ends up admitting that God can do only the logically possible: a state of affairs must have internal consistency before God can think of it. In some sense, then, logical possibility is prior to the physical possibility of actual agents.

Indeed, we might make the same claim against Aquinas and Averroes himself: perhaps they too need to return to the views of Avicenna. For the items in God's intellect may have their "being" through existing *in intellectu Dei*. Still, being there presupposes their being logically possible "in themselves".[106] It may be difficult for Aquinas to reconcile this requirement with the dogma that God freely and contingently creates a world, having finite duration, *ex nihilo*. At least Avicenna recognizes the need to allow for a grounding of possibles in themselves in his metaphysics and states the assumption explicitly.

Unlike Aquinas, Averroes does not have the need nor the excuse of appeal to the Christian dogma of Creation. Yet he too had theologico-political motives. As a philosopher, how much do his real views, free of the political and the polemical contexts, differ from Avicenna's anyway? As the Commentator, Averroes succeeds only by ignoring those passages where Aristotle allows for unactualized possibilities. Though a commentator in name only, Avicenna may end up giving us a more adequate Aristotelian picture of the world.

During this treatment of modality we have seen the emergence, in Avicenna as well as in Averroes, of the distinction of a causal sense of potentiality and a logical sense of possibility. The insistence of unactualized possibilities along with theological motives seem to have prompted this shift. The causal sense concerns what an agent can do, and focuses on the powers of actually existent agents, ultimately on God, as all powers depend on His will and power in effecting His will. God then becomes the arbiter of what is possible in this world, although not, in some sense, of what is logically possible. Thereby, possibility no longer is limited to what is possible given the laws of nature and objects in this world. Other worlds become

---

105 *Tahafut* 69 [117]. Al-Ghazali, *Tahafut* 329 [536]; 252-253 [417-419], too takes the possible as the logically consistent, but seems to say otherwise elsewhere. There is widespread disagreement about what Al-Ghazali's real views are. Cf. Kogan, *Averroes* (n. 13) 146 sqq.; Goodman, *Avicenna* (n. 24), 105; Michael Marmura, "Al-Ghazali's Second Causal Theory in the Seventeenth Discussion of his Tahafut", in: P. Morewedge (ed.), *Islamic Philosophy and Mysticism*, Delmar, N.Y. 1981, 91; Courtenay, "Critique" (n. 60).
106 Cf. Aquinas, *Summa contra Gentiles* I.66.8; I.85.5; II.52.6; *De Pot.* 3 a 5 ad 2; 3 a ad 17; *Summa Theologiae* I, q.9, a.2, resp.; q.46 a.1, resp. Cf. John Deck, "St. Thomas Aquinas and the Language of Total Dependence", in: Anthony Kenny (ed.), *Aquinas*, Notre Dame 1969, 247 sq. Cf. also Kant, *Kritik der reinen Vernunft* B 72.

possible, as they are in the power of God to create should He choose to. The logical sense concerns the agreement of the predicate to the subject in a proposition. If the predication is not impossible, in the sense of implying a contradiction, then it is possible.

This distinction provides a basis to distinguish the possibility of the *dictum* of the form, 'That S is P is possible', from the possibility of a subject, of the form 'S is possibly P'. Now the Christians had the same theological problem as the Muslims, of reconciling the Aristotelian account of modality with a God who has the power of choosing to do otherwise and does not have the world existing necessarily (or at least co-eternally) along with Him. The Christians also inherited some of the works of the Islamic philosophers, notably the *Metaphysica* of Avicenna, and the pair of "*Destructions*" from Al-Ghazali and Averroes. The same drama, with much of the same plot, plays out there too.

Die Differenz von persönlicher und unpersönlicher Möglichkeit bei Thomas von Aquin

Seung-Chan (Elias) Park

Die Differenz von persönlicher und unpersönlicher Möglichkeit wird im Mittelalter ähnlich wie in der aristotelischen Logik kaum ausdrücklich behandelt.[1] Trotzdem finden wir einige wichtige Anregungen zur weiteren Forschung in der Unterscheidung zwischen *possibile secundum potentiam* und *possibile absolute* (oder auch *possibile absolutum*)[2] die von den mittelalterlichen Scholastikern aus der bekannten Unterscheidung des Aristoteles herausgearbeitet wurde.

Aristoteles gibt im 5. Buch der *Metaphysik* (Δ 12) eine ausführliche Liste der verschiedenen Anwendungen des Möglichkeitsbegriffes, weil dieser Begriff zu den philosophischen Grundworten gehört, die ‚in vielfachem Sinn gesagt' werden. Nachdem er ‚Vermögen' als Prinzip der Bewegung bzw. Veränderung ausführlich behandelt hat, unterscheidet er bezüglich der Betrachtung von ‚unvermögend' zwischen dem ‚in bezug auf ein Vermögen gesagten Möglichen' und dem ‚nicht in bezug auf ein Vermögen gesagten Möglichen'.[3]

Wie gewöhnlich beabsichtigt er hier weder das eindeutig Gemeinsame für alle Verwendungen zu finden noch die äquivoken Wörter durch univoke Begriffe zu ersetzen. Vielmehr begnügt er sich damit, Verwirrungen vermeiden zu helfen und ontologische Untersuchungen von logischen Untersuchungen zu trennen. Weil sein hauptsächliches Interesse der Metaphysik gilt, fehlt eine theoretische Erklärung dieser Unterscheidung, und er gibt keine Antwort auf die Fragen, was das ‚nicht in bezug auf ein Vermögen gesagte Mögliche' meint und wie die beiden Begriffe des Möglichen sich aufeinander beziehen. Und wenn er in *Metaph.* Θ 1 jene Begriffsklärung noch einmal kurz zusammenfaßt, läßt er einfach die Verwendungen, die einer bloßen Namensgleichheit nach dazu gehören, beiseite.[4]

Im Unterschied zu Aristoteles hat in der Scholastik gerade das ‚nicht in bezug auf ein Vermögen gesagte Mögliche', nämlich der logische Möglichkeitsbegriff, große

---
1 Die Lehre über unpersönliche Aussagen bei Abaelard ist fast die einzige Ausnahme. Siehe dazu K. Jacobi, „Diskussionen über unpersönliche Ausdrücke in Peter Abaelards Kommentar zu Peri Hermeneias", in: E. P. Bos (Hg.), *Mediaeval semantics and metaphysics* (FS L. M. de Rijk), Nijmegen 1985, 1-63, und die dort angegebene Literatur.
2 Im folgenden wird diese Unterscheidung der Kürze halber „die Unterscheidung (PP)" genannt.
3 Vgl. Aristoteles, *Metaph.* Δ 12, 1019a 5 – 1020a 6.
4 Vgl. *Metaph.* Θ 1, 1045b 27 – 1046a 35.

Bedeutung erlangt. Thomas von Aquin hat sowohl den Möglichkeitsbegriff von Aristoteles in allen Bedeutungsdifferenzierungen als auch die Unterscheidung (PP) übernommen. Wir finden aber in seinem ausführlichen Kommentar zu den Texten *Metaph*. Δ 12 und Θ 1 keine entscheidende Information zugunsten einer Unterscheidung zwischen der persönlichen und unpersönlichen Möglichkeit. Er unterscheidet im Kommentar zu *Metaph*. Θ 1 sogar zwischen der äquivoken und analogen Verwendung des Möglichkeitsbegriffes:

> „Er [sc. Aristoteles] stellt also zuerst fest, was an anderer Stelle, nämlich im fünften Buch dieser Schrift, behandelt wurde, daß Potenz und Können (potentia et posse) in vielfachem Sinne ausgesagt werden. Aber diese Vielfalt ist mit Blick auf manche Weisen eine Vielfalt der Äquivokation (multiplicitas aequivocationis), in bezug auf andere der Analogie (quantum ad quosdam [modos] analogiae). Manches nämlich wird deshalb möglich oder unmöglich genannt, weil es irgendein Prinzip in sich hat; und das nach bestimmten Weisen, nach denen alle Potenzen nicht äquivok, sondern analog genannt werden. Manches aber wird möglich oder vermögend (possibilia vel potentia) genannt nicht wegen eines Prinzips, das es in sich hat; dabei wird Potenz äquivok verwendet." (In Met IX, 1, n. 1773)[5]

Das ‚nicht in bezug auf ein Vermögen gesagte Mögliche' aber, z. B. das ‚potens' in der Geometrie, wird zur äquivoken Verwendung gerechnet und von der Diskussion ausgeschlossen. Thomas bezieht hier die durch Analogie und die durch Äquivokation bestimmten Bedeutungen nicht aufeinander. Dabei stellt sich die Frage: Denken Aristoteles oder Thomas wirklich, daß diese Gebrauchsweisen nichts miteinander zu tun haben? Sind sie wirklich im strikten Sinne äquivok? Jacobi berührt diese Frage und erwähnt einige Passagen bei Aristoteles, in denen dieser doch einen

---

5 Die Werke des Thomas von Aquin werden mit den folgenden Abkürzungen zitiert:
 – STh I, I-II, II-II, III = die Teile der *Summa Theologiae* (Die Deutsche Thomas-Ausgabe, vollständige, ungekürzte deutsch-lateinische Ausgabe der *Summa theologica*, hrsg. von der Philosophisch-Theologischen Hochschule Walberberg bei Köln, Graz / Wien / Köln 1933 ff.)
 – CG = *Summa contra Gentiles* (Summe gegen die Heiden, 2. Bd., hrsg. und übersetzt von Karl Albert und Paulus Engelhardt, Darmstadt 1982)
 – Sent = *Scriptum super libros Sententiarum* (ed. P. Mandonnet, 2 Bde., Paris 1929 [Bücher I-II]; ed. M. F. Moos, 2 Bde., Paris 1933 und 1947 [Bücher III und IV bis zur distinctio 22])
 – Pot = *Quaestiones disputatae de potentia* (= Marietti, Quaestiones disputatae, Bd. 2, ed. P. Bazzi u. a., 10. Aufl. 1965, 7-276)
 – In Met = *In Aristotelis libros Metaphysicorum expositio* (Marietti, ed. R. Spiazzi, 1950)
 – Mal = *Quaestiones disputatae de Malo* (= Marietti, Quaestiones disputatae, Bd. 2, ed. P. Bazzi u. a., 10. Aufl. 1965, 437-699)
 – Quodl = *Quaestiones Quodlibetales* (Leonina, Bd. 25; Marietti, Quaestiones Quodlibetales, ed. R. Spiazzi, 9. Aufl. 1956)
 – Ver = *Quaestiones disputatae de veritate* (Leonina, Bd. 22; Marietti, Quaestiones disputatae, Bd. 1, ed. R. Spiazzi, 1964).
 Falls bereits deutsche Übersetzungen vorhanden sind, werden sie übernommen (eventuell mit kleinen Veränderungen); sonst stammen die Übersetzungen von mir.

Zusammenhang zwischen den Gebrauchsweisen anzunehmen scheint.⁶ Trotzdem findet er keine theoretische Erklärung der beiden Gebrauchsweisen bei Aristoteles und geht zur Scholastik über, in der die theoretisch fundierte Unterscheidung zwischen *potentia* und *possibilitas* gefunden werden kann. Um die Entwicklung dieser Unterscheidung zu verdeutlichen, analysiert er im Anschluß an die aristotelischen Texte einen Text, in dem Thomas die Allmacht Gottes diskutiert (STh I, 25, 3).⁷

Thomas verwendet die Unterscheidung (PP) jedoch nicht nur in diesem Kontext, sondern auch in verschiedenen anderen, und zwar in variierten Formen. Deshalb will ich den historischen Hintergrund dieser Entwicklung des aristotelischen Gedankens bei Thomas aus dessen Werken herauszuarbeiten suchen und dabei die Frage behandeln, wie das systematische Interesse von Thomas diese Entwicklung mitbestimmt hat.

Ich werde zunächst die verschiedenen theologischen Kontexte darstellen, in denen die Unterscheidung (PP) gebraucht wird. Anschließend konzentriere ich mich auf die Thematik der Allmacht Gottes, in der die Unterscheidung eine entscheidende Rolle spielt (1.). Wie sich die beiden Möglichkeitsdiskurse aufeinander beziehen, wird mit Hilfe einer Unterscheidung von *potentia absoluta* und *potentia ordinata* näher geklärt (2.). Wir werden weiter sehen, was der metaphysische Hintergrund für die Verbindung beider Möglichkeitsdiskurse ist (3.). Zum Schluß werde ich untersuchen, welche Absicht Thomas mit seiner Konzeption verfolgt, und den Ansatz im ganzen einer Bewertung unterziehen (4.).

1. Der theologische Hintergrund der Unterscheidung zwischen *possibile secundum potentiam* und *possibile absolute*

1.1 Verschiedene Anwendungsbereiche der Unterscheidung

Thomas hat die Unterscheidung (PP) in verschiedenen, von der christlichen Theologie inspirierten Zusammenhängen verwendet und weiter entwickelt. Als ein Motiv steht hierbei die theologische Lehre von der *creatio ex nihilo* im Hintergrund. Der christliche Schöpfergott ist anders als der platonische Demiurg an keine vorliegende Materie gebunden.⁸ Der Scholastiker, der an den Schöpfergott glaubt, konnte nicht mehr wie unter der Voraussetzung der Ewigkeit der Welt davon ausgehen, daß der Wirklichkeit der Welt die Möglichkeit einer ewigen Materie vorausgeht.⁹ Man

---

6 Vgl. Klaus Jacobi, „Das Können und die Möglichkeiten. Potentialität und Possibilität", in diesem Band S. 16f.
7 Vgl. a.a.O., 17-20.
8 Vgl. CG II, 37.
9 Vgl. STh I, 46, 1, obj. 1.

versuchte dieses Problem mit Hilfe der bekannten aristotelischen Unterscheidung (PP) zu klären. Die Möglichkeit der Welt im ganzen wird nicht mehr als bestimmte, bereits reale Potentialität verstanden, sondern nur als das auf absolute Weise Mögliche (possibile absolute). „Bevor die Welt war, war es möglich, daß die Welt sei, nicht zwar gemäß der passiven Potenz, welche der Stoff ist, sondern entsprechend der schöpferischen Macht Gottes; und auch insofern etwas auf absolute Weise möglich (possibile absolute) genannt wird, nicht gemäß irgendeiner Potenz zu etwas, sondern lediglich aus dem Verhältnis der Begriffe heraus, die sich nicht widersprechen, insofern ‚möglich‘ im Gegensatz zu ‚unmöglich‘ steht." (STh I, 46, 1, ad 1)

Dieser Erklärungsversuch wird mitunter durch die traditionelle Lehre von den göttlichen Ideen ergänzt.[10] Die Möglichkeit der geschaffenen Dinge liegt in den Ideen, die in der Vernunft Gottes schon vor der Schöpfung gedacht sind. Nach Seidl haben die christlichen Kirchenväter wie Gregor von Nyssa und Augustinus die neuplatonische Weltvernunft in den Logos, die zweite göttliche Person, umgedeutet.[11] Gott denkt von der Ewigkeit her in diesem Logos die Wesenheiten der geschaffenen Dinge als ihre urbildliche Möglichkeit.

An einer Stelle erklärt Thomas die Seinsmöglichkeit des geschaffenen Seienden durch die Allmacht des Schöpfergottes. Er verwendet diese Erklärung, um ein Argument zu widerlegen, das behauptet, daß dem Sein des geschaffenen Seienden im ganzen eine passive Potenz vorangehen müsse: „Seinsmöglich aber war das geschaffene Seiende, bevor es war, durch die Potenz des Wirkenden (per potentiam agentis), durch die es auch zu sein angefangen hat, oder aber wegen des Verhältnisses der durch Subjekt und Prädikat bezeichneten Begriffe, in denen sich kein Widerspruch findet: Dies letzte wird ‚möglich‘ gemäß keiner Potenz (possibile secundum nullam potentiam) genannt, wie aus Aristoteles im 5. Buch der Metaphysik hervorgeht. Denn das Prädikat ‚sein‘ widerspricht nicht dem Subjekt ‚Welt‘ oder ‚Mensch‘, wie ‚ein gemeinsames Maß [mit den Seiten eines Quadrats] habend‘ der ‚Diagonale‘ widerspricht. Daher folgt, daß [geschaffenes Seiendes] nicht seinsunmöglich und folglich seinsmöglich ist, bevor es ist, auch wenn keine Potenz vorliegt." (CG II, 37) Es geht an dieser Stelle letztlich um die Allmacht Gottes, d. h. um die wichtigste der Fragen, in denen die terminologische Trennung zwischen Potentialität und Possibilität eine entscheidende Rolle spielt. Während in der nicht-christlichen griechischen und lateinischen Literatur eine spezifische Theorie der göttlichen Allmacht nicht zu finden ist, bekennt der christliche Glaube, daß der Schöpfergott allmächtig ist. Trotzdem ist es schwierig zu erklären, worin seine Allmacht genau besteht. Darum führt Thomas die Unterscheidung (PP) ein.[12]

---

10 Vgl. I Sent 7, 1, 1.
11 H. Seidl, Art. „Möglichkeit", in: Joachim Ritter u. a. (Hg.), *Historisches Wörterbuch der Philosophie*, Bd. 6, Basel 1984, Sp. 73.
12 Vgl. STh I, 25, 3. Dieser Punkt wird in Abschnitt 2 ausführlich behandelt.

Thomas geht über die allgemeine Erklärung der Allmacht Gottes hinaus und überträgt die genannte Unterscheidung auf die Trinitätslehre. Auch wenn es in Gott kein passives Vermögen gibt, hat er nicht nur eine Schöpfermacht als aktives Vermögen, das nach außen wirkt, sondern auch innertrinitarisch das Vermögen der Zeugung (generatio) und der Hauchung (spiratio). Dieses gesamte Vermögen fällt mit seiner notwendigen, reinen Seinswirklichkeit in eins zusammen.[13]

Außerdem unterscheidet Thomas Momente der göttlichen Macht, um die Frage, ob der Vater bzw. der Geist Fleisch annehmen konnte, zu beantworten:

„In dem, was der göttlichen Macht zugesprochen werden kann, gibt es eine vierfache Unterscheidung oder Ordnung. (a) Es gibt einiges, was selbst der absoluten Macht nicht zugesprochen werden kann; davon ist einfach zu sagen, daß Gott es nicht vermag, z.B. etwas erleiden und daß Widersprüchliches zugleich sei. (b) Einiges widerstreitet aus sich heraus seiner Weisheit und Güte; davon sagen wir, daß Gott es nur unter einer Bedingung kann, nämlich wenn er wollte. Denn es ist nicht unzulässig, daß in einem wahren Bedingungssatz der Vordersatz unmöglich ist. (c) Einiges aber hat nicht von sich her einen solchen Widerstreit, sondern nur von außen her; davon ist auf absolute Weise zuzugeben, daß Gott es von der ‚absoluten Macht' her kann, und man darf es nur unter einer Bedingung verneinen, z.B. Gott kann es nicht, wenn es seinem Willen widerstreitet. (d) Einiges wird schließlich seiner Macht zugeschrieben derart, daß es auch seinem Willen und seiner Weisheit entspricht; davon ist einfach zu sagen, daß Gott es kann, und in keiner Weise, daß er es nicht kann." (III Sent 1, 2, 3)

Nach Thomas ist der Sohn natürlich in diesem vierten, perfekten Sinne von ‚Können' Mensch geworden. Die Menschwerdung des Vaters oder des Geistes enthielte keinen Widerspruch und verursachte keinen Mangel in der menschgewordenen Person. Deshalb ist sie möglich gemäß der absoluten Macht (loquendo de potentia absoluta), auch wenn sie der von der göttlichen Weisheit gesetzten Ordnung nicht angemessen ist.

Thomas verwendet die Unterscheidung (PP) auch in bezug auf die Erlösungslehre. Die hinsichtlich der göttlichen Allmacht oft auftauchende Frage, ob Gott Geschehenes ungeschehen machen könne,[14] wird durch die Frage nach dem Wie der Sündentilgung veranlaßt. Außerdem beantwortet Thomas die Frage, ob die Erlösung der menschlichen Natur anders als durch das Leiden Christi möglich war (III, 46, 2), durch die Unterscheidung zwischen dem schlechthin und bedingungslos (simpliciter et absolute) Möglichen und dem unter einer Voraussetzung (ex suppositione) Möglichen.

Normalerweise löst Thomas die Probleme dadurch, daß die Möglichkeit, die man nur in bezug auf ein Vermögen denkt, durch die logische, absolute Möglich-

---

13 Vgl. STh I, 41, 4.
14 Vgl. STh I, 25, 4; II-II, 152, 3, ad 3; I Sent 42, 2, 2; CG II, 25; Pot 1, 3, ad 9; Quodl 5, 2, 1.

keit ersetzt wird. Aber im Zusammenhang der Frage, ob es bei Tieren so etwas wie Hoffnung gebe, erklärt er, daß der Gegenstand der Hoffnung nicht das logisch Mögliche ist, welches das Verhältnis des Prädikats zum Subjekt betrifft, sondern das Mögliche, das so genannt wird aufgrund irgendeines Vermögens.[15]

Thomas verwendet also die Unterscheidung (PP) in ganz unterschiedlichen Diskussionszusammenhängen. Wenn man sich aber mit der Frage beschäftigen will, was ein in sich, unabhängig von einem Vermögen Mögliches ist und wie sich der Possibilitätsdiskurs und der Potentialitätsdiskurs aufeinander beziehen, ist die Allmacht Gottes, und zwar die Frage, in welchem Sinne man vom Allmächtigen sagt, er könne etwas nicht, zu untersuchen.

1.2 Unmöglichkeit (*impossibilitas*) bei Gott

Die Unterscheidung (PP) war besonders wichtig, weil eine gewisse geheimnisvolle Ehrfurcht vor der Allmacht Gottes viele Denker immer wieder zur Behauptung verleitet hat, Gott müsse auch dem in sich Unmöglichen Wirklichkeit geben können.[16] Alles hängt vom Schöpfergott ab und nichts steht beherrschend über ihm. Warum sollte also seine Macht vor dem ‚Unmöglichen‘ haltmachen? Auch bei Thomas gilt, daß es über Gott kein Gesetz, keine Seins- oder Denknorm gibt. Aber daraus folgt nach Thomas noch nicht, daß es für Gott nichts Unmögliches gibt. Am klarsten wird dieser Sachverhalt in STh I, 25, 3 geschildert. Hier prüft Thomas, was unter dem allgemeinen Bekenntnis zum allmächtigen Gott zu verstehen ist. Die erste vage Antwort von Thomas, Gott könne alles Mögliche, wird anhand der aristotelischen Unterscheidung aus *Metaph.* Δ 12 weiter analysiert. Der erste Sinn von ‚möglich‘, nämlich (1) ‚in bezug auf ein Vermögen‘, wird wieder in zwei Varianten unterschieden. (1.1) Der allmächtige Gott vermag insgesamt all das, was für irgendein Geschaffenes je getrennt möglich ist. (1.2) Er vermag alles, was in seiner eigenen Macht steht, m. a. W., alles, was er kann. Beiden Varianten werden abgelehnt, weil Gottes Macht viel weiter reicht als die Gesamtheit der Möglichkeiten des Geschaffenen, und weil die Erklärung der Allmacht nicht zirkulär sein darf.

Endlich führt Thomas (2) das zweite von Aristoteles angebotene Verständnis, nämlich ‚das auf absolute Weise Mögliche‘ (possibile absolute), ein. Dieses ist das Widerspruchsfreie, logisch Mögliche, „sofern das Prädikat dem Subjekt nicht widerstreitet". Nach einer kurzen metaphysischen Erklärung folgert Thomas, daß al-

---

15 Vgl. STh I-II, 40, 3, ad 2.
16 Vgl. III Sent 1, 2, 3, sed contra: „omnis necessitas et impossibilitas Deo est subjecta. (Anselmus) Sed ei nihil est impossibile, cujus voluntati omnis impossibilitas subditur. Ergo [...] non [...] impossibile."

les, was den Sinngehalt (ratio) von ‚seiend' haben kann, für Gott möglich ist. Was nicht unter die göttliche Allmacht fällt, ist in diesem Text ganz schlicht, was einen Widerspruch einschließt, weil dieses nicht den Sinngehalt von ‚seiend' besitzt und darum nicht den Charakter des Erschaffbaren oder Möglichen hat.

An einer Parallelstelle (I Sent 42, 2, 2) finden wir eine ausführlichere Darstellung dessen, was Gott nicht bewirken kann. Die Leitfrage lautet, ob Gott vermag, was hinsichtlich der Natur unmöglich ist. Thomas analysiert hier den Begriff ‚Können' (posse). Dieser Begriff bezieht sich auf den Vermögenden und das Mögliche (posse importat respectum medium inter potentem et possibile). Darum muß, ob Gott etwas nicht vermag, von beiden Aspekten her betrachtet werden. (1) In bezug auf den Vermögenden (ex parte potentis) kann kein Können, das ohne Unvollkommenheit ist, von Gott verneint werden. Aber ein Können, das mit Unvermögen vermischt ist, z. B. Sündigen-Können, kann von Gott nicht angenommen werden, weil seine Macht keinen Mangel haben kann. (2) In bezug auf das Mögliche (ex parte possibilis) wird verneint, daß Gott etwas vermag, was keinesfalls den Sinngehalt (ratio) des Möglichen haben kann. Thomas nennt es ‚an sich Unmögliches' (impossibile per se). Er konzentriert seine Untersuchung auf diesen Teil:

„Jede Potenz ist entweder Potenz zum Sein oder zum Nicht-Sein, z. B. die Potenz zum Verderben. Daher kann alles, was nicht den Sinngehalt von ‚seiend' oder ‚nicht-seiend' haben kann, nicht möglich sein. Was also darin besteht, daß dasselbe zugleich ist und nicht ist, ist in sich unmöglich. Denn was [zugleich] seiend ist und nicht-seiend ist, ist weder seiend noch nicht-seiend."

Er betont anschließend, daß Gott dieses nicht wegen eines Mangels an Macht nicht vermag, sondern weil dieses nicht den Sinngehalt des Möglichen besitzt:

„Daher wird, daß Gott dieses nicht bewirken kann, nicht wegen eines Mangels an seiner Macht gesagt, sondern weil es diesem am Sinngehalt des Möglichen fehlt. Ebenso sagt man, daß Gott Falsches nicht weiß, weil es diesem am Sinngehalt des Wißbaren fehlt. Folglich wird gesagt, daß Gott alles, in dem ein Widerspruch enthalten ist, nicht bewirken kann."

Man sagt, daß Gott alles, was einen Widerspruch einschließt, nicht bewirken kann. Als Beispiel führt Thomas an, daß Gott nicht ungeschehen machen kann, was vergangen ist. Er nennt schließlich solche Fälle von Widersprüchlichkeit, in denen das Entgegengesetzte des Prädikats in der Definition des Subjektes enthalten ist, z. B. daß ein Mensch nicht vernunftbegabt ist oder daß ein Dreieck nicht drei Linien hat. Thomas betont zum Schluß, daß Gott all das, was in sich nicht dem Sinngehalt des Seienden oder dem Sinngehalt des Nichtseienden widerspricht, bewirken kann. Als Beispiel nennt er, daß es keinen Himmel gibt, daß es eine andere Welt gibt, oder daß einer, der früher blind war, wieder sieht. Diese Beispiele stehen nicht für in sich Unmögliches (impossibile in se / per se), sondern für etwas, das irgendeinem unmöglich ist (impossibile alicui).¹⁷ Durch den Vergleich dieses Textes mit STh I, 25, 3 können wir schließen, daß das auf absolute Weise Mögliche nicht nur durch die Erweiterung des betroffenen Vermögens (über das der Geschöpfe hinaus), sondern durch den Wechsel der Betrachtungsperspektive, nämlich vom Vermögenden zum Gegenstand des Vermögens, erreicht werden kann.

Die ausführlichste Darstellung dessen, was der allmächtige Gott nicht vermag, finden wir in CG II, 25. Zunächst unterscheidet Thomas typischerweise die passive Potenz von der aktiven Potenz. Weil es in Gott keine passive Potenz gibt, kann er ja nicht (1) das, was zum ‚Können' der passiven Potenz gehört.

Danach unterteilt Thomas (2) das, was sich auf die aktive Potenz bezieht, in zwei Gruppen, nämlich (2.1) was immer gegen den Sinngehalt von Seiendem ist, insofern dieses seiend ist (quicquid est contra rationem entis inquantum est ens), oder (2.2) was gegen die Bewirktheit des bewirkten Seienden als solchen ist (quae repugnant rationi entis facti inquantum huiusmodi).

Unter die erste Gruppe fällt, was die Seiendheit des Seienden durch das ihm Entgegengesetzte (das Nicht-seiende) aufhebt: zunächst, daß ein und dasselbe zugleich ist und nicht ist, d. h. daß kontradiktorisch Entgegengesetztes zugleich ist. Hierzu gehört, daß konträr oder privativ Entgegengesetztes zugleich in ein und demselben und in derselben Hinsicht ist; daß einem Ding eines seiner Wesensprinzipien fehlt und dieses Ding doch erhalten bleibt (z. B. daß ein Mensch keine Seele hat); was den Prinzipien bestimmter Wissenschaften wie der Logik, der Geometrie und der Arithmetik, die aus den reinen Formalprinzipien der Dinge herzuleiten sind, entgegengesetzt ist; daß etwas Vergangenes nicht gewesen ist.

Thomas erstellt anschließend eine Liste dessen, was der Bewirktheit des bewirkten Seienden widerspricht; Gott kann keinen Gott bewirken. Gott kann auch nicht bewirken, was ihm selbst nicht gleich ist und daß sich etwas ohne ihn im Sein erhielte. Zudem kann er nicht, was er nicht wollen kann und daß er nicht ist oder daß er nicht gut oder glücklich ist und daß das, was von ihm einmal gewollt ist, nicht zustande kommt. Gott kann auch weder bewirken, wovon er nicht vorher gewußt hat, daß er es bewirken werde, noch unterlassen, von dem er vorher gewußt hat, daß er es bewirken werde.¹⁸

---

17 Thomas erklärt diese Unterscheidung weiter in der Antwort auf das zweite Argument: „Secundum hoc quod aliquid est impossibile, reducitur in illud principium: (1) unde quod est impossibile per se, includit illud principium in se: et tale impossibile non potest ipse Deus facere, ut ex dictis patet; (2) et quod est impossibile alicui, includit dictum principium in ordine sui ad illud, sicut patet cum dicitur quod impossibile est mortuum reviviscere [...] ." (I Sent 42, 2, 2, ad 2) Das erwähnte „principium" ist der Satz vom ausgeschlossenen Widerspruch: „quod est impossibile simul affirmare vel negare".

18 Obwohl Thomas in diesem Zusammenhang nicht den Fachterminus ‚potentia ordinata' verwendet, können wir leicht feststellen, daß diese unmöglichen Sachverhalte nicht zur absoluten Potenz (potentia absoluta), sondern zur potentia ordinata gehören (vgl. Abschnitt 3).

Persönliche und unpersönliche Möglichkeit bei Thomas von Aquin 155

Aus dieser knappen Darstellung geht hervor, daß Thomas in diesem Kontext die logische Erklärung und den Möglichkeitsbegriff, der in bezug auf ein bestimmtes Vermögen ausgesagt wird, in einer engen Beziehung verwendet. Es ist beachtenswert, daß das auf absolute Weise Mögliche als das Widerspruchsfreie nicht der zweiten, sondern der ersten Gruppe, nämlich dem, was die Seiendheit des Seienden aufhebt, entgegensteht. Dieses Mögliche steht im Zusammenhang nicht mit einer bestimmten Tätigkeit eines beliebigen Wirkenden, sondern mit dem Seinsgrund.

Thomas begnügt sich nicht mit der Aufzählung dessen, was Gott nicht bewirken kann, sondern begründet dieses mit Hilfe der verschiedenen Unterscheidungen (possibile secundum potentiam / secundum nullam potentiam; impossibile per se / alicui; potentia absoluta / ordinata). Wir werden im nächsten Abschnitt die Verhältnisse zwischen dem so Unterschiedenen näher zu betrachten haben.

2. Persönliche und unpersönliche Möglichkeitsaussage

2.1 Das Verhältnis des persönlichen zum unpersönlichen Möglichkeitsdiskurs

In unseren bisherigen Erörterungen zur Unterscheidung (PP) bleiben wesentliche Fragen ungeklärt. *Daß* das auf absolute Weise Mögliche mit dem in bezug auf ein Vermögen gesagten Möglichen in einer bestimmten Beziehung steht, wurde gezeigt. Falls dies zutrifft, wird der Begriff ‚möglich' nicht im strikten Sinne äquivok, sondern analog gebraucht. Weil die analoge Verwendung bei Thomas oft mit der *proshen*-Aussage (Aussage auf Eines hin) gleichgesetzt wird und es in einer analogen Verwendung immer ein *primum analogatum* bzw. eine grundlegende Bedeutung gibt, stellt sich die Frage, welche von beiden oder welches Dritte, das von beiden unterschieden ist, die grundlegende Bedeutung ist.

Zunächst muß geklärt werden, ob es in diesem Verhältnis um verschiedene Möglichkeitsbegriffe oder um die verschiedenen Gebrauchsweisen eines Begriffes geht. Viele Interpreten behaupten, daß sie bei Thomas eine Unterscheidung zwischen einem realen (natürlichen) und einem logischen Möglichkeitsbegriff (der Widerspruchsfreiheit) finden.[19] Nach Jacobi geht es Thomas aber nicht um Möglichkeitsbegriffe, sondern um Kriterien des Gebrauchs der Ausdrücke ‚möglich' und ‚unmöglich'.[20] Deshalb schlägt er vor, daß wir besser sagen sollten: Thomas verbindet die Aussage der Form ‚Für *a* ist es möglich zu — ' mit der Aussage der Form ‚Es ist

---

19 Manche von Thomas' Formulierungen wie „Possibile [...] dupliciter dicitur, secundum Philosophum" (STh I, 25, 3) oder „hoc alio modo dicitur non posse a praemissis" (CG II, 25) stützen diese Behauptung. Vgl. Seidl, „Möglichkeit" (Anm. 11); L. Honnefelder: „Possibilien", in: Joachim Ritter u. a. (Hg.), *Historisches Wörterbuch der Philosophie*, Bd. 7, Basel 1989, Spp. 1126-1135.
20 Vgl. Jacobi, „Das Können" (Anm. 6), 19 f.

möglich, daß — '. Thomas selbst bezieht sich auf diese Unterscheidung durch Ausdrücke wie „der andere Sprachgebrauch" (alter modus dicendi, STh I, 25, 3) oder „all diese Redeweisen" (omnes istae locutiones, CG II, 25).

Wie wir oben gesehen haben, beginnt Thomas seine Untersuchung meist mit dem ‚in bezug auf ein Vermögen gesagten Möglichen'. Wie in STh I, 25, 3 fordert Thomas, den begrenzten Blickpunkt aufzugeben, wenn unter diesem Aspekt keine mögliche Lösung der gestellten Frage gefunden wird. Erst dann geht er dazu über, die Bindung des Möglichen an ein Vermögen wegfallen zu lassen und auf absolute Weise über ‚möglich' und ‚unmöglich' zu urteilen. Nachdem er das ‚auf absolute Weise Mögliche' mithilfe der Widerspruchsfreiheit zwischen Subjekt und Prädikat erläutert hat, fügt er eine metaphysische Erklärung hinzu, in der wieder das in bezug auf ein Vermögen gesagte Mögliche im Vordergrund steht: „Das göttliche Sein nun, in dem die göttliche Macht gegründet ist, ist ein unendliches Sein, das nicht auf irgendeine Seinsgattung beschränkt ist, sondern die Vollkommenheit allen Seins in sich vorausbesitzt." (STh I, 25, 3)

Thomas erörtert auch im Responsum zum 4. Argument, daß die Möglichkeit, die auf einem bestimmten Vermögen beruht, bei Gottes Tätigsein jeweils gemäß der höheren, entfernten Ursache oder gemäß den niederen Ursachen anders beurteilt werden muß.[21]

2.2 Vergleich mit der Unterscheidung zwischen *potentia absoluta* und *potentia ordinata*

In diesem Zusammenhang verdient die Unterscheidung von ‚absoluter Macht' (potentia absoluta) und ‚ordentlicher Macht' (potentia ordinata) besondere Beachtung, die einerseits mit der Unterscheidung (PP) nicht verwechselt werden darf, andererseits diese von einem anderen Gesichtspunkt aus erhellen kann. Die Unterscheidung von *potentia Dei absoluta* und *potentia Dei ordinata* wird bei Petrus Lombardus ausdrücklich verwendet und war am Ende des 12. und zu Beginn des 13. Jh. allgemein anerkannt.[22] Auch wenn die Bedeutung der *potentia absoluta* später zu einer Form von außerordentlicher göttlicher Macht verändert wurde,[23] ist sie bei Thomas die Macht Gottes schlechthin, die sich auf alles erstreckt, was irgendwie die Möglichkeit zur Verwirklichung in sich trägt.[24] Dagegen identifiziert Thomas prinzipiell die geordnete Macht Gottes mit dem gesamten göttlichen Plan. Die Macht

---

21 Vgl. STh I, 25, 3, ad 4.
22 W. J. Courtenay: „Potentia absoluta / ordinata", in: Joachim Ritter u. a. (Hg.), *Historisches Wörterbuch der Philosophie*, Bd. 7, Basel 1989, Sp. 1157.
23 Vgl. a.a.O., Spp. 1159-1161.
24 Thomas gebraucht diesen Ausdruck nur gelegentlich, aber durchgehend von den frühen bis zu den späten Schriften: I Sent 42, 1, 1; III Sent 1, 2, 3; III Sent 12, 3, 2; Ver 6, 4; Ver 23, 8, ad 2; Pot 1, 5; Mal 16, 2; STh I, 25, 5; I-II, 10, 4, ad 3; Quodl 4, 3, 1.

Gottes führt das von Ewigkeit Vorausgewußte und Vorausgewollte jetzt in der Zeit aus. Thomas setzt aber die göttliche Weisheit nicht in eins mit der gegenwärtigen Ordnung der Dinge. Diese Ordnung ist das Ergebnis des göttlichen Willens und nicht das notwendige Produkt göttlicher Weisheit. Diese Unterscheidung taucht in einem Artikel (Kann Gott das tun, was er nicht tut?) der gleichen *quaestio* über die Macht Gottes auf:

> „Und weil das Vermögen als ausführend, der Wille als befehlend, Verstand und Weisheit als leitend aufgefaßt werden, so heißt es von dem, was dem Vermögen, an sich betrachtet, zugesprochen wird, Gott könne es aufgrund der absoluten Macht (secundum potentiam absolutam). Und darunter fällt alles, worin der Sinngehalt von seiend gewahrt werden kann. Von dem aber, was der göttlichen Macht zugesprochen wird, sofern sie den Befehl des gerechten Willens ausführt, heißt es, er könne es aufgrund der ordentlichen Macht (de potentia ordinata). Dementsprechend muß man sagen, daß Gott anderes machen kann aufgrund der absoluten Macht, als das, was er als seine zukünftige Tat vorher gewußt und vorher angeordnet hat." (STh I, 25, 5, ad 1)

Auf den ersten Blick ist die Wendung *potentia absoluta* von dem oben dargestellten *possibile absolute* nicht leicht zu unterscheiden. Thomas erklärt sogar an einer Stelle die *potentia absoluta* mit genau demselben Beispiel, nämlich der Aussage, die keinen Widerspruch enthält.

In dem oben erwähnten Text III Sent 1, 2, 3 erläutert Thomas zuerst, daß die göttliche Macht unter zwei verschiedenen Aspekten betrachtet werden soll, nämlich als ‚absolute Macht' und als ‚geordnete Macht':

> „In dem, was aus der Freiheit des Willens etwas bewirkt, folgt die Ausführung durch die Potenz dem Befehl des Willens und der Ordnung der Vernunft. Deshalb ist zu betrachten, wenn etwas der göttlichen Potenz zugeschrieben wird, [1] ob es der Potenz an sich betrachtet zugesprochen wird; dann wird gesagt, daß sie jenes aus ‚absoluter Macht' (de potentia absoluta) vermag; [2] oder ob es ihr in bezug auf ihre Weisheit und ihr Vorwissen und ihren Willen zugesprochen wird; dann wird gesagt, daß sie jenes aus ‚geordneter Macht' (de potentia ordinata) vermag."

Thomas weist dem, was zur ‚absoluten Macht' gehört, zwei Kriterien zu: Es ist all das, was (1.1) in sich etwas ist (omne id quod in se est aliquid) und (1.2) nicht einem Mangel an Macht nahekommt (quod in defectum potentiae non vergit). Zum ersten Kriterium heißt es bei ihm: „Ich sage aber, daß etwas in sich etwas ist, weil die Verbindung der Bejahung und Verneinung nichts ist, und weil man nichts hervorbringt, was verstanden werden könnte, wenn man sagt, ‚Mensch und Nicht-Mensch', zusammengenommen wie in der Funktion eines einzigen Ausdrucks. Darum erstreckt sich die Macht Gottes nicht darauf, daß die Bejahung und Verneinung zugleich sind. Dasselbe gilt von allem, was einen Widerspruch in sich hat." Wenn wir allein diese Erklärung betrachten, können wir nur schwer einen Unterschied zum *possibile absolute* feststellen. Wir finden aber in der Stelle CG

II, 25, die wir oben schon betrachtet haben,[25] einen Hinweis, mit dessen Hilfe das ‚auf absolute Weise Mögliche' von der ‚absoluten Macht' abgehoben werden kann. Hier sagt Thomas ganz deutlich, daß Gott, (2.1) was immer gegen die Seiendheit des Seienden ist, schlechthin (simpliciter) weder wollen noch bewirken kann. Was nicht gegen die Seiendheit ist, gehört zum ‚auf absolute Weise Möglichen'. Im Unterschied dazu kann Gott (2.2) das, was der Bewirktheit des bewirkten Seienden widerspricht, zwar bewirken oder wollen, (2.2.1) wenn man seinen Willen oder seine Potenz an sich betrachtet (si eius voluntas vel potentia absolute consideretur), nicht aber (2.2.2) wenn man sie unter der Voraussetzung betrachtet, daß hier ein entgegengesetztes Wollen Gottes vorliegt (si considerentur praesupposita voluntate de opposito). In dem zuletzt Angeführten (2.2) geht es um die Unterscheidung zwischen *potentia absoluta* und *potentia ordinata*.

Weil „alles, worin der Sinngehalt von ‚seiend' gewahrt werden kann" (STh I, 25, 5, ad 1) unter die *potentia absoluta* fällt, ist der Denotationsbereich von *possibile absolute* und *potentia absoluta* bei Gott wegen seiner Allmacht identisch. Trotzdem ist die Konnotation von beiden zu unterscheiden. Die *potentia absoluta* bleibt weiter bestehen, ungeachtet der Beschränkung des Willens oder der aufgrund der Weisheit und Güte getroffenen Entscheidungen. Die *potentia absoluta* Gottes wird in der geschaffenen Welt durch die göttlichen Eigenschaften oder die bereits getroffenen Entscheidungen eingeschränkt. Diese Einschränkung (restrictio) kann, um mit den scholastischen Logikern zu sprechen, damit verglichen werden, wie die durch die *suppositio naturalis* ausgedrückte Fähigkeit eines Terms, für alle möglichen Individuen zu stehen, im aktuellen Kontext irgendwie eingeschränkt wird. Trotzdem wird die *potentia absoluta* weiter in Verbindung mit dem Vermögen Gottes aufrechterhalten. Der Gedanke des *possibile absolute* geht im Unterschied dazu eine umgekehrte Richtung. Er beginnt bei dem Vermögen des Geschaffenen, das uns bekannter ist, und erweitert dieses bis zur unendlichen Grenze. Diese Erweiterung (ampliatio) geht über die Summe des Vermögens aller möglichen Geschöpfe hinaus bis zur reinen, logischen Möglichkeit. Am Ende wird die Möglichkeit gänzlich losgelöst gedacht von jeglichem Vermögen, und zwar auch von Gottes eigenem Vermögen, wie es in STh I, 25, 3 deutlich dargestellt ist. Hier wird ein vollständiger Wechsel der Betrachtungsperspektive vollzogen.[26]

Darum wird der Sachverhalt, in dem es um die *potentia absoluta* geht, besser ausgedrückt durch die persönliche Aussageform, während die unpersönliche Aussageform dem *possibile absolute* angemessen ist.[27] Zudem dreht es sich in der Un-

---

25 S. o. S. 154. Von dort wird die hier angegebene Zählung der Aspekte übernommen.
26 Vgl. I Sent 42, 2, 2 (s. o. S. 153).
27 Eine andere Unterscheidung zwischen dem schlechthin und bedingungslos (simpliciter et absolute) Möglichen und dem unter einer Voraussetzung (ex suppositione) Möglichen in STh III, 46, 2 steht trotz der terminologischen Ähnlichkeit mit dem *possibile absolute* inhaltlich der Unterscheidung

terscheidung zwischen der *potentia absoluta* und *potentia ordinata* vor allem um die Freiheit Gottes und die Zufälligkeit der geschaffenen Ordnung. Es geht bei der Unterscheidung des *possibile absolute* vom in bezug auf ein Vermögen gesagten Möglichen um die Bewahrung der Allmacht Gottes gegenüber dem, was er nicht tun kann. Thomas geht aber durch die beiden Aussageformen hinter das tatsächlich Existierende oder Geschehende bzw. das auf das persönliche Vermögen bezogene Mögliche zurück und erforscht die Grenzen des logisch Möglichen.

2.3 Die besondere Bedeutung der unpersönlichen Möglichkeitsaussage

In den bisher erörterten Texten betont Thomas nicht ausdrücklich einen Unterschied zwischen den Möglichkeitsaussagen der persönlichen und der unpersönlichen Form. Trotzdem ist ihm bewußt, daß der persönliche Möglichkeitsdiskurs in der Diskussion über die Allmacht Gottes einen Nachteil hat, weil er den Blick des Diskutierenden nur auf das Vermögen einer bestimmten Person lenkt. Wahrscheinlich hält Thomas den unpersönlichen Möglichkeitsdiskurs für geeigneter als den persönlichen, wenn man die Allmacht Gottes bewahren will. Denn in der unpersönlichen Aussageform wird nicht diese oder jene Sache als möglich oder unmöglich charakterisiert, sondern dieser oder jener Fall.[28]

Darum bevorzugt Thomas die unpersönliche Aussageform, wenn er die Möglichkeit bzw. Unmöglichkeit in bezug auf Gott erwähnt. An einer Stelle unterscheidet er das Mögliche, das dem Notwendigen entgegengesetzt ist, vom Möglichen, das im Notwendigen enthalten ist. Nur im letzten Sinne kann man von Gott ‚möglich' aussagen: „In diesem Sinne kann man natürlich sagen: wie es *möglich* ist, daß Gott ist, so ist es auch *möglich*, daß der Sohn gezeugt wird. (Sic autem dici potest quod, sicut Deum esse est possibile, sic Filium generari est possibile)." (STh I, 41, 4, ad 2) Hier verwendet Thomas nicht den persönlichen Möglichkeitsdiskurs (z. B. Gott kann vorhanden sein; der Sohn kann gezeugt werden), sondern den unpersönlichen; wahrscheinlich deshalb, weil er unnötige Mißverständnisse vermeiden will.[29]

---

der *potentia absoluta / ordinata* nahe. Dementsprechend wird hauptsächlich die persönliche Aussageform verwendet. Die Unterscheidung des *impossibile per se / alicui* in I Sent 42, 2, 2, ad 2 gehört auch zu dieser Gruppe.

28 Diese Unterscheidung ist in einem Grenzfall bedeutungsvoll. Vgl. die Entgegnung in CG II, 37 auf die Behauptung, daß man einen ersten Träger von Bewegung oder Veränderung vor der Schöpfung annehmen müsse und daher die Welt ewig sei (CG II, 34).

29 An der bekannten Stelle STh I, 25, 3 verwendet Thomas die passive Form, die der unpersönlichen Aussageform näher steht: „Deshalb sagt man sinngemäßer: diese [Dinge, die einen Widerspruch enthalten,] können nicht gemacht werden, als: Gott kann sie nicht machen (Unde convenientius dicitur quod non possunt fieri, quam quod Deus non potest ea facere)." Der gleiche Sachverhalt wird aber in I Sent 42, 2, 2 so ausgedrückt, daß Gott dieses nicht bewirken kann, weil diesem der

Die unpersönliche Aussageform hat gegenüber der persönlichen Form einen Vorteil, weil man damit ein Geschehen konstatieren kann, ohne anzugeben, wer oder was an diesem Geschehen beteiligt ist. Dadurch kann sich der Hörer dieser Aussage auf das Geschehen konzentrieren. Obwohl sich Thomas dieses Vorteils bewußt zu sein scheint, verwendet er selten die Form ‚possibile est' + AcI bzw. ‚... ut ...', sondern im allgemeinen die persönliche Form. Er scheint weiter unter dem Einfluß von Aristoteles zu stehen, der wegen seines metaphysischen Interesses die unpersönliche Aussageform nur am Rand seiner Betrachtung behandelt hat.[30]

Wir müssen nun noch auf die oben offengehaltene Frage nach dem analogen Verhältnis zwischen den beiden Möglichkeitsdiskursen der Unterscheidung (PP) antworten. Für Thomas fungiert der Erkenntnisordnung nach das *possibile secundum potentiam*, dem wir im Alltag oft begegnen, als das *primum analogatum* bei diesem Verhältnis. Insofern wird die unpersönliche Aussageform ‚Es ist möglich, daß — ' an die persönliche Form ‚Für *a* ist es möglich zu — ' zurückgebunden. Deshalb beginnt er sehr oft seine Betrachtung mit dem *possibile secundum potentiam* und geht erst danach zum *possibile absolute* über. Wenn Thomas aber das Verhältnis von der metaphysischen Ordnung her betrachtet, legt er dem *possibile absolute* ein besonderes Gewicht bei. Im folgenden werden wir diesen metaphysischen Hintergrund des *possibile absolute* näher betrachten.

3. Der Hintergrund der Verbindung beider Aussagen: Seinsmetaphysik

Obwohl Thomas durch die Unterscheidung (PP) ganz unterschiedliche theologische Probleme löst, versucht er weder die logische Möglichkeit, nämlich die Widerspruchsfreiheit einer Aussage, durch das Verhältnis zur entsprechenden persönlichen Aussage zu erläutern, noch die Reduzibilität beider Aussageformen zu untersuchen.

Wir finden aber bei Thomas einen wichtigen Hinweis darauf, daß beide Diskurse an und nur an dem höchsten Punkt – der Frage nach Gottes Allmacht – verbunden werden dürfen: „Von ‚Für Gott ist es möglich zu — ' kann man zu ‚Es ist widerspruchsfrei, daß — ' übergehen, und umgekehrt von ‚Es ist widerspruchsfrei, daß — ' zu ‚Für Gott ist es möglich zu — '."[31] Außer an der bekannten Stelle STh I, 25, 3 verbindet Thomas in I, 46, 1, ad 1 ausdrücklich die aktive Macht

---

Sinngehalt von ‚möglich' fehlt („Et ideo dicitur Deus hoc facere non posse, [...] quia hoc deficit a ratione possibilis").
30 Vgl. *Metaph.* Δ 12 und Θ 1-4.
31 Vgl. Jacobi, „Das Können" (Anm. 6), 19 f.

Gottes vor der Schöpfung mit der absoluten Möglichkeit, daß die Welt sei; eine Möglichkeit, die „nicht gemäß irgendeiner [Potenz] zu etwas, sondern lediglich aus dem Verhältnis der Begriffe heraus, die sich nicht widersprechen", gefaßt wird.[32] Das Zusammenfallen beider Diskurse bezüglich der Frage nach Gottes Allmacht ist die einzige Ausnahme. Für alle anderen Fragen müssen die beiden Diskurse getrennt werden. Hinter dieser Trennung steht die metaphysische Überzeugung, daß „die Wirkmacht eines jeden Dinges aus seiner Natur hervorgeht (potentia activa cujuslibet rei consequitur naturam ipsius)" (STh III, 13, 1). Für den allmächtigen Schöpfergott ist alles, was in sich keinen Widerspruch enthält, realisierbar. Jedem Geschöpf dieser Welt hingegen ist einiges möglich, was seiner Natur entspricht, anderes unmöglich, was seiner Natur widerspricht.[33] Für die Geschöpfe fallen darum der persönliche und der unpersönliche Möglichkeitsdiskurs sehr oft auseinander.

Diese Trennung wird noch einmal bestätigt, indem Thomas in der Diskussion über die Seele Christi die beiden Diskurse klar unterscheidet. Natürlich weist Thomas der Seele Christi einen besonderen Status zu, weil sie das Vermögen der normalen menschlichen Seele weit übertrifft. Trotzdem kann die Seele Christi, die nur ein Teil seiner menschlichen Natur ist und der als Geschöpf nur begrenzte Macht gegeben ist, nicht mit der göttlichen Natur, die „das unbegrenzte Sein Gottes selbst ist" (STh III, 13, 1), identifiziert werden. Im Gegensatz zur Macht Gottes, die sich auf alles erstreckt, was am Sein teilhaben kann, und in der die beiden Diskurse zusammenfallen, kann die Seele Chisti „manches, was nur eine unendliche Macht zu wirken vermag, wie die Schöpfung und ähnliches" (III, 13, 1, ad 2),[34] nicht bewirken. Darum darf man für alle Geschöpfe (= a), denen nur begrenzte Macht gegeben ist, nicht von ‚Für a ist es möglich zu — ' zu ‚Es ist möglich (widerspruchsfrei), daß — ' übergehen. Hier ist bemerkenswert, daß Thomas immer das logisch Unmögliche, Widerspruchsvolle mit dem Sinngehalt von ‚seiend' erklärt: „Dem Sinngehalt von ‚seiend' steht aber der Gegensatz von ‚seiend', nämlich ‚nichtseiend', entgegen. Gott vermag also alles, was in sich nicht den Sinngehalt von ‚nichtseiend' enthält. Das aber ist der Fall bei dem, was Widerspruch in sich schließt." (CG II, 22)

Das, was widersprüchlich ist, kann nicht die Natur des Seienden besitzen. „Was in sich zugleich und in derselben Hinsicht Sein und Nichtsein impliziert (quod implicat in se esse et non esse simul)" (STh I, 25, 3), ist in sich Unmögliches. Dabei definiert Thomas unter Rückgriff auf Aristoteles die logische Möglichkeit mit Hilfe der ontologischen Begründung.[35] Die logische Möglichkeit im widerspruchsfreien

---

32 Vgl. STh I-II, 40, 3, ad 2; *Die Deutsche Thomas-Ausgabe*, Bd. 4, Salzburg / Leipzig 1936, 418.
33 Vgl. STh I, 25, 3; CG II, 25; I Sent 7, 1, 1; STh I, 105, 2, ad 3.
34 Dazu gehören auch das Entstehen und Vergehen der Geschöpfe (STh III, 13, 2) und die Auferstehung des Leibes und andere wunderbare Geschehnisse (STh III, 13, 4). Diese konnte die Seele Christi nicht aus eigener Kraft bewirken, sondern nur als Werkzeug Gottes. Vgl. STh I, 45, 5, ad 3; I, 65, 3, ad 3.
35 Vgl. STh I, 25, 3.

Denken entspricht bei Thomas der ontologischen Widerspruchsfreiheit im wirklichen Sein der Dinge.

Thomas geht aber noch über Aristoteles hinaus und identifiziert diese absolute, logische (innere) Möglichkeit mit der Allmacht Gottes, weil er denkt, daß die Kraft Gottes die wesentliche Ursache des Seins ist. Für ihn ist das Sein die eigentliche Wirkung der Kraft Gottes, die ja in seinem unendlichen, vollkommenen Wirklich-Sein liegt.[36] Da das Sein Gottes also unendlich ist und Gott durch sein Wesen, das unendlich ist, wirkt, kann seine Macht nur unendlich sein.[37] Daher besitzt das auf absolute Weise Mögliche für Thomas kein anderes ontologisches Fundament als das göttliche Wesen selbst. Es existiert als solches nur im Denken Gottes.[38]

Thomas lehnt wahrscheinlich die Behauptung, daß Gott das Widerspruchsvolle verwirklichen kann, ab, um einen vollständigen Agnostizismus zu vermeiden. Gott hat nach Thomas die menschliche Seele mit dem Licht des Verstandes ausgestattet und ihr die Erkenntnis des ersten Prinzips gegeben, das ein Keimgrund für die Wissenschaften ist.[39] Dieses erste fundamentale Prinzip des Denkens ist sowohl bei Aristoteles als auch bei Thomas das Widerspruchsprinzip.[40] Eine Ablehnung dieses Prinzips nähme unseren Worten jegliche Bedeutung, höbe alle Verschiedenheit zwischen den Dingen auf und löschte alle Wahrheit bzw. alle Gedanken aus.[41] Durch die Verwirklichung des Widerspruchs wäre das Grundgesetz unseres Denkens aufgehoben, und wir müßten in Agnostizismus verfallen. Thomas ist der festen Überzeugung, daß der Schöpfergott unsere Suche nach dem Fundament der Wahrheit unseres Denkens nie durch seinen eigenen Akt scheitern lassen würde.

Im übrigen ist, „was [zugleich] ist und nicht ist, [...] weder seiend noch nichtseiend" (I Sent 42, 2, 2) und dadurch in sich Auflösung des Seins. Wenn Gott ein Sein, das zugleich Nichtsein wäre, schaffen müßte, würde er „die Seinsquelle, das Nichtsein als etwas für sich Bestehendes hinstellen und Grund seiner eigenen Auflösung werden".[42] In den bisher betrachteten Texten verbindet Thomas ständig die logische Möglichkeit im widerspruchsfreien Denken mit der ontologischen Widerspruchsfreiheit. Thomas scheint aber mehr Interesse an der ontologischen als an der logischen Möglichkeit zu haben.

---

36 Vgl. CG II, 21-22; STh I, 25, 3. Aufgrund seiner eigenen, unbegrenzten Wirkung besitzt Gott auch die Vernunfterkenntnis, in der die Welt schon vor ihrer Schöpfung ohne Widerspruch gedacht ist, sowie den allmächtigen Schöpfungswillen.
37 Vgl. STh I, 25, 2.
38 Vgl. STh I, 15, 1; I, 16, 7; Ver 2, 3, 3; Quodl 8, 1.
39 Vgl. Ver 2, 1, ad 5.
40 Siehe dazu L. J. Elders, *Die Metaphysik des Thomas von Aquin in historischer Perspektive, I. Teil: Das ens commune*, Salzburg / München 1985, 115-121 und die dort angegebene Literatur.
41 Vgl. Aristoteles, *Metaph.* Γ 3 ff.
42 *Die Deutsche Thomas-Ausgabe*, Bd. 2, Salzburg / Leipzig 1934, 415.

4. Bewertung von Thomas' Überlegungen

Thomas unterscheidet im Gegensatz zu Aristoteles klar zwischen den beiden Möglichkeitsdiskursen der Unterscheidung (PP). Dies ist schon ein großer Schritt für die weitere Entwicklung. Zudem versucht er das Verhältnis beider Diskurse zu erklären, indem er durch seine Seinsmetaphysik die bereits unterschiedenen Diskurse wieder in Verbindung bringt. Es scheint, daß für Thomas das ‚ist' in der unpersönlichen Möglichkeitsaussage nicht nur ein mitbezeichnendes Wort ist, sondern auch auf die Allmacht Gottes hinweist, der sowohl die Verwirklichung des tatsächlich Seienden als auch die Wahrheit jeglicher Aussage bestätigt. So bringt Thomas in profunder Weise die ontologische Möglichkeit, die mit der Seinswirklichkeit Gottes in eins zusammenfällt, auch mit der logischen Möglichkeit der Widerspruchsfreiheit in Gottes Erkenntnis zur Deckung.

Thomas geht aber nicht so weit, den synthetischen Aufbau der realen Möglichkeit aus der logischen Möglichkeit zu versuchen, wie spätere Autoren dies tun.[43] Thomas hat wie immer kein großes Interesse an der Vervollständigung eines logischen Systems.[44] Wie oben dargestellt, geht er ziemlich frei von der logischen zur metaphysischen Betrachtung der Möglichkeit und umgekehrt von der metaphysischen zur logischen über.[45] Wenn er eine systematische Erklärung der Möglichkeitsaussage geben wollte, wäre dieser sich hin und her bewegende Erklärungsstil gar nicht geeignet und eher verwirrend. Er beabsichtigt dies aber nicht und begnügt sich zunächst damit, daß er für die wichtigen Glaubenssätze durch verschiedene Unterscheidungen wie die Unterscheidung (PP) u. ä. verdeutlichen kann, inwiefern diese Sätze wahr und unter welchem (Miß-)Verständnis sie vielleicht auch falsch sind. Wenn es möglich ist, versucht er durch die Umformung der Aussage Mißverständnisse zu vermeiden.

Zu diesem Zweck beginnt Thomas seine Unterscheidung oft mit der Betrachtung des Vermögens, das entweder das Geschöpf oder Gott besitzt. Auf dieser Stufe gebraucht er oft die persönliche Aussageform. Dieses Verhalten entspricht seiner gewöhnlichen Haltung, immer mit konkret Erfahrbarem zu beginnen, aber dann über dieses hinauszugehen zu versuchen. Von dieser weltlich gegebenen Möglichkeit als dem ‚für uns Bekannteren' führt ein Erkenntnisweg zur logischen Möglichkeit als zur letzten Voraussetzung der ersteren. Dieser Voraussetzung eignet der

---

43 Siehe dazu Klaus Jacobi, Art. „Möglichkeit", in: Hans-Michael Baumgartner (Hg.), *Handbuch philosophischer Grundbegriffe*, Bd. 4, München 1973, 940-946.
44 Vgl. Seung-Chan Park, *Die Rezeption der mittelalterlichen Sprachphilosophie in der Theologie des Thomas von Aquin. Mit besonderer Berücksichtigung der Analogie*, Leiden / Boston / Köln 1999, 27-45; 470-471.
45 Vgl. CG II, 22; 25; 37; I Sent 42, 2, 2, obj. 2.

unpersönliche Möglichkeitsdiskurs, der keine Bindung an ein bestimmtes Vermögen hat. Die Grenze, die durch die persönliche Aussageform in die Überlegungen einbezogen wird, wird hier erweitert und schließlich übersprungen.

Thomas wußte aber wahrscheinlich, daß der unpersönliche Möglichkeitsdiskurs für den Menschen nicht im absoluten Sinne gebraucht werden kann. Auch wenn dieser Diskurs den unbegrenzten Wunsch des Menschen, über das Gegebene hinauszugehen, richtig zum Ausdruck bringen kann, kann der Mensch niemals diesen Wunsch so erfüllen, wie Gott ihn durch seine Allmacht erfüllen kann. Wenn wir sagen ‚Es ist möglich, daß Menschen einmal dies oder jenes tun werden', sprechen wir über mögliche Menschen, welche weit über die Grenze der jetzt wirklichen Menschen hinausgehen könnten. Trotzdem können wir dies nur als die Erweiterung dessen verstehen, was wir über wirkliche Menschen und ihre Fähigkeiten wissen.

Andererseits ist die Verwirklichung der menschlichen Wünsche nicht nur von Fähigkeiten und Eignungen des betroffenen Menschen, sondern auch von Situationen und vielen anderen weiteren Faktoren abhängig. Sogar das absolute Vermögen Gottes wird durch innere Faktoren wie seinen Willen und seine Güte und Barmherzigkeit näher bestimmt. Das Vermögen des Menschen wird unvergleichlich viel stärker – nicht nur durch die inneren, sondern auch durch die äußeren Faktoren – eingeschränkt. Deshalb ist hinsichtlich der Geschöpfe, auch des Menschen, die Umformung der persönlichen zur unpersönlichen Aussageform und umgekehrt immer mit Bedacht zu vollziehen.

Für Thomas war der unvergleichlich große Unterschied zwischen Gott und dem Geschöpf so wichtig, daß er ihn durch die Unterscheidung (PP) noch einmal verdeutlichen wollte. Ihm wäre der Versuch, von der absoluten, logischen Möglichkeit ausgehend eine allgemeine Lehre der realen Möglichkeit zu konstruieren, als Anmaßung und Verfehlung des Denkens erschienen.[46] Für Thomas ist der Begriff des *possibile absolutum*, der die Grundlage des unpersönlichen Möglichkeitsdiskurses bildet, nur der der Allmacht Gottes korrespondierende Begriff, welcher sich auf mehr als jegliche Macht des Menschen erstreckt. Deshalb macht Thomas diesen Begriff zum Fundament jeder ontologischen Möglichkeit, aber nicht zum Fundament seiner eigenen Metaphysik.

---

46 Vgl. Jacobi, „Möglichkeit" (Anm. 43), 940.

"Art" and Possibility:
The Rule Concerning Possibility in the *Ars lulliana*

Charles Lohr

Scholastic science was built on the idea of unveiling a truth already possessed, but hidden. Thomas Aquinas thus attempted to arrange revealed Catholic truth on the model of an Aristotelian deductive science. But in the late thirteenth century a new understanding of science began to appear – science as knowledge not of something possessed, but as knowledge of something possible, something to be sought for, to be produced through human *operatio*. One of the most significant figures in the change from Aristotelian "science" to the notion of an "art" as the model for the understanding of truth was that of the Majorcan thinker Ramon Lull († 1316). The notion of truth as something not possessed, but to be sought after, appears in his earliest work:

> "Quicumque vult alicuius cognoscere veritatem, oportet ipsum primo adhibere fidem in eo, cuius veritatem scire desiderat. Et primo per fidem decet investigationem incipere, affirmando semper illud, quod investigare vult, esse *possibile*. In principio enim nullo modo debet eius *impossibilitas* affirmari. Quod si fieret, intellectus non potest ulterius ad veritatem investigandam procedere. Nam qui in principio negat, intellectus eius quasi caecatus nihil videt.
> Talem enim usum infideles consueverunt habere, non credentes esse sanctam trinitatem in Deo, nec ipsum fuisse in sancta Maria virgine incarnatum. Quoniam autem in rationis principio negant, quod debent credere, vel de quo saltem dubitare possent, intellectus eorum non habet, cum quo ulterius possit procedere in investigando illud, quod reperire posset; nisi *impossibilitas* credita in disputationis principio eius impediret veritatem. Ideoque ipsos dubitare melius esset. Propter dubitationem enim illud, quod est *possibile*, demonstratur. Nam intellectus ex dubitatione ad investigationem veritatis resultat.
> Ista autem regula debet omnibus esse grata. Per ipsam enim potest Deus creator omnipotens intelligi, diligi et cognosci, qui debet prae cunctis timeri, nec non ab omnibus venerari." (*Compendium logicae Algazelis*: Additiones de theologia, De investigatione veritatis [ed. Lohr, no. 8.05])[1]

This rule (*regula*) concerning the investigation of the possibility of the Christian doctrines of the Trinity and Incarnation is found among the *Additiones de theologia*

---

1 C. H. Lohr, *Raimundus Lullus' Compendium logicae Algazelis: Quellen, Lehre und Stellung in der Geschichte der Logik*, Diss. Freiburg i. Br. 1967.

appended to Ramon Lull's *Compendium logicae Algazelis*. The *Compendium* itself can be dated to about 1271/2 in Montpellier, but the *Additiones* seem to have been made some time before the revision of his "Art", made *ad consolationem scholarium*. This revision resulted in the *Ars inventiva veritatis*, composed about the year 1290 also in Montpellier. The rule cited contains many of the ideas basic to Lull's thought, his understanding of the investigation of truth, his notion of *fides*, the systematic doubt with which true philosophy begins, and most fundamentally the place of possibility in his Art.

The *regula* cited is to be understood, in accordance with the medieval – and, as we shall see, basically Aristotelian – notion of an art (not in the sense of one of the fine arts,[2] but) as part of a system of "precepts" and "rules" according to which a given end may be attained. Lull seems clearly to have known Aristotle's distinction of the disciplines concerned with knowing, doing, and making, particularly as it was developed in the Arabic tradition. Aristotle developed his conception of these disciplines in his treatment of the intellectual virtues in *Ethica Nicomachea* VI 3-5. He understood "science" as the knowledge of syllogistically demonstrated conclusions. The intellectual assent to the principles on which these conclusions were based he called "insight". It was this understanding of "science" which – for apologetic reasons – medieval Scholasticism adopted for Christian theology and philosophy. But whereas for Aristotle "science" is concerned with the knowledge of the universal essences of unchangeable and eternal things, the disciplines he described as concerned with doing and making deal with the possible, with things capable of being other than they are. Aristotle called the reasoned capacity to do the things that are good for man "prudence"; he called the reasoned capacity – architecture, for example – to make things – a house – "art". "Art" and "prudence" are forms of practical knowledge, both seeking something which does not exist, but can be. The end sought was important in this context because it was the different ends of acting and making that led Aristotle to distinguish between prudence and art. In making, something is produced – a house or a chair, for example – which is itself for the sake of something else – for dwelling or sitting. In acting, there is no product other than the prudent action itself performed for its own sake.[3]

Technical knowledge – dealing with making – is defined as a virtue only with respect to production. Although it aims at perfection, the level of technical skill is always limited; for instance, by the material being worked on. Here we encounter

---

[2] Cf. P. O. Kristeller, "The Modern System of the Arts", in: *Journal of the History of Ideas* 12 (1951), 496-527; 13 (1952), 17-46.

[3] Cf. Aristoteles, *Nikomachische Ethik VI*, ed. and trad. H.-G. Gadamer, Frankfurt a. M. 1998, and K. Ulmer, *Wahrheit, Kunst und Natur bei Aristoteles: Ein Beitrag zur Aufklärung der metaphysischen Herkunft der modernen Technik*, Tübingen 1953.

an important distinction between two types of art. It arises because of the difference between art and nature. Whereas nature brings forth change of itself, the origin of the change produced by the "artist" lies in the producer and his knowledge. For this reason, Aristotle distinguished – in *Metaphysica* VII 9 (1034a 8-30) – two forms of art, according as whether the change involves natural change or not. The material which forms the basis of technical production is such that it either can or can not move itself. If the material (say, wood or stone in building a house) can not move itself, an extrinsic principle (an architect) is necessary for the production of the form (of a house). The house can not produce itself without an "artist". But if the material is capable of producing the change of itself, the active principle of the change is already present in the subject as its nature. The nature is an intrinsic principle which can develop and change itself. The product of the change (say, health in medicine) can emerge without the "artist" (the physician); it can be produced by nature alone. Health is a product of nature; the medicines which the art of the physician uses to heal simply help to restore the *natural* balance of the bodily humors.[4] It was this second sense of "art" which Ramon Lull took up as the model for the *Ars lulliana*.

In the medical tradition this latter type of art came to be known as an "*ars coniecturalis*" (Celsus, 1 praef., 2, 6 fin.). The nature of those things having a principle of change in themselves lies in the form by which they are constituted. The term "nature" should be understood here in the sense of a dynamic process. In this sense, nature does not mean simply the principle, but rather also the end, of the activity – an end which it seeks to approach, ever more closely (*Physica* II 2 [193b 12-18]). The form which is the origin of the change – the nature – is itself the goal of the change – the fullness and perfection of the essence of the thing. Rather than speaking of nature as a static principle of activity, one should speak of it as a "bridge to nature" – a bridge rendering an estimate, a "conjecture", necessary because the end of the activity is an ideal, approached ever more closely, but never attained.[5] Galen used the "canon" (rule, i. e. *regula*) of Polycleitos as an example of nature's way of working in healing (*Ars medica* cap. 14 [Kühn 341-343]). He compared the balance and symmetry produced by nature with the artist seeking the best possible organization of its subject through its victory over matter. He saw nature as a workman, a maker in a creative process. Nature is the immanent agent, bringing the form of

---

[4] In the Renaissance these distinctions were debated at great length. See H. Mikkeli, *An Aristotelian Response to Renaissance Humanism. Jacopo Zabarella on the Nature of Arts and Sciences*, Helsinki 1992. In tracing the history of the idea of art, the Stoic contribution is seen as the origin of the notion in N. Gilbert, *Renaissance Concepts of Method*, New York 1960, and the Aristotelian idea unfortunately neglected.

[5] Cf. F. Kovacic, *Der Begriff der Physis bei Galen vor dem Hintergrund seiner Vorgänger*, Stuttgart 2000. Galen's works are edited by C. G. Kühn, *Claudii Galeni Opera omnia*, Leipzig 1821-1833 (repr. Hildesheim 1964-1965).

health, which is adumbrated in man's abstract essence, to concrete realization. The ideal goal of nature is the realization of the canon, the best possible organization of parts in balance, symmetry and proportion. In its course it follows a complex of rules, but because of the torpor of matter, it can only ever more closely approach, but never reach its goal.

Aiming at the production of things, the practical disciplines which are called "arts" by Aristotle take as their point of departure the end or purpose of an action and seek to discover the means and principles by which this end may be attained. Beginning with the knowledge of the ultimate end sought, and progressing first to a generic, then to a specific knowledge of the principles and means necessary to attain the desired end, and finally to the particular, individual things to be attained, the arts consist of a system of "precepts" and "rules" according to which a given end may be reached.[6] This is the sense in which the term *regula*, used here by Lull, is to be understood.

The medieval Arabic tradition made great advances in developing this conception of the arts. Already in the tenth century, al-Fârâbî, in his *Catalogue of the Sciences*, understands the traditional seven liberal arts in two ways, first as "sciences", and then as "arts".[7] In the medical tradition, this conception was also used to clarify the status of the discipline. At the beginning of his famous *Colliget*, Averroes, the great Muslim Peripatetic of the twelfth century in Spain, defined the art of medicine, for example, as "an operative art, taking its departure from true principles, in which the preservation of the health of the human body is sought [...] to the extent possible for each body". Averroes tells us that in all the practical arts three things must be considered: the subject, the end sought, and the instruments necessary to attain the end in the subject in question.[8]

---

[6] Hippocrates formulated various "precepts" (παραγγελίαι) to be observed by physicians in visiting a patient (*Works* I 305 [Loeb]). Aristotle used the same word in connection with matters of health and conduct (*Ethica Nic.* II 2 [1104a 4-9]); he spoke also of κάνων (V 10 [1137b 30]) and πρόσταγμα (III 12 [1119b 12-14]). At the close of antiquity, "precepts" and "rules" are joined in the definition of art given by Isidore of Seville: "Ars vero dicta est, quod artis praeceptis regulisque consistat" (*Etymologiae* I 1 2 [Lindsay]). Isidore distinguished between science (he says "disciplina") and art as did Aristotle: "Inter artem et disciplinam Plato et Aristoteles hanc differentiam esse voluerunt, dicentes artem esse in his, quae se et aliter habere possunt; disciplina vero est, quae de his agit, quae aliter evenire non possunt; nam quando veris disputationibus aliquid disseritur, disciplina erit; quando aliquid verisimile atque opinabile tractatur, nomen artis habebit" (I 1 3).

[7] Cf. Al-Fârâbî, *Catálogo de las ciencias*, ed./tr. A. González Palencia, Madrid/Granada 1953.

[8] "Dicimus, quod ars medicinae est ars operativa, exiens ex principiis veris, in qua quaeritur conservatio sanitatis corporis humani et remotio suae aegritudinis, secundum quod possibile fuerit in quolibet corpore. [...] Et quia artes practicae – inquantum sunt artes – continent tria, primum est scire loca suorum subiectorum, secundum est scire finem quaesitum ad adducendum ipsum in locis subiecti, tertium est scire instrumenta, cum quibus valeamus ducere finem illum in locum illius subiecti." (*Averrois Colliget*, I. Summa libri de anatomia, De definitione medicinae, Cap. 1 [Aristotelis opera cum Averrois commentariis, 10 vols., Venezia 1562-1570, repr. Frankfurt a. M. 1962, vol. X, f. 3r-4r])

Aristotle had written that if someone wishes to become a perfect master of an art, he must begin with the universal and then turn to the knowledge of particulars, the knowledge of this or that thing. He used the example of the physician, who must first know the universal principles necessary to cure an illness, and then he must know how to apply them to this individual person (*Ethica Nic.* X 9 [1180b 20]). Averroes made this note the basis of his treatment, declaring that he would begin with universal things and then proceed to particulars, employing rules formulated for the purpose.[9]

Averroes distinguished two types of medical knowledge: a first – speculative or theoretical – type, dealing ("scientifically") with the causes of health and illness, and a second – experiential – type of knowledge which deals with various medicines and the seemingly occult powers of medicinal compounds necessary to attain their ends. Whereas he identified the speculative part of medicine with natural philosophy as dealing with sickness and health in their ultimate causes, he saw the practical "artist" as limited to experiential knowledge and working with matter not easily dominated. The physician has to take the "principles" of his art from the speculative physician and the "rules" of his art from experience. Averroes structured his *Colliget* in accordance with this distinction, as he explained at the beginning of the work.[10]

In the practical art of medicine the "artist" learns by experience how to apply the various medicines in concrete, individual cases. But because of their great variety and because of the seemingly occult workings of their compounds, it is impossible to know with certitude the powers of many medicines. The practical physician who strives by means of his art to judge the effects worked by nature can only have knowledge which is probable. He approaches truth by estimate and conjecture only. He must be guided by the speculative philosopher and, in dealing with the great variety of medicines, needs long experience. Averroes cited Hippocrates' aphorism, *Vita brevis, ars longa*.

---

9 "Compilavi istum librum universalem et vocavi nomen suum *Colliget*, eo quod incoepi in eo ordinem doctrinae a rebus uniuersalibus et ab illis procedam quousque deveniam ad particularia. Sicut fit in doctrina trium specierum compositionum secundum quod est declaratum supra primo Physicorum, ita feci in isto libro, quod ego primo consideravi comprehendere universales regulas huius scientiae et postea intendi ire ab illis ad membra sua et ad partes suas." (Averrois *Colliget*, prooem. cap. 1 [ed. cit. f. 1r-v])

10 "Dicamus, quod aliquid huius artis est speculativum, et illud est eius scientia naturalis. Et aliquid eius est practicale. Et pars practicalis est ars medicinarum experimentalis […]. Sed theoricalis plurimum est accepta a causis sanitatis et aegritudinis, et maxime a causis multum remotis, sicut sunt elementa et similia. […] Et ab arte medicinae experimentali disces cognoscere virtutes plurium medicinarum. […] Sed via artis medicinalis ratiocinativa est ad dandum causas rerum, quas nobis invenit ars medicinalis experimentalis. […] ideo oportet eum [artificem] recipere illa principia artis suae ab illo loco, in quo sunt magis nota, et maxime principia, quorum omnes partes sciri non possunt secundum certitudinem, sicut est experientia medicinarum." (Averrois *Colliget*, I. Summa libri de anatomia, De definitione medicinae, cap. 1 [ed. cit. f. 3r-4r])

The medieval medical tradition developed a methodology for these two processes, using the now familiar terminology of "precepts" and "rules". The universal principles applying to all cases were designated as "precepts" (*praecepta*) or "principles" (*principia*) and the means of arriving at the desired end in particular cases "rules" (*regulae*), as Arnau of Vilanova explains in his *Amphorismi de gradibus*, a treatise on the degrees of intensity in the operation of compound medicines. Rules in medicine, through which the intellect may attain truth to the extent possible, have, he tells us, to do with specific applications, but are based on theorems, that is, the conclusions deduced from the certain principles of medicine. The rules are meant to aid the intellect in its approach from merely probable, experiential knowledge on its way to production of some work. A "rule" in an art is a statement which regulates the estimates, the conjectures, necessary for the artist as he approaches balance and symmetry in the end sought.[11]

Although Scholasticism from the time of the fourth Lateran Council had generally ignored these distinctions, Ramon Lull was, through his knowledge of the Arabic tradition, well acquainted with this methodology and in his *Ars inventiva veritatis* (about 1290) made a first attempt to formulate rules for attaining the end sought in his Art.[12] The *Ars inventiva* sought to work his idea of the investigation of truth into the Art which he had first developed in his *Ars compendiosa inveniendi veritatem* (c. 1274 in Majorca) and *Ars demonstrativa* (c. 1283 in Montpellier). These Arts were meant to be general and to apply not only to medicine, but to theology as well and to all the other disciplines, understood as arts. All of them presuppose the reality of the vast realm of possible things described in Lull's *Liber chaos*, an idea taken by Lull from the great Sufi mystic, Ibn al-'Arabî.[13] All of these Arts reflect the idea of "artistic" knowledge as the capacity to make or produce things out of the realm of the possible. From the time of the *Ars inventiva* Lull called the precepts "principles" and used the second two distinctions (the third two in later revisions) of his Arts to enumerate the principles as well as the rules,

---

11 "Artifex igitur, qui per extrinsecum principium, scilicet artem, nititur de intrinsecis naturae effectibus iudicare, non potest de talibus habere notitiam nisi probabilem, quae procedit per aestimationem appropinquantem veritati, quantum possibile est rationi humanae. [...] Id autem, quod aestimationem artificis regulat in appropinquando ad veritatem, est artis regula. Propter quod etiam, quia aestimatio regulatur per artem in talibus, artificialis censetur. Ars autem procedit semper ex his, quae circa suam materiam certiora sunt, nam incerta probari non possunt nisi ex his, quae aliquo modo certitudinem habent, unde non est ars, quae non inchoat ex certis principiis." (Arnaldus de Villanova, *Amphorismi de gradibus*, prooemium [M. R. McVaugh, ed., Arnaldi de Villanova Opera medica omnia: II. Amphorismi de gradibus, Granada / Barcelona 1975, 145 f.])

12 Cf. J. M. Ruiz Simon, *L'art de Ramon Llull i la teoria escolàstica de la ciència*, Barcelona 1999.

13 Cf. C. H. Lohr, "The Arabic Background to Ramon Lull's Liber Chaos", in: *Traditio* 55 (2000), 159-170; id., "Chaos-Theory according to Ramon Lull", in: *Festschrift Jocelyn Hillgarth* (forthcoming). For Ibn al-'Arabî's teaching see W. C. Chittick, *Ibn al-'Arabî's Metaphysics of Imagination. The Sufi Path of Knowledge*, Albany NY 1989, and id., *The Principles of Ibn al-'Arabî's Cosmology. The Self-Disclosure of God*, Albany NY 1998.

Distinction II being *de principiis* and Distinction III *de regulis*. A rule is defined accordingly: "*Regula* est quaedam utilis ordinatio ex necessariis principiis procedens tamquam via compendiosa seu medium veniendi ad finem optatum." (*Ars inventiva veritatis*, Dist. III de regulis)

In the *Tabula generalis* (1293 Tunis – 1294 Naples), a work developing the combinatoric which should combine these principles and rules, Lull expanded this definition to bring out more clearly the role of the rules in the descent from the general principles to the possible special cases.[14] In the *Ars inventiva* Lull had listed nine rules of which the first asserts – as in the *Compendium logicae Algazelis* cited above – the necessity in any investigation of first affirming – "supposing" is the term used – the possibility of that which is being investigated. The rules begin with possibility and ascend – as always in Lull's work – to the superlative degree – the perfect balance and symmetry – of the end sought. We list the nine rules given at this stage in the development of the Art to describe the steps necessary for the attainment of the end sought:

> "*Regulae* quidem huius Artis multae sunt, quidquid enim est in hac Arte, stat tamquam *regula* perquirendi et inveniendi medium solutionis. Quod quamvis ita sit, nihilominus in hoc praesenti opere novem *regulas* ordinamus, ut etiam per eas perpendat artista levius inquirere et de quaesitis iudicium invenire ac ipsas allegare. – Prima quidem istarum *regularum* est de *suppositione* [possibilitatis] [...] Secunda est de modo essendi et intelligendi [...] Tertia de investigatione [...] Quarta de specificatione generali [...] Quinta de contradictione [...] Sexta de necessario et contingentia [...] Septima de demonstratione [...] Octava est de punctis transcendentibus [...] Nona et ultima est de maioritate finis [...]." (*Ars inventiva veritatis*, Dist. III de regulis)

The *Tabula generalis* takes a further step in the development of Lull's Art in the direction of a general art, applicable to all the philosophical and theological disciplines. In the *Tabula* Lull substitutes for the rules of the *Ars inventiva* nine new rules, meant to categorize the particular things which will be discovered in the phenomenal world. The *Tabula* begins with possibility and continues with rules based on the Aristotelian table of categories:

> "Haec distinctio est divisa in decem *regulas* generales, ad quas omnia reduci possunt [...]. (1a) Regula ista est de *possibilitate* [...] (2a) Regula ista est de quidditate [...] (3a) Regula ista est de materialitate [...] (4a) Regula ista est de formalitate [...] (5a) Regula ista est de quantitate [...] (6a) Regula ista est de qualitate [...] (7a) Regula ista est de temporalitate [...] (8a) [...] cognitio de loco [...] (9a) regulat ad investigandum modos entium [...] (10a) Regula ista ostendit instrumenta quae in entibus naturalibus et artificialibus existunt [...]." (*Tabula generalis*, Dist. III de regulis)

---

14 "Ista tertia distinctio est de regulis, et est regula utilis ordinatio ex necessariis principiis procedens, tanquam via compendiosa seu medium veniendi ad finem optatum, vel regula est abbreviata et utilis comprehensio ex generalibus principiis coadunata, in qua specialia, quae desiderari appetunt et sciri, designantur." (*Tabula generalis*, Dist. III de regulis)

The *Logica nova* (Genoa 1303) takes this development a step further, formulating the rules as ten questions which bring out more clearly the interrelations existing between the possibility of an end and the categories associated with its production. The questions ask something which one does not understand, but wants to understand – the way to the end to be produced as it enters the phenomenal world through the methods of the Art:

> "Quaestio est petitio ignota. Hoc est petere aliquid, quod homo non intelligit, sed intelligere diligit. [...] Quaestio autem in decem partes generales dividitur, secundum quod in Arte generali dicitur. Partes vero sunt hae: (1) utrum, (2) quid est, (3) de quo est, (4) quare est, (5) quantum est, (6) quale est, (7) quando est, vel quando fuit, aut quando erit, (8) ubi est, (9) quomodo est, (10) cum quo est. Et secundum istos decem modos omnes quaestiones fiunt. Et idcirco dicuntur *regulae* generales quaestionandi." (*Logica noua*, I 6 De quaestione [Raimundus Lullus, Die neue Logik / Logica nova, ed. C. H. Lohr, trad. V. Hösle and W. Büchel, Hamburg 1985])

This list reflects again Lull's indebtedness to Arabic thinking about the various arts. Because Arabic logic had begun to develop methods applicable not only to demonstrative science, but also to "artistic" production, nine fundamental questions: *utrum, quid, qui, quare, quantum, quale, quando, ubi, quo modo*, were substituted for the four questions of Aristotle's *Analytica posteriora* (II 1 89b 23-25). Lull probably first encountered these nine questions as they are treated at the beginning of the logic of Ibn Sab'în's *Budd al-'ârif* (Lator 5-14). Lull's questions (*Logica nova* I cap. 6) match those of Ibn Sab'în with but two exceptions. Lull substitutes a question *de quo* for the question *qui* which is found in Ibn Sab'în. He adds the question *cum quo* to Ibn Sab'în's *quo modo*, possibly as the result of reflection on Ibn Sab'în's notes on "being with" and "being in" which conclude his treatment of the categories. Ibn Sab'în's own source for the doctrine is the tract on logic in the *Encyclopaedia* of the Ikhwân al-safâ' (Dieterici IV 5-10), where they seem first to have been introduced. To the discussion of the questions the Ikhwân have added remarks on the order in which the questions are to be asked and their applicability to God.[15]

Lull's substitution of the categories, formulated as questions, for the rules of the *Ars inventiva* dates from about the time of the *Tabula generalis*. The idea was worked into the alphabet of the Art in the *Ars compendiosa* (1298). The rules corresponding to the categories are formulated explicitly as questions in the *Logica*

---

15 Cf. S. Lator, Die Logik des Ibn Sab'în von Murcia, Diss. Rome 1942. For Lull's dependence on Ibn Sab'în especially in the doctrine of the questions, see C. H. Lohr, "Christianus arabicus, cuius nomen Raimundus Lullus", in: *Freiburger Zeitschrift für Philosophie und Theologie* 31 (1984), 57-88, and M.-Th. and D. Urvoy, "Un 'penseur de frontière' en Islam: Ibn Sab'în", in: *Bulletin de littérature ecclésiastique* 98 (1997), 31-55. For the teaching of the Ikhwân al-safâ' see *Die Logik und Psychologie der Araber im 10. Jahrhundert n. Chr.*, trad. F. Dieterici, Leipzig 1868.

nova. The *Ars generalis ultima* (1305 Lyon – 1308 Pisa) represents the final stage of this development:

> "*Regulae* sunt decem, scilicet: Vtrum, quid, etc., ut [...] iam significatum est. Istae *regulae* sunt decem quaestiones generales, per quas oportet esse omne quaesitum. [...] Omnes aliae quaestiones praeter istas huius Artis, quae fieri possunt, includuntur in ipsis decem, et etiam ad ipsas quidem reducuntur." (*Ars generalis ultima*, Pars IV de regulis)

Through the substitution of the categories for the earlier rules of the *Ars inventiva* Lull was able to relate his discussion of possibility and impossibility to his distinctions of faith and understanding, doubt and certitude, affirmation and negation in his approach to reality. Lull had long recognized that the Aristotelian syllogism was formulated for the Aristotelian "sciences" and that it was not an apt instrument for proof in an "art". But he only began, about the time of the *Logica nova*, consciously to reject the syllogism in favor of a new method – a *novus modus demonstrandi* – based not on the classes on which the syllogism is based, but rather on the impossibility of the contradictory to his thesis. Lull seems not to have attempted to treat the concepts of possibility and impossibility ontologically, but rather to have defended the use – in art – of propositions of possibility as suppositions (*suppositiones*) or hypotheses, tentative judgements (*dubitationes*) of the intellect and conclude to their truth by excluding their contradictories. The substitution of the questions based on the categories for the earlier rules of the Art served to make the rules of the works following the *Tabula generalis* more applicable to the phenomenal world.

With these reflections on the knowledge of operative production understood as an "art", Ramon Lull can perhaps be seen as an early contributor to a new theory of scientific method, understanding "science" in the modern sense. Taking as his point of departure the existence of a vast realm of possible things, which he called "chaos", Lull developed a new methodology to guide the "artist" in his production of imagined reality and his demonstration of its truth. Some of his ideas found an echo around the time of Descartes in German Calvinist schools, in authors like Bartholomaeus Keckermann, Johann Heinrich Alsted, and Clemens Timpler.[16]

---

16 Cf. W. Schmidt-Biggemann, *Topica universalis. Eine Modellgeschichte humanistischer und barocker Wissenschaft*, Hamburg 1983, who is rather over-dependent on Gilbert, *Method* (above note 4) regarding the origin of the notion "art". Cf. also C. H. Lohr, "Metaphysics", in: C. B. Schmitt et al. (ed.), *The Cambridge History of Renaissance Philosophy*, Cambridge 1988, 535-638, esp. 631-638.

Duns Scotus on Possibilities, Powers, and the Possible

Peter King

Duns Scotus is a modal pluralist. Following Aristotle's lead in *Metaphysics* Δ 12, Scotus recognizes three distinct and mutually irreducible kinds of modality (the names are mine): *possibility*, which is a feature of propositions or of the states of affairs they describe, fundamentally a semantic notion, a version of *to dynaton* (1019b 22-33); *power*, an ability or capacity the subject possesses, whereby it may do something or something may be done to it, respectively; and *the possible*, a mode of being enjoyed by things that aren't actual but might be, such as Socrates's sister – the latter, namely power and the possible, being versions of *dynamis* (1019a15).[1] These different kinds of modality are independent but interconnected. For example, Scotus holds that if Socrates's having a sister is a possibility, then his sister is a possible being regardless of the powers things possess, though for her to become actual the relevant powers have to exist in the appropriate subjects and be capable of realization. Possibilities are therefore not 'objectifications' of powers, and the different kinds of modality do not dovetail as neatly as others have thought, even in the case of God.[2] Instead, Scotus offers an extended and artful account of

---

1 Scotus endorses Aristotle's claim that 'power' as used in mathematics – the sense in which, say, x^n is x to the nth power – is not literal but *kata metaphoran* (1019a 33): *Ord.* 1 d. 20 q. un n. 11, *Lect.* 1 d. 7 q. 1 n. 31 and d. 20 q. un n. 10, *In Metaph.* 9 qq. 1-2 n. 17. Hence 'mathematical potency' is no part of the analysis of modality proper, and I'll ignore it hereafter. Works of Duns Scotus cited:
   - *Ordinatio* (*Ord.*): *Iohannis Duns Scoti Doctoris Subtilis et Mariani opera omnia*, ed. P. Carolus Balić et al., Typis Polyglottis Vaticanae 1950 sqq., Vols. 1-7 to date
   - *Opus Oxoniense* (*Op. Ox.*): *Joannis Duns Scoti Doctoris Subtilis Ordinis Minorum opera omnia*, ed. Luke Wadding, Lyon 1639. Republished, with slight alterations, by L. Vivès, Paris 1891-1895, Vols. 1-26
   - *Lectura* (*Lect.*): *Iohannis Duns Scoti Doctoris Subtilis et Mariani opera omnia*, ed. P. Carolus Balić et al., Typis Polyglottis Vaticanae 1950 sqq., Vols. 17-20 to date
   - *In Metaph.*: The *Quaestiones subtilissimae in Metaphysicorum libros Aristotelis*. Text in: *B. Ioannis Duns Scoti opera philosophica*, ed. Girard J. Etzkorn et al., Franciscan Institute Publications: St. Bonaventure, New York 1997 sqq., Vols. 3-4
   - *Quodlibeta* (*Quod.*): *Obras del Doctor Sutil Juan Duns Escoto (edicion bilingüe): Cuestones Cuodlibetales*. Introduccíon, resúmenes y versíon de Felix Alluntis, Madrid 1968.
2 See, for instance, the discussion of Aquinas on modality in Klaus Jacobi, "Das Können und die Möglichkeiten. Potentialität und Possibilität", in this volume 17-20; Seung-Chan (Elias) Park, "Die Differenz von persönlicher und unpersönlicher Möglichkeit bei Thomas von Aquin", in this volume 147-164.

each kind of modality, and, as befits the Subtle Doctor, details the nuances of their interrelations.

Now the claims about Scotus's theory of modality sketched in the preceding paragraph are neither obvious nor uncontroversial, as the recent secondary literature attests.[3] There is good reason for this. Scotus's most systematic treatment of the subject is presented in *In Metaph.* 9, which was mistakenly believed to be an early effort and thereby given little weight. We now know, however, that at least the bulk of *In Metaph.* 9 is a late and fully mature work.[4] By contrast, in works that have always been recognized as fully mature, especially the *Ordinatio* and *Lectura*, Scotus treats modality only in scattered brief remarks, a situation he makes worse by his fluid terminology. Yet Scotus presents one and the same doctrine, as described above, in all these texts; it is the foundation of his accounts of free choice (through the presence of a non-manifest power for the opposite of a given choice) and divine creation, among others.

The first order of business, then, is to examine Scotus's division of modality, that is, how Scotus takes the kinds of modality to be organized (§ 1), followed by a closer look at each kind: possibility (§ 2), power (§ 3), and the possible (§ 4).

1. The Division of Modality

Scotus tells us in *Lect.* 1 d. 20 q. un. n. 10 that 'potency' is an equivocal term (*potentia sumitur aequivoce*), a claim reinforced by his explicit statement that the

---

3 See, for example, Simo Knuuttila, "Duns Scotus and the Foundations of Logical Modalities", in: Ludger Honnefelder / Rega Wood / Mechthild Dreyer (eds.), *John Duns Scotus: Metaphysics and Ethics*, Cologne 1996, 127-143, and id., "Modalität und die Semantik möglicher Welten", in: Christoph Hubig (ed.), *Cognitio humana – Dynamik des Wissens und der Werte*. Vorträge und Kolloquien. XVII. Deutscher Kongreß für Philosophie, Leipzig, 23.-27. September 1996, Berlin 1997, 466-476; Douglas A. Langston, "Scotus and Possible Worlds", in: Simo Knuuttila / Sten Ebbesen / R. Työrinoja (eds.), *Knowledge and the Sciences in Medieval Philosophy*, Vol. 2, Helsinki 1990, 240-247; Calvin G. Normore, "Scotus, Modality, Instants of Nature, and the Contingency of the Present", in: Honnefelder (ed.), *Johannes Duns Scotus* (see above), 161-174; Steven P. Marrone, "Duns Scotus on Metaphysical Potency and Possibility", in: *Franciscan Studies* 56 (1998), 265-289; Ria van der Lecq, "Duns Scotus on the Reality of Possible Worlds", in: E. P. Bos (ed.), *John Duns Scotus (1265/6-1308): The Renewal of Philosophy. Acts of the Third Symposium organized by the Dutch Society for Medieval Philosophy*, Amsterdam 1998, 89-99. Research in the past decade has largely concentrated on Scotus's theory of 'synchronic possibility' and the separation of time and modality in his account of freedom, in particular as this provides a basis for a conception of possible worlds.

4 Different parts of Scotus's text may have been written at different times: see § 7 of the editors' introduction to their recent critical edition of *In Metaph.* (*Opera philosophica* 3 [1997], xlii-xlvi), especially xliv. To their arguments, none of which are doctrinal in nature, I would further add that the tight organization of *In Metaph.* 9 qq. 1-13 and the analysis of the questions at issue speak not of youth but experience. I shall assume in what follows that *In Metaph.* 9 deserves a hearing alongside the *Ordinatio* and *Lectura*.

different kinds of potency must be distinguished from one another (*Ord.* 1 d. 7 q. 1 n. 27 and *In Metaph.* 9 qq. 1-2 n. 14). Modality is only equivocal *pros hen*, as we shall see; there is a fundamental unity underlying possibility, power, and the possible, a unity they retain despite their distinctness. Now according to Aristotle, "being is said in many ways," including the potential and the actual (*Metaph.* Δ 7 1017a 35 – b 10 and E 2 1026a 33 – b 2), or, as Scotus preferred to put it, potency and act make up a transcendental division of being (*Ord.* 1 d. 38 p. 2 and d. 39 qq. 1-5 n. 13). Furthermore, Scotus, developing a line of thought taken from Aristotle, holds that potency is essentially ordered to act: it is the nature of potency to be intelligible only in terms of some form of actuality, though the converse does not hold; act is prior to potency and can stand independently of it.[5] Hence Scotus's analysis of modality will ultimately have to link each form of potency with actualization in some fashion, as we shall see.

Scotus describes how the different kinds of modality are to be distinguished in six passages: *Ord.* 1 d. 2 p. 2 qq. 1-4 n. 262, d. 7 q. 1 nn. 27-29, d. 20 q. un nn. 11-12; *Lect.* 1 d. 7 q. 1 n. 31 and d. 20 q. un. n. 10; *In Metaph.* 9 qq. 1-2 nn. 14-16. On the face of it, not all these passages agree. Even allowing for shifts in terminology, there seem to be substantive differences in doctrine, e. g. whether the three kinds of modality are coordinate. Yet there is an underlying unity of doctrine here, despite appearances. I shall argue in what follows that Scotus offers but a single account of the division of modality.

Now Scotus begins his analysis with logical possibility.[6] Indeed, Scotus is always careful to mention logical possibility whenever he discusses modality, even if only for the sake of completeness, as in *Ord.* 1 d. 20 q. un. n. 11 and *Lect.* 1 d. 20 q. un. n. 10. It is contrasted with what Scotus calls "the really possible" (*possibile reale*) in *Ord.* 1 d. 2 p. 2 qq. 1-4 n. 262, "real potency" (*potentia realis*) in *Ord.* 1 d. 7 q. 1 n. 29, and "real metaphysical potency" (*potentia realis metaphysica*) in *Lect.* 1 d. 20 q. un. n. 10; in contradistinction to the equivocal sense of logical possibility, the latter sense is "potency taken strictly" (*potentia proprie sumitur*), as he remarks in *Ord.* 1 d. 20 q. un. n. 12. Hence the primary initial division of modality distinguishes it into two kinds, namely logical and what I'll simply call 'non-logical' for the time being.

---

[5] See the whole of *Metaph.* Θ 8. In Scotus's technical terms, potency and act are third-mode relations, in a sense to be spelled out at the start of § 3.

[6] Scotus typically speaks of logical potency (*potentia logica*). In *Ord.* 1 d. 2 p. 2 qq. 1-4 n. 262 and in *Lect.* 1 d. 20 q. un. n. 10 he talks about the logically possible (*possibile logicum* and *possibile logice* respectively), but he offers the same definition for the logically possible as for logical potency, namely a proposition whose terms are compossible, i. e. not incompatible with one another (see the discussion in § 2). His shift in terminology doesn't indicate any change in doctrine.

Scotus's remarks in *Ord.* 1 d. 7 q. 1 nn. 27-29 seem to suggest a different view, namely that the primary division of modality is a trifurcation rather than a bifurcation. After noting that he needs to draw some distinctions regarding modality to address the Father's ability to generate the Son in the Trinity, Scotus says in n. 27 that in one way potency is called 'logical' (possibility); in n. 28 that in another way it is "divided against act" (the possible); and in n. 29 he asserts that "thus there remains real potency, which is said to be 'the principle of doing or undergoing something'" (power). The question is whether we should take 'thus there remains' (*ergo relinquitur*) as introducing an alternative coordinate with the other two (introduced by *uno modo* and *alio modo*). If so, the three kinds of modality are all on the same level:

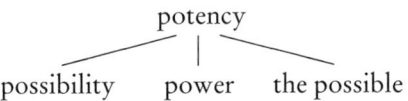

On this interpretation, there need be no more similarity between the possible and power than between either and possibility.

The editors' separation of each alternative into a separate paragraph suggests this reading. But it is not forced upon us. Indeed, the strict counterposition of '*uno modo*' and '*alio modo*' speaks otherwise, since it would have been natural for Scotus to signal a third coordinate division with another '*alio modo*'. At face value, Scotus is claiming only that he can properly infer that once possibilities and the possible have been eliminated as reasonable candidates for the Father's ability to generate the Son, powers still remain – which is to say no more than that there are three kinds of modality, and, in particular, it is neutral with regard to how they are organized.

In themselves such considerations might seem overly nice, but taken with other testimony they should help defeat the impression that in *Ord.* 1 d. 7 q. 1 nn. 27-29 Scotus is proposing a level trifurcation of modality. His other remarks are unambiguous: non-logical potency is "twofold" (*Lect.* 1 d. 20 q. un. n. 10), comprising the possible on the one hand and power on the other.[7] In *Ord.* 1 d. 2 p. 2 qq. 1-4 n. 262 Scotus says that they are subspecies of "the really possible," as opposed to the logically possible,[8] and in *Lect.* 1 d. 20 q. un. n. 10 he says that they are the

---

7 There is one exception to this blanket statement: in *Lect.* 1 d. 7 q. 1 n. 31 Scotus gives a twofold division of potency into possibility and power, never mentioning the possible. Yet the reason is not far to seek. Since Scotus is addressing the Father's ability to generate the Son, the possible isn't a plausible candidate, and so he simply omits it. (The corresponding discussion in *Ord.* 1 d. 7 q. 1 n. 28 dismisses the possible in a single brief sentence.) Hence his failure to mention it carries no weight.

8 Scotus here says that "the really possible is what is taken from some potency in a thing, as though it were taken from a potency either (*a*) inhering in something, or (*b*) terminated at something as its terminus." The former is a description of power and the latter of the possible, as we'll see in §§ 3-4.

two forms of "real metaphysical potency," as distinct from logical or mathematical possibility. He is less specific in *Ord.* 1 d. 20 q. un. n. 12, there asserting only that potency "taken strictly" (as opposed to logical possibility again) is on the one hand the possible, and on the other power. Likewise, *In Metaph.* 9 qq. 1-2 n. 14 introduces each as a kind of potency, set apart from one another and jointly from logical possibility, which is not even mentioned until n. 16. The proper division of modality is therefore as follows:

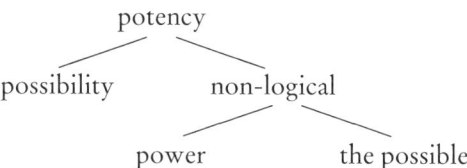

This division is compatible with Scotus's remarks about modality in *Ord.* 1 d. 20 q. un. n. 11 and *Lect.* 1 d. 20 q. un. n. 10, in which he sets logical possibility aside to concentrate on non-logical potency as a single alternative form of modality.

What does the unity of non-logical potency consist in? As noted, Scotus refers to non-logical potency as 'the really possible' and as 'real metaphysical potency.' But his use of 'real' in connection with modality is not as helpful as it should be, since Scotus is inconsistent: whereas in *Ord.* 1 d. 7 q. 1 n. 29 and *Lect.* 1 d. 7 q. 1 n. 31 he clearly identifies 'real' potency as power, in *Lect.* 1 d. 20 q. un. n. 10 he explicitly says that the possible is 'real' potency (although he terms the possible 'metaphysical potency' instead in *In Metaph.* 9 qq. 1-2 n. 16). Yet Scotus's terminology, fluid as it is, does suggest a key difference between logical and non-logical modality. While logical possibility is 'semantic' (in a sense to be clarified in §2), the possible and power are each concerned in some way with beings, the former with their actuality and the latter with their abilities and capacities.[9] Hence Scotus's use of the term 'metaphysical' in contradistinction to 'logical.' As Scotus puts it in *Ord.* 1 d. 2 p. 2 qq. 1-4 n. 262, "the really possible is what is taken from some potency in a thing." Thus the possible and power are concerned in some fashion with 'real' beings, with what it is for a being to be real – which is not to be confused with what can really be the case.

Fortunately, Scotus doesn't leave the matter here; he returns to the question in *In Metaph.* 9 qq. 1-2 n. 14, where he asserts that neither power nor the possible is

---

9 This is not quite the same as the distinction Scotus draws between subjective and objective potency, best known for Scotus's use of it in his discussion of prime matter in *In Metaph.* 7 q. 5 n. 17 and *Lect.* 2 d. 12 q. un. n. 30. As Scotus carefully notes in *In Metaph.* 9 qq. 1-2 n. 39 (alluding to his earlier remarks in n. 27), subjective and objective potency are varieties of the possible, not of power at all: the nonexistent can be in (objective) potency to exist and the existent in (subjective) potency to exist in a newly-qualified way, but these potencies make no reference to features whereby the item can exist, i. e. its powers. See further the discussion of *In Metaph.* 9 qq. 1-2 nn. 40-48 in §4.

the primary sense of non-logical modality: "it's unclear to which of them the name 'potency' was first applied and thereupon transferred to the other." Power and the possible, although distinct, are related much the way the various senses of 'warm' are related: a coat is warm if it preserves body heat; a fire is warm if it can heat up someone nearby; and so on. Scotus explains that if we begin with the possible, then, since the possible depends for its actuality on something's being able to bring it into existence, "the name 'potency' can be appropriately transferred to the principle [i.e. the active power] as if to that by which the possible can exist – not 'by which' formally, but rather causally." That is, if Socrates might have a sister, then Socrates's sister – who is a (merely) possible being – can exist only through the agency of some active power; possible beings are intimately related to the conditions of their actualization. On the other hand, if we begin with power, which is the principle of doing something or of undergoing something,[10] then the name 'potency' "can be transferred to signify generally a mode of being similar to that which the result of a principle's activity has in the principle." That is, if Socrates has the capacity to be bald, the nonexistent but possible being 'bald Socrates' is implicit in his passive power for baldness; powers are intimately related to the beings their actualizations would produce.[11]

Scotus holds that possibility, though different in kind from non-logical modality, is more closely related to the possible than to power. "In keeping with this potency strictly," he says of the possible, "the name 'potency' is adopted elsewhere[12] to signify [...] logical potency, as for instance in possible propositions" (*In Metaph.* 9 qq. 1-2 n. 16). Intuitively, the idea here is that logical possibilities are more closely related to possible beings – to the extent, say, that possible beings are the sorts of entities that populate possible propositions – than they are to the abilities or

---

10 Scotus takes this characterization from Aristotle, *Metaph.* Δ 15, 1019a 15-20; see *Ord.* 1 d. 7 q. 1 n. 29, *Lect.* 1 d. 20 q. un. n. 10, *In Metaph.* 9 qq. 3-4 n. 4. Principles stand to causes as genus to species: causes are only one kind of principle (*Metaph.* Δ 1, 1013a 17). Roughly, insofar as principles are taken as metaphysical constituents of beings, a 'principle' is the source of some feature or property the thing possesses. Form and matter are principles of a material substance in this sense, and so too are potency and act. Just as causes have effects, principles engender results of their activity, yet unlike a causal effect, the result of principiative activity need not be some thing that is distinct: it may be the principiating activity itself, as in the case of potencies generally called 'operations' (potencies whose acts are internal to and perfective of the agent: see *Quod.* 13.47).
11 Powers require possible beings, but, Scotus argues, the converse does not hold: see §4. Note that Scotus's argument does not require that there be a corresponding potency, just that the presence of one allows the transference to occur. The parallel passage at *In Metaph.* 9 qq. 3-4 n. 23 likewise speaks of the existence of the logically possible (*modus essendi*), and in any even is an attempt to clarify Aristotle's, not Scotus's, view (n. 24).
12 For 'adopted elsewhere' Scotus writes '*transumitur*.' Now '*sumitur*' is his usual way of expressing that a term may be 'taken' in different ways (as in *Ord.* 1 d. 7 q. 1 n. 30 for example); the force of adding '*trans-*' is to emphasize that the new sense is derived from the original sense.

capacities things may possess.[13] To get more precise we'll have to take a closer look at logical possibility.

2. Possibilities

Scotus defines logical possibility in several passages; one of his more exact formulations is given in *In Metaph.* 9 qq. 1-2 n. 18, where he says that it is "a certain type of composition made by the intellect, caused from the relationship between the terms of that composition, namely because they are not incompatible." Two elements of this definition call for further comment. First, logical possibility or potency is a feature of propositions. For Scotus, as for most mediaeval philosophers, a proposition is composed of its terms, or more generally of its 'extremes' (the elements on the far sides of the copula); an intellect combines them in the act of thinking, and produces a composition that is the primary bearer of truth or falsity – a point derived from Aristotle, who is also responsible for the systematically ambiguous treatment of propositions as sentences (acts of thinking) or as the statements sentences express (what is thought in an act of thinking).[14] Whenever the issue is up for discussion, Scotus carefully says that such compositions are made (*factae*) or formulated (*formatae*) by the intellect, even in his briefest remarks,[15] but his emphasis is on the composite nature of the proposition, not its transient existence as a mental quality, and he freely describes features of statements rather than sentences: in *Ord.* 1 d. 2 p. 2 qq. 1-4 n. 262, for example, Scotus describes "the proposition that God exists" as possible, referring to a content (one expressed by a sentence without a modal operator). Like many philosophers, Scotus is rather careless about the distinction, and in practice acts as though propositions are mind-independent contents.

The second element of the definition of logical possibility spells out which types of composition should be called possible, namely propositions whose terms are not incompatible (*non repugnant*). He offers four versions of this second criterion:

---

13 Scotus says that the possible, in one sense, covers everything that doesn't include a contradiction, and hence is coextensive with 'being' as a whole (*In Metaph.* 9 qq. 1-2 n. 21); in the retrospective summary of his analysis, he says that "the possible, as it is coextensive with 'being,' seems sufficiently close to that of 'possible' taken logically" (*In Metaph.* 9 q. 13 n. 10).

14 Aristotle describes propositions as composites capable of truth and falsity in *De int.* 1, 16a 9-18, reiterating the point in *De anima* Γ 6, 430a 27-29 and 430b 5, as well as in *Metaph.* E 4, 1027b 25-30 and K 8, 1065a 21-23. His more extended discussion in *Metaph.* Θ 10 mentions this only by the way, in 1051b 2-6 and 1052a 1-2, focusing instead on how things in the world make propositions true or false (see also Δ 29, 1024b 17-25 and the discussion of future contingents in *De int.* 9). See for a general historical treatment Gabriel Nuchelmans, *Theories of the Proposition: Ancient and Medieval Conceptions of the Bearers of Truth and Falsity*, Amsterdam 1973.

15 This is in fact the only feature of logical possibility Scotus deems worthy of mention in *Ord.* 1 d. 20 q. un. n. 11; likewise in *Ord.* 1 d. 38 p. 2 and d. 39 qq. 1-5 n. 16 (418.16-17 of the apograph).

(1) The terms or extremes of the proposition are not incompatible (*Ord.* 1 d. 7 q. 1 n. 27, *Lect.* 1 d. 7 q. un. n. 32, *In Metaph.* 9 qq. 1-2 n. 18).

(2) The terms or extremes are compossible (*Lect.* 1 d. 20 q. un. n. 10), that is, they are "possible in such a way that they aren't incompatible with one another but can be united" (*Lect.* 1 d. 39 qq. 1-5 n. 49).

(3) The terms of the proposition do not include a contradiction (*Ord.* 1 d. 2 p. 2 qq. 1-4 n. 262).

(4) The proposition is such that its contrary is not impossible (*Lect.* 1 d. 7 q. un. n. 31).

Scotus takes (1)-(4) to be equivalent, but (1) is fundamental, as his remarks prove. First, he explicates (2) by (1), so that compossibility is a matter of non-incompatibility, thereby avoiding circularity in his account; he uses both formulations indifferently in *Lect.* 1 d. 7 q. un. n. 33. If the terms are not incompatible, furthermore, they can be united by (2), and hence the resulting proposition is not impossible, i.e. its terms do not include a contradiction, as (3) asserts.[16] Finally, Scotus immediately offers a version of (1) in *Lect.* 1 d. 7 q. un. n. 32 as an explication of (4) in n. 31 (which he takes from Aristotle in *Metaph.* Δ 12, 1019b 27-30). Thus incompatibility is the fundamental notion at work in Scotus's account of logical possibility. It is not circular – or not viciously so – since incompatibility is a different kind of modality from logical possibility, one that is grounded on properties of terms rather than things.

The upshot is that logical possibility is fundamentally a semantic notion (having to do with meaning and truth) rather than an ontological one (having to do with being and its categories). Scotus draws this conclusion explicitly in *Lect.* 1 d. 7 q. un. n. 33: "[logical] potency doesn't say what something is nor what it's related to (*nec dicit quid nec ad aliquid*), but merely the non-incompatibility and compossibility of terms." That is, logical possibility doesn't refer to anything in the world, be it substance or relation; it deals with semantic properties, not metaphysical ones. Now this is somewhat disingenuous of Scotus. While correct to point out that logical possibility is a feature of propositions, surely it isn't the semantic relation of non-incompatibility that makes things possible; semantic relations should reflect or be grounded on metaphysical facts about what really is possible. Full clarification of this point, however, will have to wait until §4, when we look into the possible. Putting off the relation between possibility and the possible, then, what about the relation between possibility and power?

---

16 Scotus links compossibility, non-incompatibility, and modal truth in *Lect.* 1 d. 7 q. un. n. 33: "When there is such compossibility [of terms], there is truth in the modal proposition; when there is not such a non-incompatibility of terms, there is falsehood in the modal proposition."

Scotus holds that possibilities neither depend on nor are reducible to powers, and that they may obtain even in the absence of the relevant power to bring the possibility about.[17] For logical possibility, "the non-incompatibility of terms alone is sufficient" (*Ord.* 1 d. 7 q. 1 n. 27), "even if there isn't any 'possibility' in reality" (*Lect.* 1 d. 39 qq. 1-5 n. 49); "although typically some real potency in a thing corresponds to it, this doesn't belong *per se* to the account of this kind of potency" (*In Metaph.* 9 qq. 1-2 n. 18; see also n. 33). Scotus underlines the independence of possibility from power in *Lect.* 1 d. 7 q. un. n. 32: "this potency requires no reality other than that the extremes not be incompatible; the fact that there is a real potency in one extreme or the other may happen, but isn't requisite for [logical] potency – and, accordingly, it only requires that the terms of the composition not be incompatible." To ensure that his plain meaning here not be taken otherwise,[18] Scotus offers an example to clarify his position. His most detailed statement of it is found in *Ord.* 1 d. 7 q. 1 n. 27: "Suppose that before the creation of the world not only had the world not existed but, *per incompossibile*, God had not existed but were to have begun to exist from himself, and then had been able to create the world. If there had been an intellect prior to the world that formulated 'The world will exist,' this would have been possible, since the terms would not be incompatible. Yet this is not due to some principle in the possible thing or active [power] corresponding to it. Nor was 'The world will exist' now possible, formally speaking, by God's potency, but instead by the potency which was the non-incompatibility of its terms, since these terms would not be incompatible even if a potency active in respect of this possible [proposition] were not[19] to accompany that non-incompatibility." Scotus here talks about the modal quality of a future-tense assertoric proposition (likewise in *In Metaph.* 9 qq. 1-2 n. 18), but this isn't essential; he recasts the example using "The world can exist" (and "The world is possible") in *Lect.* 1 d. 7 q. un. n. 32 and d. 39 qq. 1-5 n. 49. Before the world exists, of course, there is no actual subject for the passive potency 'able to be created.' If we further suppose that God

---

17 Scotus takes himself to be following Aristotle on this score: *tauta men oun dynata ou kata dynamin* (*Metaph.* Δ 15, 1019b 34-35), referring to his earlier discussion of the senses of *to dynaton* (1019b 31-33). Whether this is the correct reading of Aristotle is open to question; see Jacobi, "Das Können" (n. 2), 13-18.
18 Some nevertheless do take it otherwise, e. g. Normore, "Scotus, Modality" (n. 3): "I think that Scotus [...] is very much an adherent of the idea that to assert a possibility is to attribute a power to something" (161). Normore seems to be motivated, at least in part, by the desire – misguided, on my reading – to show that Scotus is a "modal monist" (ibid.). See also van der Lecq, "Duns Scotus" (n. 3), 93 sq. Granted, after describing an instance of free choice in *Lect.* 1 d. 39 qq. 1-5 n. 51, Scotus does assert "to this logical possibility there corresponds a real potency," which might be thought to hold generally – an error made in van der Lecq 97 –, but this is just a condition on free choice: it must be possible for an alternative or its opposite to occur, and the will must have a power for each, as Scotus emphasizes in n. 54; see the discussion of free choice in § 3.
19 Adding *non* with Σ, for sense.

does not exist, a supposition impossible in itself (and certainly not compossible with the existence and presence of a created intellect), then, in addition to there being no passive power, there would be no active power capable of bringing the world into being. Yet "The world will exist" is possible, i. e. possibly true, if God were later to come into being and then be able to create the world. Note the precise form of this claim. Scotus does not say that God will in fact create the world, for that would leave his example open to misinterpretation; he only insists here that God be able to create the world, not that God does so. What is the force of this claim?

Scotus clarifies his intent in *In Metaph.* 9 qq. 1-2 n. 18. He tells us there that the world's existence is logically possible "even if there had then been no passive potency for the existence of the world, nor even active potency (postulating this *per impossibile*), as long as without contradiction there could still be able to be an active potency for this (*dum tamen sine contradictione posset fore potentia ad hoc activa*)." The force of this last proviso is to underline that logical possibility is independent of the actual existence of an active power capable of realizing it, though not of the possibile or counterfactual existence of such an active power.[20] In short, for a proposition to be logically possible it must be the sort of thing that *could* obtain, though it need not be able to obtain (much less actually obtain). Given such an attenuated link to actuality, Scotus thus concludes that possibility is simply independent ("formally speaking") of power, even of God's omnipotence.[21]

3. Powers

Whereas Scotus's account of logical possibility has to be cobbled together from scattered passages, he devotes the bulk of *In Metaph.* 9 to an *ex professo* treatment of power: only the first two questions, devoted to the possible, are not part of this analysis.[22] In this section I'll concentrate on the 'metaphysical' properties of

---

20 I take this point from Fabrizio Mondadori, "Scotus on Unrealizable Possibilities", Ms. 1999 [unpublished]. Presumably the same reasoning applies to passive powers, namely that there must be able to be a passive power capable of existence, at least counterfactually, in order for a logical possibility to obtain. See the discussion in § 4.
21 Scotus makes the same point explicitly in *Ord.* 1 d. 36 q. un. n. 61: "Logical possibility, taken absolutely, could obtain on its own account even under the impossible assumption that God's omnipotence were not to look to it (*possibilitas logica absolute – ratione sui – posset stare, licet per impossibile nulla omnipotentia eam respiceret*)."
22 *In Metaph.* 9 qq. 3-13 deals with powers explicitly. There is a false ending to Scotus's discussion in q. 13 nn. 10-14, where Scotus gives a summary of his analysis; in q. 11 n. 7, though, he explains how qq. 14-15 (on self-motion and freedom of the will respectively) in fact continue his discussion by exploring the two main divisions of active potency, namely 'rational' and 'irrational.'

power, rather than its 'physical' properties (those concerned with matter, change, and causation).[23]

When we turn to the non-logical modalities, the way in which "potency is ordered to act" (as noted at the start of § 1) in each case has to be carefully examined. Powers are, in an obvious way, related to their actualization. But what kind of 'relation' is it? Scotus adopts, with qualifications, Aristotle's list of three modes of relations:[24] (*i*) first-mode relations are numerical relations founded on Quantity, whether they are determinate or not, including what Scotus calls 'proportional' relations (commensurable and incommensurable), as well as equivalence relations; (*ii*) second-mode relations are between the active and the passive, founded on one of the absolute categories; (*iii*) third-mode relations are of "the measurable to the measure," which may be founded on any category. We'll look more closely at second-mode relatives shortly, but notice that third-mode relatives involve potency (the measurable) and act (the measure). Contrary to appearances, the relation of potency to act – even of powers and their actualizations – is in general an instance of third-mode rather than second-mode relations. Some further detail is thus called for.

Three features set third-mode relations apart from first-mode relations and second-mode relations. First, as Aristotle remarks, in the case of third-mode relations the normal ordering of a relation is inverted: something is relationally characterized as 'the knowable', for example, due to the fact that there can be knowledge with regard to it, not conversely. Second, third-mode relations do not entail the real existence of the corresponding co-relations: something may well be knowable without anyone knowing it (the 'non-mutuality' condition). Third, as traditionally conceived, the non-mutuality condition suggests that third-mode relations serve as a model of how independent and dependent items are related: the knower is dependent on the knowable for his knowledge, but the knowable is what it is independently of there being any actual knowledge.

The second and third features of third-mode relations, namely the non-mutuality condition and the dependence condition, are traditionally taken to define third-mode relations. Yet Scotus holds that this is not the case, and that the traditional reading depends on an improper conflation of mutuality (which is a matter of co-

---

23 See for example *In Metaph.* 9 qq. 3-4 nn. 29-30, where Scotus gives 'physical' definitions of the divisions of active and passive potency, in contrast to the 'metaphysical' definitions of n. 31, discussed below. See further Peter King, "Duns Scotus on the Reality of Self-Change", in: Mary-Louise Gill / Jim Lennox (eds.), *Self-Motion From Aristotle to Newton*, Princeton University Press 1994, 252-259.

24 Aristotle, *Metaph.* Δ 15, 1020b 26-32. Scotus discusses each in *In Metaph.* 5 qq. 12-13. He finds the list clearly incomplete, since there is no obvious way to classify spatial relations, temporal relations, semantic relations, and several others; hence the three modes are not the species of Relation themselves but rather at most paradigmatic of the genuine species (*In Metaph.* 5 q. 11 nn. 57-59).

relation) and dependence. Rather, Scotus maintains, the dependence that characterizes at least some third-mode relations is of two distinct types (*In Metaph.* 5 q. 11 n. 60). There is dependence in perfection, which I take to be something of the following sort: knowledge must 'measure up' to the knowable, in the sense that knowledge is judged to be such in virtue of its accuracy in mirroring the knowable. Second, there is existential dependence: knowledge cannot exist without the knowable, but not conversely. As for non-mutuality, Scotus argues that third-mode relations are mutual, but their relata differ as regards act and potency, unlike the case of first-mode relations and second-mode relations (*In Metaph.* 5 qq. 12-14 nn. 100-104). The 'non-mutuality' thesis appears to be only a confused way of getting at the potency-act difference. Of course, Scotus does not mean to undermine the genuine dependencies that such relations involve. Mutuality is a matter of the corresponding co-relation (the correlative). This, after all, must somehow be present in order to serve as a denomination for the independent element: the knowable is only knowable *qua* the potential relation it may stand in to a knower. Nor does mutuality entail mutual dependence.

The upshot is that third-mode relations exemplify the sense in which potency is ordered to act: the latter is (existentially) independent of the former, although they are mutually related. Putting aside the technicalities, then, Scotus holds that ascriptions of potency are fundamentally relational; what might be is intimately linked to what is, in some sense. To apply this general maxim to the case of power, however, we first have to understand something more of power and its kinds.

The feature that sets power apart from the other kinds of modality is that powers may be either *active* or *passive*, roughly equivalent to the modern distinction between abilities and capacities. As noted in § 1, Scotus adopts Aristotle's characterization of 'power' as the principle of doing something (active) or of undergoing something (passive); it is thus a real constituent of the being who possesses it. Scotus further distinguishes the power from its exercise or actualization and from the result of its actualization.[25] For example, an engineer has the active power to build a house; the exercise of this power is the process of building; the end result is the house that has been built. Alternatively, the end result need not be anything distinct; the exercise of the passive power of vision consists in seeing and nothing more (cf. Aristotle, *Metaph.* Θ 8, 1050a 24-27).

Since potency is ordered to act, it might well be thought that the division of power into active and passive, along with the threefold distinction of the power, its exercise, and the result it produces, is sufficient for a complete analysis: like any ability or capacity, powers are clearly related to and defined by the results of

---

25 The general distinction is between a principle, its principiative activity, and the *principiatum*, that is, the result of its activity: *In Metaph.* 9 qq. 3-4 n. 19. See also Jacobi, "Das Können" (n. 2), 23.

their corresponding exercise. (This is a corollary of the general claim that potency, as a transcendental division of being, is a third-mode relation.) Hence it seems as though any further division of powers is simply a matter of generically classifying their objects, that is, the types of results of their actualizations.

However, Scotus rejects this line of thought, holding that there is a fundamental distinction yet to be drawn. For powers are not only related to their results as their actualizations, but they may also be related to other powers as their actualizations. That is, active and passive powers are made for each other, and are able to combine to produce a joint result.

Scotus argues for this point in *In Metaph.* 9 qq. 3-4 n. 25 by considering Aristotle's two examples of active powers as second-mode relations in *Metaph.* Δ 15, 1021a15-25: (*i*) the relation between "what is able to heat" and "what becomes hot"; (*ii*) the relation between the craftsman and his product, or the father and his son. On Scotus's reading of this passage, these examples sharply differ. The relation of craftsman to product, or father to son, in (*ii*) is a straightforward case in which the subject of an active power is related directly to the result of that power's exercise. But (*i*), Scotus maintains, has a different logical structure. What is able to heat is not immediately related to what becomes hot in this manner. Rather, what is able to heat is only *mediately* related to something hot; the active power to heat something is, strictly speaking, directed at its object's passive power to be heated. It is only through the successful pairing of some agent's active power to heat with a patient's passive power to be heated that the end result – an actually hot object – is jointly produced as their mutual effect. Hence an active power may be directed at a given external object as the result of its exercise, as in (*ii*), or alternatively at a 'matching' passive power, in combination with which the result is jointly produced, as in (*i*).

As with active powers, so too with passive powers: in *In Metaph.* 9 qq. 3-4 n. 26 Scotus draws the parallel conclusion. The case matching (*i*) for passive powers is clear; even the same example will serve, if we pay attention not to the agent's active power to heat but to the patient's passive power to be heated, which in combination with the active power jointly produces their result. The match to (*ii*) is less clear. Passive powers by their nature require a cause of their actualization, which, at first glance, might seem to always put them under (*i*): the passive power of vision is actualized by the external object acting on the sense-organ, which thus seems to be the active principle combining with the passive power of vision to produce the result, namely the seeing of the external object. Yet Scotus argues that this is not always the case. Consider a concrete object that is a composite of form and matter. The matter – which, for Scotus, has some kind of being on its own,[26] and is not

---

26 See Scotus's arguments for the reality of prime matter in *Op. Ox.* 2 d. 12 qq. 1-2, *Lect.* 2 d. 12 q. un., and *In Metaph.* 7 q. 5.

mere nonbeing – has the passive power to the composite as a whole, which is the result of its actualization: "the entire 'this-something' is in potency to exist" (n. 26). We can speak of the tree's passive power to be a canoe, say, and the canoe itself as the result or product of the actualization of this passive power, regardless of the source of the passive power's actualization.

The argument in the preceding paragraph gives a symmetric account of active and passive powers. But the last example suggests that they are not always so. For consider matter not in relation to the composite as a whole, but only in relation to the form. Now the substantial form of a composite substance is not any sort of potency, even an active potency; it is instead an act. Substantial forms need not be potential before being actual: the substantial form is itself an actuality, and although it may be the actuality of the matter, it need not be.[27] (There are immaterial forms, that is, forms that do not require matter for their existence.) Hence matter and substantial form are intrinsic principles of a composite substance that jointly produce the composite, although not as paired powers, but rather as potency and act respectively.

Taking into account all the subtleties, then, the correct division of power for Scotus is:[28]

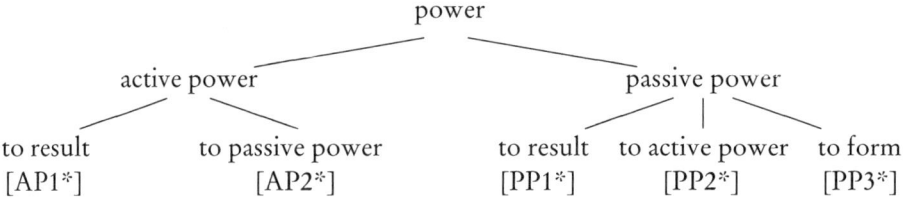

Scotus describes this division of power in 'physical' terms in *In Metaph.* 9 qq. 3-4 nn. 29-30, that is, pertaining to matter, change, and causation; active potency is "doubly equivocal" whereas passive potency is "triply equivocal." But in n. 31 he says that "a strictly metaphysical definition" of the different kinds of power can be given "by leaving out whatever restricts it to naturalness and putting in more gen-

---

27 See Aristotle, *Metaph.* E 6, 1045a 23-25, and Scotus's discussion in *In Metaph.* 8 q. 4 nn. 10-13; matter is essentially ordered to form, thereby creating a unity (nn. 31-33). Active potencies are rooted in substantial forms, according to *In Metaph.* 9 q. 7 nn. 5-10, which is just to say that the kinds of things you can do depends on the kind of thing you are.

28 *In Metaph.* 9 q. 11 n. 4 summarizes the analysis given here, extending it for active potency in nn. 7-18 as follows: (*i*) productive and perfective; (*ii*) rational and irrational; (*iii*) univocal and equivocal; (*iv*) total or partial cause. The same analysis is outlined in the discussion of self-motion, *In Metaph.* 9 q. 14 nn. 84-86. A 'physical' version of it is explored for matter in *In Metaph.* 9 q. 12. *In Metaph.* 9 qq. 12-13 rejects the further traditional divisions of passive potency (into natural *vs.* obediential on the one hand and 'that in which' *vs.* 'that out of which' on the other), although Scotus does try to recast the latter in his own terms: *In Metaph.* 9 q. 13 nn. 3-5.

erally what is relevant for the metaphysician," and this metaphysical definition of each kind of power is as follows (the asterisks denote the 'metaphysically altered' sense of each): "Active power, metaphysically speaking, is [AP1*] the principle of doing what can be done; [AP2*] the principle of actuating what can be actuated. Passive power, on the other hand, is [PP1*] the principle in virtue of which something can be enmattered;[29] [PPP2*] the principle of being passively actuated by an active act; and [PPP3*] the principle that is able to be actuated or informed by an act or by an actual principle." Thus active power may be related to the result its exercise produces, as the craftsman to his product ([AP1*]); it may be related to a passive power that can be actuated, the converse of [PP2*], as the ability to heat something is related to the capacity to be heated ([AP2*]). Passive power may be related to the result of its exercise as the ground of the existence of its result, much as matter to the composite ([PP1*]); it may be related to an active power that actualizes it – not as the active power is related to its result, as in [AP1], but rather as the active power is a real principle (an "active act") whose actualization is to actuate a passive principle, as in [AP2*], as the capacity to be heated is linked with the ability to heat something ([PP2*]); it may be related to a form ("an act or actual principle"), as matter and form together produce the composite as a unity ([PP3*]). Thus [AP1] and [PP1] are each ways in which a power is immediately related to the result of its exercise, whereas [AP2*] and [PP2*] are correlatives, each mediately related through the other in their respective exercise to their mutual result. [PP3*], as noted, has no correlate sense for active power.

Scotus concludes from his analysis that powers have two essential characteristics: (*a*) being present in some subject, and (*b*) being the foundation of a (potential) relation to their exercise. He writes that "nothing belongs to the account of 'power' besides (*a*) some absolute essence, (*b*) in which its immediate relationship to the result of its exercise is grounded in such a way that no relationship precedes in act the production of its result through which it is somehow determined to produce it" (*In Metaph.* 9 q. 5 n. 13). Powers are properties, or stem from properties, and like properties they must be present in subjects. Likewise, what it is to be a power is bound up, no matter how tenuously, with its exercise or actualization. More precisely, what makes a feature of a subject a 'power' has to do with its being realizable under some set of conditions, i. e. its potential relation to being exercised.[30] Scotus

---

29 The text reads *ex aliquo potest materiari*; if the variant *mutari* in HM be preferred, the translation would be 'in virtue of which something can be changed' – arguably better and the basis of the reading in King, "Duns Scotus" (n. 23), 255 n. 45.

30 *In Metaph.* 9 q. 5 asks whether powers essentially include some relationship, to which Scotus, specifically referring to the analysis of power given above, replies that "the relation brought in by the name 'power' is simultaneous in nature with the actual relation of the result of its exercise in act, and the potential [relation] in potency" (n. 12).

declares that "the primary correlative to active power is what is possible" (*Ord.* 1 d. 20 q. un. n. 24).[31] Powers must be for the (logically) possible. Scotus is careful to point out that free choice, too, presupposes the possibility of what is chosen (*Lect.* 1 d. 39 qq. 1-5 n. 49). Now this requirement should not be overstated; we have seen in §2 that logical possibility demands only that a given state of affairs be counterfactually possible, not that it be capable of actual existence in the given circumstances. A moment's reflection will show that Scotus is correct. I may have powers that are never actualized, but it makes no sense – it's literally unintelligible – to speak of a power that *couldn't* be actualized, one that under no counterfactual circumstances might be realized. There are no grounds to think there is such an unrealizable power (as opposed to a merely unrealized power) in the first place.[32] There are no powers to do the impossible. Hence powers presuppose possibilities, though not conversely.

Powers, no matter what kind, also obtain along with their exercise: "a principle is no less real when it is actually producing its result than when it isn't but can do so [...]. Thus it's clear that potency *qua* principle of its own account isn't opposed to act" (*In Metaph.* 9 qq. 1-2 n. 15).[33] Powers thus aren't 'used up' when actualized. Socrates has the active power to walk, which he retains even while he is actually walking, i. e. while actualizing his active power. He likewise retains his passive power of vision while actually seeing something.

Since powers are defined in relation to their exercise, a given power is always a power-to-φ, where φ is a general type of action or object.[34] From this we might infer that all powers are for only one kind of thing, namely the kind of thing through which the power in question is defined. Yet as plausible as this conclusion is, Scotus holds it to be mistaken. There is another division of active power, a "primary differentia" (*Quod.* 16.42), into *irrational* (or 'natural') and *rational* (or 'free'). Irrational powers are those for which the conclusion holds. Rational or free powers,

---

31 Scotus immediately notes that he means something more restrictive than mere logical possibility, but, since his motive is to rule out calling necessary beings 'possible,' we can put the point aside here.
32 Anachronistically: x has the power-to-φ only if there is a possible world in which x φs, whether it be accessible from the actual world or not. Powers can be 'closer to' or 'farther from' their actualization, depending on the circumstances; Aristotle's distinction between first and second potencies is meant to capture this intuition.
33 A similar point can be made regarding abilities and capacities: their exercise isn't thought to block their ascription. Of course, if the result of a power's exercise is an independent product, such as the builder's house, the product can exist without the power.
34 More generally, a power is defined in relation to its 'primary object': the most general nonrelational feature, or set of features, in virtue of which its *per se* object counts as its *per se* object (*Ord.* 1 d. 3 p. 1 q. 3 n. 187). Scotus's definition is inspired by Aristotle's discussion of 'commensurate subjects' in *An. Post.* 1.4, 73b 32–74a 3; see *Ord.* 1 d. 3 p. 1 qq. 1-2 n. 49.

by contrast, are capable of producing opposites of their nature (though not simultaneously): a rational power is at once a power-to-φ and a power-to-not-φ (where φ and not-φ are oppposites).³⁵

The last several considerations about the nature of powers – that they presuppose possibilities; that they exist as powers even when being exercised; that some powers are for opposites – are the foundation for Scotus's account of the free choice of the will.³⁶ The will, Scotus maintains, is a rational power, suited by its nature to produce opposites; no further explanation of why it should produce a given result rather than its opposite is possible: what it means to say that the will is a rational power just is that it is capable of its nature of generating opposite results: it has a "superabundant sufficiency" to do so (*In Metaph.* 9 q. 15 n. 31), which Scotus explicitly recognizes as a description rather than an explanation of the phenomenon (ibid. n. 29). Hence the will has at once a power-to-φ and a power-to-not-φ. Scotus's account of free choice is infamous because he holds that at the very instant when the will is exercising its power-to-φ, the power-to-not-φ at that instant obtains along with it: it is a "non-manifest power for the opposite" (*Ord.* 1 d. 38 p. 2 and d. 39 qq. 1-5 n. 16). More exactly, Scotus maintains that the will has simultaneously the power-to-φ-at-*t* (which obtains along with its current actualization) and in addition the power-to-not-φ-at-*t* (which obtains even though it cannot be actualized), which, he claims, is the very essence of free choice (ibid. and *Lect.* 1 d. 39 qq. 1-5 n. 50). The point at issue, of course, is why we should think that there is any such non-manifest power as Scotus claims, i.e. the power-to-not-φ-at-*t*, especially in the absence of any powerful reason for thinking so.³⁷

Scotus's reason for thinking so is based on a substantive claim about freedom in combination with his views about active powers. Being free, for Scotus, means that

---

35 *In Metaph.* 9 q. 15 nn. 22-23. Scotus takes this distinction to be given by Aristotle in *Metaph.* Θ 2, 1046 a 36 – b 2 (*In Metaph.* 9 q. 6 n. 7); he also takes it to be implicit in *Phys.* B 5-6, 197a 32 – b 13 (*In Metaph.* 9 q. 15 n. 23).
36 Scotus analyzes free choice in the will in *Lect.* 1 d. 39 qq. 1-5 nn. 47-52 (parallel to the apograph discussion of *Ord.* 1 d. 38 p. 2 and d. 39 qq. 1-5 nn. 15-16); *Rep.* I A dd. 39-41 qq. 1-3 (as yet unpublished); *Op. Ox.* 2 d. 5 q. 2; *Op. Ox.* 4 d. 49 q. 10 n. 10; and *In Metaph.* 9 q. 15 nn. 20-34. His account applies to the human and the divine will, though he is careful to note that the distinction between rational and irrational powers isn't the same as that between contingent and necessary action (*Quod.* 16.34). The question has been raised whether Scotus invented or merely adopted the theory (see Stephen Dumont, "The Origin of Scotus's Theory of Synchronic Contingency", in: *Modern Schoolman* 72 (1995), 149-167; Neil T. Lewis, "Power and Contingency in Robert Grosseteste and Duns Scotus", in: Honnefelder (ed.), *Duns Scotus* (n. 3), 205-225; Steven P. Marrone, "Revisiting Duns Scotus and Henry of Ghent on Modality", in: Honnefelder (ed.), *Duns Scotus* (n. 3), 175-189; it's enough for our purposes here that he held it.
37 See Scott MacDonald, "Synchronic Contingency, Instants of Nature, and Libertarian Freedom" (comments on Dumont [n. 36]), in: *Modern Schoolman* 72 (1995), 172-174. It has long been noted that Scotus does not so much argue for as sketch out his position on this point. Yet that is because he takes it to follow directly from much deeper claims about active powers, as we'll see.

one could have done, or could do, otherwise than one does (*Lect.* 1 d. 39 qq. 1-5 n. 52: *non libere vult nisi quia potest nolle*). To speak of what some agent chooses to do is, of course, to ascribe an active power to that agent. (Human agents, that is; henceforth I drop the reminder.) Hence to say that x freely φs at t is to say *inter alia* that x has the power-to-φ, and furthermore the power-to-φ-at-t, which obtains at t along with its actualization. Likewise, to speak of what some agent can do, or could do, is to ascribe an active power to that agent. Now x could do otherwise, and so must have an active power-to-not-φ; since the claim is that x freely chooses at t, x must furthermore also have the power-to-not-φ-at-t, since without this there would be no power to ground the claim that the agent could have done otherwise. As we have seen, this means that there must be the logical possibility of the power-to-not-φ-at-t being actualized. But that requirement is satisfied by the counterfactual circumstance in which the agent does not exercise the power-to-φ-at-t, instead exercising the power-to-not-φ-at-t. This cannot obtain, but it could obtain, and that is sufficient for the ascription of the power to be intelligible. Whether Scotus's initial intuition about freedom is correct I won't venture to say, but the rest of his reasoning seems to follow strictly from his account of power.

4. The Possible

The third and final form of modality Scotus countenances is the possible, the "potency as opposed to act" of *In Metaph.* 9: what is not actual and neither impossible nor necessary – the *merely* possible, as we might say.[38] The possible seems implicated in both kinds of modality already canvassed: possibilities often seem to involve possible yet nonactual beings in the states of affairs they present; powers, abilities and capacities related to possible beings, such as the possible house that is somehow part of the builder's power to build a house.[39] Here we'll concentrate on two questions about the possible, namely (*i*) what it is to be a possible being, and (*ii*) what the ontological status of the possible is.

---

38 See Ansgar Santogrossi, "Duns Scotus on Potency as Opposed to Act in *Questions on the Metaphysics*, IX", in: *American Catholic Philosophical Quarterly* 67 (1993), 55-76; John Boler, "The Ontological Commitment of Scotus's Account of Potency in his *Questions on the Metaphysics*, Book IX", in: Honnefelder (ed.), *Duns Scotus* (n. 3), 145-160; Marrone, "Duns Scotus" (n. 3) for recent attempts to come to grips with Scotus's account of the possible. This modality seems absent from Jacobi, "Das Können" (n. 2).

39 Possibilities and the possible will be covered below. Concerning the link between power and the possible, Scotus writes: "It seems necessary to postulate something possible corresponding to any given active power, since there is no active power in respect of what is not possible in itself [...] and this is not merely a logical potency, since that could exist of itself without an active power" (*In Metaph.* 9 qq. 1-2 n. 33). Active powers, at least, are linked to the possible beings that are their results.

Scotus adopts a simplifying assumption when he turns to (*i*): he treats possible beings (along with 'impossible beings') as objects of God's thought, so that the candidates for the possible are already 'given' in some sense through God's conception of them. Now God can as well conceive "in eternity" a human as a chimaera, so the question of what sets them apart naturally arises. Scotus's reply is that the difference between the possible and the impossible is a brute metaphysical fact, incapable of further explanation (*Ord.* 1 d. 36 q. un. nn. 60-62):[40] "The feature *not being something* is present to man in eternity, and likewise to the chimaera, but the affirmation of *being something* is not incompatible with man (the negation is instead only present as the negation of a cause bringing it into existence[41]), whereas this affirmation is incompatible with the chimaera, since there is no cause that could cause *being something* in it. And why it is not incompatible with man and it is incompatible with chimaera? Because the former is the former and the latter the latter. And this holds no matter what intellect conceives them." The incompatibility or non-incompatibility of actuality with something is what makes it impossible or possible, and this in turn depends on what the 'something' is, its essence or formal features; it is an intrinsic and not a relational feature of the thing itself: "Any incompatibility whatsoever belongs to the extremes due to its own formal and *per se* essential account, putting everything else aside, positive or negative, in respect of each extreme as related to anything further" (*Ord.* 1 d. 43 q. un. n. 5). Hence the only 'reason' that a man is a possible being and a chimaera is not is that each one is what it is, regardless of its relation to anything else.[42]

In drawing out the consequences of his claim that the possibility of a possible being is a primitive nonrelational feature of that being, Scotus links the possible to logical possibility (*Ord.* 1 d. 36 q. un. nn. 61-62):[43] "Nor should it be supposed here that *being something* is not incompatible with man because man is a being in

---

40 Scotus makes the same claim in *Lect.* 1 d. 36 q. un. n. 32: "There isn't any explanation of this, just as there isn't an explanation why whiteness is incompatible with blackness, other than because it is whiteness." See also *Ord.* 1 d. 43 q. un. n. 5 and *Lect.* 1 d. 43 q. un. n. 12. The modern account of possible beings as beings that are actual in some nonactual possible world seems no improvement over Scotus's refusal to provide a theory.

41 That is, the negation in the feature *not being something*. Here Scotus only writes *propter negationem causae non ponentis*, which is somewhat obscure, but in the parallel discussion in *Lect.* 1 d. 36 q. un. n. 39 he explains it by *propter privationem dantis esse*, which is the basis for my translation.

42 *In Metaph.* 9 qq. 1-2 n. 27 presents recognizably the same doctrine: "Note that metaphysical potency taken precisely, namely as it abstracts from any natural power, is founded precisely on the essence that is called the possible being, and is an order of that essence to being as though to a terminus, e. g. the potency for the Antichrist's being is founded in the essence of his soul."

43 See also *Ord.* 1 d. 43 q. un. n. 5: "Therefore, anything with which being is *per se* incompatible is simply impossible, namely that which of itself is such that being is incompatible with it right away; this is not due to any relationship to God, affirmative or negative; instead, being would be incompatible with it if *per impossibile* God were not to exist." The same point is made in *Lect.* 1 d. 43 q. un. n. 12.

potency. Instead, the converse holds. Since it is not incompatible with man, man is then possible by logical potency (and because it is incompatible with chimaera the latter is then impossible by the opposed impossibility) – and objective possibility follows on this [logical] possibility. Of course, this assumes God's omnipotence, which looks to everything possible, provided that it's other than Himself. Yet this logical possibility, taken absolutely, could obtain on its own account even if *per impossibile* God's omnipotence were not to look to it. Therefore, the explanation that being is not incompatible with man because man formally is man (and this holds whether really in the thing or intelligibly in the intellect) is wholly primary, not reducible to anything else." Thus something is a possible being (an "objective possibility") if the proposition declaring its existence is logically possible, a version of the claim that potency is ordered to act. Furthermore, the possible, like logical possibility, is independent of the actual existence of any power capable of bringing it into being.[44] All that matters is that the possible be such that it could be actual, whether it in fact ever should be actual. Hence the possible is possible because of what it is, i. e. by its essence, as Scotus says, rather than through anything else.

There is a subtle point at issue here. For Scotus, things that have essences, strictly speaking, are such that their essences are metaphysically simple, despite the apparent 'composite' nature of their definitions: they form unities that are indecomposable without destruction of the thing whose essence it is.[45] Hence there is no explanation of the possibility of a possible composite substance in terms of its real constituent features, since, for all metaphysical purposes, such essences are internally simple. (Even if they were not, we would eventually have to have recourse to the primitive possibility of the primitive features that make up a composite essence, as well as their joint compossibility.) The same need not hold for their opposites, though; impossible things, such as the chimaera, can be thought of (*imaginatur*) as being made up of jointly incompossible features, the individual elements of which

---

44 Marrone, "Duns Scotus" (n. 3), 277 says that Scotus "could not disengage metaphysical possibility as a mode of being from a concomitant active principle." However, this is based on reading *In Metaph.* 9 qq. 1-2 n. 14 in an unrestricted fashion: see the discussion in § 1.

45 The full explanation of this claim is delicate. For Scotus does hold that the essence of a composite in general, as opposed to that of an individual composite, is itself composite, since the genus and differentia that jointly constitute the specific nature of the essence must be at least formally distinct: *Ord.* 1 d. 8 p. 1 q. 3 nn. 101-107 and 2 d. 3 p. 1 qq. 5-6 nn. 189-190; *Lect.* 1 d. 8 p. 1 q. 3 nn. 100-105; see also *In Metaph.* 7 q. 19 nn. 20-21 and n. 43. Now if either the genus or the differentia were taken away, the specific nature would be destroyed; hence they are really inseparable. But equally, the genus and the differentia are formally distinct, since otherwise the differentia could not contribute any formal differentiating feature to the genus – it would just 'repeat' the content of the genus. Furthermore, since the formal distinction holds *a parte rei*, there must be some real complexity or composition in any specific nature. Hence the quiddity of all creatures must be complex in at least this sense; the same does not hold of God, however. That said, the essence of a composite substance makes up a genuine unity in such a way that it can be classified as a simple entry in a categorial taxonomy, unlike (say) an accidental unity, and this is the sense under discussion.

are possible (*Lect.* 1 d. 43 q. un. n. 15; see also *Ord.* 1 d. 43 q. un. n. 16).[46] Hence everything is or is not possible depending on its simple essence, which is what God conceives in the Divine Intellect.

Yet now Scotus's simplifying assumption returns with a vengeance. Isn't it the case, after all, that the possible is constituted by the activity of the Divine Intellect? For what a being is – which determines whether it is possible – seems to be a matter of what is conceived in its conception. Doesn't that mean that what makes a being possible, in the end, is a function of the Divine Intellect if not the Divine Will?

Scotus rejects this conclusion.[47] He addresses the question indirectly when looking into whether things are possible or impossible due to God's power, i. e. omnipotence; he reasons that to the extent that the will depends on the intellect, the intellect must play an explanatory role (*Ord.* 1 d. 43 q. un. nn. 6-7):

> "The active power by which God is dubbed 'omnipotent' is not formally the intellect, but it does in a way presuppose the intellect's action (whether that 'omnipotence' be the will or some other executive power); however, a stone is a possible being formally of itself; therefore, by reduction as though to a first extrinsic principle, the Divine Intellect will be that from which there is the primary account of possibility in the stone [...]. Proof of the minor premise: the possible, in that it is the terminus or the object of omnipotence, is that with which being is not incompatible and which cannot exist of itself necessarily; the stone, produced in intelligible being by the Divine Intellect, has these features of itself formally and through the Divine Intellect principiatively; therefore, it is possible of itself formally, and principiatively, as it were, through the Divine Intellect."

Consider first the dialectic of Scotus's main argument (n. 6). Although the operation of the will depends on the intellect, possible beings are nevertheless possible formally of themselves; hence the Divine Intellect is not the formal ground of the possibility of the possible, but must be involved in some other way. Scotus hints at what that way is when he qualifies the conclusion of his argument by saying that the Divine Intellect is only the source of the possibility of the possible "by reduction as though to a first extrinsic principle" (*reducendo quasi ad primum extrinsecum principium*). The key words here are 'reduction,' 'as though,' and 'extrinsic': the first two terms tell us that this is not a literal reduction to a first principle, and the last warns us that the Divine Intellect is not an intrinsic, i. e. formal, ground of possibility.

---

46 Normore, "Scotus, Modality" (n. 3), 163-165 argues that all impossible beings are complex for Scotus (although this ignores Scotus's claim at the beginning of *Ord.* 1 d. 43 q. un. n. 16 that the 'simply impossible' *includes* the incompossible), and apparently inferring that possible beings are likewise composite – but see the preceding note.

47 Scotus has traditionally been read as accepting this conclusion, e. g. Alan B. Wolter, "Scotus on the Divine Origin of Possibility", in: *American Catholic Philosophical Quarterly* 67 (1993), 106 sq.; Knuuttila, "Duns Scotus" (n. 3), 138-140 criticizes it.

This hint is borne out in Scotus's proof of the minor (n. 7), where he tells us that the possibility of the possible is formally due to itself and stems from the Divine Intellect only 'principiatively' (*principiative*) – a conclusion he further qualifies by 'as it were' (*quasi*). Now to be due to something principiatively means to follow from or be the result of it as a principle, that is, where that something is the source or origin of the result. More generally, it is "that from which, although not present in it, something first comes into being" (*Metaph.* Δ 1, 1013a 7-10: *arche* = *principium*).[48] Thus the Divine Intellect is that from which the possible comes into being, though it is not the reason why the possible is possible, any more than the builder is the reason why the house is a house. The Divine Intellect is therefore the ontological,[49] rather than the formal, ground of the possible.

Scotus recognizes that there is an important sense in which the Divine Intellect, as the ontological ground of the possible, is, though extrinsic, nevertheless the more basic cause of the possible: something has to *be* before it can be possible. This 'before' is not temporal but logical. Scotus puts the point in a vivid and somewhat misleading way like so: "A thing that is produced in intelligible being by the Divine Intellect in the first instant of nature has its possible being in the second instant of nature" (*Ord.* 1 d. 43 q. un. n. 14). These 'instants of nature' are non-temporal, reflecting distinct levels of logical priority. The Divine Intellect first conceives of Socrates's sister; having been constituted in intelligible being, she thereafter can be said to be possible, a feature she has primitively, in virtue of her essence.[50] Scotus steadfastly refuses to say any more about the formal ground of the possible.

But what of the ontological standing of the possible? What kind of being does Socrates's merely possible sister have? This brings us to (*ii*), our second topic regarding the possible. Scotus takes this up as one of several questions regarding the possible, the replies to which are presented in *In Metaph.* 9 qq. 1-2 nn. 27-38. The problem, as Scotus sees it, is easy to state. If the possible is a kind of relation between a merely possible item, such as Socrates's sister, and her existence (in some set of circumstances), then what is the relation founded on? The obvious answer, "Socrates's sister," is to say that the relation is founded on a non-being, and therefore is a non-being itself (ibid. n. 26).

---

48 Marrone, "Duns Scotus" (n. 3), 271-272 asserts that "the word 'principiatively' should tip us off that what Duns was thinking about in the commentary accounts of creation was instead the sort of potentiality he associated with the principle of change or *principium* for a thing" [i.e. power]. I find no support for this reading.
49 I take this terminology from the excellent analysis in Mondadori, "Scotus" (n. 20).
50 This can obviously be generalized to an account of creation: see Antonie Vos et al., *John Duns Scotus: Contingency and Freedom*, Dordrecht / Boston 1994; A. J. Beck, " 'Divine Psychology' and Modalities: Scotus's Theory of the Neutral Proposition", in Bos (ed.), *John Duns Scotus* (n. 3), 123-137.

Scotus offers a pair of solutions, preferring the second, though not definitively.[51] The first makes a case for some kind of independent ontological standing of the possible, whereas the second regards the possible as merely conceptual. His reticence about which view to adopt is excusable; there are good reasons for, and serious objections to, each proposal. He begins by making a case for the reality of the possible (*In Metaph.* 9 qq. 1-2 n. 33). Scotus reasons that to an active power there corresponds something possible, e. g. to the builder's active power to build a house there corresponds the possible house. Now this is more than just a logical possibility, Scotus argues, since it is logically possible for a house to exist in the absence of any power to actualize the possibility, that is, even if there were no builder around with an active though unactualized power to build a house. There seems to be a real difference between these two cases. And "for this reason, therefore, metaphysical potency is postulated in the essence of the possible – some kind of being that isn't in the chimaera" (ibid.).

We have seen above how Scotus takes the difference between the possible and the impossible to be a brute metaphysical fact. His point here is different. Even if the difference between a man and a chimaera is primitive and a function of each being the very thing (or kind of thing) it is, Scotus's argument in n. 33 is that there must be a further real feature, beyond the brute facts of their possibility or impossibility, present in the man but not in the chimaera, that grounds his potency to actual existence.[52] Put a different way: Socrates's sister and the chimaera are equally non-existent; there must be some real feature that differentiates them into distinct kinds of non-existent.

The difficulty, of course, is in spelling out precisely what the real feature possessed by possibles could be: "It's a major puzzle what kind of being this foundation has before it exists" (ibid.). And there Scotus leaves the matter, moving on to the "plausible" second solution. Before we also leave it, we should ask whether the ontological status of the possible could be explained through its origins in the Divine Intellect. The attractions of this move should be obvious. Since the Divine Intellect is involved in the production of the possible, and indeed is its ontological though not its formal ground, it seems like a natural solution. Unfortunately, it

---

51 Scotus declares that the second solution seems plausible (n. 36: *videtur probabilis*), no more. But later he refers to an objection to the first solution approvingly, as though it were an effective refutation of that view (*In Metaph.* 9 q. 5 n. 13).

52 This line of argument will be more or less persuasive depending on whether the reificatory move – the insistence on some feature *a parte rei* differentiating the cases – seems plausible. We might be tempted to reject it, distinguishing Scotus's cases by the simple presence or absence of the additional active power, holding on to the claim that the possible is independent of power. It is this last thesis, I think, that causes trouble for the ingenious suggestion in Boler, "Ontological Commitment" (n. 38), that talk of the possible is a complex way of talking about the actual, with no ontological commitment to its supervenient modal states.

can't do the job. The "major puzzle" revolves around the ontological status of the foundation of the relation to existence as a terminus of the potency that the possible has to exist. But the foundation of this relation must be the feature in the thing that makes it possible in the first place, which is precisely what the Divine Intellect does not provide. Hence the existence of possibles in the Divine Intellect doesn't help to explain the ontological status of the possible *qua* possible.[53]

The alternative, as Scotus sees it, is to deny that the possible does have any ontological status: "Another solution is that a being in potency is simply a non-being, and consequently a relation founded on it is only a relation of reason" (n. 35). This solution is particularly attractive to those who hold that essence and existence differ only by reason (n. 36), since without a real distinction between them we aren't left with the embarrassment of explaining the 'reality' of the non-existent essence. On this score, "the potency of the essence (as foundation) to its existence (as terminus) is only a relation of reason" (ibid.). Likewise, the possible being that is 'contained' in an active power is no more than a conceptual construct (n. 37).

The drawback to this second solution is that it has no way to explain (or explain away) the impulses behind the first solution: possible beings are somehow just like real beings, only nonactual; the reality of the possible is a feature of the world and not of the mind; and the like.[54] Scotus takes the tack in n. 35 of trying to assimilate the possible to privation. Just as 'privation' formally expresses nonbeing but somehow implies a subject, so too 'the possible' expresses nonbeing, but "a certain nonbeing, namely one upon which a being can follow." A reasonable suggestion, but in need of development. Scotus spins it out as follows: "We understand the being that follows upon it as though it were the same, as if it were initially to be the foundation for potency and thereafter the terminus for the potency – which is only according to the intellect conceiving the 'same': for when there is nothing in reality, there is neither same nor different, since these are differences of being." This line of reasoning is hopeless as it stands. Distinct privations, such as blindness and deafness, are distinct even if each simply expresses nonbeing. Matters only get worse for possible beings: if we took him at his word, Scotus would have us deny that Socrates's sister is different from Socrates's brother, and also deny that they are the same. Quine's slogan that there is no entity without identity seems right on target and called for here. And without much more work on the passing suggestion that the possible is like privation, there isn't much content to the second solution.

---

53 This is the suggestion in Normore, "Scotus, Modality" (n. 3), 165-167. There will be remaining questions about the ontological status of the possible as items in the Divine Intellect, just as there are about all intentional beings, but this need not involve whatever makes the possible possible.

54 Santogrossi, "Duns Scotus" (n. 38), 69 sq. argues that the difference between the first and second solutions has instead to do with their distinct conceptions of relations of reason. Yet this undervalues the ontological motives behind the first solution.

The better thought in Scotus's account above is that questions of ontological standing, properly speaking, only apply to actual existents, and hence the 'existence' of possibles doesn't cause any particular ontological problems: they aren't actual! Now this seems like a dodge, and perhaps it is, but if so it's a deep dodge. Recall that potency / act is a transcendental division of being, and that for Scotus the possible is opposed to act, so that the possible and the actual give an exclusive and exhaustive partition of beings. When we inquire about the 'ontological standing' of the possible, we can't be wondering which class of beings it falls into. Nor are we asking what makes the possible possible, since, as we have seen, that is a brute metaphysical fact. Instead, I think the query splits into two separate lines of investigation, each linked to other sections of Scotus's metaphysics in the following ways.

On the one hand, we're asking about how to think about nonbeing where being may follow, and this is a question about how to think properly. When are we each thinking about the same nonactual possible being? When can we legitimately say that a given actual being is the very possible being we were thinking about? Is there any ontological standing to mental contents (*esse intentionale*)? On the other hand, thinking about being following on nonbeing is also a metaphysical question about the nature of being and nonbeing. Though we are not asking about what makes the possible possible, we are asking what makes the actual actual – in short, we are looking into the nature of *esse* (and the related notions of actuality and actualization). Scotus has much to say about the question of the meaning of Being, the *Seinsfrage*, and it is directly relevant to describing the ways in which things are, and thus how they are not but might be (the possible).

If my suggestion about Scotus's reasoning here is correct, then it's no wonder Scotus doesn't expand on the second solution after presenting it, since it involves many of the deepest (and darkest) parts of his metaphysics. Exploring such topics, while rewarding, would take us too far afield from modality. However, it should be clear that the study of modality is philosophically fruitful in Duns Scotus – not only with regard to the possible, but also in his analysis of modality and explorations of each kind, as I've tried to show. Indeed, by starting with modality we are led through Scotus's metaphysics in fresh and stimulating ways, where familiar doctrines can be seen anew and unfamiliar doctrines brought into the light.

Gottes Allmacht und die Wahrheit modaler Sätze. Potentialität und Possibilität bei Wilhelm von Ockham

Matthias Kaufmann

Klaus Jacobi[1] unterscheidet zwei Traditionen modalen Denkens dadurch, daß in der einen Aussagen der Struktur ‚Für a ist es möglich zu — ' oder ‚a kann — ' (mit Infinitiven in Aktiv oder Passiv an der Leerstelle) im Mittelpunkt stehen, in der anderen solche der Gestalt ‚Es ist möglich, daß — ' oder ‚Es kann sein, daß — ' (12 f.). Während Aristoteles, auf den die systematische Untersuchung beider Modalauffassungen wohl zurückgeht, einen Zusammenhang zwischen beiden Verwendungsweisen zu unterstellen scheint, ohne ihn ausführlich zu thematisieren, werden sie bei Thomas von Aquin dort miteinander korreliert, wo es um die adäquate Charakterisierung der Allmacht Gottes geht (*Summa theologica* I qu. 25 art. 3). Gottes Allmacht ist im Unterschied zum Können alles Geschaffenen nicht an das ihm eigene spezifische Vermögen gebunden, sondern er kann alles, was absolut möglich, d. h. was widerspruchsfrei ist (19 f.). Während man die Rede über das, was einem Geschaffenen möglich ist, durch die Orientierung an „Nächstursachen" begründet, durch Fähigkeiten, Dispositionen und dergleichen, und damit feststellt, daß etwas sehfähig ist oder nicht, sichtbar ist oder nicht, beweglich ist oder nicht, bezieht man sich mit Aussagen darüber, was möglich ist, auch auf andere Sachlagen oder auf „mögliche Menschen" (21). Sehr illustrativ ist hier die Differenzierung von „wirklichen Möglichkeiten" und „möglichen Wirklichkeiten" in Robert Musils *Mann ohne Eigenschaften*.

Anhand dieser Paraphrase lassen sich einige der Besonderheiten hinsichtlich der Relation zwischen dem Können und den Möglichkeiten im Denken Wilhelms von Ockham identifizieren. Einmal findet sich bei ihm auch in bezug auf Gott selbst die Differenzierung von wirklichen Möglichkeiten und möglichen Wirklichkeiten, nämlich vermöge der Unterscheidung von *potentia ordinata* und *potentia absoluta* Gottes, da letztere ihre Grenze gerade beim Selbstwiderspruch, also beim logisch Unmöglichen findet. Zweitens wird durch die besondere formale Art, wie Ockham die Wahrheit modaler Sätze, also auch solcher mit dem Modaloperator „möglich", behandelt, dafür argumentiert, daß es keine möglichen Gegenstände, also auch kei-

---

[1] Vgl. Klaus Jacobi, „Das Können und die Möglichkeiten. Potentialität und Possibilität", in diesem Band S. 9-23.

ne möglichen Menschen gibt. Drittens verwandelt sich, besonders in Verbindung mit Ockhams Individualismus und mit einigen seiner gebräuchlichen Argumentationsverfahren, der Verweis auf die Allmacht Gottes mitunter zum Instrument zur Bestimmung dessen, was es gibt und was logisch möglich ist.

1. Was Gott kann – und was nicht

Als locus classicus für die am Können ausgerichtete Interpretation des Möglichkeitsbegriffs kann das Buch Θ in Aristoteles' *Metaphysik* gelten. Da Ockham keinen Metaphysikkommentar verfaßt hat, ist man für seine Rezeption der aristotelischen Begrifflichkeit primär auf die Kommentare und Bemerkungen zu den *Kategorien*, wo in Kapitel 8 das Können als zweite Art der Qualität vorgestellt wird, bzw. zu *Perihermeneias*, wo in den Kapiteln 12 und 13 Modalaussagen behandelt werden, angewiesen, dazu natürlich auf entsprechende Passagen aus der *Summa Logicae* und dem Sentenzenkommentar.

Die Aristoteles-Kommentare bieten für unseren Kontext eher wenig. Wie Aristoteles (*Kategorien* 9a 14-27) betont Ockham das Element der besonderen Begabung in dieser Bedeutung von „Können" oder „Vermögen": Eine *potentia naturalis* zum Faustkampf besitzt eben derjenige, dem das Faustkämpfen leichter fällt als anderen (*Comm. Praed.* Cap. 14, § 5, *Opera philosophica* [OPh] II 274 f.). Nicht jede Form, die der Ausgangspunkt für das Tun von etwas ist (forma quae est principium faciendi aliquid, OPh II 274.12 f.), kann als natürliche Fähigkeit bezeichnet werden, es genügt nicht, daß man irgendeine Fähigkeit dazu besitzt, dies zu tun (qualemcumque potentiam ad illud faciendum, OPh II 274.16 f.), wenngleich als Grundlage der jeweils besonderen Fähigkeiten ein Können, eine *potentia* im allgemeinen Sinn erforderlich ist.

Eine gewisse Modifikation an den aristotelischen Unterscheidungen findet sich dann im Kommentar zum 13. Kapitel von *Perihermeneias*, wo Ockham die Differenzierung zwischen verschiedenen Bedeutungen von „possibile" vorstellt: Da ist einmal das ein Mögliches, was schon der Fall ist, dann aber auch, was nicht der Fall ist, aber dem es nicht widerspräche tatsächlich zu sein, schließlich noch, was nicht unmöglich ist (dicitur ‚possibile' illud quod non est actu sed sibi non repugnat esse actu, *Comm. Periherm.* Lib. II Cap. 7 § 6, OPh II 483.25-35). Hatte Aristoteles die zweite Bedeutungsweise noch an die Beweglichkeit des betreffenden Dinges geknüpft, also den Anwendungsbereich des Könnens stärker eingeschränkt (23a 7-18), und Ockham dies zunächst wiederholt (OPh II 482.8-11),[2] läßt er es bei der

---

2 Zur Definition der Bewegung als „Akt des Seienden der Möglichkeit nach, sofern es der Möglichkeit nach ist (actum entis in potentia in quantum in potentia)" bei Ockham vgl. seine *Expositio in libros physicorum Aristotelis* III 3, OPh IV 454.54 ff.

interpretierenden Darlegung der äquivoken Verwendung von *possibile* weg. Mit der zweiten und der dritten der von ihm unterschiedenen Bedeutungen kommt er also der hier zum Ausgangspunkt genommenen Differenzierung zwischen dem Können einerseits und der Möglichkeit als dem nicht Unmöglichen weil nicht Selbstwidersprüchlichen andererseits nahe.

Aufschlußreicher als die im *Perihermeneias*-Kommentar vorangehenden und folgenden Ausführungen über die logischen Relationen zwischen den unterschiedlichen Modalaussagen ist für unsere Aufgabenstellung die Art, wie Ockham die Allmacht Gottes abhandelt, welche ja anfangs bei Thomas von Aquin als die Nahtstelle zwischen den beiden Möglichkeitsbegriffen markiert wurde.

Bekanntlich ist die Reflexion über Gottes Allmacht bei Ockham gekennzeichnet durch die Differenzierung zwischen der *potentia ordinata* und der *potentia absoluta* Gottes. Direkt eingeführt wird die vor allem von Duns Scotus (*Ordinatio* d. 44, ed. Vaticana VI 363 ff., ed. Wolter 254 ff.) ins Spiel gebrachte Unterscheidung in Ockhams Werk nur auf siebzehn Zeilen im *Quodlibet* VI quaestio 1, bei der Frage, ob jemand auch ohne geschaffene Gnade erlöst werden könne (*Opera theologica* [OTh] IX, 585 f.). Nachdem Ockham sich gegen die Annahme verwahrt hat, daß es zwei real verschiedene Fähigkeiten Gottes gebe, weil sich in Gott nur eine *potentia ... ad extra* finde, die in jeder Weise Gott selbst sei, nachdem er ferner klargestellt hat, daß hier keineswegs eine geordnete von einer absoluten und nicht geordneten Fähigkeit unterschieden werde, da Gott nichts *inordinate* tun könne (OTh IX 586.15-20), wendet er sich der Differenzierung der unterschiedlichen Arten des Könnens zu.

Manchmal wird „etwas können" nämlich gemäß den von Gott angeordneten und eingerichteten Gesetzen verstanden. Jene Dinge kann auch Gott gemäß seiner *potentia ordinata* durchführen. Im anderen Sinn steht „können" für alles das tun können, was keinen Widerspruch einschließt, ob Gott das nun angeordnet hat oder nicht, da Gott vieles kann, was er nicht will. Dies sind die Dinge, die Gott gemäß seiner *potentia absoluta* ausführt, wie auch der Papst manches, was er absolut gesehen durchaus tun kann, nicht im Einklang mit den von ihm erlassenen rechtlichen Regelungen durchzuführen vermag (OTh IX 586.22-30).

Es ist fast überraschend, wie nahtlos sich diese terminologische Differenzierung zunächst in das anfangs beschriebene strukturelle Einteilungsschema fügt: Wie bei Thomas von Aquin ist Gottes Allmacht auch für Ockham nur durch den Einschluß eines Widerspruchs begrenzt, also gleich mit dem absolut Möglichen. Das Können, bestimmt durch die Satzstruktur „a kann — ", wird auch bei Ockham mit „etwas können" wiedergegeben, durch die von Gott vorgegebene Ordnung, die festlegt, welche Potenzen und Fähigkeiten die einzelnen Gegenstände besitzen. Zu dieser Ordnung gehört über die Ordnung der Natur hinaus die „normale" Heilsordnung, wie sich an dem Anlaß erkennen läßt, aus dem Ockham die Unterscheidung von *potentia ordinata* und *potentia absoluta* einführt: Für gewöhnlich ist ohne eingegossene Gnade (*gratia infusa*) keine Erlösung möglich, was Gott aber durch die *potentia absoluta* zu ändern vermag, wie bei den Kindern, die sterben, bevor sie die Vernunft gebrauchen. Zur Zeit des Alten Gesetzes konnten diese auch ohne Taufe „regulär" in das Reich Gottes eintreten, heute nur mittels der *potentia absoluta* (OTh IX, 586.31-39). An anderer Stelle dienen die verschiedenen Beschreibungen der Fähigkeiten Gottes gerade dazu, den *intellectus viatoris*, den Geist des Pilgers auf Erden, des sterblichen Menschen also, als denjenigen zu charakterisieren, der die ihm nach Gottes *potentia ordinata* mögliche intuitive Schau Gottes nicht hat: Daß er sie nicht wirklich besitzt, unterscheidet ihn vom Seligen, daß sie ihm durch *potentia ordinata* möglich ist, unterscheidet ihn vom Verdammten, für dessen Erlösung Gott zur *potentia absoluta* greifen müßte (I *sent* Prol. Qu. 1, OTh I, 5.11-16).

En passant wird hier deutlich, daß Gottes *Macht* insgesamt gesehen stets gleich bleibt, wie von Ockham explizit festgehalten (Deus sit aequalis potentiae nunc et prius, OTh IX, 586.33 f.), eben nur durch den logischen Widerspruch begrenzt. Allein die institutionalisierte Weltordnung kann sich wandeln. Daß Gott auch die von ihm selbst eingerichtete Ordnung ändern oder durchbrechen kann, daß diese somit keine unwandelbare, stoisch inspirierte *lex aeterna* darstellt, wie man sie bei Thomas ausmachen könnte (*Summa theologica* Ia IIae qu. 91 art. 1), mag als erster Anhaltspunkt dafür dienen, daß es sich bei Ockhams Auffassung vielleicht nicht nur um eine leichte Modifikation der Position des Aquinaten handelt. Wenn man dann allerdings wiederum berücksichtigt, daß eine deutlichere Abgrenzung gegenüber dem griechischen Nezessitarismus durch die Verurteilung von 1277 zur Vermeidung von Häresien theologisch geradezu geboten war, wirkt die Härte, mit der man Ockhams theologischen Absolutismus kritisiert hat,[3] vorerst immer noch überraschend. Wie eng der Verweis auf die *potentia absoluta* an die letztlich auf 1277 zurückgehende Vorgabe geknüpft war, zeigt sich etwa daran, daß im Kapitel 95 des *Opus Nonaginta Dierum* eine verabscheuungswürdige Häresie des kritisierten Papstes Johannes XXII. am Abstreiten dieser Unterscheidung festgemacht wird, vor allem, weil sie nach Ockhams Ansicht die These impliziert, alles sei notwendig so, wie es ist (*Opera politica* [OPol.] II 718).

---

3 Vgl. bereits die Zusammenstellung u. a. aus diversen Dogmengeschichten bei Klaus Bannach, *Die Lehre von der doppelten Macht Gottes bei Wilhelm von Ockham. Problemgeschichtliche Voraussetzungen und Bedeutung*, Wiesbaden 1975, 1 ff. Von philosophischer Seite hat sich insbesondere Hans Blumenberg in dieser kritischen Richtung exponiert: ders., *Die Legitimität der Neuzeit*, Frankfurt a. M. 1966. Kritisch dazu Jan P. Beckmann, „Allmacht, Freiheit und Vernunft. Zur Frage nach ‚rationalen Konstanten' im Denken des späten Mittelalters", in: Jan P. Beckmann / Ludger Honnefelder / Gangolf Schrimpf / Georg Wieland (Hg.), *Philosophie im Mittelalter*, Hamburg 1987, 275-293; Wilhelm Vossenkuhl, „Vernünftige Kontingenz. Ockhams Verständnis der Schöpfung", in: Wilhelm Vossenkuhl / Rolf Schönberger, *Die Gegenwart Ockhams*, Weinheim 1990, 77-93; vgl. auch A. Ghisalberti, „Gott und seine Schöpfung bei Wilhelm von Ockham", a.a.O., 63-76.

Will man die Kritik an Ockhams Voluntarismus nicht sogleich als Mißverständnis von Ockhams Auffassung ad acta legen, anders formuliert, will man untersuchen, ob sich mit Ockham überhaupt etwas Nennenswertes in der Diskussion von Potentialität und Possibilität ändert, unabhängig von der Bewertung dieser Veränderung, so muß man sich den Gebrauch ansehen, den Ockham von der Unterscheidung zwischen den *potentiae* Gottes macht.

Wer jene Distinktionen aus Ockhams *Ordinatio*, in denen darüber reflektiert wird, was Gott kann, in der Erwartung studiert, dort den rigiden, unbeschränkten, jeder rationalen Kontrolle entzogenen „Voluntarismus" vorzufinden, mit dem man Ockham so gerne identifiziert, wird erst einmal einige Überraschungen erleben. So folgt Ockham im Kontext der Frage, ob Gott alles tun könne, was einem Geschöpf möglich sei (I *sent*. d. 42 qu. un.), letztlich der Antwort des Duns Scotus (*Ordinatio* I d. 42 qu. un., Vaticana VI 343-346) und betont, es sei nicht mit natürlicher Vernunft zu beweisen, daß Gott die unmittelbare Ursache von allen Dingen sei (OTh IV 617). Zwar brauchen wir, anders als Scotus, nicht deshalb eine Zusatzursache zum Eingreifen Gottes anzunehmen, weil sonst die Entstehung von Unvollkommenem unerklärbar bliebe. Es widerspricht, so Ockham, auch Gott nicht, etwas Unvollkommenes zu erzeugen (OTh IV 614). Da sich jedoch nicht beweisen läßt, daß Gott das, was er verursacht, frei und kontingent verursacht, läßt sich nicht einmal beweisen, daß er alles, *was* er bewirkt, auch unmittelbar und ohne Zusatzursache bewirken könnte – wenngleich auch nicht das Gegenteil (OTh IV 620.20-621.4). Als natürliche Ursache betrachtet, die der natürlichen Vernunft allein zugänglich ist, muß auch Gott entweder alles verursachen, was dem jeweiligen Einzelfall genügend ähnlich ist, oder keines davon (OTh IV 617.11-21); er ist damit an die Regelmäßigkeit seines Tuns gebunden.[4]

Diese Regelmäßigkeit wird noch deutlicher, wenn Ockham die rein rationale Unbeweisbarkeit der These, daß Gott als kontingent agierende Ursache die Dinge auch unmittelbar bewirken könne (I *sent*. dist. 43, qu. I; OTh IV 636.10-17), u. a. gegen ein Argument des Thomas von Aquin verteidigt. Das Argument lautet, Gott sei die freie Ursache von allem, weil das Universum schließlich ein Ziel habe, das jedoch nicht von der Natur her stammen könne, die für sich genommen kein Ziel besitze, weshalb jenes Ziel dem göttlichen Willen entspringen müsse (Thomas von Aquin, *De potentia*, qu. 3 art. 2 resp.). Ockham hält dagegen, nicht immer müsse das, was durch den Willen als Prinzip geschehe, auch kontingent und

---

4 Das Argument allerdings, Gott könne nicht sündigen und deshalb auch nicht alles tun, was möglich ist, weist Ockham als Fehlschluß, genauer als *fallacia figurae dictionis* zurück, weil „sündigen" sich auf etwas bezieht, was getan wird, zugleich aber konnotiert, daß es dem Gesetz Gottes widerspricht. Während diese Konnotation in der Prämisse auffindbar ist, unterbleibt sie in der Konklusion (OTh IV 621.15-622.5).

nicht natürlich geschehen. Die erste Ursache, also Gott, wirke nach Auffassung der Philosophen vielmehr durch Intellekt und Willen und dennoch durch die Naturnotwendigkeit. „Igitur probare quod Deus producit creaturas per voluntatem non est probare quod non producit de necessitate naturae" (OTh IV 625.23-626.3). Gegenüber dem skizzierten Vorgehen bei Thomas kann man feststellen, daß Ockham das Können Gottes, soweit es durch natürliche Vernunft erfaßbar ist, eher aus dem Vergleich mit menschlichen Fähigkeiten löst und in die Verbindung zu der durch Naturnotwendigkeit geprägten Ordnung bringt.[5] Hier hatten wir aber festgestellt, daß Gottes Können, anders, als man es vielleicht erwartet hätte, für Ockham strikt an die Regelmäßigkeit und Naturnotwendigkeit gebunden ist.

Selbst das von Duns Scotus vorgebrachte Argument, wenn überhaupt etwas kontingent verursacht werde, was ja der Fall sei, müsse auch die erste Ursache etwas kontingent bewirken, da sonst überhaupt nicht klar sei, wie in der Ursachenkette eine kontingente Ursache auftreten könne (Ord. I, d. 2 p. 1 qq. 1-2, nn. 79 sq., Vat. II 176f.; Ord. I d. 8 p. 2 q. un. n. 282, Vat. IV 313f.), läßt Ockham nicht gelten. Schließlich könne es Verschiedenes bedeuten, daß die zweite Ursache von der ersten bewegt werde, sei es, daß die erste Ursache die Existenz der zweiten bewirke, oder daß sie einen gewissen Einfluß oder auch, daß sie direkten Zwang ausübe. Besonders im ersten Fall, wenn etwa Gott als Erstursache den menschlichen Willen als Zweitursache in der Existenz erhalte, sei die scotische Folgerung inakzeptabel (OTh IV 632. 9-22), demnach nicht bewiesen, daß die erste Ursache kontingent sein müsse. Einerseits ist also Gott die Ursache von allem, andererseits in einigen Fällen „nur" dadurch, daß er den menschlichen Willen erhält, den wir heute intuitiv dann eher als die „eigentliche" Ursache bezeichnen würden.[6]

Ockham beantwortet konsequenterweise auch die Frage, ob Gottes Wille die unmittelbare und erste Ursache sei, von allem was geschieht, insofern negativ, als Gottes *Wille* nicht von dessen *Wesen* und *Intellekt* zu trennen sei (I *sent*. d. 45 qu. un., OTh IV 661 ff.). Gott allerdings ist in jenem Sinne unmittelbare Ursache von

---

[5] Ockham weist konsequenterweise auch das Ansinnen Heinrichs von Gent zurück, zwischen einem aktiven Können Gottes, das gleichbedeutend mit seiner Würde sei, und einem passiven Können innerhalb der Schöpfung, welches gewissermaßen ein abgeleitetes, vom aktiven abhängiges Können, ein Können zweiter Ordnung wäre, zu differenzieren. Da Gott nicht erschaffen werden könne, bezieht sich auch sein aktives Können genau auf die Kreatur (I *sent*. d. 43 qu. II, OTh IV 642.1-7, 644.12-22).

[6] Dieser beinahe doppelbödige Eindruck stellt sich in vergleichbarer Weise ein, wenn Gottes Wissen um kontingente zukünftige Ereignisse von Ockham vehement verfochten wird, während man ihm teils durch die logisch-semantische Analyse, teils durch die Behauptung, das sei durch die Autorität der Bibel und der Heiligen bewiesen, durch unsere Vernunft aber weder zu beweisen noch auch nur adäquat auszudrücken, intellektuell sämtliche Zähne zieht (*Tractatus de praedestinatione*, OPh II 516.239-245; 518.299-305, vgl. I *sent*. d. 38 qu. un., OTh IV 584.20-585.24). Vgl. hierzu vor allem Dominik Perler, *Prädestination, Zeit und Kontingenz. Philosophisch-historische Untersuchungen zu Wilhelm von Ockhams* Tractatus de praedestinatione et de praescientia Dei respectu futurorum contingentium, Amsterdam 1988, v. a. 79 ff.

allem, als er es zumindest in der Existenz erhält, auch wenn sich das wieder nicht mit rein natürlichen Mitteln beweisen läßt (OTh IV 668.8-20).[7]

Die Liste der Passagen, in denen Ockham „die ‚Ordnungsgemäßheit' des göttlichen Handelns noch stärker als Scotus" betont,[8] ließe sich ohne weiteres verlängern. Es geht soweit, daß er Thomas' Bemerkung, zur Prädestination und zur Verdammung brauche Gott keinen Grund, es könne auch zur Vermehrung seines Ruhmes geschehen, empört zurückweist: Es sei Sünde, jemanden zur Mehrung des eigenen Ruhmes zu verdammen (I sent. d. 41 qu. un., OTh IV 601.8-10). Während er übrigens in bezug auf die Verdammung die scotische Position akzeptiert, daß es dafür einen Grund geben müsse, hebt er hervor, daß eine Prädestination, die Erlösung in Gnade, auch unabhängig davon möglich sei (OTh IV 605 ff.). Bisher sieht es also immer noch so aus, als seien die üblichen Anschuldigungen, Ockham habe durch die Betonung von Gottes Allmacht die Stabilität und Berechenbarkeit des mittelalterlichen Weltbildes zerstört, weitgehend aus der Luft gegriffen.

Andererseits scheint Bannachs Ansicht nicht von der Hand zu weisen zu sein, daß diese Hervorhebung der Verläßlichkeit nur die Rückseite der Perpetuierung von Gottes Eingriffsmöglichkeit darstellt,[9] sozusagen des andauernden Ausnahmezustandes, sofern Gott ständig die Möglichkeit besitzt, in das Geschehen der Welt einzugreifen, auch wenn sich das, wie gesagt, nicht mittels der natürlichen Vernunft beweisen läßt.

Diese prinzipielle Freiheit Gottes zum voraussetzungslosen Handeln wird vehement verfochten, wenn Ockham gegen die Auffassung Petrus Aureolis, oder das, was er so nennt, argumentiert: Damit eine Seele von Gott angenommen werde, müsse sie notwendigerweise eine solche Form enthalten, ohne welche die Seele Gott selbst mittels seiner *potentia absoluta* nicht lieb werden könne (I sent. d. 17 qu. I). Hier geht Ockham bei seiner Verteidigung der *potentia absoluta* Gottes zu einem Gnadenakt so weit, daß er behauptet, mittels der *potentia absoluta* hätte Gott durch irgendein Geschöpf die Welt erretten können, ja er hätte es auch tun können ohne je inkarniert zu sein (OTh III 449.26-450.4). Fügt man dann den Aspekt, daß Gott einerseits nichts aktual Unendliches *in creaturis* erschaffen kann (vgl. unten, Abschn. 3), zusammen mit der Feststellung, daß er andererseits sehr wohl einem Gläubigen befehlen kann, ihn zu hassen (IV *sent.* qu. XVI, OTh VII 352), was nach Duns Scotus im Widerspruch zum Begriff Gottes stünde und daher selbst in sei-

---

7 „So ist Gott, auch wenn er mit den Zweitursachen zusammenwirkt, genausogut unmittelbare Ursache alles Seienden wie er es in seiner Alleinwirksamkeit wäre, weshalb aber die Zweitursachen nicht überflüssig sind, denn in keinem Fall handelt Gott in seiner ganzen schöpferischen Allmacht." (Bannach, *Die Lehre von der doppelten Macht Gottes* (Anm. 3), 308, vgl. 297) Vgl. Ockham II *sent.* qu. 4 u. 5, OTh V.
8 Bannach, *Die Lehre von der doppelten Macht Gottes* (Anm. 3), 266.
9 Ebd.

ner äußerst reduzierten Version des Naturrechts unmöglich wäre (*Ord.* III, d. 37, suppl., ed. Wolter S. 268 ff.), so wird das „Skandalträchtige" an Ockhams Position langsam deutlicher. Wir können hier also zunächst im Bereich theologischer Argumentation feststellen, daß Ockham bei aller Betonung der Regularität der Weltordnung mit der allgemein akzeptierten These, Gott könne alles, solange er sich nicht widerspreche, ernst macht und die Liste der Dinge, die Gott wirklich nicht kann, drastisch reduziert.

Von einer derartigen Konzeption bleiben naturgemäß auch andere Theoriestücke nicht unbeeinflußt. Etwa ist Gott nach Ockham sehr wohl in der Lage, in gewissem Sinne eine bessere Welt zu schaffen, er kann sie sogar ins Unendliche verbessern, nicht jedoch unendlich viel besser machen, weil es nichts Unendliches in der geschaffenen Welt geben kann (I *sent.* d. 44 qu. un., OTh IV 661). Anhand dieser Reflexionen zur besseren Welt, die Gott schaffen könnte, stellte André Goddu eine Verbindung zur Semantik möglicher Welten her.[10] Zwar nimmt er nicht an, daß es eine solche Semantik bei Ockham im eigentlichen Sinn gibt, doch zeigt sich an dieser Stelle in der Tat, wie das übliche Gefüge notwendiger Verknüpfungen aus dem aristotelischen Begriffssystem ins Wanken gerät. Der entscheidende Punkt ist, daß nach Augustinus und dem Magister – also Petrus Lombardus – Gott einen Menschen schaffen kann, der nicht sündigen kann und daher eigentlich einer anderen *species specialissima* angehören müßte, da es nun einmal gerade eine Eigenschaft aller Menschen, ein *proprium* ist, sündigen zu können. Somit kann Gott ein Individuum einer anderen *species* schaffen und daher auch eine Welt einer anderen *species*, somit auch eine bessere (OTh IV 652.15-653.4). Es wird noch zu sehen sein, warum mit diesem Menschen, der eines *proprium* der „normalen" Menschen entbehrt – also sündigen zu können –, ein erster Riß in jenem aristotelischen Gefüge entstanden ist. Allerdings muß dazu im zweiten Teil erst klar gestellt werden, was ein *proprium* für Ockham ist, vor allem, was es nicht ist.

Der für Ockham typische, relativ technische philosophische Gebrauch von Gottes Allmacht, sei es in der ontologischen Diskussion darum, was es gibt, sei es bei der Bestimmung analytisch wahrer Sätze, wird sich erst unten darstellen lassen, nachdem klar wurde, was mit der Wahrheit von Möglichkeitssätzen behauptet wird und was nicht.

---

10 André Goddu, *The Physics of William of Ockham*, Leiden / Köln 1984, 60-75.

2. Was möglich ist – und was nicht

Was möglich ist, wird auch für Ockham dadurch bestimmt, daß kein Widerspruch auftreten darf, da auch für ihn Gottes Allmacht dadurch begrenzt ist, daß er sich nicht widersprechen kann. Er greift, worauf Knuuttila hingewiesen hat,[11] sogar Scotus' Ausdruck von dem, dem es nicht widerspricht, in der Natur der Dinge zu sein (cui non repugnat esse in rerum natura), an einer Stelle auf, allerdings nicht, ohne diese Ausdrucksweise als unpassend (improprie) zu charakterisieren (I *sent.* d. 36, OTh IV 538-540). Zu beachten ist indessen: Es gibt für Ockham keine möglichen Gegenstände. Sätze, welche die Existenz möglicher Dinge zu unterstellen scheinen, sind so zu analysieren, daß sie die Möglichkeit einer Existenzaussage, nicht aber die Existenz eines möglichen Dinges behaupten. Um dies zu erläutern, sei kurz auf Ockhams Art, die Wahrheit von Sätzen zu charakterisieren, hingewiesen.

Ockhams Untersuchung darüber, was zur Wahrheit der Sätze erforderlich ist (quid ad veritatem propositionum requiritur, SL II 2, OPh I 249), beginnt im zweiten Teil der *Summa Logicae* mit der Wahrheit von singulären, nichtmodalen Sätzen über die Gegenwart, bei denen Subjekt wie Prädikat im Nominativ stehen und die nicht äquivalent zu hypothetischen, d. h., etwas vereinfacht ausgedrückt, zusammengesetzten Aussagen sind. Als Beispiele nennt er „Dieser da ist ein Engel", „Sokrates ist ein Mensch", „Sokrates ist ein Lebewesen". Ockham hält fest, daß es für die Wahrheit einer solchen Aussage „genügt und erforderlich ist, daß Subjekt und Prädikat für dasselbe supponieren (sufficit et requiritur quod subiectum et praedicatum supponant pro eodem)" (OPh I 250.15 f.). Man hat Ockhams Position daher als Zwei-Namen-Theorie der Prädikation[12] und als Identitätstheorie der Wahrheit bezeichnet,[13] da Subjekt und Prädikat als prinzipiell gleichwertige Namen für Gegenstände angesehen werden. Wenn ein Satz wahr ist, so besagt dies, daß die Gegenstände, wofür die Namen stehen, übereinstimmen, daß etwa Sokrates eines der Dinge ist, für die das Prädikat „Mensch" supponiert (ebd.).

Nach und nach werden dann die Wahrheitsbedingungen der komplizierteren Sätze ermittelt. Zunächst derer, die als Subjekt keinen singulären, sondern einen allgemeinen Terminus haben (SL II 3-6). Für die Wahrheit der partikulären und indefiniten Sätze, die in dem Fall, daß das Subjekt personal supponiert, austauschbar sind (SL II 3, OPh I 255.6 f.), genügt die Wahrheit irgendeines passenden singulären Satzes. Für die Wahrheit von „Irgendein Lebewesen (aliquod animal) ist ein Mensch" genügt etwa die Wahrheit von „Dieses Lebewesen ist ein Mensch" (OPh

---

11 Simo Knuuttila, *Modalities in Medieval Philosophy*, London / New York 1993, 147.
12 Peter Geach, *Reference and Generality*, Ithaca 2. Aufl. 1968, 34-36.
13 Jan Pinborg, *Logik und Semantik im Mittelalter. Ein Überblick*, Stuttgart-Bad Cannstatt 1972, 156.

I 255.16 ff.). Für die Wahrheit eines universalen Satzes (z.B. „Jeder Mensch ist ein Lebewesen") ist es erforderlich, daß „das Prädikat für alle jene supponiert, für die das Subjekt supponiert, so daß es von ihnen wahrhaft ausgesagt wird". Es reicht aus, „daß jeder beliebige Einzelsatz wahr ist ([...] requiritur quod praedicatum supponat pro omnibus illis proquibus supponit subiectum, ita quod de illis verificetur. [...] sufficit quod quaelibet singularis sit vera)" (SL II 4, OPh I 260.56 ff.). Diese formale Bedingung ist unabhängig von der Anzahl der Einzelsätze, solange es mindestens einen Gegenstand gibt, der unter beide Begriffe fällt.

Sätze über Vergangenes und Zukünftiges können wahr sein, weil der Satz „Dies ist A" wahr gewesen ist bzw. wahr sein wird, sei es, wenn sich „dies" auf den Gegenstand bezieht, welcher das Subjekt jetzt ist, oder auf den, der es einmal war oder sein wird, wie in „Der Knabe wird ein Greis sein". Es genügt also nicht, daß das Prädikat irgendwie von dem verifiziert wird, wofür das Subjekt supponiert, es muß für die Zeit verifiziert werden, auf die sich die Aussage bezieht (secundum quod denotatur per talem propositionem, SL II, 7). Hier gibt es eine Asymmetrie zwischen Subjekt und Prädikat, die Ockham unter dem Titel „das Prädikat konnotiert seine Form" (praedicatum appellat suam formam, ebd.) verzeichnet. Es muß nämlich keinen Präsenssatz geben, bei dem das Prädikat von dem Subjekt, wie es jetzt ist, ausgesagt wird und der früher einmal wahr war. Wenn z.B. jemand zu recht sagt: „Dieser Blechklumpen war bis eben mein Auto", so muß die Aussage „Dies ist mein Auto" einmal wahr gewesen sein, wobei man auf das Ding deutete, was nun ein Blechklumpen ist, nicht jedoch muß der Satz: „Dieser Blechklumpen ist mein Auto" wahr gewesen sein. Eine Schwierigkeit in Ockhams Wahrheitsauffassung ist hier allerdings, daß die Identitätskriterien für die Gegenstände, über die in Vergangenheits- und Zukunftsaussagen gesprochen wird, nicht immer völlig klar sind, wie gelegentlich angemerkt wurde.[14] An anderer Stelle habe ich vorgeschlagen, daß man sich des von Kripke vorgeschlagenen Verfahrens der Bezugnahme mittels einer „Taufsituation" und einer „Kommunikationskette" bedienen könnte, um derartige Identitätskriterien zu finden.[15]

Dieses Beispiel zeigt, wie vorsichtig man mit den Existenzaussagen in Vergangenheit und Zukunft umgehen muß, da ein z.B. jetzt bestehendes Ding nicht existiert haben muß und damit auch nicht ohne weiteres zum Subjekt eines Satzes in der Vergangenheitsform taugt. Mit der logischen Verpflichtung zur sorgfältigen Beachtung solcher Umstände ist jedoch keine ontologische Verpflichtung verknüpft, die gegenwärtige Existenz vergangener und zukünftiger Dinge zu akzeptieren. Eine vorschnelle Übertragung dieses intensiv von Quine benutzten Begriffs auf Ockham läuft Gefahr, daß man Quines Ablehnung verschiedener Existenzbegriffe, die

---
14 Vgl. Perler, Prädestination (Anm. 6), 144.
15 Matthias Kaufmann, *Begriffe, Sätze, Dinge. Referenz und Wahrheit bei Wilhelm von Ockham*, Leiden / Köln 1994, 156 f.

für Ockhams Ontologie konstitutiv sind, vernachlässigt und seine Konzeption der Existenz physischer Gegenstände als Bestehen zu irgendeiner Zeit übersieht.[16]

Dieser Exkurs über die Wahrheit von Sätzen bei Ockham wurde erforderlich, weil in analoger Form wie bei Zukunfts- und Vergangenheitssätzen die Verifizierung von Modalsätzen, also auch von Sätzen über Mögliches verläuft. Man muß allerdings solche Sätze, bei denen ein abgeschlossener Nichtmodalsatz mit einem Modaloperator versehen wird (in sensu compositionis), von solchen unterscheiden, in denen der Modaloperator im Satz auftaucht (in sensu divisionis). Diese beiden Fälle sind auch nicht konvertibel: „Es ist notwendig, daß alle wahren Sätze wahr sind" (in sensu compositionis) besagt nicht, daß alle wahren Sätze notwendigerweise wahr sind (in sensu divisionis) (SL II 9). Für die Wahrheit eines Modalsatzes *in sensu divisionis* genügt es nicht, daß der Modaloperator auf einen nicht-modalen Satz anwendbar ist. Vielmehr muß er auf jeden Satz anwendbar sein, in dem das Prädikat über einen der Gegenstände gesagt wird, für die der Subjektterminus supponiert. Es müßte dazu für jeden wahren Satz gelten: „Es ist notwendig, daß dieser Satz wahr ist" (SL II 10; OPh I 276 f.).

Auch bei Modalsätzen gibt es eine Asymmetrie zwischen Subjekt und Objekt, insofern das Prädikat in einer dem Satzsinn entsprechenden Weise auf das Subjekt zutreffen muß. Generell scheint mir Ockham nicht die Absicht zu haben, Subjekt und Prädikat innerhalb des Satzes grammatisch gleichzustellen. Er wendet sich nur dagegen, daß man, um den Satz „Fido ist ein Hund" zu verstehen und zu verifizieren, eine Hundhaftigkeit als Natur, Essenz und dgl. voraussetzen muß, auf die sich das Prädikat bezieht. Durch die Technik der sog. allein konfusen Supposition kann man in allen Sätzen mit einem allgemeinen Terminus als Prädikat Einzeldinge als dessen Referenten annehmen. Damit „Fido ist ein Hund" wahr ist, braucht es nichts zu geben als Fido und Hunde; und Fido muß zu den Hunden gehören. Andererseits muß es, damit „Fido ist möglicherweise ein Hund" wahr ist, keine möglichen Hunde im selben Sinne wie tatsächliche Hunde geben. Es genügt die Feststellung, daß Fido ein Hund sein kann.

Es wurden bereits Bedenken dagegen angemeldet, daß es für Ockham eine ontologische Verpflichtung im Sinne Quines auf Gegenstände aus Zukunft und Vergangenheit gibt,[17] ähnliches gilt nun für mögliche Dinge.[18] Im ersten Fall muß man sich, wie gesagt, darüber klar sein, daß Quines kanonische Notation, in welcher das Kriterium der ontologischen Verpflichtung erst auftritt, ganz bewußt zeitlos ist. Wirft man Ockham hier Verstöße gegen das Prinzip ontologischer Verpflichtung

---

16 Willard Van Orman Quine, *Word and Object*, Cambridge / Mass. 14. Aufl. 1985, § 36.
17 Marilyn McCord Adams, *William Ockham*, Notre Dame 1987, 71-107, 396-416; dies., „Ockham's Nominalism and Unreal Entities", in: *The Philosophical Review* 86 (1977), 144-176.
18 Elizabeth Karger, „Would Ockham Have Shaved Wyman's Beard?", in: *Franciscan Studies* 40 (1980) 244-254.

vor, so impliziert dies, daß man seine zeitgebundene Interpretation von Existenz und Kopula verwirft. Schließlich erkennt er ja an, daß die betreffenden Gegenstände existiert haben oder existieren werden, und man wird ihm wohl nicht die absurde Behauptung abverlangen, sie würden deshalb allesamt jetzt (z.B. im physischen Sinne) existieren. Gewiß ist in der Mathematik und vielleicht auch in weiten Teilen der Physik ein zeitinvarianter Existenzbegriff brauchbarer. Doch gibt es auch gute Gründe dafür, zusätzlich einen ans zeitliche Werden und Vergehen von Dingen geknüpften Begriff der Existenz zuzulassen. „Sein" ist für Ockham ein äquivoker Begriff, weil er nicht für alle Arten von Gegenständen in gleicher Weise gebraucht wird (SL I 38, OPh I 107.34-36; *Expositio in Librum Porphyrii de Praedicabilibus*, Cap. 2 § 10, OPh II 41-44). Darauf, daß Quantitäten (SL I 44, OPh I 132.3-16, 139.184 ff.), Relationen und die anderen Kategorien Namen zweiter Intention sind (nomen secundae intentionis, SL I 51, OPh I 167.137-147) und ihre Referenten daher in anderer Weise existieren als Substanzen, beruht jedoch gerade Ockhams ontologische Argumentation.

Um zu zeigen, daß Ockham keine möglichen Dinge anerkennt, sondern nur modalisierte Sätze verwendet, daß der Spott über die unzählbar vielen möglichen Dicken und möglichen Glatzköpfe im Eingang, den Quine gegen den fiktiven Diskussionspartner Wyman richtet, ihn daher nicht trifft,[19] kann man sich auf eine Passage aus der *Summa Logicae* beziehen, auf die unter anderen Elizabeth Karger hingewiesen hat:

> „Seiendes ist in ein der Möglichkeit nach Seiendes und ein wirklich Seiendes eingeteilt. Was nicht so zu verstehen ist, daß etwas, was nicht in der Natur der Dinge ist, aber sein kann, ein wirklich Seiendes ist, und etwas anderes, was in der Natur der Dinge ist, ebenfalls ein Seiendes ist. [...] Aristoteles meint, daß der Begriff ‚Seiendes' von manchem vermöge des Wortes ‚ist' in einer Existenzaussage von etwas ausgesagt wird, die keiner Aussage über Mögliches äquivalent ist, von manchem dagegen nur in einer Möglichkeitsaussage oder einer, die einer Möglichkeitsaussage äquivalent ist. [...] Er will sagen, daß das Seiende der Möglichkeit und der Wirklichkeit nach ausgesagt werden kann wie das Wissende und das Ruhende. Gleichwohl ist nichts wissend oder ruhend, wenn es nicht in Wirklichkeit wissend oder ruhend ist.
>
> ([...] dividitur ens in ens in potentia et ens in actu. Quod non est intelligendum quod aliquid quod non est in rerum natura sed potest esse, sit vere ens, et aliquid aliud quod est in rerum natura sit etiam ens. [...] Aristoteles [...] intendit quod hoc nomen ‚ens' de aliquo praedicatur mediante hoc verbo ‚est' in propositione mere de inesse, non aequivalente propositioni de possibili, [...]; de aliquo autem non praedicatur nisi in propositione de possibili vel aequivalente propositioni de possibili, sic dicendo ‚Antichristus potest esse

---

19 „Take for instance the possible fat man in the doorway; and, again, the possible bald man in the doorway. Are they the same possible man or two possible men? How do we decide? How many possible men are there in that doorway? Are there more possible thin ones than fat ones? How many of them are alike?" (Willard Van Orman Quine, „On What There Is", in: ders., *From a Logical Point of View*, Cambridge / Mass. 2. Aufl. 1980, 4).

ens' sive ‚Antichristus est ens in potentia' et sic de aliis. Unde vult ibidem quod ens est dicibile potestate et actu, sicut sciens et quiescens, et tamen nihil est sciens vel quiescens nisi actualiter sit sciens vel quiescens.)" (SL I 38, OPh I 108.54-66)

Karger deutet diese Passage und die Parellelstellen (SL I 72, OPh I 216.58-217.85; *Quodl.* II, qu. 9, OTh IX 153.76-79)[20] zu Recht so, daß Ockham Sätze wie „a ist ein mögliches Seiendes" uminterpretieren bzw. paraphrasieren würde zu „a kann es geben". Bestätigt wird dies außerdem noch durch eine Passage aus der *Ordinatio*:

„Es ist auch keine passende Redeweise, von einem Geschöpf zu sagen, es habe mögliches Sein, sondern passender sollte man sagen, daß das Geschöpf möglich ist, nicht weil ihm etwas zukäme, sondern weil es in der Natur der Dinge sein kann (Nec est proprius modus loquendi dicere quod esse possibile convenit creaturae, sed magis proprie debet dici quod creatura est possibilis, non propter aliquid quod sibi conveniat sed quia potest esse in rerum natura)." (I *sent.* d. 43 qu. II, OTh IV 650.3-6)

Also weil der Satz: „Es ist möglich, daß das Geschöpf existiert" wahr ist.[21] Dies ist übrigens auch die von Quine akzeptierte Deutung der Modalitäten.[22]

Sätze, in denen mögliche Gegenstände oder auch andere für Ockham eher unliebsame Dinge aufzutreten scheinen, wie sie auch in den Schriften der Heiligen und sogar in der Heiligen Schrift auftreten, gilt es nach seiner Auffassung so zu analysieren, daß sie als rekonstruierbare Verknüpfung mehrerer kategorischer Sätze erkennbar werden, in welchen nur die von ihm akzeptierten absoluten Gegenstände, also Substanzen und wahrnehmbare Qualitäten auftauchen. Das gilt natürlich nicht nur für mögliche Gegenstände, sondern auch für Qualitäten, Relationen und die Dinge aus den anderen Aristotelischen Kategorien – außer Substanz und Qualität.

Wichtig wird diese Einstellung ferner da, wo es den genaueren Status einer der topischen Prädikabilien, nämlich des *proprium* festzustellen gilt. Ockham erkennt nämlich durchaus ein *proprium* in dem Sinne als notwendig an, daß alle Gegenstände einer bestimmten untersten Art eben dieses *proprium* besitzen, wenn sie existieren, so daß auch Gott es nicht entfernen könnte (SL I 24, OPh I 79.19-31). Ein

---

20 Vgl. hierzu auch Knuuttila, *Modalities* (Anm. 11), 146 f., der darauf hinweist, daß Ockham bei Duns Scotus irrtümlicherweise die Annahme einer Existenz möglicher Gegenstände unterstellt, vielleicht auch in der Absicht, vor einer falschen Deutung von Scotus' Denken zu warnen. Vgl. Adams, *William Ockham* (Anm. 17), 415 f., 1056 ff.

21 Gerade in Ockhams Physikkommentar(en) spielt diese Propositionalisierung der Möglichkeit und die Untersuchung der Wahrheitsbedingungen für unterschiedliche Typen solcher Sätze eine wesentliche Rolle, etwa bei der Unterscheidung eines *infinitum in potentia* davon, daß ein Stück Erz *in potentia* eine Statue ist (*Expositio in libros physicorum* lib. III cap. 13; OPh IV 541.3 ff.) oder auch der näheren Bestimmung, was es heißen soll, wenn der Commentator von einem Akt spricht, dem eine Potenz beigemischt sei (OPh IV 542.39-544.43).

22 „We may impose the adverb ‚possibly' upon a statement as a whole, and we may well worry about the semantical analysis of such usage; but little real advance in such analysis is to be hoped for in expanding our universe to include so-called possible entities." (Quine, „On What There Is" (Anm. 19), 4)

solches *proprium* ist nun kein Ding, das einem anderen inhäriert, meist auch keines außerhalb desselben, sondern etwas, was man notwendigerweise über die Dinge der entsprechenden Art aussagen kann (OPh I 79.36 ff., 80.75 f.), so daß von allen Dingen dieser Art gilt: Wenn sie existieren, so ist dieses *proprium* von ihnen aussagbar. Interessanterweise nun handelt es sich dabei typischerweise um Aussagen *de possibili*, eben etwa, daß der Mensch des Lachens fähig ist (risibilis). Denn ob er lacht, ist kontingent, daß er lachen kann, ist notwendig, insofern alle Menschen die Eigenschaft haben, des Lachens fähig zu sein. Nur weil die Aussagen, die ein *proprium* zusprechen, mit solchen *de possibili* äquivalent sind (sicut ista ‚omnis homo est risibilis' aequivalet isti ‚omnis homo potest ridere'; OPh I 80.65 f.), können sie nicht einmal durch Gottes Allmacht falsifiziert werden, solange der Gegenstand weiter besteht (OPh I 80.57 ff.). Es ist zwar innerhalb des aristotelischen Begriffssystems folgerichtig, wirkt aber beinahe kurios: Gottes Allmacht, die lediglich dadurch beschränkt ist, daß er sich nicht widersprechen kann, die ihm jedoch gestattet, jedes kontingent existierende reale Ding zu zerstören oder neu zu erschaffen, ohne daß sich an der übrigen Welt etwas änderte, findet ihre Grenze dort, wo er dem Gegenstand nicht seine für die Art charakteristischen *Möglichkeiten* nehmen kann, ohne ihn zu zerstören. Andererseits kann er, wie im Falle des Sündigens gesehen, Arten erschaffen, denen diese Möglichkeiten fehlen, worauf wir gleich noch zurückkommen werden.

3. Gottes Können und das logisch Mögliche

Damit sind wir bei einer der Besonderheiten in Ockhams Philosophie und Theologie angelangt, die möglicherweise die Hauptverantwortliche für die zu Beginn des ersten Abschnitts angesprochene theologische Ablehnung ist, der sich Ockham von verschiedener Seite gegenübersieht. Gewiß kann man sie durch die Tatsache erklären, daß Gott laut Ockham ständig die normale Weltordnung zu durchbrechen vermag, oder auch durch den Umstand, daß zumindest in vielen Interpretationen Gottes Wille für Ockham der alleinige Maßstab des moralisch Richtigen ist. Andererseits wurde von verschiedener Seite gezeigt, daß man nicht in der gerne benutzten Weise von einem nominalistischen Willkür-Gott sprechen sollte, der in seiner völligen Unberechenbarkeit eher eine Bedrohung als einen Schutz für die Menschen darstellt und damit die Geschlossenheit des mittelalterlichen Weltbildes zerstört.[23] Nicht von der Hand zu weisen scheint mir jedoch eine bei Theologen verbreitete und aus dieser Perspektive durchaus verständliche Abneigung gegen das in

---

23 Vgl. u. a. die in Anm. 2 erwähnten Arbeiten.

hohem Maße eigenständige logische und philosophische Erkenntnisinteresse Ockhams, welches an vielen Stellen klar den Eindruck vermittelt, nicht die Logik werde benutzt, um Gottes Allmacht näher zu definieren, sondern der Verweis auf Gottes *potentia absoluta* sei oftmals ein technisches Hilfsmittel, um das logisch Notwendige vom Kontingenten zu trennen oder generell ontologische Fragestellungen zu diskutieren. Seine Wirkung entfaltet dieses technische Mittel allerdings erst im Zusammenspiel mit Ockhams Individualismus und der Annahme, daß jedes Ding, das existiert, von jedem anderen getrennt erhalten oder zerstört werden kann, weil es kontingenterweise existiert.

Gott ist nun in der Lage, jedes einzelne Ding, jede Kombination einzelner Dinge, aber auch alle einzelnen Dinge aus dem Nichts zu schaffen, zu erhalten oder zu zerstören. Er ist da in seiner *potentia absoluta* an nichts und niemanden, auch an kein von ihm geschaffenes Weltgesetz gebunden. Daß er sich meistens, in seiner *potentia ordinata*, an eine gewisse Gleichförmigkeit hält, macht für uns die Welt berechenbarer, wir können infolge der Gleichförmigkeit der Vergangenheit Prognosen für die Zukunft anstellen. Gewißheit haben wir dabei allerdings nicht, weil Gott seine *potentia absoluta* weiter beibehält, wie oben festgehalten wurde.[24] Gott kann nur eines nicht: Er kann nicht gegen die Logik verstoßen. Dies bedeutet nach Ockham allerdings keine Einschränkung seiner Allmacht, im Gegenteil läßt sie sich nur anhand der Logik richtig erfassen. Nach allgemeiner Überzeugung, auch dies wurde schon angesprochen, ist dieser Verweis auf die Allmacht Gottes, der seit dem Ende des dreizehnten Jahrhunderts insbesondere in naturphilosophischen Schriften eine bedeutende Rolle spielt, eine Folge der Verurteilung von 219 Thesen radikaler Aristoteliker im Jahre 1277.[25]

Auffällig ist eben nur, wie routiniert Ockham die *potentia absoluta* als theoretisches Instrument einsetzt, um die Kontingenz aller Einzeldinge dazu zu benutzen, den Bereich dessen, was notwendigerweise der Fall ist, auf die Logik einzugrenzen, bzw. den Bereich des Möglichen vom physikalisch Machbaren auf das Denkbare auszudehnen (vgl z. B. OPh I 86 f., 618).[26] Oftmals wird in Ockhams ontologischen Untersuchungen, z. B. über die Existenz von Quantitäten (SL I 44), gefragt, ob Gott bestimmte Gegenstände für sich alleine erhalten oder zerstören könne. Ist

---

24 Über Ockhams Lehre von der *potentia absoluta* Gottes vgl. zudem Jürgen Miethke, *Ockhams Weg zur Sozialphilosophie*, Berlin / New York 1969, 137 ff.
25 Edward Grant, „The effect of the condemnation of 1277", in: Norman Kretzman / Anthony Kenny / Jan Pinborg (Hg.), *The Cambridge History of Later Medieval Philosophy*, Cambridge 1982, 537-539, vgl. hierzu Kurt Flasch, *Aufklärung im Mittelalter? Die Verurteilung von 1277*, Mainz 1989, aber auch bereits Bannach, *Die Lehre von der doppelten Macht Gottes* (Anm. 3), 95 ff.
26 Vgl. John E. Murdoch, „Infinity and Continuity", in: *The Cambridge History of Later Medieval Philosophy*, 566. Über den bei Scotus und bei Ockham feststellbaren „transzendentalen" Zugriff auf das, was möglich ist, vgl. Knuuttila, *Modalities* (Anm. 11), 138 ff.

dies nicht der Fall, so existieren sie eben nicht *extra animam*. Gottes Allmacht wird also auch benutzt, um zu ermitteln, was es gibt und was nicht.

Ein Grenzfall ist die im ersten Abschnitt diskutierte Fähigkeit Gottes, einen Menschen zu schaffen, der nicht sündigen kann. Um nämlich diese von Augustinus übernommene und bei der oben erwähnten Frage, ob Gott eine bessere Welt schaffen könne, angewandte These mit der – auch von Gott nicht abänderbaren – Notwendigkeit der Sätze, in denen ein *proprium* zugesprochen wird, vereinbaren zu können, muß Ockham zwischen zwei Bedeutungen von „Mensch" unterscheiden: Einmal wird darunter jede Verbindung zwischen einem Körper und einer Geistnatur verstanden, so daß es sich dabei nicht um eine *species specialissima* handelt, das andere Mal ist es die Verbindung eines Körpers mit einer solchen intellektiven Seele, wie wir sie besitzen. Im letzteren Sinne handelt es sich dann um eine unterste Art, so daß in diesem Sinne einer, der nicht sündigen kann, kein Mensch wäre (I *sent.* d. 44 qu. un., OTh IV 653.18-654.8). Hier wird offenbar das durch das aristotelische Begriffsschema vorgegebene logisch Notwendige, wogegen auch Gott nicht zu verstoßen vermag, ein Stück weit von der begrifflichen Klassifikation der Welt gelöst – nicht nur im Hinblick auf die Existenz oder Nichtexistenz von Individuen.

Nikolaus von Autrecourt radikalisiert in seinen Briefen an Bernhard von Arezzo dann dieses Vorgehen Ockhams bis zu der These, daß Aristoteles kein evidentes Wissen über die Existenz anderer Substanzen als die eigene Seele gehabt haben könne, da ihre Existenz nicht aus dem Satz vom Widerspruch folge.[27] Zwar scheint man inzwischen einig darüber, daß hier zumindest insofern keine „Ockhamistische Bewegung" vorliegt, als weite Teile von Ockhams Ansichten im Paris der dreißiger und vierziger Jahre des vierzehnten Jahrhunderts – Nikolaus mußte 1346/47 der Verbrennung seiner Schriften beiwohnen und diese widerrufen – schlicht unbekannt waren.[28] Doch scheint er jenen sprachanalytisch-technischen Stil in Philosophie und Theologie als einer der ersten in diesem Maße perfektioniert zu haben.

Ockham unterscheidet allerdings noch zwischen dem logisch Möglichen und dem *naturaliter* Möglichen, zumindest an einer prominenten Stelle. Seine Ontologie, in der es Substanzen und Qualitäten als absolute Gegenstände gibt, zusammen mit der Auffassung, daß die Wahrnehmung eines Gegenstandes eine Qualität der Seele ist, nötigt ihn zu der Feststellung, daß Gott in seiner Allmacht auch den wahrgenommenen Gegenstand zerstören, gleichzeitig die Wahrnehmung selbst erhalten

---

27 Nicolaus de Ultracuria, *Secunda epistola ad Bernardum*, §§ 11, 22; vgl. Nicholas of Autrecourt, *His Correspondence with Master Giles and Bernard of Arezzo. A Critical Edition and English Translation* by Lambert Marie de Rijk, Leiden / Köln 1994, 64, 72.

28 Vgl. z. B. Katherine Tachau, *Vision and Certitude in the Age of Ockham*, Leiden / Köln 1988, 336 ff.; Francesco Bottin, *La scienza degli Occamisti*, Rimini 1983.

könne (*Quodl.* V qu. 5; OTh IX 498). Nun kann man ihm zwar zugestehen, daß diese Möglichkeit für seine Erkenntnistheorie keine derart fatalen Folgen hätte, wie für eine, bei der auf einzelnen Wahrnehmungen das gesamte Wissen aufgebaut wird. Seine Versicherung allerdings, dies sei *naturaliter* unmöglich (ebd.), kann nicht sehr viel mehr besagen, als daß Gott wohl kaum einen Grund hätte, so etwas zu tun. Wer aber kennt schon Gottes Gründe?

On the History of Theory of Modality as Alternativeness

Simo Knuuttila

Many scholars have recently remarked that the notions of necessity and possibility were treated in fourteenth-century modal logic and obligations logic in a way which is analogous to the contemporary possible worlds semantics.[1] The basic conceptions of the modal theory which was modern in the fourteenth century involved the idea of possibly true statements as expressing non-contradictory states of affairs, compossibly true statements as jointly expressing possible states of affairs, and necessarily true propositions as not falsified by any possible states of affairs. The term 'state of affairs' refers here to the domain of possibility which, without having any existence as such, was taken to form the primary reference area of modal expressions and the intentional correlate of divine omniscience and power. One incentive for the new theory was dissatisfaction with the thirteenth-century attempts to interpret Aristotle's modal syllogistic as a logic of complicated essential ontology. It was thought that the general theory of the basic modalities should involve a much more economical metaphysical structure explicated by the concepts of possible items, modalized copulas, the compossibility relation, and God as an activator. The purpose of the last factor was to make the theory dynamic. It was thought that the compossible sets of possibilities were objective in the sense that they are known by an omniscient being, but there is no way from the domain of possibility to that of actuality without an actualizing power.

My aim in this paper is to illustrate the new fourteenth-century approach to modal terms by analyzing how John Buridan, one of its most influential proponents, tried to explain Aristotle's indirect proofs in the *Physics*. Buridan offers an

---

1 As for obligations logic, see P. Spade, "Three Theories of *Obligationes*: Burley, Kilvington and Swyneshed on Counterfactual Reasoning", in: *History and Philosophy of Logic* 3 (1982), 1-32; C. J. Martin, "Bradwardine and the Use of *Positio* as a Test of Possibility", in: S. Knuuttila / R. Työrinoja, S. Ebbesen (eds.), *Knowledge and the Sciences in Medieval Philosophy. Proceedings of the Eighth International Congress of Medieval Philosophy*, Helsinki 1990, 574-585; S. Knuuttila / M. Yrjönsuuri, "Norms and Action in Obligational Disputations", in: O. Pluta (ed.), *Die Philosophie im 14. und 15. Jahrhundert*, Amsterdam 1988, 191-202; as for modal logic, see G. E. Hughes, "The Modal Logic of John Buridan", in: G. Corsi / C. Mangione / M. Mugnai (eds.), *Atti del Convegno internazionale di storia della logica: le teorie delle modalità*, Bologna 1989, 93-111; S. Knuuttila, *Modalities in Medieval Philosophy*, London 1993; H. Lagerlund, *Modal Syllogistics in the Middle Ages*, Leiden 2000.

interpretation which is based on his understanding of what possibilities are and he contrasts this with the interpretation of Averroes and Thomas Aquinas which he regarded as a misguided treatment of possibility. In the last section I refer to some philosophical questions which began to be discussed in late medieval times on the basis of the model theoretical view of modalities.

1. Buridan's Interpretation of Aristotle's Physics VII.1

At the beginning of the seventh book of his *Physics* Aristotle states that everything which is in motion is moved by something. He says that in any motion one can differentiate between an active factor and a passive factor and that this is based on the divisibility of everything which moves. The idea of the proof is that if it is maintained that the distinction between being in motion and being moved is not applicable to those things which are in motion in their own right, one should realize that being in motion in one's own right cannot be a property of anything. If a whole is assumed to be in motion and if a part of it is assumed to be at rest, something impossible follows. The whole cannot be in motion in its own right, because its being in motion presupposes that its parts are moved (241b 34 – 242a 49). It is taken for granted that a part of a moving whole can be at rest.

Aristotle then puts forward a longer reductive argument purporting to prove that any sequence of causally dependent movers must terminate and that there must be a first moved mover in any given sequence of movers. The opponent is taken to assume that there can be a finite motion, say A, in a finite time and an actually infinite series of simultaneous finite movers related to A. But then an infinite motion is performed in a finite time. This is impossible (242a 49 – 242b 53). Aristotle remarks that someone could object that assuming an infinite number of motions is not the same as assuming an infinite motion. His answer to this criticism is as follows: a proximate mover is either contiguous or continuous with what it moves; since the movers constitute a unity, the motion they execute is unitary, and since the motions were infinite, the unitary motion is infinite (242b 53 – 243a 31).

These arguments are traditionally considered problematic by commentators.[2] Instead of entering these discussions, let us see how they were explained by John

---

[2] For some examples, see R. Wardy, *The Chain of Change: A Study of Aristotle's* Physics *VII*, Cambridge 1990; Simplicius, *In Aristotelis Physicorum libros quattuor posteriores commentaria*, ed. H. Diels (Commentaria in Aristotelem Graeca 10), Berlin 1895, 1039.13 – 1042.27; Averroes, *In libros Physicorum Aristotelis commentarium*, in: *Aristotelis Opera cum Averrois commentariis*, vol. IV, Venice 1562, repr. Frankfurt a. M. 1962, VII.2, 307va-vb; Thomas Aquinas, *In octo libros Physicorum Aristotelis expositio*, ed. P. M. Maggiòlo, Turin 1965, VII.1, 887-889, VII.2, 895-899.

Buridan, the famous fourteenth century Parisian philosopher and Aristotle commentator. According to Buridan, the first argument is based on two presuppositions: (1) everything which moves is divisible and (2) everything which moves ceases to move if its part ceases to move. The view criticized is that the heavenly sphere is in motion due to itself, in its own right, and primarily. The argument itself then runs as follows. No thing which is at rest, if something else is at rest, is in motion due to itself, in its own right, and primarily. But everything which moves as a whole can be at rest as a consequence of something else's being at rest, because it has a part which is different from it (by 1) and the whole is at rest if its part is at rest (by 2). Therefore nothing is in motion due to itself, in its own right, and primarily. Buridan states that it is assumed that a part of the heavens can be at rest and that one might find this strange. Aristotle maintained that the heavens are moving necessarily and it should not be assumed that a part of it can be at rest. Buridan's answer is that the heavens are moving necessarily by a natural necessity, but this is a weak sort of necessity which belongs to natural invariances. It does not prevent one from thinking that things could be different on the basis of a more primary supernatural possibility. Therefore the counterfactual assumption of the resting of a part of the heavens is possible. There are some minor problems in Aristotle's proof, but one should not claim that it is mistaken because of an impossible presumption.[3]

In dealing with the second proof Buridan explains his idea of Aristotle's two necessities in a more detailed manner. Aristotle's point was that since the movers and those which are moved are continuous or contiguous, this disjunction must be embedded in the hypothesis of an unlimited chain of causally dependent movers. Treating the hypothesis as a possibility yields an impossibility, and this shows that it cannot be possible, since nothing impossible results from postulating a possibility (242b 72–243a 31). Buridan states that someone might criticize Aristotle's argument as a reduction based on the *positio impossibilis* that there could be a continuous body formed from separate different bodies of different kinds. If Aristotle's intention was to show that the opponent's position is false, i. e. that there is no need for a first mover, he should demonstrate that this view leads to a contradiction. But Aristotle introduces an impossible premise of his own. The whole argument then

---

3 *Quaestiones super octo Physicorum libros Aristotelis*, Paris 1509, repr. Frankfurt a. M. 1964, VII.1, 104ra–104va. (I have corrected the printing mistakes in the pagination of the edition.) According to Simplicius, Galen and some others criticized Aristotle's demonstration on the grounds that it uses an impossible hypothesis (1039.13-14). The original version of Galen's attack is not extant, but it was discussed in Alexander of Aphrodisias's reply. This has not survived in Greek, but there is an Arabic translation; see N. Rescher / M. Marmura, *The Refutation by Alexander of Aphrodisias of Galen's Treatise on the Theory of Motion*, Islamabad 1965, and the notes in Simplicius, *On Aristotle Physics 7*, translated by C. Hagen, London 1994, 105. The references to Galen in Simplicius and in Averroes (307va) are accompanied by reports of Alexander's answers.

breaks down because anything follows from an impossibility. Buridan's answer on behalf of Aristotle runs as follows. It is true that anything follows from an impossibility, but this holds only of those impossibilities which are impossible without qualification and not of the impossibilities which, being possibilities as such, are merely natural impossibilities. Aristotle tried to demonstrate that the opponent's position was impossible because it implied something obviously impossible. His additional premise was only naturally impossible and as such not responsible for the impossible conclusion (VII.3, 104vb-105ra). This corresponds to how an acceptable impossible thesis was described in the obligational *positio impossibilis* rules.

The theoretical tools of Buridan's interpretation are the conception of *positio impossibilis*, the principle that anything follows from an impossibility, and the distinction between unqualified simple possibilities and natural possibilities or, as Buridan more usually says, between possibilities through the divine power and possibilities through the natural powers. None of these are mentioned by Aristotle in this context, but they were involved in widely-known disputational patterns which were particularly developed in medieval obligations logic and its theological applications. The rules for impossible positions were meant to guarantee disputational consistency with respect to initial statements which were naturally or doctrinally impossible without implying obvious contradictions. These rules typically involved distinctions between different kinds of modalities and consequences.[4]

While introducing the distinction between two types of modality in his interpretation, Buridan also mentions that this approach was criticized by people who claimed that Aristotle did not operate with the distinction between natural and supernatural modalities and that he thought that all impossibilities were of the same type (VII.3, 105rb).[5] Buridan regarded this as the received view and his attempt

---

[4] In addition to the works mentioned in note 1, see also C. J. Martin, "Impossible *positio* as the Foundation of Metaphysics or, Logic on the Scotist Plan", in: C. Marmo (ed.), *Vestigia, imagines, verba. Semiotics and Logic in Medieval Theological Texts*, Turnhout 1997, 255-276; S. Knuuttila, "*Positio impossibilis* in Medieval Discussions of the Trinity", in: Marmo (ed.), *op. cit.*, 277-288; S. Knuuttila, "Trinitarian Sophisms in Rober Holcot's Theology", in: S. Read (ed.), *Sophisms in Medieval Logic and Grammar*, Dordrecht 1993, 348-356; C. J. Martin, "Obligations and Liars", in: Read (ed.), *op. cit.*, 357-381. Martin has argued that the early treatments of impossible *positio* were influenced by Boethius's description of Eudemus's theory of hypotheses which were agreed to be impossible by all disputants but which were assumed in order to see what follows (see Boethius, *De hypotheticis syllogismis*, ed. L. Obertello, Brescia 1969, I.2.5-6). Many theologians regarded these rules as a logical device for analyzing the conceptual properties of various doctrines through counter-doctrinal assumptions (see William Ockham, *Summa logicae*, ed. P. Boehner, G. Gál, S. Brown, St. Bonaventure, NY 1974, III-3.41, 739-741).

[5] Peter Aureole was one of the authors who made use of a modal distinction similar to that of Buridan and who maintained that it was not found in Aristotle. In Aureole's view, Aristotle believed that the eternal immutable structures of nature are simply necessary. The insight that this is not true is based on divine revelation and is delivered by Catholic faith. See L. Nielsen, "Dictates of Faith

to deny it as an innovatory new insight. As evidence for his interpretation, Buridan gives a list of several statements with respect to which Aristotle in his opinion consciously operates with the distinction between the notion of possibility which means that something can take place in the world through natural potencies and the notion of possibility which means that something is not contradictory and can take place in the world through a supernatural potency albeit not through a natural potency. The list involves the statements that the heavens are made to stand still, the velocity of the spheres is changing, the spheres are made continuous, a corruptible thing is subtler than fire, dimensions penetrate each other and there is a space separate from bodies (VII.3, 105rb). Buridan thought that all these occur as additional premises in indirect proofs which are structurally similar to those in *Physics* VII.1. I shall return to this theme later.

In arguing for the compatibility of Aristotle's views with Catholic teaching, Buridan also mentions that in the first book of the *Physics* Aristotle says that all authors have maintained that nothing can naturally be born out of nothing "as if he would like to say that it is possible supernaturally". In this context Buridan deals with Averroes's arguments against the possibility of creation out of nothing. Buridan summarizes Averroes's main points as follows. The generation of a substance is always preceded by a qualitative change in the substrate. This is not possible, if there is no preceding subject. If there is no such subject, there cannot be any passive potency, but in the generation of a substance there must be a passive potency which inheres in a subject and which is actualized by an active potency. Furthermore, when something is generated, a change has taken place from a former state to a later state, which is not possible if there is no former state. Last, Averroes states that it is not possible that God would create the world, for this would imply a change in God's will, which is unchangeable (I.15, 19ra-vb). Buridan did not deny that these were Aristotelian arguments, but he believed that Aristotle, as distinct from Averroes, drew a distinction between natural and supernatural possibilities and would not have said that creation is impossible *simpliciter* (VII.3, 105rb).[6]

---

versus Dictates of Reason: Peter Aureole on Divine Power, Creation, and Human Rationality", in: *Documenti e studi sulla tradizione filosofica medievale* 7 (1996), 213-241. For Buridan's argument, see also S. Knuuttila, "Necessities in Buridan's Natural Philosophy", in: J. M. M. H. Thijssen / J. Zupko (eds.), *The Metaphysics and Natural Philosophy of John Buridan*, Leiden 2001, 69-71.

6 Buridan criticized these arguments by using the traditional distinctions put forward by Augustine. See also VIII.2, 114vb-115vb. For Augustine's view, see section 3 below.

2. The Modalities of Unchanging Things in Aristotle

In *Physics* III.4, 203b 25-30 Aristotle describes an originally atomistic argument for the view that the domain of being is infinite. He assumed that our world has limits and what is outside is infinite: "If what is outside is infinite it seems that 'body' also is infinite, and that there is an infinite number of worlds. Why should there be body in one part of the void rather than in another? So if mass is anywhere it must be everywhere. Also, if void and place are infinite, there must be infinite body, too, for in the case of eternal things there is no distinction between possibility and actuality." Even though Aristotle later argues that an infinite body is impossible, he also made use of the principles employed in the passage quoted. The first one shows similarities to what has been called the principle of sufficient reason. If a theory gives no reason to suppose that this rather than that is true of the basic constituents of reality, it must be false. This is one of Aristotle's fundamental convictions.[7] The next point shows how a conception of the sufficient reason could be intertwined with a modal principle. In dealing with eternal and unchanging things one should realise that there is no difference between possibility and actuality and, consequently, between necessity and actuality. This was Aristotle's view as well.

Aristotle conceptualized the changes in changeable things with the help of the model of potencies and their actualisations (*Metaph.* V.12, *Metaph.* IX.1), but he thought that this vocabulary cannot be applied to the domain of unchanging things, except in the sense that the heavenly bodies can be said to be potentially in the position in which they later will be (*Metaph.* VIII.1, 1042b 5-6, VIII.4, 1044b 7-8, XII.2, 1069b 24-26). Unchanging things are not actualisations of any potencies, because this would imply that there is something which makes them actual while they could be non-actual without an activator. They necessarily are what they are without any potency for being otherwise (*De int.* 13.23a 6-26, *Metaph.* IX.8, 1050b 6-20, 10.1051b 28-30, XII.6, 1071b 18-20, XIV.2, 1088b 14-25).

Aristotle tried to demonstrate that there can be no potencies of changes with respect to eternal things in chapter 12 of the first book of *De caelo* as follows. When something is possible, it can be assumed as realized without anything impossible following from this assumption (cf. the definition of possibility in *Pr. An.* I.13, 32a18-20). If something is omnitemporal, its non-existence is not possible, since assuming it would mean that the same thing is and is not. Therefore, if it is shown that the world has no beginning and no end, it is shown that it cannot have a beginning or an end. The notion of possibility is understood as referring to actualization,

---

[7] In dealing with the question of why the heavens revolve in one direction rather than the other, Aristotle first states in an axiomatic manner that nothing which happens by chance and at random can rank as eternal (*De caelo* II.5, 287b 24-28).

and there is only one real world which serves as the reference. If something is always the case in this world, the proposition which maintains that it is not the case is impossible without qualification. Not everything which is impossible is impossible without qualification. If Socrates is sitting now, his standing now is impossible, because it cannot be actualized in the world without contradiction, but if Socrates is not always sitting in the future, his standing is possible in the future. One might ask whether the necessity of the omnitemporal states of affairs is some kind of ontological necessity which does not exclude the logical possibility of their being otherwise. It is striking that Aristotle argues that there is no such possibility. Counterfactual assumptions pertaining to omnitemporal states of affairs are impossible in the sense that they lead to contradictories. Their impossibility does not depend on the absence of a transcendental superpower. This very impossibility, a corollary of the lack of the idea of alternative domains in Aristotle, shows that there cannot be any such power (*De caelo* I.12, 281a 28 – b 25).

After having shown that what exists for an infinite time cannot be generated or destroyed, Aristotle argues that the terms 'ungenerated' and 'indestructible' imply each other. One of his arguments purports to show that it is impossible that the world is generated and is then eternal *a parte post* or that it will be destroyed after having existed eternally *a parte ante*.

> "Why, after having always existed, was it destroyed or why, after an infinity of not being, was it generated, at this particular point of time rather than any other? If there is no reason at all and the possible points of time are infinite in number, then clearly there existed for an infinite time something susceptible to generation and corruption. Therefore it is for an infinite time capable of not being (since it will have at the same time the power of not being and of being), before its destruction if it is destructible, and after its generation if it is generated. If then we suppose its powers to be realized, both opposites will be present to it simultaneously." (*De caelo* 283a 11-17)

Aristotle again applies the principle that a view is false if it implies that there is no reason to believe that this rather than that eternal state of affairs is the case. If there is no reason for why the world after an infinity of not being is generated at a definite moment and if, *mutatis mutandis*, the same holds of the moment of destruction after an infinity of being, one should think that it could have been non-existent at any moment during its being and, since its generation could have been infinitely postponed, it could be non-existent at any moment during its being. But both these alternatives are impossibilities. An opponent might claim that the alleged instants of coming-to-be and passing-away are the only possible instants of these changes. This would mean that these changes take place by chance and without any understandable ontological or metaphysical reason. Aristotle regarded this as an absurd assumption.[8]

---
8 See also R. Sorabji, *Time, Creation, and the Continuum*, London 1983, 278-282.

According to the model of modality employed in *De caelo* 1.12, the states of affairs which are always actual are necessary and those the opposites of which are always actual are impossible. It follows that sometimes actualization is the criterion of the genuineness of possibility.[9] The modal paradigm in which the notions of necessity, contingency, and impossibility are explicated by referring to what is always, sometimes, or never the case could be called the statistical or temporal frequency interpretation of modality. This is one of the ways in which Aristotle uses modal notions. However, it is not the only one and it is mostly employed in discussions of eternal and unchanging things. The modal paradigm which Aristotle mostly uses in natural philosophy is that of possibility as a potency. This model allowed him to speak about various kinds of unrealized partial possibilities, such as merely active or passive potency or second-order potencies, but even here the generic types of possibilities were assumed to show their genuineness through actualization. The frequency and the potency models did not qualify the formal criterion of possibility according to which nothing impossible should follow from assuming it as actualized: the point of reference is one and the same world. In dealing with singular possibilities Aristotle also mentions that there are genuine prospective alternatives which remain open until the moment of time to which they refer. Aristotle did not elaborate this idea, but it was developed by the Stoics and some later Aristotelians. It could be called the model of diachronic modalities without synchronic alternatives. There are transient singular alternative possibilities, but those which will not be realized disappear instead of remaining unrealized.[10]

In *Posterior Analytics* I.6 Aristotle says that certain predicates may belong to their subjects at all times without belonging to them necessarily. Some commentators have taken this to mean that Aristotle operated with a distinction between strong essential necessities (as in *Post. An.* I.6) and weak accidental necessities in the sense of non-essential invariances and that this distinction played an important

---

9 There are lots of examples of this habit of thinking in Aristotle's writings. It seems that he never qualified the principle that if the movement of the heavens could have ceased, it would have ceased, but because it has not ceased, it is necessary (see the references to *Metaph.* IX, XII and XIV mentioned above). He also states that there cannot be any element which has never occurred in our world alongside the known elements (III.5, 204b 29-33). In *De Gen. et Corr.* II.9, 335a 33–b 4 he draws a distinction between what is always and as such necessary, what is impossible, and what can be and not be, i.e. things in the domain of generation and corruption. There is a corresponding classification with respect to being combined and being divided in *Metaph.* IX.10, 1051b 9-21.

10 These models are discussed in Knuuttila, *Modalities in Medieval Philosophy* (n. 1), 1-44. For ancient modal paradigms and some controversies pertaining to their interpretation see, e.g., J. Hintikka, *Time and Necessity: Studies in Aristotle's Theory of Modality*, Oxford 1973; S. Waterlow, *Passage and Possibility: A Study of Aristotle's Modal Concepts*, Oxford 1982; J. White, *Agency and Integrality. Philosophical Themes in the Ancient Discussions of Determinism and Responsibility*, Dordrecht 1985; J. van Rijen, *Aspects of Aristotle's Logic of Modalities*, Dordrecht 1989; R. Gaskin, *The Sea Battle and the Master Argument*, Berlin 1995.

role in his modal syllogistic.[11] This was also the view of Averroes and his followers in the Middle Ages.[12] It is possible that Aristotle regarded the necessity of the so called inseparable accidents as different from the necessity of *per se* predication, but he did not explicitly use this distinction in discussing the eternal constituents of the world. Aristotle thought that for the purposes of argument one can separate things in thought even though they are inseparable in the world. One can think that something belongs of necessity to something *qua* a composite of matter and form, but contingently as an instance of a species or a genus. This contingency belongs to an abstract level of analysis which is isolated from the concrete conditions of things.[13] Counterfactual hypotheses of this kind were not uncommon in late ancient philosophy. As abstract constructions they were not regarded as formulations of possibilities in the sense of what could be actual. This is why they were commonly called impossible hypotheses.[14]

Even though there were several modal paradigms in Aristotle and in later ancient philosophy, they were not associated with the idea that the meaning of the modal terms would be spelled out by referring to simultaneous alternatives. Some of the consequences of this fact can be illustrated by Boethius's discussion of Aristotle's statement "What is, necessarily is, when it is, but not without qualification".[15] Boethius calls the necessity by which a sitting Socrates sits when he sits temporal necessity or conditional necessity. His example of simple necessity is the motion of the sun, of which he says that "it is not because the sun is moved now, but because it will always be moved, that there is necessity in its motion". A conditional necessity, like Socrates's sitting, is similarly necessary as long as its condition is actual. "It is not possible that somebody could be sitting and not sitting at the same time, and therefore nobody who is sitting can be not sitting at the time when he is sitting" (*In Periherm.* II, 241.1-13). It is thought here that because

(1) $M(p_t \ \& \ \neg p_t)$

is not acceptable, one should also deny

(2) $p_t \ \& \ M_t \neg p_t$.

---

11 See particularly van Rijen, *Aspects* (n. 10).
12 Lagerlund, *Modal Syllogistics in the Middle Ages* (n. 1), 34-37.
13 Cf. van Rijen, *Aspects* (n. 10), 149-153.
14 For ancient conceptions of impossible hypothesis, see C. J. Martin, "Thinking the Impossible: Non-Reductive Arguments from Impossible Hypotheses in Boethius and Philoponus", in: *Oxford Studies in Ancient Philosophy* 17 (1999), 279-302; van Rijen, *Aspects* (n. 10), 136-141. Alexander of Aphrodisias said that "for the purposes of hypothesis only things destructive of one another are impossible, as, for example, sailing through rock" (Simplicius, *In Phys.* (n. 2) 1039.26-27).
15 *Commentarii in librum Aristotelis Perihermeneias*, 2 vols., ed. C. Meiser, Leipzig 1877-1880, I.121.25-122.4.

The denial of (2) is equivalent to

(3) $p_t \to M_t p_t$.

This line of thought is natural only when possibilities are treated without the idea of synchronic alternatives. (2) was generally denied in ancient philosophy and its denial was taken as an axiom by Boethius as well. Correspondingly, (3) shows how the necessity of the present was understood in ancient thought (in addition to the necessity of identity). In spite of this there were various ways of speaking about unrealized singular possibilities, most notably with the help of the model of diachronic modalities, which Boethius discussed extensively (*In Periherm.* I.106.11-14, 120.9-16, II.190.14-191.2, 197.20-198.3, 203.2-11, 207.18-25).

3. Buridan on the Supernatural Modalities in Aristotle

Let us return to Buridan's concern about Aristotle's indirect proofs with an impossible premise. In his *Prior Analytics* Aristotle put forward an indirect proof of certain syllogisms and he also discussed the structure of indirect proofs separately (I.23, 29, 44, II.11-14). In an indirect proof of a syllogistic mood it is assumed that the premises and the conclusion of a syllogism are true and that the conclusion is mistakenly negated. It is shown that when the contradictory negation of the conclusion is combined with one of the original premises, there will be a syllogism of an already accepted form and that the conclusion of the new syllogism is a negation of the other of the original premises. It is then concluded that if the conclusion is false, at least one of the premises must be false and its negation true. There are many examples of indirect proof and indirect refutation in Aristotle's metaphysics and natural philosophy. The indirect refutation of a position takes place by showing that it implies something which is incompatible with what is known to be true. The simple form of an indirect proof can be described as follows. It is first accepted that if p leads to an impossibility, $\neg p$ must be true. It is then shown that p implies q and that q is incompatible with something which is known to be true. Therefore $\neg p$ must be true.

In the indirect proofs of *Physics* VII.1 Aristotle makes use of some additional premises which, together with the view criticized, lead to a contradiction. Buridan states that in both cases the additional premises were statements which Aristotle elsewhere labelled as impossible though not impossible in the sense that they would be contradictory. With the exception of the remark about the generation of the world from nothing, all of Buridan's examples of the two types of impossibilities in Aristotle refer to indirect proofs. Let us have a look at them.

The assumptions that the heavens could stand still and that the spheres could be continuous or contiguous Buridan found in *Physics* VII.1. The assumption that the dimensions could be something different from the bodies, which Aristotle declared impossible in many places (e.g. *Metaph*. III.2, 998a 7-19, *Phys*. IV.4, 211b 14-25), is extensively discussed in question 15 of the first book of Buridan's *Questions on Aristotle's De caelo*.[16] The subject of the question is Aristotle's attempt to demonstrate that an infinite body cannot revolve in a circle (*De caelo* I.5). Buridan states that Aristotle put forward several reductive arguments in which he assumed that there could be a space different from the body. In answering the criticism that from an impossibility anything follows Buridan states that Aristotle regarded this as a merely natural impossibility and that he assumed that it is supernaturally and simply possible.[17] The same distinction is used regarding Aristotle's assumption in *Phys*. IV.8., 215a 24 – 216a 12 that there are arbitrarily subtle bodies and the assumption in *Phys*. VI.2, 232b 21-22 that every moving thing can move faster and slower (IV.9, 76rb, IV.10, 77va, VI.9, 101vb – 102ra).[18]

Buridan thought that the distinction between natural and supernatural modalities was embedded in Aristotle's arguments, because otherwise they would not demonstrate anything ("aliter nihil valeret eius ratio"; see VII.3, 105rb and note 17). It is remarkable that Buridan's evidence for his thesis is that otherwise Aristotle's proofs would be nonsensical. Aristotle did not pay attention to this problem. Whatever he may have thought about the nature of these indirect proofs, he did not refer to different kinds of impossibilities in this connection. Reading Aristotle's arguments in the light of this distinction was natural for Buridan, since operating with a distinction between natural and logical or supernatural modalities was typical of early fourteenth century modal thinking, the basic lines of which were sketched by John Duns Scotus. It involved a denial of the principle of the necessity of the present and correspondingly of Aristotle's statement in *De caelo* I.12 that

---

16 *Expositio et quaestiones in Aristotelis* De caelo, ed. B. Patar, Louvain / Paris 1996, 304-311.
17 "Sed nos debemus dicere secundum fidei veritatem quod hoc non est simpliciter impossibile, quia est possibile per potentiam divinam [...]. Et hoc ponit et imaginatur hic Aristoteles, nec ad hoc debet sequi impossibile, cum hoc sit simpliciter possibile. Sed quando dicitur quod Aristoteles reputavit talem dimensionem separatam, vel talem penetrationem dimensionum, esse impossibilem, potest dici quod ipse reputavit et probavit illam non esse possibilem per potentiam naturalem; sed nunquam probavit, nec potuit probare, quod esset simpliciter impossibilis: immo in isto loco ipse utitur tali dimensione separata et tali penetratione tamquam possibili: aliter nihil valeret eius ratio, quia semper diceret adversarius quod non est mirum si ad impossibile sequuntur omnia." (*loc. cit.*, 307)
18 In these places Buridan does not stress that Aristotle consciously operated with the modal distinction, but he refers to them in order to support this claim in *In Phys*. VII.3. Simplicius (*In Phys*. 941.20 – 942.24) and Averroes (*In Phys*. VI.15, 255vb) describe Alexander's attempts to explain why Aristotle could assume that the rapidity of the revolving body of the heavens can change while believing that it necessarily moves evenly.

counterfactual statements with respect to omnitemporal unchanging things are impossible. These deviations from the ancient habits of thought were based on the conception of simultaneous alternatives which was an essential part of the modal theory on which Buridan based his views. This idea was originally brought into modal discussions by theologians who realized that the doctrine of creation cannot be satisfactorily formulated with the help of ancient modal paradigms. Let us have a look at this matter in Augustine, whose works determined what was going to be the standard teaching about creation in the Western church.

According to Augustine, God created everything out of nothing, without any pre-existing matter or other things outside God. The creation was based on an eternal free act of God's perfectly good will, and took place through his omnipotence. God simultaneously created all first actualized things and, through 'seminal reasons' inherent in them, the conditions of all those things which were to come up to the end of the world. The story of the six days of creation is a metaphor which helps human imagination. God created time in creating movement in the universe. Time depends on movement, and since God is unmoving, there is no time before creation.[19] Augustine's answer to the arguments against the temporal beginning of the world was based on a sharp distinction between time and timelessness. The creation is an actualization of God's eternal and free decision: to will a change does not imply a change of will. There is no sudden new decision in God's mind. An analysis of the beginning similar to that of Aristotle applies only to things with a temporal beginning, not to the beginning of time (*Conf.* XI, 10.12, 12.14-14.17, 30.40, *De civ. Dei* XI, 4-6; XII, 15-16; 18; XXII, 2). Its remarks on the coming-to-be from pre-existing matter apply to the generation of natural beings and artifacts but not to the creation (*Conf.* XI, 5.7, XII, 8.8).[20]

According to Augustine's Trinitarian view, the Son is a perfect image and resemblance of the Father and, as the Word of God, the seat of the ideas of all finite beings which could serve as partial imitations of the highest being. The ideas are divine thoughts and refer to possible actualization in the domain of mutability.[21] In Plotinus's neoplatonic philosophy it is also thought that the invariant levels of reality

---

19 C. P. Mayer, "Creatio, creator, creatura", in: *Augustinus-Lexikon*, ed. C. P. Mayer, vol. 2, Basel 1996, 56-116.
20 Augustine's solution was very influential in medieval times. As mentioned, it was also the basis of Buridan's criticism of Averroes's arguments against the creation. A well-known later application is Leibniz's criticism of Newton's absolutist view of time which in Leibniz's view made God create without sufficient reason at a certain moment. See also Sorabji, *Time, Creation, and the Continuum* (n. 8), 79 sq., 256-258; S. Knuuttila, "Time and Creation in Augustine", in: E. Stump / N. Kretzmann (eds.), *The Cambridge Companion to Augustine*, Cambridge 2001, 103-115.
21 *De Gen. ad litt. imp.* 16.57-58; E. Gilson, *The Christian Philosophy of Saint Augustine*, London 1961, 210-212.

outside the One are caused and thus different from Aristotle's higher beings. However, the power of being proceeds eternally from the One and does not leave any genuine possibility of being unrealized. At each level of reality the generic forms are instantiated by particular beings as numerously as possible (*Enn.* IV, 8.6).[22] It is not quite clear whether Augustine assumed that there are empty generic forms, but he thought that there are merely possible individuals. In *De civitate Dei* XII, 19, Augustine criticizes the ancient doctrines which claimed that the only permissible notion of infinity is that of potential infinity. He argued that an infinite series of numbers actually exists in God's mind, and God could create an infinite number of individuals and know each of them simultaneously. There are lots of other things God could have done but did not want to ("potuit sed noluit"; *Contra Faustum* 29.4, *De natura et gratia* 7).[23]

Augustine regards God's omnipotence as an executive power with respect to God's free choice which is conceptually preceded by knowledge about alternative possibilities. God has created the world because he is good and the world is good, but his goodness could have taken other forms. There is no ultimate answer to the question of why God has willed to create the world (*De Gen. c. Man.* I.2.4).[24] Augustine's remarks on divine will and its alternative options remained sketchy, but they were systematized in the early medieval doctrine of God as acting by choice between alternative universes. This involved an intuitive idea of modality as referential multiplicity with respect to synchronic alternatives.

The idea of a discrepancy between the Catholic doctrine of God's freedom and power and the philosophical modal conceptions was brought into the scope of discussion by Peter Damian's *De divina omnipotentia* (1065) and was developed in a more sophisticated way by Peter Abelard, Gilbert of   iers and some other twelfth-century authors. This is how the idea of simultaneous alternatives became

---

22 A. O. Lovejoy considered Plotinus' theory of cosmic emanation the most explicit example of 'the principle of plenitude' according to which no genuine possibility remains unrealized. Lovejoy maintained that the same holds of Augustine, but as for the possible individuals this is not true. See A. O. Lovejoy, *The Great Chain of Being: A Study of the History of an Idea*, Cambridge, Mass. 1936, 67. Plotinus sometimes applies the notion of will to the One, but there is no choice between alternatives in the origin of emanation. See Sorabji, *Time, Creation, and the Continuum* (n. 8), 316-318.

23 The often quoted Augustinian slogan 'potuit sed noluit' was not introduced by Augustine (cf. Tertullian, *De cultu feminarum* 1.8.2) and it was not necessarily associated with the concept of choice. Alexander of Aphrodisias said that the revolving body of the heavens moves evenly according to its own will and not under necessity. Similarly good men do not do good deeds by necessity. Even if they always do them, they have the power of doing the opposite as well (Simplicius, *In Phys.* 941.28-942.2). Origen and Augustine also stated God could do something according his power, but not according to his justice (Augustine, *Contra Gaudentium* I.30; cf. Origen, *Comm. ser. In Matt.* 95, PG 13, 1753).

24 Augustine did not defend the thesis hat the created world is the best possible. He thought that it is very good. See also C. Kirwan, *Augustine*, London 1989, 67.

a part of Western theology and it was particularly applied in the discussions of the distinction between God's absolute and ordained power and between divine and natural possibilities.[25]

The modal paradigm based on synchronic alternatives was very different from the traditional ones, but there were few people in the twelfth and thirteenth centuries who realized its general philosophical significance. It was more usual to consider it a specially theological matter which did not affect the use of traditional modal paradigms in other disciplines. Abelard and Gilbert were inclined to think in this way, and this attitude was supported by the general Aristotle reception which clearly contributed to the frequent use of the Aristotelian modal paradigms in thirteenth-century logical treatises on modalities, in metaphysical theories of the principles of being, and in the discussions of causes and effects in natural philosophy.[26]

Since the twelfth century it had been a commonplace to state that the possibilities dealt with in natural philosophy are possibilities *secundum cursum naturae* and as such possibilities *secundum inferiorem causam*. All possibilities of these kinds are also possibilities *secundum superiorem causam*, i.e., divine possibilities, whereas many of God's possibilities are impossibilities according to nature. Buridan made use of this traditional terminology, but he did not regard the distinction as a matter of revelation – Aristotle was also aware of it.

Another distinction which is relevant here was that between modalities *per se* and *per accidens* which was drawn in various ways in medieval logic. It was often applied to temporally indefinite modal sentences in order to express whether their modal status was changeable (*per accidens*) or not (*per se*) – for example 'You have not been in Paris' may begin to be impossible, whereas 'You either have or have not been in Paris' may not. Following Boethius, many twelfth-century logicians drew a distinction between accidental and non-accidental natural consequences. It was thought that the consequent of a natural consequence is included or understood in the antecedent, whereas the accidental consequence expresses a consecution which is not based on essential connections. This theory was related to another distinction between statements necessary *per se* and necessary *per accidens*. An affirmative

---

25 Similar themes were introduced into Arabic philosophy at roughly the same time by al-Ghâzalî (1058-1111) in his *Incoherence of the Philosophers*. On this subject, see T. Kukkonen, "Possible Worlds in the *Tahâfut al-falâsifa*. Al-Ghâzalî on Creation and Contingency", in: *Journal of the History of Philosophy* 38 (2000), 479-502.

26 For twelfth and thirteenth century modal theories, see K. Jacobi, *Die Modalbegriffe in den logischen Schriften des Wilhelm von Shyreswood und in anderen Kompendien des 12. und 13. Jahrhunderts: Funktionsbestimmung und Gebrauch in der logischen Analyse*, Cologne 1980; id., "Diskussionen über unpersönliche Aussagen in Peter Abaelards Kommentar zu *Peri hermeneias*", in: E. P. Bos (ed.), *Medieval Semantics and Metaphysics: Studies Dedicated to L.M. de Rijk*, Nijmegen 1985, 1-63; Knuuttila, *Modalities in Medieval Philosophy* (n. 1), 100-106, 150-157.

statement was said to be accidentally necessary when it was unchangeably true of something as long as it existed without a conceptual connection between the subject and the predicate. *Per se* necessary statements were necessary because of the conceptual connection between the terms. This terminology was associated with Aristotle's discussion of the *per se* predication in *Post. An.* 1.4 and it became widely known through Robert Kilwardby's commentary on the *Prior Analytics*, where it was assumed that the necessity in the syllogistic premises was meant to be understood as a *per se* necessity. This interpretation was influenced by Averroes's remarks on the role of *per se* and *per accidens* necessities in Aristotle's modal syllogistic. Kilwardby thought that treating the necessity as a *per se* necessity of an essential predication and applying various qualifications of the notion of contingency based on the essentialist assumptions could provide a uniform reading of Aristotelian modal moods and conversion rules. Kilwardby's commentary dominated the discussions of modal syllogistic until the early fourteenth century when it was displaced by the quite different theory of Pseudo-Scotus, Ockham and Buridan.[27]

An important part of the theory of modalities *per se* and *per accidens* was that the modal status of a predication could be treated differently, depending on the different levels of abstraction in analysis.[28] This was a widely-used device among thirteenth century Aristotelians. Let us see how Averroes and, following him, Thomas Aquinas applied the theory of necessity *per se* and *per accidens* to Aristotle's demonstrations in the *Physics*. They were concerned about the same problem which Buridan tried to solve, but their suggestions about what Aristotle probably meant was quite different. In dealing with the question of why Aristotle could say that the speed of any body can be arbitrarily high, Averroes says that even though the speed of the heavens is fixed, the concept of a body as such and the concept of a motion as such do not involve any determination of speed. Therefore, as far as the outer sphere is treated as a moving body, the invariance of its speed is an accidental necessity. By a *per se* possibility it could be of any finite intensity. Averroes thought that if a predication is necessary *per accidens*, its denial is possible *per se*. These notions refer to different levels of analysis. The possibilities of a thing are determined by its genus, species, and matter. Something which is possible to it as a member of a genus can be impossible to it as a member of a species. The same holds of its being a member of a species and its being a singular individuated being.[29] In commenting on the first reduction in *Phys.* VII.1 Averroes similarly states that the heavens could stand still, since being always in motion is not included in

---

27 See Knuuttila, *Modalities* (n. 1), 61 sq., 95 sq., 114-121; Lagerlund, *Modal Syllogistics in the Middle Ages* (n. 1), 26-37.
28 See also van Rijen, *Aspects* (n. 10), 136 sq., 141-145.
29 *In Phys.* VI.15, 255vb. Thomas Aquinas repeated the same ideas in many places; see *In Phys.* IV.12, 538; VI.3, 774; VII.2, 896; VIII.1, 1009.

the notions of motion or body. The *per se* possibilities of a moving body are the possibilities which are said of a subject on the basis of what is not excluded by the concepts of body or motion (*In Phys.* VII.2, 307vb).

Averroes says that the aforementioned demonstration can also be constructed by using conditionals without the assumption that one part of the body of the heavens stands still. The conditional argument runs as follows: 'If it is true that the body of the heavens stands still, if one part of it stands still, then it is moved by something else'. These conditionals are true, but the antecedent conditional is denied (by *modus tollens*) by the assumption that the heavenly body is in motion by itself. According to Averroes, the antecedent of the first conditional is impossible, but he apparently did not think that this is why it is true (*In Phys.* VII.2, 308ra). Therefore an explanation of the possibility of the antecedent was still needed. Contrary to what Thomas Aquinas seems to have believed, the conditional approach did not avoid this problem (*In Phys.* VII.1, 889).[30]

According to Buridan, in putting forward this view Averroes and Thomas Aquinas were badly confused. He says that on the same ground one could argue as follows: every body is at rest, but the heavenly body is in motion, therefore that which is in rest is in motion. The second premise is true and the first premise is not repugnant to the concepts of motion and body (*In Phys.* VII.2, 95rb).[31] Buridan thought that when something is possible, it must have a coherent interpretation in a model. Averroes did not think that there are unrealized possibilities which would express alternatives to natural invariances. He did not operate with the idea of simultaneous alternatives. Statements about seemingly unrealized possibilities with respect to unchanging states of affairs tell what one could say about things by abstracting from their concrete determinants. Abstract possibilities of this kind cannot be actualized. Buridan thought that affirmative possibilities refer to possible states of affairs. This also explains why he preferred to speak about supernatural possibilities instead of merely logical possibilities in Aristotle. He said that even though the possibility of a non-existent being as such does not presuppose any existing potency, its realizability demands that there can be a realizing power. The idea that a possibility can be actual is best understood by thinking that it could be actualized (*In Phys.* I.21, 25vb; I.22, 26rb-va).

It was the idea of possibility as referring to actuality in at least one of the alternative domains of possible beings which Buridan thought was lacking in Averroes's and Thomas Aquinas's interpretation of Aristotle's indirect proofs. Referring to abstract unrealizable possibilities did not make the demonstrations valid, and

---

30 See also William Ockham, *Expositio in libros Physicorum Aristotelis*, Book VI, ed. G. Leibold (Opera philosophica 5), St. Bonaventure, NY 1985, 602-604.
31 Thomas Aquinas refers to an analogous argument in Avicenna (*In Phys.* VII.1, 888).

therefore Aristotle had to make use of a modal theory which was similar to that of Buridan. I believe that Averroes and Thomas Aquinas were closer to historical truth, but Aristotle, Averroes, and Thomas Aquinas could have learnt useful things from Buridan's historically misguided lectures on Aristotle's modal ideas.

4. New Kinds of Modal Questions

Let us have a look at some themes which were brought into the scope of philosophical interest through the late medieval modal semantics which was associated with the ideas of synchronic alternatives and the domain of possibility as preceding actuality without having an existence of its own. The first thing is that with the new modal semantics William Ockham, John Buridan and some other fourteenth-century logicians managed to formulate the principles of modal logic much more completely and satisfactorily than did their predecessors. Buridan's modal logic, a remarkable historical achievement, became dominant in late medieval times. Fourteenth century competitive systems of the *positio* rules of obligations logic were also inspired by the model theoretical view of modal logic.[32]

In Augustine God's ideas defined the finite modes of imitating the infinite divine being. In this sense the possibilities had an ontological foundation in God's essence. This was the dominating conception of modal metaphysics in the thirteenth century. Duns Scotus departed from this tradition by introducing the concept of logical possibility and maintaining that God knows the possibilities in a way which is conceptually prior to God's comparing them with his essence from the point of view of imitation.[33] The question of the status of pure possibilities provoked extensive discussions among later Scotists who had difficulties in understanding how possibilities could precede God's knowledge without having any kind of being or how something could be prior to God.[34] There are also various contemporary views of what Scotus meant. Some scholars believe that in Scotus's view the truth of necessary and possible statements as such is dependent on God's creative activity. The other interpretation is that these statements receive some kind of being in God's intellect, which necessarily thinks everything which is consistently thinkable, but God does not influence their a priori truth. The possibilities *qua* possi-

---

32 Yrjönsuuri, *Obligationes* (n. 1); Lagerlund, *Modal Syllogistics* (n. 1).
33 S. Knuuttila, "Duns Scotus and the Foundations of Logical Modalities", in: L. Honnefelder / R. Wood / M. Dreyer (eds.), *John Duns Scotus: Metaphysics and Ethics*, Leiden 1996, 135 sq.
34 For later discussions of the themes of Scotus's modal metaphysics, see L. Honnefelder, *Scientia transcendens. Die formale Bestimmung der Seiendheit und Realität in der Metaphysik des Mittelalters und der Neuzeit*, Hamburg 1990.

bilities are what they are by themselves, but they are not realizable metaphysical possibilities without a realizing power.[35]

In his *De causa Dei* (1344) Thomas Bradwardine criticized some modal conceptions of his predecessors. In explaining the difference between created and non-created necessities and possibilities, Bradwardine calls the latter absolute modalities. They are not dependent on God's will, though they have an ontological foundation in divine essence.[36] Bradwardine did not accept Scotus's view that logical impossibilities as incompatibilities would be what they are even if there were no God. Questions of this kind have been found interesting partially because of similar discussions in the seventeenth century. Descartes was aware of Suárez's criticism of divine modal voluntarism and found it false. It is a controversial question whether Descartes himself wanted to say that logical necessities and possibilities are determined by God's free and eternal choice. I think that he often formulates his view in a way which implies modal voluntarism.[37] He would have accepted Bradwardine's criticism of Scotus's position but not Bradwardine's view that necessary truths are based on God's essence and precede his will.[38]

---

35 See the papers on modality in L. Honnefelder / R. Wood / M. Dreyer (eds.), *John Duns Scotus: Metaphysics and Ethics*, Leiden 1996.
36 *De causa Dei contra Pelagium et de virtute causarum*, London 1618, repr. Frankfurt a. M. 1964, 214, 219, 231.
37 See L. Alanen, "Descartes, Conceivability and Logical Modality", in: T. Horowitz / G. J. Massey (eds.), *Thought Experiments in Science and Philosophy*, Savage 1990, 65-84.
38 This section and some paragraphs of the previous section are quoted (with minor changes) from my paper "The Medieval Background of Modern Modal Conceptions", in: *Theoria* 66 (2000), 185-204.

Potentia vs. Possibilitas? Posse!
Zur cusanischen Konzeption der Möglichkeit

Stephan Meier-Oeser

Die ‚Möglichkeit' gehört zweifellos zum Kreis jener Termini, die man gemeinhin als philosophische Grundbegriffe zu bezeichnen pflegt. Und doch wird man kaum behaupten können, daß gerade dieser Terminus für einen Begriff steht: er markiert vielmehr ein äußerst komplexes und auf Grund zahlreicher Überlagerungen vielfach auch diffuses Feld von Möglichkeitskonzepten, die weder hinsichtlich ihres begrifflichen Gehalts noch hinsichtlich ihrer Zuordnung zu den verschiedenen für die Beschreibung der Möglichkeit zu Verfügung stehenden sprachlichen Ausdrücken hinreichend präzis festgelegt oder festlegbar sind,[1] ein Feld, durch das sich jedoch ein markanter Riss zieht und die logische Möglichkeit von der ontologischen oder realen Möglichkeit separiert.

Bekanntlich hat Aristoteles in *Metaphysik* Δ 12 erstmalig eine eingehende Analyse des Möglichkeitsbegriffs unternommen und dabei die Unterscheidung zwischen dem δυνατὸν κατὰ δύναμιν, dem in bezug auf ein (aktives oder passives) Vermögen (real) Möglichen, und dem δυνατὸν οὐ κατὰ δύναμιν, dem nicht von einem Vermögen abhängigen (logisch) Möglichen, unterschieden. Mag es auch einige Passagen geben, die anzudeuten scheinen, dass Aristoteles einen Zusammenhang zwischen den Gebrauchsweisen beider Möglichkeitsbegriffe gesehen hat,[2] so führt er – offenbar im „Bestreben, Verwirrungen zu vermeiden oder ontologische Untersuchungen von logischen Untersuchungen zu trennen"[3] – den Begriff der logischen Möglichkeit hier nur ein, um ihn sogleich wieder von den weiteren Erörterungen auszuschließen. Seine Erwähnung hat lediglich die Funktion einer negativen Abgrenzung des eigentlich ontologisch Möglichen. Das logisch Mögliche bildet bei Aristoteles nicht das Fundament des ontologisch Möglichen.

Gleichwohl hat gerade der logische Möglichkeitsbegriff – von einer *possibilitas logica*, die „absolut, kraft eigener Bestimmtheit zu bestehen vermag", spricht wohl

---

[1] Vgl. K. Jacobi, Art. „Möglichkeit", in: H. Krings / H. M. Baumgartner / Chr. Wild (Hg.), *Handbuch philosophischer Grundbegriffe*, München 1973, 930-947.
[2] Vgl K. Jacobi, „Das Können und die Möglichkeiten. Potentialität und Possibilität", in diesem Band S. 16-18, wo auf *Metaph.* Θ 3, 1047a 24-26 u. *Metaph.* Θ 8, 1050b 8-12 verwiesen wird.
[3] A.a.O., 18.

zuerst Duns Scotus[4] – in der scholastischen Philosophie eine fundamentale Bedeutung für das Möglichkeitsdenken erhalten. Dies erklärt sich aus seiner grundlegenden Funktion für die Darstellung der beiden christlichen Lehrstücke der *creatio ex nihilo* sowie der göttlichen Allmacht (*omnipotentia*).[5] Denn hier stellte sich, anders als für Aristoteles, „nicht nur die Aufgabe, das Werden in der Welt zu begreifen, sondern darüber hinaus, das Werden der Welt im ganzen"[6] sowie ihr schöpfungsvorgängiges Möglichsein begrifflich zu fassen. Wie ist ein solches sinnvoll zu denken? Vor dem Hintergrund der *creatio ex nihilo* offenbar nicht als möglich in Hinsicht auf ein passives Vermögen, wie es die *materia prima* darstellt. Nach Thomas läßt sich das Möglichsein der Welt vor ihrer Schöpfung jedoch gemäß der beiden anderen Grundarten von Möglichkeit wahrheitsgemäß aussagen. Zum einen hinsichtlich der *potentia activa* Gottes, zum anderen hinsichtlich der *possibilitas absoluta*, der logischen Möglichkeit, der gemäß etwas allein aus dem nichtrepugnanten, also widerspruchsfreien Verhältnis der Termini möglich genannt wird.[7]

An Thomas läßt sich zeigen, in welcher Form „die scholastische Philosophie [...] den logischen Möglichkeitsbegriff zum Fundament jeder ontologischen Möglichkeit" macht, ohne ihn jedoch „zum Fundament der Ontologie" selbst zu machen. Denn „das possibile absolutum ist der korrespondierende Begriff zur omnipotentia Dei."[8] Diese nun läßt sich, wie Thomas (*Summa theologiae* [STh], I q. 25 a. 3) darlegt, wiederum nicht anders als im Rekurs auf den Begriff des logisch Möglichen (*possibile absolutum*) sinnvoll explizieren. Denn wenn unter der Voraussetzung, dass jedes Vermögen sich nur in Rücksicht auf Mögliches aussagen lässt (potentia dicitur ad possibilia) und somit die Aussage ‚Gott kann alles' sich nur als ‚Gott kann alles Mögliche' verstehen läßt (cum Deus omnia posse dicitur, nihil rectius intelligitur quam quod possit omnia possibilia), dann läßt sich der im Begriff der *omnipotentia* implizierte Distributivbegriff ‚alles' nicht auf das in Rücksicht des göttlichen Vermögens ausgesagte Mögliche beziehen, ohne dass eine solche Bestimmung – die

---

4 *Ord.* I, d. 36, q. un. n. 61.
5 Vgl. August Faust, *Der Möglichkeitsgedanke. Systemgeschichtliche Untersuchungen*, Bd. 2, Heidelberg 1932, §§ 33-35; Ludger Honnefelder, Art. „Possibilien", in: J. Ritter u. a. (Hg.), *Historisches Wörterbuch der Philosophie*, Bd. 7, Basel 1989, Sp. 1127; Jacobi, „Möglichkeit" (Anm. 1), 939 f.
6 Jacobi, „Möglichkeit" (Anm. 1), 939.
7 Vgl. Thomas von Aquin, Sth I q. 46 a. 1. ad 1: „[...] dicendum, quod antequam mundum esset, erat possibile mundum esse; non quidem secundum potentiam passivam, quae est materia, sed secundum potentiam activam Dei. Et etiam secundum quod dicitur absolute possibile, non secundum aliquam potentiam, sed ex sola habitudine terminorum qui sibi non repugnant, secundum quod possibile opponitur impossibili." Vgl. *Summa contra Gentiles* [ScG] II 37: „[...] non oportet aliquam potentiam passivam praecedere esse totius entis creati [...]. Possibile autem fuit ens creatum esse, antequam esset, per potentiam agentis per quam in esse incoepit. Vel propter habitudinem terminorum, in quibus nulla repugnantia invenitur: quod quidem possibile secundum nullam potentiam dicitur [...]. Hoc enim praedicatum quod est esse, non repugnat subiecto quod est mundus vel homo."
8 Vgl. Jacobi, „Möglichkeit" (Anm. 1), 939 f.

eben nur besagte, Gott könne alles was ihm möglich ist – hierdurch zirkulär würde. Im Rahmen der aristotelischen Distinktion des Möglichkeitsbegriffs kann der Begriff der Allmacht sich daher sinnvoll nur auf jenen anderen, nicht in bezug auf ein Vermögen ausgesagten Möglichkeitsbegriff des *possibile absolutum* beziehen.

Unabhängig von jedem Bezug auf ein Vermögen ist dieser durch nichts anderes bestimmt, als durch das Moment der inneren Widerspruchsfreiheit, wie sie sich aus der Nichtrepugnanz der Termini ergibt (quando [...] termini enuntiationis nullam ad invicem repugnantiam habent).[9] Thomas macht damit die *cohaerentia terminorum* zum Kriterium einer an und für sich bestehenden (also rein logischen) Möglichkeit,[10] die, zumeist mit dem Namen der *possibilitas* verbunden, nun auch terminologisch jener in Rücksicht auf ein aktives oder passives Vermögen ausgesagten und zumeist mit dem Namen der *potentia* (*activa* oder *passiva*) belegten Möglichkeit entgegengesetzt werden kann. Jene logische Möglichkeit bestimmt nicht nur intensional den Begriff der göttlichen Allmacht, sie ist gleichsam auch das Maß der Extension derselben. Möglich ist alles und nur das, was keinen Widerspruch einschließt. Und nur dieses nicht auf die göttliche Allmacht hin ausgesagte Mögliche ist das, auf das hin von göttlicher Allmacht sinnvoll die Rede sein kann.[11]

1. Die cusanische Konzeption des Möglichen

Das Begriffsfeld der ‚Möglichkeit', der *potentia* und *possibilitas*, markiert – erweitert um einige spekulativ stark aufgeladene Termini, wie z. B. *possest*, *posse fieri* und *posse ipsum* – bekanntlich einen zentralen Bereich der cusanischen Philosophie. Insbesondere in den späten Schriften (*De possest* bis *De apice theoriae*) zeigt sich die gedankliche Arbeit am Begriff der Möglichkeit oder des Könnens (*posse*) von einer solchen Intensität, dass geradezu von einer das Spätwerk bestimmenden „posse-Metaphysik" die Rede sein konnte.[12] Es ist m. E. jedoch nicht gerechtfertigt, die

---

9　Thomas von Aquin: *Quaestiones disputatae de potentia*, qu. 3, art. 14 concl.: „Dicitur autem et quandoque aliquid possibile non secundum aliquam potentiam, sed [...] absolute, quando scilicet termini enuntiationis nullam ad invicem repugnantiam habent. E contrario vero impossibile, quando sibi invicem repugnant; ut simul affirmationem et negationem impossibile dicitur, non quia sit impossibile alicui agenti vel patienti, sed qui est secundum se impossibile, utpote sibi ipsi repugnans."
10　Faust, *Möglichkeitsgedanke* (Anm. 5), 216. Diese logische Möglichkeit ist für Thomas ontologisch jedoch allein im göttlichen Wesen fundiert.
11　Sth I 25 a. 3 concl.: „Quaecumque igitur contradictionem non implicant, sub illis possibilibus continentur, respectu quorum dicitur Deus omnipotens."
12　So Alfons Brüntrup in: *Können und Sein. Der Zusammenhang der Spätschriften des Nikolaus von Kues*, München / Salzburg 1973, 63. Brüntrups Studie ist die detaillierteste und eindringlichste Darstellung und Interpretation des Themas. Die vorliegende Arbeit verdankt ihr, wenngleich sie an etlichen Punkten zu abweichenden Resultaten gelangt, zahlreiche Anregungen. Zur cusanischen Konzeption des Möglichkeitsbegriffs vgl. ferner Faust, *Möglichkeitsgedanke* (Anm. 5), 266-292; Josef Stallmach, „Sein und das Können-selbst bei Nikolaus von Kues", in: Kurt Flasch (Hg.), *Parusia:*

Spätschriften als Manifestationen eines eigenen ‚posse-Denkens' aus dem Gesamtzusammenhang cusanischer Spekulation zu isolieren. Die Sequenz der Möglichkeitsbegriffe von *possest* (*Trialogus de possest*), *posse fieri* (*De venatione sapientiae*) und *posse ipsum* (*De apice theoriae*) kennzeichnet eine gedankliche Bewegung, in deren Verlauf das begriffliche Instrumentarium zwar mehrfach erweitert und unter Hervorhebung neuer Aspekte und abweichender Perspektiven in unterschiedlicher Weise organisiert wird. Insgesamt jedoch überwiegen die inhaltlichen Konkordanzen gegenüber den Differenzen der Akzentuierung der verschiedenen Aspekte bei weitem, so dass es nicht berechtigt ist, vom Ende dieser Denkbewegung, vom Begriff des *posse ipsum* her die älteren Darstellungsweisen der Möglichkeit und des Könnens als „überwundene Denkstufen"[13] zu charakterisieren.

Im Folgenden soll versucht werden, die Grundzüge, aber auch die verschiedenen Aspekte jener konsequent gegen die hochscholastische Aufspaltung des Möglichkeitsbegriffs in reale Möglichkeit (*potentia*) und logische Möglichkeit (*possibilitas*) entwickelten cusanischen ‚Möglichkeits'-Konzeption nachzuzeichnen.

2. Die *coincidentia oppositorum* und das logisch Mögliche

Es versteht sich von selbst, dass ein nach Maßgabe des Widerspruchsprinzips konstruierter Begriff des logisch Möglichen, an dem selbst die göttliche Allmacht ihre Grenze findet, im Rahmen einer philosophischen Theorie, die getragen ist vom Prinzip der *coincidentia oppositorum*, des Zusammenfalls aller Gegensätze im Unendlichen, keine Plausibilität besitzt. Mit der cusanischen Zurückweisung der universalen Geltung des Widerspruchsprinzips eröffnet sich zwangsläufig eine ganz andere Perspektive auf die traditionell mit dem Begriffskomplex von *potentia*, *possibilitas*, *possibile* usw. verbundenen Fragestellungen und Theoreme.

Eine Ableitung des Möglichen oder Unmöglichen aus der *cohaerentia* oder *repugnatia terminorum* wäre allein schon mit der cusanischen Auffassung menschlicher Sprache schwerlich vereinbar.[14] Denn für eine derartige Extrapolation würden für Cusanus die sprachlichen Ausdrücke als „vocabula [...] rebus imposita ex ra-

---

Studien zur Philosophie Platons und zur Problemgeschichte des Platonismus, Frankfurt a. M. 1965, 407-421; ders., *Ineinsfall der Gegensätze und Weisheit des Nichtwissens*, Münster 1989, 68-83; Siegfried Dangelmayr, *Gotteserkenntnis und Gottesbegriff in den philosophischen Schriften des Nikolaus von Kues*, Meisenheim am Glan 1969; Klaus Jacobi, *Die Methode der cusanischen Philosophie*, Freiburg / München 1969, 246-251; Peter Casarella, „Nicholas of Cusa and the Power of the Possible", in: *The American Catholic Philosophical Quarterly* 64 (1990), 7-34.

13 So Brüntrup, *Können* (Anm. 12), 105.
14 Vgl. Stephan Meier-Oeser, „Nikolaus von Kues", in: Tilman Borsche (Hg.), *Klassiker der Sprachphilosophie*, München 1996, 95-109; 465-469.

tione, quam homo concepit",[15] d. h. als Konstrukte der menschlichen Ratio, deren Beschränktheit sich gerade daran zeigt, dass sie die *kontradiktorischen* Gegensätze nicht miteinander zu vereinigen vermag (nequit contradictoria in [...] combinare via rationis),[16] keine tragfähige Basis bereitstellen können.

Weitaus schwerer als solche ‚sprachtheoretischen' Argumente wiegen jedoch die metaphysischen Gründe, die sie tragen. Für Cusanus ist das absolut Unendliche gekennzeichnet durch die *coincidentia oppositorum*, durch den Zusammenfall aller konträren und kontradiktorischen Gegensätze. Die unendliche Einheit Gottes, „ubi non est oppositionis diversitas",[17] geht jeder Differenz von Sein und Nichtsein, Etwas und Nichts sowie auch der Differenz von Differenz und Indifferenz voraus,[18] so dass in ihm, der alles umfasst, was ist und nicht ist, Nichtsein das vollendetste Sein ist (non-esse in ipso est maximum esse).[19] Läßt man sich auf eine solche Betrachtungsweise ein, ist „unschwer zu sehen, daß Gott schlechthin frei ist von jeder Gegensätzlichkeit und wie das, was uns gegensätzlich erscheint, in ihm dasselbe ist und wie der Bejahung in ihm nicht die Verneinung entgegengesetzt ist."[20]

Für eine Beschreibung des absoluten Seins ist die am Widerspruchsprinzip aufgerichtete rationale Logik daher ebenso untauglich wie zur Bestimmung der Reichweite göttlicher Allmacht. Denn für Gott, der dem Unmöglichen voraufgeht,[21] ist nichts unmöglich, weil in ihm auch noch Unmöglichkeit und Notwendigkeit in

---

15 *De venat. sap.* 33 n. 97, 5 f.; h XII, 93, w I 150. Zitiert wird nach: *Nicolai de Cusa Opera omnia, iussu et auctoritate Academiae Litterarum Heidelbergensis*, Leipzig 1932 ff., Hamburg 1959 ff. (= h). Angegeben wird ferner die Band- und Seitenzahl von: Nikolaus von Kues, *Philosophisch-theologische Schriften*, 3 Bde., hrsg. v. L. Gabriel, übers. v. D. u. W. Dupré, Wien 1964, 1966, 1967 (= w). Zitierte Werke:
  – *Compendium* (h XI, 3). Hrsg. v. B. Decker u. C. Bormann (1964)
  – *De apice theoriae* (h XII). Hrsg. v. R. Klibansky u. H. G. Senger (1982)
  – *De coniecturis* (h III). Hrsg. v. J. Koch u. C. Bormann (1972)
  – *De docta ignorantia* (h I). Hrsg. v. E. Hoffmann u. R. Klibansky (1932)
  – *De filiatione dei* (h IV). Hrsg. v. P. Wilpert (1959)
  – *De genesi* (h IV). Hrsg. v. P. Wilpert (1959)
  – *De venatione sapientiae* (h XII) Hrsg. v. R. Klibansky u. H. G. Senger (1982)
  – *De possest* (h XI, 1). Hrsg. v. R. Steiger (1973)
  – *Idiota de mente* (h V). Hrsg. v. R. Steiger (2. Aufl. 1983).
16 *De docta ign.* I 4 n. 12, 19 f.; w I 206.
17 *De possest* n. 17, 9 f.; w II 288.
18 *De venat. sap.* 13 n. 35, 13 ff.; w I 58: „Est [...] ante differentiam esse et non esse, aliquid et nihil atque ante differentiam indifferentiae et differentiae, aequalitatis et inaequalitatis et ita de cunctis."
19 *De docta ign.* I 21 n. 65, 7 f.; w I 270.
20 *De possest* n. 13, 14 ff.; w II 284.
21 Vgl. *De venat. sap.* 26 n. 74, 7 f.; w I 116: „[...] Deus [...] ante [...] impossibile sic videtur, quasi sit illud quodlibet, quod impossibile sequitur."

eins zusammenfallen.[22] Entsprechend fordert die Koinzidenzlogik, dass das, was im Endlichen unmöglich ist, im Unendlichen notwendig ist.[23]

Doch nicht nur die beiden (aus heutiger Sicht) logischen Modalitäten der Unmöglichkeit und Notwendigkeit, sondern auch die ontologischen Modalitäten von Möglichkeit und Wirklichkeit sind, wie Cusanus immer wieder betont, qua *coincidentia oppositorum* im Absoluten eingeschlossen. Denn die absolute Möglichkeit ist im Größten nichts anderes als das Größte selbst in Wirklichkeit („ipsa possibilitas absoluta non est aliud in maximo quam ipsum maximum actu").[24]

3. Possest

Cusanus drückt dies in der immer wieder von ihm verwendeten, auf die Terminologie des Könnens zurückgreifenden Formel aus: „Deus est omne id quod esse potest." Zunächst besagt diese Formel soviel wie: Gott ist alles was er sein kann. Dieses ‚omne esse quod esse potest' ist die präzise Bestimmung des vollkommenen Wirklich-Seins: „maximum absolute cum sit omne id quod esse potest, est penitus in actu."[25]

Es ist diese im Unendlichen gegebene koinzidentielle Einheit und Identität von *posse* und *esse*, die Cusanus mit dem komplikativen Terminus ‚possest' zum Ausdruck bringen will, der ihm als ein – unter den Bedingungen menschlicher Erkenntnis – „hinreichend angenäherter Name Gottes" erscheint.[26] Dieser Name beschreibt jedoch nicht nur das innergöttliche Wesen, sondern auch sein Verhältnis zur Welt.[27] Insofern kann (und muß) das ‚deus est omne id quod esse potest' noch in einem anderen Sinne interpretiert werden: Gott ist alles was (überhaupt) sein

---

22 Vgl. *De possest* n. 59, 15-18; w II 340: „Unde cum deo nihil sit impossibile, oportet per ea quae in hoc mundo sunt impossibilia nos ad ipsum respicere, apud quem impossibilitas est necessitas."
23 Vgl. *De docta ign.* I 14 n. 39; w I 238. Nach Thomas war die Festlegung der Allmacht auf das widerspruchsfrei Mögliche insofern mit dem Schriftwort „Non erit impossibile apud Deum omne verbum" vereinbar, weil das, was einen Widerspruch impliziert, nicht wahr sein kann, da kein Intellekt (offenbar auch nicht der göttliche) solches erfassen könne („Neque hoc est contra verbum angeli dicendi: Non erit impossibile apud Deum omne verbum. Id enim quod contradictionem implicat, verum esse non potest; quia nullus intellectus potest illud concipere." [Sth I 25 a. 3 c.]). Es dürften solche Überlegungen gewesen sein, die Cusanus im Blick hatte, als er jene kritisierte, die Gott diesseits der Koinzidenz der Gegensätze zu erfassen suchten; vgl. *De venat. sap.* 13 n. 38, 5-10; w I 60: „[...] ante differentiam contradictorie oppositorum non putabant Deum reperiri. Volentes igitur venationem eius includi infra ambitum principii illius ‚quodlibet est vel non est' ipsum, qui etiam illo principio antiquior et qui ambitum illius principii excellit, non quaesiverunt in campo possest, ubi posse esse et actu esse non differunt."
24 *De docta ign.* I 16 n. 42, 13 f.; w I 242; vgl. I 23 n. 71, 10; w I 276.
25 *De docta ign.* I 4 n. 11, 13 f.; w I 204.
26 *De possest* n. 14, 8; w II 284.
27 Vgl. Brüntrup, *Können* (Anm. 12), 47.

kann: „cum sit omne, quod esse potest, tunc et omnia, quae esse possunt, ipsum est".[28]

Diese Lesart aber ist nur möglich unter der Voraussetzung, dass der im *possest* mit dem *esse actu* koinzidierende Begriff des Könnens (*posse*) nicht allein der aktive (*potentia activa*), sondern auch der passive Möglichkeitsbegriff (*potentia passiva*) ist.[29] Das *possest* ist daher nicht nur der Ort des Ineinsfalls von Möglichsein und Wirklichsein; das ganze Spektrum der zur Beschreibung und Differenzierung der verschiedenen Möglichkeitskonzepte verfügbaren Termini (*possibilitas, potentia, posse, posse facere, posse fieri*) wird – offenbar mit Bedacht – in die Koinzidenzbewegung mit einbezogen: „Die absolute Möglichkeit selbst (*possibilitas absoluta*) kann nichts anderes sein als das Können (*posse*), wie die absolute Wirklichkeit (absoluta actualitas) nichts anderes als das Wirklichsein (actus). [...] Die absolute Möglichkeit [...] geht also der Wirklichkeit nicht voraus noch folgt sie ihr. [...] Gleichewig also sind absolute Möglichkeit (*potentia absoluta*), Wirklichkeit und beider Verknüpfung."[30] Gott liegt vor der von der *potentia* unterschiedenen *actualitas* und vor der vom Akt unterschiedenen *possibilitas*,[31] und damit jenseits der Mauer der Koinzidenz, „ubi posse fieri coincidit cum posse facere, ubi potentia coincidit cum actu."[32]

Dass das *possest* als Ausdruck jener Formel „Gott ist alles, was (überhaupt) sein kann" gelesen werden kann, resultiert daher, dass das in ihm mit dem Akt koinzidierende posse simpliciter dictum eben jegliches Können meint (posse simpliciter dictum est omne posse)[33] und als *posse absolutum* alles „Können, über Tätigsein

---

28 *Comp.* n. 45, 8-10; w III 728; vgl. *De possest* n. 8, 5 ff.; w II 276: „Cum potentia et actus sint idem in deo, tunc deus omne id est actu, de quo posse esse potest verificari. Nihil enim esse potest, quod deus actu non sit. Hoc facile videt quisque attendens absolutam potentiam coincidere cum actu." Vgl. n. 8, 21 f.: „[...] ideo sit actu omne possibile esse, patet ipsum complicite esse omnia. Omnia enim, quae quocumque modo sunt aut esse possunt, in ipso principio complicantur."
29 Vgl. Brüntrup, *Können* (Anm. 12), 50 f. Das mit dem Begriff des *possest* zum Ausdruck gebrachte koinzidenzielle Sein meint daher mehr als den thomistisch gedachten Gott, dem, gerade weil er *actus purus*, unendlicher Akt ist, eine unendliche *potentia activa* zukommt (STh I q. 25 a. 2). Der häufig begegnende Hinweis auf die Kontinuität zwischen dem Gottesbegriff Thomas von Aquins und dem cusanischen Konzept des *possest* trifft daher nur eine Seite desselben. Cusanus geht im Konzept des *possest* über Thomas' Gottesbegriff insofern hinaus, als für ihn mit der Koinzidenz von Potenz und Akt zugleich auch der Gegensatz von aktiver und passiver Möglichkeit transzendiert wird. Vgl. hierzu Stallmach, „Sein und Können" (Anm. 12), 411 f.; ders., *Ineinsfall der Gegensätze* (Anm. 12), 75 ff.; Casarella, „Nicholas of Cusa" (Anm. 12), 17 ff.
30 *De possest* n. 6, 7-17; w II 274: „Nec potest ipsa absoluta possibilitas aliud esse a posse, sicut nec absoluta actualitas aliud ab actu. [...] Possibilitas ergo absoluta [...] non praecedit actualitatem neque etiam sequitur. [...] Coaeterna ergo sunt absoluta potentia et actus et utriusque nexus."
31 *De possest* n. 7, 4 f.; w II 274: „[...] constare deum ante actualitatem, quae distinguitur a potentia, et ante possibilitatem, quae distinguitur ab actu, esse ipsum."
32 *De visione dei* 15, w III 158; vgl. De venat sap. 13 n. 35, 5 f.; w I 58: „Est enim ante differentiam omnem: ante differentiam actus et potentiae, ante differentiam posse fieri et posse facere."
33 *De possest* n. 16, 4; w II 286.

und Erleiden, über Machen- und Werden-Können hinaus einfaltet (posse absolutum [...] complicat omne posse supra actionem et passionem, supra posse facere et posse fieri)".[34]

Neben einem solchen, alles umfassenden Können ist kein eigener Bereich des logisch Möglichen – etwa in Form der Possibilien – denkbar. Denn es kann keine Vielheit von Möglichen (*possibilia*) geben, die unterschieden wäre von der Einheit des absolut Wirklichen: „Maximum enim absolute est omnia possibilia actu absolute, et in hoc est infinitissimum absolute."[35]

4. Die Dynamik der trinitarischen Relationen als universelle Strukturformel

Doch selbst noch als Koinzidenz von *posse* und *esse* im Sinne jener komplikativen Einheit, die alles Mögliche und in der alles Mögliche in höchster Wirklichkeit ist, wäre das mit dem Namen *possest* ausgedrückte unendliche Sein nur unvollständig beschrieben. Dieses nämlich ist für Cusanus nicht nur die quasi punktförmige Einheit von Möglichkeit und Wirklichkeit, von *posse facere* und *posse fieri*, sondern, als christlich gedachter Gott, immer zugleich auch ‚Drei-Einheit'. Von der trinitarischen Struktur alles Seienden läßt sich bei Cusanus nicht abstrahieren. Gerade auch ein adäquates Verständnis seiner Konzeption der Möglichkeit und des Könnens ist ohne eine nähere Berücksichtigung der trinitätstheologischen Zusammenhänge nicht zu gewinnen.

Die zentralen Ausführungen über die Trinität finden sich in den Kapiteln 8 (*De generatione aeterna*) und 9 (*De conexionis aeterna processione*) des ersten Buchs von *De docta ignorantia*, in denen Cusanus in enger Anlehnung an Thierry von Chartres die Dynamik der innertrinitarischen Relationen – in ihrer römisch-katholischen Version[36] – folgendermaßen beschrieben: Die Einheit (*unitas, pater*) generiert die Gleichheit (*aequalitas, filius*), und aus beiden (*ab utroque*) geht in einem wechselseitigen Ineinander-Fortschreiten der *unitas* zur *aequalitas* und der *aequalitas* zur *unitas* die Verbindung beider (*conexio, spiritus sanctus*) hervor.[37]

---

34 *De possest* n. 27, 5 ff.; w II 300.
35 *De docta ign.* III 2 n. 190, 9 f.; w I 430.
36 Bekanntlich war die Frage nach der konkreten Struktur der processio spiritus – ob nämlich ‚a patre filioque' oder ‚a patre per filium' (so die griechische Variante) – das zentrale Thema auf dem für Cusanus biographisch höchst bedeutenden Unionskonzil von Ferrara / Florenz.
37 *De docta ign.* I 9 n. 24, 10-13; w I 220: „Merito [...] dicitur ab unitate et ab aequalitate unitatis conexio procedere. Neque enim conexio unius tantum est, sed ab unitate in aequalitatem unitatis procedit et ab unitatis aequalitate in unitatem." Vgl. Thierry von Chartres, *Commentum super Boethium De Trinitate*, ed. N. M. Häring, in: *Archives d'histoire doctrinale et littéraire du moyen âge* 35 (1960), 102: „Amor autem hic et conexio [...] ab unitate et ab unitatis aequalitate procedit."

Diese innertrinitarische *processio* wird für Cusanus zum exemplarischen Modell, gleichsam zur Strukturformel, nach der auch die wie immer verschiedenen innerweltlichen Relationen und Prozesse organisiert sind.[38] Mit dieser Formel ist es ihm möglich, das Verhältnis von Möglichkeit und Wirklichkeit, von *potentia* und *actus*, *posse facere* und *posse fieri* nicht nur entweder – wie im Unendlichen – als koinzidentielle Einheit oder – wie im Endlichen – als statische Opposition zu denken, sondern als eine dynamische, prozesshafte Verbindung zu konzipieren.[39]

Was in Gott in koinzidentieller Einheit identisch ist, Möglichkeit und Wirklichkeit, *posse fieri* und *posse facere*, tritt im endlichen Sein auseinander, bleibt jedoch derart aufeinander bezogen, dass die Form des gegenseitigen Bezugs die dynamische trinitarische Struktur Gottes ‚imitiert'. Bereits in *De docta ignorantia* hat Cusanus ausführlich die Übersetzung der trinitarischen Struktur Gottes in die ‚Trinitas des Universums' (*trinitas universi*) dargestellt und gezeigt, dass die metaphysischen Prinzipien (materia – forma – nexus, bzw. contrahibile – contrahens – nexus; bzw. posse fieri – posse facere – nexus), vermittelt über einen descensus, jeweils direkt einer der trinitarischen Personen zugeordnet sind:

> „Einschränkbarkeit bedeutet eine gewisse Möglichkeit. Sie steigt von der zeugenden Einheit in Gott herab, so wie die Andersheit von der Einheit. [...] Die Möglichkeit steigt also von der ewigen Einheit herab.[40] [...] Das Einschränkende aber steigt von der Gleichheit der Einheit herab, da es die Möglichkeit des Einschränkbaren begrenzt.[41] [...] Schließlich gibt es die Verbindung zwischen dem Einschränkenden und dem Einschränkbaren, d. h. zwischen Materie und Form oder Möglichkeit und Notwendigkeit der Verbindung. Sie wird verwirklicht wie durch einen Liebeshauch, der durch eine Art Bewegung jene beiden vereint. [...] aus der Vereinigung der bestimmenden Form und der bestimmbaren Materie [wird] das Sein-Können zur Wirklichkeit dieses oder jenes Seins bestimmt [...]. Diese Verbindung steigt offensichtlich vom Heiligen Geist herab, der die unendliche Verbindung ist."[42]

---

38 In *De coniecturis* verwendet Cusanus hierfür mehrfach den Begriff der *progressio in invicem*. Vgl. z. B. *De coni.* I 4 n. 16, 7 ff.; I 9 n. 37, 7-10; n. 39, 1-4.

39 Auch dem *possest* liegt letztlich die trinitarische Struktur zu Grunde. Vgl. *De possest* n. 6, 15 ff.; w II 274: „Quomodo enim actualitas esse posset possibilitate non exsistente? Coaeterna ergo sunt absoluta potentia et actus et utriusque nexus."

40 *De docta ign.* II 7 n. 128, 15-22; w II 356: „Contrahibilitas vero dicit quandam possibilitatem, et illa ab unitate gignente in divinis descendit sicut alteritas ab unitate. [...] Possibilitas igitur ab aeterna unitate descendit."

41 *De docta ign.* II 7 n. 129, 1 f.; w II 356: „Ipsum autem contrahens cum terminet possibilitatem contrahibilis, ab aequalitate unitatis descendit."

42 *De docta ign.* II 7 n. 130, 1-9; w II 358: „Est deinde nexus contrahentis et contrahibilis sive materiae et formae aut possibilitatis et necessitatis complexionis, qui actu perficitur quasi quodam spiritu amoris motu quodam illa unientis. [...] posse esse ad actu esse hoc vel illud determinatur ex unione ipsius determinantis formae et determinabilis materiae. Hunc autem nexum a spiritu sancto, qui est nexus infinitus, descendere manifestum est." Vgl. *De docta ign.* II 11 n. 155; w II 388.

Geht es in *De docta ignorantia* (II 7 ff.) um die Darlegung, wie sich die göttliche Trinität in die *trinitas universi* übersetzt, so ist die Blickrichtung im *Idiota de mente*, jener Schrift, in der die Termini von *posse fieri* und *posse facere* eingeführt werden, genau entgegengesetzt. Denn jetzt soll gezeigt werden „quomodo omnia in deo sunt in trinitate". Erfolgt mit der Einführung des *posse fieri* eine deutliche terminologische Akzentuierung der in der Konzeption der *potentia* oder *possibilitas* als einem Moment der *trinitas universi* bereits angelegten Dynamik des cusanischen Möglichkeitsbegriffs, so führt die hier eingenommene Blickrichtung zu einer Aushebelung des dem logischen Möglichkeitsbegriff verpflichteten Konzepts weltvorgängiger *possibilia*. Aus dem Satz, der Cusanus hier als Ausgangspunkt seiner Möglichkeitsspekulationen dient, dass nämlich das, was unmöglich ist, nicht wird (und folglich das Gewordene möglich war), wird nicht auf schöpfungsvorgängige *possibilia* oder auf einen Bereich des logischen möglich-Seins geschlossen, sondern auf ein von Ewigkeit her bestehendes ‚Werden-können' der Dinge in ihrem Ursprung („cum impossibile non fiat, nonne vides eam [sc. rerum universitatem] ab aeterno fieri potuisse?").[43] Dieser geistigen Schau der Dinge in ihrem Ursprung präsentiert sich gleichsam die exemplarische Struktur ihres Werdens, welche eben die dynamische Struktur der trinitarischen Prozessualität selbst ist.[44] Hiermit wird die neu gewonnene Möglichkeits-Terminologie (als *posse fieri absolutum* – *posse facere absolutum* – *nexus*) auf die Beschreibung der innertrinitarischen Relationen selbst übertragen,[45] so dass sich das jeweils die Substanz der kreatürlichen Seienden konstituierende *posse fieri* und *posse facere* in ihrer dynamischen Verbindung – wie in *De docta ignorantia* – letztlich als ‚deszendente' Übersetzung der trinitarischen Struktur erweist.[46]

---

43 *Idiota de mente* 11 n. 130, 6 f.; w III 568.
44 *Idiota de mente* n. 131, 1-4; 6-9; w III 570: „Idiota: Nonne, ut in esse prodiret rerum universitas, quam vides oculo mentis in absoluto posse fieri et in absoluto posse facere, necesse erat nexus ipsius utriusque, scilicet posse fieri et posse facere? Alias quod potuit fieri per potentem facere numquam fuisset factum. [...] Vides igitur ante omnem rerum temporalem existentiam omnia in nexu procedente de posse fieri absoluto et posse facere absoluto. Sed illa tria absoluta sunt ante omne tempus simplex aeternitas. Hinc omnia conspicis in simplici aeternitate triniter."
45 *Idiota de mente* n. 131, 11 ff.; w III 570: „Idiota: Attende igitur, quomodo absolutum posse fieri et absolutum posse facere et absolutus nexus non sunt nisi unum infinite absolutum et una deitas. Et ordine prius est posse fieri quam posse facere. Nam omne facere praesupponit fieri posse, et posse facere id, quod habet, scilicet posse facere, habet de posse fieri. Et de utroque nexus. Unde cum ordo dicat posse fieri praecedere, sibi attribuitur unitas, cui inest praecedere, et posse facere attribuitur aequalitas unitatem praesupponens, a quibus nexus."
46 *Idiota de mente* 11 n. 132, 9-15; w III 572: „Idiota: Omnia principiata in se similitudinem principii habere atque ideo in omnibus trinitatem in unitate substantiae in similitudine verae trinitatis et unitatis substantiae principii aeterni reperiri certum teneo. In omnibus igitur, quae principiata sunt, posse fieri, quod descendit a virtute infinita unitatis seu entitatis absolutae, posse facere, quod descendit a virtute absolutae aequalitatis, et compositionem utriusque, quae descendit a nexu absoluto, reperiri necesse est."

Trotz der zahlreichen Variationen der cusanischen Möglichkeitstermini bleibt die Struktur der funktionalen Zuordnung der Ternare von *materia – forma – nexus*, *potentia* oder *possibilitas*[47] *– actus – nexus*, *posse fieri – posse facere – nexus* oder *posse esse – actu esse – nexus*[48] ebenso wie ihr Bezug zur Trinität durchgängig dieselbe. Und nur von dieser her wird hinreichend deutlich, dass der Begriff des *nexus* nicht statisch, sondern, weil Abbild der *aeterna processio*, prozessual zu verstehen ist.

Natürlich bedarf es, wenn von der trinitarischen Struktur der Welt und alles Seienden die Rede ist, der Differenzierung zwischen jener unendlichen *trinitas quae est unitas* und ihres kontrahierten Abbildes. Während nämlich in jener die Einheit selbst die Dreiheit ist, so ist im Universum das Verhältnis zwischen den drei Korrelationen eher das von Teil und Ganzem: Sie können nur in wechselseitiger Vereinigung wirkliches Sein und Subsistenz besitzen und bilden nur als miteinander verbundene[49] das Universum, welches selbst nur in dieser Dreiheit eine Einheit sein kann.[50]

5. Posse fieri

Diese notwendige Korrelationalität der metaphysischen Strukturprinzipien alles Seienden gilt es im Blick zu behalten, wenn Cusanus in *De venatione sapientiae* den Terminus des *posse fieri* ins Zentrum seiner Jagd nach der Weisheit stellt und mit der Trias von *posse fieri*, *posse facere* und *posse factum* eine von den älteren Schriften abweichende Organisation der Begrifflichkeit vornimmt. Wenn Cusanus in *De venatione sapientiae* als Ausgangspunkt wiederum den Grundsatz wählt, dass „das, was unmöglich werden kann, nicht wird (quod impossibile fieri non fit)",[51] dann wird, anders als im *Idiota de mente*, von hier aus nicht auf das ewige Werdenkönnen der Dinge im Ursprung zurückgeschlossen, sondern auf das kreatürliche *posse*

---

47 Vgl. *De genesi* 5 n. 178, 16-18; w II 430: „[...] in essentia omnis creaturae sint haec tria, possibilitas per vocationem de nihilo, actualitas per participationem divinae virtutis et nexus horum."
48 Vgl. *De possest* n. 47, 4-11; w II 324: „[...] sine potentia et actu atque utriusque nexu non est nec esse potest quicquam. [...] Et posse esse et actu esse et nexus non sunt alia et alia. Sunt enim eiusdem essentiae, cum non faciant nisi unum et idem." Vgl. n. 51, 4 f.; w II 330: „[...] in omni re video posse, esse et utriusque nexum, sine quibus impossibile est ipsam esse."
49 *De docta ign.* II 7 n. 127, 7 ff. 15 ff.; w I 354 ff.: „[...] unitas maxima contracta, etiam ut est unitas, est trina, non quidem absolute, ut trinitas sit unitas, sed contracte, ita quod unitas non sit nisi in trinitate, sicut totum in partibus contracte. [...] Propter hoc tres illae correlationes, quae in divinis personae vocantur, non habent esse actu nisi in unitate simul." Vgl. *De venat. sap.* 26 n. 77; w I 122.
50 *De docta ign.* II 7 n. 128, 6-11; w I 356: „[...] correlationes non sunt subsistentes per se nisi copulate; neque quaelibet propterea potest esse Universum, sed simul omnes; neque una est in aliis actu, sed sunt eo modo, quo hoc patitur condicio contractionis perfectissime ad invicem contractae, ut sit ex ipsis unum universum, quod sine illa trinitate esse non posset unum."
51 *De venat. sap.* 2 n. 6, 14; w I 14. Cusanus beruft sich an dieser Stelle auf Aristoteles; vgl. Aristoteles, *De caelo* I, 274b 13.

fieri als das ersterschaffene, unerschöpfliche Seinspotenzial, das selbst wiederum, weil nichts sich selber machen (erschaffen) kann, ein unerschaffenes, ewiges *posse facere* präsupponiert, welches all das, was wird, als *posse factum* aus dem *posse fieri* hervorbringt.[52]

Das *triplex posse* von *posse facere – posse fieri – posse factum* organisiert die Begrifflichkeit des Könnens in neuer Form. Anders als im *Idiota de mente* werden *posse fieri* und *posse facere* (zunächst) nicht als ontologisch jeweils gleichrangige Korrelate einer im Göttlichen wie im Kreatürlichen vorfindlichen trinitarischen Struktur thematisiert, sondern treten gleichsam in vertikale Distanz. Während die Welt vorrangig unter dem Aspekt ihres Werden-Könnens und Gewordensein-Könnens erscheint (*posse fieri – posse factum*), erscheint Gott nun vorrangig unter dem Aspekt des Machen-Könnens (*posse facere*), der Schöpfungspotenz.

Brüntrup hat mit Recht darauf hingewiesen, dass das *posse fieri* „keine vom Wirklichen getrennte Welt hypostasierter Possibilien" ist.[53] Die Charakterisierung des *posse fieri* als ein „eigenständiges Prinzip",[54] das, weil „in sich selbst dynamisch", die „Bewegung in Richtung auf das Wirklich-Werden" ist,[55] verdeckt jedoch zu sehr die notwendige Korrelativität der Seinsprinzipien. Das *posse fieri* ist nicht als in sich unbestimmtes *posse fieri vagum* erschaffen, sondern je schon gemäß einem von Ewigkeit her präkonzipierten Begriff strukturiert und auf diese Welt hin begrenzt. Jener Begriff ist – auch hier – das göttliche Wort (d.h. die zweite trinitarische Person) als der *terminus interminus*[56] und das einfache Urbild von allem, was werden kann, welches Urbild, „cum sit omne id quod esse potest", vollkommener nicht sein kann,[57] und zugleich, „cum sit actus omnis posse", gegenüber keinem, was werden kann, ein anderes ist.[58] Erst wenn das *posse fieri* nicht als ‚eigenständiges Prinzip', sondern als das funktionale Korrelat dieses Prinzips jeder determinierenden Begrenzung (*terminus*) begriffen wird, zeigt sich jenes Konzept des ‚Möglichkeitshorizonts' mit dem Cusanus, die Welt aus der Perspektive des Könnens und der Möglichkeit beschreibend, die Neubestimmung der ontologischen Grundbegriffe von *species, individuum, essentia, natura* oder *substantia* unternimmt.

---

52 Vgl. *De venat. sap.* 3 n. 7; w I 14.
53 Brüntrup, *Können* (Anm. 12), 80.
54 A.a.O., 13 u. 67.
55 A.a.O., 82.
56 *De venat. sap.* 27 n. 82, 2-7; w I 128: „Et secundum hunc aeternum conceptum creando posse fieri ipsum determinavit ad mundum et eius partes in aeternitate praeconceptum. Non enim posse fieri vagum et indeterminatum, sed ad finem et terminum, ut fieret mundus iste et non aliud, creatum est. Conceptus igitur ille, qui et verbum mentale seu sapientia dicitur, terminus est, cuius non est terminus."
57 *De venat. sap.* 38 n. 84, 7 f.; w I 130: „Ratio igitur, quae perfectior esse non potest cum sit omne id quod esse potest, est mens ipsa aeterna."
58 *De venat. sap.* 38 n. 111, 1-3; w I 170: „Video igitur omnia, quae fieri possunt, non habere nisi simplex illud exemplar, quod non est aliud ab omni quod fieri potest, cum sit actus omnis posse."

Denn was die Ontologie ‚Spezies' nennt, ist nichts anderes als die spezifische Begrenzung des allgemeinen *posse fieri* selbst. Sie ist jener Möglichkeitshorizont, der als Maximum des Werden-Könnens alle artgleichen Individuen umfasst. Was den unter eine bestimmte Spezies fallenden Individuen gemeinsam ist und ihre Zugehörigkeit zu dieser festlegt, ist nicht mehr ein bestimmtes Moment ihres Wirklichseins (im Fall des Menschen z. B. die *rationalitas*) sondern vielmehr die identische, wenngleich von keinem Individuum je erreichbare Aussengrenze ihres Werden-Könnens.[59] Cusanus veranschaulicht das an einem Beispiel, das zugleich den ontologischen Status des Allgemeinen kenntlich macht: So, wie die Lateinische Sprache die Einheit aller in ihr möglichen Reden ist, so erscheint die Artnatur (*species*) jeweils als ein durch die individuelle Ausfaltung nicht erschöpfbarer Möglichkeitshorizont.[60] Es ist diese Begrenzung des allgemeinen Werden-Könnens auf das eingeschränkte ‚Dieses' (*hoc*), welche die Natur und Substanz der Einzeldinge ausmacht.[61]

Das individuelle Seiende ist konstituiert durch seinen je besonderen Begrenzungsmodus des artspezifischen Werden-Könnens, so jedoch, dass letzteres durch diese individuelle Begrenzung niemals selbst begrenzt werden kann. Denn ist z. B. auch das *posse fieri hominem* in jedem Individuum, z. B. in Platon, aktual begrenzt, so kommt es doch in Platon nicht schlechthin (*simpliciter*) an seine Grenze, sondern nur bis zu jenem ‚Platonschen Begrenzungsmodus' (ille terminandi modus, qui dicitur Platonicus), über den hinaus unzählige, auch vollkommenere, noch übrigbleiben: „Vieles nämlich kann der Mensch werden, etwa ein Musiker, ein Geometer, ein Techniker, was Platon nicht gewesen ist."[62] Und ebenso, wie der artspezifische Möglichkeitshorizont von keinem Individuum je erreicht wird – denn keines ist all das, was es sein kann –, wird auch der das Wesen (*essentia*) des Individuums

---

59 *De venat. sap.* 28 n. 85, 4-9; w I 132: „Species igitur, cum sit specifica determinatio ipsius posse fieri, ostendit illa eiusdem speciei, quorum posse fieri in idem si fieret terminaretur. Sic omnes homines eiusdem sunt speciei, quia si fieret quilibet homo id, quod homo fieri posset, cuiuslibet fieri posse perfectio in ratione exemplari seu homine intelligibili terminaretur."

60 Vgl. *De coni.* II 5 n. 96, 1-4; w II 106: „Inevacuabilis igitur atque inexplicabilis est omnis speciei individualis explicatio. Ambit enim potentia virtutis unitatis eius numerum nullo umquam tempore finibilem, uti unitas Latinae linguae numerum indicibilium sermonum."

61 *De venat. sap.* 38 n. 114, 12-15; w I 176: „[…] omnis determinatio ipsius posse fieri in eo quod fit, non est terminatio ipsius posse fieri […] sed est determinatio ipsius posse fieri singulariter ad hoc contracta, quae est ipsius, quod sic factum est, natura et substantia."

62 *De venat. sap.* 37 n. 108, 4-12; w I 166: „Nam et si posse fieri secundum quod est actu sit terminatum, tamen non simpliciter, ut in Platone posse fieri hominem est terminatum, non tamen posse fieri hominem est penitus in Platone terminatum, sed tantum ille terminandi modus, qui dicitur Platonicus et restant alii etiam perfectiores innummerabiles modi, neque etiam in Platone posse fieri hominis est terminatum. Multa enim homo fieri potest scilicet musicus, geometricus, mechanicus, quae Plato non fuit."

ausmachende individuelle Möglichkeitshorizont[63] oder das individuelle „Machen-Können" (*posse facere*) durch die tatsächlichen Handlungen desselben nie ausgeschöpft.[64]

Dieses unaufhebbare ‚Plus Ultra' kommt in jenem Diktum zum Ausdruck, das Cusanus als die „Rechtfertigung unserer ganzen Jagd nach der Weisheit" (totius venationis nostrae ratio) bezeichnet: „Das Gewordene, weil es dem Werden-Können nachfolgt, ist niemals so geworden, dass das Werden-Können in ihm ganz ans Ziel gekommen wäre (actum, cum sequatur posse fieri, numquam est ita factum quod posse fieri sit in eo penitus terminatum)."[65] Mag das Werden-Können in seiner Gesamtheit auch am Universum als dem tatsächlich größten und vollkommensten seine faktische Grenze finden, so ist es doch schlechthin (*simpliciter*) allein durch jenes *possest* begrenzt, das zugleich sein Ursprung und sein Ziel ist (posse fieri non determinatur simpliciter nisi in possest suo principio pariter et fine).[66]

6. Posse ipsum

In den beiden letzten Schriften des Cusanus (*Compendium*, *De apice theoriae*) tritt der Begriff des *posse* oder *posse ipsum* gegenüber den älteren terminologischen Versionen des Möglichkeitsbegriffs dominierend in den Vordergrund. Doch handelt es sich bei dieser Rückführung des zuvor in die Begrifflichkeit von *posse fieri* und *posse facere* entfalteten Konzepts der Möglichkeit auf den einen, einheitlichen Begriff des *posse* nicht um einen radikalen Neuansatz, um eine plötzliche „Entdeckung des posse ipsum als der absoluten Macht",[67] sondern vielmehr um eine komplizierte Akzentverschiebung, die nur vor dem Hintergrund der bereits in *De docta ignorantia* ausgebildeten Trinitätsspekulation verständlich wird. Denn so, wie Cusanus dort die Trinität aus dem Begriff der Einheit als *unitas*, *unitatis aequalitas* und *nexus unitatis et aequalitatis* präsentiert hat, wird diese nun mit Hilfe des Begriffs des *posse* ‚dekliniert': zuerst, schon in *De possest*, als omnipotentia – omnipotens – omnipotentiae et omnipotentis nexus,[68] später dann im *Compendium*, als posse – ipsius

---

63 *De venat. sap.* 29 n. 88, 10-13; w I 136: „Posse fieri hominem licet in te sit actu modo tali, uti es, determinatum, quae determinatio est essentia tua, tamen posse fieri hominis nequaquam est in te perfectum et determinatum."
64 *De venat. sap.* 27 n. 82, 13-20; w I 128: „Mens enim humana, quae est imago mentis absolutae, humaniter libera [...] facere proponit intra se prius determinat et est omnium operum suorum terminus neque cuncta, quae facit, ipsam terminant, quin plura facere possit et est suo modo interminus terminus."
65 *De venat. sap.* 37 n. 108, 4 f.; w I 166.
66 *De venat. sap.* 37 n. 108, 13; w I 166.
67 Brüntrup, *Können* (Anm. 12), 107.
68 *De possest* n. 49, 16-24; w II 328: „Ideo sicut video ipsum absolutum posse in aeternitate esse aeternitatem et non video ipsum esse in aeternitate ipsius posse nisi ab ipso posse, sic credo ipsum

posse aequalitas und *unio potentissima*, welche zusammen das *unicum principium potentissimum, aequalissimum et unissimum* ausmachen.⁶⁹

Cusanus vollzieht damit einen Perspektivwechsel von der Dreiheitlichkeit der Einheit, wie sie sich innerweltlich in den Ternaren von *potentia – actus – nexus*, *posse fieri – posse facere – nexus* usw. manifestiert, hin zu der im Begriff des *posse ipsum* explizierten Einheitlichkeit der Dreiheit: „In operatione seu factione certissime mens videt posse ipsum apparere in posse facere facientis et in posse fieri factibilis et in posse conexionis utriusque. Nec sunt tria posse, sed idem posse est facientis, factibilis et conexionis."⁷⁰

Hatte Cusanus in seinen früheren Schriften das Thema der Möglichkeit in ein weites Spektrum funktional in Beziehung zueinander gesetzter Möglichkeitsbegriffe hinein entfaltet, so tritt in seiner letzten Schrift hinter all diesen, nun unter dem Begriff des *posse cum addito* zusammengefaßten Formen des Könnens das Können-selbst als das ‚Können alles Könnens' in Erscheinung. Wie Gott (unter dem Aspekt der zweiten trinitarischen Person) die *forma formarum* ist,⁷¹ so erscheint er (unter dem Aspekt der ersten trinitarischen Person) jetzt als das *posse omnis posse*. Ist er als das unendliche Urbild (*exemplar*) die eine *forma formarum*, die, ohne selbst die vielfältigen Einzelformen zu sein, in all diesen abbildhaft erscheint,⁷² so ist er als das *posse ipsum*, ohne selbst die vielfältigen Weisen des *posse cum addito* zu sein, das Können, das allen verschiedenen Weisen des Könnens vor-

---

posse aeternum habere hypostasim et esse per se et de ipso deo patre, qui est per se, generari deum, qui sit omne id quod est ab ipsa omnipotentia patris, ut sit filius omnipotentiae, id scilicet sit quod pater possit: omnipotens sit de absolute posse seu omnipotente. A quibus procedat omnipotentiae et omnipotentis nexus."

69 Vgl. *Comp.* 10 n. 29 f. u. *Epilogus* n. 45 f.; w II 714 ff. u. 728. Cusanus spricht vom *posse* als der ersten trinitarischen Person („Patrem verbi ac aequalitatis, quia omnipotens, posse [...] nominamus"; n. 45), welches als das *posse quo nihil potentius* ausgezeichnet ist, indem es seine völlige Gleichheit (*aequalitas*), die zweite trinitarische Person, generieren kann, in der es sich als *posse potentissimum* zeigt. Aus dem *posse* und der *ipsius posse aequalitas* geht die Verbindung (*unio, nexus*) als die mächtigste Vereinigung (*unio potentissima*) hervor. In dieser trinitarischen Struktur erkennt der Geist das „unicum principium potentissimum, aequalissimum et unissimum" (n. 30).
70 *De ap. theor.* n. 26, 1-3; w II 384. Dieser Gedanke der Manifestation der trinitarischen Struktur in jeder *operatio*, wie er in der letzten Schrift des Cusanus entfaltet wird, findet sich, im Anschluß an die Korrelativen-Lehre des Raimundus Lullus, bereits in seiner frühesten Predigt. Vgl. *Sermo* I (1430) n. 6, 9 ff. (h XVI / 1, 7): „In omni autem actione perfecta tria correlativa necessario reperiuntur, quoniam nihil in se ipsum agit, sed in agibile distinctum ab eo, et tertium surgit ex agente et agibili, quod est agere. Erunt haec correlativa in essentia divina tres personae, quare Deum trinum vocamus."
71 Vgl. *De docta ign.* II 11 n. 155, 4 ff.; w I 388.
72 Vgl. a.a.O. II 9 n. 148, 20 ff.; w I 378: „[...] non est nisi una forma formarum. [...] Unum enim infinitum exemplar tantum est sufficiens et necessarium, in quo omnia sunt ut ordinata in ordine, omnes quantumcumque distinctas rerum rationes adaequatissime complicans."

aufgeht und zu Grunde liegt,[73] welche nichts anderes sind als abbildhafte Erscheinungsformen desselben.[74]

Diese Bestimmung als *posse omnis posse*, welche als komplementäres Gegenstück zu der im Konzept des *possest* akzentuierten Bestimmung des *actus omnis posse*[75] gelesen werden kann, ist jedoch weniger das Resultat einer inhaltlich divergierenden Auffassung, als vielmehr Ausdruck einer abweichenden Akzentuierung in der Sichtweise. Während im Gottesnamen des *possest* die koinzidentielle Einheit von Können und Sein und damit die Aktualität des unendlichen Seins in seiner Differenz gegenüber jedem endlichen Sein akzentuiert wird, so akzentuiert der Gottesname des *posse ipsum*, den Cusanus nun als „viel geeigneter" (longe aptius) bewertet,[76] „nicht nur die Aktualität, sondern auch die Aktivität, das Handeln Gottes".[77] Doch bezieht sich diese Überlegenheit des *posse ipsum* eben nicht auf einen inhaltlich divergierenden Gottes- oder Möglichkeitsbegriff, sondern auf die Weise seiner Darstellung. Was ihn geeigneter macht, ist nämlich der Umstand, dass die in ihm zum Ausdruck gebrachte Wahrheit nicht, wie in den diffizilen änigmatischen Begriffen des *possest* oder *non-aliud*, ‚in obscuro' erscheint, sondern, gemäß der im *Idiota de sapientia* geprägten Formel, gleichsam „auf den Straßen erschallt" (clamitat in plateis).[78] Denn ebenso, wie in den unterschiedlich vollkommenen Werken des Aristoteles sich das Vermögen (*posse*) seines Geistes manifestiert, so zeigt sich in allem das Können selbst als die absolute Voraussetzung alles kreatürlichen Sein- oder Machen-Könnens.[79]

Im Begriff des Können-selbst findet Cusanus die genaue Bestätigung seiner hermeneutischen Theorie der jenseits der begrenzenden Oberfläche differenter Aussagemodi sich einstellenden Übereinstimmung aller Philosophen und Theologen.[80] Das *posse ipsum* ist als das, was in allem gesehen werden kann, eben auch das, was von allen – mögen sie sich darüber auch nicht im klaren gewesen sein – je gesehen wurde:

---

[73] Vgl. *De ap. theor.* n. 17, 5-8; w II 378: „Ad posse ipsum nihil addi potest, cum sit posse omnis posse. Non est igitur posse ipsum posse esse seu posse vivere sive posse intelligere et ita de omni posse cum quocumque addito, licet posse ipsum sit posse ipsius posse esse et ipsius posse vivere et ipsius posse intelligere."

[74] *De ap. theor.* n. 19, 1-7; w II 378 ff.: „Posse cum addito imago est ipsius posse, quo nihil simplicius. Ita posse esse est imago ipsius posse, et posse vivere imago ipsius posse et posse intelligere imago ipsius posse. [...] Et sicut imago est apparitio veritatis, ita omnia non sunt nisi apparitiones ipsius posse."

[75] *De venat. sap.* 38 n. 111, 3; w I 170.

[76] *De ap. theor.* n. 5, 2; w II 364.

[77] Jacobi, *Die Methode* (Anm. 12), 250.

[78] Vgl. *De ap. theor.* n. 5, 11 f.; w II 366.

[79] *De ap. theor.* w II, 380, vgl. w II 366.

[80] Vgl. *De fil. dei* 5 n. 83; w II 636.

„Diejenigen, die behaupteten, es gäbe nur das Eine, hatten das Können-selbst im Blick. Die vom ‚Einen und Vielen' redeten, bezogen sich auf das Können-selbst und auf die vielen Seinsweisen seiner Erscheinung. [...] Die behauptet haben, Gott sei der Ursprung der Ideen und es gäbe eine Mehrheit von Ideen, haben sagen wollen, was wir sagen: nämlich Gott sei das Können-selbst, das in mannigfachen und der Art nach verschiedenen Seinsweisen erscheint. [...] Denn in allem, was ist oder sein kann, kann nichts anderes gesehen werden als das Können-selbst."[81]

Es ist nicht verwunderlich, dass im Horizont einer Möglichkeitskonzeption, die im Gottesnamen des *posse ipsum* als des personifizierten Könnens schlechthin ihren logischen Abschluß findet, für einen davon abgehobenen impersonalen oder logischen Möglichkeitsbegriff kein Raum ist.[82]

---

81 *De ap. theor.* n. 14, 9-11 u. n. 15, 5-7, 16-19; w II 374 ff. Vgl. Stallmach, *Ineinsfall* (Anm. 12), 68 f.
82 Die aus der cusanischen Möglichkeitsspekulation resultierenden Veränderungen in der Semantik der ontologischen Begrifflichkeit machen es äußerst schwierig, sein Verhältnis zur älteren Tradition präzis auf den Begriff zu bringen. Gleichwohl erscheint es als problematisch, seine Theorie der Möglichkeit als „Fortbildung der augustinischen und thomasischen Tradition" zu charakterisieren, die dadurch gekennzeichnet ist, dass seine „Theologie der Allmacht Gottes [...] die reale und logische Möglichkeit der geschaffenen Dinge [...] auf die Möglichkeit, die sie (schon vor der Schöpfung) in der Seinswirklichkeit des Schöpfergottes haben, zurückführt" (Horst Seidl, Art. „Möglichkeit", in: J. Ritter u. a. (Hg.), *Historisches Wörterbuch der Philosophie*, Bd. 6., Basel 1984, Sp. 83). Denn es gilt hier, was bereits A. Faust, der bei Cusanus mit Recht eine „unverkennbare Absage an die hochscholastische Lehre vom possibile logicum" erkannte, bemerkt hat (Faust, *Der Möglichkeitsgedanke* (Anm. 10), 269): „Das Mögliche ist kein Moment, das der Weltentstehung gleichsam vorangestellt und zu ihrer Erklärung herbeigezogen werden dürfte. [..] Vielmehr ist umgekehrt zu sagen: Die Geschaffenheit der Welt durch Gott veranlaßt überhaupt erst das Hervortreten von Möglichem im Unterschied zum Wirklichen." (272) Auch lässt sich nur unter Verwendung eines äußerst forcierten Begriffs von ‚Widerspruchsfreiheit' behaupten, „dass nach Cusanus die *logische Möglichkeit* im Sinne der Widerspruchsfreiheit des Erkennbaren und Denkbaren [...] sich a) in der menschlichen Vernunfterkenntnis hinsichtlich jedes geschaffenen Dinges, b) in Gottes Vernunfterkenntnis hinsichtlich der Ideen aller Geschöpfe [findet], in der [...] alle Gegensätze [...] in eines zusammenfallen [...] und ohne Widerspruch zusammengedacht werden" (Seidl, Sp. 84). Und nicht zuletzt muss auch die These, dass für Cusanus, „die Wirklichkeit [...], absolut gesehen, den Vorrang vor der Möglichkeit [hat] (wie bei Aristoteles und Thomas auch)" (ebd.), unberücksichtigt lassen, dass, absolut gesehen, die Wirklichkeit schon deshalb keinen Vorrang vor der Möglichkeit haben kann, weil beide (anders als bei Aristoteles und Thomas) – absolut gesehen – ein und dasselbe sind: das absolute Können-selbst.

Cartesische Möglichkeiten

Dominik Perler

Wer in einem philosophischen Kontext über Mögliches spricht, sollte mindestens zwei Typen von Möglichkeitsaussagen unterscheiden.[1] Es gibt einerseits unpersönliche Möglichkeitsaussagen (‚Es ist möglich, daß — ‘ oder ‚Es kann sein, daß — ‘), die eine *Possibilität* ausdrücken. Andererseits gibt es aber auch persönliche Möglichkeitsaussagen (‚Für a ist es möglich zu — ‘ oder ‚a kann — ‘), die eine *Potentialität* zum Ausdruck bringen. Hier handelt es sich nicht einfach um eine sprachliche Unterscheidung, sondern um eine Strukturunterscheidung, die genauer untersucht werden muß. Es gilt zu prüfen, auf welche Strukturen des Möglichen die beiden Typen von Aussagen Bezug nehmen und wie sich diese Strukturen zueinander verhalten.

Wer in Descartes' Texten nach einer genauen Erklärung der beiden Typen von Möglichkeitsaussagen sucht, wird zunächst enttäuscht. Descartes scheint nicht nur die strukturelle Differenz zu verwischen, indem er einzig die Possibilität diskutiert und aufgrund seiner dezidiert anti-aristotelischen Haltung die Potentialität (und damit auch das Verhältnis Akt-Potenz) ausblendet.[2] Er scheint zudem die Possibilität derart weit zu fassen, daß eine Unterscheidung zwischen Möglichkeits- und Notwendigkeitsaussagen fragwürdig wird. In einer Reihe von Briefen hält er nämlich fest, daß sämtliche Wahrheiten, auch die angeblich ewigen und notwendigen, von Gott erschaffen worden sind und von ihm abhängen. So betont er gegenüber Mersenne: „Ich werde aber nicht davon ablassen, in meiner Physik mehrere metaphysische Fragen zu behandeln, vor allem die folgende: Die mathematischen Wahrheiten, die Ihr ‚ewig‘ nennt, sind von Gott festgesetzt worden und hängen vollständig von ihm ab, ebenso wie alle übrigen Geschöpfe."[3]

---

[1] Vgl. Klaus Jacobi, „Das Können und die Möglichkeiten. Potentialität und Possibilität", in diesem Band S. 9-23.
[2] Dies zeigt sich etwa in *Resp.* II (AT VII, 150 f.), wo er verschiedene Möglichkeitsbegriffe diskutiert, den Begriff der Potentialität aber mit keinem Wort erwähnt. Sämtliche Verweise auf Descartes' Werke beziehen sich auf folgende Ausgabe: *Œuvres de Descartes*, ed. Charles Adam / Paul Tannery, nouvelle présentation, Paris 1982-1991 (=AT). Alle Übersetzungen stammen vom Verfasser.
[3] Brief vom 15. 4. 1630 (AT I, 145): „Mais ie ne laisseray pas de toucher en ma Physique plusieurs questions metaphysiques, & particulierement celle-cy: Que les verités mathematiques, lesquelles vous nommés eternelles, ont esté establies de Dieu & en dependent entierement, aussy bien que tout le re-

Gott allein ist die „wirkende und vollständige Ursache" für alle Wahrheiten (AT I, 152). Da er in seinem Handeln absolut frei ist, steht es ihm offen, die angeblich ewigen Wahrheiten nach seinem Gutdünken zu verändern. Descartes vergleicht Gott mit einem König: Genau wie ein König Gesetze in seinem Reich erlassen hat und sie wieder aufheben kann, verfügt auch Gott über die Macht, ewige Wahrheiten der Logik und der Mathematik zu erlassen und wieder aufzuheben. Derartige Wahrheiten sind nicht an sich wahr, sondern nur „weil Gott sie als wahre oder mögliche erkennt" (AT I, 149).

Diese These hat schwerwiegende Konsequenzen für eine Theorie der Modalitäten. Wenn alle Wahrheiten – nicht bloß jene bezüglich kontingenter Tatsachen – von Gott abhängen und durch göttliche Verfügung zu Falschheiten werden können, gibt es offensichtlich keine absolut notwendigen Wahrheiten. Selbst die Aussage ‚1 + 2 = 3' ist nicht notwendigerweise wahr, da Gott verfügen könnte, daß sie falsch wird. Und umgekehrt ist natürlich auch eine Aussage wie ‚1 + 2 = 5' keine notwendigerweise falsche Aussage, da Gott sie wahr machen könnte. Durch diese Aufhebung des absolut Notwendigen wird der Bereich des Möglichen (im Sinne der Possibilität) massiv erweitert: Von *allem* läßt sich ‚Es ist möglich, daß —' sagen.

Angesichts der Radikalität, mit der Descartes sämtliche Wahrheiten dem freien Handeln Gottes unterstellt, ist es nicht erstaunlich, daß seine Position immer wieder kritisiert worden ist. Bereits Leibniz stellte vorwurfsvoll fest: „Descartes behauptet auf kindische Weise (*pueriliter*), daß alles, auch die Natur des Guten und Schlechten, des Wahren und Falschen, vom willkürlichen Willen Gottes abhängt."[4] Und Mersenne fragte in den Sechsten Erwiderungen verwundert: „Wie ist es möglich, daß die Wahrheiten der Geometrie oder der Metaphysik, wie sie von Dir angeführt werden, unveränderlich und ewig sind und doch nicht unabhängig von Gott?" (AT VII, 417) Auch in der neueren Forschung ist die These von der Erschaffung der ewigen Wahrheiten auf Unverständnis oder Kritik gestoßen. Harry Frankfurt behauptete, mit dieser These schleiche sich ein irrationaler Zug in den Cartesischen Rationalismus ein.[5] Denn wenn kraft göttlicher Verfügung alles

---

ste des creatures." Vgl. auch die Briefe vom 6. 5. 1630 (AT I, 149 f.), vom 2. 5. 1644 (AT IV, 118 f.), vom 29. 7. 1648 (AT V, 223 f.) sowie *Resp.* VI (AT VII, 432 u. 435). In der älteren Forschung ist teilweise behauptet worden (z.B. von A. Koyré), Descartes habe die These von der Erschaffung der ewigen Wahrheiten nur in seinen frühen Schriften vertreten. Eine Prüfung sämtlicher relevanter Stellen zeigt aber, daß er auch in späteren Werken (in den Erwiderungen auf Einwände zu den *Meditationes* und in Briefen nach 1641) an dieser These festgehalten hat. Vgl. ausführlich Lilli Alanen, „Descartes, Conceivability and Logical Modality", in: Tamara Horowitz / Gerald J. Massey (Hg.), *Thought Experiments in Science and Philosophy*, Savage, Maryland 1991, 65-84 (bes. Anm. 4).

4 Gottfried W. Leibniz, *Textes inédits d' après les manuscrits de la bibliothèque provinciale de Hanovre*, ed. Gaston Grua, Paris 1948, Bd. 1, 327 f.

5 Harry Frankfurt, „Les désordres du rationalisme", in: Nicolas Grimaldi / Jean-Luc Marion (Hg.), *Le Discours et sa méthode*, Paris 1987, 395-411; ders., „Descartes on the Creation of the Eternal Truths",

möglich ist (auch das, was den Gesetzen der Logik und der Mathematik widerspricht), dann gibt es nichts, was wir Menschen ein für allemal als eine „Vernunftwahrheit" erfassen können. Selbst in den Bereich jener Wahrheiten, die einzig und allein aufgrund der Bedeutung ihrer Begriffe oder aufgrund logischer Gesetze wahr zu sein scheinen, kann Gott ja jederzeit eingreifen. Wir sind auf Gedeih und Verderb dem absolutistischen Herrscher ausgeliefert. Dies hat zur Folge, daß wir nicht mehr in der Lage sind, Mögliches von Notwendigem einerseits und von Unmöglichem andererseits zu unterscheiden. *Alles* ist möglich, und *alle* Aussagen – auch Notwendigkeits- und Unmöglichkeitsaussagen – werden zu Möglichkeitsaussagen.

Würde Descartes die Unterschiede zwischen Notwendigkeits-, Möglichkeits- und Unmöglichkeitsaussagen tatsächlich einebnen, wäre kaum ersichtlich, wie er noch über eine Theorie der Modalitäten verfügen könnte. Und es wäre noch weniger ersichtlich, welchen Platz eine solche Theorie in seinem rationalistischen Programm einnehmen könnte. Im folgenden möchte ich jedoch zeigen, daß Descartes weder den Unterschied zwischen Notwendigkeits- und Möglichkeitsaussagen verwischt noch – wie in der neueren Forschung ebenfalls behauptet worden ist[6] – die Notwendigkeitsaussagen höchstens noch als Aussagen über epistemisch Notwendiges versteht. Er vertritt vielmehr eine subtile Theorie, die an der Differenz zwischen Notwendigkeits- und Möglichkeitsaussagen festhält, dabei jedoch von einem zweifachen Notwendigkeitsbegriff ausgeht. Um dies zu verdeutlichen, werde ich in drei Schritten vorgehen. Zunächst werde ich kurz skizzieren, welche rationalen Gründe Descartes zur These von der Erschaffung sämtlicher Wahrheiten bewogen haben (Abschnitt 1). Danach werde ich darlegen, wie sich trotz dieser These die Bereiche des Notwendigen und des Möglichen voneinander unterscheiden lassen, und zwar nicht nur in epistemischer, sondern auch in metaphysischer Hinsicht (Abschnitt 2). Schließlich werde ich zu zeigen versuchen, welche Konsequenzen sich aus dieser Unterscheidung für eine Erklärung der Möglichkeitsaussagen ergeben, der unpersönlichen ebenso wie der persönlichen (Abschnitt 3).

1. Die Erschaffung aller Wahrheiten

Descartes ist immer wieder unterstellt worden, seine These von der göttlichen Erschaffung der ewigen Wahrheiten sei nichts anderes als das Produkt eines übersteigerten theologischen Voluntarismus. So stellte Harry Frankfurt fest, Descartes sehe

---

in: *Philosophical Review* 86 (1977), 36-57, besonders konzis 54: „Descartes's vision [...] is that the world may be inherently absurd."
6 Vgl. Jacques Bouveresse, „La théorie du possible chez Descartes", in: *Revue internationale de philosophie* 37 (1983), 293-310 (bes. 295).

„den Ursprung der Welt nicht in der Vernunft, sondern in einem reinen freien Willen, d. h. in einer vollkommen willkürlichen Macht."[7] Da der göttliche Wille durch nichts eingeschränkt werde, könne er selbst Absurditäten verfügen und notwendige Wahrheiten zu Falschheiten machen. Gott sei einem König vergleichbar, „der vollkommen launenhaft ist und ziemlich verrückt".[8] Betrachtet man allerdings jene Textstellen etwas näher, in denen Descartes seine These erläutert, zeigt sich, daß er keineswegs vom Bild eines unberechenbaren Gottes ausgeht, der seinem Willen freien Lauf läßt. Descartes sieht sich vielmehr aus rationalen Gründen dazu veranlaßt, sämtliche Wahrheiten als von Gott verfügte Wahrheiten zu bestimmen.

Ein erster Grund ist begrifflicher Natur. Einer langen Tradition zufolge, die während des ganzen Mittelalters bis weit in die Neuzeit hinein dominierte, ist der Begriff Gottes der Begriff eines schlechthin *einfachen* Wesens.[9] Dies bedeutet, daß Gott nicht aus mehreren Teilen besteht, nicht aus Form und Materie, auch nicht aus verschiedenen Akzidenzien. Ebensowenig können ihm distinkte Handlungen, Dispositionen oder Fähigkeiten zugeschrieben werden. Wenn wir Menschen verschiedene göttliche Handlungen (Erkennen, Wollen, Vergeben usw.) unterscheiden, so beschreiben wir nur unterschiedliche Aspekte des einfachen Wesens – Aspekte, die keineswegs real verschieden sind. Der Grund für die unterschiedlichen Beschreibungen liegt ausschließlich in der menschlichen Unfähigkeit, das göttliche Wesen vollständig als ein einfaches Wesen zu erfassen, keineswegs aber in einer zusammengesetzten Struktur dieses Wesens.

Genau dieser augustinisch geprägten Auffassung schließt sich Descartes an. In einem Brief an Mesland betont er, „daß in Gott Sehen und Wollen eine einzige Sache sind" (AT IV, 119). Und gegenüber Mersenne hält er fest: „Wenn die Menschen den Sinn ihrer Worte gut verstünden, könnten sie nie ohne Blasphemie sagen, daß die Wahrheit einer Sache der Erkenntnis vorausgeht, die Gott von ihr hat, denn in Gott sind Wollen und Erkennen ein und dasselbe" (AT I, 149).[10] Aus dieser Einheit sämtlicher göttlicher Handlungen ergibt sich eine wichtige Konsequenz für die Erklärung der Relation Gottes zu den Wahrheiten: Man darf nicht sagen, daß Gott eine Wahrheit wie ‚1 + 2 = 3' zwar erkennt, aber nicht will, oder daß er sie umgekehrt will, aber nicht erkennt. Wann immer Gott eine Wahrheit erkennt, dann will er sie auch. Und wann immer er eine Wahrheit will, dann erläßt oder verfügt er sie auch. Wenn also die Einheit sämtlicher Handlungen aufrechterhalten werden soll, dann muß auch an der These vom göttlichen Wollen und Verfügen der Wahrheiten

---

7 Frankfurt, „Les désordres" (Anm. 5), 402.
8 Frankfurt, *Descartes on the Creation of the Eternal Truths* (Anm. 5), 42.
9 Diese begriffliche Bestimmung, die vorwiegend augustinisch geprägt ist, kommt etwa bei Thomas von Aquin, *Summa theologiae* I, q. 3, art. 7, deutlich zum Ausdruck. Descartes war vom Augustinismus stark beeinflußt, insbesondere in seiner Bestimmung des Gottesbegriffs. Vgl. Stephen Menn, *Descartes and Augustine*, Cambridge 1998, 262 ff.
10 Vgl. auch *Resp.* VI (AT VII, 431 f.).

festgehalten werden. Diese These beruht nicht auf einem extremen Voluntarismus (es ist bezeichnend, daß Descartes an keiner Stelle sagt, das göttliche Wollen nehme eine Vorrangstellung ein), sondern auf einer begrifflichen Festlegung: Wenn der Begriff Gottes der Begriff eines einfachen Wesens ist, in dem alle Handlungen eine Einheit bilden, dann muß jede Wahrheit, die Gott erkennt (auch eine logische oder mathematische Wahrheit), eine Wahrheit sein, die er auch will.

Ein weiterer Grund, der Descartes zur These von der göttlichen Erschaffung der Wahrheiten bewogen hat, ist ebenfalls begrifflicher Natur. Unter sämtlichen Philosophen und Theologen des 17. Jahrhunderts bestand Einigkeit darüber, daß der Begriff Gottes der Begriff eines *allmächtigen* Wesens ist. Denn wäre Gott nicht allmächtig, dann könnte man sich ein Wesen vorstellen, das mächtiger ist als Gott. Er wäre dann nicht mehr jenes Wesen, über das hinaus nichts Größeres gedacht werden kann. Will man mit Hilfe des ontologischen Gottesbeweises zeigen, daß Gott als das Wesen, über das hinaus nichts Größeres gedacht werden kann, tatsächlich existiert, dann muß man daran festhalten, daß er allmächtig ist. Bekanntlich präsentiert Descartes in der V. Meditation eine Version des ontologischen Gottesbeweises, und er stützt sich dafür explizit auf die Prämisse, daß er von Gott den Begriff „des vollkommensten Seienden" (AT VII, 65) hat. Er weist ausdrücklich darauf hin, daß man die Vollkommenheit bestreiten würde, wenn man die Allmacht einschränkte, denn „jede Einschränkung beinhaltet eine Negation des Unendlichen" (AT VII, 365).

Daraus ergibt sich wiederum eine wichtige Konsequenz. Wenn man von Gott tatsächlich den Begriff vom vollkommensten Seienden hat, dann muß man ihm auch die Macht zuschreiben, ewige Wahrheiten zu verändern.[11] Denn wären diese Wahrheiten für ihn unantastbar, könnte man sich leicht ein vollkommeneres und mächtigeres Wesen vorstellen, das sogar diese Wahrheiten ändern kann. Kurzum: Dann wäre der Begriff Gottes nicht der Begriff des vollkommensten Seienden. Auch hier zeigt sich wieder, daß Descartes vor allem auf begriffliche Konsistenz

---

11 Dies verdeutlichten bereits die mittelalterlichen Autoren, die darauf hinwiesen, daß es nicht ausreicht, Gott bloß eine ‚geordnete Macht' (potentia ordinata) zuzuschreiben, die er im Rahmen der bestehenden logischen und physikalischen Gesetze ausübt. Wenn man Gott als ein uneingeschränkt allmächtiges Wesen auffaßt, dann muß man ihm auch eine ‚absolute Macht' (potentia absoluta) zuschreiben, kraft derer er alles tun kann – auch das, was den Naturgesetzen widerspricht. Vgl. zu dieser Unterscheidung William J. Courtenay, *Capacity and Volition. A History of the Distinction of Absolute and Ordained Power*, Bergamo 1990. Descartes zitiert nicht explizit die Unterscheidung zweier Formen von Allmacht, aber indem er darauf insistiert, daß Gott alles ändern kann, selbst die logischen und mathematischen Gesetze, beruft er sich auf die absolute Allmacht. Zu Descartes' Verhältnis zu den mittelalterlichen Allmachtstheoretikern vgl. Lilli Alanen/Simo Knuuttila, „The Foundations of Modality and Conceivability in Descartes and His Predecessors", in: Simo Knuuttila (Hg.), *Modern Modalities. Studies of the History of Modal Theories from Medieval Nominalism to Logical Positivism*, Dordrecht 1988, 1-69; Amos Funkenstein, *Theology and Scientific Imagination from the Middle Ages to the Seventeenth Century*, Princeton 1986, 179-195.

bedacht war. Wenn am Begriff vom vollkommensten Seienden festgehalten werden soll (was für einen ontologischen Gottesbeweis unabdingbar ist), dann muß diesem Seienden eine uneingeschränkte Allmacht zugestanden werden.

Schließlich ist ein dritter Grund ontologischer Natur. Descartes entwirft bekanntlich ein ontologisches Programm, in dem es nur zwei Arten von Substanzen (immaterielle und materielle) mit je unterschiedlichen wesentlichen Attributen (Denken und Ausdehnung) gibt. Selbst Gott ist einer dieser beiden Arten von Kategorien zuzuordnen, nämlich der Kategorie der immateriellen Substanzen, im Gegensatz zu einem menschlichen Geist ist er aber eine vollständig unabhängige und ungeschaffene Substanz.[12] Entscheidend ist nun, daß es in Descartes' Ontologie keine zusätzliche ontologische Kategorie gibt – kein „drittes Reich" von Gedanken oder Formen und kein „pays des possibles". Auch ewige Wahrheiten sind nicht einer besonderen ontologischen Kategorie zuzuordnen. Sie existieren im Geist, primär im göttlichen und sekundär im menschlichen.[13] Und wenn sie in einem Gegenstand konkretisiert werden, existieren sie auch in einer materiellen Substanz. Wird beispielsweise gefragt, wo die Wahrheit ‚Die Innenwinkel eines Dreiecks entsprechen zwei rechten Winkeln' existiert, muß die Antwort lauten: primär im göttlichen Geist, sekundär im Geist dieses oder jenes Menschen, der sie gerade denkt. Im Geist des denkenden Menschen hat sie eine „objektive Realität", d. h. eine Realität als Inhalt eines Gedankens.[14] Ist zudem irgendwo ein konkretes Dreieck gezeichnet, dann existiert die geometrische Wahrheit auch im materiellen Objekt; dieses Objekt exemplifiziert die Wahrheit. Neben dem immateriellen Geist und dem materiellen Objekt gibt es aber keinen besonderen Ort für die geometrische Wahrheit.

Die Beschränkung auf zwei ontologische Kategorien und die Lokalisierung der ewigen Wahrheiten im Geist hat natürlich zur Folge, daß diese Wahrheiten in der Verfügungsgewalt Gottes stehen. Denn alles, was primär in seinem Geist existiert, ist von ihm abhängig und kann von ihm auch verändert werden. Es wäre unsinnig zu sagen, daß ewige Wahrheiten zwar im göttlichen Geist existieren, aber unantastbar sind. Nur wenn sie in einer gesonderten Kategorie existierten, wären sie unantastbar. Aber genau der Postulierung einer besonderen Kategorie widersetzt sich Descartes, indem er darauf insistiert, daß es nur zwei Arten von Substanzen gibt. Es ist somit nicht zuletzt eine Konsequenz seiner sparsamen Ontologie, daß ewige Wahrheiten von Gott abhängig sind.

---

12 Descartes betont daher, daß Gott strenggenommen die einzige Substanz ist, wenn unter einer Substanz eine unabhängige Entität verstanden wird. Vgl. *Principia* I, 51 (AT VIII-1, 24).
13 In *Principia* I, 49 (AT VIII-1, 23) sagt Descartes ausdrücklich, eine ewige Wahrheit habe „ihren Sitz in unserem Geist".
14 Vgl. zu dieser „objektiven Realität" die Vorrede zu den *Meditationes* (AT VII, 8) sowie *Med.* III (AT VII, 40 ff.).

Zieht man diese drei Gründe in Betracht, wird deutlich, daß Descartes die These von der göttlichen Erschaffung sämtlicher Wahrheiten keineswegs *pueriliter* vertreten hat, wie Leibniz meinte, auch nicht aufgrund eines extremen Voluntarismus, wie ihm moderne Kommentatoren teilweise unterstellten.[15] Ihn brachten vielmehr begriffliche und ontologische Überlegungen dazu, diese These zu verteidigen und sich damit von einigen spätscholastischen Autoren (z.B. Francisco Suárez) abzugrenzen.[16] Nicht wer die göttliche Erschaffung der ewigen Wahrheiten behauptet, muß sich seiner Ansicht nach verteidigen, sondern wer dies bestreitet. Denn ein solcher Opponent muß erläutern, wie er noch am Begriff eines einfachen und vollkommenen Gottes festhalten kann, wenn er dem göttlichen Machtbereich etwas entzieht.

2. Epistemische und metaphysische Notwendigkeit

Wenn Descartes auch nicht von irrationalen Motiven oder von einem extremen Voluntarismus geleitet war, stellt sich doch die Frage, wie er noch am Notwendigkeitsbegriff festhalten kann. Werden angesichts der uneingeschränkten Allmacht Gottes nicht sämtliche Notwendigkeitsaussagen zu Möglichkeitsaussagen? Zur Beantwortung dieser Frage empfiehlt es sich, einige Textstellen genauer zu prüfen.

In dem Brief an Mersenne, in dem er Gott mit einem Gesetze erlassenden König vergleicht, entwirft Descartes einen kurzen Dialog mit einem fiktiven Gesprächspartner:

„Man wird Ihnen sagen: Wenn Gott diese Wahrheiten erlassen hätte, könnte er sie ändern wie ein König, der seine Gesetze macht. Darauf ist zu erwidern: Ja, wenn sein Wille sich ändern kann. – Aber ich verstehe sie als ewige und unveränderliche Wahrheiten. – Aber sein Wille ist frei. – Ja, aber seine Macht ist unbegreiflich, und wir können im allgemeinen sagen, daß Gott alles machen kann, was wir verstehen können, aber nicht, daß er nicht das machen kann, was wir nicht verstehen können. Denn es wäre eine Verwegenheit zu denken, daß unsere Vorstellung ebenso weit reicht wie seine Macht."[17]

---

15 Eine bemerkenswerte Ausnahme stellt Margaret J. Osler dar, die Descartes gegenüber dem Voluntarismus-Vorwurf verteidigt und als „Intellektualisten" bezeichnet (*Divine Will and the Mechanical Philosophy*, Cambridge 1994, 146-152). Diese Etikettierung scheint mir aber ebenfalls problematisch zu sein, denn Descartes behauptet nicht, daß Gott die ewigen Wahrheiten nur mit seinem Intellekt erschafft und erkennt. Aufgrund der These von der Einheit sämtlicher göttlicher Handlungen vertritt er vielmehr die Ansicht, daß Gott diese Wahrheiten immer gleichzeitig erkennt und will.

16 Wie Jean-Luc Marion, *Sur la théologie blanche de Descartes*, Paris 1981, 27-159 nachgewiesen hat, richtete sich Descartes vor allem gegen Suárez, teilweise auch gegen die Verfasser spätscholastischer Kompendien (z.B. die Conimbricenses).

17 Brief vom 15.4.1630 (AT I, 145 f.): „On vous dira que si Dieu auoit establi ces verités, il les pourroit changer comme vn Roy fait ses lois; a quoy il faut respondre qu'ouy, si sa volonté peut changer. –

Der Opponent verdeutlicht hier folgenden Punkt: Wenn man die Analogie zum absolutistischen König im strengen Sinne versteht, dann erläßt und widerruft Gott die Wahrheiten genauso nach seinem Belieben wie der unkontrollierbare König. Dies hat erstens zur Folge, daß wir es mit einem Willkürgott zu tun haben, was der allgemeinen Gotteskonzeption widerspricht; denn der Cartesische Gott ist ein gütiger Gott.[18] Zweitens hat dies auch zur Folge, daß es keine notwendigen Wahrheiten mehr gibt. Wenn nämlich jede Wahrheit zu einer Falschheit werden kann, gibt es nur noch kontingente Wahrheiten. Diese unterscheiden sich ja gerade dadurch von notwendigen Wahrheiten, daß sie nicht immer und uneingeschränkt wahr sind. Darauf antwortet Descartes, daß dies tatsächlich der Fall wäre, wenn der Wille Gottes sich dauernd änderte. Aber wir dürfen nicht einfach behaupten, daß sich der göttliche Wille sprunghaft und willkürlich ändert. Wir dürfen nur sagen, daß er sich ändern *kann*. Und wir dürfen auch nicht behaupten, daß Gott aus irgendeiner Laune heraus alle möglichen Absurditäten will. Wir sind nur zur Aussage berechtigt, daß er alles Mögliche wollen *kann*. Wir dürfen Gott ja nicht unterstellen, daß er nur das wollen kann, was wir uns vorstellen können; das für uns Vorstellbare deckt sich nicht mit dem für Gott Möglichen. Dennoch bedeutet dies nicht, daß Gott ganz willkürlich einmal diese und einmal jene Wahrheit will. Wenn er eine logische oder mathematische Wahrheit will, dann will er sie als eine *notwendige* Wahrheit, d. h. als eine Wahrheit, die immer und uneingeschränkt wahr ist. Der entscheidende Punkt besteht darin, daß Gott aufgrund seiner uneingeschränkten Freiheit nicht eine bestimmte Wahrheit wählen muß. Aber wenn er sich einmal für eine entscheidet, dann wählt er sie als eine notwendige und nicht als eine kontingente Wahrheit. Kurzum: Gott will nicht notwendigerweise eine Wahrheit, aber trotzdem will er eine notwendige Wahrheit. In einem Brief an Mesland bringt Descartes dies deutlich zum Ausdruck: „Zudem gilt: Daß Gott wollte, daß einige Wahrheiten notwendig sind, heißt nicht, daß er sie notwendigerweise wollte. Es ist nämlich eine Sache, zu wollen, daß sie notwendig sind. Eine ganz andere Sache ist es, dies notwendigerweise zu wollen, oder daß eine Notwendigkeit besteht, dies zu wollen."[19]

Hier zeigt sich, daß Descartes zwischen zwei Arten von Notwendigkeit unterscheidet: Notwendigkeit als (i) eine Modalität von Wahrheiten und (ii) als eine Mo-

---

Mais ie les comprens comme eternelles & immuables. – Et moy ie iuge le mesme de Dieu. – Mais sa volonté est libre. – Ouy, mais sa puissance est incomprehensible; & generalemant nous pouuons bien assurer que Dieu peut faire tout ce que nous pouuons comprendre, mais non pas qu'il ne peust faire ce que nous ne pouuons pas comprendre; car ce seroit temerité de penser que nostre imagination a autant d'estenduë que sa puissance."

18 Vgl. *Med.* VI (AT VII, 83 u. 88 f.); *Principia* I, 22 (AT VIII-1, 13).
19 Brief vom 2.5.1644 (AT IV, 118 f.): „Et encore que Dieu ait voulu que quelques veritez fussent necessaires, ce n'est pas à dire qu'il les ait necessairement voulües; car c'est toute autre chose de vouloir qu'elles fussent necessaires, & de le vouloir necessairement, ou d'estre necessité à le vouloir."

dalität von Willensakten. Da diese beiden Arten von Notwendigkeiten voneinander unabhängig sind, geht nicht jede notwendige Wahrheit aus einem notwendigen Willensakt hervor. Oder verkürzt ausgedrückt: Nicht jede notwendige Wahrheit ist notwendigerweise notwendig.[20] Ich möchte diesen entscheidenden Punkt anhand eines modernen Beispiels verdeutlichen.

Angenommen, wir installieren ein Übersetzungsprogramm auf einem Computer. Sobald dieses Programm aktiviert ist, wird jedes deutsche Wort sogleich ins Französische übertragen. Nun fragt uns jemand: Aber muß denn jedes Wort sogleich ins Französische übersetzt werden? Könnte es nicht auch ins Englische oder Italienische übertragen werden? Darauf läßt sich folgendermaßen antworten: Wenn das Übersetzungsprogramm Deutsch-Französisch einmal installiert ist, dann muß in der Tat jedes Wort ins Französische übersetzt werden. Der Computer ist so programmiert, daß er gar nicht anders übersetzen kann. Aber natürlich hätte auch ein anderes Übersetzungsprogramm installiert werden können, z. B. eines, das ins Englische überträgt. Wir waren keineswegs gezwungen, ein Deutsch-Französisch-Programm zu installieren. Daher ist die Übersetzung vom Deutschen ins Französische mit diesem Programm zwar notwendig, aber sie ist keineswegs notwendigerweise notwendig – auch ein anderes Programm hätte gewählt werden können.

Ähnlich verhält es sich mit den ewigen Wahrheiten. Wenn Gott in der Welt ein bestimmtes mathematisches Programm „installiert" bzw. erschafft, dann ist ‚1 + 2 = 3' eine notwendige Wahrheit. Auf die Frage ‚Wieviel ergibt 1 + 2?' gibt es nur die eine korrekte Antwort: ‚3'. Aber Gott mußte sich nicht genau für dieses Programm entscheiden. Er hätte ja auch eine Mathematik wählen können, in der ‚1 + 2 = 5' gilt. Daher ist die Wahrheit ‚1 + 2 = 3' zwar notwendig, aber nicht notwendigerweise notwendig.

Berücksichtigt man den Unterschied zwischen der Modalität von Wahrheiten und derjenigen von Willensakten, lassen sich systematisch gesehen vier Fälle unterscheiden:

(1) *notwendigerweise notwendige Wahrheiten*: Wahrheiten, die von Gott nicht anders gewollt werden können und nicht falsch werden können;

(2) *kontingenterweise notwendige Wahrheiten*: Wahrheiten, die von Gott auch anders gewollt werden können, aber nicht falsch werden können, solange sie von Gott gewollt werden;

(3) *notwendigerweise kontingente Wahrheiten*: Wahrheiten, die von Gott nicht anders gewollt werden können, aber auch falsch werden können;

---

20 Vgl. zu dieser iterierten Modalität prägnant Edwin M. Curley, „Descartes on the Creation of the Eternal Truths", in: *Philosophical Review* 93 (1984), 569-597 (bes. 581); Jonathan Barnes, „Le Dieu de Descartes et les vérités éternelles", in: *Studia Philosophica* 55 (1996), 163-191 (bes. 180 ff.).

(4) *kontingenterweise kontingente Wahrheiten*: Wahrheiten, die von Gott auch anders gewollt werden können und auch falsch werden können.

Descartes' Hauptthese besteht darin, daß die ewigen Wahrheiten im Sinne von (2) und nicht von (1) zu verstehen sind. Gott ist nicht gezwungen, sie genau so zu wollen, wie er sie will. Ebensowenig ist er gezwungen, die kontingenten Wahrheiten (z.B. jene bezüglich der physikalischen Beschaffenheit eines bestimmten Gegenstandes) so zu wollen, wie er sie will. Diese Wahrheiten sind im Sinne von (4) und nicht von (3) zu verstehen.

Gibt es auch Wahrheiten, die notwendigerweise notwendig sind? Descartes führt zwar keine Beispiele an, aber es ist vermutet worden, daß alle Wahrheiten bezüglich der göttlichen Attribute zu dieser Kategorie von Wahrheiten gehören. Martial Gueroult argumentierte, Wahrheiten wie ‚Gott existiert', ‚Gott ist gütig', ‚Gott ist allmächtig' usw. seien in der Tat notwendigerweise notwendig. Hier handle es sich um Meta-Wahrheiten, ohne die es gar keine logischen oder mathematischen Wahrheiten geben könne. Gott müsse sie wählen, denn nur wenn er sie wähle, habe er überhaupt die Möglichkeit, auch die logischen und mathematischen Wahrheiten zu wählen.[21]

Zugunsten dieser Interpretation spricht nicht nur die Tatsache, daß Descartes in einem Brief an Mersenne ausdrücklich sagt, daß „die Existenz Gottes die erste und ewigste von allen Wahrheiten ist" (AT I, 150); offensichtlich sind verschiedene Stufen von ewigen Wahrheiten zu unterscheiden. Es kann auch ein sachliches Argument angeführt werden: Wenn Gott frei wählen könnte, daß ‚Gott existiert' falsch ist, dann könnte er seine eigene Nicht-Existenz wählen. Dies hätte aber zur Folge, daß es gar kein Wesen mehr gäbe, das frei wählen könnte. Um diese Absurdität zu vermeiden, muß man darauf insistieren, daß Gott seine eigene Nicht-Existenz nicht frei wählen kann. Zudem ergäben sich begriffliche Inkonsistenzen, wenn Gott seine Nicht-Existenz wählen könnte, denn der Begriff von Gott als dem vollkommensten Wesen impliziert Existenz, wie Descartes in seinem ontologischen Gottesbeweis feststellt.[22] Wenn der Gottesbegriff konsistent sein soll, dann muß ‚Gott existiert' nicht nur eine notwendige, sondern eine notwendigerweise notwendige Wahrheit sein.

Dagegen ist freilich einzuwenden, daß sich nur *für uns* ein inkonsistenter Gottesbegriff ergäbe, wenn Gott frei wählen könnte, daß ‚Gott existiert' falsch ist. Doch Descartes warnt davor, wie die oben zitierte Stelle aus dem Brief an Mersenne verdeutlicht (AT I, 145), daß wir das, was wir begrifflich erfassen und uns vorstellen

---

21 Vgl. Martial Gueroult, *Descartes selon l'ordre des raisons*, Paris 1953, Bd. 2, 26-30. Laut Gueroult sind diese Wahrheiten „au delà des vérités éternelles instituées par le libre arbitre divin" (30).
22 In *Med.* V (AT VII, 65) hält er fest: „Ich verstehe nicht weniger klar und deutlich, daß zu seiner [sc. zu Gottes] Natur gehört, daß er immer existiert [...]".

können, einfach mit dem gleichsetzen, was in der Macht Gottes steht.[23] Wenn sich für uns eine begriffliche Inkonsistenz bezüglich des Gottesbegriffs ergibt, heißt dies noch lange nicht, daß sich auch für Gott eine Inkonsistenz oder eine absolute Unmöglichkeit ergibt. Gott könnte den Begriff ‚Gott' nämlich anders auffassen, als wir ihn auffassen, und er könnte auch die göttlichen Attribute anders definieren.[24] Daher dürfen wir höchstens sagen, daß aus *unserer* Perspektive Wahrheiten über die göttlichen Attribute notwendigerweise notwendig sind. Ob sie dies auch aus Gottes Perspektive sind, können wir prinzipiell nicht wissen.

Wenn wir uns an unsere menschliche Perspektive halten, müssen wir zwischen notwendigerweise notwendigen Wahrheiten (z.B. ‚Gott existiert') und kontingenterweise notwendigen Wahrheiten (z.B. ‚1 + 2 = 3', oder ‚Die Innenwinkel eines Dreiecks entsprechen zwei rechten Winkeln') unterscheiden. Die Tatsache, daß logische und mathematische Wahrheiten nur kontingerweise notwendig sind, bedeutet aber keineswegs, daß damit ihre metaphysische Notwendigkeit aufgehoben ist. Dies heißt nur, daß man diese Wahrheiten als bedingt notwendige Wahrheiten und nicht als absolut notwendige Wahrheiten verstehen muß. Denn es gilt: *Wenn* Gott will, daß ‚1 + 2 = 3' oder ‚Die Innenwinkel eines Dreiecks entsprechen zwei rechten Winkeln' notwendig ist, *dann* ist dies auch notwendig, und zwar in der Welt und nicht nur in unserem Denken. Ganz unabhängig davon, ob irgendein Mensch denkt, daß die Innenwinkel eines Dreiecks zwei rechten Winkeln entsprechen, ist es wahr (gegeben eine bestimmte Wahl Gottes), daß ein Dreieck diese Winkelsumme hat.

Diese Interpretation, die auf die Bedingtheit der notwendigen Wahrheiten abzielt, dennoch aber ihren Status als metaphysisch notwendige Wahrheiten betont, grenzt sich von zwei Deutungsansätzen ab, die in der neueren Forschung verfolgt worden sind. Einerseits unterscheidet sie sich von jener Interpretation, die (wie z. B. die von Harry Frankfurt vertretene)[25] Descartes unterstellt, daß er den Notwendigkeitsbegriff vollständig aufgibt und eine *anything goes*-Theorie vertritt. Dage-

---

23 Es scheint mir daher nicht korrekt, Descartes ein „conceivability-possibility principle" zuzuschreiben, wie R. Mattern vorschlägt; vgl. Ruth Mattern, „Descartes: ‚All Things Which I Conceive Clearly and Distinctly in Corporeal Objects Are in Them'", in: Amélie Oksenberg Rorty (Hg.), *Essays on Descartes' Meditations*, Berkeley / Los Angeles / London 1986, 473-489. Gemäß diesem Prinzip gilt: Alles, was klar und deutlich erfaßt werden kann, ist möglich, und alles, was möglich ist, kann klar und deutlich erfaßt werden. Dieses Prinzip gilt höchstens für den Bereich der möglichen materiellen Objekte innerhalb der von Gott gewählten Naturordnung. Daneben gibt es aber auch den Bereich der möglichen logischen und mathematischen Gesetze, die Gott wählen könnte, die wir aber nicht klar und deutlich erfassen können. Wir können nur das erfassen, was im Rahmen der geltenden logischen und mathematischen Gesetze möglich ist.
24 Wenn Gott ‚Gott' anders auffassen würde, dann würde er natürlich auch ‚Gott existiert' anders auffassen. Nur wenn Gott ‚Gott existiert' gleich auffaßt wie wir Menschen, muß er dieser Aussage zustimmen. Die ‚wenn ... dann'-Klausel verdeutlicht, daß auch hier keine absolute Notwendigkeit vorliegt.
25 Vgl. die in Anm. 5 zitierten Arbeiten.

gen ist einzuwenden, daß Descartes keineswegs behauptet, jede beliebige Wahrheit könne falsch und jede beliebige Falschheit könne wahr werden. ‚1 + 2 = 3' kann nicht falsch werden, wenn sich Gott für eine bestimmte Mathematik entschieden hat. (Zum Vergleich: Der Computer kann nicht ein deutsches Wort ins Englische übersetzen, wenn wir uns für das Übersetzungsprogramm Deutsch-Französisch entschieden haben.) Da der Cartesische Gott definitionsgemäß ein gütiger Gott ist, entscheidet er sich nicht willkürlich mal für diese und mal für jene Mathematik. Aus der Tatsache, daß Gott einen freien Willen hat und eine andere Mathematik wählen könnte, folgt nicht, daß er seinen Willen dauernd ändert – nicht jeder Gott ist ein Willkürgott.[26] Es folgt auch nicht, daß Gott Widersprüchliches will.[27] Descartes sagt an keiner Stelle, daß Gott ‚1 + 2 = 3' und *gleichzeitig* ‚1 + 2 = 5' will. In einem Brief an Arnauld hält er nur fest: „[...] ich wage nicht zu behaupten, daß Gott nicht bewirken kann, daß ein Berg ohne Tal ist oder daß eins und zwei nicht drei ergeben." (AT V, 224) Mit dieser vorsichtigen Formulierung weist Descartes nur darauf hin, daß wir Gottes Macht nicht einschränken dürfen, nur weil wir uns die Summe aus eins und zwei nicht anders als drei vorstellen können. Es könnte ja sein, daß Gott eine andere Mathematik gewollt hätte, in der andere Gesetze der Addition gelten. Descartes sagt aber nicht, daß Gott gleichzeitig zwei einander widersprechende Gesetze der Addition erläßt. Wenn Gott sich einmal für eine bestimmte Mathematik entschieden hat (und aufgrund seiner Güte auch bei seiner Entscheidung bleibt), dann gibt es aufgrund der gültigen Gesetze nur die eine notwendige Wahrheit ‚1 + 2 = 3'.

---

26 Der Cartesische Gott kann aus begrifflichen (und nicht etwa bloß aus offenbarungstheologischen) Gründen kein Willkürgott sein. Denn wäre er ein Willkürgott, würde erstens der Gottesbegriff sogleich hinfällig. Willkürliches, inkonsistentes Handeln kann nicht einem vollkommenen Wesen zugeschrieben werden. Zweitens würde dann auch die Unterscheidung zwischen Gott und dem „genius malignus" hinfällig, die in der I. Meditation eine zentrale Rolle spielt. Denn würde Gott willkürlich handeln, indem er etwa dauernd die Gesetze der Mathematik änderte, ohne dies den Menschen mitzuteilen, wäre er ein täuschender Gott. Aber „Täuschung und Irrtum scheinen Unvollkommenheiten zu sein" (AT VII, 21). Descartes betont in der IV. Meditation, Gott sei das höchste Wesen, „dem es widerspricht, betrügerisch zu sein" (AT VII, 62).

27 Dies ist gegen Lilli Alanen einzuwenden, die behauptet „that God can make contradictories true together" („Descartes, Conceivability and Logical Modality" [Anm. 3], 69). Die Textbelege, die sie anführt (AT IV, 118; AT V, 224; AT VII, 436), sprechen nicht für diese starke These, sondern nur für die schwächere These, daß Gott auch eine andere Mathematik oder Logik, die der jetzt gültigen widerspricht, hätte wählen können. Daß Gott nicht gleichzeitig Widersprüchliches wahr macht, zeigt überzeugend Hide Ishiguro, „The Status of Necessity and Impossibility in Descartes", in: *Essays on Descartes' Meditations* (Anm. 23), 459-471 (bes. 464-466). Wie Ishiguro zu Recht bemerkt, können wir Menschen nicht einmal einen Widerspruch beschreiben, den Gott angeblich wählen könnte. Denn wenn Gott tatsächlich andere Gesetze der Addition wählte, dann hätte das Zeichen ‚+' eine andere Bedeutung. Wir könnten somit nicht sagen, daß Gott ‚1 + 2 = 5' anstelle von ‚1 + 2 = 3' will. Sämtliche Zeichen in der neuen Mathematik wären dann anders zu interpretieren. Wie sie zu interpretieren wären, können wir Menschen aber nicht sagen, da wir die Zeichen nur im Rahmen der jetzt geltenden Mathematik verstehen können.

Die vorliegende Interpretation grenzt sich andererseits auch von jener Deutung ab, die Descartes nur noch eine Theorie der epistemischen Notwendigkeit zuschreibt. Wie Jacques Bouveresse, der Hauptvertreter dieser Deutung,[28] zu Recht bemerkt, gibt es zwar mehrere Stellen, die auf eine epistemische Notwendigkeit verweisen. So sagt Descartes etwa im bereits erwähnten Brief an Arnauld: „Ich sage nur, daß er [sc. Gott] mir einen solchen Geist gegeben hat, daß ich einen Berg nicht ohne Tal oder die Summe aus eins und zwei nicht anders als drei begreifen kann [...]" (AT V, 224). Diese Aussage ist allerdings mit Vorsicht zu interpretieren. Descartes behauptet nicht, daß die Wahrheit ‚1 + 2 = 3' *nur* als eine Denknotwendigkeit in meinem Geist existiert. Er macht vielmehr darauf aufmerksam, daß eine enge Abhängigkeit zwischen der von Gott geschaffenen Wahrheit und meinem Denkvermögen besteht: Wenn Gott eine Mathematik will, in der ‚1 + 2 = 3' gilt, dann stattet er mich mit einem solchen Denkvermögen aus, daß ich gar nicht anders kann, als ‚1 + 2 = 3' zu denken, vorausgesetzt ich mache einen korrekten Gebrauch von meinem Denkvermögen. Und wenn Gott eine euklidische Geometrie will, dann gibt er mir ein derartiges Denkvermögen, daß ich gar nicht anders kann, als ‚Die Innenwinkel entsprechen zwei rechten Winkeln' zu erfassen. „Ob ich will oder nicht", stellt Descartes in der V. Meditation in bezug auf das Dreieck fest, „ich erkenne dies nun klar, auch wenn ich vorher in keiner Weise daran gedacht habe." (AT VII, 64) Gott ist ja kein Willkürgott, und er läßt mich sowie die anderen Menschen nicht etwas denken, was mit den geltenden Gesetzen der Mathematik nicht übereinstimmt. Gott hat diese Gesetze vielmehr derart in unseren Geist gelegt, daß sie „unserem Geist angeboren sind" (AT I, 145).

Heißt dies, daß Gott den Menschen neue Gesetze in den Geist legte und die alten tilgte, als im 19. Jahrhundert nicht-euklidische Geometrien entwickelt wurden? Dieser Schluß läßt sich kaum ziehen. Denn auch nach der Einführung nicht-euklidischer Geometrien ließen sich die Grundsätze der euklidischen Geometrie noch denken. Es widersprach nicht (und widerspricht immer noch nicht) dem menschlichen Denkvermögen, im Rahmen der euklidischen Geometrie ‚Zwei parallele Geraden schneiden sich nicht' zu denken. Man müßte eher sagen, daß Gott verschiedene mathematische Systeme in potentieller Form in den Geist der Menschen gelegt hat. Je nach Entwicklungsstand der Wissenschaften werden mehrere dieser Systeme aktuell gedacht. Oder in nicht-theologischer Terminologie ausgedrückt: In den Menschen sind Denkstrukturen vorhanden, die es ihnen erlauben, verschiedene mathematische (oder auch logische) Systeme mit verschiedenen Axiomen zu entwerfen. Diese alternativen Systeme können aber koexistieren.

Descartes' Ausführungen darüber, daß Gott bestimmte Gesetze in unseren Geist gelegt hat, verdeutlichen, daß in der Tat epistemische Notwendigkeiten bestehen:

---
28 Vgl. Anm. 6.

Wir können gar nicht anders, als logische und mathematische Wahrheiten auf eine bestimmte Art zu denken. Der entscheidende Punkt ist aber, daß diese epistemischen Notwendigkeiten nur bestehen, weil auch bestimmte metaphysische Notwendigkeiten vorliegen. Nur weil Gott die Wahrheit ‚Die Innenwinkel eines Dreiecks entsprechen zwei rechten Winkeln' geschaffen hat und nur weil er sie in unseren Geist gelegt hat, müssen wir sie genau so denken. Die epistemische Notwendigkeit wird durch die metaphysische Notwendigkeit festgelegt. Obwohl eine epistemische Notwendigkeit also immer eine metaphysische voraussetzt, gilt nicht umgekehrt, daß eine metaphysische Notwendigkeit auch eine epistemische voraussetzt. Selbst wenn kein einziger Mensch mehr existierte, der die Innenwinkel eines Dreiecks auf eine bestimmte Art denken müßte, würde die metaphysische Notwendigkeit weiter bestehen, daß die Innenwinkel eines Dreiecks zwei rechten entsprechen. Denn eine metaphysische Notwendigkeit besteht *unabhängig* von der Existenz eines menschlichen Geistes.

3. Unpersönliche und persönliche Möglichkeitsaussagen

Ich hoffe, die bisherigen Ausführungen haben verdeutlicht, daß Descartes durchaus am Notwendigkeitsbegriff festhält, auch wenn er den logischen und mathematischen Wahrheiten nur noch den Status von bedingt notwendigen Wahrheiten zuspricht, und daß er keineswegs sämtliche Notwendigkeiten auf epistemische Notwendigkeiten reduziert. Welche Konsequenzen ergeben sich nun daraus für eine Erklärung der Möglichkeitsaussagen?

Betrachten wir zunächst die unpersönlichen Möglichkeitsaussagen vom Typus ‚Es ist möglich, daß —'. Zu diesem Typus gehören alle Aussagen über zukünftige Naturvorgänge, d. h. Aussagen wie ‚Es ist möglich, daß es morgen regnen wird' oder ‚Es ist möglich, daß ein Stein zu rollen beginnt'; die durch diese Aussagen beschriebenen Ereignisse müssen nicht stattfinden. Allerdings ist zu beachten, daß auch diese Ereignisse nicht zufällig stattfinden. Sie unterstehen vielmehr bestimmten Naturgesetzen, die genau wie die Gesetze der Logik und der Mathematik von Gott erschaffen sind.[29] Nur weil Gott die Gesetze der Meteorologie auf eine bestimmte Art erschaffen hat und aufrechterhält, ist es möglich, daß es morgen regnen wird. Und nur weil Gott die Gesetze der Physik auf eine bestimmte Art festgelegt

---
29 In *Principia* II, 37 (AT VIII-1, 62) erwähnt Descartes drei Naturgesetze, aus denen sich weitere Gesetze ableiten lassen. Er betont hier, die drei Grundgesetze seien „sekundäre und partikuläre Ursachen"; Gott als Schöpfer dieser Gesetze sei die erste und universale Ursache. Zum Status der Naturgesetze vgl. ausführlich Daniel Garber, *Descartes' Metaphysical Physics*, Chicago / London 1992, Kap. 7-8.

hat, ist es möglich, daß ein Stein zu rollen beginnt, wenn er angestoßen wird. Daher müssen die Möglichkeitsaussagen immer im folgenden Sinne verstanden werden: ‚Wenn Gott bestimmte Naturgesetze aufrechterhält, ist es möglich, daß ein bestimmtes Ereignis oder ein bestimmter Sachverhalt eintreten wird'. Da Gott aber auch ganz andere Naturgesetze erschaffen könnte, ist es durchaus denkbar, daß es unmöglich ist, daß das Ereignis oder der Sachverhalt eintreten wird.

Bedeutet dies, daß Aussagen über Naturvorgänge genau gleich zu verstehen sind wie logische und mathematische Aussagen? Bei beiden muß ja immer die Bedingung ‚*Wenn* Gott bestimmte Gesetze weiterhin aufrechterhält ...' hinzugefügt werden. Auch bei einer Aussage wie ‚1 + 2 = 3' muß man ja immer berücksichtigen, daß diese Aussage nur dann wahr ist, wenn Gott die bestehenden Gesetze der Arithmetik aufrechterhält.

Trotz dieser Gemeinsamkeit sind die beiden Klassen von Aussagen nicht gleich zu behandeln. Für Aussagen über zukünftige Naturvorgänge gilt nämlich, daß es bei Bestehen bestimmter Naturgesetze möglich ist, daß ein Sachverhalt S eintreten wird *oder daß nicht-S nicht eintreten wird*. So ist es möglich, wenn die bestehenden meteorologischen Gesetze weiterhin von Gott aufrechterhalten werden, daß es morgen regnen wird oder daß es morgen nicht regnen wird. Auch innerhalb des durch die Naturgesetze festgesetzten Rahmens ist die Zukunft weder auf S noch auf nicht-S festgelegt. Anders verhält es sich mit den Sachverhalten, die durch logische und mathematische Aussagen beschrieben werden. Wenn die bestehenden mathematischen Gesetze weiterhin von Gott aufrechterhalten werden, ist es nicht möglich, daß eins und zwei drei ergeben oder daß eins und zwei nicht drei ergeben. Vielmehr ist es notwendig, daß eins und zwei drei ergeben. Daher besteht nach wie vor ein entscheidender Unterschied zwischen Möglichkeitsaussagen über zukünftige Naturvorgänge und Notwendigkeitsaussagen über logische und mathematische Sachverhalte.

Aber werden Aussagen über logische und mathematische Sachverhalte nicht trotzdem zu Möglichkeitsaussagen degradiert, wenn doch immer berücksichtigt werden muß, daß Gott auch andere Gesetze der Logik und Mathematik erlassen könnte? Dieser Einwand ist zurückzuweisen. Solche Aussagen werden durch ihre Abhängigkeit von Gott nur zu *bedingt* notwendigen Wahrheiten, wie bereits mehrfach betont wurde. Aber die Bedingtheit hebt die Notwendigkeit nicht auf. Die Bedingtheit verdeutlicht nur, daß logische und mathematische Aussagen ihre Notwendigkeit nicht durch sich selber haben. Sie erhalten ihre Notwendigkeit gleichsam durch eine äußere Garantie. Dieser wichtige Punkt wird auch heute von einigen Logikern betont. So hält Georg H. von Wright fest:

„Kein Logik-System kann die Notwendigkeit seiner eigenen Prinzipien (Axiome, Theoreme) festsetzen. Nichts ist allein ‚aufgrund der Gesetze der Logik' notwendig. Notwendigkeit stammt von einer Einstellung, die wir gegenüber einigen Propositionen einnehmen oder, was dasselbe ist, von einer bestimmten Weise, einige Sätze anzuwenden und zu gebrauchen. Und die ‚Gesetze' einer Logik exemplifizieren Propositionen, denen gegenüber eine solche Einstellung gewöhnlich oder für bestimmte Zwecke eingenommen wird."[30]

Von Wright zufolge ist es natürlich *unsere* Einstellung gegenüber einigen Propositionen, die diese zu notwendigen Propositionen macht. Daher betont von Wright, daß Notwendigkeit immer von uns abhängt: Wir fassen einige Propositionen als notwendig auf, weil wir so bestimmte Sachverhalte in der Welt am besten beschreiben können.[31] Für Descartes hingegen ist es *Gottes* Einstellung (oder Gottes willentliche Verfügung), die ihnen Notwendigkeit verleiht. Der Grundgedanke ist aber bei beiden Autoren derselbe, wenn er auch bei von Wright in säkularisierter Form auftaucht: Keine Aussage oder Proposition ist intrinsisch notwendig, sondern wird durch eine bestimmte Einstellung notwendig.[32] Daher muß bei Notwendigkeitsaussagen immer der Vermerk hinzugefügt werden: ‚Wenn eine bestimmte Einstellung gegenüber p eingenommen wird, dann ist p notwendig'. Dies beseitigt freilich nicht die Notwendigkeit, sondern verdeutlicht nur ihren extrinsischen Charakter. Daher lassen sich Notwendigkeitsaussagen weiterhin von Möglichkeitsaussagen unterscheiden.

Und wie verhält es sich mit persönlichen Möglichkeitsaussagen vom Typus ‚Für a ist es möglich zu —' oder ‚a kann —'? Ich habe bereits zu Beginn darauf hingewiesen, daß Descartes diese Aussagen nicht in aristotelischer Manier diskutiert. Er verwendet zu ihrer Erklärung nicht explizit ein Akt-Potenz-Schema oder ein Schema der ersten und zweiten Entelechie. Trotzdem spielt der Begriff der Potentialität bei ihm eine zentrale Rolle. Wie am Ende von Abschnitt 2 bereits deutlich geworden ist, vertritt er nämlich die These, daß Gott Begriffe und ewige Wahrheiten in

---

30 Georg H. von Wright, *Truth, Knowledge, and Modality*, Oxford 1984, 114 f.: „No system of logic can establish the necessity of its own principles (axioms, theorems). Nothing is necessary ‚by virtue of the laws of logic' alone. Necessity stems from an attitude we take to some propositions or, which is the same, from a way of applying and using some sentences. And the ‚laws' of a logic exemplify propositions to which such an attitude is usually, or for some purposes, taken."

31 Von Wright weist ausdrücklich auf diesen pragmatischen Aspekt hin: „We regard or treat some generic propositions as necessary as long as this attitude to them gives us a useful instrument for describing reality." (a.a.O., 114) Die notwendigen Propositionen werden von uns freilich nicht willkürlich konstruiert. Von Wright setzt sich von einem extremen Konventionalismus oder Konstruktivismus ab, indem er betont, daß stets der Bezug zur Welt gewährleistet sein muß. Seiner Ansicht nach werden genau jene Propositionen als notwendige gewählt, die eine möglichst erfolgreiche Beschreibung der Welt (und nicht etwa bloß ein möglichst kohärentes logisches System) ermöglichen.

32 Trotz dieses gemeinsamen Grundgedankens besteht natürlich eine Differenz zwischen den beiden Autoren. Wir sprechen gemäß von Wright einigen Propositionen Notwendigkeit zu, um so die Welt am besten beschreiben zu können (vgl. Zitat in Anm. 31). Daher sind wir immer an beschreibbare Fakten in der Welt gebunden und können nicht beliebigen Propositionen Notwendigkeit zusprechen. Gott hingegen ist Descartes zufolge vollständig ungebunden. Auch die beschreibbaren Fakten in der Welt werden von Gott ja durch eine „creatio continua" jederzeit geschaffen und können jederzeit von ihm geändert werden.

unseren Geist gelegt hat; sie sind „unserem Geist angeboren" (AT I, 145). Auch in der III. Meditation hält Descartes an einer berühmten Stelle fest, daß es einige Ideen bzw. Begriffe gibt, die unserem Geist angeboren sind (AT VII, 37 f.). Sie sind uns freilich nicht in dem Sinne angeboren, daß sie in aktualisierter Form bereits vorhanden sind. Vielmehr sind sie in potentieller Form angeboren. Denn wenn ein Mensch sein Denkvermögen in angemessener Weise entwickelt, ist er ohne äußeren Stimulus in der Lage, die Begriffe von Gott, vom Denken, von einem Dreieck usw. zu bilden.[33]

Diese These, die den Kern der rationalistischen Begriffstheorie bildet, hat unmittelbare Konsequenzen für eine Erklärung der persönlichen Möglichkeitsaussagen. Wenn etwa gefragt wird, warum eine Person an Gott denken kann oder warum sie die Natur des Dreiecks erfassen kann, muß die Antwort lauten: weil sie über die entsprechenden angeborenen Begriffe verfügt. Und wenn sie diese potentiell vorhandenen Begriffe vollständig aktualisiert, kann sie auch eine Menge von Wahrheiten erfassen, z.B. ‚Gott ist allmächtig' oder ‚Die Innenwinkel eines Dreiecks entsprechen zwei rechten Winkeln'. Die Potentialität wird also mit Rückgriff auf angeborene Begriffe und Wahrheiten erklärt. Der interessante Punkt ist nun, daß Descartes diese Potentialität mit Verweis auf die göttliche Erschaffung der ewigen Wahrheiten erklärt. Eine Person kann nämlich nur deshalb denken, daß Gott allmächtig ist oder daß die Innenwinkel eines Dreiecks zwei rechten Winkeln entsprechen, weil Gott diese Wahrheiten erschaffen und in ihren Geist gelegt hat. Descartes behauptet sogar, daß eine Person prinzipiell *alle* Wahrheiten erfassen kann: „Sie sind alle unserem Geist angeboren, genau wie ein König seine Gesetze dem Herzen aller seiner Untertanen einprägen würde, wenn er die Macht dazu hätte." (AT I, 145) Mit dieser These schlägt Descartes den Bogen zur bedingten metaphysischen Notwendigkeit: Wenn Gott bestimmte Wahrheiten als notwendige Wahrheiten erschafft, dann legt er sie auch in potentieller Form in unseren Geist, so daß wir sie denken können. Gäbe es keine göttliche Erschaffung der Wahrheiten, gäbe es auch keine entsprechende Potentialität in uns Menschen und Aussagen vom Typus ‚a kann an x denken' oder ‚a kann denken, daß p' wären sinnlos.

Hier zeigt sich, daß die Theorie von der göttlichen Erschaffung der Wahrheiten keineswegs ein irrationaler Fremdkörper im Cartesischen Rationalismus ist. Im Gegenteil: Sie ist ein wichtiger Bestandteil des rationalistischen Programms. Denn würden die logischen und mathematischen Wahrheiten nicht von Gott erschaffen

---

33 Es ist entscheidend, daß sie nur in potentieller Form angeboren sind. Descartes vertritt nicht die absurde Ansicht, daß alle Begriffe und Wahrheiten bei allen Menschen aktuell vorhanden sind. Gerade weil sie individuell aktualisiert werden müssen, gibt es zwischen den Menschen Unterschiede bezüglich ihres Wissens von Begriffen und Wahrheiten. Auf die Potentialität macht Descartes in *Notae in Programma* (AT VIII-2, 357 f.) aufmerksam. Vgl. dazu Dominik Perler, *Repräsentation bei Descartes*, Frankfurt a. M. 1996, 38 ff.

und nicht von ihm in den menschlichen Geist gelegt, würde sich sogleich die Frage stellen, wie wir Menschen überhaupt ein Wissen von diesen Wahrheiten gewinnen können. Können wir dieses Wissen empirisch erwerben? Läßt es sich ausgehend von der Wahrnehmung materieller Gegenstände gewinnen? Wohl kaum, wie Descartes anhand verschiedener Beispiele verdeutlicht.[34] Derartiges Wissen muß auf nicht-empirischem Weg in den Geist gelangen, und dies ist Descartes zufolge nur durch Gott möglich. In heutiger Terminologie ausgedrückt, heißt dies: Nur wenn bestimmte Denkstrukturen genetisch von Anfang an im menschlichen Geist angelegt sind, ist dieser fähig, logische und mathematische Propositionen zu erfassen.

Noch in einem weiteren Punkt erweist sich die Theorie von der göttlichen Erschaffung der Wahrheiten als ein entscheidender Bestandteil des Rationalismus. Descartes zufolge ist es ausgeschlossen, daß Gott jedem Menschen andere Wahrheiten in den Geist legt und ihm somit andere Denkfähigkeiten gibt. Vielmehr verfügen alle Menschen über die gleichen Wahrheiten, die sie bei korrektem Vernunftgebrauch in gleicher Weise aktualisieren können. Es ist im Rahmen der Cartesischen Theorie daher nicht möglich, daß – wie etwa Relativisten behaupten – unterschiedliche Menschen unterschiedliche Wahrheiten und unterschiedliche Begriffssysteme haben. Es gibt nur *eine* Menge von Wahrheiten und nur *eine* Menge von Denkfähigkeiten zum Erfassen dieser Wahrheiten. Genau diese Einheit wird durch die göttliche „Einpflanzung" der Wahrheiten (oder wiederum modern ausgedrückt: durch die bei allen Menschen vorhandene genetische Veranlagung) garantiert. So ist es nicht zuletzt die scheinbar irrationale These, daß alle Wahrheiten von Gott abhängen, die den Rahmen für den Rationalismus schafft. Nur aufgrund dieser These kann Descartes behaupten, daß alle Menschen die gleichen Wahrheiten erfassen können und daß – wie es zu Beginn des *Discours de la méthode* an prominenter Stelle heißt – „die Vernunft in allen Menschen von Natur aus gleich ist" (AT VI, 2).

---

34 So weist er in *Resp.* V (AT VII, 381 f.) darauf hin, daß wir die Natur des Dreiecks nicht dadurch erfaßt haben, daß wir gezeichnete Dreiecke betrachtet haben. Gezeichnete Dreiecke exemplifizieren die Natur des Dreiecks nämlich nur auf ungenügende Weise. Vielmehr haben wir den bereits in uns vorhandenen Begriff vom Dreieck auf die gezeichneten Figuren angewendet und sie dadurch als Dreiecke identifiziert. Oder allgemein ausgedrückt: Wir können ein materielles Objekt x nur deshalb als F charakterisieren, weil wir bereits über den Begriff von F verfügen. Dieser Begriff läßt sich nicht einfach aus x abstrahieren.

Leibnizsche Handlungsmodi zwischen Ontologie und Deontologie

Hans Poser

1. Die systembildende Kraft von Modalbegriffen

Metaphysische Systeme sind auf Modalbegriffe gebaut, mögen diese explizit hierzu eingeführt sein wie bei Aristoteles und Leibniz, oder eher beiläufig wie bei Kant, oder gar verborgen in Grundaussagen über Dispositionen oder Vermögen wie bei Wittgenstein. Indem sie die Differenz zwischen dem, was notwendig, wirklich, möglich und unmöglich ist, in je systemspezifischer Weise festlegen und je charakteristische Verknüpfungen zwischen logischen, ontologischen, alethischen und epistemischen Modalitäten einführen, ist das Fundament eines ganzen metaphysischen Gebäudes gelegt. Ebenso kommt keine praktische Philosophie ohne deontische Modalitäten aus, die den Zusammenhang zwischen dem Gebotenen, dem Erlaubten und dem Verbotenen regeln. Dabei gibt es sowohl in der formallogischen Struktur wie in der inhaltlichen Bestimmung charakteristische Unterschiede, die für ganze Gedankengebäude kennzeichnend sind; deshalb lassen sich diese Gebäude über die fundamentalen Modalitäten durchsichtig machen.

Die formale Struktur ontischer und deontischer Modalitäten ähneln einander; denn wie aus der Notwendigkeit N die Möglichkeit M folgt: $Nx \to Mx$, folgt aus dem Gebotensein O (obligatio) die Zulässigkeit P (permissio): $Ox \to Px$. Und wie die Notwendigkeit von x und die Nicht-Möglichkeit (d.h. Unmöglichkeit) von Non-x äquivalent sind: $Nx \equiv \neg M\neg x$, ist das Gebotensein von x mit der Unzulässigkeit von Non-x äquivalent: $Ox \equiv \neg P\neg x$. Hingegen stellt die Verknüpfung ontischer und deontischer Modalitäten ein Problem dar. Während nämlich die ontischen Modalitäten auszeichnen, was wirklich, was notwendigerweise wirklich oder auch nur möglicherweise wirklich ist, entwerfen sie ein Wirklichkeitsbild unter einer Gesetzmäßigkeitsperspektive als Notwendigkeitsperspektive, für die gilt: $Na \to a$ und $a \to Ma$. Dagegen spannen die deontischen Modi eine Sollensperspektive auf, die gerade unabhängig von der Faktizität ist: Ein moralisches Gebot führt keineswegs dazu, daß ihm alle folgen; doch es gilt unabhängig davon, ob sich jemand, einige oder alle daran halten. Zu den Implikationen $Na \to a$ und $a \to Ma$ gibt es also kein deontisches Pendant.

Dennoch gibt es Brückenprinzipien zwischen beiden Bereichen, so das klassische *Ultra posse nemo obligatur*. Dieses fundamentale Rechtsprinzip ist selbst ein Modalprinzip, denn mit dem „posse" wird eine Handlungsmöglichkeit als Verknüpfung zwischen der implizit vorausgesetzten Wirklichkeit und dem verpflichtenden Sollen eingeführt. Solche Handlungsmodalitäten müssen *erstens* eine systematische Verbindung herstellen zwischen der Gesetzmäßigkeit der Welt (die das Nicht-anders-handeln-können bestimmt) und dem wie immer gegründeten Sollen unter der unverzichtbaren Voraussetzung von Handlungsfreiheit. Denn wären alle Abläufe in dieser Welt allein durch physische Notwendigkeit gekennzeichnet, gäbe es kein Handeln, sondern allein ein durchgängig determiniertes Verhalten, das allenfalls mit der Illusion von Freiheit verbunden wäre. Dies ist, modal gewendet, der Vorwurf, den Leibniz Spinozas *Ethica* macht. Wäre hingegen in der Welt alles physisch kontingent, so daß in ihr nichts als der Zufall regiere, wäre Handeln in seiner Intentionalität und Zielgerichtetheit unmöglich, weil sich Gewolltes gar nicht verwirklichen ließe; Kant war es, der dies mit aller Klarheit herausgearbeitet hat. Doch gerade hier zeigt sich, daß nicht nur die Gesetzmäßigkeit der Welt vorausgesetzt werden muß, sondern auch, daß der Handelnde um diese Gesetze zumindest in Gestalt von Regelmäßigkeiten *weiß*, weil er nur so Mittel kennen kann, die es ihm erlauben, ein gebotenes oder gewolltes Ziel zu erreichen: Der praktische Syllogismus, das seit Aristoteles vertraute Schema der Handlungserklärung, verlangt darum neben der normativen Prämisse eine kognitive Prämisse über die zielführenden Mittel, – also ein Gesetzes- oder Regularitätswissen. Damit zeigt sich, daß Handlungsmodalitäten nicht nur ontische und deontische Modalitäten zu verknüpfen haben, sondern darüber hinaus Erkenntnismodalitäten einbeziehen müssen.

Zweitens müssen Handlungsmodalitäten über die bloße Möglichkeit hinaus das Können als Fähigkeit oder aktives Vermögen zum Ausdruck bringen, liegt doch gerade hierin der Unterschied zu bloß naturgesetzlichen Abläufen. Es geht, um es traditionell auszudrücken, um potentia in ihrem Verhältnis zum actus, nicht aber um bloße possibilitas.

Angesichts der skizzierten Komplexität ist es nicht verwunderlich, daß den Handlungsmodalitäten des Könnens und Nichtkönnens, des Wollens und Nichtwollens, des Vermögens und des Unvermögens bei weitem nicht die Aufmerksamkeit geschenkt wurde, die ihnen in systembildender Hinsicht eigentlich zukommt. Vor allem Klaus Jacobi hat auf dieses Desiderat hingewiesen und selbst exemplarisch an diesem Problem gearbeitet.[1] Zwar hat G. H. von Wright in Fortentwicklung seiner deontischen Logik eine Handlungslogik entwickelt, doch verzichtet

---

[1] Klaus Jacobi, „Das Können und die Möglichkeiten. Potentialität und Possibilität", in diesem Band 9-23.

er ausdrücklich darauf, die „dynamische" Seite einzubeziehen, weil die Voraussetzung hierfür, wie er richtig sieht, eine Zeitlogik ist,[2] die trotz der Ansätze von A. N. Prior bis N. Rescher bis heute noch nicht in einer Gestalt vorliegt, die eine geschlossene systematische Lösung – wenn sie denn möglich ist – erlaubt.

Obwohl Leibniz' ganzes weitgespanntes philosophisches System ausdrücklich auf Modalitäten gebaut ist, fehlt eine Brücke zwischen der Theorie der Possibilia und den Aussagen zur Potentialität, denn „man kann Leibniz' Theorie der möglichen Welten darstellen, ohne von Leibniz' Dynamik Kenntnis zu nehmen."[3] Als weitere, im übrigen durchaus charakteristische Schwierigkeit tritt hinzu, daß gerade Handlungsmodalitäten von Leibniz nie eigens thematisiert werden, während sich neben den weitverzweigten ontischen und logischen Modalitäten auch deontische, nämlich juridische Modalitäten ebenso finden wie – eher implizit – epistemische Modi. Aus Leibnizens eigener Sicht soll seine Theorie möglicher Welten nicht nur der Lösung des Theodizeeproblems dienen, sondern gleichermaßen menschlicher Handlungsfreiheit und Selbstbestimmung im Gegenzug zu Spinozas durchgängigem Determinismus und zum „Fatum Mahometanum" Raum geben. Damit stellt sich die Frage, ob und gegebenenfalls wie sich diese Elemente mit Handlungsmodi verknüpfen lassen. Dies zu verfolgen ist das Ziel der hier entwickelten Überlegungen, um in drei Schritten von den logischen als ontischen Modalitäten ausgehend über die Darstellung der deontischen Modalitäten schließlich den Ort von Handlungsmodalitäten zu bestimmen.

2. Logische als ontische Modalitäten

Wenn Modalbegriffe ein ganzes metaphysisches System aufzuspannen vermögen, ist es wichtig, sich zuvor zu vergegenwärtigen, welche Probleme dadurch gelöst werden sollen. Für Leibniz sind dies vor allem drei, erstens von der *Confessio philosophi* bis zur *Theodicee* einerseits, von der *Hypothesis Physica Nova* über die *Dynamica* bis zur Auseinandersetzung mit Newton andererseits die Versöhnung

---

2 Georg Henrik von Wright, „Handlungslogik", in ders., *Handlung, Norm und Intention. Untersuchungen zur deontischen Logik*, Berlin 1977, 105-118, hier 106.

3 Jacobi, „Das Können und die Möglichkeiten" (Anm. 1), 12. – Auch meine bisherigen Arbeiten zu Leibniz verbinden diese beiden Anteile nur am Rande; vgl. Hans Poser, *Zur Theorie der Modalbegriffe bei G. W. Leibniz*, Wiesbaden 1969, sowie „Der Appetitus der Monade. Die Evolution von Werden und Erkennen", in: Albert Heinekamp / W. Lenzen / M. Schneider (Hg.), *Mathesis rationis. FS Heinrich Schepers*, Münster 1990, 119-132. Einzige Ausnahme bezüglich Leibnizens ist wohl Jaakko Hintikka, „Was Leibniz's Deity an Akrates?", in: Simo Knuuttila (Hg.), *Modern Modalities. Studies of the History of Modal Theories from Medieval Nominalism to Logical Positivism*, Dordrecht 1988, 85-108. Hintikka rückt dabei allerdings die dynamische Seite stärker in den Vordergrund.

der neuzeitlichen Auffassung von einer durchgängig dynamisch-kausalen, nicht-finalen Natur mit dem finalen Verständnis einer Gottgeschaffenheit der Welt, zweitens von der Jugendschrift über das Principium individuationis bis zur *Monadologie* die Entfaltung eines Begriffes des Individuums, der die zentrale Stellung des cartesischen cogito mit der aristotelischen Fülle der Substanz und mit einer durchgängigen Dynamik verbindet, und drittens und übergreifend die Sicherung menschlicher wie göttlicher Freiheit in einer Lösung des Theodizeeproblems. Alle drei Probleme sind mit Elementen von Dynamik verknüpft – die Natur folgt Gesetzen, das Individuum ist tätig, und Gott ist ein schaffender Gott. Doch weil Gott ein allwissender und vernünftiger Gott ist, muß der letzte Grund eine logische und damit eine nicht-dynamische Struktur haben. Modal gesehen erwächst daraus die Aufgabe, diese logische Strukturiertheit mit einer Dynamik in ihren drei genannten Formen zu verbinden – mit der besonderen, seit Plotin wohlvertrauten Schwierigkeit, daß diese Dynamik auf der Ebene des göttlichen Schaffens kein zeitlicher Prozeß sein kann. Zunächst sei diese modallogische Grundstruktur entfaltet.

Nach Leibnizens Vorstellung hat Gott unsere Welt als die beste unter allen möglichen Welten gewählt und geschaffen. Dieser Gedanke ist mit Voltaires Spott und Schopenhauers Ironie als eine abstruse Ausgeburt einer spekulativen Metaphysik gebrandmarkt worden; doch ging dabei die Einsicht verloren, daß die Grundlage des Leibnizschen Entwurfs eine begriffstheoretisch-logische Konstruktion war, die sich als überaus folgerichtig erweist. Die vollständigen Weltläufe, die Gott in seinem Denken, im „Reiche der Ideen",[4] zur Auswahl stehen und unter denen er die Wahl trifft, um auf sie sein Fiat! zu gründen, beruhen auf einer modallogischen Konstruktion: Auszugehen ist von einem Begriffsatomismus absolut einfacher Begriffe oder Ideen, den „prima possibilia".[5] Diese bilden das „Gedankenalphabet",[6] aus dem durch logische Verknüpfungen Begriffskomplexe gebildet werden. Diese Komplexe sind „möglich" und damit eine komplexe Idee, wenn sie widerspruchsfrei sind.[7] Aus den möglichen Begriffen werden wiederum Aussagen gebildet (ge-

---

4 „Deus, qui est radix possibilitatis, ejus enim mens est ipsa regio idearum sive veritatum." (*Specimen inventorum de admirandis naturae generalis arcanis*, GP VII.311 / A VI.4 B, S. 1618) – Leibniz wird nach folgenden Ausgaben zitiert:
A = *Sämtliche Schriften und Briefe* [Akademie-Ausgabe], Darmstadt (später Berlin) 1923 ff.
C = *Opuscules et fragments inédits*, éd. L. Couturat, Paris 1903
GP = *Die philosophischen Schriften*, hg. v. C. J. Gerhardt, 7 Bde., Berlin 1875-1890
GM = *Mathematische Schriften*, hg. v. C. J. Gerhardt, 7 Bde., Berlin 1849-1863
Robinet = *Correspondance Leibniz – Clarke*, éd. A. Robinet, Paris 1957.

5 „Sunt autem [Simplicia, Entia] prima possibilia, seu Termini positivi, quos possibiles esse patet a priori" (*Divisio Terminorum*, A VI.4 A, S. 560); „*prima possibilia* ac notiones irresolubiles" (*Meditationes de Cognitione, Veritate et Ideis*, GP VII.425 / A VI.4 A, S. 590).

6 „*Alphabetum cogitationum humanarum* est catalogus eorum quae per se concipitur, et quorum combinatione caeterae ideae nostrae exurgunt." (*De Organo sive Arte Magna Cogitandi*, A VI. 4 A, S. 158, Zus. (4); vgl. S. 270)

7 „Possibile est [...], quod non implicat contradictionem." (*Calculus ratiocinator*, A VI.4 A, S. 277)

nauer: Aussagen entfalten, was in einem – möglicherweise unendlich komplexen – Begriff enthalten ist); diese sind ebenfalls genau dann möglich, wenn sie widerspruchsfrei sind. Sind zwei Aussagen logisch miteinander verträglich, nennt Leibniz sie „kompossibel".[8] Eine mögliche Welt darf man sich nun als eine maximal konsistente Menge kompossibler Aussagen vorstellen. Diese Formulierung klingt zwar sehr modern, weil sie sich der heute üblichen Terminologie bedient, aber sie trifft, worum es Leibniz ging; denn genau diese logisch möglichen Welten sind es, die Gott zur Wahl stehen und die deshalb auch ontologisch mögliche, nämlich verwirklichbare Welten sind. Was dabei verwirklicht wird, sind die möglichen Substanzen, die jeweils durch einen „vollständigen Begriff der individuellen Substanz"[9] Teil einer logisch möglichen Welt sind. (Rein logisch lassen sich diese Begriffe wie schon bei Aristoteles dadurch auszeichnen, daß sie in einer Aussage nie als Prädikat, sondern stets nur als Subjekt auftreten können.) Der vollständige Begriff der individuellen Substanz hat die Gestalt eines „individuellen Gesetzes", das alles enthält, was dem Individuum, wenn die Welt geschaffen wird, je widerfahren wird; wie ein Naturgesetz die Dynamik physischer Abläufe wiedergibt, drücken diese Individualgesetze deshalb auf formale Weise die innere Dynamik der Substanzen aus. Als geschaffene Substanzen sind sie das, was Leibniz „Monaden" nennt, Individuen – von den einfachsten Tieren über die Pflanzen zu den Menschen.[10] Da sie aus rein logischen Gründen (nämlich wegen der Kompossibilität aller Individuenbegriffe einer möglichen Welt) zueinander passen, besteht unter ihnen eine „prästabilierte Harmonie",[11] die damit auch in abgeleiteter Form für das Verhältnis von Leib und Seele in der phänomenalen Welt der Erscheinungen gilt: Dies ist, in Kürze, die modale Konstruktion, auf die sich die Leibnizsche Metaphysik gründet.

Alle eben genannten Begriffe und Aussagen der möglichen Welten gehorchen dem ersten der beiden Grundprinzipien der Leibnizschen Philosophie, nämlich dem *Prinzip des Widerspruchs*. In der Fassung der *Monadologie* besagt es, daß „wir alles als falsch bezeichnen, was einen Widerspruch einschließt, und als wahr alles das, was dem Falschen kontradiktorisch entgegengesetzt ist".[12]

Das Prinzip des Widerspruchs regiert die „Vernunftwahrheiten" und gilt in allen möglichen Welten; es sichert, daß in all diesen Welten alle logischen und mathematischen Wahrheiten enthalten sind. Diese werden als „notwendige Wahrheiten" be-

---

8 „*Compossibile* quod cum alio non implicat contradictionem." (*Definitiones*, A VI.4 A, S. 867)
9 „[...] nous pouvons dire que la nature d'une substance individuelle, ou d'un Estre complet, est d'avoir une notion si accomplie, qu'elle soit suffisante, à comprendre et à en faire deduire tous les predicats du sujet à qui cette notion est attribuée." (*Discours de Metaphysique* § 8, GP IV. 433 / A VI. 4 B, S. 1540)
10 *Monadologie* § 1; *Principes de la Nature et de la Grace* § 1.
11 GP IV. 500 f.; *Monadologie* § 80.
12 „[Le Principe] de la Contradiction, en vertu duquel nous jugeons *faux* ce qui en enveloppe, et *vray* ce qui est opposé ou contradictoire au faux." (*Monadologie* § 31, GP VI.612)

zeichnet, weil (logisch) notwendig das ist, dessen kontradiktorisches Gegenteil unmöglich ist, da es einen Widerspruch enthält.[13] Damit bilden die klassischen Modalitäten des aristotelisch-scholastischen Modalquadrats in ihrer formalen Beziehung und in ihrer ebenfalls aristotelischen Identifizierung logischer und ontischer Modi die Grundlage des Leibnizschen Systems, genauer: dieses System beruht darauf, daß das, was *logisch* möglich ist, in der regio idearum des göttlichen Denkens existiert und, weil es Gott als verwirklichbare Möglichkeit gegeben ist, auch *ontisch* möglich ist. Dieses Schema schließt die Kontingenz als Nicht-Notwendigkeit ein – was bei einer Beschränkung auf wahre Aussagen, wie sie Leibniz mit der Tradition vornimmt, übereinstimmt mit der heute gängigen Definition von Kontingenz als ‚gemischter' Modalität, nämlich als Möglichkeit, die nicht notwendig ist.

Leibniz hat sich das scholastische Schema schon früh zu eigen gemacht; so findet es sich in den *Elementa Juris Naturalis*, auf die noch einzugehen sein wird, gegen 1671 in folgender Gestalt:[14]

$$\left.\begin{array}{l}\text{possibile}\\ \text{impossibile}\\ \text{necessarium}\\ \text{contingens}\end{array}\right\} \text{est} \atop \text{quic-} \atop \text{quid} \left\{\begin{array}{l}\text{potest}\\ \text{non potest}\\ \text{non potest non}\\ \text{potest non}\end{array}\right\} \left\{\begin{array}{l}\text{fieri seu}\\ \text{quod}\\ \text{verum}\\ \text{est}\end{array}\right. \left\{\begin{array}{ll}\text{quodam}\\ \text{nullo, seu non quodam}\\ \text{omni,} & \text{non quodam non}\\ & \text{quodam non}\end{array}\right\} \text{casu}$$

Diese schematische Darstellung entspricht inhaltlich der des Modalquadrats; Leibniz hat seinen Modalaussagen stets genau diese Zusammenhänge zugrunde gelegt und nur näher durch die Bedingungen des jeweils Möglichen ergänzt; denn während das hier wiedergegebene Schema nichts als die Bezüge zwischen den Modalitäten des Geschehenkönnens (also der ontischen Möglichkeit), des Wahrseinkönnens (also der alethischen Möglichkeit) und einer Quantoren-Deutung herstellt, bleibt doch die jeweilige Möglichkeit inhaltlich gänzlich unbestimmt. Erst mit der Fundierung der Möglichkeit auf Widerspruchsfreiheit wird von Leibniz in Verbindung mit einer Begriffstheorie und einem logischen Formalismus ein Instrumentarium entwickelt, das ihm den Aufbau seiner möglichen Welten erlaubt.

Nun können sich unter den logisch möglichen Welten gänzlich ‚chaotische' Weltläufe befinden, etwa solche, in denen es keinerlei Naturgesetzlichkeit gibt. Ersichtlich muß deshalb zu den mit rein logischen Mitteln aufgespannten möglichen Welten ein weiteres Prinzip hinzutreten, das diese chaotischen Welten ausschließt. Es betrifft diejenigen Aussagen, die nicht logisch notwendig, sondern kontingent sind. Daß es kontingente Aussagen gibt und nicht etwa – wie bei Spinoza oder den Megarikern – alles notwendig ist, ist für Leibniz aus logischen und metaphysischen Gründen zwingend, aus logischen, weil die Negation einer Tatsachenaussage nie-

---

13 *Monadologie* §§ 33–35.
14 A VI.1, S. 666.

mals auf einen logischen Widerspruch führt und darum immer (logisch) möglich ist, aus metaphysischen, weil, wenn es keine Kontingenz gäbe, Gott nicht frei in der Wahl des Weltlaufes wäre. Das fragliche, die kontingenten Aussagen betreffende Prinzip ist das *Prinzip des zureichenden Grundes.* Es besagt, daß „keine Tatsache wahr und existierend, keine Aussage richtig sein kann, ohne daß ein zureichender Grund vorliegt, weshalb es so und nicht anders ist".[15] Das Prinzip gilt also für causae auf der Ebene der Sachverhalte und für rationes auf der Ebene der Sachverhaltsaussagen; es sichert mithin zugleich sowohl die Gesetzmäßigkeit der Abläufe in der Welt als auch die Begründetheit auf der Ebene der Vernunft. Innerhalb aller möglichen Welten, in denen durchgängig Naturgesetze gelten – wobei sich diese Gesetze sehr wohl von denen der wirklichen Welt unterscheiden können – gilt also das Prinzip des zureichenden Grundes, da es für alle Kandidaten für Tatsachen gilt. Das Prinzip des Grundes ist selbst kein logisches Prinzip, weil seine Negation widerspruchsfrei denkbar ist; es ist also selbst kontingent. Seine Begründung ist deshalb von transzendentaler Struktur: Wenn es nicht für diese Welt gelten würde, könnten wir sie nicht erkennen, und wenn es nicht für Gott gelten würde, wäre Gott kein weiser, nach Gründen handelnder Gott.

Recht eigentlich sind es nur geordnete Welten, die Leibniz bei der Sprechweise von möglichen Welten in Betracht zieht, weil Gott keinerlei Grund hätte, eine chaotische Welt zu verwirklichen. Deshalb ist sicherzustellen, daß das Prinzip des Grundes nicht nur *innerhalb* der Welt gilt, sondern auch bezüglich der *Wahl* der zu erschaffenden Welt. Dazu ist eine spezifische Bedingung erforderlich, die als Kriterium für die göttliche Wahl zu dienen vermag. Sie sieht Leibniz in einer Spezialisierung des Prinzips des zureichenden Grundes auf das göttliche Handeln; denn da Gott nie etwas ohne Grund schafft und da, was er schafft, angesichts seiner Weisheit immer das Beste sein muß, nennt Leibniz die gesuchte Bedingung das *Prinzip des Besten.*[16] Wie sich zeigen wird, gehen an dieser Stelle Handlungsmodalitäten ein; doch die Kriterien, die Leibniz für die Wahl angibt, sind zunächst weder auf der deontischen noch auf der Handlungsebene angesiedelt, sondern auf der Ebene der Ontologie: die *Vollkommenheit,* auf die das Prinzip des Besten abzielt, kennzeichnet er seit dem *Discours de Métaphysique* als ein Maximum an Ordnung bei einem Maximum an Vielfalt: „Man kann deshalb sagen, daß die Welt, wie auch immer Gott sie erschaffen hätte, stets regelmäßig und einer bestimmten Ordnung entsprechend gewesen wäre. Gott hat aber diejenige gewählt, die die vollkommenste ist, d. h. die-

---

15 „[Le Principe] de la Raison suffisante, en vertu duquel nous considerons qu'aucun fait ne sauroit se trouver vray ou existant, aucune Enontiation veritable, sans qu'il y ait une raison suffisante, pourquoy il en soit ainsi et non pas autrement, quoyque ces raisons le plus souvent ne puissent point nous estres connues." (*Monadologie* § 32, GP VI.612)
16 *Theodicee* I § 25.

jenige, die zugleich die einfachste in den Voraussetzungen und die reichhaltigste an Erscheinungen ist."[17]

Nun könnte sich die Vollkommenheitsbedingung innerhalb der möglichen Welten möglicher Individuen in einer Gesamtbilanz auf die Ebene der Substanzen (auf die möglichen Individuen, deren Perzeptionen und ursprünglichen Kräfte) oder auf die Ebene der Erscheinungen und deren abgeleitete Kräfte beziehen. Fraglos muß die Ausgangsebene die der Substanzen sein, weil sie es sind, die innerhalb der regio idearum als Möglichkeit zur Verfügung stehen. Modal gesehen erlaubt dies Leibniz dennoch, für die kontingente Welt der Erscheinungen eine eigene Form der Notwendigkeit einzuführen: unter Voraussetzung des Prinzips des Besten kann die Welt in ihren Abläufen nicht anders als kausal sein, darum sind diese Abläufe *hypothetisch notwendig*, nämlich physisch notwendig unter der Voraussetzung des Prinzips des Besten. Für die Behandlung von deren potentia führt Leibniz in seiner Physik den Begriff „Dynamica" ein.

3. Deontisch-juridische Modalitäten

Die Leibnizsche Metaphysik, soweit sie hier unter Modalgesichtspunkten skizziert wurde, erlaubt keineswegs, Handlungsmodi einzubeziehen; denn gerade wegen des Vollkommenheitskriteriums in seiner rein ontologisch erscheinenden Fassung fehlt einstweilen jeder Ansatzpunkt für ein selbstbestimmtes, freies Handeln Gottes wie der individuellen Substanzen. Hier ist eine Ergänzung geboten, deren Umrisse sich mit Leibnizens Behandlung der juridischen Modalitäten abzeichnen.

An zwei Stellen, in seiner Mainzer Zeit und in den ersten Hannoveraner Jahren, entwickelt Leibniz deontische Modalitäten in Zusammenhang mit einer Klärung der Fundamente des Rechtswesens. Bedeutsam sind diese Passagen nicht nur als Frühformen deontischer Logik, sondern auch im Hinblick auf die von Leibniz gesehenen Strukturen der Handlung. In den *Elementa Juris Naturalis* definiert er:

Iustitia est habitus amandi omnes
Ius est potentia viri boni
Obligatio [est] necessitas viri boni

Hierauf baut er folgendes Schema:[18]

---

17 „Dieu a choisi celuy [monde] qui est le plus parfait, c'est à dire celuy qui est en même temps le plus simple en hypotheses et le plus riche en phenomenes" (*Discours de Metaphysique* § 6; GP IV.431 / A VI.4 B, S. 1539).
18 A VI.1, S. 465.

$$
\left.\begin{array}{l}\textit{Iustum, Licitum}\\ \textit{Injustum, Illicitum}\\ \\ \textit{Aequum, Debitum}\\ \textit{Indebitum}\end{array}\right\} \text{est quicquid} \left\{\begin{array}{l}\text{possibile}\\ \text{impossibile}\\ \\ \text{necessarium}\\ \text{omissibile}\end{array}\right\} \text{est fieri a viro bono.}
$$

In seinem späteren Schema ersetzt Leibniz nur die letzte Zeile:[19]

Indifferens   est quicquid   contingens   est fieri a Viro Bono.

In beiden Fällen läßt Leibniz das eingangs wiedergegebene Schema mit den klassischen Definitionen des Modalquadrats folgen (wenn auch im zweiten Text ohne die Quantorenversion), um dann zu bemerken, daß sich alles seit Aristoteles in der Modallogik Bewiesene in überaus nützlicher Weise auf die Modalia Juris übertragen lasse.[20] Mehr noch, Leibniz leitet nicht nur eine Reihe von Theoremen der deontischen Logik ab, sondern er formuliert und beweist darüber hinaus einige Lehrsätze, die die juridischen mit den logischen Modalitäten in ihrer ontologischen Deutung verbinden und die damit zu Brückenprinzipien werden, wie etwa: „Alles Gerechte ist möglich" oder „Was unmöglich ist, ist ungerecht".[21] Die oben in der Einleitung erwähnte Schwierigkeit, daß aus der Obligatio nicht deren Erfüllung folgt, vermeidet Leibniz, indem er von einem vir bonus ausgeht; damit ist sichergestellt, daß, was ein Debitum ist, vom vir bonus nicht nur getan werden muß, sondern auch getan wird.

Von Interesse ist, daß Leibniz im Zusammenhang mit dem Beweis eines seiner Theoreme einen epistemischen Möglichkeitsbegriff einführt, der das cartesische Wahrheitskriterium in ein Möglichkeitskriterium umdeutet: „Möglich nennen wir das, was klar und deutlich eingesehen wird; neben der bloßen Existenz gibt es für das menschliche Geschlecht kein anderes Möglichkeitskriterium".[22] Denn hier zeigt sich, daß Handlungen unter epistemischen Bedingungen betrachtet werden müssen. Zugleich wird ein weiterer modaler Zusammenhang eingeführt, dem die obige Ausgangsdefinition zugrunde liegt, wonach Gerechtigkeit sei, alle zu lieben. Hierzu formuliert Leibniz als Korollar: „Alles Gerechte ist dem Liebenden möglich. ‚Dem Liebenden möglich' nenne ich hier, was mit Liebe zusammen bestehen kann."[23] Das klingt nach einer Einbeziehung der Affekte, darf aber nicht

---

19   A VI.1, S. 480.
20   „Omnes ergo Modalium complicationes et transpositiones et oppositiones, ab Aristotele aliisque in Logicis demonstratae ad haec nostra Iuris Modalia non inutiliter transferri possunt." (A VI.1, S. 466)
21   „Omne justum possibile est." „Quicquid est impossibile, id iniustum est." (A VI.1, S. 470)
22   „Possibile enim dicimus quicquid clare distincteque intelligitur, nullum est aliud generi humano κριτήριον possibilitatis (de quo alibi) praeter existentiam ipsam." (A VI.1, S. 473)
23   „Omne justum possibile est amanti. Possibile hic vovo amanti quod cum amore stare potest." (A VI.1, S. 477)

so verstanden werden, denn es geht um das, was Thomasius die „vernünftige Liebe" nennen sollte.[24] So schlägt die zweite, jüngere Fassung der *Modalia Juris* mit ihrem vorangestellten Einleitungssatz deutlich die Brücke zwischen der Ethik und dem Erkenntnisvermögen, denn „Jeder Kluge ist ein guter Mensch."[25] Von hier führt der Weg direkt zu den Bestimmungsstücken, die für Leibniz späterhin anstelle des Ausgangs vom vir bonus leitend wurden, nämlich „Justitia est charitas sapientis";[26] – ein Weg, der hier jedoch nicht weiter verfolgt werden kann. Doch gilt es festzuhalten, daß für Leibniz das gute Handeln aus einer – gegebenenfalls nur vermeintlichen – Erkenntnis des zu erreichenden Vollkommenen entspringt.

Voraussetzung der Modalia Juris ist, daß der Mensch ein Vermögen hat, gut zu handeln und als guter Mensch die Notwendigkeit des Gerechten einzusehen. Doch worauf läßt sich ein solches Vermögen gründen?

4. Das Prinzip des Besten, moralische Notwendigkeit und Freiheit

Bemerkenswert, wenn auch so bislang nicht diskutiert, ist das Eingehen von Handlungsmodi bereits in die Konstitution der Welt: Der göttliche Schöpfungsakt ist selbst eine Handlung. Diese gehorcht sowohl dem Prinzip des zureichenden Grundes im Sinne von ratio, als auch dem Prinzip des Besten im Sinne der Wahl des Vollkommensten und Harmonischsten. Beide, das Prinzip des Grundes und das Prinzip des Besten, sind hier als Handlungsprinzipien aufzufassen, die als solche in gleicher Weise für göttliches und menschliches Handeln gelten. Dabei wird das göttliche Fiat, das die Möglichkeit oder die Essenz in der regio idearum in Existenz überführt, als eine Handlung verstanden. In beider Hinsicht, bezüglich der Wahl wie der Verwirklichung, zeigen sich spezifische Modalprobleme, die es nun auszuloten gilt.

Die göttliche Wahl des Besten bezieht sich, wie gezeigt, auf logisch Kontingentes, also auf diejenigen Anteile der möglichen Welten, die gerade nicht als Vernunftwahrheiten festgeschrieben sind. Dies ist so zu verstehen: Mathematik und Logik geradeso wie die dreidimensionale euklidische Geometrie (die Leibniz fälschlich als

---

24 Der Begriff der vernünftigen Liebe wird von Christian Thomasius eher unsystematisch eingeführt in: *Von der Kunst Vernünfftig und Tugendhafft zu lieben. [...] Oder Einleitung in die Sitten-Lehre*, Halle 1692 (repr. Hildesheim 1968); im Folgeband: *Von der Artzeney wider die unvernünfftige Liebe [...] Oder: Ausübung der Sittenlehre*, Halle 1696 (repr. Hildesheim 1968), stellt er der vernünftigen die „unvernünftige Liebe" entgegen; sie umfaßt Wollust, Ehrgeiz und Geldgeiz, hingegen: „Aus der vernünftigen Liebe kommen alle wahren Tugenden" (*Ausübung der Sittenlehre*, 310). Vgl. Werner Schneiders, *Naturrecht und Liebesethik. Zur Geschichte der praktischen Philosophie im Hinblick auf Christian Thomasius*, Hildesheim 1971.
25 „Omnis prudens est vir bonus." (A VI.4 C, S. 2758. Vgl. auch S. 2759, wo dieser Bezug modal in einer später ersetzten Passage weiter entfaltet wird.)
26 A V.4 C, S. 2792, 2798, 2803 u. ö.

auf die Logik zurückführbar ansieht und damit den Vernunftwahrheiten zurechnet), gelten in jeder möglichen Welt; Naturgesetze hingegen gelten nur in solchen Welten, die in sich dem Satz des Grundes genügen; als Formen der jeweiligen Ordnung stehen sie also Gott zur Wahl. Diejenigen Naturgesetze, die wir aus unserer als der geschaffenen Welt kennen, erlauben eine unendliche Vielzahl von Welten, die sich, wie Leibniz sich bildhaft ausdrückt, nur durch einen „anderen Adam" unterscheiden. Im Lichte der eingeführten Modalitäten betrifft die Wahl mithin das, was logisch und damit ontisch möglich, aber nicht notwendig, mithin kontingent ist. Dennoch ist Gottes Wahl auch mit einer Form von Notwendigkeit verbunden, doch ist diese eine „moralische, die den Einsichtigen das Beste wählen läßt", keinesfalls aber die „logische, metaphysische oder mathematische" (diese drei Begriffe werden bei Leibniz synonym mit „absolute Notwendigkeit" verwendet und erst von Kant geschieden).[27] Hier liegt eine Schwierigkeit, die Leibniz seinen Zeitgenossen durch eine Klärung der von ihm verwendeten Begriffe immer wieder aufzulösen trachtete. Deren Vorwurf lautete, Gott habe als ein guter Gott gerade keinerlei Wahl, so daß er nichts anderes als die beste Welt schaffen könne und müsse: Weil den Leibnizschen vorgeblich möglichen Welten deshalb die Verwirklichbarkeit, also die ontische Möglichkeit abgehe, gebe es für Gott weder einen Spielraum bloß möglicher Welten noch die behauptete Wahlfreiheit. Leibniz differenziert deshalb: Was für Gott *moralisch notwendig* ist, ist keineswegs logisch, ontologisch oder absolut notwendig, sondern logisch kontingent; „denn wenn Gott (zum Beispiel) das Beste wählt, bleibt doch das, was er gerade nicht wählt und was von geringerer Vollkommenheit ist, möglich. Wäre hingegen das, was Gott wählt, absolut notwendig, wäre jeder andere Entschluß – im Widerspruch zur Annahme – unmöglich."[28]

An der eben zitierten Stelle kommen über das Prinzip des Besten sowohl deontische Modalitäten als auch Handlungsmodalitäten ins Spiel, denn das göttliche Fiat ist ein Handeln unter ontischen und deontischen Modalbedingungen. Eine klärende Bemerkung zur Terminologie des 18. Jahrhunderts ist allerdings vonnöten: Wir neigen dazu, ‚moralische Notwendigkeit' im engen Sinne ethisch gegründeten Handelns unter Personen zu verstehen; doch ist der Begriff hier viel umfassender gemeint, denn er bezieht sich auf *alle* kontingenten Sachverhalte und schließt selbstverständlich auch die göttliche Wahl von Naturgesetzen ein: sie alle sind absolut kontingent, aber moralisch notwendig. Denn für Gott geht es, wie Leibniz nicht nur in der *Theodicee* oft genug betont, um die Verwirklichung der insgesamt vollkommensten Welt, – von den Gesetzen, die die größte Wirkung mit der kleinsten Ursache hervorbringen, bis hin zu vernunftbegabten Lebewesen, die sich der

---

27 *5. Schreiben an Clarke*, § 4; Robinet, S. 123 f.
28 *5. Schreiben an Clarke*, § 8; Robinet, S. 124 f.

Spiegelung der Welt in ihrem Denken bewußt sind und die deshalb aus der Harmonie der Natur auf einen weisen Schöpfer zurückzuschließen vermögen. In diesem weiten Sinne kommt ‚moralische Notwendigkeit' allen kontingenten Tatsachen der geschaffenen Welt zu.

Die Leibnizschen Prinzipien einschließlich das des Besten sind nicht nur göttliche, sondern zugleich auch menschliche Handlungsbedingungen: Sowohl in der *Theodicee* wie im *Fünften Brief an Clarke* spricht Leibniz ganz allgemein vom *Handeln*. Diesen Anknüpfungspunkt gilt es festzuhalten. In *De Contingentia* sagt Leibniz dies ganz ausdrücklich: Als Gott beschlossen habe, nie anders als aus „wahren Gründen seiner Weisheit" zu handeln, habe er „vernünftige Geschöpfe so geschaffen, daß sie nie anders handeln als gemäß den stärksten, sich aufdrängenden wahren oder wahr erscheinenden Gründen."[29] Hier schließt sich also der Bogen zu den Modalia Juris und deren Voraussetzung, daß der Vernünftige gerecht handelt.

Zum selben Resultat gelangt man über die Definition der Vollkommenheit, die Leibniz zunächst eingeführt hat, um die göttliche Wahl der besten Welt zu bestimmen. Denn das Prinzip des Besten gilt gleichermaßen für alles menschliche Handeln, mit dem einzigen Unterschied, daß wir unser Handeln nach dem richten, von dem wir *glauben*, daß es das Beste sei, während Gott dies *weiß*. Unser Handeln zielt immer auf das Beste als das Vollkommenste. Doch nur soweit wir deutliche und nicht bloß klare oder gar dunkle Perzeptionen haben, ist menschlicher Irrtum ausgeschlossen. Damit markieren epistemische Modi den entscheidenden Unterschied zwischen freiem, selbstbestimmtem Handeln und bloßem Verhalten; denn allein deutliche Perzeptionen bedeuten ein Tätigsein, während verworrene für ein Leiden stehen;[30] darum „ist ein Geschöpf vollkommener als ein anderes, sofern sich in ihm etwas vorfindet, vermöge dessen man a priori von den Vorgängen im anderen Rechenschaft geben kann, und auf Grund hiervon sagt man, daß es auf das andere wirkt."[31]

Zugleich entstehen hier zwei neue Probleme. Erstens: Wie soll man überhaupt von Handlungen sprechen, wenn Monaden „fensterlos" sind und ihre wechselseitige Einwirkung nur *ideal* ist?[32] Zur Antwort verweist Leibniz darauf, daß die Monaden im Sinne der prästabilierten Harmonie schon im Möglichkeitsstatus aufeinander abgestimmt sind, so daß sich der ideale Einfluß phänomenal, in der Welt der Erscheinungen, als kausale Einwirkung zeigen kann. – Zweitens: Wie soll menschliche Freiheit möglich sein, wenn alles durch die göttliche Wahl des Weltlaufes

---

29 „Et quemadmodum Deus ipse decrevit nunquam agere, nisi secundum rationes veras, ita sic creavit creaturas rationales, ut nunquam agant nisi secundum rationes praevalentes seu inclinantes, veras vel apparentes." (*De Contingentia*, A VI.4 B, S. 1651)
30 *Monadologie* § 49.
31 *Monadologie* § 50.
32 *Monadologie* § 7.

festgelegt ist und im Weltlauf selber eine tatächliche Einwirkung keinen Platz hat? Freiheit des menschlichen Handelns ist – so Leibnizens Lösung – dadurch gewährleistet, daß die freien Entscheidungen der möglichen Individuen Bestandteil der jeweiligen möglichen Welten sind, der sie zugehören; das göttliche Vorherwissen über die freien Entscheidungen der Individuen wird also im Falle einer Realisierung einer solchen Welt keineswegs zu einer Determination. Oder in Leibnizens Worten:

> „Aber weder jene Voraussicht noch jene Vorherbestimmung schmälert im mindesten die Freiheit. Denn Gott, durch die höchste Vernunft geleitet, unter verschiedenen Ereignisreihen oder möglichen Welten jene auszuwählen, in der die freien Geschöpfe, wenn auch nicht ohne seinen Beistand, diese oder jene Entschlüsse fassen mögen, hat hierdurch jedes Ereignis ein für allemal gewiß und bestimmt gemacht, ohne hierdurch die Freiheit seiner Geschöpfe zu schmälern: denn jene einfache Wahlentscheidung ändert in keiner Weise, sondern verwirklicht lediglich ihr freies Wesen, das er in seinen Ideen vorhergesehen hat."[33]

5. Das Problem der Existenz

Im göttlichen Schöpfungshandeln wird eine begrifflich-ideell gegebene mögliche Welt realisiert, indem zur bloßen Möglichkeit die Ausstattung mit einer vis als complementum possibilitatis hinzutritt.[34] Die Frage ist nur, wie man sich dies vorzustellen hat. Verschiedentlich spricht Leibniz davon, daß die Möglichkeiten nach Existenz drängen: „Omne possibile exigit existere".[35] Er fügt gar hinzu: „Wenn nicht in der Natur der Essenz selbst irgendeine Tendenz zu existieren wäre, so würde nichts existieren, denn zu sagen, gewisse Essenzen hätten diese Tendenz, andere hätten sie nicht, heißt, etwas ohne Grund sagen." Bekräftigend ergänzt er: „Wenn die Existenz etwas anderes wäre als das Streben der Essenz, so würde folgen, daß sie selbst eine Essenz hätte oder den Dingen etwas Neues hinzufügte, von dem man wieder fragen könnte, ob diese Essenz existiert oder nicht und warum sie eher existiert als eine andere."[36] In *De rerum originatione radicali* erklärt Leibniz, daß es, da alles in dieser Welt nicht von absoluter, sondern nur von hypothetischer Notwendigkeit sei, einen metaphysischen Grund der Existenz der Dinge geben müsse, der in einer absoluten Notwendigkeit liegt. Denn da „eher Etwas existiert als Nichts, müssen wir anerkennen, daß es bei den möglichen Dingen oder in deren Möglichkeit oder

---

33 *5. Schreiben an Clarke*, § 6; Robinet, S. 124.
34 *Tätigkeit* ist das gesuchte nicht-begriffliche complementum possibilitatis. Leibniz sagt dies im *Système Nouveau* selbst ganz explizit: „l'acte ou le complement de la possibilité" (*Système Nouveau*, GP IV.479).
35 *De veritatibus primis*, GP VII.194 / A VI.4 B, S. 1442.
36 *De veritatibus primis*, GP VII.194 / A VI.4 B, S. 1442 f.

Essenz einen Drang nach Existenz gibt, oder, wenn ich so sagen darf, einen Anspruch auf Existenz und, mit einem Wort, daß die Essenz zur Existenz strebt." Selbst dies wird noch einmal verschärft: „Daraus folgt aber, daß gleichermaßen alle Möglichkeiten, oder was eine Essenz oder eine mögliche Wirklichkeit ausdrückt, je nach Quantität der Essenz oder Wirklichkeit oder nach dem darin enthaltenen Grad der Vollkommenheit nach Existenz streben."[37] Damit wäre Vollkommenheit selbst als Grund des Strebens nach Existenz aufzufassen. Leibniz bedient sich sogar einer Wortschöpfung, des Verbs „existiturire",[38] um den ontischen Möglichkeiten ein über die bloße Widerspruchsfreiheit hinausgehendes Vermögen zu eigenständiger Verwirklichungsdynamik zusprechen zu können: „Alle Entia haben außer der nackten Möglichkeit einen Drang zum Existieren entsprechend ihrem Gutsein."[39]
Zwei konträre Deutungsmöglichkeiten bieten sich an:

1. Das ‚Drängen nach Verwirklichung' ist Fortführung der aristotelischen Dynamisierung des dynaton zur entelecheia. In einer creatio continua stehen Gott in jedem Augenblick sich verzweigende Möglichkeiten offen, genauer, unter den dynamischen Möglichkeiten verwirklicht sich unter seinem Blick die jeweils beste, d. h. vollkommenste (wobei offen bleiben kann, ob es sich um die aus der Situation heraus beste oder die unter Berücksichtigung der Gesamtfolge beste Möglichkeit handelt). Diese Dynamisierungsdeutung ist angesichts der Leibnizschen Kennzeichnung des complementum possibilitatis als vis, angesichts der den Monaden als Substanzen im appetitus zugesprochenen vis primitiva und im Lichte der Erhaltung der Gesamtsumme der vis im Universum eine sehr attraktive Sichtweise. Darüber hinaus trifft sie sich mit dem heutigen Interesse an Whiteheads leibnizianischer Prozeß- und Evolutionsontologie.

2. Das ‚Drängen nach Verwirklichung' ist eine metaphorische Wendung, denn logisch verknüpfte Begriffskomplexe können nicht drängen. Vielmehr ‚drängt sich Gott auf', was ihm als das Beste erscheint, als das zu Verwirklichende: Alle Dynamik, alle vis hat ihren Ursprung allein im göttlichen Geist, nicht aber in Ideen.

So faszinierend die erste Deutungsvariante sein mag, um einen ‚modernen' Denker aus Leibniz zu machen, so wenig scheint sie mir berechtigt; denn dem ‚existitur-

---

37 „[...] primum agnoscere debemus eo ipso, quod aliud potius existit quam nihil, aliquam in rebus possibilibus seu in ipsa possibilitate vel essentia esse exigentiam existentiae, vel (ut sic dicam) praetensionem ad existendum et, ut verbo complectar, essentiam per se tendere ad existentiam. Unde porro sequitur, omne possibilia, seu essentiam vel realitatem possibilem exprimentia, pari jure ad existentiam [bei Gerhardt und Erdmann fälschlich: essentiam] tendere pro quantitate essentiae seu realitatis, vel pro gradu perfectionis quem involvunt; est enim perfectio nihil aliud quam essentiae quantitas." (GP VII.303)

38 „Itaque dici potest *Omne possibile* EXISTITURIRE" (C, S. 534 / GP VII.299. Vgl. A VI.4 B, S. 1634 u. 1635).

39 „Itaque omnia Entia quatenus involvuntur in primo Ente, praeter nudam possibilitatem habent aliquam ad existendum propensionem, proportione bonitatis suae" (*Specimen inventorum de admirandis naturae Generalis arcanis*, GP VII.310 / A VI.4 B, S. 1617).

ire' stehen Aussagen entgegen, die völlig klar machen: „Ideen handeln nicht. Nur der Geist handelt."[40] Wenn Leibniz schreibt: „Cum Deus calculat et calculationem exercet, fit mundus",[41] so ließe sich zwar das ‚cum' wie ein temporales ‚dum' lesen, aber der logisch-bedingende Charakter steht sprachlich allemal im Vordergrund, noch dazu, da Leibniz die Zeit als Relation zwischen den Zuständen der geschaffenen Dinge auffaßt und darum bezüglich der Schöpfung jedes zeitliche ‚Vor' ablehnt. Stets hält Leibniz an der Unterscheidung von Essenz qua Möglichkeit und Existenz fest: „ab actu ad potentiam valet consequentia",[42] d. h. a → Ma, die Umkehrung jedoch gilt nicht – wenn auch mit einer einzigen Ausnahme: „*Wenn das notwendige Wesen möglich ist, dann existiert es*, [...] – die wichtigste Aussage der Modallehre, denn sie erlaubt einen Übergang vom Vermögen (puissance) zur Handlung".[43] Ausgangspunkt muß deshalb wohl die zweite Deutung sein; das verbietet jedoch nicht, sich der ersten Deutung im Sinne einer façon de parler zu bedienen, doch eben nur in dem Sinne, daß Gottes Verwirklichung des Besten als eine Eigendynamik der jeweils besten Möglichkeit *erscheint*, während doch sowohl das Bestehen der Möglichkeiten als Ideen selbst als auch alle Dynamik, alle vis allein von Gott ausgeht. Denn „ich stimme zu", schreibt Leibniz in einem Brief an Bourguet, „daß die Idee der Möglichkeiten notwendigerweise jene (nämlich die Idee) der Existenz eines Wesens voraussetzt, das das Mögliche hervorbringen kann."[44] Und in den *Nouveaux Essais* betont er, Gott sei die Quelle der Möglichkeiten wie der Existenzen, ersterer vermöge seines Wesens, letzterer vermöge seines Willens.[45] Doch in Gott selbst, so in *De Contingentia*, sind Existenz und Essenz dasselbe.[46] Das göttliche Handeln reicht damit in seiner Fundierung weiter als es zunächst schien: Die (unzeitliche) ‚Dynamik' der Möglichkeiten bildet ein Maß für die Vollkommenheit, die der realitas der Essenzen zukommt. Dies ist so zu verstehen: Die Dynamik der Möglichkeiten kann in Gott, d. h. in Gottes Denken oder in der regio idearum, keine zeitliche sein, weil die Zeit für Leibniz eine reine Ordnungsrelation ist;[47] die Ordnung ist deshalb eine Präferenzordnung nach dem Maß der Vollkommenheit,

---

40 „Ideae non agunt. Mens agit.' (*Notizen zu Spinoza, Ethica*, GP I.150 / A VI.4 B, S. 1713, Anm. 20)
41 A VI.4 A, S. 22, Erg. zu Z. 1.
42 *Theodicee*, Disc. Prél. § 35.
43 „[...] *si l'estre necessaire est possible, il existe*, proposition [...] la plus importante de la doctrine des modales, parce qu'elle fournit un passage de la puissance à l'acte." (GP IV.402. Vgl. A VI.4 B, S. 1617 und 1636 (dort: „[...] facit transitum a posse ad esse, seu ab essentiis rerum ad existentias"))
44 „J'accord que l'idée des possibles suppose necessairement *celle* (c'est à dire *l'idée*) de *l'existence* d'un etre qui puisse produire le possible." (*Brief an Bourguet*, Dez. 1714, GP III.572)
45 „Il [Dieu] est la source des possibilités comme des existences, des unes par son essence, des autres par sa volonté." (*Nouveaux Essais* II.15, § 4; GP V.141; A VI.6, S. 155. Ähnlich auch *Monadologie* § 43)
46 „In Deo existentia non differt ab Essentia" (A VI.4 B, S. 1649).
47 „L'Espace est l'ordre des Coexistences et le Temps est l'ordre des Existances successives: ce sont des choses veritables, mais ideales comme les Nombres." (*Brief an Conti*, Dez. 1715; Robinet, S. 42)

die zugleich „mehr Essenz", also traditionell gesprochen, mehr realitas[48] oder mehr Wirkmächtigkeit besitzt.[49] Genau in diesem Sinne hat die auf Kompossibilität gegründete logische Möglichkeit eine sich auf Gott gründende potentia – nämlich von Gott entsprechend diesem Vollkommenheitsmaß verwirklicht werden zu können. So erst wird aus der logischen eine ontische Möglichkeit.

6. Die Geistmonade als handelndes Wesen

„Die Substanz ist ein der Tätigkeit fähiges Wesen", leitet Leibniz seine *Principes de la Nature et de la Grace, fondés en raison* ein:[50] Monaden haben einen appetitus, ein inneres Streben, das sie von Perzeption zu Perzeption vorantreibt.[51] Nun ist eine solche Tätigkeit kein Handeln; das liegt erst vor, wenn die Substanz selbsttätig ist und nicht nur passiv. Leibniz knüpft dies unmittelbar an eine Erkenntnisbedingung, wenn er sagt, der Monade sei „*Tätigkeit* zuzuschreiben, sofern sie distinkte, *Leiden*, sofern sie verworrene Perzeptionen hat".[52] Da eine distinkte Erkenntnis zwar Menschen möglich ist, nicht aber Tieren und Pflanzen, läßt sich von einer Tätigkeit im Vollsinne einer Handlung nur beim Menschen sprechen. Davon zunächst unabhängig ist dieses Tätigsein allein aus der Substanz heraus geboren, denn auf sie kann von außen nichts einwirken. Deshalb gilt, „daß jede Substanz eine vollkommene Spontaneität hat, die in den verständigen Substanzen zur Freiheit wird".[53] Freiheit ist darum nur den tätigen, distinkt apperzipierenden Monaden, den Geistmonaden, gegeben. Die notwendige, aber nicht hinreichende Voraussetzung hierfür ist die innere Dynamik des appetitus, die Leibniz all seinen Monaden als Entelechien zuspricht. Sie beruht auf der inneren vis primitiva, die er entsprechend der Differenzierung von Tätigkeit und Leiden in eine vis activa des Tätigseins und eine bloße vis patiendi des Leidens im Sinne einer Passivität unterteilt.[54] Mit der aristotelischen entelecheia hat die Monade die innere Dynamik und deren Zielgerichtetheit gemein; was jedoch fehlt, ist das Möglichkeitsmoment, denn jede bloße Möglichkeit – also eine in dieser Welt niemals realisierte Möglichkeit – gehört einer anderen möglichen Welt an. Damit stellt sich aber erneut die Frage, wie Freiheit und ein ihr zugehöriges Vermögen des Wollens, Könnens und Handelns als modaler Status zu denken ist.

---

48 Häufig identifiziert Leibniz realitas und perfectio: „realitas sive perfectio", z.B. GP VII.310.
49 „Perfectio autem est quod plus essentiae involvit." (GP VII.196)
50 „*La Substance* est un Etre capable d'Action." (*Principes de la Nature et de la Grace* § 1; GP VI.598)
51 *Principes de la Nature et de la Grace* § 2; *Monadologie* § 15.
52 *Monadologie* § 49.
53 „[...] que toute substance a une parfaite spontaneité (qui devient liberté dans les substances intelligentes)" (*Discours de Metaphysique* § 32; A VI.4 B, S. 1581).
54 *Specimen Dynamicum*, GM VI.236.

Ein Teil des eben aufgeworfenen Problems ist mit der Leibnizschen Freiheitstheorie in ihrer Verankerung in den möglichen Welten gelöst, insbesondere, weil eine Geistmonade, also ein Individuum mit Bewußtsein und Selbstbewußtsein, auch Möglichkeiten qua Möglichkeit denken kann: Insofern gehört die *gedachte* Möglichkeit als etwas Ideelles auch dieser Welt an. Leibniz sagt dies nirgends direkt – aber da es solches Möglichkeitsdenken faktisch gibt, wird man annehmen dürfen, daß er hierin kein Problem sah. Jedenfalls führt er in Zusammenhang mit dem vollständigen Begriff einer individuellen Substanz aus: „der Begriff eines möglichen Adam enthält schon die Entscheidungen des freien göttlichen wie menschlichen Willens als Möglichkeiten".[55] So kann Leibniz in der *Theodicee* betonen, der göttliche Beschluß des „Fiat" ändere „nichts an der Beschaffenheit der Dinge", die Gott beschlossen hat auszuwählen; denn er „beläßt sie in dem Zustand, in dem sie sich schon als reine Möglichkeiten befanden."[56] Doch bleibt solches Möglichkeitsdenken, bezogen auf die geschaffenen Individuen, immer noch ein innerer Zustand der Monade; es kommt darauf an, zum phänomenalen Gegenbild überzugehen, um sich dem Handlungsbegriff nähern zu können.

„Jeder Mensch hat die Freiheit, zu tun was er will", konstatiert Leibniz;[57] und er fügt hinzu, der Wille sei „das Streben, das zu tun, dessen wir uns bewußt sind".[58] Hier kommen ersichtlich alle Einzelelemente zusammen, der Wille als Streben entspricht der vis, und das Bewußtsein (also eine distinkte Erkenntnis) ist Voraussetzung des freien Handelns als Vermögen, sich selbst zu bestimmen. So kann Leibniz fortfahren: „Aus dem Willen und dem Können (facultas) folgt notwendigerweise das Faktum."[59] Denn, so lautet die Begründung in der *Theodicee* unter Berufung auf Platon, Aristoteles und Augustinus, „niemals wird der Wille durch etwas anderes zur Handlung getrieben als durch die alle anderen überwältigende Vorstellung des Guten".[60] In einem ähnlichen Text noch vor Ausbildung der Monadenlehre wird festgehalten, daß, was im Menschen frei geschieht, sich in der Körperwelt mit

---

55 „Et notio Adami possibilis etiam decreta liberae voluntatis divinae humanaeque sumta ut possibilia, continet." (*Specimen inventorum de admirandis naturae Generalis arcanis*, GP VII.312 / A VI.4 B, S. 1619)
56 „[...] et puisque le decret de Dieu consiste uniquement dans la resolution qu'il prend, apres avoir comparé tous les mondes possibles, de choisir celuy qui est le meilleur, et de l'admettre à l'existence par le mot tout-puissant de Fiat, avec tout ce que ce monde contient; il est visible que ce decret ne change rien dans la constitution des choses, et qu'il les laisse telles qu'elles étoient dans l'état de pure possibilité" (*Theodicee* I.52; GP VI.131).
57 „Haud dubie in omni homine est libertas agendi quae volet." (*De Libertate et Necessitate*, A VI.4 B, S. 1444. Vgl. S. 1451, wo Leibniz dies unter Bezug auf Thomas von Aquin ähnlich wiederholt: „Optime enim D. Thomas constituit libertatem in potentia se determinandi seu agendi in seipsum.")
58 „Voluntas est conatus agendi cujus conscii sumus." (*De Libertate et Necessitate*, A VI.4 B, S. 1444)
59 „Ex voluntate et facultate necessario sequitur factum." (ibid.)
60 „Jamais la volonté n'est portée à agir, que par la representation du bien, qui prevaut aux representations contraires." (*Theodicee* I.45; GP VI.128)

physischer, also hypothetischer Notwendigkeit ereignet, nämlich gemäß dem vorauszusetzenden göttlichen Schöpfungsdekret.[61] Auch das dahinterstehende Prinzip des Besten wird ausgesprochen, denn „es ist gewiß und unfehlbar, daß der Geist sich zu dem bestimmt, was ihm als Bestes erscheint".[62] Dies alles gilt, wie gerade verdeutlicht, unbeschadet des Vorherwissens Gottes bezüglich der „futura contingentia libera".[63]

Dennoch tut sich eine Schwierigkeit auf; denn wie muß man sich das Dreiecksverhältnis von statisch-logischer Kontigenz und dynamisch-entelechialer Autonomie der Monade und hypothetisch-dynamischer kausaler Notwendigkeit der Körperwelt vorstellen? Der Verweis auf die prästabilierte Harmonie sichert zwar, daß die phänomenalen Abläufe der Körperwelt den inneren Zuständen der Monade korrespondieren: Leibniz betont oft genug gerade diese Leistung seines Systems, das cartesische und occasionalistische Dilemma des Leib-Seele-Problems durch seine modale Konstruktion gelöst zu haben. Doch was bleibt, ist die Frage der Verbindung zwischen der logischen Struktur, der inneren Dynamik der Monade und der Kausalfolge in den Erscheinungen.

Die Lösung ist in zwei Schritten anzugehen. Der erste führt von der modallogischen Konstruktion möglicher Welten in der Regio idearum über die Wahl Gottes und den göttlichen Willen hin zur Schöpfung im Sinne der Verwirklichung der Monadenwelt. Durch diesen Willen, verstanden als complementum possibilitatis, tritt die Dynamik zur logischen Konstruktion hinzu, auch wenn sich dadurch an deren Essenz, wie wir sahen, nichts ändert: Der Möglichkeit nach ist sie im vollständigen Begriff einer jeden individuellen Substanz angelegt. In der Sache aber gründet sich auf diesen göttlichen Verwirklichungsakt die dem Monaden-Universum mitgegebene vis als ursprüngliche Kraft. Erst durch sie wird der *Begriff* zur Monade als *Entelechie*, denn „die *substantielle Form* ist das Prinzip des Handelns oder die ursprüngliche handelnde Kraft";[64] erst durch sie, genauer: durch die vis primitiva activa und ihr Gegenstück, die vis primitiva patiendi, kann die Monade als substantielle Form oder Entelechie durch Tätigsein und Leiden bestimmt werden: „Gibt es etwas Reales, so ist dies allein in der Kraft des Handelns und Leidens zu suchen, die gleichsam als Materie und Form die Essenz der körperlichen Substanz

---

61 „Homo operatur libere, ubicunque ad ejus electionem aliquid sequitur, id autem quod in homine fit libere, in corpore fit necessitate physica ex hypothesi decreti divini." (*De necessitate et contingentia*, A VI.4 B, S. 1449)

62 „Videtur dici posse: *certum et infallibile esse, ut Mens se determinet ad maximum bonum apparens*" (*De libertate a necessitate in eligendo*, A VI.4 B, S. 1450)

63 A.a.O., S. 1451.

64 „*Forma substantialis* est principium actionis seu vis agendi primitiva." (*De mundo praesenti*, A VI.4 B, S. 1508; vgl. A VI.4 B, S. 1625)

ausmachen."⁶⁵ So beschließt Leibniz die kleine Schrift *Über den Unterschied realer und imaginärer Phänomene*, aus der diese Passage stammt, mit der Betonung einer solchen potentia: „Die Substanzen haben eine metaphysische Materie oder potentia [, nämlich eine potentia] passiva, insofern sie etwas verworren ausdrücken, eine potentia activa, wenn sie etwas distinkt ausdrücken."⁶⁶

Der zweite Schritt, der Übergang zur Körperwelt, ist damit bereits eingeleitet, denn das „Ausdrücken" gilt nicht nur für die Monaden, sondern es betrifft zugleich die Phänomene. Den ursprünglichen vires primitivae der Substanzen entsprechen auf dieser phänomenalen Ebene die vires derivativae, die Leibniz in Gestalt des Energieerhaltungssatzes in seiner *Dynamica* zur Grundlage seiner Physik macht. Die Brücke zwischen der Physik und der Substanzmetaphysik schlagend schreibt er, in den körperlichen Dingen gebe es eine von Gott eingesenkte vis naturae, die nicht einfach eine facultas sei,⁶⁷ sondern die mit einem Streben ausgestattet sei, das die innerste Natur der Körper konstituiere, da zu handeln den Charakter der Substanzen ausmache.⁶⁸ Diese vis activa ist entweder die uns schon vertraute vis primitiva der Substanzen, oder aber die vis derivativa, die beim Zusammenprall der Körper auftritt⁶⁹ und den Phänomenen zugehört. Leibniz geht es dabei nicht um ein Rückführungsprogramm, sondern um eine Verbindung dessen, was er die „zwei Reiche" nennt, das der Ursachen und das der Gründe: „Im allgemeinen gilt es festzuhalten, daß in den Dingen alles auf zweifache Weise erklärt werden kann: durch das *Reich der potentiae* oder *Kausalursachen*, und durch das *Reich der Weisheit* oder *Finalursachen*; indem Gott die Körper wie Maschinen [...] nach *Gesetzen der Größe* oder nach *mathematischen Gesetzen*, die Seelen dagegen, die der Weisheit fähig sind, [...] entsprechend den *Gesetzen der Güte* oder den *moralischen Gesetzen* zu seiner Ehre lenkt".⁷⁰

---

65 „[...] si quid est reale, id solum esse vim agendi et patiendi adeoque in hoc (tanquam materia et forma) substantiam corporis consistere" (*De modo distinguendi phaenomena realia ab imaginariis*, GP VII.322 / A VI.4 B, S. 1504).
66 „Substantiae habent materiam Metaphysicam seu potentiam passivam quatenus aliquid confuse exprimunt, activam quatenus distincte." (ibid.)
67 „In rebus corporeis esse [...] ipsam vim naturalem ubique ab Autore inditam, quae non in simplici facultate consistit, qua Scholae contentae fuisse videntur, sed praeterea conatu sive nisu instruitur." (*Specimen dynamicum*, GM VI.235)
68 „[...] certe opportet, ut vis illa in ipsis corporibus ab ipso producatur, imo ut intimam corporum naturam constituat, quando agere est character substantiarum." (*Specimen dynamicum*, GM VI.235)
69 „Duplex autem est *Vis Activa*, nempe ut *primitiva*, quae in omni substantia corporea per se inest, aut *derivativa*, quae primitivae velut limitatione, per corporum inter se conflictus resultans, varie exercetur. Et primitiva quidem (quae nihil aliud est, quam ἐντελέχεια ἡ πρώτη) *animae vel formae substantiali* respondet." (*Specimen dynamicum*, GM VI.236)
70 „Et in universum tenendum est, omnia in rebus dupliciter explicari posse: per *regnum potentiae* seu *causas efficientes*, et per *regnum sapientiae* seu per *finales*; Deum corpora ut machinas [...] secundum *leges magnitudinis* vel mathematicas [...]; animas vero, sapientiae capaces, [...] secundum *leges bonitatis* vel *morales* ad suam gloriam moderantem." (*Specimen dynamicum*, GM VI.243)

Daß Leibniz keine Herleitung der vis derivativa aus der vis primitiva angibt, mag man ihm vorwerfen; doch ist dies weder möglich, weil sich die beiden Reiche „überall durchdringen, doch stets unvermischt bleiben",[71] noch ist es für den hier betrachteten Zusammenhang wichtig, weil es nur um die Frage ging, wie die Verbindung von kausalem Weltablauf und innerer Dynamik der Monade, die ja im Handeln zum Ausdruck kommt, in Leibnizens Sicht zu verstehen ist. So kann Leibniz für sich in Anspruch nehmen, das Vermögen freien Handelns innerhalb seines „Neuen Systems" gelöst zu haben: Der Mensch als vernunftbegabtes Wesen ist gerade dadurch charakterisiert, daß er dem Prinzip des Besten folgt und in seiner (zwar durch seine Erkenntnisfähigkeit begrenzten) Einsicht danach strebt, Vollkommenheit im weitesten Sinne für sich und die Welt zu verwirklichen. Der Mensch, der dank seiner Vernunft selbst ein kleiner Schöpfer ist, dient damit dem von Gott gewählten Weltplan und führt ihn dank des den Willen ausmachenden Strebens zum Guten in einem „stetigen und ungehinderten Fortschritt des gesamten Universums zur Höhe der allgemeinen Schönheit und Vollkommenheit"[72] – jedenfalls dann, so muß man wohl gegen Voltaire und Schopenhauer gewendet hinzufügen, wenn wir uns unserer Vernunft auf die rechte Weise bedienen.

---

71 Ebd.
72 „In cumulum etiam pulchritudinis perfectionisque universalis operum divinorum, progressus quidam perpetuus liberrimusque totius Universi est agnoscendus." (*De rerum originatione radicali*, GP VII. 308)

Der transzendentale Möglichkeitsbegriff bei Kant und Fichte

Wilhelm Metz[1]

In Kants Transzendentalphilosophie spielt der Begriff der Möglichkeit eine zentrale Rolle. Für Kants Philosophie ist es charakteristisch, daß die Possibilität, die „Möglichkeit", in einem bestimmten Sinn aus der Potentialität, dem „Können"[2] bzw. Erkenntnisvermögen, gedacht und begründet wird. Es soll im folgenden dargelegt werden, daß Kants Möglichkeitsbegriff im höchsten Prinzip seiner Transzendentalphilosophie, der ursprünglich-synthetischen Einheit der Apperzeption, begründet ist und aus ihm folgt. Im zweiten Teil soll Fichtes Begriff der Möglichkeit anhand der frühen Wissenschaftslehre aus dem Jahre 1794/95 dargestellt und von Kants Begriff unterschieden werden.

1. Kant

Um das Eigentümliche des kantischen Möglichkeitsbegriffs adäquat darstellen zu können, sei zuerst auf die Hauptfrage der *Kritik der reinen Vernunft*[3] geblickt sowie darauf, wie sie durch die transzendentale Deduktion der Kategorien ihre erste allgemeine Antwort erhält (1). Zweitens wird das System aller Grundsätze des reinen Verstandes als die Konkretisierung dieser Antwort skizziert (2). Drittens gilt es, die kantische Modallehre und den in ihr entwickelten Begriff der Möglichkeit zu verdeutlichen (3).

---

1 Dieser Artikel verdankt seine Entstehung der freundlichen Unterstützung durch die „Aktionsgemeinschaft zur Förderung wissenschaftlicher Projekte" (AFP) an der Universität-Gesamthochschule Siegen.
2 Die Begriffe „Potentialität" und „Possibilität" werden hier im Sinne des Aufsatzes von *Klaus Jacobi* verwendet: „Das Können und die Möglichkeiten. Potentialität und Possibilität", in diesem Band S. 9-23. Possibilität bezeichnet die absolute Möglichkeit im Sinne von „es ist möglich, daß ...", während bei der Potentialität danach gefragt wird, ob es für jemanden bzw. für etwas möglich ist, etwas zu tun oder zu erleiden. Diese Möglichkeit ist immer relativ auf A zu denken, welches A das entsprechende Vermögen, etwas zu tun, oder die nötige Eignung, etwas zu erleiden, aufweist. Dieses Vermögen bzw. diese Eignung ist ganz allgemein ein „Können".
3 Kants *Kritik der reinen Vernunft* (KrV) wird in der üblichen Weise nach den beiden Auflagen A und B zitiert.

(1) Die oberste Aufgabe der KrV besteht nach Kant darin, die Frage „Wie sind synthetische Urteile a priori möglich?" (B 19) zu beantworten. Zum Zwecke dieser Antwort muß eine Revolution im Bereich der Metaphysik vollzogen werden, die Kant mit der Kopernikanischen Wende vergleicht. Bislang sei immer vorausgesetzt worden, „alle unsere Erkenntnis müsse sich nach den Gegenständen richten" (B XVI); unter dieser Voraussetzung lasse sich die Möglichkeit apriorischer Begriffe und Erkenntnisse nicht einsehen. „Man versuche es daher einmal, ob wir nicht in den Aufgaben der Metaphysik damit besser fortkommen, daß wir annehmen, die Gegenstände müssen sich nach unserem Erkenntnis richten, welches so schon besser mit der verlangten Möglichkeit einer Erkenntnis derselben a priori zusammenstimmt, die über Gegenstände, ehe sie uns gegeben werden, etwas festsetzen soll." (ebd.)

Weil Kant zwei Erkenntnisquellen, nämlich Anschauen und Denken, annimmt – welche Unterscheidung die Gliederung der *Transzendentalen Elementarlehre* der KrV in *Ästhetik* und *Logik* bestimmt –, scheint die Kopernikanische Wende für beide Erkenntnisquellen, je für sich und gleichsam parallel, vollzogen werden zu können. Beiden Erkenntnisquellen sieht Kant ein apriorisches Moment an; es gibt reine Formen der Anschauung (Raum und Zeit) sowie reine Verstandesbegriffe (Kategorien).

Nach diesem doppelten Apriori muß sich Alles, was für uns sein soll, ‚richten': „Der oberste Grundsatz der Möglichkeit aller Anschauung in Beziehung auf die Sinnlichkeit war laut der transzendentalen Ästhetik: daß alles Mannigfaltige derselben unter den formalen Bedingungen des Raums und der Zeit stehe. Der oberste Grundsatz eben derselben in Beziehung auf den Verstand ist: daß alles Mannigfaltige der Anschauung unter Bedingungen der ursprünglich-synthetischen Einheit der Apperzeption stehe." (B 136)

Diese beiden Bedingungen gelten ausnahmslos für die Vorstellungen, obgleich unterschieden werden muß, wie sie dieselben ‚bedingen': „Unter dem ersteren [Grundsatz] stehen alle mannigfaltige Vorstellungen der Anschauung, so fern sie uns *gegeben* werden, unter dem zweiten so fern sie in einem Bewußtsein müssen *verbunden* werden können; denn ohne das kann nichts dadurch gedacht oder erkannt werden, weil die gegebene Vorstellungen den Actus der Apperzeption, *Ich denke*, nicht gemein haben, und dadurch nicht in einem Selbstbewußtsein zusammengefaßt sein würden." (B 136 f.)

Insofern uns Vorstellungen *gegeben* werden, verhalten wir uns rezeptiv. Raum und Zeit, als den apriorischen Formen der Rezeptivität, muß das Gegebene angepaßt sein. Was nicht in Raum und Zeit ‚erscheint', ist nicht für uns. Zum Objekt werden jedoch Erscheinungen konstituiert, insofern sie verbunden und aufeinander bezogen werden, in welcher Synthesisleistung das Wesen des Verstandes besteht. Seine Spontaneität muß sich auf die Vorstellungen bzw. Erscheinungen beziehen können,[4] wenn diese die Einheit des Selbstbewußtseins nicht aufheben sollen: „Das: *Ich denke*, muß alle meine Vorstellungen begleiten *können*; denn sonst würde etwas in mir vorgestellt werden, was gar nicht gedacht werden könnte, welches eben so viel heißt, als die Vorstellung würde entweder unmöglich, oder wenigstens für mich nichts sein." (B 131 f.)

Die Vorstellungen müssen sich also in doppelter Hinsicht „nach unserem Erkenntnis richten" (B XVI): Sie müssen den reinen Formen der Rezeptivität entsprechen – nur so können sie uns gegeben sein; zugleich muß der Actus der Spontaneität, das *Ich denke*, sich auf sie beziehen, muß das Ich seine Vorstellungen *bestimmen* können, welches Bestimmen die Gestalt der Synthesis hat, durch die die Einheit des Selbstbewußtseins in Ansehung aller Vorstellungen a priori gewahrt ist.

Der Anschein einer bloßen Parallelität von Anschauen und Denken wird in Kants transzendentaler Kategoriendeduktion sukzessive aufgehoben; denn Ein Ich schaut an und denkt. Dieses Ich ist, gleichursprünglich, rezeptiv und spontan zugleich. Es ist spontan in der Rezeption – es verbindet nur die Vorstellungen, die ihm gegeben sind –; und es ist rezeptiv in seiner Spontaneität – *ihm* können nur die Vorstellungen gegeben sein, die es selbsttätig, d. i. denkend, zur Einheit des Selbstbewußtseins a priori bringen kann.

Würde dieses gegenseitige sich Durchdringen von Verstand und Anschauung nicht gedacht, könnte das Beweisziel der transzendentalen Kategoriendeduktion, daß alle sinnlichen Anschauungen unter Kategorien stehen,[5] nicht erreicht werden. Die also zu fordernde wechselseitige Durchdringung von Rezeptivität und Spontaneität wird in Kants transzendentaler Kategoriendeduktion eigens dargestellt: Die reine Synthesis des Verstandes (*synthesis intellectualis*) konkretisiert und versinnlicht sich zur Synthesis der Einbildungskraft (*synthesis speciosa*), weil sie andernfalls auf sinnliche Anschauungen nicht beziehbar wäre.[6] Die Verstandessynthesis erhält in dieser Konkretisierung selber ein anschauliches Moment. – Umgekehrt muß gelten, daß sich an den Formen der Rezeptivität, an Raum und Zeit, die reine Verstandessynthesis ursprünglich manifestiert und immer schon manifestiert hat, weshalb alle Vorstellungen, schon in ihrem Gegebenwerden selbst, so verfaßt sind, daß sie sich in die Einheit des Selbstbewußtseins a priori vereinigen lassen. Im § 26 der B-Deduktion wird dementsprechend hervorgehoben, daß bereits Raum und

---

4 In Kants Transzendentalphilosophie können die Begriffe „Vorstellung" und „Erscheinung" wechselweise füreinander eintreten; beide bezeichnen etwas bloß Subjektives. Der Begriff „Erscheinung" läßt zwar unmittelbar an das mitdenken, *was* uns erscheint. Aber auch von den Vorstellungen der Anschauung kann Kant sagen, daß sie uns „gegeben" werden (B 136). – Siehe hierzu Gerold Prauss, *Erscheinung bei Kant. Ein Problem der „Kritik der reinen Vernunft"*, Berlin 1971.

5 So lautet bereits der Titel des § 20 der KrV: „Alle sinnliche Anschauungen stehen unter den Kategorien, als Bedingungen, unter denen allein das Mannigfaltige derselben in ein Bewußtsein zusammenkommen kann" (B 143).

6 Vgl. § 24 der B-Deduktion der KrV.

Zeit an ihnen selbst Einheiten sind, und daß dieser ihr Einheitscharakter ein Produkt – nämlich das äußerste Fernprodukt – der sich a priori versinnlichenden und auf Raum und Zeit beziehenden ursprünglichen Verstandessynthesis ist.[7]

Daß dieses ursprüngliche sich Beziehen des Verstandes auf Raum und Zeit, in dem sich der Verstand selbst zur Einbildungskraft konkretisiert, das Hauptthema der Kategoriendeduktion ist, belegt Kants *summa summarum*, sein „Kurzer Begriff dieser Deduktion": „Sie ist die Darstellung der reinen Verstandesbegriffe, (und mit ihnen aller theoretischen Erkenntnis a priori) als Prinzipien der Möglichkeit der Erfahrung, dieser aber, als *Bestimmung* der Erscheinungen in Raum und Zeit *überhaupt*, – endlich dieser aus dem Prinzip der *ursprünglichen* synthetischen Einheit der Apperzeption, als der Form des Verstandes in Beziehung auf Raum und Zeit, als ursprüngliche Formen der Sinnlichkeit." (B 168 f.)

Schon auf Raum und Zeit als solche, vermittels derer uns etwas ‚erscheint', richtet sich eine ursprüngliche Verstandessynthesis, die in schematisierten Kategorien[8] sich vollzieht und in Gestalt von prinzipiellen synthetischen Urteilen a priori[9] dargestellt werden kann. Weil diese Synthesis für alle Erscheinungen schlechthin gilt, folgt *in concreto*, daß der Verstand als der Gesetzgeber der Natur zu denken ist. Alles, was in bezug auf die apriorische Grundstruktur der Natur für uns möglich ist, ist auf das synthetisch-systematische[10] und a priori sich versinnlichende Verstandes*vermögen* bzw. die ursprüngliche Verstandes*tätigkeit*,[11] als auf seinen Grund, zurückzubeziehen. Was das transzendentale Subjekt im vorhinein tätig ‚ermöglicht', ist ‚möglich'; dieses Begründungsverhältnis läßt sich anhand der *Analogien der Erfahrung* in seiner Konkretion darlegen und in seinem Geltungsbereich bestimmen.

---

7 Vgl. zu dieser Thematik Verf., *Kategoriendeduktion und produktive Einbildungskraft in der theoretischen Philosophie Kants und Fichtes*, Stuttgart 1991, 81 f.
8 Zur Schematismus-Problematik sei auf zwei Artikel hingewiesen: Wolfgang Detel, „Zur Funktion des Schematismuskapitels in Kants *Kritik der reinen Vernunft*", in: *Kant-Studien* 69 (1978), 17-45; Claudio La Rocca, „Schematismus und Anwendung", in: *Kant-Studien* 80 (1989), 129-154.
9 Es gibt für Kant unendlich viele synthetische Urteile a priori, z. B. alle arithmetischen Sätze der Form 3 + 7 = 10. Das *System aller Grundsätze des reinen Verstandes* (B 187 f., A 148 f.) jedoch, welches Mathematik und reine Naturwissenschaft erst möglich macht (B 201 f., A 162), enthält dagegen eine begrenzte Anzahl von Sätzen, die sich füglich als die *prinzipiellen* synthetischen Urteile a priori charakterisieren lassen.
10 In der transzendentalen Kategoriendeduktion wird jene Synthesis des Verstandes erörtert, die das Grundsatzkapitel in ein System von Synthesen entfaltet.
11 Das Erkenntnisvermögen wird von Kant als ein konstitutives gedacht. Die ursprüngliche Synthesis des Selbstbewußtseins ist immer schon vollzogen, sowie der Natur ihr Grundgesetz a priori vorgeschrieben ist. Margot Fleischer (*Wahrheit und Wahrheitsgrund*, Berlin / New York 1984) hat auf diesen Sachverhalt klar hingewiesen: „Das [transzendentalphilosophische] Nachsinnen über die Quelle der Erfahrung ist demnach von der *Wirksamkeit* dieser Quelle zur Ermöglichung der Erfahrung sehr wohl zu unterscheiden; diese findet auch ohne jenes statt" (105; Hervorh. W.M.). „Die Natur unseres Gemütes gibt den Erscheinungen Gesetze, auch ohne daß wir das erkennen" (ebd.).

(2) Das *System aller Grundsätze des reinen Verstandes* (B 187 f., A 148 f.) arbeitet das Gesetz bzw. das Gefüge von Gesetzen heraus, welches der Verstand ursprünglich der Natur vorschreibt. Die apriorische Grund- und Rahmenbestimmtheit alles Erscheinenden wird vollständig expliziert. Die Kategorien werden zu Urteilen entfaltet, die deren ursprüngliche Konstitution sichtbar machen. Die Kategorien der Quantität und der Qualität sind konstitutiv für das Anschauen und das Wahrnehmen. Ihre Konstitution, die die *Axiome der Anschauung* (B 202 f., A 162 f.) sowie die *Antizipationen der Wahrnehmung* (B 207 f., A 166 f.) darstellen, betrifft die Einzelerscheinung als solche. Das Prinzip der *Axiome*, „Alle Anschauungen sind extensive Größen" (B 202; A 162), sowie das Prinzip der *Antizipationen*, „In allen Erscheinungen hat das Reale, was ein Gegenstand der Empfindung ist, intensive Größe, d. i. einen Grad" (B 207, A 166), sind Grundsätze von ‚unmittelbarer Evidenz' (B 200, A 160). Eine Erfahrungswelt, in der die genannten synthetischen Urteile a priori nicht wahr wären, könnten wir uns nicht einmal in der Phantasie vorstellen. Die versinnlichte Verstandessynthesis der Quantität und der Qualität, die die o.g. Prinzipien zum Bewußtsein bringen, stiftet die für uns unhintergehbare Konstitution dessen, was unmittelbar, als Angeschautes und als Wahrgenommenes,[12] uns erscheint.

In den *Analogien der Erfahrung* (B 218 f., A 176 f.) wird dagegen die apriorische Konstitution des Ganzen unserer möglichen Erfahrung, das nur mittelbar für uns ist, expliziert. Es geht nicht mehr um die Einzelerscheinung als solche, sondern um den Zusammenhang der Erscheinungen ihrem Dasein nach. Das allgemeine Prinzip der *Analogien*, „Erfahrung ist nur durch die Vorstellung einer notwendigen Verknüpfung der Wahrnehmungen möglich" (B 218), macht deutlich, daß die *Analogien* eine gegenüber den *Axiomen* und *Antizipationen* höhere Stufe der ursprünglichen Konstitution behandeln.[13]

Die erste Analogie, „Bei allem Wechsel der Erscheinungen beharret die Substanz, und das Quantum derselben wird in der Natur weder vermehrt noch vermindert" (B 224), verknüpft zwar noch nicht die Wahrnehmungen, macht sie aber verknüpfbar. Indem der wahrgenommene Wechsel der Erscheinungen als Veränderung der Substanz gedacht wird – deren Akzidentien zwar wechseln, während die Substanz erhalten bleibt –, stehen die Wahrnehmungen nicht mehr beziehungslos nebeneinander. Die Einheit des Selbstbewußtseins wird, dank der gedachten

---

12 Die Wahrnehmung enthält, gegenüber der bloßen Anschauung, noch das Moment der Empfindung. Wahrnehmung im kantischen Sinne ist demnach: Anschauung mit Empfindung.
13 Denn die *Antizipationen* hatten die apriorische Konstitution der Wahrnehmung herausgearbeitet; in den *Analogien* werden, darauf aufbauend, die Wahrnehmungen weiterbestimmt und -konstituiert, indem sie verknüpft und zuletzt einem universellen Zusammenhang a priori eingefügt werden. Vgl. Verf., *Kategoriendeduktion* (Anm. 7), 130 f.

Substanz, im Wechsel der Wahrnehmungen bewahrt. Wird nämlich die Substanz-Akzidens-Relation in die Erscheinungen hineingedacht, gibt es – fichtesch formuliert – den Leiter, an dem das eine Bewußtsein fortlaufen kann;[14] das *Ich denke* kann den Wechsel der Erscheinungen ‚begleiten'.

Die eigentliche Verknüpfung der Wahrnehmungen erbringt die zweite Analogie: „Alle Veränderungen geschehen nach dem Gesetze der Verküpfung der Ursache und Wirkung." (B 232) In dieser Analogie wird nicht bloß der Wechsel der Erscheinungen ‚verständigt', weil zur Veränderung der Substanz weiterbestimmt, sondern das Wechseln selbst wird a priori rationalisiert. Würden nämlich die Veränderungen, im absoluten Sinne, keine Ursache haben, so würde sich das Bewußtsein gegenüber den wechselnden Erscheinungen – ihrem jeweils anhebenden oder verschwindenden Dasein – bloß rezeptiv verhalten, weil es bei ihrem Wechseln nichts zu denken gäbe. Die aktive Einheit des Selbstbewußtseins wäre aufgehoben, denn das *Ich denke* könnte seine Vorstellungen nicht ‚begleiten' und sie somit auch nicht als die seinigen sich zueignen (‚apperzipieren').

Die dritte Analogie, „Alle Substanzen, so fern sie im Raume als zugleich wahrgenommen werden können, sind in durchgängiger Wechselwirkung" (B 256), stellt den abschließenden Schritt der ursprünglichen Konstitution der Erfahrung dar. Dieser Schritt ist aus dem folgenden Grunde notwendig. Würde nur die Kategorie der Kausalität, und nicht die der Wechselwirkung, konstitutiv sein, so geschähe zwar jede Veränderung nach dem Gesetze der Verknüpfung von Ursache und Wirkung; aber es wäre nicht ausgeschlossen, daß die mannigfachen Kausalreihen *zueinander* in keinerlei Verbindung stünden. Das Zugleichsein der verschiedenen, parallel verlaufenden, Kausalreihen könnte nicht gedacht werden. Die Konstitution „nach dem Gesetze der Wechselwirkung" (ebd.) stiftet somit allererst den universellen Zusammenhang aller Erscheinungen, die sich in Ein System, welches Kant „Natur" nennt, a priori einfügen. Die Einheit der „einzigen alles befassenden Erfahrung" (B 284, A 232) ist dank dieser potenziertesten Konstitution a priori gesetzt.

Die drei Analogien stellen die ursprüngliche Synthesis der in Raum und Zeit eingebildeten Relationskategorien heraus, die sich auf das Erscheinungsganze bezieht. Hierdurch ist a priori bestimmt, was in der einzigen alles befassenden Erfahrung möglich ist und was nicht. Die hierdurch gestiftete Grund- und Rahmenbestimmtheit alles Erscheinenden sei durch das folgende Beispiel illustriert. Ein Stern in einer uns fernen Galaxie werde von einem Planeten umkreist, auf dem sich plötzlich eine

---

14 Kant denkt demnach die Substanz als eine Projektion des transzendentalen Subjekts, die a priori gültig ist. In Fichtes *Grundlage der gesammten Wissenschaftslehre* und in Hegels *Wissenschaft der Logik* wird ebenfalls die Substantialität prinzipiell der Subjektivität unterstellt und aus ihr begründet.

Sternfinsternis einstellt. Für diese Veränderung muß es nach Kants zweiter Analogie eine Ursache geben, sei es, daß ein Mond zwischen Stern und Planet getreten ist, sei es, daß sich wolkenähnliche Gebilde um den Planeten zusammengezogen haben oder auf dem Stern irgendwelche, z. B. atomare, Prozesse abgelaufen sind. Irgendetwas muß die eingetretene Finsternis bewirkt haben. Würde dies geleugnet und behauptet, die Finsternis habe – schlechthin – keinen Grund, so könnte sie von uns nicht gedacht werden und wäre kein mögliches Objekt unserer Erfahrung. Sie wäre für uns schlechthin nichts, weil sie der einzigen alles befassenden Erfahrung nicht mehr angehörte. Der Kausalsatz legt demnach fest, was zum Gegenstand einer auch nur möglichen Erfahrung allein werden kann.[15] Denn dieser Satz ist ein Teil jenes Gefüges von Gesetzen, die der Verstand ursprünglich der Erfahrung und allen Gegenständen der Erfahrung,[16] auch der fernsten Sternengruppe, schlechthin und ausnahmslos vorschreibt; ohne diese im Grundsatzkapitel erörterte Gesamtvorbestimmung könnten Erscheinungen nicht zum Objekt für das eine Selbstbewußtsein verbunden sein.

(3) Mit der dritten Analogie ist das Grundgesetz, welches der Verstand a priori der Natur vorschreibt, zu seiner vollständigen Bestimmtheit gebracht. Die „Kategorien der Modalität haben das Besondere an sich: daß sie den Begriff, dem sie als Prädikate beigefügt werden, als Bestimmung des Objekts nicht im mindesten vermehren, sondern nur das Verhältnis zum Erkenntnisvermögen ausdrücken." (B 266, A 219) Das gesamte System aller Grundsätze des reinen Verstandes hatte gezeigt, wie sich der Gegenstand nach unserem Erkenntnis richtet, welche apriorischen Bestimmungen von seiten des Verstandes in Ansehung jedes Objekts der Erfahrung antizipiert werden können und müssen. Kants Modallehre vollendet dieses System, weil in ihr der Bezug des Objekts zum Erkenntnisvermögen als solchem gesetzt wird.[17]

Das erste Postulat lautet: „Was mit den formalen Bedingungen der Erfahrung (der Anschauung und den Begriffen nach) übereinkommt, ist *möglich*." (B 265, A 218) In diesem Postulat ist die Möglichkeit (Possibilität) ausdrücklich auf ein Können, nämlich das Erkenntnis*vermögen* (Potentialität) zurückbezogen. Allein das, was wir anschauen oder denken, d. i. synthetisch bestimmen und zur Einheit der

---

15 Zur Kausalitäts-Problematik siehe Arthur Melnick, *Kant's Analogies of Experience*, Chicago / London 1973; Peter Sachta, *Die Theorie der Kausalität in Kants ‚Kritik der reinen Vernunft'*, Meisenheim am Glan 1975; Gordon Nagel, *The Structure of Experience. Kant's System of Principles*, Chicago / London 1983; Bernhard Thöle, *Kant und das Problem der Gesetzmäßigkeit der Natur*, Berlin / New York 1991.
16 „[...] die Bedingungen der *Möglichkeit der Erfahrung* überhaupt sind zugleich Bedingungen der *Möglichkeit der Gegenstände der Erfahrung*, und haben darum objektive Gültigkeit in einem synthetischen Urteile a priori" (B 197, A 158).
17 Zum Zusammenhang der Modallehre mit Kants Transzendentalphilosophie überhaupt siehe Heribert Boeder, *Topologie der Metaphysik*, Freiburg / München 1980, 464; Verf., *Kategoriendeduktion* (Anm. 7), 173 f.

Apperzeption bringen *können*, ist ein *möglicher* Gegenstand unserer Erfahrung. Was das transzendentale Subjekt tätig ermöglicht, ist für es möglich. Alles, was unmittelbar (Anschauung) oder mittelbar (Verstand) für uns ist, ist durch die Formen unseres Erkenntnisvermögens im vorhinein bedingt.

Diese apriorische Vorbestimmung von seiten des Erkenntnisvermögens bezieht sich jedoch nur auf das Formale der Natur. So können wir zwar, um das o.g. Beispiel aufzugreifen, a priori wissen, *daß* jede Veränderung, z. B. die eingetretene Sternfinsternis, eine Ursache haben muß. *Was* aber die Ursache dieser Veränderung ist, läßt sich allein empirisch ermitteln. Die empirische Nachfrage nach einer Ursache wird durch das apriorische Gesetz, daß es eine Ursache geben muß, möglich und sinnvoll. Umgekehrt ist das tätige Ermöglichen der Erfahrung von seiten des Subjekts die Konstitution einer Grund- und Rahmenbestimmtheit, die auf eine empirische Erfüllung angelegt ist. Das zum ersten Postulat komplementäre zweite Postulat lautet daraufhin: „Was mit den materialen Bedingungen der Erfahrung (der Empfindung) zusammenhängt, ist *wirklich*." (B 266, A 218)[18]

Jetzt kann genau bestimmt werden, in welchem Sinne die Possibilität in Kants Transzendentalphilosophie auf die Potentialität zurückgeführt und aus ihr begründet wird. Die ursprüngliche Synthesis des Selbstbewußtseins stiftet in ihrem potenziertesten Teilmoment, nämlich der Synthesis der Wechselwirkung, den universellen Zusammenhang aller Erscheinungen, das Welt-System. Im Blick auf diese Grund- und Rahmenbestimmtheit, und *nur* hinsichtlich ihrer, gilt: daß dasjenige, was ‚möglich' ist, aus einem ursprünglichen ‚Ermöglichen', nämlich aus dem Gesamtapriori des Erkenntnisvermögens gedacht und begründet werden muß. Die besonderen Gesetze der Natur oder gar die empirischen Einzeldaten werden nicht vom Erkenntnisvermögen gesetzt, sondern müssen ihm gegeben werden. Nicht also gilt, daß Alles, was im einzelnen möglich ist, in seiner Möglichkeit aus dem Erkenntnisvermögen abgeleitet werden könnte. Die Grenzen dessen aber, was grundsätzlich bzw. überhaupt möglich ist, werden vom erkennenden Verstande im vorhinein gezogen. Innerhalb dieses Rahmens ist das empirische Wissen vollziehbar. Was aus dem Rahmen, den der Verstand a priori dem Für-uns-Seienden vorbildet, herausfällt, wie z. B. eine Sternfinsternis, die im absoluten Sinne „nur so", ohne Grund, eintritt, kann nicht für uns sein bzw. ist für uns nichts. Das „Ich denke" kann nur Vorstellungen begleiten, die der einzigen alles befassenden Erfahrung angehören können, weil sie der ursprünglich-synthetischen Einheit der Apperzeption a priori unterstellt sind.

---

18 Zu Kants Modallehre siehe Bernward Grünewald, *Modalität und empirisches Denken. Eine kritische Auseinandersetzung mit der Kantischen Modallehre*, Hamburg 1986; zur Kritik an Grünewald siehe Verf., *Kategoriendeduktion* (Anm. 7), 170 f.

2. Fichte

Im folgenden soll Fichtes grundsätzliche philosophische Position anhand der *Grundlage der gesammten Wissenschaftslehre* (GWL)[19] skizziert werden (1). Worin Fichtes neugefaßte Modallehre *in concreto* über Kant hinausführt, wird im zweiten Schritt verdeutlicht (2).

(1) Der entscheidende Schlüsselbegriff von Fichtes Philosophie ist sein neuer Begriff des Ich, der sich von der kantisch gedachten Subjektivität folgendermaßen unterscheidet. In Kants Transzendentalphilosophie sind *für* uns nur Vorstellungen bzw. Erscheinungen; das Ding an sich muß aus dem Gebiete des Wissens ausgeschlossen werden, weil es per definitionem nicht für uns ist. Was jedoch für uns ist, muß den Erkenntnisformen „Anschauen" und „Denken" angemessen sein, weshalb Kant lehren kann, daß der Natur ihr Grundgesetz vom Verstande immer schon vorgeschrieben ist. Fichtes über Kant hinausführender Schritt besteht darin, das Ich als reine Tätigkeit zu denken, die eine setzende ist. Soll etwas *für* das Ich sein, muß es nicht nur seinen Erkenntnisformen a priori angepaßt, sondern auch *vom* Ich gesetzt worden sein. Es gibt infolgedessen bei Fichte erstens keine Rezeptivität im kantischen Sinne, durch die dem Ich etwas gegeben werden könnte.[20] Weil das Ich in allen seinen Funktionen Tätigkeit, absolute Spontaneität ist, sind zweitens theoretische und praktische Vernunft nicht mehr getrennt. Fichtes GWL stellt die ursprünglichsten Setzungen des Ich im Grundsatzkapitel dar, aus denen „Theorie" und „Praxis" als zwei Explikationsphasen der Einen Vernunft, als zwei besondere Setzungsweisen des Ich abgeleitet werden, die durch die beiden Sätze „Das Ich sezt sich, als *bestimmt durch das Nicht-Ich*" (GA I, 2, 287) und „*das Ich sezt sich als bestimmend das Nicht-Ich*" (GA I, 2, 385) umschrieben werden.

Die Modalbestimmungen „Möglichkeit" und „Wirklichkeit" erscheinen zunächst in der ersten Hälfte des theoretischen Teils der GWL in einer gegenüber Kant spiegelverkehrten Ordnung.[21] Bei Kant bestimmen die Formen des Erkennt-

---

19 Fichtes Werke werden, mit Ausnahme der *Wissenschaftslehre nova methodo*, zitiert nach der Gesamtausgabe der Bayerischen Akademie der Wissenschaften (im folgenden: GA), hrsg. von R. Lauth und H. Jacob, Stuttgart-Bad Cannstatt 1962 f., mit Angabe der Band- und Seitenzahl.

20 „[...] gegebensein des Stoffs für das ganze Ich ist Unsinn. Dem Ich kann nichts gegeben werden, es hat kein Glied, an welches das Gegebene angeknüpft werden könnte" (*Wissenschaftslehre nova methodo*, Hamburg 1982, 82).

21 Die in der Forschungsliteratur zu findenden Darstellungen der fichteschen Deduktion der Kategorien halten sich zumeist nur an die Kategorien, die Fichte explizit namhaft macht. Siehe z. B. Wolfgang Janke, *Fichte. Sein und Reflexion. Grundlagen der kritischen Vernunft*, Berlin 1970. Bezogen auf die GWL werden die Qualitätskategorien „Realität", „Negation" und „Limitation" im Grundsatzkapitel gefunden, während im theoretischen Teil der GWL die Deduktion der Relationskategorien „Wechselbestimmung", „Kausalität" und „Substantialität" gesehen wird. Zumeist bleibt unbeachtet, daß Fichte sowohl die Kategorien der Quantität (vgl. Verf., *Kategoriendeduktion* (Anm. 7), 258 f.)

nisvermögens, was in Ansehung seiner apriorischen Bestimmtheit für uns möglich ist, während der rezeptive Bezug unseres Erkenntnisvermögens auf den Stoff der Empfindung allein „Wirklichkeit" anzuzeigen vermag.[22] Fichte jedoch denkt als den einzigen nicht-ichlichen Faktor beim Zustandekommen der Vorstellung einen Anstoß, der auf die Tätigkeit des Ich trifft und es zur Bildung der bestimmten Vorstellung veranlaßt. Der so gedachte Anstoß *ermöglicht* die Vorstellung, während das Ich dieselbe *verwirklicht*, indem es den auf es geschehen Eindruck durch produktive Einbildungskraft mit seiner Tätigkeit vereinigt. Dank dieser Synthesis der Einbildungskraft ist im Bewußtsein etwas gesetzt, welches als „Factum" (GA I, 2, 362) bezeichnet wird.

Auf das vorbewußt, durch produktive Einbildungskraft hervorgebrachte Faktum richtet sich die ursprüngliche Reflexion des Ich. Durch die Wiederholung des Setzens nämlich wird das vorbewußt Gesetzte in ein bewußt Gesetztes verwandelt und die für sich seiende ,Vorstellung' im Bewußtsein evoziert. Die in der „*Deduktion der Vorstellung*" (GA I, 2, 369 f.) dargestellte ursprüngliche Reflexion läßt sukzessiv die verschiedenen Erkenntnisvermögen Anschauung, Einbildungskraft, Verstand, Urteilskraft und Vernunft und mit ihnen das System des menschlichen Geistes vor unseren Augen entstehen.[23]

Im praktischen Teil der GWL soll das vorstellende Ich mit der Absolutheit des Ich vermittelt, der Widerstreit zwischen der im Vorstellen gesetzten Endlichkeit und der in der Idee des Ich liegenden Unendlichkeit aufgelöst werden. In dieser Hauptsynthesis der GWL kehrt sich die Ordnung der Modalbestimmungen noch einmal um. Der Anstoß steht für das nicht-ichliche Moment, das aus dem Ich nicht ableitbar ist. Und doch *soll*, nach der Idee des Ich, Alles aus dem Ich abgeleitet werden, und zwar als ein solches, das schlechthin und nur vom Ich selbst gesetzt ist. So fordert es die Idee der Freiheit, die einen unendlichen, niemals abschließbaren Prozeß der Befreiung prinzipiiert. Der Anstoß ist nun, so Fichte, in einer Hinsicht aus dem absoluten Ich ableitbar, insofern nämlich „*die Bedingung der Möglichkeit eines* [...] *fremden Einflusses* [...] *im absoluten Ich*, vor aller wirklichen fremden Einwirkung vorher gegründet" ist (GA I, 2, 405). Wie wird dieses ursprünglichste ‚Ermöglichen' gedacht?

Das „Ich sezt sich selbst schlechthin, und dadurch ist es in sich selbst vollkommen, und allem äussern Eindrucke verschlossen. Aber" – und mit diesem Aber

---

    als auch die Modalkategorien eigens ableitet, welche letzteren sogar, in der Synthesis E des § 4 der GWL, zu einem eigentümlichen System entfaltet werden. Siehe Verf., a.a.O., 275 f.

22 Vgl. die ersten beiden „Postulate des empirischen Denkens überhaupt", die oben zitiert wurden.

23 Daß bei Fichte das wiederholende Setzen (die produktive Reflexion) das Bewußtsein stiftet, ist nachgewiesen in Verf., „La genesi della coscienza reale nella ‚Grundlage der gesamten Wissenschaftslehre' di Fichte", in: *Teoria. Rivista di filosofia*, 14 (1994), 21-53.

leitet Fichte zur Hauptsynthesis der GWL über – „es muß auch, wenn es ein Ich seyn soll, sich setzen, als durch sich selbst gesezt; und durch dieses neue, auf ein ursprüngliches Setzen sich beziehende Setzen öfnet es sich, daß ich so sage, der Einwirkung von aussen; es sezt lediglich durch diese Wiederholung des Setzens die Möglichkeit, daß auch etwas in ihm seyn könne, was nicht durch dasselbe selbst gesezt sey." (GA I, 2, 409) Bei Kant ‚ermöglicht' das transzendentale Subjekt ursprünglich das, was gemäß dem Gesetz, welches der Verstand der Natur vorschreibt, für uns ‚möglich' ist. In Fichtes Transzendentalphilosophie wird hingegen eine allererste ‚Ermöglichung' gedacht, die sich nicht auf die apriorische Bestimmtheit der Erscheinungen, sondern auf das Sein eines Nicht-Ich für das Ich bezieht. Daß überhaupt ein Nicht-Ich für das Ich sein kann, ist im absoluten Ich, genauer in der „absoluten Reflexion"[24] des Ich über sich selbst begründet.

(2) Was bedeutet Fichtes Neubestimmung der Modalkategorien *in concreto*? In Bezug auf Kant konnte von einer Rückbeziehung der Possibilität auf die Potentialität, jedoch nur hinsichtlich der apriorischen Grundstruktur der Erfahrung, gesprochen werden. Was dieser gemäß ‚möglich' ist, hängt von dem apriorischen ‚Ermöglichen' der transzendentalen Subjektivität ab. Auch Fichte lehrt die konstitutive Bedeutung der Kategorien sowie die Idealität von Raum und Zeit.[25] Demzuvor bestimmt er die Freiheit zum obersten Prinzip auch der theoretischen Philosophie.[26] Das praktische Streben des Ich nach der Gleichheit mit seiner Idee der Freiheit ist ins Unendliche die Bedingung der Möglichkeit des Vorstellens. Das Ich nämlich ist immer auf der Grenze vorstellend, bis zu der es sich jeweils erweitert und befreit hat.

Die Freiheit ist des näheren der Grund dafür, daß die Welt als pluripotentiell,[27] weil als die Sphäre des *freien* Handelns vorzustellen ist. Die empirischen Einzeldaten lassen sich auch bei Fichte nicht, ebensowenig wie bei Kant, a priori aus der transzendentalen Subjektivität ableiten. Daß es aber den Bereich der bloßen Possibilitäten und Zufälligkeiten überhaupt gibt, ist nach Fichte aus dem Ich zu begründen; muß die Welt doch pluripotentiell sein, damit die freie Wirksamkeit in der Sinnenwelt möglich ist.

Bei Kant ist das System der Erscheinungen durch eine strenge Notwendigkeit (deterministisch) bestimmt. Nur weil Erscheinungen nicht Dinge an sich sind, kann

---

24 Janke, *Fichte* (Anm. 21), 191 f.
25 Siehe hierzu Verf., „Fichtes genetische Deduktion von Raum und Zeit in Differenz zu Kant", in: *Fichte-Studien* 6 (1994), 71-94.
26 Weil die Freiheit zum Prinzip der ganzen Philosophie avanciert, kann Fichte in einem Briefe behaupten: „Mein System ist das erste System der Freiheit [...]" (GA III, 2, 298).
27 Den Begriff „pluripotentielle Welt" gebraucht Reinhard Lauth in *Die transzendentale Naturlehre Fichtes nach den Prinzipien der Wissenschaftslehre*, Hamburg 1984, 87 f.

‚die Freiheit gerettet werden' (B 546, A 536). Bei Fichte aber wird die theoretische Vernunft in der praktischen fundiert, die erkannte Welt als pluripotentielle Sphäre des freien Handelns gedacht. Die Welt der verschiedenen ‚Möglichkeiten' (Possibilität) wird so auf das freie *Vermögen* des Subjekts bezogen und aus dem Prinzip der Freiheit letztlich deduziert.

Heidegger: Die eigenste eigentliche Möglichkeit

Rainer Marten

Heideggers Hauptwerk *Sein und Zeit* (1927) stellt den gelungenen Versuch dar, eine dem vereinzelten Selbst eigene Möglichkeit zu entwerfen, die nach herrschender Auffassung, weil allgemeiner Erfahrung nie und nimmer in der Macht des Selbst steht. Die Überzeugungsarbeit für seinen Entwurf läßt den Autor ein wahres Feuerwerk an neu besetzter und neologistischer Begrifflichkeit entfachen, wodurch, verbunden mit einem methodischen Vorgehen von seltener Luzidität, einer der dichtesten philosophischen Texte des 20. Jahrhunderts entsteht. Es ist kein leichtes Unterfangen, den Gedanken dieser eigenen, ja eigensten eigentlichen Möglichkeit (wörtlicher Beleg: *Sein und Zeit* [*SuZ*], 302) des Selbst in Kürze aus dem Ganzen einer sich gegen jeden Zugriff von außen immunisierenden Beredtheit herauszuholen und verständlich darzulegen. Welche Bedeutung die neu gedachte Möglichkeit gegebenenfalls über ihr Erdachtsein hinaus hat, ist eine andere Frage, der bei dieser Gelegenheit nicht näher nachgegangen wird.

Ausgangspunkt Heideggers ist eine Anleihe bei dem alten Wort: „Mors certa, hora incerta", die in dem Buch verschwiegen wird, aber bis in jeden Winkel des kunstvoll verzweigten Gedankengeflechts gegenwärtig ist: Für den einzelnen lebenden Menschen ist der Eintritt des Todes jederzeit möglich, das heißt der Tod ist für ihn zeitlebens eine Möglichkeit (Possibilität) bzw. etwas Mögliches. Sich philosophisch von diesem realistischen Möglichkeitsverständnis des Todes als dem einzig verbindlichen zu lösen, um, in sich stimmig, die Möglichkeit des Todes für den einzelnen Menschen ganz anders zu entwerfen, nämlich im Sinne einer „ursprünglichen" und eben eigentlichen, nur dem Menschen eigenen, macht bis heute die Faszination von *Sein und Zeit* aus.

Mit seinem Neuentwurf der Todesmöglichkeit stellt sich Heidegger bewußt in die griechische und christliche Tradition, den Menschen, wie er sich in geschichtlicher Gegenwart dem kritischen geistigen und geistlichen Blick zeigt, *umzudenken*. Was Platon die „Höhle" als Aufenthaltsort des kritisierten Menschen, Paulus „diese Welt", ist dem Autor von *Sein und Zeit* die „Alltäglichkeit". Anstatt aber mit der im Umdenken gemeinten Umwendung den Menschen auf etwas hin zu orientieren, das über ihn hinaus liegt – die Umwendung zum wahren Licht außerhalb der Höhle, zur wahren Welt jenseits dieser –, richtet er den umgedachten Menschen gänzlich auf sich selbst aus: auf sein „Eigenstes" und „Eigentliches", auf eine „Wahrheit" (*SuZ*, 297-308), die ganz er selbst ist. Um sich aus der „Entfremdung" zu lösen, die sein alltägliches Leben bedeutet, hat der Mensch demnach nicht sein Erkenntnisvermögen neu zu orientieren, auch keine Selbstaufgabe zu betreiben, auf daß der Wille eines ganz Anderen in ihm zur Herrschaft gelange, und schon gar nicht die politisch-ökonomischen Verhältnisse zu revolutionieren. Es bedarf dazu keiner anderen Tat als der Selbstwahl und das heißt der Ergreifung des „eigensten" und „eigentlichen" Selbst (*SuZ*, 129; 280). Nur die konsequente und absolute Selbstorientierung eines vereinzelten Selbst garantiert, daß es der „Nichtigkeit" alles Alltäglichen entgeht, und dies eben für die Zeit bzw. den Moment eigensten und eigentlichen Selbstseins.

Heideggers Umdenken des Menschen ist ein ontologisches (weg vom bloß Seienden, hin zum seinsverstehenden Seienden), mit der einzigartigen, auch von keinem Philosophen nach ihm wiederholten Spezialität, ein „existenzial-ontologisches" zu sein. Das besagt, daß der Mensch für ihn „ursprünglich" und „eigentlich" kein Lebewesen, kein Vernunftwesen, kein Gesellschaftswesen, sondern ein Seinswesen ist. Er nennt dieses – existential entworfene – Wesen „Dasein" und zeichnet es dadurch aus, daß sein Wesen die Existenz ist (*SuZ*, 42; 231).[1] Damit stellt er alles Wesensdenken vor ihm auf den Kopf.

Traditionell ist mit Wesen die Was-Bestimmung und das heißt das eigentümliche Vermögen eines Wirklichen angesprochen. Bei Platon ist das eigentümliche Wesen und eben Vermögen (gr. *ousia, physis, dynamis*) eines Wortes das Benennen (*Kratylos* 387c ff.). Für Aristoteles ist das eigentliche Wesen und Vermögen (gr. *ousia hos eidos*) eines Hauses, Schutzbau zu sein für Menschen und Gerät gegen Unbill der Witterung (*De anima* I 1, 403b 4), also Zweck und Funktion. Die Existenzmöglichkeit des von Heidegger konzipierten Seinswesens, „Dasein" genannt, ist als Wesensmöglichkeit damit nicht vergleichbar. Das Dasein ist überhaupt nichts Wirkliches, nichts, das sich instrumentalisieren ließe, und damit nichts, das ein Wesen *hat*. Anstatt ein Wirkliches mit einer Was-Bestimmung zu sein, ist es ein „Wer" im „Wie" der Existenz: der nicht–alltäglichen (*SuZ*, 370) oder eigentlichen.[2]

Ist das Dasein, das existierend sein Wesen ist, nichts Wirkliches, dann aber auch nichts Mögliches, das zu verwirklichen wäre – vergleichbar dem aristotelisch gedeuteten Menschensamen, der der Möglichkeit nach ein Mensch, dem männlichen Menschenkind, das entsprechend ein Mann ist. Zwar nennt Heidegger das Dasein ein Seiendes. Doch wie es ihm seiner Wesensbestimmung nach zukommt, ist es,

---

[1] Heidegger spricht auch davon, daß seine „Substanz" die Existenz ist (*SuZ*, 117; 212; 314), meint aber die aristotelische *ousia*.
[2] Zum Begriff eines eigentlichen Wie des Daseins schlechthin siehe insbesondere Martin Heidegger, *Der Begriff der Zeit* (*BdZ*) (1924), Tübingen 1995, 17-21; 25-27.

eigentlich erfaßt, nicht von ontisch-existentieller, sondern von ontologischer Art – eben in der speziellen Art des existential-ontologischen Entwurfs: „Dasein ist nicht ein Vorhandenes, das als Zugabe noch besitzt, etwas zu können, sondern ist primär Möglichsein." (*SuZ*, 143; *BdZ*, 17) Das ist der entscheidende Einstieg in das Umdenken des Menschen. Der ‚Mensch' ist – in existentialer Deutung – seinem Wesen nach primär, das meint ursprünglich und eigentlich, Möglichsein. Kein neues Menschenbild zeichnet sich ab. Wie Philosophie sich bei Heidegger bis weit über *Sein und Zeit* hinaus als „Fragen" (und erst spät als „Hören") stilisiert, so überträgt sich dabei jedes ‚fragende' philosophische Entwerfen auf das Entworfene. Das Dasein, das existierend sein Wesen ist, stellt als philosophischer Entwurf den Menschen in seinem – ihm zugedachten – eigentlichen „Fraglichsein" dar (*BdZ*, 28). Es ist mit das erste, was in *Sein und Zeit* zur Seinsmöglichkeit des Daseins gesagt wird, daß sie die Seinsmöglichkeit des Fragens einschließe (*SuZ*, 7 f.). Im – entworfenen – Dasein spiegelt sich die von Heidegger initiierte „Seinsfrage" im Verein mit der – wegen der Endlichkeit des Seins des existierenden Daseins – unabdingbar dazugehörigen Zeitfrage. Die Frage nach der eigentlichen Möglichkeit des Daseins (alias ‚Mensch') als die Frage nach der „eigentlichen Existenz" (*SuZ*, 263; 267), ja „Wahrheit der Existenz" (*SuZ*, 297), impliziert die Frage nach der eigentlichen Möglichkeit der Philosophie. Die Existenz des Daseins, wie sie erdacht wird, ist eine philosophische.

Das setzt freilich voraus, daß der existential-ontologische Entwurf keine willkürliche Konstruktion ist, sondern sich, wie Heidegger formuliert, existentiell „bezeugen" und „phänomenal" „aufweisen" läßt (*SuZ*, 301 ff.). Heidegger bekennt sogar (was er später, wie eine Notiz im Hüttenexemplar von *Sein und Zeit* bezeugt, wieder zurücknehmen möchte), daß der ontologischen Interpretation des Daseins eine „ontische Auffassung" von eigentlicher Existenz, ein „faktisches Ideal des Daseins" zugrundeliegt (*SuZ*, 310). Wie Ontisches und Ontologisches, Existentielles und existentialer Entwurf zu vermitteln sind, demonstriert Heidegger am Begriff der „Entschlossenheit". Dieser steht einmal für die ideale existentielle Haltung, ein andermal für den erdachten ekstatischen Vollzug eigentlichen Seinkönnens (im Sinne des Ergreifens der Möglichkeit ursprünglicher und eigentlicher Zeitlichkeit des Daseins). Um die Vermittlung plausibel zu machen, bringt Heidegger eine sachlich verbundene Analogie ins Spiel, die für sein Verständnis der „hermeneutischen Situation" besonders erhellend ist: Es ist die Analogie zwischen dem Zu-Ende-Denken eines philosophischen Begriffs und damit einer Möglichkeit philosophischen Begreifens und dem Zu-Ende-Denken des Menschen, was existential-ontologisch meint, das Dasein in seinem Existieren auf die Möglichkeit des Todes als seine eigenste eigentliche Möglichkeit hin auszulegen (*SuZ*, 305). So formuliert Heidegger bündig zur Entschlossenheit: „Sie birgt das eigentliche Sein zum Tode in sich als mögliche existenzielle Modalität ihrer eigenen Endlichkeit." (*SuZ*, 305) Ebenso erhellend, wenn nicht kryptisch heißt es kurz darauf: „Das Vorlaufen [das meint die Art der existential gedeuteten Entschlossenheit, sich des Seins zum Tode als des möglichen Ganzseinkönnens des Daseins existierend-seinkönnend zu vergewissern; R. M.] ‚ist' nicht als freischwebende Verhaltung, sondern muß begriffen werden als *die in der existenziell bezeugten Entschlossenheit verborgene und sonach mitbezeugte Möglichkeit ihrer Endlichkeit.*" (*SuZ*, 309) Für den Autor von *Sein und Zeit* ist die Analogisierung des höchst unterschiedlichen Zu-Ende-Denkens kein leeres Spiel mit der Sprache. Für ihn gehört es zum hermeneutischen „Einsatz", daß der Entwerfende im Entwurf selbst präsent ist.[3] Das aber bedeutet, falls die Vermittlung des Existentiellen und Existentialen überzeugt, daß der das Dasein auszeichnende Seinsmodus in seiner eigensten eigentlichen Möglichkeit nicht von dem seiner existentiellen philosophischen Natur zu trennen ist.

Damit ist auch für das Nachverstehen die Situation soweit geklärt, um sich genauer auf das existentiale Konzept von Möglichkeit einlassen zu können. „Möglichsein" und „Seinkönnen" als Seinsart des existierenden Daseins heißt für Heidegger gleichviel. Beidemale ist kein denkbares, auch kein – als zufällig oder notwendig zu deutendes – in Aussicht stehendes Eintreten von etwas angesprochen. Das Dasein *existiert* ja in der Weise des Möglichseins und Seinkönnens: Indem es existiert, *ist* es seine Möglichkeit, ist es sein Können. Existierend aber ‚kann' und vermag das Dasein nur eines: existieren (*SuZ*, 143). Insofern für das existierende Dasein sein existierendes Seinkönnen nicht zur Disposition steht, gibt es für dies Können nichts zu verwirklichen, auch nicht sich selbst. Dennoch sind beim Dasein, das existierend seine Möglichkeit ist, nicht nur Vermögen und Können, sondern auch Möglichkeiten im Spiel, die als Möglichkeiten der Existenz zur Wahl stehen. Ein Verständnis dafür eröffnet das mit dem Konzept des Daseins verbundene Konzept der Freiheit. „Das Dasein versteht sich selbst immer aus seiner Existenz, einer Möglichkeit seiner selbst, es selbst oder nicht es selbst zu sein. Diese Möglichkeiten hat das Dasein entweder selbst gewählt, oder es ist in sie hineingeraten oder je schon darin aufgewachsen. Die Existenz wird in der Weise des Ergreifens oder Versäumens nur vom jeweiligen Dasein selbst entschieden. Die Frage des Existenz ist immer nur durch das Existieren selbst ins Reine zu bringen." (*SuZ*, 12)

‚Menschliche' Existenz wird für grundsätzlich alternativ angesehen. Das Dasein, das den „Aufruf" zum „eigensten Seinkönnen" versteht, ist frei für die „Freiheit

---

[3] Vgl. *Metaphysische Anfangsgründe der Logik im Ausgang von Leibniz*, GA Bd. 26, Frankfurt a. M. 1978, 175 f.: „Weil das Dasein je als es selbst existiert und das Selbstsein wie das Existieren je nur ist in seinem Vollzug, deshalb muß gerade der Entwurf der ontologischen Grundverfassung des Daseins je aus der Konstruktion einer extremsten Möglichkeit eines eigentlichen und ganzen Seinkönnens des Daseins entspringen. Die Richtung des Entwurfes geht auf das Dasein als Ganzes und auf die Grundbestimmungen seiner Ganzheit, obwohl es ontisch je nur als Existierendes ist. Anders gewendet: die Gewinnung der metaphysischen Neutralität und Isolierung des Daseins überhaupt ist nur möglich auf dem Grunde extremen existenziellen *Einsatzes* des Entwerfenden selbst."

des Sich-selbst-wählens" (*SuZ*, 188), frei also für die Wahl der eigensten eigentlichen Möglichkeit. Existentiell hat das Dasein in seinem Freisein für die eigensten Seinsmöglichkeiten keine andere Möglichkeit (Wahl) als die von Eigentlichkeit und Uneigentlichkeit, zum Beispiel von eigentlichem und uneigentlichem Schuldigsein (*SuZ*, 191; 306). Wer mit der „eigensten Existenzmöglichkeit" (*SuZ*, 287) seine „eigentliche Existenz" (*SuZ*, 263; 307) wählt, hat sich selbst gewählt (*SuZ*, 287).

Das ist ein geläufiger handlungstheoretischer Grundsatz: Freiheit des Handelns gibt es nur, wenn für das Handeln eine Alternative besteht. Doch für das Dasein ‚besteht' keine. Es muß sich eine solche selbst „erschließen", ja selbst „ermöglichen" (*SuZ*, 305 ff.). Genau dafür aber ist die philosophische Natur des Daseins gefragt. Im Wahrnehmen seiner eigentlichen Möglichkeit und das heißt in seinem eigentlichen Existieren zeichnet es sich als geistige, freie und endliche Existenz aus, wobei sich diese drei Bestimmungen der Existenz wechselseitig bedingen.

Die eigentliche Geistigkeit (Heidegger spricht insbesondere von Verstehen und Durchsichtigkeit) des Daseins ist auf seine eigene Endlichkeit gerichtet. Im Unterschied zu geläufigem An-den-Tod-Denken ist es ihre Art, den Tod als Seinsmöglichkeit zu eröffnen. Der „Tod als Mögliches" (*SuZ*, 261) wird so zu einem – geistigen – Verhältnis zum Tod als eigenster Seinsmöglichkeit, aus dem möglichen Zu-Ende-Sein ein mögliches Sein zum Ende (*SuZ*, 245). Heidegger nimmt das Verstehen von vornherein nicht für eine besondere Erkenntnisart, sondern für ein „Existenzial", das heißt für eine konstitutive Seinsart des Daseins. Er nimmt es dabei im Sinne eines ‚Könnens' von Sein: Sich-verstehen-auf. Allerdings kann dieses Können eben allein das Existieren (das Wie) und nicht etwas (kein Was) (*SuZ*, 143). Ohne Verstehen hätte das Dasein kein mögliches Verhältnis (,Sein') zu seinem Ende, da dies ja eines „Voraus" bedarf, zu dem allein die philosophische Existenz fähig ist.

Der Tod als eigenste eigentliche („äußerste", „unüberholbare") freie Möglichkeit läßt ihn „ungeschwächt *als Möglichkeit*" verstehen (*SuZ*, 261). Das philosophisch existierende Dasein ist damit soweit, „daß es dem Tod unter die Augen geht" (*SuZ*, 382). Es flieht ihn nicht, sondern hält ihn aus (*SuZ*, 261) – als Möglichkeit. Da die Zeit bzw. der Moment der Eigentlichkeit jedoch keine Dauer verspricht, bleibt mit der prinzipiellen Wiederholbarkeit eigensten eigentlichen Seins auch die Freiheit erhalten, sich so oder anders zu entscheiden. Zu ihrer existentialen Deutung ist das, was die ontische Möglichkeit (Possibilität) des Todes war, mit der in der Freiheit liegenden Wahlmöglichkeit eine bedeutsame Verbindung eingegangen: Der Tod als eigentliches Seinkönnen ist eine freie Möglichkeit (*SuZ*, 262). Der Tod, der ‚sein kann', ist nicht mehr der Tod, der wirklich eintreten kann, sondern gehört als Seinkönnen dem freien Selbst.

Die Umwandlung des Bewußtseins eigener Endlichkeit aus dem Verhältnis zu einem fremdbestimmten Kairos (die dem Selbst ungewisse Stunde des faktischen

Eintretens des Todes) in das Verhältnis zu einem selbstbestimmten (dem Tod frei in vollendeter Selbsthaftigkeit unter die Augen gehen) bedeutet die Selbstaneignung der Possibilität des Todes. Das Dasein verfügt so zwar nicht über die Stunde seines Übergangs in „Nichtmehrdasein" (das Problem des Suizids spielt bei Heidegger keine sonderliche Rolle), wohl aber über die Stunde seiner Eigentlichkeit. Der Selbstaneignung liegt ein Freiheitsgebrauch zugrunde, der mit der Selbstwahl die Möglichkeit (Possibilität) wahrnimmt, eigene virtuelle Potenz (Entschlossenheit als Habitus) zu aktualisieren. Stellt „eigentliches Selbstsein" eine „Modifikation" uneigentlichen Selbstseins dar (*SuZ*, 130), dann läßt sich die „Modifikation" als „zweite Verwirklichung" (Aristoteles) des Daseins deuten: Entschlossenheit ist nicht mehr bloßer Habitus (zur „Stätigkeit" der Entschlossenheit siehe unten S. 312), sondern vollendeter verstehender Selbstvollzug. Heidegger jedoch spricht von keiner Verwirklichung der Entschlossenheit. Sein Gedanke der Selbstaneignung der äußerlichen Possibilität des Todes bewahrt dem Verständnis von Möglichkeit im Sinne von Possibilität gerade im Zuge seiner Überwindung eine bleibende Dominanz. Das sich eigentlich ergreifende Selbst versteht sein Seinkönnen nicht im Verhältnis von virtuellem (potentiellem) und aktuellem Können, sondern rührt in der Weise, wie es sich seiner Endlichkeit selbst durchsichtig ist, an die Possibilität des Todes. Durchgängig sieht Heideggger die Grenze der angeeigneten Möglichkeit des Todes, die sie von der Wirklichkeit und Verwirklichung des Todes trennt, für absolut und insofern für maßgeblich an (*SuZ*, 261 f. besonders gut erkennbar). Das eigentliche Sein zum Tode lebt als Möglichkeit davon, *signifikant* keine fremdbestimmte Possibilität zu sein. Es ist die äußerste Anstrengung, ja der äußerste Einsatz der geistigen und affektiven philosophischen Existenz, im ‚Denken an den Tod' genau nicht an etwas Ausstehendes zu denken, das jederzeit wirklich eintreten kann.

Die Möglichkeiten des Daseins, existierend dazusein, bedürfen als Möglichkeiten des Selbstseins der Selbstaneignung. In seiner Alltäglichkeit versteht sich das Dasein aus sich selbst auf sie, legt es sich in ihnen aus (*BdZ*, 14). Es ist die Weise, wie das einzelne Selbst bei sich selbst ist, ja eben ein ausdrückliches oder unausdrückliches Selbstverhältnis hat. Das Verständnis von Möglichkeit, das dem Plural dieses Wortes zugrundeliegt, ist das von Wahlmöglichkeit (Möglichkeit des Ergreifens oder Versäumens eigener Existenzmöglichkeiten). Ein Problem wird dieses Selbstverhältnis dann, wenn das Dasein, das als zeitliches „unterwegs" ist (*BdZ*, 15), sich auf seine Ganzheit besinnt. Heideggers Umdeutung des Endes des Daseins, das seine Ganzheit signalisiert, von einem „Ausstand" in einen „Bevorstand", leitet die Konzeption der Selbstaneignung des Ganzseins ein: Das Ganzseinkönnen als eigentliches Seinkönnen im *Da*-Sein – fern jedem Nicht-mehr-da-Sein. Das eben geschieht durch die Aneignung des Todes als einer Möglichkeit, die für das Dasein die „äußerste Möglichkeit seiner selbst" (*BdZ*, 16) ist, eine Möglichkeit, die als „eigenste" ursprünglich in ihm selbst liegt. Damit ist aus der Perspektive des Daseins ein Übergang von Possibilität in Potentialität gedacht: Das Bevorstehende ist ein mögliches Geschehen, aber, anders als das dem Selbst entzogene Ausstehende, als selbsthaft Angeeignetes eine *eigene* Möglichkeit. Die eigenste eigentliche Möglichkeit, die so im Blick steht, ist deshalb kein Zwitter. Sie ist nicht ebensogut Possibilität wie Potentialität. Das Dasein in seiner eigentlichen Entschlossenheit ist sich der Possibilität des Todes voll als seiner eigensten Potentialität gewiß. Je größer die verstehende Nähe zum Tod, desto größer die Ferne zum Tod als einem wirklichen Ereignis (*SuZ*, 262). Das Verständnis von Possibilität ‚dominiert' deshalb bei der eigensten eigentlichen Möglichkeit des Daseins allein insofern, als die Possibilität des Todes ganz in das eigene Können und Vermögen des Todes aufgehoben ist.

Ist damit Heideggers Umdenken des ‚Menschen' abgeschlossen, dann bleibt doch das erdachte Seinswesen in seinem Können immer noch reichlich blaß für ein Nachverstehen. Selbst wenn es später heißt, daß die „Sterblichen" den „Tod als Tod vermögen",[4] erfährt man weiter nichts dazu, was für dies ‚spezielle' Vermögen erhellend wäre. Nun könnte man der Frage nachgehen, ob Heideggers faktisches Ideal des Daseins etwa der sich opfernde Held gewesen ist, der nichts Besonderes tut und leistet, und dies einfach darum nicht, weil er, indem er sich selbsthaft ‚hat', nichts als sein Sein hat. Er ‚kann' nur *sein* oder *nicht* (mehr) *sein*. Sich opfern für die „Wahrung der Wahrheit des Seins"[5] bedeutet in Anbetracht des „für" kein Blutopfer, kein Menschenopfer, sondern nicht mehr und nicht weniger als ein Seinsopfer. Hat nämlich das Dasein nichts anderes als seine Existenz ‚zur Verfügung', *kann* es eben allein existieren, dann kann es, geht es um Sein und Seinkönnen, dafür auch seine Existenz aufs Spiel setzen, ja darangeben. Anders als der Mensch, der Hand an sich selbst legt, ist Dasein, das sich zugunsten des Seins ‚spendet', eine überzeugende Lösung, sich das Sein*können* des Daseins exemplarisch verständlich zu machen.[6] Doch für die Klärung der erdachten eigensten eigentlichen Möglichkeit *als Möglichkeit* eignet sich weiterhin am besten die Gedankenwelt von *Sein und Zeit*. Dabei interessiert kein Beitrag zum Menschenbild der 20er Jahre, den Heidegger, etwa im Verein mit Hellmuth Plessner, Carl Schmitt und Ernst Jünger, geleistet haben könnte.[7] Die Frage ist allein, wie es im letzten für das Dasein in seiner todesvermögenden Ekstase um das „Es kann sein, daß — " und „Ich kann — " steht.

Die geistige Existenz, die dem Tod unter die Augen geht, verdankt dies Wahrnehmen eigenster eigentlicher Möglichkeit ihrer „Entschlossenheit". Diese wird

---

4 Martin Heidegger, „Das Ding" (1950), in: ders.: *Vorträge und Aufsätze*, Pfullingen 1954, 177.
5 Martin Heidegger, *Parmenides* (1943), GA Bd. 54, Frankfurt a. M. 1982, 250.
6 Vgl. Reinhard Mehring, *Heideggers Überlieferungsgeschick. Eine dionysische Inszenierung*, Würzburg 1992.
7 Vgl. Helmut Lethen, *Verhaltenslehren der Kälte. Lebensversuche zwischen den Kriegen*, Frankfurt a. M. 1994.

bestimmt als das verschwiegene und angstbereite Sichentwerfen auf den eigenen Tod als den ersten und letzten Grund eigener Nichtigkeit. Jetzt ist nicht die Nichtigkeit der Alltäglichkeit gemeint, sondern die in der Endlichkeit, um nicht zu sagen Tödlichkeit der Existenz liegende Nichtigkeit (*SuZ*, 308). Die die eigene Nichtigkeit der Existenz erschließende und für sie freie Entschlossenheit ist der eigentliche Habitus des eigentlichen Selbst. Für die philosophische Existenz, die Heideggers Daseinsentwurf vorstellt, macht sie eine Grundhaltung aus, die nicht mit jedem Rückfall in Alltäglichkeit, Uneigentlichkeit und Entfremdung verschwindet. Wiederholungen der Selbstwahl sind keine absolut spontanen Neueinsätze von Entschlossenheit. Als die des existierenden Daseins ist sie seine im eigentlichen Selbst gegründete und auf es zurückwirkende „Stätigkeit" (*SuZ*, 390 f. – so die ursprüngliche Schreibweise einschließlich der neugesetzten 7. Auflage von 1953). Heidegger spricht von der „*Treue* der Existenz zum eigenen Selbst" (*SuZ*, 391), die die Entschlossenheit konstituiere.

Das Dasein ist – existierend – seine eigenste eigentliche Möglichkeit in der vollendeten Introversion des Selbstseins: Unter den Augen des eigenen Todes ist es vollends nackt (*SuZ*, 343), ist es zurückgebracht „auf das pure Daß der eigensten, vereinzelten Geworfenheit" (ebd.). Es verhält sich so zu seiner „ursprünglichsten" Endlichkeit (*SuZ*, 330). Es ist die Stunde der „Unheimlichkeit", in der das Dasein, vor seine „unverstellte Nichtigkeit" gebracht, mit nichts als mit sich selbst zusammensteht (*SuZ*, 286 f.; vgl. *BdZ*, 16: „sich mit seinem Tod zusammenfinden") und für sich selbst schlechthin unverwechselbar ist (*SuZ*, 277). Heidegger hat in voller Absicht den lebensteilig schlechtweg unfruchtbaren Kairos gewählt, in dem die von ihm entworfene philosophische Existenz ganz zu sich selbst findet. Die totale Introversion der Freiheit hat statt: Unter den Augen des Todes vergewissert das Dasein sich in radikaler Vereinzelung (zum Begriff einer „radikalsten Individuation" siehe *SuZ*, 38) seiner selbst als frei und endlich – frei für sich selbst, endlich für sich selbst.

Das *solus ipse* des existentialen Solipsismus soll nun nicht etwa „in die harmlose Leere eines weltlosen Vorkommens" versetzt sein (*SuZ*, 188). Nein, es ist „in einem extremen Sinne vor seiner Welt", nämlich vor ihr „als Welt" (ebd.). Damit aber haben, ganz im Interesse Heideggers, sowohl Selbst als auch Welt jede Was-Bestimmtheit verloren: Wie das Dasein in seiner „ursprünglichsten Vereinzelung" (*SuZ*, 322) vor sich selbst nackt ist, so ist die Welt vor ihm „das Nichts der Welt" (*SuZ*, 343). Im reinen Selbstzusammenstand in der Unheimlichkeit der Vereinzelung duldet das Selbst keinerlei Mitwisserschaft (*SuZ*, 322). Das „‚Gewissen' der Anderen" (*SuZ*, 298) sowie das „eigentliche Miteinander" (ebd.) kennen keinerlei Konkretion und Kommunikation. Mit beiden Ausdrücken ist allein die absolut gleichmachende ‚Individuation' der eigentlichen Existenz gemeint (*BdZ*, 27). In der „Ekstase", in der er sein ursprüngliches und eigentliches „Geworfensein" wiederholt (*SuZ*, 344 f.), ist der eigentlich Existierende absolut verschwiegen, gerade auch mit sich selbst. Anders als Platons Philosoph, der in dem ihm eigenen Enthusiasmus bei Sinnen und sprachlicher Fassungskraft bleibt (*Phaidros* 249d ff.), zeigt sich Heideggers philosophische Existenz beim Ausstehen der „schlechthinnigen Daseinsunmöglichkeit" (*SuZ*, 250) als ihrer eigensten eigentlichen Möglichkeit schlechtweg sprachlos (*SuZ*, 339). Ist aber alles, was das Dasein in seiner eigentlichen Existenz ‚kann', der nackt-sprachlos-nichtige Selbstblick vereinzelter Existenz, dann wird die Potentialität selbst zum Problem.

Das von Heidegger entworfene Dasein, das seine eigenste eigentliche Möglichkeit ergreift, rechnet nicht mit wirklichen Möglichkeiten, erdenkt sich auch keine möglichen Wirklichkeiten. Weder plant es noch phantasiert es, wenn es ihm um es selbst, und zwar um sein eigentliches Selbstsein geht. Unterscheidet Robert Musil in *Der Mann ohne Eigenschaften* (1930-1943) zwischen Menschen mit Wirklichkeitssinn und Menschen mit Möglichkeitssinn,[8] dann eignet dem Dasein weder der eine noch der andere. Sein „Sinn" (Seinssinn im signifikanten Unterschied zu Lebenssinn) ist einzig und allein auf die eigene vereinzelte Existenz im reinsten Wie ihrer Endlichkeit gerichtet.

Gibt Platon zu bedenken, Gerechtigkeit darin zu sehen, daß jeder das Seine tut (*ta heautou prattein*), dann gibt Heidegger zu bedenken, Eigentlichkeit (Authentizität) darin zu sehen, daß jeder das Seine ist (*ta heautou einai*). Bei Platon ist das „Seine" das, was ein jeder als Spezialität eines Vermögens in das Ganze der auf Zusammenspiel von Vermögen basierenden Polis einzubringen hat. Es handelt sich um Vermögen (*dynameis*) im Sinne von Fähigkeiten, durch die sich der Eine und Andere der politisch verfaßten Gesellschaft signifikant unterscheiden. Bei Heidegger ist dagegen das „Seine" keine Spezialität des Einen, sondern das, was jedem freien Selbstsein ohne Unterschied das Eigene, ja Eigenste ist. Es handelt sich um eine „Möglichkeit, bezüglich der keiner ausgezeichnet ist". Und wie in Volksschullesebüchern als vermeinter Trost für die Armen zu lesen war, daß im Tode alle gleich sind, heißt es nun: „Im Zusammensein mit dem Tode wird jeder in das Wie gebracht, das jeder gleichmäßig sein kann; [...] in das Wie, in dem alles Was zerstäubt." (*BdZ*, 27) Das Dasein in der Eigentlichkeit seiner Existenz trägt mit seinem voll ausgespielten Können zu nichts bei, sondern vollzieht rein sich selbst, dies aber in keinem Sinne von Selbstbesinnung, Selbsterfahrung und Selbstbejahung eigenheitlicher Art, sondern in absoluter Seinsblöße. Heidegger gelingt so der Entwurf des schlechthin unbrauchbaren ‚Menschen'. Das ist nur konsequent, wenn ihm doch jegliches Tauglichsein und Nützlichsein (Gutsein für) als eine Verfehlung

---

8 1. Buch, 1. Teil, Kap. 4. Vgl. dazu Klaus Jacobi, „Das Können und die Möglichkeiten. Potentialität und Possibilität", in diesem Band S. 21 f.

des eigentlichen Sinnes von Sein gilt. Das ‚Können', das eigentlich ein solches ist, wird von ihm gänzlich auf eigentliche Existenz fokussiert. Als das extrem erdachte, das es ist, ist es in nichts ein qualifiziertes.

Heidegger macht damit nicht beim Menschen halt. Wie seine mit Beginn der 50er Jahre publizistisch wirksam werdende Ding- und Weltphilosophie herausstellt, ist auch das Ding seinem eigentlichen Wesen und Vermögen nach rein „anwesendes" („dingendes" usw.) Wesen, nicht aber Taugliches und Verwendbares. ‚Kann' man aus einem Krug Wein zum Trinken ausschenken, dann ist er auch schon vernutzt und der Nichtigkeit des Alltäglichen ausgeliefert. Der Dingontologe möchte den eigentlichen Seinssinn des Kruges allein darin gerettet sehen, daß er zur „Spende" (*sponde*) für die Götter ‚verwandt' wird (ganz so, als seien Kultgegenstände keine Gebrauchsgegenstände).[9] So kommen ihm unter Dingen am meisten noch Kunstdinge gelegen, weil in sie „das Geschaffensein eigens [...] hineingeschaffen" ist.[10] Wie sie für ihn zu nichts Alltäglichem zu gebrauchen sind, schon gar nicht zu Kunsterleben, feiert er sie in der reinen Faktizität ihres Geschaffenseins. Heideggers Seinsphilosophie erschöpft sich sonach nicht in einem eigenwilligen Existentialismus, sondern übt sich allgemeiner noch in einem nicht weniger eigenwilligen Faktizismus: Nur dasjenige Ding kann ‚etwas', das seine Faktizität kann. (Das Problem „Anwesen" und „Vernehmen von Anwesen" wird hier übergangen.)[11] Das Wesen eines Dinges ist seine Faktizität (wie das Wesen des Daseins seine Existenz ist). Kann ein Ding ‚etwas', dann kann es seine Faktizität ausstehen. Was zum Beispiel ein eigentlicher Stein ist (ein Stein in seinem eigentlichen Seinkönnen), so kann er nicht liegen, fliegen, glänzen, sondern allein „anwesen" („anwähren").

Was so als der Versuch erscheinen mag, nicht nur das Dasein, sondern überhaupt das „Seiende" in seiner eigensten eigentlichen Möglichkeit vor dem Gebrauchtwerden und der Instrumentalisierung zu bewahren, zeigt sich nicht weniger als eine Absage an alles *uti et frui*, das sich aus dem lebenspraktischen Austausch unter Menschen und dem von Natur und Mensch ergibt. Heideggers gegen die ‚Seinsmäßigkeit' des Was-Seins und des je eigentümlichen Wesens argumentierendes Seinsdenken kommt notwendig einer Depotenzierung aller dem Menschen verfügbaren Potentiale gleich. Dem widerspricht nicht, daß Heidegger gerade im Gedanken reiner Existenz und Faktizität, der auf der Indifferenz gegen „jede genuine Welthaftigkeit" und „jede bestimmte Objektartigkeit" und eben jede Wesenseigentümlichkeit

---

9 „Das Ding" (Anm. 4), 171.
10 „Der Ursprung des Kunstwerks" (1936), in: ders., *Holzwege*, Frankfurt a. M. 1950, 53.
11 Daß im übrigen zunächst auch das Umdenken des Menschen als Faktizismus geplant war, läßt sich vielfach belegen, etwa: „die Faktizität [...], der Grundsinn des Seins von [‚menschlichem'] Leben" (Martin Heidegger, *Phänomenologische Interpretationen zu Aristoteles* (1921 / 22), GA Bd. 61, Frankfurt a. M. 1985, 87).

besteht, das heißt im Gedanken des Seins und Seinkönnens, das jeder „Zersplitterung" und „Zerstreuung" vorausliegt, die „höchste Potentialität" gedacht zu haben meint.[12]

---

[12] Siehe bereits Martin Heidegger, *Phänomenologie als vortheoretische Urwissenschaft* (1919), GA Bd. 56/57, Frankfurt a. M. 1987, 115. Vgl. ders., *Metaphysische Anfangsgründe* (Anm. 3), 172: „Das Dasein in seiner Neutralität ist nicht indifferent Niemand und Jeder, sondern die ursprüngliche Positivität und Mächtigkeit des Wesens. [...] Die Neutralität ist nicht die Nichtigkeit einer Abstraktion, sondern gerade die Mächtigkeit des *Ursprunges*, der in sich die innere Möglichkeit eines jeden konkreten faktischen Menschentums trägt."

Möglichkeiten des Seins, Möglichkeiten des Denkens

Tilman Borsche

1. Die zwei Aussageformen, die „grundlegend für die Analyse unserer Rede über Mögliches" sind,[1] entsprechen in etwa einem verbreiteten Gebrauch der lateinischen Begriffe ‚possibilitas' bzw. ‚potentia', die sich im Blick auf die Intention dieses Beitrags wie folgt bestimmen (und um einen dritten ergänzen) lassen:

(a) *Possibilität*: Es ist möglich, daß *p* (im Sinne von ‚es ist denkbar, enthält keinen Widerspruch im Begriff / der Natur der Sache'; ‚*p*' steht für eine Aussage über einen Sachverhalt) = Es kann sein, daß *p*.

(b) *Potentialität:* Für A ist es möglich zu ... (‚A' steht für ein individuum agens / patiens, ‚...' steht für den Infinitiv eines Verbs des Tuns *oder* des Erleidens) = A kann ...

Erläuterung und Erweiterung:

(a) betrifft das *logische* Sein, die Frage nach der Wahrheit einer Aussage, einer Aussage, die selbstverständlich auch wirkliche Dinge betreffen kann, in welchem Fall es sich um Aussagen über die Natur / das Wesen eines Dinges handelt.

(b) betrifft das *natürliche* Sein, die Frage nach der Wirklichkeit der Dinge, nach ihrem Werden und Vergehen, es geht um wirkliche Dinge und ihre kontingenten Umstände.

(c) *Macht*, im Sinne von lat. ‚potestas', stünde für das *moralische* Sein, falls man ein solches unterscheiden wollte, wie es seit dem 13. Jh. gelegentlich geschieht,[2] und beträfe die Frage nach der (un)vernünftigen Bestimmung des freien Willens einer oder mehrerer Personen.

---

[1] Klaus Jacobi, „Das Können und die Möglichkeiten. Potentialität und Possibilität", in diesem Bd. S. 12 f.

[2] Vgl. Theo Kobusch, *Die Entdeckung der Person. Metaphysik der Freiheit und modernes Menschenbild*, Freiburg i. Br. 1993, bes. 23-54.

1. Möglichkeit

2. Alle drei Möglichkeitsbegriffe sind bei *Aristoteles* deutlich vorgeprägt,[3] auch wenn für sie nur das eine Wort δύναμις zur Verfügung steht, das, wie so viele Grundbegriffe der griechischen Philosophie, in mehrfacher und in diesem Fall sogar auch in übertragener Bedeutung gebraucht wird.[4] Aristoteles unterscheidet diese drei Modi der Möglichkeit allein im Blick auf Naturdinge, und zwar durch nähere Bestimmungen als Mögliches (δυνατόν) verschiedener Art. Ich nenne sie der Übersichtlichkeit halber in der oben genannten, nicht in der aristotelischen Folge:

(a) τὸ μὴ ἐξ ἀνάγκης ψεῦδος:[5] was nicht unmöglich, d. h. nicht notwendigerweise falsch bzw. der Natur der Sache nicht widersprechend ist; solches Mögliche gehört zu dem, was ‚nicht auf ein Vermögen / eine Fähigkeit bezogen möglich genannt wird';[6]

(b) κατὰ δύναμιν:[7] von Natur aus möglich, einer Naturanlage gemäß, die zu ihrer Verwirklichung aber immer auch günstiger äußerer Umstände oder wenigstens der Abwesenheit ungünstiger Umstände bedarf;

(c) κατὰ προαίρεσιν:[8] dem Willen zugänglich oder das, was unter der Alternative καλῶς / μὴ καλῶς tun steht.[9]

Aristoteles läßt jedoch keinen Zweifel daran, daß die hier als zweite (b) genannte dieser drei Bestimmungen den wichtigsten oder eigentlichen Möglichkeitsbegriff (ὁ κύριος ὅρος[10] bzw. ἡ πρώτη δύναμις[11]) darstellt. Sein Interesse richtet sich vornehmlich auf die spezifische Natur der Dinge, insbesondere der Lebewesen, eine Natur, die sich weniger durch besondere Eigenschaften, als vielmehr durch besondere Vermögen auszeichnet und unterscheidet. Folglich ist sein Möglichkeitsdenken primär naturphilosophisch orientiert, weshalb er auch nicht von ‚logischer' Möglichkeit spricht, sondern für diesen Modus nur negative Bezeichnungen (s. o.) verwendet.

3. Einleitend wäre nun zu fragen, ob (a) Possibilität und (b) Potentialität zwei völlig verschiedene Begriffe sind, die nur zufällig im Lateinischen durch zwei Wörter mit gleicher Wurzel und im Griechischen durch ein Homonym (δύναμις) dar-

---

3 Vgl. Aristoteles, *Metaph.* Δ 12, 1019a 15 – 1020a 6; Θ 1-5, 1045b 34 – 1048a 24.
4 πολλαχῶς λέγεται: *Metaph.* 1046a 4; κατὰ μεταφοράν: 1019b 33 bzw. ὁμωνύμως: 1046a 6.
5 *Metaph.* 1019b 31.
6 δυνατὰ οὐ κατὰ δύναμιν: *Metaph.* 1019b 34.
7 *Metaph.* passim.
8 *Metaph.* 1019a 23 f.; 1048a 11.
9 *Metaph.* 1019a 23; 1046a 17.
10 *Metaph.* 1020a 4 f.
11 *Metaph.* 1046a 15.

gestellt werden, oder ob sie auch sachlich zusammenhängen. Einiges spricht für letzteres. Mit Thomas von Aquin läßt sich nämlich zeigen,[12] daß durch eine Entgrenzung von (b), und zwar vom Können (Vermögen) eines endlichen Individuums, das einer natürlichen Gattung angehört und deren spezifischen Beschränkungen unterliegt, auf das unendliche Können oder die unbeschränkte Allmacht Gottes hin, ‚possibilitas' und ‚potentia' und, so wäre zu ergänzen, auch ‚potestas', also logische (bzw. essentielle), natürliche (kontingente) und moralische Möglichkeit, in der Tat zusammenfallen. Das läßt schließlich eine strukturelle Identität aller drei Möglichkeitsbegriffe vermuten, die unter den Bedingungen der Endlichkeit verborgen bleibt und erst entwickelt werden müßte.

4. Der vorliegende Beitrag, ein Essay in spekulativem Denken, geht von dieser Unterscheidung der aristotelischen Naturphilosophie und deren theologischer Entgrenzung bei Thomas aus. Seine Entwicklung geht dahin, die geläufige Rede von der Möglichkeit im Blick auf Leibniz zu radikalisieren, wodurch der aristotelische in einen den megarischen integrierenden Möglichkeitsbegriff transformiert wird, in welchem die Unterscheidung von Wirklichkeit und Möglichkeit, zumindest was die Natur selbst betrifft, zusammen mit der Wirklichkeit der Zeit aufgehoben wird (2.). Auf diese Weise öffnet sich ein neuer Raum für die naturphilosophisch problematisch gewordene Rede von der menschlichen Freiheit, die ebenfalls in den traditionellen Horizont des Begriffs der Möglichkeit fällt. Mit Augustin wird Freiheit auf eine Freiheit des Denkens restringiert, die mit der Allmacht Gottes kompatibel, dafür aber anderen, drückenderen Beschränkungen unterworfen ist (3.). Ein kurzer Ausblick verweist am Ende auf ein neues Feld von Möglichkeiten, das sich dem spekulativen Denken in nachmetaphysischer bzw. nachtheologischer Perspektive eröffnet (4.). Der Beitrag versteht sich damit nicht als Skizze einer noch auszuarbeitenden Theorie der Möglichkeit, sondern als Anregung zu einer kritischen Reflexion der Genealogie unseres Denkens der Möglichkeit auf dem Weg einer relecture einiger kanonischer Texte der philosophischen Tradition.

5. Ein erster Blick auf die verschiedenen Bedeutungen des Möglichkeitsbegriffs läßt verschiedene Diskurszusammenhänge sowie ein verschiedenartiges Interesse am Gebrauch dieses Begriffs erkennen. – Die *logische* Möglichkeit (possibilitas) wird interessant und wichtig im Zusammenhang des Problems einer Verknüpfung ontologischer mit erkenntnistheoretischen Fragen. Gibt es analytisch wahre Sätze, die etwas aussagen, was nicht wirklich, aber doch möglich ist? (‚Der Mensch kann denken', ‚Der Mensch kann fliegen'.) Oder anders: In welchem Sinn kann etwas (möglich) sein, was nicht (wirklich) ist? (Allgemeine Begriffe wie ‚Mensch', ‚fliegen', ‚denken', können miteinander verknüpft werden oder eben nicht. Ob ein Fall ihrer Verknüpfung vorliegt, ob ein solcher wenigstens bekannt und anerkannt ist,

---

12 Vgl. Jacobi, „Das Können" (Anm. 1), 17-20.

ist eine Frage, die die Möglichkeit in diesem logischen bzw. essentiellen Sinn nicht betrifft.) – Die *natürliche* Möglichkeit (potentia) wird interessant und wichtig im Rahmen naturphilosophischer Erörterungen über wirkliches Geschehen, über Entstehen und Vergehen von etwas als etwas oder zu etwas, sie betrifft das Werden der natürlichen Dinge. Was kann und in welchem Sinn von Können kann etwas aus etwas werden und was nicht? – Die *moralische* Möglichkeit wird interessant und wichtig für eine Theorie des menschlichen Handelns und insbesondere für die Frage nach den Möglichkeiten und Grenzen der menschlichen Freiheit im Rahmen natürlich-menschlicher Möglichkeiten oder auch über sie hinaus.

6. Was verbindet diese Begriffe? Ich beginne mit einer Erinnerung an die Ergebnisse der scholastischen Diskussion dieser Frage, wie sie sich im Anschluß an Thomas von Aquin darstellt. Für Thomas fällt die Fähigkeit / potentia (oder Macht / potestas) – in Gott – mit der Möglichkeit / possibilitas zusammen: Im Blick auf Gott spricht er von einem ‚possibile absolute'. Etwas wird „auf absolute Weise ‚möglich' [...] genannt [...], sofern das Prädikat dem Subjekt nicht widerstreitet, z. B. daß Sokrates sitzt".[13] Nur Gott kennt alle diese Möglichkeiten, die wesentlichen und die kontingenten (nicht nur, ‚daß Sokrates sitzt', sondern auch, ‚daß Sokrates ein Mensch ist', ‚daß Menschen sterblich sind'), und nur er hat die Fähigkeit und die Macht, sie zu verwirklichen bzw. zu verändern. Dem Menschen fehlt nicht nur die Fähigkeit und die Macht, alle Möglichkeiten zu verwirklichen, sondern auch, sie als solche zu *erkennen*. Immerhin, wir glauben zu wissen, daß Sokrates, seiner Natur nach, wohl sitzen, nicht aber fliegen kann. Aber wissen wir das wirklich? Nun, diese Annahme entspricht dem in unserem Gebrauch der hier verwendeten Begriffe niedergelegten Erfahrungswissen. Und wir können mit Thomas und Aristoteles sagen, daß wir unsere Begriffe auf diese Weise zurecht gebrauchen, solange wir unser menschliches Wissen nicht mit göttlichem Wissen verwechseln.

7. Unsere Begriffe geben uns kein absolutes Wissen über wirkliche Dinge, auch nicht in dem Sinn, den Thomas hier anspricht (possibile absolute). Denn unsere Begriffe sind immer allgemein, abstrakt und unvollständig, sie erreichen die Wirklichkeit immer nur im allgemeinen, auf abstrakte und unvollständige Weise. Stillschweigend schließen wir nämlich folgendermaßen: ‚Sokrates ist ein (gesunder) Mensch. / Alle (gesunden) Menschen können sitzen. / Folglich kann Sokrates sitzen'. Natürlich gilt dieser Schluß nur bedingt, nicht absolut; bzw. nur absolut, insofern von allen wirklichen Bedingungen und Umständen abgesehen ist. Denn erstens setzten wir dabei das Wissen darum, was ein Mensch (und was gesund) sei, unbefragt als bekannt voraus, und zweitens gilt der Schluß selbst unter diesen zugestandenen Prämissen nur bedingt, nämlich nur für eine gewisse Zeit, nur solange Sokrates lebt, bei Kräften ist und nicht anderweitig daran gehindert wird zu sitzen. Letztlich muß

---

13 Thomas von Aquin, *Summa Theologiae* I, q. 25, a. 3, c.a.; zit. Jacobi, a.a.O., 18 f.

auch hier der Augenschein darüber entscheiden, ob Sokrates wirklich sitzen kann oder nicht (ob dieses hier der Mensch Sokrates ist und ob der jetzt sitzt). Jacobi formuliert die entscheidende skeptische Einschränkung des begrifflichen Denkens, die das menschliche vom göttlichen Wissen unterscheidet, vor dem Hintergrund der Darstellung bei Thomas: „[D]ie schullogischen Beispielsätze, die Thomas anführt", und man könnte erweitern: alle material gehaltvollen Sätze, die wir bilden können, mehr noch, alle Behauptungssätze, die mit Anspruch auf Wahrheit geäußert werden, „sind tatsächlich für uns nicht ‚aus dem Verhältnis der Termini' als widerspruchsfrei bzw. als widersprüchlich zu erweisen, sondern ihre Plausibilität beruht entweder auf Erfahrung oder auf unseren Definitionen der Termini, die zwar akzeptabel sein mögen, aber nicht unangreifbar sind".[14] Für lebensweltliche wie für wissenschaftliche Fragen, d. h. für alle Fragen, die unsere Erfahrung betreffen, genügt das auch, so wie es, eben deshalb, für Aristoteles genügte. Eine philosophische (spekulative) Erörterung aber kann hier nicht stehen bleiben. Sie reflektiert ihre Begriffe an der Unendlichkeit, wie auch Thomas es tut, wenn er den aristotelischen Begriff der Möglichkeit an dem der göttlichen Allmacht mißt, die schon von Aristoteles als „grenzenlose Möglichkeit" (δύναμις ἄπειρον)[15] charakterisiert wurde.

8. Diese Reflexion, die bei Thomas in der Sache vorliegt, aber nicht entwickelt wird, soll nun ein Stück weiter ausgeführt werden. Das wird unter Rückgriff auf Leibniz geschehen, dessen theoretische Philosophie in mancher Hinsicht als ein die Termini entgrenzender (infinitisierender) Aristotelismus verstanden werden kann.

2. Wirklichkeit

9. Kehren wir zunächst zurück zu Thomas' Beispielsatz, ‚Sokrates sitzt'. Den Nachweis der Widerspruchsfreiheit der Termini eines Satzes, mithin seiner logischen Möglichkeit (Wahrheit), können wir nur erbringen, insofern diese Termini endlich und eindeutig bestimmt sind. Alle unsere Begriffe, solange wir sie verständig gebrauchen, sind allgemein, endlich, abstrakt und eben damit, um gleich eine Leibnizsche Bestimmung hinzuzufügen, die im folgenden wichtig wird, inadäquat oder unvollständig. Denn sie können die wirklichen Dinge, die sie bezeichnen, niemals adäquat und vollständig explizieren, die Dinge, die wir (mit Aristoteles *und* Leibniz) im Gegensatz zu unseren Begriffen als individuell und unendlich komplex bestimmt voraussetzen. In dem genannten Beispielsatz bezeichnet ‚Sokrates' denn

---

14 Jacobi, a.a.O., 20.
15 Vgl. *Metaph.* Δ 7, 1073a 8.

auch nicht, entgegen unserer gewohnheitsmäßigen Annahme, ein bestimmtes Individuum, das in Athen lebte und lehrte, angeklagt und verurteilt wurde, 399 v. Chr. einen Schierlingsbecher trank und von dem wir im übrigen nicht viel wissen, ebensowenig wie ‚sitzt' die Haltung eines bestimmten Individuums zu einer bestimmten Zeit und an einem bestimmten Ort bedeutet. Vielmehr steht, wenn wir den Satz als Beispielsatz verstehen und für wahr halten, ‚Sokrates' zunächst nur für *irgendeinen* möglichen Menschen und ‚sitzen' für *irgendein* mögliches Sitzen von *irgendeinem* natürlicherweise des Sitzens fähigen Lebewesen. Nun wird kaum jemand bestreiten wollen, daß mögliche Menschen mögliche Körperhaltungen einnehmen können und daß man ihnen einige mögliche Prädikate zusprechen bzw. absprechen kann. Aber Leibniz' logische Analysen, die den aristotelischen Begriff des Begriffs nur konsequent zu Ende denken, d. h. über die Grenzen der Erfahrungswelt hinaus ins Unendliche erweitern, machen deutlich, daß jeder vollständige Begriff von etwas Wirklichem vollständig bestimmt ist und keinen Raum mehr für unbestimmte Möglichkeiten offen läßt. Im absoluten Begriff von Möglichkeit fallen Möglichkeit und Wirklichkeit und Notwendigkeit zusammen; genauer gesagt, Möglichkeit und Notwendigkeit heben sich in der Wirklichkeit auf. Alles ist, wie es ist, weil Gott es so geschaffen hat, modal ausgedrückt: schaffen ‚wollte/mußte', es kann auf andere Weise nicht wirklich sein. (Bekanntlich entspricht diese Darstellung *nicht* dem Leibnizschen Sprachgebrauch, der das Prädikat der Notwendigkeit auf das diskursive Denken allgemeiner und abstrakter, d. h. im Blick auf wirkliche Dinge unvollständiger und inadäquater Begriffe beschränkt wissen will.)

10. Auch das (aristotelische) Argument einer Unterscheidung in der Zeit hilft hier nur scheinbar weiter: ‚Der Mensch kann bald sitzen, bald stehen, aber nicht beides zugleich'. Der abstrakte Begriff ‚Mensch' ist zeitlos gedacht. Dieser abstrakte Begriff mag viele (nicht alle) alternative Möglichkeiten haben, derart daß man ihm viele (nicht alle) alternative Prädikate zu- bzw. absprechen kann. Ein wirklicher Mensch jedoch, nehmen wir wieder Sokrates als Beispiel, nun aber als ein Leibnizsches Individuum in einer konkreten Situation in Raum und Zeit gedacht, hat nur die Möglichkeiten, die in ihm wirklich werden – vorausgesetzt, daß alles, was geschieht, seine hinreichende Ursache hat. Diesen Möglichkeiten kann er auch nicht ausweichen, denn er ist nichts anderes als ihre Verwirklichung in der Zeit: Sokrates wäre nicht Sokrates, hätte er den Schierlingsbecher nicht getrunken. Doch den vollständigen Begriff des Sokrates, der diesen notwendigen Zusammenhang deutlich machen würde, kennen wir nicht, kennt er selbst natürlich auch nicht. So betrachtet erkennt man, daß die gewöhnlich eingeräumte Differenz von Möglichkeit und Wirklichkeit in die zeitfreie Sphäre unserer abstrakten und unvollständigen Begriffe gehört, mit deren Hilfe allein wir unsere Erfahrungswelt bestimmen. Eine Aussage mit einem Möglichkeitsoperator ist nur dann eine Möglichkeitsaussage, wenn ihre Termini abstrakte Begriffe sind bzw. wenn das Satzsubjekt, selbst wenn es als Na-

me ein Individuum *bezeichnen* soll, nicht einen individuellen, d.h. vollständigen, sondern einen abstrakten, d.h. unvollständigen Begriff *darstellt* (z.B. den Begriff, den ich mir von mir mache, wenn ich behaupte: ‚Ich kann morgen nach Teheran fliegen'; weshalb man gern hinzufügt: ‚so Gott will').

11. Bekanntlich vermeidet es Leibniz – aus leicht nachvollziehbaren philosophiesprachpolitischen Gründen –, diese *megarische* Konsequenz seines Denkens beim Namen zu nennen, doch ist die Sache deutlich und auch die Namen verraten sich bei genauem Hinhören: Von „möglich" (possibilis) spricht Leibniz nur in Bezug auf abstrakte oder unvollständige Begriffe, er nennt sie „realitates", d.h. nicht Wirkliches / Wirklichkeiten, sondern Denkbares / Denkbarkeiten. Wirklich (actualis) ist nur das, was mit allem anderen, das auch wirklich ist, zusammen möglich (compossibilis) ist. Alles Nichtwirkliche (genauer: das in aller Zeit niemals Wirkliche) ist *nur* denkbar, nicht wirklich möglich. ‚Absolut möglich' wäre so verstanden ein unmöglicher Begriff. Denn nichts, was als möglich gedacht wird, ist absolut, allein für sich möglich. Was wirklich möglich ist, ist es vielmehr nur im Gesamtzusammenhang mit allem anderen, der Gesamtheit alles Wirklichen, der Welt. So ergibt es sich, daß der Possibilitätsbegriff gar nicht anwendbar ist auf die wirkliche Welt der wirklichen Individuen, es sei denn, er wird erweitert zum Compossibilitätsbegriff. Er impliziert den Begriff der wirklichen Welt, andere Möglichkeiten verweisen auf andere denkbare, aber niemals wirkliche Welten. Man dürfte demnach nicht mehr isoliert von Individuen sprechen, die verschiedene Möglichkeiten haben und diese in prästabilierter Harmonie, wie vorgesehen, verwirklichen, sondern von Individuen, die jenseits aller Zeit in ihrer Totalität geschaffen bzw. wirklich sind und deren ‚Möglichkeiten' nur das bezeichnen, was sie selbst und andere endliche Betrachter von ihnen noch nicht wissen. Letztlich sind die Individuen für Leibniz nur perspektivische Einschränkungen der einen von Gott geschaffenen Welt, die die beste aller möglichen Welten und an der folglich auch nichts zu ändern ist.

12. Diese Leibnizsche Darstellung entspricht nicht unserer gewöhnlichen, d.h. aristotelischen Gebrauchsweise des Wortes ‚können', sie taugt auch wenig zur Beschreibung unserer Erfahrungswelt. Doch sie folgt zwingend aus einer konsequenten Analyse der Leistungsfähigkeit unserer Begriffe bzw. aus dem Gedanken der absoluten Möglichkeit (possibile absolutum). Leibniz folgert aus dieser metaphysischen Analyse die absolute Aktivität der Individuen, die niemals etwas erleiden (können), d.h. die ‚Fensterlosigkeit' der ‚Monaden'. Monaden können nichts Neues erfahren, weder von anderen Individuen noch von äußeren Umständen. Diese weitere Konsequenz ist verständlich, aber nicht zwingend. Mit demselben Recht ließe sich sagen, daß die Individuen nur leiden, denn sie sind mit allen ihren Widerfahrnissen (Tun oder Leiden) geschaffen. Wenn man versucht, diesen mit Leibniz entgrenzten Möglichkeitsbegriff auf aristotelische Individuen anzuwenden, auf In-

dividuen, denen eine bestimmte allgemeine Natur als ihr Telos innewohnt,[16] dann zeigt sich folgendes: Auch Individuen einer bestimmten Art können ihr Telos, die Gesamtheit der ihnen innewohnenden Vermögen, nur in dem Maß verwirklichen, in dem die jeweiligen (inneren und vor allem) äußeren Umstände entsprechend mitwirken. Das Individuum kann also nicht mehr und nichts anderes sein / tun als das, was ihm möglich ist, d. h. als das, was es wirklich tut / ist. Es wäre und täte anderes dann und nur dann, wenn seine Individualität eine andere oder die individuellen Umstände andere wären. Doch für diese gilt dasselbe. So bleibt absolut betrachtet für alle wirklichen Dinge nur eine megarische Version des Möglichkeitsbegriffs oder die Vorstellung von der Allmacht Gottes, in der Möglichkeit und Wirklichkeit zusammenfallen.[17]

13. Doch, wie gesagt, das entspricht nicht unserer Rede von ‚können'. Diese gehört in einen von endlichen (allgemeinen, abstrakten, unvollständigen) Begriffen bestimmten Diskurs über die Welt unserer Erfahrung, die Welt, in der wir – nicht als unendlich ‚wirkliche', sondern als endlich denkende und handelnde Wesen – leben. Dieser Diskurs stellt die konkrete Wirklichkeit (auch die von uns selbst) in eine Distanz bzw. Spannung zu den Begriffen, durch die wir die Welt interpretieren und unter deren Interpretation wir in der Welt handeln. Sokrates – bloß *als* Mensch *betrachtet*, aber auch *als* Athener, *als* Philosoph, *als* Angeklagter – könnte stehen, wenn und wo er sitzt, könnte eine andere Frau heiraten als Xanthippe, könnte aus dem Gefängnis fliehen, in dem er bleibt. Doch dann wäre er nicht der Sokrates, der er war und den wir so kennen, wie uns seine Geschichte in allgemeinen Begriffen überliefert wird. Die allgemeinen Begriffe, die wir haben – von ihm und von allem anderen auch –, drücken Erinnerungen und Erwartungen aus, Erinnerungen und Erwartungen bezüglich spezifischer Möglichkeiten, die der jeweilige abstrakte, unvollständige Begriff in seinem jeweiligen Verständnis mit sich führt, die er erweckt oder erlaubt. In diesem Raum zwischen abstraktem Begriff und konkreter Wirklichkeit öffnet sich das Feld dessen, was wir (mit Aristoteles) Möglichkeiten zu nennen gewohnt sind, und zwar sowohl im Sinne von ‚sein können' (‚es ist möglich, daß *p*' als Antwort auf die ein Ereignis individuierende Frage: ‚Was geschieht?') als auch im Sinne von ‚tun können' (‚A kann ... [tun / erleiden]' als Antwort auf die Frage: ‚Wer oder was verursacht das, was wir als Geschehen individuieren bzw.

---

16 Aristoteles tut dies nicht, da von Individuen eine Wissenschaft nicht möglich ist, er aber vornehmlich an Wissenschaft interessiert ist. Er fragt statt dessen nach dem oder den Vermögen des Menschen im allgemeinen.

17 Dieser ins Unendliche oder ins Individuelle entgrenzte Möglichkeitsbegriff unterliegt nicht der berechtigten aristotelischen Kritik am megarischen Möglichkeitsbegriff, nach welcher dieser alles Werden und alle Bewegung aufhebt (vgl. *Metaph.* Θ 3, 1046b 29 – 1047b 2; zit. 1047a 14), denn die Individuen sind im Gegensatz zu den Arten bzw. allgemeinen Naturen ‚immer schon' als werdende und sich verändernde (nach Leibniz: als Serie von Perzeptionen) verstanden.

individuiert haben?'). – In der individuellen Lebensgeschichte ebenso wie im individuellen Denken geschieht es (und wir arbeiten daran), daß sich dieser Raum, der anfangs grenzenlos weit zu sein scheint, wenn wir in wenigen sehr allgemeinen Begriffen die ganze Welt mit schier unerschöpflichen Möglichkeiten glauben erfassen zu können, durch Erfahrung mehr und mehr füllt und schließt, ohne daß er, solange wir denken und handeln, jemals gänzlich zum Verschwinden gebracht werden könnte. Der Horizont der Möglichkeiten verengt sich zunehmend, zugleich aber differenziert sich das Reich der Wirklichkeit.

14. Die aristotelische Naturphilosophie beschäftigt sich nicht mit den vollständigen oder individuellen Begriffen, weil wir sie nicht haben. Aristototeles denkt pragmatischer. Ihn interessieren Begriffe, insofern sie allgemein sind, also abstrakte Begriffe. Und er entdeckt und analysiert den besonderen Fall, daß die Möglichkeit, die ein Begriff ausdrückt, das Vermögen, das die unter ihn fallenden Individuen verbindet, eine Spezies aus ihnen macht, dadurch daß und weil es – günstige äußere Umstände vorausgesetzt – zu einer spezifischen, d. h. allgemein erwarteten und erwartbaren Wirklichkeit führt. Die genannte Einschränkung ist entscheidend. Denn die aristotelische, d. h. die natürliche oder spezifische Möglichkeit (potentia) von etwas geht tatsächlich nicht, jedenfalls nicht allein von sich aus in ihre Wirklichkeit über, sondern solches geschieht oder gelingt nur dann, wenn bzw. insofern die äußeren Umstände mitwirken. Es ist eine besondere Leistung der aristotelischen Naturphilosophie, hier verschiedene Grade, Stufen oder Arten von natürlichen Fähigkeiten zu unterscheiden. (a) Naturdinge, die deswegen ‚unbelebt' genannt werden, folgen ihrem natürlichen Drang unentwegt und auf gleichförmige Weise, sind aber in ihrem Können sehr stark eingeschränkt, widrigen Umständen gegenüber machtlos und daher leicht berechenbar (*antriebslos:* der Stein, der auf dem Erdboden liegt und den es zum Erdmittelpunkt drängt, unternimmt nichts, was ihn seinem Ziel näher brächte; er wartet). – (b) Naturdinge, die deswegen ‚belebt' genannt werden, folgen ihrem natürlichen Drang durch gezielte und spezifische Verarbeitung von Umweltreizen, sind aber in ihrem Können immer noch stark eingeschränkt, ortsgebunden und ohne eine Rezeption, die nicht zugleich Reaktion wäre (*einfallslos:* die Pflanze reagiert immer gleich auf Licht, Wärme, Wasser und was für sie von Bedeutung sein mag, sie kennt kein Maß). – (c) Naturdinge, die deswegen ‚sensibel' genannt werden, können Umweltereignisse wahrnehmen, verarbeiten und dann verzögert und phantasievoll auf sie reagieren (durch Flucht oder Angriff, Einverleibung oder Vermeidung). Sie können viel, doch bewegt sich auch ihr Können in von der Natur vorgezeichneten Bahnen, die sie nicht verlassen können, da sie ihre natürlichen Antriebe nicht negieren können. In diesem Sinn gilt auch noch auf dieser Stufe der aristotelischen scala naturae ebenso wie für die Naturdinge im allgemeinen die folgende, erst von Leibniz so formulierte Annahme: Würden wir die unendlich komplexe Natur eines Individuums (von dem wir keinen

Begriff haben) und zugleich die unendlich komplexe Konstellation der Umstände, in denen es sich befindet, kennen (was niemals der Fall ist), dann würden wir sehen, daß die Dinge sich so verhalten müssen, wie sie sich verhalten. Aus dieser durchaus unaristotelischen Perspektive betrachtet gibt es in der (individuellen) Natur der Dinge keine Möglichkeit mehr, die von ihrer Wirklichkeit unterschieden wäre. Das ist nur eine andere Ausdrucksweise für das bekannte und im Rahmen des Möglichkeitsdiskurses allgemein anerkannte Axiom, daß alles, was ist bzw. geschieht, seine vollständige Ursache habe.

15. Ein Zwischenergebnis: Die Erweiterung des Gegenstandsbereichs des Möglichkeitsbegriffs von (allgemeinen) Substanzen auf (individuelle) Dinge bzw. Ereignisse verläßt den aristotelischen Problemhorizont und führt zu einer Version des megarischen Möglichkeitsbegriffs. Dieser erscheint dann nicht mehr als ein Gegenbegriff zum aristotelischen, sondern als seine Grenze oder seine Konsequenz. Im unendlich fernen und komplexen Fluchtpunkt der Individualität des Individuums und seiner Lage in der Welt (dargestellt in seinem vollständigen Begriff) ist alles, wie es ist. Notwendigkeit, Zufall, Schicksal (ohne erkennbaren Plan oder Zweck oder Ziel, die, falls man sie annehmen wollte, immer schon erfüllt wären) fallen zusammen. Alle ‚Möglichkeit für A, ... [Infinitiv]' oder ‚A kann ... [Infinitv]', führt, wenn A nicht abstrakt, sondern konkret gedacht ist, zur Wirklichkeit: Wenn A B sein / tun kann, dann ist / tut A B, andernfalls *könnte* A nicht B sein / tun. – Thomas ist also Recht zu geben, doch geht er nicht weit genug. Unter Berufung auf Leibniz läßt sich der Gegenstandsbereich der Aussage über die Identität von possibilitas und potentia, die Thomas allein für Gott gelten läßt, erweitern: Die beiden Möglichkeitsbegriffe, die als Possibilität und als Potentialität in der Welt der Erfahrung und der Wissenschaften sinnvoll unterschieden werden können und müssen, fallen nicht nur im Blick auf die Allmacht Gottes zusammen, sondern auch im Blick auf die in Begriffen des Verstandes nicht darstellbare unendlich komplexe Natur der Dinge. – Diese Feststellung kann und soll nicht dazu dienen, die aristotelische und damit auch die moderne Wissenschaft von der Natur, die sich auf jeweils zeitgemäße Weise stets darum bemüht, jene Komplexität auf ein menschliches Maß zu reduzieren, sei es, um sie verstehen, sei es, um sie beherrschen zu können, für unmöglich oder illegitim zu erklären, sondern lediglich darum, den logischen Ort der Möglichkeit genauer einzugrenzen. Der unverzichtbare Möglichkeitsdiskurs – unter den Namen von possibilitas und potentia –, so hat sich ergeben, betrifft unsere *Rede* (Kenntnis, Erkenntnis, Wissen) von der Natur bzw. die Natur als von uns begriffene und in Worten *dargestellte*.

3. Freiheit

16. Möglichkeiten (in der Natur) eröffnen sich nur unter abstrakten unvollständigen Begriffen (von Naturdingen). Solche Begriffe erlauben es, Regelmäßigkeiten verschiedener Art und in verschiedenen Graden von Bestimmbarkeit (z. B. als unbelebt, belebt, sinnenbegabt, aber auch durch symbolische Darstellungen völlig anderer Art und Absicht) mit Hilfe von Möglichkeitsaussagen angemessen darzustellen. Indem im Blick auf solche Regelmäßigkeiten Beobachtungen klassifiziert werden, lassen diese sich als Erfahrungen unter Begriffen von dann spezifisch genannten Eigenschaften und Fähigkeiten sinnvoll bündeln. Für *Freiheit* bleibt bei diesem Unternehmen einer ‚wissenschaftlichen' Bestimmung der Natur kein Raum. Ihre Annahme wäre nur Sand im Getriebe einer jeweils festgestellten natürlichen Ordnung. Sie erschiene – hier – lediglich als ein Produkt der faulen Vernunft, als Lückenbüßer für das Versagen der Erkenntnisbemühung, für Unregelmäßigkeiten, die noch nicht hinreichend erforscht sind.

17. Mit dem bisher Gesagten aber ist der auf ganz andere Weise interessante dritte Möglichkeitsbegriff noch gar nicht berührt: Möglichkeit im Sinne von lat. ‚potestas', die das Können als ein nicht natürlich bestimmtes, sondern als ein frei bestimmendes auffaßt, indem sie Können auf Handeln bezieht und ein vernünftiges Planen impliziert.[18] Vor dem Hintergrund dessen, was soeben als eine wissenschaftliche Bestimmung der Natur charakterisiert wurde, müßte diese Möglichkeit ein Können sein, dem es gar nicht darum geht, die allgemeine Natur zu bestimmen, wie sie sich uns als bestimmt darstellt, sondern ein solches, das Neues in der immer schon irgendwie bestimmten und dargestellten Natur zu bewirken vermöchte, ohne daß dieses in Gottes Allmacht und Allwissenheit immer schon vorweggenommen wäre, ohne Rücksicht also auf eine allwissende und allmächtige Weltvernunft. Wie aber ist eine solche Möglichkeit denkbar? Zunächst muß eingesehen und anerkannt sein, daß der bislang (und die angesprochene Tradition reicht von Aristoteles bis Leibniz) vorgestellte zweite bzw. eigentliche Möglichkeitsbegriff (potentia) die Natur selbst in ihrer konkreten Wirklichkeit – und was wäre die Natur außerhalb dieser Wirklichkeit? – gar nicht erreichen *kann*, daß dieser Begriff, der für ein endliches Denken der Natur gleichwohl unentbehrlich ist, sich von Anfang an einer unvermeidlichen und zugleich – betrachtet man die Entwicklung der Naturwissenschaften – ungeheuer produktiven Abstraktion verdankt und kein Ding oder Ereignis der Natur so beschreibt, wie es in seiner unendlichen Komplexität wirklich ist. Erst dann wird der Blick frei für die andere oder die einzig ‚wirkliche' Möglichkeit, nämlich die, daß wir (und vielleicht nicht nur ‚wir') durch eine neue Verknüpfung von Begriffen in das Naturgeschehen, wie es sich uns

---

18 καλῶς ... ἐπιτελεῖν ἢ κατὰ προαίρεσιν: Aristoteles, *Metaph.* 1019a 23 f.

nach unseren bisherigen Erfahrungen darstellt, eingreifen können, um es zu verändern. Das wäre der Ort der Freiheit in der Natur, verstanden als eine Freiheit des Denkens gegenüber der Natur – einer Natur, die durch unser Denken immer schon bestimmt *ist*. – In der Geschichte des europäischen Denkens mußte ein langer und windungsreicher Weg zurückgelegt werden, bevor eine solche Distanzierung der jeweils im Moment Wahrheit beanspruchenden oder gültigen Darstellung der Natur erreicht wurde, derart, daß die im Wissen angenommene Kausalität der Natur mit der im Handeln beanspruchten Kausalität aus Freiheit in einer und derselben Welt, als unter verschiedenen Gesichtspunkten betrachtet, zusammengedacht werden konnte.

18. Ein wichtiger erster Schritt auf diesem Weg, kaum als solcher bemerkt, vollzieht sich bei *Augustin*. Nur dieser erste Schritt, gerade weil er im Zusammenhang mit einer Erörterung des Möglichkeitsbegriffs bislang nicht die Beachtung fand, die ihm zukommt, soll hier noch kurz angesprochen werden. – Alle drei der eingangs genannten Möglichkeitsbegriffe ‚possibilitas', ‚potentia', ‚potestas' kreisen um das für Augustin zentrale Problem des menschlichen Handelns. Selbst die Unmöglichkeit wird nicht als ein logisches Problem diskutiert, sondern als ein natürliches: Unmöglich (impossibilis) ist, was ein Individuum nach den ‚Gewohnheiten' (den Gesetzen) seiner Natur zu tun unfähig ist bzw. wozu ihm die natürliche Fähigkeit besonderer Umstände halber fehlt. Möglich (possibilis) ist dementsprechend das, wozu ein Individuum seiner Natur nach fähig ist. Diese naturgegebene Möglichkeit ist in der Regel als Alternative gedacht: als eine Fähigkeit, etwas Bestimmtes zu tun *oder* nicht zu tun. Als Möglichkeit ist diese Fähigkeit ganz neutral zu verstehen, d. h. ohne eine Neigung für oder gegen das durch sie bestimmte Tun wertend zu berücksichtigen: ‚zeugen / nicht zeugen können' und vor allem: ‚sündigen / nicht sündigen können', das sind maßgebende Beispiele, die zugleich die aristotelische Wertung zu verkehren nahelegen. Erst unter den Namen ‚potentia' (Vermögen) sowie ‚potestas' (Macht)[19] sind der Drang bzw. der Wille impliziert, die bezeichnete Fähigkeit auch auszuüben, wie das für Aristoteles selbstverständlich, weil natürlich ist. Im Sinne eines solchen Vermögens ist der (freie) Wille dem Menschen von Natur aus gegeben, d. h. der Mensch hat von Natur aus die Möglichkeit (possibilitas), die als diese besondere Möglichkeit ‚Freiheit' heißt, zu tun bzw. zu lassen, was er tun bzw. lassen will. Und was ein Wille will, heißt ‚das (nach seinem Urteil) Gute'. Der Wille folgt also notwendig einem Urteil des Verstandes. Am rechten Urteil also müssen sich gut und böse, Wahrheit und Verblendung des Willens letztlich erweisen.

---

19 In natürlichen Kontexten werden ‚potentia' und ‚potestas' bisweilen gleichbedeutend verwendet, in moralischen oder autoritativen Kontexten sowie immer, wenn es um die göttliche Schöpfermacht geht, wird ‚potestas' bevorzugt.

19. Auch bei Augustin werden, ähnlich wie bei Thomas, die Begriffe von Möglichkeit und Macht philosophisch thematisch, indem sich der Blick auf ihre Entgrenzung richtet, in Rücksicht auf Gottes Allmacht, die mit seinem Allwissen zusammenfällt. Was den apriorischen Begriff des Weltgeschehens betrifft, steht Augustin hier zunächst in stoischer Tradition. Die Natur und der gesamte Lauf der Welt sind durch die göttliche Vernunft vorherbestimmt und bis in die letzte Einzelheit hinein planvoll gestaltet und geleitet. Ursache und Grund des Weltgeschehens fallen in Gott zusammen. Aus stoischer Sicht ist der Weise in der Lage, die göttliche Vernunft, die die Welt regiert, zu erkennen und anzuerkennen und seinen Willen an dieser Erkenntnis auszurichten. Doch ist der Weise eine seltene und ferne Gestalt, ein schwer erreichbares Vorbild. Das demütige Sündenbewußtsein des christlichen Theologen unterstreicht zwar auch die göttliche Vernünftigkeit der Welt, schränkt aber ein, daß die gefallene Kreatur aus eigener Kraft nicht (mehr) in der Lage sei, diese Vernunft zu erkennen – trotz der zahllosen mahnenden Zeichen (signa admonentia), die ihr die göttliche Güte in Natur und Offenbarung gewährt. Unergründlich bleiben uns die Ratschlüsse Gottes. Auch der Wille, Gutes zu tun, ist durch die Sünde, die zur Gewohnheit und damit zum Zwang (necessitas) geworden ist, nachhaltig gestört. Das ist die eine Seite. Andererseits sind durch die christliche Theologie, insbesondere durch die Lehre von der Gottebenbildlichkeit des Menschen (die sich nach Augustin ausschließlich auf die mens bezieht), sowohl die menschliche Vernunft als die Fähigkeit, das Wahre als solches, d. h. im Wissen um seine Wahrheit, zu erkennen, als auch die menschliche Freiheit als die Fähigkeit, das Gute als solches, d. h. willentlich zu tun, vorgegeben.

20. Aus der Diskrepanz, der erschreckenden Kluft zwischen dem Sein der Welt einerseits, die von Gott geschaffen und gelenkt wird, und unserem Können und Sollen andererseits, das diesem Sein nicht (mehr) entspricht, ergeben sich bekanntlich zwei Hauptprobleme: 1. Wie kann die Freiheit des Menschen mit der Allmacht Gottes kompatibel gedacht werden? – 2. Wie kann der allmächtige und gütige Gott den Mißbrauch der Freiheit zum Bösen zulassen? – Große Aufmerksamkeit hat man zu allen Zeiten der zweiten Frage gewidmet, sie betrifft das philosophische Problem der Theodizee. Die augustinische Lösung dieses Problems ist bekannt und kann, stark vereinfachend, wie folgt skizziert werden: Die Freiheit, sei es eine des Denkens oder des Wollens oder beides, ist eine Vollkommenheit, also gut. Auch das Böse in der Welt, das aus dem Mißbrauch des Gutes der menschlichen Freiheit resultiert, dient auf verborgene Weise dem Guten, Gott schreibt auch auf krummen Wegen gerade.

21. Interessanter für den vorliegenden Zusammenhang ist die Behandlung der ersten Frage. Augustin löst das hier angesprochene Dilemma zwischen Allwissen, Allmacht, Unveränderlichkeit Gottes einerseits und der Freiheit des Menschen andererseits durch einen Rückzug der Freiheit ins Innere des Denkens oder, wie man

es auch beschreiben kann, durch eine Zweiteilung der Welt in die wirkliche von Gott geschaffene und die jeweils im Denken dargestellte. So kann er unterscheiden und zuordnen: Freiheit, d. h. Möglichkeit im Sinn der aristotelischen Ethik (προαίρεσις), wenn auch ganz unaristotelisch angewandt, gibt es nur im Denken und für das Denken. Die Freiheit besteht nicht darin, andere Dinge zu schaffen oder den Lauf der Dinge in der Welt zu ändern. Vielmehr ist sie darauf beschränkt und erschöpft sich darin, das Gegebene (die Zeichen) so oder anders zu interpretieren: Entweder richtig, d. h. in der Ordnung, in der sie von Gott geschaffen sind und die ihnen als ewiges Gesetz gegeben ist, oder falsch, d. h. in einer willkürlichen Ordnung, die sich eigen(sinnig)en Vorstellungen und Wünschen verdankt. Aus einer falschen Sicht der Dinge, die eine Perversion der göttlichen Ordnung darstellt, folgt ein böser Wille. Und zwar nicht, weil wir das Böse wollten; das ist unmöglich, denn der Wille als solcher will das Gute. Doch der Wille eines endlichen Wesens kann nicht anders als Maß nehmen an seiner ebenfalls endlichen Vorstellung von der Welt. Notgedrungen wählt er das Gute in der Gestalt dessen, was ihm gut zu sein scheint. Auch nicht, weil wir Böses tun könnten, das ist aller Kreatur verwehrt. Denn was ist und geschieht, ist gut, sowohl, daß es ist, als auch, wie es ist; es ist gut, weil es (von Gott geschaffen) ist. Böser Wille entsteht vielmehr dadurch, daß wir uns einen falschen Begriff machen von dem, was wirklich ist und gut, oder von der natürlichen Ordnung und Bestimmung der Dinge. Unsere Darstellung der Welt ist endlich, und als die Sicht der gefallenen Natur immer falsch – es sei denn, das innere Auge der Seele wird im Glauben durch Gnade geheilt bzw. trotzdem gerechtfertigt.

22. Die Freiheit als die Möglichkeit zum Guten und zum Bösen liegt also allein im Willen als solchem, in dem, was wir anerkennen bzw. ablehnen, was wir lieben, woran wir unser Herz hängen, wovon wir unser Herz abwenden. Diese Liebe (die stoische Zustimmung: ‚adsensio') als der eigentliche Akt des Willens entscheidet wohl über den Wert unseres Denkens und Handelns – sie bewirkt aber nichts. Die gute Tat ist ohnehin in Übereinstimmung mit Gottes Willen, ihre Güte ist nichts anderes als diese Übereinstimmung, sie begleitet lediglich den Weltlauf durch das Lob des Schöpfers im ‚gehorsamen Willen'; und die böse Tat ist machtlos. Frei, mithin gut oder böse, ist nur der Wille selbst als die be- und zugreifende Interpretation, die Anerkennung, die wir den Dingen zuteil werden lassen. Daß der Mensch von Natur aus Willen besitzt, ist eine Gabe des Schöpfers, die beinhaltet, daß, was er willentlich tut, nicht durch seine Natur festgelegt, sondern frei ist, auch wenn der Schöpfer die freien Taten der Menschen im voraus kennt. Mit dem Sündenfall aber hat er, der Stammvater Adam stellvertretend für das ganze Geschlecht, die Fähigkeit, das Vermögen (potentia), diesen Willen zu erkennen und zu erfüllen, verloren. Die Taten des Menschen werden also für sich betrachtet als böse erscheinen, d. h. gegen die (göttliche) Ordnung der Natur gerichtet. Doch im ganzen, aus Gottes

Perspektive betrachtet, führen auch sie letztlich zum Guten. Der Wille, d. h. die Freiheit, ist danach nichts anderes als die Möglichkeit oder Fähigkeit oder Macht, falsch zu denken bzw. böse (d. h. gemäß einem falschen Urteil) zu handeln: Die Möglichkeit der Sünde (posse peccare / posse non peccare), die erst durch das peccatum originale offenbar wurde bzw. in die Welt kam, konnte von diesem Augenblick der Menschwerdung bzw. der Vertreibung aus dem Paradies an nur noch als posse peccare überleben. Sie ist die conditio humana, solange wir auf Erden leben. Erst im künftigen Paradies können wir hoffen, von dieser Möglichkeit ‚befreit' (liberata) zu sein. Aber ist das eine Hoffnung?

4. Ausblick

23. In augustinischer Sicht gibt es Freiheit also nur für den Willen, d. h. für die willentliche Interpretation der Dinge. Jede Behauptung, ‚so ist es', ist eine solche Interpretation, jedenfalls dann, wenn ihre Wahrheit nicht durch göttliche Offenbarung legitimiert werden kann. (Bekanntlich geht es in Augustins Worten und Schriften vorwiegend um bestimmte Lehrsätze und ihre göttliche Legitimierung; doch das ist hier nicht von Interesse.) Derweil aber bleibt die Welt unverrückbar in Gottes Hand. – Diese Unterscheidung zwischen der göttlichen Wahrheit und dem menschlichen Wissen, die die aristotelische Wissenschaft wenig tangiert, begleitet fortan das spekulative Denken. Bei Nikolaus von Kues z. B. findet sie eine glückliche Darstellung, die den aussichtslosen Wettstreit zwischen göttlichem und menschlichem Denken entschärft. Gott schafft und kennt alle einzelnen Dinge in ihrer individuellen Wesenheit (essentialiter), und alles, was geschieht, geschieht nach seinem Wissen und Willen. In analoger Weise bilden wir allgemeine abstrakte Begriffe von den Dingen (notionaliter) und machen uns Bilder vom Lauf der Welt, vermutungsweise (coniecturaliter), Bilder, die ihre Zeit haben und sich mit der Zeit und mit der Einsicht wandeln. Diese in der langen Tradition einer theologisch orientierten Selbstreflexion des Denkens ausgearbeitete und vielfältig variierte Unterscheidung zwischen der unveränderlichen und wahren Natur der Dinge, wie sie von Gott geschaffen ist, und unseren endlichen, sei es neugierig stolzen und deshalb irrenden oder dankbar und demütig vermutenden und auf diese Weise wahrheitsfähigen Begriffen ist philosophisch bedeutsam und folgenreich: Ihre bleibende Leistung liegt in der Distanzierung des Denkens von den Dingen, die durch unsere Begriffe nicht abgebildet, sondern auf menschliche Weise dargestellt werden. Wir denken und reden anders, als die Dinge sind, unsere Worte und Begriffe vermitteln uns Bilder der Welt, deren Übereinstimmung mit ihren Gegenständen nicht überprüfbar ist. Zwar tun wir das aus eigenem Interesse nicht grundlos und beliebig, sondern so sinnreich und genau, wie wir es vor dem Hintergrund unserer Wünsche

und Bedürfnisse und im Rahmen des jeweils überlieferten Wissens zu tun vermögen, eines Wissens, welches uns als die felix culpa der Erbsünde über die Generationen hinweg (immer wieder anders) trägt bzw. (immer wieder anders) belastet. Denn durch die philosophische Unterscheidung der wahren von der scheinbaren Welt haben wir folgendes gelernt: Unsere Wünsche, Worte und Taten können die Dinge nicht bannen, wir haben keine unmittelbare Macht über den Lauf der Welt. Doch unsere Darstellungen der Dinge sind frei, und als freie sind sie nicht einfach falsch.

24. Gott stand in dieser Tradition für die wahre Natur der Dinge, die wir nicht erkennen können, und diese galt, wie ihr Schöpfer, als ewig und unveränderlich. Wenn nun aber dieser Gott stürbe, dann entfiele die schmerzliche oder tröstliche Orientierung unseres freien, sei es sündigen, sei es vermutenden Denkens an der als unveränderlich vorausgesetzten wahren Welt. Was bliebe, wären nur noch unsere sich wandelnden Interpretationen einer einzigen, der wirklichen Welt, zu der wir als Interpretierende auch selbst gehörten. Wir gehörten in sie hinein, ohne ein zeitloses refugium mentis zu besitzen und ohne uns deshalb auch nur besser zu kennen als die Welt, deren Teil wir sind und von der wir wie von uns selbst jenseits unserer Interpretationen nichts wissen können. Die Welt und ihre Darstellung aber, das wäre die Folge, fielen nicht mehr auseinander, sie könnten gar nicht mehr auseinandergehalten werden. Interpretierend bildeten wir unsere wirkliche Welt; wir veränderten sie und würden durch sie verändert. Auf diese Weise öffnete sich ein völlig neuer, ein unermeßlicher Abgrund von wirklichen Möglichkeiten. – Die Schrecken einer solchen Aussicht, die Nietzsche als erster in großem Stil formulierte, sind gewiß nicht geringer als die Schrecken, die die Entdeckung des eigenen sündigen Herzens und seiner Folgen für und durch Augustin hervorriefen und die noch heute als lange Schatten der Vergangenheit unser Denken zu beunruhigen vermögen.

Zwischen Antinomie und Kompatibilität: Versuch über die natürliche Einbettung unserer Handlungsfreiheit

Thomas Buchheim

Auch wenn Kant der modernen Vernunft in vielerlei Hinsicht erst ihr Licht aufgesteckt hat, so lenkt doch die Art der Beleuchtung unsere Aufmerksamkeit manchmal in zu enge Perspektiven, wo uns vielversprechende Möglichkeiten zu denken und philosophische Probleme in Angriff zu nehmen leicht aus dem Blick geraten können.

Eine solche Engführung ist die Antinomie der Freiheit, mit der Kant ein unbedingtes Vermögen des Menschen, „eine Reihe von Begebenheiten von selbst anzufangen" (KrV B 582), dem unerbittlichsten kausalen Determinismus der Natur entgegensetzt und gerade durch die unüberwindlich scheinende Härte jener Entgegensetzung zu einer Lösung des Problems gelangt, die heute nur wenige mit voller Überzeugung anzunehmen vermögen: „sind Erscheinungen Dinge an sich selbst, so ist die Freiheit nicht zu retten. Alsdann ist Natur die vollständige und an sich hinreichend bestimmende Ursache jeder Begebenheit, und die Bedingung derselben ist jederzeit nur in der Reihe der Erscheinungen enthalten, die, samt ihrer Wirkung, unter dem Naturgesetze notwendig sind" (KrV B 564). – Was wir somit als Natur erkennen, das darf nicht eigenständige Wirklichkeit sein, soll menschliche Freiheit existieren.

Es ist bemerkenswert, daß die gegeneinandergestellten Seiten dieser Antinomie bis in die heutige Debatte des Freiheitsproblems hinein sich relativ ähnlich geblieben sind. Dies gilt zudem für Vertreter aus beiden Hauptlagern der Auseinandersetzung um die Freiheit: sowohl die sog. Kompatibilisten, d. h. Vereinbarkeitstheoretiker von Natur und Freiheit, wie Daniel Dennett oder Ted Honderich,[1] als auch die meisten Inkompatibilisten, wie z. B. William James, Roderick Chisholm und andere.[2] Denn beide Lager weisen entweder zurück oder heißen willkommen, was sie den starken, „libertarischen" Begriff von Freiheit nennen und was, mit Ausdrücken

---

[1] Daniel Dennett, *Ellenbogenfreiheit. Die erstrebenswerten Formen freien Willens*, Frankfurt a. M. 1986; Ted Honderich, *Wie frei sind wir? Das Determinismus-Problem*, Stuttgart 1995.
[2] William James, „The Dilemma of Determinism", in: ders., *The Will to Believe and Other Essays in Popular Philosophy*, New York u. a. 1897, 145-183; Roderick M. Chisholm, „Human Thought and the Self", in: G. Watson (Hg.), *Free Will*, Oxford 1982, 24-35; Peter van Inwagen, *An Essay on Free Will*, Oxford 1983; Robert Kane, *The Significance of Free Will*, Oxford 1996.

wie „Origination" oder „Akteurskausalität" bedacht, eine ähnliche, dem übrigen Weltzusammenhang enthobene Ursprünglichkeit des Wollens und Handelns ist, wie das Kantische Vermögen, eine Reihe von Begebenheiten von selbst anzufangen. Nur daß die Inkompatibilisten eine so geartete Fähigkeit des Menschen allein dadurch glauben *retten* zu können, daß sie den durchgängigen Kausalzusammenhang der Natur mit indeterministischen Lücken versetzen, während die Kompatibilisten, von eben demselben umfassenden Determinismus alles Geschehens als unnachlaßlichem Fixum ausgehend, stattdessen meinen, die *Freiheit* verkürzen zu müssen zu einer Art natürlicher Selbständigkeit, „Ellenbogenfreiheit" genannt (Dennett) oder auch Selbstkontrolle komplexer Neurosysteme, wie der Mensch eines sei. D. h. sie retten die Freiheit einfach dadurch, daß sie ein komplexes Naturgeschehen aus ihr machen.

Bei der Debatte zwischen Kompatibilisten und Inkompatibilisten gerät bisweilen aus dem Blick, daß beide im Grunde denselben, allerdings zu Verkürzungen führenden Vorbegriff von Freiheit zugrundelegen, den man als *konnektiven* Freiheitsbegriff bezeichnen könnte. Ein solcher Begriff versteht Freiheit mit Bezug auf die *Verkettungsart* der Geschehnisse innerhalb der Welt. So betrachtet bedeutet Freiheit entweder – nämlich für die Inkompatibilisten – eine zulässige Unangebundenheit von Freiheitsakten an das übrige Weltgeschehen, oder muß – für die Kompatibilisten – weil dies unnachvollziehbar sei, in derselben Art von kausaler Verkettung ihr Auskommen haben wie alle übrigen physikalisch beschreibbaren Ereignisse. Das hat die Folge, daß von allen Forderungen an die Freiheit genau und nur dasjenige Moment der Unangebundenheit in Abrede gestellt wird, das die Inkompatibilisten in ihr entdecken möchten.

In beiden Fällen ist daher trotz aller analytischen Präzision ein gewisser Dogmatismus am Werk. Denn es gelingt nicht, neben den uns subjektiv und phänomenal vertrauten Qualitäten als ‚frei' geltender Handlungen wie Aktivität und Anderskönnen, Wahlbewußtsein und Selbstzurechnung auch ihre Art der Verkettung oder Unangebundenheit im Verhältnis zu sonstigen Geschehnissen darin zu entdecken. Vielmehr wird der Verkettungsmodus, ob er nun deterministisch oder indeterministisch gedacht wird, in den qualitativen Zügen freier Handlungen einfach als gegeben vorausgesetzt.[3]

---

[3] Ein gutes Beispiel für die Voraussetzung des Indeterminismus in den qualitativen Elementen der Freiheit ist Kane, a.a.O., 74: „If Ultimate Responsibility is satisfiable for finite agents at all, some voluntary actions (including refrainings) of the agents' life histories for which the agents are responsible [...] must be undetermined. Let us call these undetermined actions ‚self-forming-actions'." Ähnlich 128: „Let us suppose that the effort of will (to resist temptation) in the moral and prudential choice situations [...] is (an) *indeterminate* (event or process), thereby making the choice that terminates it *undetermined*." Für die Voraussetzung des Determinismus stehe Honderich, *Wie frei sind wir?* (Anm. 1), 51: „Die Vorstellung, zu der wir gelangen, ist also die, daß jede Entscheidung samt ihrem neuralen Korrelat die Wirkung einer Kausalreihe ist, deren Ausgangskomplex neurale und sonstige physische

Deshalb wirkt der Streit unentscheidbar und unfruchtbar. Erfolgversprechender erscheint es, einen *qualitativen* Freiheitsbegriff auszuarbeiten und die Qualifikationen der als frei akzeptierten Handlungen so zu beschreiben, daß sie sowohl unter deterministischen als auch indeterministischen Vorzeichen für die von der Physik betrachteten Naturvorgänge aufrechterhalten werden können.[4] Dazu soll hier ein Beitrag geleistet werden. Dabei möchte ich so vorgehen, daß ich drei harte Entgegensetzungen diskutiere, die für die Kantische Antinomie und auch die heutige Diskussion des Freiheitsproblems kennzeichnend sind, nämlich die Entgegensetzungen (1) von Determinismus versus Freiheit, (2) von Origination versus bloßem Fortlauf eines Geschehens und (3) von totaler Bedingtheit versus Unbedingtheit.

Zwischen diesen drei harten Entgegensetzungen soll jeweils eine vermittelnde Idee oder Instanz präsentiert werden, die so beschaffen ist, daß sie sowohl bei Zugrundelegung eines deterministischen als auch indeterministischen Konzepts physikalisch beschreibbarer Wirklichkeit denkbar bleibt. Alle drei Vermittlungsinstanzen haben in der herkömmlichen philosophischen und mehr auf die qualitativen Züge der Freiheit abhebenden Diskussion immer prominente Rollen gespielt, während sie in der von Kant inaugurierten antinomischen Perspektive nahezu verschwunden sind. Es handelt sich erstens um den Begriff einer *Einsicht in das Richtige* für den Gegensatz von Determinismus und Freiheit; zweitens um *lebendige Tätigkeit* für den Gegensatz zwischen Origination und Fortlauf eines Geschehens; sowie drittens um das Konzept des *Ratsamen* für den Gegensatz von Bedingtheit und Unbedingtheit.

1. Determinismus, Indeterminismus und die Wahl zwischen Möglichkeiten

Oft ist darauf hingewiesen worden, daß die Behauptung, die der Determinismus aufstellt, ungefähr ebenso vieldeutig und schwer aufzuklären ist wie der Begriff der Freiheit selbst.[5]

Ereignisse aus der Zeit vor dem ersten Augenblick einer Bewußtseinsregung der betreffenden Person enthält sowie letzte Umweltereignisse, die sich damals oder später abgespielt haben. Es liegt auf der Hand, daß der Betreffende in keinem Sinne für eines dieser physischen oder neuralen Ereignisse bzw. eine größere Anzahl dieser Umweltereignisse verantwortlich ist."

4 Vgl. John Bishop, *Natural Agency. An Essay on the Causal Theory of Action*, Cambridge 1989, z. B. 50: „I claimed that there is a single fundamental problem of natural agency – namely, to understand how there can be room for real ‚doings' in a sequence of ‚happenings' – and this problem remains essentially the same, whether happenings belong to a deterministic system or not." Bishop zeigt, daß eine kausale Erklärung von Handlungen in der Tat nicht per se Freiheit unmöglich machen muß, weil es vielmehr darauf ankommt, durch welche Art von Ursachen sie hervorgebracht werden: „what constitutes behavior as action is its having the right kind of mental causes" (51).

5 Vgl. z. B. Ulrich Pothast, *Die Unzulänglichkeit der Freiheitsbeweise*, Frankfurt a. M. 1980; John Earman, *A Primer on Determinism*, Dordrecht 1986.

Zwei grundlegend verschiedene Formen des Determinismus sind vor allem auseinanderzuhalten. Die erste knüpft an bei einem bestimmten Verständnis des Ursache-Wirkungs-Zusammenhangs nach ausschließlich *physikalischen* Naturgesetzen, d. h. sie verallgemeinert den Typ von Geschehnissen, den wir in der allein physikalisch beschriebenen Natur vorfinden, zum einzig möglichen Geschehenstyp für alles Wirkliche innerhalb der Welt überhaupt. Aufgrund der impliziten, vorgreifenden Generalisierung des Geschehenstyps kann man das einschlägige Determinismus-Konzept gut als *allgemeinen physiko-kausalen Determinismus* des Wirklichen bezeichnen. In jüngerer Zeit hat etwa Ted Honderich, einer der profiliertesten Vertreter einer deterministischen Freiheitstheorie, ein solches Konzept neu vorgestellt und in mehreren Arbeiten weiter entfaltet.[6] Honderich schlägt, weil er aufgrund der physiko-kausalen Verkettung allen Geschehens echte Freiheit für unmöglich hält, eine Reduktion unseres Freiheitsbegriffs auf natürliche Selbständigkeit („voluntariness") vor, die wegen der de facto bestehenden Unvermeidlichkeit allen menschlichen Handelns ohne den Gedanken der Verantwortlichkeit der Menschen für ihr Tun auszukommen habe, mag diese Idee auch noch so sehr in unseren Köpfen festsitzen.[7]

Die andere Auffassung des Determinismus, die um einiges weniger behauptet als die erstgenannte, könnte man als *logischen Determinismus* kennzeichnen. Sie besteht darin, eine alternativelose *Festgelegtheit* des Weltverlaufs anzunehmen. Sie wurde von Leibniz[8] vertreten, später von James[9] und in jüngster Zeit wieder z. B. von Gottfried Seebaß in seiner Studie über „Freiheit und Determinismus".[10] Bei dem Verständnis von Determinismus als Festgelegtheit des Weltenlaufs wird nur statuiert, daß es *irgendeinen* Modus der Festlegung eines als folgend anzusehenden Teils der Welt durch einen vorausgehenden geben müsse; aber es wird nicht im voraus entschieden, durch welche Art Ursachen die Festlegung zustandekommt.[11]

Ein kurzer Vergleich von William James und Leibniz kann zeigen, daß die scheinbar so extrem gegensätzlichen Konzepte des Determinismus und Indeterminismus doch bloße Leerformeln für noch explizit zu machende Positionen sind, die

---

6 Ted Honderich, *A Theory of Determinism*, vol. 1: *Mind and Brain*, vol. 2: *The Consequences of Determinism*, Oxford 1990; s. a. ders.: *Wie frei sind wir?* (Anm. 1), 20 f.
7 Vgl. Honderich, *Wie frei sind wir?* (Anm. 1), 125-127.
8 Vgl. z. B. *Metaphysische Abhandlung* §§ 7-8; *Theodizee* §§ 36-46.
9 James, „The Dilemma" (Anm. 2), 150 f.
10 In: *Zeitschrift für philosophische Forschung* 47 (1993), 1-22 und 223-245; vgl. hier 1-3.
11 Das Problematische am Determinismus im geläufigen Sinn des Wortes besteht in der (oft allzu kausalmechanisch gedachten) Beschaffenheit des unterstellten Regelsystems der Wirklichkeit insgesamt, nicht darin, daß durch die Ursachen ihrer Bestandteile überall vollkommen bestimmt ist, was der Fall ist und was nicht. Lehrreich hierzu ist G. E. M. Anscombe, *Causality and Determination*, Cambridge 1971, bes. 15-23; 29. Anscombe plädiert dafür, den Begriff der Verursachung von der nur durch ein vorausgesetztes *System* zu gewährleistenden Notwendigkeit eintretender Wirkungen zu trennen.

trotz der gegenteiligen Titel partiell sogar ineinander übergehen können. Denn beide verteidigen ausdrücklich den „Zufall" als eine Bedingung menschlicher Freiheit. Nur glaubt James, eben deswegen einen Indeterminismus vertreten zu müssen,[12] während sich Leibniz klar zum Determinismus bekannte, obwohl auch er die Zufälligkeit des relevanten Geschehens als unentbehrlich für die Freiheit anerkannte.[13] Der Grund für die Verwandtschaft beider trotz der höchst unterschiedlichen Folgerung, die sie daraus ziehen, liegt, wie gerade James hervorgekehrt hat, darin, daß auch ein sich von außen als Zufall ausnehmendes Ereignis doch immer noch einen inneren „*modus operandi*" besitzen muß, damit es von einer Position der Wirklichkeit zu einer anderen überhaupt vorwärts kommen kann, d. h. damit etwas geschieht. Das Wort ‚Zufall' (‚chance') bescheidet sich nach James mit einer bloßen Außenansicht in Bezug auf das, was auf eine für jemanden uneinsehbare, aber womöglich doch durchaus bestimmte Weise vor sich geht – wie z. B. die Wahl eines Menschen.[14] Deshalb bleibt James über jenen modus operandi des Zufalls vornehm agnostisch und funktionalisiert ihn nicht für eine Theorie der Freiheit, sondern empfiehlt ihn nur als Bestandteil einer, jedenfalls von uns aus betrachtet indeterministischen Einstellung zur Sache.

Anders Leibniz. Zwar ist auch für ihn der Zufall kein Sprung im Kontext der Geschehnisse, sondern geht in seinen Gründen auf die Wahl zwischen nicht-notwendigen Alternativen zurück. Doch glaubt Leibniz, in seine Binnenstruktur eindringen zu dürfen und macht ihn – jedenfalls für manche Fälle – fest in der menschlichen Intelligenz,[15] kraft derer jemand das, was ihm am besten scheint, auswählt und danach handelt. Was den modus operandi des Zufalls anbelangt, hat Leibniz jedoch immer wieder betont, daß die Gründe, die ein Mensch für seine Wahl aufbietet, ebenso unfehlbar ihre Folgen zeitigen könnten wie kausale Zusammenhänge nach Naturgesetzen. Deshalb kann er sich auch in Bezug auf Freiheitsakte zu einer Form des Determinismus bekennen.

Zwar sah Leibniz nicht, wie körperliche und geistige Zustände miteinander zusammenhängen könnten, und konzipierte deshalb eine Art doppelten Determinismus in der Form des psychophysischen Parallelismus – die berühmte prästabilierte

---

12 James, „The Dilemma" (Anm. 2), 150 f.; 153; 158 f.
13 Vgl. z. B. *Metaphysische Abhandlung* § 13; *Theodizee* § 288.
14 James, „The Dilemma" (Anm. 2), 153–159, vgl. bes. 154: „This negativeness, however, and this opacity of the chance-thing when thus considered *ab extra*, or from the point of view of previous things or distant things, do not preclude its having any amount of positiveness and luminosity from within, and at its own place and moment." „It's a word which tells us absolutely nothing about what chances, or about the *modus operandi* of the chancing" (157).
15 Jeder Zufall geht nach Leibniz in seiner Begründung auf Wahlhandlungen zurück, allerdings nicht immer auf die des Menschen; cf. hierzu Verf., „Zum Verhältnis von Existenz und Freiheit in Leibniz' Metaphysik", in: *Zeitschrift für philosophische Forschung* 50 (1996), 386–409.

Harmonie zwischen Körper und Seele. Doch ist es, wenn überhaupt ein determinierter Zusammenhang zwischen den einzelnen Zuständen oder Stationen (etwa einer überlegten Wahl) zugrundegelegt wird, ebenso denkbar, daß die Entscheidungsgründe für bestimmte Handlungen nichts anderes sind als gewisse Gehirnzustände, die kausal in Handlungen einmünden.[16] Jedenfalls aber begründet nach Leibniz – und hierin muß man ihm, denke ich, folgen – das bloße Feststehen eines Zusammenhangs noch nicht per se die Freiheit oder Unfreiheit der auseinander folgenden Zustände. Das vielmehr sei eine Frage der Beschaffenheit dieser Zustände selbst.

Die Pointe der zweiten Form von Determinismus in Beziehung auf die Freiheit läßt sich in einer einfachen Formulierung zusammenfassen: Wenn Determinismus nur so viel heißt, daß der Weltlauf nirgends eine Alternative übrigläßt, so behauptet er noch nichts darüber, *wodurch* solche Alternativen in ihm selbst jeweils ausgeschlossen werden. Das Ausschließende nämlich könnte, wie z. B. Leibniz betonte, durchaus unser freier Wille im vollen Sinne des Worts sein, wenn die Gründe, die zum Ausschluß führen, nur ebenso unfehlbar sind wie die ein der Freiheit unverdächtiges Geschehen determinierenden Ursachen in der Natur.[17]

Gegen eine solche Vereinigung von Determinismus und Freiheit ist oft ein zentraler Einwand vorgebracht worden,[18] der entkräftet werden muß, soll das Gesagte Bestand haben. Der Einwand ist, daß ein Handelnder in der Situation, in der er eine Entscheidung trifft, die Möglichkeit haben muß, auch anders zu handeln, als er es de facto tut, wenn er mit Recht soll ‚frei' genannt werden können. Wenn aber die Gründe, die zu einer bestimmten Entscheidung führen, feststehende waren, dann hatte er de facto keine Wahl, und keine andere Möglichkeit stand ihm offen. Jedoch bedarf meiner Ansicht nach der Begriff des ‚Habens einer Möglichkeit', den das

---

16 So die These von Bishop, *Natural Agency* (Anm. 4). In der Tat ist schwer vorzustellen, was anderes die einer Handlung intrinsischen körperlichen Zustände sollte modifizieren können als wiederum körperliche Vorgänge. Jedoch ist darauf Wert zu legen, daß solche Zustände *dank* ihrer komplexen Eigenschaft, *Gründe zu sein*, so und so beschaffene kausale Rollen im Verhalten eines Organismus spielen – wie immer es auch zu erklären sein mag, daß sie diese Eigenschaft bekommen haben; vgl. hierzu Fred Dretske, *Explaining Behavior. Reasons in a World of Causes*, Cambridge (Mass.) 1988, z. B. 79 ff.; 83 f.; 94; 99.

17 Vgl. z. B. *Theodizee* § 45; 288; 310. Seebaß, „Freiheit und Determinismus" (Anm. 10), 245 diagnostiziert eine schwierige philosophische Aufgabe darin, „unser vortheoretisches Selbstverständnis, das vom Gedanken der ontologischen Indeterminiertheit der durch uns zu bestimmenden Teile der Welt ausgeht", theoretisch zufriedenstellend zu rechtfertigen. Jedoch erscheint es mit Leibniz fast als Trivialität zu sagen, daß all das in der Welt, was durch uns zu bestimmen ist, bis zu dem Punkt ontologisch indeterminiert ist, an dem wir es so bestimmen. Der Determinismus, der von einer Festgelegtheit überhaupt aller Tatsachen der Welt ausgeht, kann selbstverständlich nur zutreffen, wenn er alles berücksichtigt, was bei der Festlegung eine Rolle zu spielen hat.

18 Vgl. z. B. Kane, *The Significance* (Anm. 2), 44-59, bes. 59; Seebaß, „Freiheit und Determinismus" (Anm. 10), 233-241.

Argument benutzen muß, zweier wichtiger Präzisierungen, die seine Unverträglichkeit mit dem Determinismus zumindest in Frage stellen.

Denn erstens können gehabte Möglichkeiten, solange sie jemandem offenstehen, nicht vollständig bestimmte Möglichkeiten sein, wie sie als sogenannte ‚logische‘ Möglichkeiten Teile von nur einer möglichen Welt sind. *So ist vielmehr eine Möglichkeit genau dann, wenn sie bereits die eintretende ist und alle anderen durch z. B. die Überlegung und das Wollen eines Menschen ausgeschlossen wurden.* Gehabte Möglichkeiten sind deshalb etwas nicht zuende Bestimmtes, das als ein modales Prädikat den betreffenden Menschen charakterisiert, aber nicht an sich besteht.

Beispielsweise sagen Kinder, sie ‚könnten‘ etwas schon selbst, wenn sie es schon öfter mit gewissem Erfolg probiert haben. Die allermeisten Möglichkeiten, von denen wir meinen, sie zu haben, sind so, daß sie die *Wiederholbarkeit* eines *Typs* von Handlungen oder Verhaltensweisen für jemanden statuieren. Je nach dem Typus des Gekonnten bestimmen sich der Allgemeinheitsgrad und damit die Variationsbreite des faktisch auszuführenden Prozesses, jedoch bezieht sich das Haben der betreffenden Möglichkeit nicht auf die einzelne Ausführung, sondern auf die Geläufigkeit oder Erprobtheit des Handlungstyps für den betreffenden Menschen.

Aus diesem Grund ist es m. E. kein schlagkräftiger Einwand gegen die Behauptbarkeit des ‚Anderskönnens‘ in einer determinierten Welt, wenn man zeigt, daß es zum de facto vollzogenen Handlungsvorgang eine Alternative nur in einer anderen möglichen Welt gab.[19] Denn jede wirklich eintretende Möglichkeit ist im Moment ihres Eintretens eben gar keine Möglichkeit mehr, sondern eine Tatsache, zu der ihr Nichteintreten im Widerspruch steht. Beides kann nicht zugleich in derselben Welt der Fall sein. Wo aber eine Möglichkeit gehabt wird, da ist keine der beiden Alternativen der Fall, sondern besteht eine in bestimmten Eigenschaften (Dispositionen) des Betreffenden sich niederschlagende Beziehung auf *beide*, und zwar nicht ihrer exakten Beschreibung, sondern nur ihrer Typik nach. Wer frei und zurechenbar gelogen hat, der hat erwogen, nicht zu lügen, und schon oft in vergleichbaren Situationen nicht gelogen. Das heißt, er hatte die Möglichkeit, nicht zu lügen. Der aktuelle Besitz solcher (intrinsisch modal zu interpretierenden) Eigenschaften ist aber auch durch ein deterministisches Konzept der Wirklichkeit nicht unbedingt ausgeschlossen.

Es gibt mindestens zwei wesentlich verschiedene Bedeutungen von Möglichkeit.[20] Zum einen die bestehende Möglichkeit, die ein vollbestimmter Sachverhalt

---

19 Damit glaubt Seebaß die These des Kompatibilismus als kontraintuitiv erweisen zu können (a.a.O., 241).
20 Vgl. Klaus Jacobi, „Das Können und die Möglichkeiten. Potentialität und Possibilität", in diesem Band S. 9-23. Vgl. dazu die Auffassungen Schellings, dargelegt in Verf., *Eins von Allem. Die Selbstbescheidung des Idealismus in Schellings Spätphilosophie*, Hamburg 1992, 27-41. Daß z. B. James keine solche zwei Sinne von Möglichkeit unterscheidet, sondern nur von „possibilities" spricht, die

im Modus der Möglichkeit ist und, wenn es sie überhaupt gibt, entweder mit einer Tatsache unserer Welt identisch ist oder in einer anderen (‚möglichen') Welt existiert. Zum anderen die von einem wirklich Existierenden ausgesagte Möglichkeit, d. h. ein Vermögen oder Können, das in einer komplexen, nur intentional auflösbaren Beziehung zu typischen Zuständen einer Sache besteht, auf die aber für eine adäquate Beschreibung mancher wirklich vorkommender Dinge (insbesondere Lebewesen) nicht gänzlich verzichtet werden kann. Nur die zweite Art von Möglichkeit kann in Frage kommen, die Signifikanz des Anderskönnens für den Freiheitsbegriff aufzuklären. Insofern sie in gewissen, nicht zu vernachlässigenden Eigenschaften wirklicher Dinge besteht, ist gerade sie eine „ontologische"[21] Möglichkeit und als solche, wie mir scheint, sowohl mit einer indeterministischen als auch deterministischen Auffassung der Welt vereinbar.

In eine ähnliche Richtung zielt auch das zweite Argument. Denn auf seiten der handelnden Person muß das ‚Haben einer Möglichkeit' so zu verstehen sein, daß derjenige, der sie hat, in jedem Fall (wie er sich auch entscheidet) derselbe ist wie der, der aufgrund seiner Überlegung und seines Wollens in bestimmter Weise gehandelt haben wird. Wegen dieser Bedingung darf man die Identität eines Inhabers-von-Möglichkeit ganz generell *nicht* in der zuende ausbuchstabierten Zustandsbeschreibung des Subjekts vor seiner überlegten Entscheidung suchen. Denn trivialerweise kann diese nicht dieselbe sein wie nach der Überlegung. Mit Whitehead wäre eine solche Identitätsbeschreibung vielmehr eine „fallacy of misplaced concreteness" zu nennen, die sich diejenigen zu Schulden kommen lassen, die glauben, in einem deterministischen Konzept der Wirklichkeit könne niemand auch nur die Möglichkeit gehabt haben, anders zu handeln, als er durch eigene Entscheidung de facto gehandelt hat.

Die Freiheit hat demnach ihren Sitz, wenn irgendwo, nicht in der Mehrzahl der zuende bestimmten Möglichkeits*gehalte*, die zum selben Zeitpunkt offenstehen, sondern in dem besagten – sei es mit James agnostisch tabuisierten oder mit Leibniz explizit gefaßten – modus operandi selbst, der zum Ausschluß aller *gehabten* Möglichkeiten bis auf eine realisierte führt. Dieser modus operandi ist nach Leibniz (aber nicht zuerst oder zuletzt nach ihm) unsere vernünftige Einsicht in das Beste, sofern sie Maßstäbe besitzt, über die nicht durch den Vorgang der Überlegung erst entschieden wird, d. h. sofern sie eine Einsicht zwischen Richtigkeit und Verfehlung dieses Besten genannt werden kann. Die Gegebenheit von unabhängigen *Maßstäben* der Vernünftigkeit in Verbindung mit dem uns möglichen subjektiven

---

s. E. nicht zugleich mit ihrer Alternative in einer determinierten Welt gegeben sein können, mußte ihn konsequenterweise zur Annahme eines Indeterminismus führen: "Possibilities that fail to get realized are, for determinism, pure illusions: they never were possibilities at all" („The Dilemma" (Anm. 2), 151).

21 Vgl. Seebaß, „Freiheit und Determinismus" (Anm. 10), 242.

Gebrauch, den wir von der Vernunft machen, sorgt nach Leibniz dafür,[22] daß unsere Entscheidung über das Gute sowohl durch uns zustandekommt, als auch in Bezug auf richtig oder falsch bestimmt ist. Darin ist nach den gegebenen Erklärungen eine legitime Verbindung von Freiheit und Determination zu erblicken, die in der antinomischen Perspektive Kants unsichtbar bleibt.

2. Zwischen Origination und Fortlauf des Geschehens: lebendige Tätigkeit

Die Schwierigkeit einer solchen Deutung der Freiheit besteht allerdings darin, den besagten modus operandi unserer rationalen Überlegung innerhalb des Naturgeschehens zu etablieren, das durchgehend einem anderen modus operandi der Determination zu folgen scheint oder ihm zumindest entstammt, nämlich dem der Kausalität nach physikalischen Gesetzen. Nach unserer heutigen, naturwissenschaftlich fundierten Überzeugung ist es zudem so, daß auch der modus operandi des Überlegens und Wählens an kausal prozedierende neurale Vorgänge in unserem Gehirn gekoppelt ist, also sicherlich keine freischwebende Intelligenz darstellt.

Indessen muß man bedenken, daß ein fortlaufendes, allein physikalisch beschriebenes Geschehen in Bezug auf seine Abgrenzung immer diffus ist. Ursachen für es können wir stets nur angeben, wenn wir bestimmte Wirkungen als diejenigen ins Auge fassen, die uns die Identität des Geschehens angeben, nach dessen Ursache wir suchen wollen. Dies Herausgreifen bestimmter Wirkungen liegt aber mindestens so sehr an unseren herangetragenen Relevanzgesichtspunkten wie an der Artikuliertheit des Geschehens selbst.

Im Unterschied dazu hat eine Handlung primär eine Artikuliertheit in ihr selbst.[23] Sie besteht schon als bloße Handlung in der Unterschiedenheit von beabsichtigter Charakteristik und vernachlässigten Nebenfolgen des Ausgeführten. Zum Beispiel wird die Überreichung eines Blumenstraußes zum Ausdruck des Dankes zugleich allergene Pollen in die Augen des Empfängers streuen, ohne daß dieser Effekt in irgendeiner Weise zur Handlung des Dankens gehören würde.

Aus diesem Grund fällt es schwer, eine Handlung in das Kontinuum physikalisch zu beschreibender Prozesse einfach eingebettet zu denken. Doch fällt es mindestens ebenso schwer, ihr einen prinzipiell nicht in das Kontinuum gehörenden

---

22 Vgl. z. B. *Confessio philosophi* (ed. O. Saame, Frankfurt a. M. 1967), 82: „sufficit ad tuendum liberi arbitrii privilegium ita nos in bivio vitae collocatos esse, ut non nisi quae volumus facere, non nisi quae bona credimus velle; quae autem bona habenda sint amplissimo dato rationis usu indagare possimus"; daher sei der „usus rationis" in seiner internen Doppelung von objektiver Maßstäblichkeit und subjektivem Vermögen der Vernunft die „vera radix libertatis" (86).
23 Vgl. dazu, mit einem ähnlichen Beispiel wie dem folgenden, Dretske, *Explaining Behaviour* (Anm. 16), 79 f.

Akteur als voraussetzungslosen, mit sich identisch bleibenden Ursprung voranzustellen, wie die es tun, die an einer indeterminierten Origination von Begebenheiten, die neu in den Weltlauf eintreten, im Interesse der Freiheit festhalten möchten.

Zwar ist dasjenige an einer Handlung, was organisches Naturgeschehen ist, zweifellos am besten aufgehoben, wenn man es kausal in den Zusammenhang organischer Geschehnisse eingebettet sein läßt.[24] Jedoch ist die Artikulation und Festlegung von Bedeutung in Bezug auf dieses Geschehen noch eine weitere Frage. Unsere Handlungen sind meist nicht monolithische Akte, sondern komplexe Bezüge zwischen und wechselseitige Einschränkungen von mehreren, sich überlagernden Aktivitäten. Man betrachte zum Beispiel die Handlung des Grüßens: Oft macht man, um nicht ohne Gegengruß gegrüßt zu haben, nur irgendeine Bewegung, die sich als Gruß interpretieren läßt, *wenn* der andere zurückgrüßt, aber gar kein Gruß gewesen sein will, wenn er es nicht tut. Also ist hier das später erfolgende Handeln eines anderen eine Bedingung für die Bedeutung und damit den Charakter meines eigenen Handelns – ein sehr unangenehmer Tatbestand sowohl für die Anhänger einer physiko-kausalen als auch originationstheoretischen Erklärung des Handelns. Wenn sich die Freiheit nun generell auf die In-die-Welt-Setzung bestimmter Handlungen bezieht, so heißt das nach dem Gesagten etwas anderes, als sowohl mit kausal unangebundener Origination einer Handlungsinitiative wie auch mit der uns passiv lassenden, physiko-kausalen Fortsetzung bereits vor sich gehender Prozeßketten gemeint sein kann. Es meint vielmehr die rational geleitete Komposition einer bestimmten Figur oder Geste im sozialen Raum aus dem Bewegungsmaterial, das wir als so und so gebaute organische Wesen zur Verfügung haben.[25]

---

24 Organisches Naturgeschehen ist bereits durch und durch *relativ* auf bestimmte, real vorkommende und sich durch das betreffende Geschehen erhaltende und modifizierende *Einheit*. Es ist durchaus strittig, inwieweit man unter Zugrundelegung ‚normaler' Physik und deren Geschehenstypik und ihrer kausalen Verkettungsart biologische Prozeßformen adäquat erfassen kann; vgl. dazu z. B. Norbert Bischof, „Ordnung und Organisation als heuristische Prinzipien des reduktiven Denkens", in: H. Meier (Hg.), *Die Herausforderung der Evolutionsbiologie*, München / Zürich 1988, 79-128, bes. 121 ff.; Ilya Prigogine, „Die physikalisch-chemischen Wurzeln des Lebens", ebenfalls in: H. Meier (Hg.), a.a.O., 19-52, bes. 20 ff. Zu diesem Thema grundsätzlich: Stuart Kauffmann, *At Home in the Universe. The Search for Laws of Complexity*, London 1996, z. B. 24 f.; 73 f.; 89 f.; 110 f.; ferner Humberto R. Maturana, „Die Organisation des Lebendigen: eine Theorie der lebendigen Organisation", in: ders., *Erkennen: Die Organisation und Verkörperung von Wirklichkeit. Ausgewählte Arbeiten zur biologischen Epistemologie*, Braunschweig / Wiesbaden 1985, 138-169.

25 Wie schon gesagt, bedeutet dies nicht, daß Handlungen gar nicht kausal verursacht sein könnten, allein der Typ der Ursachen und Wirkungen ist ein anderer als der, den man mit gewöhnlicher Physik zugrundezulegen pflegt. Es gibt noch keine Physik der Kognition, auch wenn es sie vielleicht geben könnte oder einmal geben wird. Überzeugend zu den allgemeinen Problemen einer kausalen Handlungstheorie in diesem liberalisierten Sinn ist J. Bishop, *Natural Agency* (Anm. 4); vgl. zur rationalen Kausalität komponierter intentionaler Akte bes. 101 f.; 128-137; 150; 170 f.; einen konkret ausgearbeiteten, mindestens prima facie nicht unplausiblen Vorschlag bietet Dretske, *Explaining Behaviour* (Anm. 16).

Zwischen Antinomie und Kompatibilität: Handlungsfreiheit 343

Die ‚*auctoritas*' zu handeln – wie ich es lieber formulieren möchte, statt von Akteurskausalität zu sprechen – ist demnach viel eher eine *erlernte* und uns *gegenseitig zugebilligte Kompetenz der Bedeutungsfestlegung* in Bezug auf organische Verhaltensweisen, die wir beeinflussen und modifizieren können, nicht aber die absolute Hervorbringung von irgendetwas. Wenn wir Körperbewegungen ausführen, so sind dies wiederum nur Variationen von ohnehin vorhandenen Spannungszuständen unserer Muskeln etc. In solchen Spannungszuständen und derartigen Bewegungsverläufen existieren wir und ihre *bedeutsamen* Variationen erlernen, üben und kontrollieren wir. So pfropfen wir das, was wir Handeln nennen, unserem natürlichen Verhalten sozusagen auf.[26] Daher hat es wenig Sinn zu sagen, wir brächten manchmal, *statt* in kausaldeterminierte Geschehnisse unserer Physiologie nur involviert zu sein, als weltunabhängige Akteure lediglich aus uns selbst freie Handlungen hervor, sondern das eine ist irgendwie das andere, ohne daß man sagen könnte, welches Element physiologischer Prozesse welcher Komponente einer sinnvollen Handlung entspreche, somit auch nicht, welches Element als die Ursache der Handlung insgesamt anzusehen sei.[27]

Das gegebene Beispiel des Grüßens deutet darauf hin, daß Handlungen eigentlich immer *Interaktionen* sind, die gar nicht an nur einem Menschen allein das Fundament ihrer Wirklichkeit besitzen, sondern in mehreren. Zudem scheint es so zu sein, daß sich erst herauskristallisiert, wer oder was ein bestimmter Mensch qua Handelnder ist, indem ihm so etwas wie ‚Urheberrechte' an den gemeinsamen Interaktionen zugewiesen werden.

Aus beiden Gründen wirkt ein Modell kausaldeterminierter Handlungshervorbringung, wie es von Honderich vorgelegt wurde, doch etwas naiv, da Honderich permanent die Grenzen zwischen den verschiedenen Handlungsbeteiligten schon voraussetzen muß, d. h. bei Honderich: die Grenze zwischen dem handelnden Organismus und seiner Umwelt insgesamt[28] – so als würde nicht eben darüber erst durch sein Handeln und Sich-Verhalten entschieden. Wenn beispielsweise jemand, wie wir sagen, durch eigene Dummheit betrogen wurde, hat dann jemand ande-

---

26 In diesem Punkt überzeugend ist John McDowells (*Geist und Welt*, Paderborn u. a. 1998) Lösungsversuch für die Frage, wie unsere freien Akte in die Natur gehören können (95): nämlich durch eine an Aristoteles Maß nehmende Wiederentdeckung und Berücksichtigung einer „zweiten Natur" des Menschen (s. z. B. 109), die ihm durch das von klein auf erlernte Einüben entsprechender Kompositionsregeln für Handlungen zugewachsen ist: „Ausübungen der Spontaneität gehören zu unserer Lebensweise. Und unsere Art zu leben, ist die Weise, uns als Tiere zu verwirklichen. [...] Um Ausübungen der Spontaneität als natürlich anzusehen, brauchen wir die zur Spontaneität gehörenden Begriffe nicht in die Struktur des Bereichs der Naturgesetze einzufügen; wir müssen demgegenüber ihre Rolle betonen, die sie beim Erfassen von Mustern einer Lebensweise spielen." (103 f.)
27 Vgl. P. F. Strawson, *Skepticism and Naturalism: Some Varieties*, London 1985, sect. 3, „The Mental and the Physical", bes. 53-57; 62-68.
28 Vgl. Honderich, *Wie frei sind wir?* (Anm. 1), 51 ff.; 69-82.

res einen ‚Betrug' initiiert, und ist er oder der Betrogene ein Betrüger? Oder wenn jemand mir nach dem Munde redet, redet dann er oder ich?

Aristoteles hat schon vor Zeiten in diesem Punkt sehr viel deutlicher gesehen, wenn er Tätigkeiten und Handlungen des Lebendigen von bloßen Bewegungen oder Geschehnissen generell unterschied, weil durch erstere immer zugleich die *Einheit* des Tätigen oder Handelnden (nach Aristoteles: seine Seele) gestaltet wird, nicht aber durch letztere.[29] Es ist also nicht so, wie manche uns glauben machen wollen, daß für den Handelnden als Autor seiner Handlungen irgendein ominöses substantielles Selbst im Menschen *vorausgesetzt* wird, aus dem die Handlungen gleichsam herausgeschossen kommen. Vielmehr gilt: indem ein Organismus schon in Tätigkeiten und Verhaltensweisen begriffen ist, bildet sich allenfalls das, was man überhaupt ein Selbst oder eine substantielle Einheit nennen könnte, der man dann gewisse Anteile an dem, was sich in diesem Kontext tut, als seine bestimmte Handlung zurechnen kann.

Ich weiß nicht, mit welchen guten Gründen man das empirische Phänomen lebendiger Tätigkeit, durch die Organismen sich erst abgrenzen und als solche erhalten, nicht zunächst einmal hinnehmen sollte, um zuzusehen, was daraus für das Problem der Freiheit zu gewinnen ist; statt daß man aus gewissen, eigentlich nur metaphysisch zu rechtfertigenden Vorannahmen darüber, was für Geschehnisse in der Wirklichkeit allein zulässig sind, am Ende zu Folgerungen genötigt ist, die in der Tat ein Phänomen bestreiten müssen. Ob lebendige Tätigkeit ihrerseits auf einen physiko-kausal determinierten Geschehenskontext reduzibel ist oder aber bereits als solche einen Indeterminismus voraussetzt,[30] vermag ich nicht zu beurteilen. Jedoch würde sie in beiden Fällen als ein meiner Überzeugung nach unhintergehbarer Sachverhalt die notwendige Basis für *frei* zu nennende Handlungen des Menschen bereitstellen. Lebendige Tätigkeit ist das im vollen Sinne naturimmanente Phänomen, auf das auch menschliches Handeln und die durch Überlegung geprägte Lebenstätigkeit theoretisch aufgebaut werden kann. Keine deterministische Ansicht von der Welt sollte so weit gehen, mit der Realität der Freiheit auch dieses ihr Fundament in seiner gegenüber rein physikalischen Prozessen andersartig scheinenden Wirklichkeit aufheben zu müssen.

---

29 Denn die Handlung modifiziert den Habitus, dieser aber charakterisiert die Seele: vgl. bspw. NE II 1-2, bes. 1103b 21-23 und 1104b 18-24. Ich führe Aristoteles hier nicht, wie es oft getan wird, als Anwalt der Akteurskausalität ins Feld, sondern als klassische Position für einen Realismus des Lebendigen, die auf die charakteristische Einheitsbindung und Einheitsgestalt von *Tätigkeiten* im Unterschied zu Bewegungen (in einer für das zugrundeliegende Naturverständnis freilich unproblematischen Weise) ihr besonderes Augenmerk richtet. Vgl. hierzu Verf., *Aristoteles*, Freiburg 1999, 128-134.

30 Ilya Prigogine zieht den Determinismus bereits für den allem Leben zugrundeliegenden *Ereignis*begriff der Thermodynamik in Zweifel („Die physikalisch-chemischen Wurzeln des Lebens" (Anm. 24), 21).

Will man also die Freiheit weder mit Kant durch Depotenzierung der Natur zur bloßen Erscheinung, noch mit den Inkompatibilisten durch Behauptung eines für die Rationalität der Freiheit bedenklichen Indeterminismus, noch auch mit den Kompatibilisten durch ihre Herabwürdigung zu einem physiko-kausalen Geschehen retten, dann bleibt m. E. nur übrig, den Begriff des Lebendigen als objektive Realität zur ontologischen Basis der Freiheit innerhalb der Natur zu erklären. Denn in der Kantischen antinomischen Perspektive auf die Freiheit, von der wir ausgingen, ist gerade dies unmöglich, da das Leben nach Kant kein objektiver, sondern nur ein Reflexionsbegriff unserer Urteilskraft ist. Der muß ihm deshalb bei *seinem* Rettungsversuch der Freiheit fehlen.

Selbst wenn aber das Lebendige – als Tätiges – eine natürliche Objektivität ausmacht, so bleibt selbstverständlich unbestritten, daß es aus nichts anderem besteht als materiellen Geschehenskomplexen, die als solche auch physikalisch beschrieben werden können. Bloß bleibt in der rein physikalischen Beschreibung die Abgrenzung der untersuchten Wirkungen wiederum eine, die wir kraft anderer Intuitionen in den Sachverhalt vornehmen und deren Rechtfertigung nicht in den so beschriebenen und eventuell in ihrer Kausalität aufgeklärten Wirkungen selbst liegen kann. Diese erstrecken sich vielmehr – sei es kausal determiniert oder indeterminiert – immer weiter und weiter, wie z. B. die Verdauung der Kühe einen beträchtlichen Faktor der Erderwärmung ausmacht, ohne daß die Kühe als Kühe dafür verantwortlich wären. Das Lebendige ist also nichts *nicht* physikalisch Faßbares, aber doch notwendigerweise so etwas wie eine erste Emanzipation selbständiger Einheit aus ihren Entstehungsbedingungen. Die Freiheit des Menschen, oder besser der Mensch, sofern er frei genannt werden kann, ist dann weiterhin zu fassen als eine zweite Emanzipationsgestalt innerhalb des Wirklichen, die nicht so sehr auf Selbständigkeit des Entstandenen, sondern auf eine neue, nämlich die soziale Kontextualität des Existierenden gerichtet ist.[31]

3. Zwischen Bedingtheit und Unbedingtheit: was Überlegung anrät

Während das Nur-Lebendige sich nicht von seinen Tätigkeiten qua Lebendiges suspendieren kann, kann der auch Freie, wenn auch wiederum nur *durch Tätigkeit*, seine eigene Tätigkeit bzw. Handlung einschränken oder suspendieren. Um nicht zu atmen, müssen wir die Luft anhalten; um nicht zu sehen, müssen wir die Augen schließen; um nicht zu arbeiten, müssen wir Ferien machen oder schlafen; um nicht sitzen zu bleiben, müssen wir aufstehen. Es ist eine Illusion zu glauben, wir

---

31 Den zweiten Schritt könnte man gut mit den von McDowell, *Geist und Welt* (Anm. 26) vorgeschlagenen Theorieelementen tun.

könnten uns aus dem Feld der Tätigkeit einfach aus- und wieder in es einklinken und so das eine tun und das andere lassen, wie die Rede von „Origination" oder „Akteurskausalität" es nahezulegen scheint. Das gelegentliche Ausklinken aus dem Kontinuum der Tätigkeiten wäre vielmehr der Tod, zu dem allein wir dadurch gelangen, daß nicht wir etwas tun, sondern daß uns etwas passiert, was all unser Tun zum Erliegen bringt.

Um aber nun *frei* tätig zu sein, müssen wir, wie gesagt, *überlegen*. Das Überlegen ist selbst eine Tätigkeit, durch die wir unser weiteres Tätigsein, d. i. unsere eigene Einheit als organisches Leben, gestalten können. Sie verschafft unserem Handeln diejenige Qualifikation, die wir am meisten mit Freiheit meinen, wenn wir einen qualitativen, nicht konnektiven Vorbegriff von ihr zugrundelegen. Das Überlegen ist natürlich auch wie andere Tätigkeiten – etwa das Laufen – an bestimmte Geschehnisse in unseren Gliedern (nämlich Geschehnisse in unserem Gehirn) gebunden. Ich habe im ersten Teil bereits zugegeben, daß all unser Verhalten trotz möglicher Freiheit sehr wohl als kausal determiniert angesehen werden kann (wenn auch nicht muß). Doch manchmal ist es eben determiniert oder gestaltet durch einen besonderen modus operandi, nämlich die *primär freie Tätigkeit* des Überlegens oder, wenn man lieber möchte, ein so und so ablaufendes Neuronenfeuer in unseren Gehirnlappen. Aber diese Lappen gibt es nur in einem solchen Organismus, und jenes Feuer brennt nur in einem Menschen mit den und den Erinnerungen.

Was heißt nun hier ‚freie' Tätigkeit, etwa wenn wir überlegen, wie wir auf eine Beleidigung reagieren sollen oder ob es gut ist, sich bei jemandem zu entschuldigen? Es heißt immer, daß wir die Tätigkeit anderer (oder untätige sonstige Umstände) als *Bedingungen* desjenigen Verhaltens oder Tätigseins oder eben Handelns begreifen, das wir durch unsere Überlegung komponieren wollen. Hier greife ich erneut auf einen massiven Aristotelismus zurück, an dem die Tradition des Freiheitsdenkens jedoch lange und z.T. bis heute festgehalten hat.[32] Es ist der Gedanke des vorgeschalteten ‚*Zurategehens*' mit sich oder anderen, bei dem wir immer eine so oder so ausfallende Berücksichtigung anderer in die Determination unseres Handelns einfließen lassen, durch die es das Prädikat ‚frei' verdienen kann, aber durchaus nicht immer trägt. Denn es gibt obsessive Formen des Überlegens, die wir nicht als frei zu bezeichnen pflegen. Doch können wir den lockeren Zusammenhang einer ‚Berücksichtigung anderer im eigenen Tätigsein' durch weitere Kriterien ausgestalten zu zurechnungsfähigen Formen *bedingter* Freiheit des Wollens und Handelns. Entscheidend ist der Gedanke, daß die Freiheit, so verfaßt, dem einzelnen Individuum nicht für sich allein, sondern nur im Verkehr mit anderen überhaupt zukommen

---

32 Siehe z. B. Ernst Tugendhat, „Der Begriff der Willensfreiheit", in: K. Cramer u. a. (Hg.), *Theorie der Subjektivität*, Frankfurt a. M. 1987, 373-393. Daß dies auch unter den Vorzeichen einer kausalen Handlungstheorie möglich ist, zeigt Bishop, *Natural Agency* (Anm. 4), 134-137.

kann. Deshalb kann sie keine natürliche Eigenschaft der Menschen sein. Sie ist vielmehr, wie Hegel einmal schrieb, ihr Ringen, „sich ineinander wiederzufinden",[33] was nicht auf Anhieb, sondern eben nur durch wohlüberlegte Organisation ihrer Verkehrsformen gelingen kann.

Dabei ist klar, daß jene in der Überlegung realisierten Bedingungen meines eigenen Handelns nicht *unmittelbar* eine mir voraufgehende Totalbedingtheit meines Handelns ausmachen, sondern immer nur via Integration in meine Überlegung des dafür gehaltenen Besten. Das eigentlich ‚frei' zu Nennende ist demnach etwas *zwischen* einem radikalbedingten Naturgeschehen und unbedingter Spontaneität des jeweiligen Subjekts und erwächst aus einer empirischen gegenseitigen Abhängigkeit unseres Daseins, die keinen von uns gänzlich verschlingen, aber auch keinen völlig sich selbst überlassen kann.

---

33 *Enzyklopädie* III § 431 (Theorie-Werkausgabe, Frankfurt a. M. 1970, Bd. 10, 230).

Dynamis und Energeia. Zur Aktualität eines begrifflichen Werkzeugs von Aristoteles

Kuno Lorenz

1. Exposition des begrifflichen Kontextes

„Die Wirklichkeit des Möglichen als solchen nenne ich Bewegung", so heißt es bei Aristoteles im 11. Buch der *Metaphysik*.[1] Und nach der Diskussion anhand von Beispielen endet die Überlegung mit der Feststellung, daß diese Wirklichkeit des Möglichen in einer Handlung besteht, die das Mögliche ‚verwirklicht', eben einer Bewegung (κίνησις). Es ist also nicht die Statue, die, obschon selbst durchaus wirklich, als ‚aktuelle' Statue dem seinerseits ebenfalls wirklichen Erz als ‚potentieller' Statue gegenübersteht, vielmehr ist es der Übergang vom einen zum andern, der es nach Aristoteles erlaubt, vom Erz als einer möglichen Statue zu sprechen.[2]

Alle Partikularia (καθ' ἕκαστα), die Einzeldinge (πράγματα) ebenso wie die im weiteren Sprachgebrauch ebenfalls zu den πράγματα zählenden übrigen Kategorien von Einzelgegenständen, wie etwa die einzelnen Taten (πράξεις), wenn sie gerade nicht als Bestimmungen eines πρᾶγμα auftreten, sondern ihrerseits bestimmt werden, haben sowohl ein ‚mögliches Wesen' (δυνάμει οὐσία) als auch ein ‚wirkliches Wesen' (οὐσία ὡς ἐνέργεια), wobei ersteres als ‚Stoff' (ὕλη) und letzteres als ‚Form' (εἶδος) bestimmt wird.[3] Eine Bewegung ist es, die den jeweiligen Stoff, das ‚mögliche Wesen', in die jeweilige Form, das ‚wirkliche Wesen', überführt, und so gelingt es Aristoteles, mithilfe der Begriffe Dynamis und Energeia die Fülle der Kandidaten, die als ‚Wesen' (οὐσία, lat. sowohl *substantia* als auch *essentia*) infrage kommen und ernsthaft auf immer wieder verschiedene Weise erörtert werden[4] – z. B. gilt als entscheidend, daß allein den Wesen ein Dies-da zugrunde liegt[5] –, grundsätzlich auf das Wesen von Partikularia zu beschränken. Angesichts der geforderten Beständigkeit der Wesen und der festgestellten Veränderlichkeit der Partikularia dürfen natürlich beide nicht einfach gleichgesetzt werden. Während auf der einen Seite ein

---

1 *Metaph.* 1065b 16; vgl. *Phys.* 201a 10 f. u. b 31 f.
2 Vgl. *Phys.* 201a 10 – 201b 15.
3 *Metaph.* 1042a 25-31.
4 Vgl. die Darstellung in: Günther Patzig, *Die Entwicklung des Begriffes der Usia in der Metaphysik des Aristoteles*, Göttingen 1951.
5 *Metaph.* 1030a 5 f.; vgl. 1003a 9 f.

Partikulare als ein ‚Zusammengesetztes' (σύνθετον) oder ‚Ganzes' (σύνολον), aus Stoff und Form nämlich, bestimmt wird, muß die von Aristoteles mit dem Begriff des Wesens erfaßte Einheit von Stoff und Form auf andere Weise konstruiert werden, und so verlangt er es auch selbst.[6] In Übereinstimmung mit expliziten Formulierungen von Aristoteles und zugleich treu dem Sprachgebrauch des späten Platon sollte in moderner Terminologie unter ‚Wesen' die elementare ‚Tatsache', *daß* ein Stoff eine Form trägt, ein wahrer Sachverhalt also, verstanden werden, z. B. daß dieses Erz die Gestalt einer Statue hat.[7] Das (erste) Wesen eines Partikulare wird daher durch keine der anderen Aussageweisen – Qualität, Quantität usw. – erfaßt, ist weder ein Universale noch gar der zugrundeliegende Stoff und auch nicht das aus Stoff und Form Zusammengesetzte, sondern ein die „was-ist-das?"-Frage beantwortender Logos. Es wird satzartig erfaßt, dem Individualbegriff – im Beispiel: Das-eine-Statue-aus-[diesem]-Erz-Sein – entsprechend, und ist nur deshalb ein Gegenstand einer Erkenntnis, ein ἐπιστητόν. Dieser besondere Logos-Charakter des Wesens – vom Unzusammengesetzten gibt es keinen Logos, nur eine dem ‚Berühren' (θιγεῖν) analoge ‚Artikulation' (φάσις)[8] – wird von Aristoteles ausgedrückt durch die berühmte Formel τὸ τί ἦν εἶναι;[9] sie ist gleichwertig mit der Wendung τὸ τί ἐστι καὶ τόδε τι und steht in dieser Fassung besonders sinnfällig dem als τόδε τοιόνδε bestimmten Partikulare gegenüber, z. B. der erzernen Statue als αἰσθητόν.[10] Damit macht eine Bewegung auf der einen Seite die Wirklichkeit des Stoffes aus, und zwar nicht als Stoff, sondern als ein mögliches Partikulare, während sie auf der anderen Seite ebenso für die Wirklichkeit der Form als verwirklichtes Partikulare, nicht aber für die Wirklichkeit der Form als Form verantwortlich ist.[11]

Nun sind natürlich auch die Lebewesen Partikularia, und für diese ist der Stoff als ‚Körper' (σῶμα) und die Form als ‚Seele' (ψυχή) bestimmt.[12] Mit der Seele als Wirklichkeit des (natürlichen) Körpers und damit eines ‚möglichen Lebewesens' entstehen bereits häufig erörterte[13] terminologische Irritationen, wenn im gleichen Kontext der Schrift *Über die Seele* auch der ältere Sprachgebrauch von Dynamis

---

6 *Metaph.* 1029a 31 f.
7 Vgl. *Metaph.* 995b 35 sowie, z. B., die Darstellung der Aporie um die Definierbarkeit der οὐσία am Ende von *Metaph.* Z 13, und die Behandlung des Zusammenhangs der Fragen nach dem ‚Warum' (διὰ τί) und nach dem ‚Wesen' (οὐσία) in *Metaph.* Z 17; zur Rekonstruktion des platonischen Gebrauchs von ‚οὐσία' vgl. K. Lorenz / J. Mittelstraß, „On Rational Philosophy of Language: The Program in Plato's *Cratylus* Reconsidered", in: *Mind* 76 (1967), 1-20.
8 Vgl. *Metaph.* 1051b 17-27.
9 *Metaph.* 1029b 14; vgl. 1031a 17 f. u. 1031b 6 f.
10 *Metaph.* 1033b 23 f.; klar herausgearbeitet wird die Differenz von Partikulare und Wesen, allerdings ohne sie in der Differenz von Term und Satz zu verankern, in: Klaus Brinkmann, *Aristoteles' allgemeine und spezielle Metaphysik*, Berlin / New York 1979, Kap. III.
11 Vgl. *Metaph.* 1045a 32 f.
12 *De anima* 412a 19 ff.
13 Stellvertretend seien aus der älteren Literatur genannt: Max Wundt, *Untersuchungen zur Metaphysik des Aristoteles*, Stuttgart 1953; Walter Bröcker, *Aristoteles*, 2. Aufl. Frankfurt a. M. 1957.

im Sinne von Vermögen oder Fähigkeit aktiviert wird, und zwar gleich einer zweifachen, einer Fähigkeit (der Seele) zum Tun (ποιεῖν) wie beim Denken und einer Fähigkeit (der Seele) zum Erleiden (πάσχειν) wie beim Wahrnehmen.[14] Besonders verwirrend ist es, wenn dabei einerseits – in der Nachfolge Platons[15] – die Seele für die Individualität des Lebewesens verantwortlich gemacht wird, sie also den Stoff zur Einheit aus Stoff und Form macht,[16] während andererseits es der Stoff sein soll, auf dem die Verschiedenheit der Lebewesen gleicher Art beruhe.[17] Es hat den Anschein, als gäbe es bei Aristoteles zwei konkurrierende Prinzipien der Individuation, eines für die Einheit und eines für die Vielheit. Größere Klarheit läßt sich erst gewinnen, wenn man berücksichtigt, daß im hier herangezogenen Kontext das aristotelische ‚ἐντελέχεια' anstelle von ‚ἐνέργεια' steht, also der von ihm in der Regel für das Ziel der Bewegung, z. B. ein Werk (ἔργον), verwendete Ausdruck. Darüber hinaus ist in einer noch differenzierteren hierarchischen Gliederung die Seele (von Lebewesen) durch genau zwei Vermögen charakterisiert, eine (gegenständliche, ‚ontische') Dynamis zur Ortsbewegung und eine (erkenntnisbezogene, ‚epistemische') Dynamis zur Beurteilung, wobei diese dann ihrerseits bereits als ein Werk des Denkens (διάνοια) und der Wahrnehmung (αἴσθησις) bezeichnet wird.[18] Die Rede von der ‚ersten Entelechie' im Sinne des Ziels der Bewegung wird von Aristoteles in Analogie gesetzt zum Wissen (ἐπιστήμη) in der Rolle als (verfertigter) Gegenstand – und genau so, wie ein Werk, sei die Seele zu verstehen – und unterschieden von der darüber hinausgehenden Verwendung von ‚ἐντελέχεια' für den Vollzug der Bewegung in Analogie zum Wissen in der Rolle als Vollzug des Betrachtens (θεωρεῖν),[19] eine Verwendung, für die grundsätzlich der Ausdruck ‚ἐνέργεια' reserviert bleibt. Genauer noch ist eine Bewegung, deren Ziel mit dem Vollzug bereits erreicht ist und die daher terminologisch als Handlung (πρᾶξις) ausgezeichnet ist,[20] eine solche, die Aristoteles ‚ἐνέργεια' nennt.[21] Die übrigen Bewegungen gelten als ‚unvollendete Wirklichkeiten',[22] sie sind eine ‚Wirklichkeit des Möglichen', wie zu Beginn zitiert. Erkenntnisbezogen ist also eine doppelte Bestimmung der Seele zu beachten: Sie ist einerseits eine Dynamis in Gestalt des Beurteilungsvermögens, deren Verwirklichung das Lebewesen als eine Einheit auftreten läßt,

---

14 Insbesondere ist der Logos eine δύναμις τῆς ψυχῆς, eben ein *Können*; vgl. *De anima* 414a 29, 416b 33, 424a 1 u. ö., sowie Aristoteles' eigene Erörterungen über die Bedeutungsvielfalt von Dynamis und Energeia in Buch Θ der *Metaphysik*.
15 In *Timaios* 38e bezeichnet Platon den rationalen Anteil der Seele als das Band (δεσμός), das die aus den vier Elementen bestehenden Teile des Körpers zusammenhält.
16 Vgl. *De anima* 411b, 415b u. ö. über die einheitbildende Kraft der Seele.
17 Vgl. *Metaph.* 1074a 34.
18 Vgl. *De anima* 432a 15 ff.
19 Vgl. *De anima* 412a 22-28 sowie 414a 16 ff.
20 *Metaph.* 1048b 22 f.
21 *Metaph.* 1048b 34 f.
22 *De anima* 417a 16 f.

und andererseits ist dieselbe Dynamis das Werk des Denkens und der Wahrnehmung und damit ein Ergebnis des Werdens je stofflich unterschiedener Lebewesen, nämlich zugehörig ihrer ersten Entelechie. Es sind die Erkenntniswerkzeuge des Denkens und des Wahrnehmens, deren Einsatz die (reflexive) Fähigkeit zur Beurteilung erzeugt.

Mit der älteren Bedeutung von ‚δύναμις' kommen die beiden, ebenfalls der begrifflichen Erfassung der Bewegung dienenden, Kategorien Tun und Leiden, *actio* und *passio*, ins Spiel: das Bewegende ist tätig, das Bewegte erleidend, Bewegung selbst aber ist kein jenseits von Bewegendem und Bewegtem auffindbarer eigenständiger Gegenstand.[23] Da Aristoteles sich dabei so ausdrückt, daß der ‚Anfang' (ἀρχή) des Bewegens ‚in der Seele' ist, der des Bewegtwerdens hingegen ‚im Körper'[24] – an dieser Stelle wird die wissenschaftstheoretisch bedeutsame, weil epistemisch und nicht ontisch ausfallende Unterscheidung zwischen einer ‚psychologischen' und einer ‚physikalischen' Betrachtungsweise *derselben* (partikularen) Gegenstände eingeführt –, gleichwohl aber auch die Seele eine Fähigkeit zum Erleiden hat, muß die Seele entgegen ihrer begrifflichen Bestimmung in gewisser Hinsicht zugleich etwas Körperliches sein; sie ist nur im Vollzug, nämlich des Bewegens, Seele im ursprünglich strengen Sinn von Energeia, als ein Werk hingegen, und das heißt, als (erste) Entelechie, bleibt sie Dynamis, wenngleich in mehrfacher Hinsicht, wie wir gesehen haben. ‚Reine' Dynamis, bzw. ‚nur' Körper, und ‚reine' Energeia, bzw. ‚nur' Seele, sind als ‚Prinzipien' bloße (begriffliche) Hilfsmittel, eben Dynamis und Energeia *simpliciter*, und dürfen in keinem Sinne gegenständlich verstanden werden – was selbstverständlich dann auch für die ‚erste Materie', d. i. das gänzlich Unbestimmte, und den ‚ersten Beweger', d. i. den göttlichen Geist (νοῦς), gilt.

So ist es kein Wunder, daß der Zusammenhang der Kategorien Tun und Leiden mit den Reflexionsbegriffen Energeia und Dynamis, *actus* und *potentia*, von jeher Probleme bereitet hat, zumal Aristoteles immer wieder den Vorrang sowohl der Wirklichkeit gegenüber der Möglichkeit als auch des Tuns gegenüber dem Leiden betont.[25] Hinzu kommt, daß Dynamis im Sinne des Vermögens eines Partikulare, so oder so bestimmt oder nicht bestimmt, d. h. einer Bestimmung ‚beraubt' zu sein, auch noch im Zusammenhang mit dem logischen Gebrauch von „möglich" (δυνατόν, ἐνδεχόμενον) als Modalität steht.[26] Es hat sich eingebürgert, die logische Behandlung der Möglichkeit – in diesem Fall steht *possibilitas* in Opposition zu *necessitas*, und bloß mögliches Wissen, d. i. bloße Meinung (δόξα), *daß* etwas (vermeintlich) der Fall ist, steht begründetem und deshalb notwendigem Wissen

---

23 Vgl. *Phys.* 200b 29-33.
24 Vgl. noch *De anima* A 3 zusammen mit *Phys.* Γ 1.
25 Vgl. z. B. *De anima* 415a 18 ff., 430a 18 f.; *Metaph.* 1049b 5, 1050b 3 f. u. ö.
26 Das gilt ungeachtet der Sorgfalt, mit der schon Aristoteles die Bedeutungsvielfalt von ‚δύναμις' in *Metaph.* Δ 12 analysiert.

(ἐπιστήμη), *warum* etwas der Fall ist, gegenüber[27] – von ihrer ontologischen zu unterscheiden, bei der sich *potentialitas* in Opposition zu *actualitas* befindet.[28] Und dann geht es darum, immer wieder aufs Neue zu untersuchen, einerseits, ob die Unterscheidung zwischen Modalitäten *de dicto* und *de re* eine systematisch fragwürdige, wenngleich historisch anscheinend unabweisbare ontologische Version auch der logischen Möglichkeit nach sich ziehe, und andererseits, ob die Spannweite des Begriffs der Dynamis im aristotelischen Œuvre von der Bedeutung ‚Vermögen [zu etwas]‘ bis zur Bedeutung ‚Stoff [von etwas]‘ auf eine mangelnde Abgrenzung erkenntnistheoretischer von ontologischen Fragestellungen zurückzuführen sei.[29]

Nun gehört es zweifellos zu den zentralen Problemen der Aristotelesforschung, die begrifflichen Zusammenhänge im Umkreis von *possibilitas* und *potentialitas* sowohl historisch als auch systematisch soweit aufzudecken, daß sie für gegenwärtige philosophische Arbeit fruchtbar gemacht werden können. Dies ist um so wichtiger, als nicht erst heute die begrifflichen Werkzeuge von Dynamis und Energeia und derjenigen, mit denen sie bei Aristoteles verbunden sind, eine bedeutende Rolle spielen – sie sind in der philosophischen Tradition von der Scholastik über die frühe Neuzeit, bei Leibniz etwa, bis hin zum deutschen Idealismus, bei Wilhelm von Humboldt ebenso wie bei Hegel, fest verankert und stellen ihrerseits mannigfache Auslegungsprobleme.[30]

Es kann in dem hier gesteckten Rahmen nicht darum gehen, weitere Details dieser Auslegungsproblematik zu erörtern. Vielmehr soll am Beispiel einer dialogischen Konzeption von Rationalität erneut die Fruchtbarkeit der aristotelischen Begriffsbildung von Dynamis und Energeia nachgewiesen werden. Es handelt sich dabei um eine Konzeption, die auf der selbstverständlichen Grundlage der Entdeckung der Vernunft in der Antike eine methodenbezogene Synthese des Pragmatismus von Charles Sanders Peirce und des Historismus von Wilhelm Dilthey vornimmt, wobei beide Richtungen in der Gestalt herangezogen werden, die sie durch deren jeweilige geistige Erben Ludwig Wittgenstein und Martin Buber bekommen haben.

Zu diesem Zweck werden zum einen die bei Aristoteles ursprünglich nur zur Unterscheidung von Bewegtem und Bewegendem dienenden Kategorien Leiden

---

27 Vgl. z. B. *An. post.* A 33.
28 Vgl. u. a. Ursula Wolf, *Möglichkeit und Notwendigkeit bei Aristoteles und heute*, München 1979.
29 Ein entschiedenes Votum für den Primat der Modalitäten *de re*, gestützt auf eine Fundierung der *possibilitas* in der *potentialitas*, findet sich z. B. in der gründlichen Studie von: Sarah Waterlow, *Passage and Possibility. A Study of Aristotle's Modal Concepts*, Oxford 1982; Aristoteles sei überzeugt, daß „becoming is not [...] reducible to being" (147), und es seien die modalisierten Prädikatausdrücke, mit denen Bewegung begrifflich erfaßt werde.
30 Klar akzentuiert werden diese Aufgaben und die mit ihnen verbundenen Probleme schon in der frühen historisch-systematischen Analyse des Möglichkeitsbegriffs durch Klaus Jacobi im *Handbuch philosophischer Grundbegriffe* (hg. v. H. Krings / H. M. Baumgartner / Ch. Wild), München 1973, 930-947.

(πάσχειν) und Tun (ποιεῖν) – unter sie fallen die auf jede Art von Veränderung bezogenen prädikativen Bestimmungen von Partikularia – ihrerseits in Reflexionsbegriffe verwandelt, mit denen sich die ‚Dialogrollen' beliebiger, zunächst einfacher und daher noch nicht oder nicht mehr in [Handlungs-]Subjekt und [Handlungs-]Objekt beziehungsweise [Handlungs-]Umstände gegliederter ‚Handlungen' charakterisieren lassen: die Ich-Rolle als Handlungsvollzug und damit ein Tun, und die Du-Rolle als Handlungsbild oder ‚Erleben' der Handlung und damit ein Erleiden, so daß man sagen kann, im Vollziehen liege die Handlung ‚aktiv' vor, im Erleben hingegen ‚passiv'.[31]

Zum anderen müssen die von Aristoteles als zwei Bestimmungen des Wesens von Partikularia verwendeten Reflexionsbegriffe Dynamis und Energeia – der Stoff als mögliches Wesen und die Form als wirkliches Wesen – in begriffliche Hilfsmittel zur *Konstitution* von Partikularia, also ihrer Rekonstruktion in der *Darstellung*,[32] verwandelt werden, weil sonst die sich aus der Verbindung der Dynamis-Energeia-Polarität mit der Unterscheidung zwischen erster und zweiter Entelechie – d. i. Ergebnis und Vollzug einer Handlung – ergebenden Aporien unauflösbar bleiben. So ist zum Beispiel die Bestimmung des νοῦς als reine Energeia ohne beigemischte Dynamis[33] mit seiner Bestimmung als εἶδος εἰδῶν[34] unverträglich, weil ein εἶδος gerade kein Handlungsvollzug ist, ihm vielmehr zielsetzend ‚in der Seele'[35] voraufgeht. Aristoteles ist sich dieser Problematik bewußt, hat er doch auf ihren Kern, nämlich die Unvereinbarkeit, das Seiende einerseits – wie Platon – für ein dem (sinnlichen und begrifflichen) Erkennen nur Aufgegebenes und andererseits – gegen Platon – für ein als Seiendes erst durch Vernunft Entstandenes bzw. Gemachtes zu halten, mit dem radikalen Schritt reagiert, Wissen (ἐπιστήμη) der Wirklichkeit nach (ἐνεργείᾳ) mit seinem Gegenstand (πρᾶγμα) zu identifizieren.[36] Im übrigen spricht er selbst an anderer Stelle[37] bereits von Dynamis und Energeia als den Prinzipien (ἀρχαί) des Werdens im allgemeinen, wenngleich unklar bleibt, ob vom Werden hier gegenständlich oder in der Darstellung die Rede ist.

---

31 Es bedürfte weiterer Schritte rekonstruierender Entwicklung, für die hier nicht der Ort ist, bis sich daraus die Kategorien Tun und Leiden im ursprünglichen Sinn als Bestimmungen wiederum von prädikativen Bestimmungen und damit als Metabestimmungen wiedergewinnen lassen.

32 Technische Hilfsmittel zur *Konstruktion* von Partikularia würden zu ihrer *gegenständlichen* Rekonstruktion führen, z. B. bei der Nachahmung (μίμησις) der φύσις durch τέχνη; vgl. die aristotelische Untersuchung beider Bereiche hinsichtlich Stoff und Form bzw. Dynamis und Energeia in *Phys.* A 2 u. 3; desweiteren etwa die Beiträge in: F. Rapp (Hg.), *Naturverständnis und Naturbeherrschung. Philosophiegeschichtliche Entwicklung und gegenwärtiger Kontext*, München 1981.

33 *De anima* 430a 17 f.; vgl. *Metaph.* 1071b 19 f.

34 In *De anima* 432a wird der νοῦς so der Wahrnehmung als εἶδος αἰσθητῶν gegenübergestellt.

35 Nach *De anima* 429a 27 ff. ist die vernünftige Seele (ψυχὴ νοητική) der „Ort der Formen" (τόπος εἰδῶν), allerdings – weil die Seele ein Werk und kein Vollzug ist – nur δυνάμις und nicht ἐνεργείᾳ.

36 *De anima* 430a 19 f.

37 So z. B. in *Metaph.* Θ 8.

Dynamis und Energeia

Mit beiden Eingriffen in die aristotelische Verfahrensweise, der Verwandlung von Tun und Leiden in Dialogrollen und der Verwendung von Dynamis und Energeia als Hilfsmittel einer (dialogischen) Rekonstruktion der Welt der Erfahrung, die unter anderem zur Folge haben, daß Leiden und Tun zu einem besonderen, allein auf Handlungen und nicht auch auf deren Darstellungen bezogenen Fall von Dynamis und Energeia werden, lassen sich Potenzen der Dynamis-Energeia-Lehre freilegen, deren Verwirklichung an dem in der Antike nicht hinreichend geklärten Verhältnis von Ontologie und Epistemologie gescheitert ist. Zwar war die Überzeugung, daß Gegenstand und Darstellung des Gegenstandes zusammengehören, das eine ohne das andere nicht auftreten kann, mindestens seit Platon unbestritten, aber die untergeordnete Rolle der Poiesis gegenüber Praxis und Theoria hat verhindert, daß sich von der Art des Zusammenhangs zwischen Handlungen und (partikularen) Gegenständen auf der einen Seite und zwischen Darstellen und Darstellung, dem Wissen als Vollzug und dem Wissen als Ergebnis der Erkenntnisbeziehung, auf der anderen Seite eine befriedigende begriffliche Bestimmung finden ließ.[38]

2. Die Sprengung des theoretischen Rationalitätsbegriffs

Wieder war es bereits Aristoteles selbst, der angesichts der auf Platon zurückgehenden scharfen Trennung eines Erkennens mithilfe von Wahrnehmung, der allein Partikulares zugänglich ist und deshalb höchstens zu richtiger Meinung, nicht aber zu Wissen führt, und eines Erkennens mithilfe von Denken, das sich auf Allgemeines richtet, Platon korrigierend auf den Denkanteil am Wahrnehmen und den Wahrnehmungsanteil am Denken aufmerksam macht, und zwar unter Verwendung der Dynamis-Energeia-Polarität in Verbindung mit den Kategorien Tun und Leiden: Denken ist nicht nur tätig, sondern auch erleidend (und teilt insofern die Natur der Wahrnehmung);[39] ganz entsprechend ist auch Wahrnehmen nicht nur erleidend,

---

38 Z. B. wird in *Metaph.* Θ 6 Energeia auf praktische Handlungsvollzüge – Vollzug und Ergebnis fallen zusammen – beschränkt, poietische Handlungsvollzüge sind ausgeschlossen; es wird zwar ohne Probleme für begrifflich möglich erachtet, einer πρᾶξις auch den Status eines πρᾶγμα zu geben, etwa wenn sie zum Subjekt eines Satzes gemacht wird, aber die Umkehrung ist wegen der in der Antike selbstverständlichen begrifflichen Unreduzierbarkeit der Partikularia, die auf deren hyletischer Komponente beruht, im allgemeinen ausgeschlossen: ein Handlungs*objekt*, z. B. ein Haus als Objekt von Bauen, läßt sich bei Aristoteles trotz seiner Einbettung in einen Handlungskontext – deshalb, wie schon bei Platon, der Terminus πρᾶγμα paradigmatisch für Partikularia – nicht in einen *un*unterschiedenen Bestandteil einer die ursprüngliche Handlung und ihr Objekt umfassenden undifferenzierten Handlung, z. B. Hausbauen, verwandeln; hingegen gelten bei einem Denkobjekt, sofern es hylefrei existiert, z. B. beim Nus selbst, wie in *De anima* 429b 30 – 430a 3 ausgeführt, Denkobjekt und Denkvollzug sogar als identisch.
39 Mit dem sterblichen νοῦς παθητικός in *De anima* 430a 24 f. wird das Denken als Sinn entdeckt, und das heißt, daß nur im oder am Partikularen das Allgemeine auftreten kann.

sondern auch tätig, ein ‚sinnliches Denken', wie am Beispiel der Unterscheidung des Gesichtssinns, der ‚Sehmöglichkeit' (ὄψις), vom Sehen, der ‚Sehwirklichkeit' (ὅρασις), vorgeführt.[40] Die Wahrnehmungsobjekte (αἰσθητά) stehen stets unter einem allgemeinen Gesichtspunkt,[41] und ganz entsprechend sind die Denkobjekte (νοητά) im Regelfall partikulare λόγοι, bei denen ausgesagt wird, daß ein Stoff eine Form trägt,[42] was mit der begrifflichen Bestimmung eines Partikulare, der Antwort auf eine „was-ist-das?"-Frage, gleichwertig ist.

Damit gelang es Aristoteles, durch Ausnutzen der von Platon nur verwendeten, aber nicht thematisierten Unterscheidung von Tun und Leiden einen logischen Schritt weiter zu gehen und den bei Platon primär unter ontologischer Perspektive behandelten Zusammenhang von (partikularem) Gegenstand und (verbaler) Darstellung in eine Behandlung unter primär epistemologischer Perspektive zu überführen. Partikularia sind schon bei Platon Ganzheiten, und zwar aus ihren stofflichen Bestandteilen, die kraft einer Form zu einem Ganzen (ὅλον) werden. Die Einheit des Ganzen wird im Wissen um das Verhältnis seiner Teile erzeugt.[43] Gegenstände als Ganzheiten sind bei Platon konstituiert aus den von der Seele in ihrem rationalen Anteil ‚geschauten Universalien', die sich daraufhin auch als Merkmale einer ‚Definition' des Gegenstandes aus seinen Teilen begreifen lassen. Bei Aristoteles hingegen werden Gegenstände in Erlebnissen, den παθήματα τῆς ψυχῆς,[44] einem mentalen Erleiden, zugänglich, was es erlaubt, mit ‚ausgesagten Universalien' die Gegenstände hinsichtlich ihrer (wesentlichen) Eigenschaften zu bestimmen. Die als Gegenstände der ‚Theoria' und daher passivisch aufgefaßten Universalien der platonischen Gegenstandskonstitution, bei der die Partikularia allein auf der Darstellungsebene theoretischer Tätigkeit, also ‚eidetisch', gewonnen werden, sind in der aristotelischen Gegenstandsbeschreibung, bei der die Partikularia in der passiven Rolle des ‚hyletisch Gegebenen' auftreten,[45] in aktive Darstellungs*mittel* ver-

---

40 Vgl. *De anima* 428a 6 f.
41 Vgl. *An. post.* 100a 17 f.
42 Vgl. *Metaph.* 1023b 20, wo ein Gegenstand als ein Ganzes u. a. der „Träger des Eidos" (ἔχον τὸ εἶδος) genannt wird.
43 Vgl. *totum pro partibus* die Konstruktion der Weltseele in *Timaios* 34-36; da im *Timaios* alle Partikularia als beseelt gelten, stehen dort Körper und Seele anstelle von Stoff und Form.
44 Dieser Ausdruck entstammt einem Schlüsseltext aristotelischer Sprachtheorie, *De int.* 16a 3-8, und wird gern als Ursprung der Rede von mentalen Repräsentationen im modernen Sinn gelesen, obwohl bei Aristoteles die παθήματα, weil „für alle [Menschen jeweils] dieselben", universal, nämlich Schemata, und gerade *nicht* partikular, etwa ‚Vorstellungen', sind.
45 Obwohl Partikularia strenggenommen aus Stoff und Form „zusammengesetzt" sind, kann für Aristoteles der Stoff *pars pro toto* eintreten, weil er und nicht die Form für das Charakteristikum der Partikularia, d. i. ihre Veränderlichkeit, verantwortlich ist – die Form bzw., daß der Stoff die Form trägt, macht stattdessen das (unveränderliche) *Wesen* der Partikularia aus; daher neben der Rede vom Stoff als dem „Wesen der Möglichkeit nach" auch die Rede vom Stoff selbst als „möglich seiend", weil er zur Form (εἰς τὸ εἶδος) gelangen kann, und als „wirklich seiend", wenn er in der Form (ἐν τῷ εἴδει) ist, vgl. *Metaph.* 1050a 15 f.

wandelt worden; die ontische Rolle der Universalien in der Konstitution wird zu einer epistemischen in der Beschreibung.

In beiden Fällen wird gleichwohl das Umgehen mit Partikularia nur theoretisch, zu ihrer (verbalen) Darstellung, genutzt, bei Platon ausdrücklich, weil es auf der Ebene operationalen Wissens, der ἐπιστήμη πρακτική, seiner Meinung nach noch keinen Logos gibt – das Vermögen des λόγον διδόναι verwirklicht sich erst auf der Ebene propositionalen Wissens, der ἐπιστήμη γνωστική, im Gründegeben-Können für das, was man sagt, und im Zielesetzen-Können für das, was man tut[46] –, und bei Aristoteles *de facto*, weil auch nach seiner terminologischen Scheidung des propositionalen Wissens in theoretisches (im engeren Sinne) und praktisches das operationale Wissen als poietisches grundsätzlich nur Faktenwissen, aber kein Gründewissen und damit nicht das allein als wirkliches Wissen geltende notwendige Wissen einschließt. Mit dem bahnbrechenden begrifflichen Zusammenhang von Poiesis und Praxis allerdings sind im Kontext von Aristoteles' Auseinandersetzung mit Platon auch schon die Weichen gestellt für eine Sprengung des allein auf Theorie bezogenen Logosbegriffs und damit eine Aufhebung der Beschränkung der Rationalität auf theoretische Rationalität. Lediglich die bis in unsere Gegenwart hinein fortgesetzte rein klassifikatorisch und damit ontisch verstandene Unterscheidung von Handlungen in poietische und praktische hat es verhindert, daß das Begriffspaar Dynamis-Energeia seine volle systematische Wirksamkeit entfalten konnte. Schon durch eine, auch jede interne Unterscheidung aufhebende, Eingliederung sowohl der Objekte als auch der Umstände einer Handlung in die Handlung selbst, noch ohne auch ihre Agenten zu einem Bestandteil der Handlung zu machen, läßt sich nämlich jede poietische Handlung in eine praktische verwandeln, z. B. Ein-Haus-Bauen in Hausbauen, und auch umgekehrt durch Ausgliederung eine praktische in eine poietische, so daß es allein die epistemische Frage des Gesichtspunkts ist, unter dem man eine Handlung betrachtet, die darüber entscheidet, ob es sich um einen Fall von Poiesis oder von Praxis handelt.[47]

Auf der *theoretischen* Seite des Umgehens mit Partikularia verfährt man schematisierend: Im Fall der Gegenstandskonstitution *verstehen* wir ein Partikulare mithilfe eines (universalen) Schemas als etwas, z. B. einen Ball als etwas, das sich werfen läßt, im Fall der Gegenstandsbeschreibung *sagen* wir mithilfe eines (universalen) Schemas etwas von ihm aus, z. B. daß der Ball geworfen wird. Aber daneben – und hier kommt die in der Poiesis wirksame, aber nur selten als gleichrangig behandelte praktische Rationalität zum Tragen – gibt es eine *praktische* Seite des Umgehens

---

46 Vgl. *Politikos* 258e-261a.
47 Vgl. Anm. 38; damit verwandelt sich auch die gegenwärtig immer bedeutsamer werdende Unterscheidung von Technik und Politik von einer bezüglich ihrer Gegenstände der Verfügung entzogenen ontischen in eine durch Wahl des Gesichtspunktes verfügbare epistemische – erneut ein Schritt von der Passivität zur Aktivität.

mit Partikularia, auf der aktualisierend verfahren wird: Im Fall des Erlebens von Gegenständen *zeigt sich* das Partikulare bei einer solchen (singulären) Aktualisierung in einer wahrgenommenen Eigenschaft, z. B. der Ball in der Eigenschaft des Sich-werfen-Lassens, im Fall der Konstruktion von Gegenständen hingegen *zeigen* wir mit der (singulären) Aktualisierung eines Umgehens mit einem Partikulare das Partikulare *pars pro toto* im Herstellen eines Teils, z. B. einen Ball in einer (systematisch als ‚Teil' geltenden) Wurfhandlung. Die theoretische Seite des Umgehens mit Partikularia läßt sich auf beiden Ebenen, der der Konstitution und der der Beschreibung, wiedergeben durch: *Erfahrungen-Artikulieren*; ganz entsprechend ist die in diesem Zusammenhang, des traditionell minderen Ranges der Poiesis gegenüber Praxis und Theoria wegen,[48] so oft vernachlässigte praktische Seite desselben Umgehens mit Partikularia, und zwar wiederum auf beiden Ebenen, der des Erlebens und der der Konstruktion – sie entsprechen der aristotelischen Unterscheidung zwischen dem Von-selbst-Entstandenen (φύσις) und dem Selbsterzeugten (τέχνη), zumal Aristoteles auch darin einen Fall der Dynamis-Energeia-Differenz wiedererkennt[49] –, nichts anderes als: *Erfahrungen-Machen*.

Natürlich ist die gerade vorgenommene Wiedergabe der Verhältnisse beim theoretischen und praktischen Umgehen mit Partikularia mit den Ausdrücken „schematisieren" und „aktualisieren" ihrerseits nur beschreibend; ihren systematischen Ort gewinnt gewinnt sie erst, wenn sie sich, ganz ähnlich dem Weg von Platon zu Aristoteles, aus einer Konstitutionsanalyse des Umgehens mit Partikularia, also von (Handlungs-)Fertigkeiten, herleitet und wenn darüber hinaus auch hier der Zusammenhang von Konstitution und Beschreibung mit Erlebnis und Konstruktion keinem irreführenden Primat des Denkens vor dem Leben geopfert wird. Andernorts habe ich im einzelnen anhand von Darstellungen der Konstruktion des Erwerbs von Handlungskompetenzen mithilfe dialogischer Elementarsituationen Versuche einer solchen Konstitutionsanalyse des Umgehens mit Partikularia unternommen.[50] Ihnen sei an dieser Stelle nur so viel entnommen, daß die beiden Agenten, bzw. ‚Agent' und ‚Patient' des dialogischen Erwerbsprozesses nur als die ‚subjektiven' Rollen zur Darstellung der beiden ‚objektiven' Seiten einer Handlung zu gelten haben – und z. B. noch nicht als Personen oder (Handlungs-)Subjekte

---

48 Die Antike ließe sich sogar dadurch charakterisieren, daß Poiesis minderen Ranges gegenüber Praxis und Theoria ist; mit der Renaissance erst gewinnt Poiesis den Primat vor der Praxis – sofern überhaupt der Unterschied aufrechterhalten bleibt (vgl. Hannah Arendt, *The Human Condition*, Chicago 1958, Kap. II) –, bleibt aber bis in die Gegenwart weiterhin der Theoria untergeordnet.
49 Vgl. *Metaph.* 1049b 8 f.
50 Vgl. Kuno Lorenz, „Artikulation und Prädikation", in: M. Dascal / D. Gerhardus / K. Lorenz / G. Meggle (Hg.), *Sprachphilosophie. Ein internationales Handbuch zeitgenössischer Forschung*, 2. Halbband, Berlin / New York 1995, 1098-1122; ders., „Rede zwischen Aktion und Kognition", in: A. Burri (Hg.), *Sprache und Denken*, Berlin / New York 1997, 139-156; ders., „Sinnbestimmung und Geltungssicherung. Ein Beitrag zur Sprachlogik", in: G.-L. Lueken (Hg.), *Formen der Argumentation* Leipzig 2000, 87-106.

auftreten können –, nämlich der Ich-Rolle im Vollziehen einer Handlung und der Du-Rolle im Erleben einer Handlung. Es war oben schon darauf hingewiesen worden, daß im Vollzug eine Handlung ‚aktiv' vorliegt, im Erleben hingegen ‚passiv', was nach der begrifflichen Trennung von ‚Handlung' und zugehöriger ‚Situation', also dem Kontext der Handlung (gegebenenfalls unter Einschluß der Handlung), es erlaubt zu sagen, daß mit einem ‚singularen' Handlungsvollzug die jeweilige Handlungssituation *angeeignet* wird, sie in einem ‚universalen' Handlungsbild jedoch *distanziert* ist. Distanzierung überführt einen (angeeigneten) Handlungsvollzug in einen Anteil eines partikularen Aktes der Form nach, Aneignung wiederum das zugehörige (distanzierte) Handlungsbild in einen Anteil ‚desselben' partikularen Aktes dem Stoff nach.[51] Und es sind diese ‚Trägereigenschaften' eines Aktes, einerseits dem die Situation, etwa dem das Handlungsobjekt, aneignenden Vollzug zu dienen und andererseits dem diese Situation distanzierenden Erleben zur Verfügung zu stehen, die oben jeweils mit „Aktualisierung" und „Schematisierung" eines Partikulare bezeichnet worden waren. Ein Partikulare ist dem Stoff nach eine Ganzheit aus (allen) seinen Teilen und der Form nach eine Invariante (aller) seiner Eigenschaften. Und die Aktualisierung eines Partikulare geschieht an ihm als einer Ganzheit (die sich ‚nennen' läßt), die Schematisierung hingegen an ihm als einer Invarianten (an sich ‚teilhaben' läßt). Aktualisierungen sind geradezu die Schritte auf dem Wege zur pragmatisch stets unabgeschlossen bleibenden Bildung des Partikulare als Ganzheit, die ‚fertig' nur semiotisch, nämlich im Anzeigen der Benennung – mithilfe von „dies P" –, zur Verfügung steht; und dem entspricht, daß Schematisierungen der gleichfalls pragmatisch unabgeschlossen bleibenden Bildung des Partikulare als Invariante dienen, die ‚fertig' auch nur semiotisch, und das heißt hier, durch Aussagen der Teilhabe – an: dies P –, zur Verfügung steht.[52] So schließlich werden die Sprachhandlungen der Kommunikation und der Signifikation möglich. Wir verständigen uns nämlich, auch jeder mit sich selbst, schematisierend, also mithilfe von Handlungsbildern, für die wir zunächst ein ‚Ikon' (= ein Zeichen in ikonischer Funktion, i. e. zur ‚Präsentation' eines Handlungs*schemas*) verwenden, und wir zeigen, was wir verstanden haben, jeder auf seine Weise, aktualisierend, also mithilfe von Handlungsvollzügen, für die wir anfangs einen ‚Index' (= ein Zeichen in indexischer Funktion, i. e. zum ‚Verweis' auf eine Handlungs*aktualisierung*) verwenden.

Wenn Platon die Entdeckung des Logos als eine Anlage und zugleich Aufgabe des Menschen dadurch wiederholbar und so auch tradierbar macht, daß sie mit einem lehr- und lernbaren Verfahren, dem διαλέγεσθαι als Mittel des λόγον διδόναι,

---

51 Zur systematischen Rekonstruktion des Aufbaus von Partikularia aus Stoff und Form derart, daß zugleich die aristotelischen Überlegungen berücksichtigt sind, vgl. K. Lorenz, „Artikulation und Prädikation", a.a.O., 1112-1118 (Partikularia – ihre Phasen und Aspekte).
52 Vgl. zu Einzelheiten meinen Essay „Sinnbestimmung und Geltungssicherung" (Anm. 50).

verknüpft wird, ja den Logos geradezu mit einer solchen Fertigkeit identifiziert, so ist es zum einen offensichtlich, daß dieses Können nicht einfach vorhanden ist, etwa als ‚Faktum der Vernunft' behandelt werden darf, sondern daß es ausdrücklich erworben werden muß, und zum anderen sollte es selbstverständlich sein, dieses Können nicht auf den theoretischen Logos des Erfahrungen Artikulieren-Könnens zu beschränken, sondern den praktischen Logos des Erfahrungen Machen-Könnens einzuschließen. (Theoretische) Rationalität und damit Denken nicht einfach als vorhanden zu betrachten, sondern erst zu erwerben, muß als Selbstanwendung der Rationalität begriffen werden, und diese Selbstanwendung, das ‚Sich-des-Denkens-Bewußtwerden' im Prozeß des Denken-Lernens, mag dann als Vernunft auch noch von einfacher Rationalität oder Verstand terminologisch unterschieden werden.

Denken zu lernen heißt, sich das Verfahren der Distanzierung oder ‚Objektivierung' ausdrücklich anzueignen: Man muß lernen, Erfahrungen, die schon gemacht sind, auch zu artikulieren, gleichgültig in welchem Medium; es muß also keineswegs verbalsprachlich geschehen. Das wiederum gelingt nur dann, wenn man sich vom bloßen Vollzug der Aneignung oder ‚Subjektivierung' seinerseits zu distanzieren vermag. Nur so gewinnt man auch ein Verfahren der Aneignung: Man muß ebenfalls lernen, Erfahrungen, die schon artikuliert sind, auch zu machen, wiederum gleichgültig, von welchen (äußeren oder inneren) Sinnen man dabei Gebrauch macht. Es geht in diesem Fall darum, leben zu lernen. Mit der Artikulation von Erfahrung werden Zeichensysteme für sie geschaffen, mit dem Machen von Erfahrung wird sie in Handlungszusammenhänge überführt. Der Semiotisierung im Zuge der Distanzierung korrespondiert eine Pragmatisierung im Zuge der Aneignung. Keines der beiden Verfahren ist ohne das andere zu haben: Leben-Lernen, soll es gelingen, zieht Denken-Lernen nach sich, und umgekehrt wird Denken-Lernen vergeblich bleiben, schließt es nicht Leben-Lernen ein. In der Verfügung über das Verfahren der Aneignung besteht praktische Rationalität, und nur in der Verfügung über das Verfahren der Distanzierung haben wir die seit der Antike meist allein als Rationalität geltende theoretische Rationalität vor uns. Und in beiden Fällen wird Rationalität dialogisch realisiert und begriffen. Immer dann, wenn Rationalität mit dem Sprachvermögen gleichgesetzt wird, liegt die für das Selbstverständnis der Menschen folgenreiche Beschränkung der Rationalität auf theoretische Rationalität vor, in deren Gefolge auch das Sprachvermögen allein auf diskursives und damit das begriffliche Denkvermögen eingeschränkt verstanden ist.

Zwar hatte schon Aristoteles das für unsere philosophische Tradition prägend gewordene platonische Ideal einer von der Theoria geleiteten Lebensführung auf der Grundlage seiner Ausgliederung des Bereichs der (Rede über) Praxis aus der platonischen Theoria einer wichtigen Differenzierung unterworfen. Sie erlaubte es zwar, den zeitgenössischen Streit um den Vorrang zwischen Leben (βίος πραxτικός) und Denken (βίος θεωρητικός) zu schlichten, konnte aber wegen der dabei und auch später grundsätzlich nie preisgegebenen Unterordnung der Poiesis unter Praxis und Theoria das Verständnis von Rationalität als bloß theoretische Rationalität und damit auf den Bereich der Geltungsfragen beschränkt, nämlich (in der Praxis) bezüglich Sollen und (in der Theoria) bezüglich Sein, bis in unsere Gegenwart hinein nicht wirklich erschüttern. Aristoteles vertritt einerseits den Vorrang des Lebens vor dem Denken *dem Ziele nach*, weil es um Gut-Leben (εὖ ζῆν) geht, andererseits aber den Vorrang des Denkens vor dem Leben *dem Grunde nach*, weil es darum geht, Wahres zu denken. Und diese Differenzierung läßt sich ohne große Mühe als ein Spezialfall der bereits vorgeführten ‚Dialektik' von Distanzierung und Aneignung erkennen. So wird deutlich, daß es entgegen dem Anschein gerade die aristotelischen Werkzeuge Dynamis und Energeia sind, die den von Platon entdeckten und erfundenen dialogischen Charakter des Logos voll zu entfalten erlauben. Wenn nämlich das Leben dem Ziele nach dem Denken vorausgeht, so lautet die Verallgemeinerung: Die Erfahrung geht praktisch ihrer Artikulation voraus, und das heißt, *Ich* versuche, eine von *Du* schon gemachte Erfahrung meinerseits zu verstehen. Geht andererseits das Denken dem Grunde nach dem Leben voraus, so lautet in diesem Fall die Verallgemeinerung: Die Erfahrung folgt theoretisch ihrer Artikulation nach, und das heißt, *Ich* versuche, eine von *Du* schon artikulierte Erfahrung selbst zu machen.

3. Dialogische Rationalität

Zur Rekonstruktion der Welt der Erfahrung gehören somit die Aneignung des Verfahrens der Distanzierung – eine Aktualisierung des Erfahrungen-Artikulierens im Sinne der aristotelischen ‚Verwirklichung' – *und* die Distanzierung des Verfahrens der Aneignung – eine Schematisierung des Erfahrungen-Machens im Sinne der aristotelischen ‚Ermöglichung'. Das Verfahren der Distanzierung besteht dabei in einer dialogischen Konstruktion der Erfahrung, das Verfahren der Aneignung hingegen in einer phänomenologischen Reduktion derselben Erfahrung.[53] Zum Nachweis schließlich, daß die den uneingeschränkten Begriff dialogischer Rationalität realisierende Verbindung beider Verfahren als eine Synthese des Pragmatismus von Wittgenstein und des Historismus von Buber begriffen werden kann, muß noch auf einige Folgen der unsere philosophische Tradition beherrschenden Verkürzung von Rationalität auf theoretische Rationalität und der dadurch hervorgerufenen Dissoziation von Lebensweisen und Weltansichten aufmerksam gemacht werden.

---

53 Zu den Einzelheiten der Durchführung vgl. die in Anm. 50 genannten Abhandlungen.

Die Philosophie zu Beginn des zwanzigsten Jahrhunderts ist durch den Auftritt zweier Protestbewegungen gegen diesen Zustand gekennzeichnet. Auf der einen Seite wirft die beginnende Analytische Philosophie in Gestalt ihrer ersten Repräsentanten Bertrand Russell und George Edward Moore der Tradition vor, sie habe versäumt, das Hilfsmittel Sprache für die Behandlung von Sachproblemen auch auf seine Eignung für diese Aufgabe zu überprüfen. Sie fordern daher auf zu einer *logischen Analyse sprachlicher Ausdrücke*, wobei die Sachen selbst den Maßstab für die Sprachanalyse bilden sollen. Auf der anderen Seite wirft die von Edmund Husserl begonnene Phänomenologie der Tradition spiegelbildlich vor, die Sachen selbst und die sie betreffenden Probleme aus den Augen verloren zu haben. So kommt es zu dem berühmten Aufruf: *Zurück zu den Sachen selbst!* In diesem Fall fehlt jeder Zweifel an der Tauglichkeit des Hilfsmittels Sprache, die fraglichen Sachen auch identifizieren zu können. Beide Ansätze leiden an Einseitigkeiten, die darauf zurückgehen, daß man entweder die Sachen oder die Mittel, die uns die Sachen zugänglich machen, für fraglos verfügbar hält. Methodische Alternativen nun werden von zwei philosophischen Richtungen angeboten, die am Beginn von Analytischer Philosophie und Phänomenologie bereits auf ihrem Höhepunkt waren, ihren Protest gegen die philosophische Tradition jedoch in einer Weise formulierten, daß sie erst viel später jeweils für die Weiterentwicklung von Analytischer Philosophie und Phänomenologie einflußreich wurden: Es sind der Pragmatismus von Peirce und der Historismus von Dilthey.

Die Methode des Pragmatismus kristallisierte sich in einer pragmatischen Maxime, nach der die Bedeutung sprachlicher Ausdrücke letztlich in Handlungszusammenhängen zu suchen ist, während die Methode des Historismus ihre Gestalt im Durchlaufen des hermeneutischen Zirkels fand, der darauf beruht, daß jedes sprachlich artikulierte Verstehen seinerseits bereits ein sinnvoller Lebensvollzug ist, weil das Denken nicht hinter das Leben zurück kann. Beide Richtungen versuchen die Gleichursprünglichkeit von Sprache und Welt, von Erfahrungen-Artikulieren und Erfahrungen-Machen, deren gegenseitige Abhängigkeit bereits genau begriffen ist, dadurch zu sichern, daß eine der beiden Seiten in der anderen aufgeht, allerdings nicht ganz konsequent. Es werden nämlich Sprache und andere Zeichensysteme zwar auf Zeichen*handlungen* zurückgeführt, nicht aber die Gegenstandswelt auf die Welt gewöhnlicher Handlungen des Umgehens mit Gegenständen. Die Differenz von Welt und Sprache ist dann durch die Differenz von Welt der Handlungen und Welt der Zeichenhandlungen ersetzt, im Hintergrund aber – gleichsam als Nachhall der kantischen ‚Dinge an sich' – bleibt eine Welt der Gegenstände bestehen, die für unabhängig vom handelnden und damit auch sinnlichen Umgang mit den Gegenständen gehalten wird.

Mit der Differenz von Welt der Handlungen und Welt der Zeichenhandlungen gehen Pragmatismus und Historismus nun verschieden um. Im Pragmatismus wird alles Zeichenhandeln als ein gewöhnliches Handeln und nichts sonst verstanden, im Historismus hingegen umgekehrt alles Handeln bereits als ein Zeichenhandeln. Die Differenz zwischen Handeln und Zeichenhandeln ist verschwunden. Hinzukommt, daß dabei das Handeln im Pragmatismus von der Ich-Rolle her, dem ‚aktiven' Tun, gesehen wird, während das Zeichenhandeln im Historismus von der Du-Rolle her gesehen wird, dem ‚passiven' Verstehen, also dem sinnerfassenden Hören bzw. Lesen im Fall der Sprachhandlungen. Das geht daraus hervor, daß bei Peirce das Tätigsein im Zentrum steht – selbst das Denken versteht er als ein Experimentieren –, während sich Dilthey auf das Erlebnis konzentriert, also ein ‚Sinngeschehen', das man nicht herbeigeführt hat, sondern das einem widerfährt.

Es bedurfte einer Reihe weiterer Schritte, um der dialogischen Rationalität auf beiden Ebenen, der Gegenstandsebene und der Zeichenebene, zum Durchbruch zu verhelfen. In einem ersten Schritt waren, analog der Zurückführung der Zeichen auf Zeichenhandlungen, die Gegenstände auf Handlungen des Umgehens mit Gegenständen zurückzuführen. Jedes Partikulare ist dann gleichwertig dem offenen Bereich aller Handlungen des Umgangs mit ihm. Dieser Schritt wurde, wenngleich nur *de facto* und nicht eigens artikuliert, in der Nachfolge des Pragmatismus von Wittgenstein und in der Nachfolge des Historismus von Buber getan. Beide sind sogar noch einen Schritt weiter gegangen und haben die bei Peirce und Dilthey jeweils nur mangelhaft berücksichtigte zweite Dialogrolle in ihren Aufbau miteinbezogen. Wittgenstein macht auf der Handlungsebene neben der aktiven Ich-Rolle, dem Tun, auch von der passiven Du-Rolle, dem Erleiden, Gebrauch, wie es vom Gegenüber des gerade Tätigen verkörpert wird. Buber wiederum erörtert auf der Zeichenhandlungsebene mit gleichem Gewicht neben der Du-Rolle, dem Verstehen, auch die Ich-Rolle, das Sagen; auf der Sprachhandlungsebene sind das neben dem sinnerfassenden Hören oder Lesen das sinnerfüllte Sprechen oder Schreiben. Beide Autoren sind sich über die Zusammengehörigkeit beider Dialogrollen jeweils auf der von ihnen allein behandelten Ebene völlig im Klaren. Man erkennt dies bei Wittgenstein an seinem Verfahren der Sprachspiele, die er als dialogische Modelle für den Erwerb von Handlungskompetenzen unter Einschluß der von ihnen begrifflich nicht unterschiedenen Sprachhandlungskompetenzen verwendet: „[...] eine Sprache vorstellen heißt, sich eine Lebensform vorstellen".[54] Buber wiederum formuliert sogar „Das dialogische Prinzip", und er versteht darunter die Forderung nach gegenseitiger Anerkennung von Ich und Du, wie es im sinnerfüllten Sprechen und sinnerfassenden Hören verwirklicht wird.[55]

---

54 Ludwig Wittgenstein, *Philosophische Untersuchungen – Philosophical Investigations*, Oxford 1953, § 19.
55 So explizit im Nachwort von 1957 zu „Ich und Du", aufgenommen im Sammelband: Martin Buber, *Das dialogische Prinzip*, Heidelberg 4 Aufl. 1979, 122-136.

Allerdings haben weder Wittgenstein noch Buber die von Peirce und Dilthey vollzogene Einebnung der Differenz zwischen Handlungen und Zeichenhandlungen wieder rückgängig gemacht. Auch bei Wittgenstein ist jedes Zeichenhandeln grundsätzlich nur ein Handeln und bei Buber jedes Handeln schon ein Zeichenhandeln. Aber Ich-Rolle und Du-Rolle im Handeln, Handlungsvollzug und Handlungsbild, wie sie sich durch das aristotelische Kategorienpaar Tun-Leiden erfassen lassen, sind verschieden von Ich-Rolle und Du-Rolle im sprachlichen Handeln, wenn es nicht bloß als Handeln, also ‚Reden', sondern in seiner Zeichenfunktion und damit als ‚sinnvolles Reden' thematisiert wird. Auf der Ebene der Sprachhandlungen treten die dialogischen Rollen zweifach auf: handelnd (= pragmatisch), d. h. sprechend und hörend bloß im akustischen Sinn, als Tun und Leiden und damit *aktiv* und *passiv*, und zeichenhandelnd (= semiotisch), d. h. sinnvoll redend, also sinnerfüllt sprechend / schreibend und sinnerfassend hörend / lesend, als Sagen und Verstehen und damit ‚singular', nämlich im Sagen sinnvolle Rede *verwirklichend*, und ‚universal', nämlich im Verstehen sinnvolle Rede *ermöglichend*. Auf beiden Ebenen, der des Handelns und der des Zeichenhandelns, ist die mit der Dialektik von Vollzug und Erleben teils wiedergewonnene, teils neugewonnene systematische Kraft der aristotelischen Begriffsbildung von Energeia und Dynamis offenkundig, zumal sie es ebenfalls erlaubt, den Übergang zwischen den beiden Ebenen, also von der Handlung zur Sprachhandlung und von der Sprachhandlung zur Handlung, jeweils durch Distanzierung und Aneignung begrifflich einwandfrei zu erfassen.[56]

Weil es bei Wittgenstein grundsätzlich bei der Reduktion des Zeichenhandelns auf bloßes Handeln bleibt, wird von ihm die Objektivierung des eigenen Tätigseins durch Distanzierung gleich als Versprachlichung aufgefaßt, obgleich es dabei doch nur um den Übergang von der Ich-Rolle zur Du-Rolle im Handeln geht. Bei Buber wiederum, der schon das gewöhnliche Handeln als ein Zeichenhandeln ansieht, geht die Eigenständigkeit von Tun und Leiden gegenüber dem sinnerfüllten Sprechen und sinnerfassenden Hören ganz verloren. Die Verlebendigung der aus der Sicht von *Ich* objektivierten Tätigkeit von *Du* kraft Aneignung ist nur noch ein Verstehen dessen, was *Du* ‚damit sagen wollte'. Bei Wittgenstein haben wir es mit der Strategie zu tun, die Theorie auf Praxis zu reduzieren, bei Buber hingegen wird die Praxis selbst ‚theoretisiert', in beiden Fällen mit dem unausgesprochenen Ziel, die Kluft zwischen Sprache und Welt zu schließen. Aber beide Programmtypen, sowohl ein der Sprache – oder dem Geist – geltendes ‚Naturalisierungsprogramm',

---

56 Vgl. dazu die systematische Skizze in meinem Essay „Grammatik zwischen Psychologie und Logik. Überlegungen zur Genese der Sprachkompetenz", in: Herbert Ernst Wiegand (Hg.), *Sprache und Sprachen in den Wissenschaften. Geschichte und Gegenwart*, Berlin / New York 1999, 27-47.

wie bei Wittgenstein, als auch ein der Welt – oder der Natur – geltendes ‚Spiritualisierungsprogramm', wie bei Buber, haben mit jeweils für sie typischen Schwierigkeiten zu kämpfen, die auf ihrer Einseitigkeit beruhen. Beide täuschen eine Einheitlichkeit der Welt und unseres handelnden und redenden Umgangs mit ihr nur vor, wird sie doch auf konträre Weise begriffen, die es unmöglich macht, einen für beide Seiten akzeptablen methodischen Rahmen zur Verfügung zu stellen, innerhalb dessen sich die Welt-Sprache-Differenz behandeln ließe.[57]

Es lag daher nahe, aus den Strategien von Wittgenstein und Buber eine kombinierte Strategie zu machen, also eine Naturalisierung der Sprache zusammen mit einer Spiritualisierung der Welt zu betreiben. Das aber läuft auf nichts anderes hinaus, als zum einen an Zeichen auf ihren Handlungscharakter zu achten, was mit der Einbettung der Sprache in den Bereich der Sprachhandlungen geschieht, und zum anderen an Handlungen auch auf ihren Zeichencharakter, der genau dann auftritt, wenn sie als Zeichen verwendet werden, regelmäßig zum Beispiel im Theater oder in der Pantomime. Dann aber ist die bereits geschilderte Dialektik von Distanzierung und Aneignung als Weise des Zusammenspiels von theoretischer und praktischer Rationalität eine Antwort auf die Frage, wie sich sowohl Naturalisierung als auch Spiritualisierung verbunden miteinander durchsetzen lassen. Die Naturalisierung der Sprache erscheint in Gestalt der Pragmatisierung beim Verfahren der Aneignung und die Spiritualisierung der Welt in Gestalt der Semiotisierung beim Verfahren der Distanzierung. Und der Gefahr unzulässiger Vereinfachung bei der Ausübung der Verfahren entgeht man durch ihr Zusammenspiel, wie wir es beim Ineinandergreifen der beiden Dialogrollen sowohl im Handeln als auch im Zeichenhandeln bereits ein Stück weit kennengelernt haben.

Im Verfahren der Aneignung geschieht etwas genauer Bestimmbares als nur eine Überführung der Sprache in Sprach*handlungen*, wie es das Naturalisierungsprogramm verlangt; in dieser Verkürzung wäre Naturalisierung als Behaviorisierung mißverstanden. Aneignen heißt Einnahme der Ich-Rolle, geschieht bei Sprachhandlungen, dem sinnvollen Reden, also zweifach: dem sinnerfüllten Sprechen bloß als Sprechen und dem sinnerfüllten Sprechen als Sagen oder Zu-verstehen-Geben; bei gewöhnlichen Handlungen tritt Aneignung einfach auf, im ‚aktiven' Handlungsvollzug. Auch das Verfahren der Distanzierung ist genauer bestimmbar als bloß durch Überführung der Welt der (partikularen) Gegenstände in sinnvolle Handlungen des Umgehens mit ihnen – den Zeichen für diese –, bei denen es nur darauf

---

57 Typische Beispiele für die Fruchtlosigkeit gleichwohl versuchter Debatten sind diejenigen um die evolutionäre Erkenntnistheorie als den weitestgehenden Versuch zur Durchsetzung des Geltungsanspruchs der Naturalisierung (vgl., z. B., Gereon Wolters, „Evolutionäre Erkenntnistheorie – eine Polemik", in: *Vierteljahrsschrift der Naturforschenden Gesellschaft in Zürich* 133 (1988), 125-142) und um die Virtualisierung der Welt angesichts der neuen Medien als die markanteste Prognose einer sich naturwüchsig durchsetzenden Spiritualisierung (vgl., z. B., Norbert Bolz, „Wirklichkeit ohne Gewähr" [Spiegel-Essay], in: *Der Spiegel* 2000, H. 26, 130 f.).

ankommt, etwas zu verstehen oder zu verstehen zu geben; Spiritualisierung träte als universelle Hermeneutisierung auf – aber wenn alles ein Zeichen ist, gibt es keinen Unterschied mehr zu Nicht-Zeichen. Distanzieren heißt vielmehr Einnahme der Du-Rolle, und das tritt bei gewöhnlichen Handlungen allein im ‚passiven' Erleben des Handlungsbildes auf;[58] bei Sprachhandlungen, dem sinnvollen Reden, geschieht Distanzierung hingegen zweifach: im sinnerfassenden Hören bloß als Hören und im sinnerfassenden Hören als Verstehen.

Es hängt daher alles davon ab, im Reden und Antworten ebenso wie im Agieren und Reagieren auf die beiden dialogischen Rollen an jeder dieser vier Handlungsarten zu achten, will man unglückselige, weil irreführende, Vereinfachungen vermeiden. Reaktion auf eine Aktion wäre nicht möglich, würde man zuvor nicht wissen, was der Agierende tut, und gleichermaßen würde eine Antwort nicht als Antwort gelten, ginge nicht ein Wissen davon voraus, was der Redende gesagt hat – in beiden Fällen übrigens braucht dieses Wissen nicht etwa zuverlässig zu sein, faktisch sind es Unterstellungen, die im weiteren Verlauf des Handelns oder Redens ihrerseits Gegenstand von Auseinandersetzungen werden können. Jeder Handelnde wiederum verfügt im Vollzug auch über ein ‚Bild' seiner Handlung, er weiß also, was er tut, ebenso wie jeder Redende beim Reden auch darüber verfügt, was er damit ‚meint', also zu verstehen geben will. Es wäre ein gravierendes Mißverständnis, würde man die zur Rekonstruktion der Erfahrung verwendeten Dialogrollen wie unabhängig voneinander verfügbare Gegenstände behandeln und glauben, jemand könne die Ich-Rolle einnehmen, ohne auch über die Du-Rolle zu verfügen, oder umgekehrt. Erneut hätte man sich der Verwechslung von epistemischer und ontischer Ebene schuldig gemacht und damit diejenigen Schwierigkeiten eingehandelt, die auch Aristoteles nicht lösen konnte, als er Energeia einerseits – systematisch einwandfrei – als Vollzug und andererseits, Energeia nicht klar von Entelecheia scheidend, auch als – systematisch immer auf dem Zusammenspiel von Energeia *und* Dynamis beruhendes – Resultat bestimmte.

Handlungsvollzüge und Handlungsbilder sind nicht selbst Gegenstände, sondern Verfahren, mit deren Hilfe Partikularia ‚dem Stoffe nach' als Ganzheiten ihrer Teile und ‚der Form nach' als Invarianten ihrer Eigenschaften einerseits stabilisiert und andererseits zugänglich werden. Im ersten Fall der *Stabilisierung* wird ein für ‚sinnlich gegeben' gehaltenes Partikulare derart in Vollzüge des Umgehens mit ihm ‚aufgelöst', daß die Schemata des Umgehens als Formen hervorgebrachter Teile des Partikulare auftreten, und zugleich wird dabei das als ein Ganzes durch ‚Vereinigung' seiner Teile für erzeugt gehaltene Partikulare in den Vollzügen des Umgehens

---

[58] Begrifflich besteht an dieser Stelle nach Konstruktion kein Unterschied zwischen Erleben und Bild; der Unterschied ist allein einer des sprachlichen Ausdrucks.

mit ihm pragmatisch wiedergewonnen: In parallel zueinander verlaufender phänomenologischer Reduktion und dialogischer Konstruktion ist das fragliche Partikulare pragmatisch stabilisiert und damit *symptomatisch vorhanden*. Im zweiten Fall des *Zugänglich-Werdens* wird ein für ‚gedanklich erfaßt' gehaltenes Partikulare derart in Bilder des Umgehens mit ihm ‚eingewickelt', daß die Aktualisierungen des Umgehens als Instanzen wahrgenommener Eigenschaften des Partikulare auftreten, und zugleich wird dabei das durch alle seine Eigenschaften für bestimmt gehaltene Partikulare in den Bildern des Umgehens mit ihm als ‚Durchschnitt' seiner Eigenschaften und damit als Invariante semiotisch wiedergewonnen: Wiederum in parallel zueinander verlaufender dialogischer Konstruktion und phänomenologischer Reduktion ist das fragliche Partikulare in diesem Fall semiotisch zugänglich und damit *symbolisch verstanden*. Damit ist auch in der Rede von Partikularia verwirklicht, was sich als Einsicht in die Zusammengehörigkeit von Handlungsvollzug und Handlungsbild wie folgt ausdrücken läßt: Aktualisierungen sind nur im Blick auf ihr Schema, und das heißt *als etwas*, verstanden, und ein Schema ist nur in seinen Aktualisierungen *vorhanden*, und das heißt, es wird *durch etwas* realisiert.

Das Vermögen zu praktischer und theoretischer Rationalität wird im Prozeß des Voneinander-Lernens verwirklicht. Man kann daher diesen Prozeß auch als den Bildungsprozeß einer dialogischen oder Ich-Du-Dyade begreifen, wenn man darunter die Herausbildung der besonderen Partikularia der einzelnen Menschen versteht, zu denen wir uns selbst zählen. Dieser Bildungsprozeß ist dann nichts anderes als die Überführung des hier nur dargestellten komplexen Wechselspiels von Aneignung und Distanzierung in Lebenszusammenhänge, also eine Aneignung logisch höherer Stufe. Dabei findet ‚gegenseitige Selbsterziehung' statt, während der beide Seiten der in Aktion und Reaktion sowie in Rede und Antwort Verbundenen durch fortgesetzte Übernahme der Rolle des Gegenübers bei gleichzeitiger Verwandlung der eigenen Rolle in die eines Gegenüber sich als dialogische Dyade und damit Lebensweisen und Weltansichten neu bestimmen. Mit dem Übernehmen der Rolle des Gegenübers im Zuge der Ausbildung einer weiteren Stufe von Individuation und Sozialisation erwerben beide Seiten ein ‚Selbstverhältnis', lernen also – und das ist die Pointe der Selbsterziehung –, mit der Ich-Du-Dyade umzugehen. Die Übernahme selbst ist nichts anderes als die aneignende Gestalt des Selbstverhältnisses, also das Selbstverhältnis in Ich-Perspektive: *Ich* wird in der Aneignung von Ich-Du zu einem ‚Subjekt'. Ein Subjekt oder eine ‚Person' vermag daher sowohl als individuelles Subjekt als auch als soziales Subjekt gegenwärtig zu sein. Zugleich aber entwickelt sich das Selbstverhältnis kraft der Verwandlung der eigenen Rolle in die eines Gegenüber auch aus der Du-Perspektive. In diesem Fall ist seine Gestalt distanzierend: *Du* wird durch Distanzierung von Ich-Du zur ‚dritten Person'. Im so zu einem (partikularen, und zwar naturalen *und* kulturalen) ‚Objekt' gewordenen Gegenüber treten dann auch die beiden dialogischen Rollen vergegenständlicht auf, die Ich-Rolle als Präferenzen oder Lebensweisen und die Du-Rolle als Überzeugungen oder Weltansichten. Im Wechselspiel von Aneignung im Vollzug und Distanzierung im Erleben, einer hier dargestellten Verwirklichung der in der Energeia-Dynamis-Polarität von Aristoteles liegenden Potenzen, wird das Voneinander-Lernen seinerseits begreifbar: Wir lernen, ‚aufmerksam' zu leben und das bedeutet, den Prozeß praktischer und theoretischer Auseinandersetzung, in dem wir uns vorfinden und den wir im gleichen Atemzug fortsetzen, niemals als abgeschlossen zu betrachten.

Zu den Autoren

Michael Astroh: geb. 1954; Studium der Philosophie, Germanistik und Romanistik in Bonn, Köln, Paris, Löwen. 1982 Lizenziat und Promotion, 1991 Habilitation; 1992-1995 Heisenbergstipendiat der Deutschen Forschungsgemeinschaft. Seit 1995 Professor für Philosophie mit dem Schwerpunkt Ästhetik und Kulturphilosophie an der Universität Greifswald. Seit 1998 in Kooperation mit A. J. I. Jones (London) Forschunsprojekt zu Hugh MacColl, *Writings on Logic, Philosophy and Mathematics*. Veröffentlichungen auf den Gebieten Ästhetik, Sprachphilosophie und Logik.

Allan Bäck: born 1952. Professor of Philosophy at Kutztown University (Pennsylvania). Recipient of the Humboldt Forschungspreis. Publications: *On Reduplication* (1996); *Aristotle's Theory of Predication* (2000); Martial Meditation (1989); *The Way To Go: Philosophical Issues in Martial Arts Practice* (2000, with Daeshik Kim). Articles in ancient and medieval philosophy, including work on Avicenna's views on universals, individuation, and modality.

Tilman Borsche: geb. 1947; Studium der Philosophie, Japanologie, Geschichte und Allgemeinen Sprachwissenschaft in Paris, Frankfurt a. M., Bonn und Tübingen. 1979 Promotion, 1987 Habilitation. Seit 1990 Professor für Philosophie an der Universität Hildesheim. Seit 1987 Mitherausgeber des *Historischen Wörterbuchs der Philosophie*, 1998-2000 Geschäftsführer des Engeren Kreises der Allgemeinen Gesellschaft für Philosophie in Deutschland. Veröffentlichungen: *Sprachansichten. Der Begriff der menschlichen Rede in der Sprachphilosophie Wilhelm von Humboldts* (1981); *Was etwas ist. Fragen nach der Wahrheit der Bedeutung bei Platon, Augustin, Nikolaus von Kues und Nietzsche* (1990, ²1992); *Zur Philosophie des Zeichens* (Mhg., 1992); ‚*Centaurengeburten'. Wissenschaft, Kunst und Philosophie beim jungen Nietzsche* (Mhg., 1994); *Klassiker der Sprachphilosophie* (Hg., 1996); *Denkformen – Lebensformen* (Hg., 2001). Aufsätze zu sprach- und zeichenphilosophischen sowie philosophiehistorischen Themen von Heraklit bis Lyotard.

Thomas Buchheim: geb. 1957; 1977-1984 Studium der Philosophie, Klassischen Philologie und Soziologie in München. 1984 Promotion, 1984-1992 wissenschaftlicher Assistent in München, 1990 Habilitation über Schellings Spätphilosophie, dafür Förderpreis der Universität München 1992; 1992 Gastprofessor an der Universität Halle. Seit 1999 Professor für Philosophie an der Universität München. Veröffentlichungen: *Die Sophistik als Avantgarde normalen Lebens* (1986); Gorgias von Leontinoi: *Reden, Fragmente, Testimonien*, Griechisch-Deutsch (ed., 1989); *Destruktion und Übersetzung. Zu den Aufgaben von Philosophiegeschichte nach Martin Heidegger* (1989); *Eins von Allem. Zu Schellings Spätphilosophie* (1992); *Die Vorsokratiker. Ein philosophisches Porträt* (1994); F. W. J. Schelling: *Philosophische Untersuchungen über das Wesen der menschlichen Freiheit und die damit zusammenhängenden Gegenstände* (ed., 1997); *Aristoteles* (1999); „The Functions of the Concept of physis in Aristotle's Metaphysics", in: *Oxford Studies in Ancient Philosophy* 20 (2001). Aufsätze zu Problemen und Begriffen der Ontologie, Metaphysik und Naturphilosophie, sowie zur Rhetorik und zum Freiheitsproblem, besonders mit Blick auf die Vorsokratik, Aristoteles, Leibniz, Fichte, Schelling, Scheler und Heidegger. In jüngerer Zeit verstärkt Wortmeldungen zu aktuellen Themen, wie Bildung und Neue Medien, Elitebegriff und Europa.

Klaus Jacobi: geb. 1936; Studium der Philosophie, Geschichte und Germanistik in Köln, München und Freiburg i. Br. 1967 Promotion, 1976 Habilitation. Seit 1984 o. Professor für Philosophie in Freiburg i. Br. Veröffentlichungen: *Die Methode der Cusanischen Philosophie* (1969); *Die Modalbegriffe in den logischen Schriften des Wilhelm von Shyreswood und in anderen Kompendien des 12. und 13. Jahrhunderts* (1980); *Nikolaus von Kues. Eine Einführung in sein philosophisches Denken* (Hg., 1979); *Das Denken und die Struktur der Welt. Hector-Neri Castañedas epistemische Ontologie in Darstellung und Kritik* (Hg. mit Helmut Pape, 1980); *Argumentationstheorie. Scholastische Forschungen zu den logischen und semantischen Regeln korrekten Folgerns* (Hg., 1993); *Meister Eckhart: Lebenssituationen – Redesituationen* (Hg., 1997); *Gespräche lesen. Philosophische Dialoge im Mittelalter* (Hg., 1999). Mitherausgeber des *Philosophischen Jahrbuchs* und der Reihe *Grammatica Speculativa*. Aufsätze zur Philosophie des Mittelalters, zur Philosophie der Antike und zu Leibniz.

Sang-Jin Kang: geb. 1965; Studium der Philosophie in Seoul, 1989 Magister, 1991-1992 Assistent an der akademischen Verwaltung der Seoul National University, 2000 Promotion in Freiburg i. Br., zur Zeit Lehrtätigkeit an der Seoul National University. Publikationen: *Praedizierbarkeit des Akzidens. Zur Theorie der denominativa (nomina sumpta) im Kategorienkommentar Abailards* (in Vorbereitung). Auf koreanisch veröffentlichte Aufsätze: „Die Rahmenhandlung in Platons Symposium: Eine einzigartige Distanzierung" (2000); „Aristotle's ‚Categories': its construction and problems" (2000); „The Reception of Aristotle in early 12th century: The case of Peter Abelard" (2001); „Studies on the theory of categories in Aristotle's ‚Topica' " (2001).

Matthias Kaufmann: geb. 1955; Studium der Mathematik, Philosophie und Politischen Wissenschaft in Erlangen und Osnarbrück / Vechta. Seit 1995 Professor für Philosophie an der Universität Halle-Wittenberg. Promotion 1986, Habilitation 1992. Veröffentlichungen: *Recht ohne Regel? Die philosophischen Prinzipien in Carl Schmitts Staats- und Rechtslehre* (1988); *Begriffe, Sätze, Dinge. Referenz und Wahrheit bei Wilhelm von Ockham* (1994); *Rechtsphilosophie* (1996); *Aufgeklärte Anarchie? Eine Einführung in die politische Philosophie* (1999); *Integration oder Toleranz? Minderheiten als philosophisches Problem* (Hg., 2001). Historische und systematische Aufsätze v. a. zur Ethik, Rechts- und Politischen Philosophie, sowie zur Logik und Sprachphilosophie des Mittelalters und des 20. Jahrhunderts.

Peter King: 1989-1991 Assistant Professor, since 1991 Associate Professor of Philosophy at Ohio State University (Ohio). 1982-1989 Assistant Professor of Philosophy at the University of Pittsburgh. Publications: *Jean Buridan's Philosophy of Logic* (1985); Augustine, *Against the Academicians, The Teacher, and Selections from Other Writings* (1995); *Peter Abelard and the Problem of Universals in the 12th Century* (forthcoming). Several articles mainly on the history of medieval philosophy.

Simo Knuuttila: Academy Professor at the Academy of Finland and Professor of Theological Ethics and the Philosophy of Religion at the University of Helsinki. Author of *Modalities in Medieval Philosophy* (1993) and of several articles on the history of ancient and medieval philosophy and on classical themes in contemporary philosophy. Editor of *Reforging the Great Chain of Being* (1981), *The Logic of Being* (1986, with Jaakko Hintikka) and *Modern Modalities* (1989); managing editor of *The New Synthese Historical Library*.

Charles Lohr: geb. 1925; Studium in New York und Washington DC. Promotion 1967; Habilitation 1972. Seit 1976 Professor der Theologiegeschichte, 1980-1990 Direktor des Arbeitsbereiches Quellenkunde der Theologie des Mittelalters an der Theologischen Fakultät der Universität Freiburg. Ehrendoktor der Universität Freiburg i. Ue. und Magister der Schola Lullistica von Palma de Mallorca. Veröffentlichungen: Zahlreiche Bücher, Aufsätze, Editionen und Übersetzungen zur Geschichte des lateinischen Aristotelismus, zu Raimund Lull und zur Tradition des Denkens Raimund Lulls in der Renaissance. Mitherausgeber der *Raimundi Lulli*

Opera Latina (25 Bd.), der *Commentaria in Aristotelem Graeca, Versiones Latinae der Renaissancezeit* (12 Bd.) und der Zeitschrift *Traditio*.

Kuno Lorenz: geb. 1932; Studium der Mathematik und Physik in Tübingen, Hamburg, Bonn und Princeton, N.J. Seit 1974 Professor für Philosophie an der Universität des Saarlandes in Saarbrücken, seit 1998 emeritiert. Buchveröffentlichungen: *Elemente der Sprachkritik* (1970); *Dialogische Logik* (mit P. Lorenzen, 1978); *Einführung in die philosophische Anthropologie* (1990); *Indische Denker* (1998); *Konstruktionen versus Positionen* (Hg., 1979); *Identität und Individuation* (Hg., 1982); *Sprachphilosophie. Ein internationales Handbuch zeitgenössischer Forschung* (Mhg., 1992-1994). Zahlreiche Aufsätze in Fachzeitschriften.

Rainer Marten: geb. 1928; Studium der Philosophie, Alten Geschichte und des Griechischen in München und Freiburg i. Br. 1955 Promotion, 1963 Habilitation. 1968 apl. Professor, seit 1976 Professor für Philosophie an der Universität Freiburg i. Br. Veröffentlichungen: *Der Logos der Dialektik* (1965); *Existieren, Wahrsein und Verstehen* (1972); *Der menschliche Tod* (1987); *Der menschliche Mensch* (1988); *Denkkunst* (1989); *Heidegger lesen* (1991); *Lebenskunst* (1993); *Menschliche Wahrheit* (2000). Buch- und Zeitschriftenbeiträge zu Themen der Antiken Philosophie, Praktischen Philosophie, Philosophie des 20. Jahrhunderts, Sprachwissenschaft, Psychoanalyse, Theologie und Politikwissenschaft.

Christopher Martin: BA MA (Sussex), PhD (Princeton), Senior Lecturer at the University of Auckland. Publications: "William's Machine", in: *Journal of Philosophy* 83 (1986), 564-572; "Boethius and the Logic of Negation", in: *Phronesis* 36 (1991), 277-304; "The Logic of Nominales", in: *Vivarium* 30 (1992), 110-126. Currently working on a study of the development of logic in the middle ages: *Negation and its Consequences*. Other major research interests are ancient and mediaeval semantics and mediaeval attempts to reconcile divine foreknowledge with human freedom.

Stephan Meier-Oeser: geb. 1957; Studium der Philosophie und Kunstgeschichte in Berlin. Privatdozent für Philosophie an der FU Berlin. Seit 1992 Mitherausgeber des *Historischen Wörterbuchs der Philosophie*. Veröffentlichungen: *Die Präsenz des Vergessenen. Zur Rezeption der Philosophie des Nicolaus Cusanus vom 15. bis zum 18. Jahrhundert* (1989); *Die Spur der Zeichen. Das Zeichen und seine Funktion in der Philosophie des Mittelalters und der frühen Neuzeit* (1997). Aufsätze zur Sprachphilosophie und Semiotik.

Wilhelm Metz: geb. 1959; Studium in Braunschweig und München. 1989 Promotion. Seit 1997 Privatdozent für Philosophie in Freiburg i. Br. Lehrtätigkeit in Siegen ab 1989 und in Freiburg i. Br. ab 1994. Veröffentlichungen: *Kategorienreduktion und produktive Einbildungskraft in der theoretischen Philosophie Kants und Fichtes* (1991); *Die Architektonik der Summa Theologiae des Thomas von Aquin. Zur Gesamtsicht des thomasischen Gedankens* (1998). Aufsätze zu Homer, Augustinus, Thomas von Aquin, Dante, Descartes, Kant, Fichte, Nietzsche.

Ulrich Nortmann: geb. 1956; Studium der Philosophie, Mathematik und Lateinischen Philologie des Mittelalters in Göttingen. 1985 Promotion; ab 1985 Assistent am Seminar für Logik und Grundlagenforschung der Universität Bonn; 1993 Habilitation. Seit 1999 Professor für Philosophie an der Universität des Saarlandes in Saarbrücken. Buchveröffentlichungen der letzten Jahre: *Modale Syllogismen, mögliche Welten, Essentialismus* (1996); *Allgemeinheit und Individualität* (1997).

Seung-Chan (Elias) Park: geb. 1961; Studium der Theologie und Philosophie in Seoul und Freiburg i. Br. 1997 Promotion in Freiburg i. Br. Seit 1998 Dozent an der Katholischen Universität Seoul. Veröffentlichungen zu Thomas von Aquin und zur mittelalterlichen Sprachphilosophie in koreanischer Sprache. Deutsche Buchveröffentlichung: *Die Rezeption der mittelalterlichen Sprachphilosophie des Thomas von Aquin. Mit besonderer Berücksichtigung der Analogie* (1999).

Mischa von Perger: geb. 1961; Studium der Philosophie und Klassischen Philologie in Freiburg i. Br. und München. 1994 Promotion; seither Lehrtätigkeit als Assistent am Philosophischen Seminar der Universität Freiburg. Publikationen zu Platon (*Timaios*), Eriugena, Meister Eckhart, Martin Schongauer. Ein Buch über Walter Burleys Widerstand gegen Ockhams Nominalismus steht kurz vor dem Abschluß.

Dominik Perler: geb. 1965; Studium in Fribourg und Göttingen. Visiting Scholar an der Cornell University, Visiting Assistant Professor an der UCLA und Fellow of All Souls an der Universität Oxford; 1996 Habilitation in Göttingen. Seit 1997 Ordinarius für Philosophie an der Universität Basel. Buchveröffentlichungen u. a.: *Der propositionale Wahrheitsbegriff im 14. Jahrhundert* (1992); *Repräsentation bei Descartes* (1996); *René Descartes* (1998); *Occasionalismus. Theorien der Kausalität im arabisch-islamischen und im europäischen Denken* (2000, mit U. Rudolph).

Hans Poser: geb. 1937; Studium in Tübingen und Hannover. 1969 Promotion, 1971 Habilitation. Seit 1972 Professor für Philosophie an der TU Berlin. Vizepräsident der G. W. Leibniz-Gesellschaft; 1994-1996 Präsident der Allgemeinen Gesellschaft für Philosophie in Deutschland. Buchveröffentlichungen: *Zur Theorie der Modalbegriffe bei G. W. Leibniz* (1969); *Philosophie und Mythos* (Hg., 1978); *Formen teleologischen Denkens* (Hg., 1981); *Ontologie und Wissenschaft* (Mhg., 1984); *Leib-*

niz in Berlin (Mhg., 1990), Beobachtung und Erfahrung (1992); Cognitio Humana (Mhg., 1996); *Wissenschaft und Weltgestaltung. Zum 350. Geburtstag von G. W. Leibniz* (Mhg., 1999); *Das Neueste über China. G. W. Leibnizens Novissima Sinica* (Mhg., 2000); *Wissenschaftstheorie* (2001); *Nihil sine ratione* (Hg., 2001).

Personenregister

Abaelard → Petrus Abaelardus
Al-Farabi 135, 139, 143, 168
Al-Ghazali 126, 135, 137, 138, 141, 142, 144, 145, 232
Alanen, L. 236, 256, 259, 266
Alexander von Aphrodisias 143, 221, 227, 231
Alon, I. 138
Alsted, J. H. 173
Anaximander 34
Angell, R. B. 81
Anscombe, G. E. M. 336
Anselm von Canterbury 59-77, 97, 152
Arendt, H. 358
Aristoteles 13-18, 43-58, 224-228, 349-357 und passim
Arnau von Vilanova 170
Arndt, H. W. 10
Augustinus 150, 208, 216, 223, 230, 231, 235, 258, 289, 319, 328-332
Averroes 125, 127, 135-145, 168 f., 220, 223, 227, 229 f., 233-235
Avicenna 125-145, 234

Bäck, A. 30
Bannach, K. 204, 207, 215
Barnes, J. 263
Beck, A. J. 196
Beckmann, J. P. 204
Bernhard von Arezzo 216

Bischof, N. 342
Bishop, J. 335, 338, 342, 346
Blumenberg, H. 204
Boeder, H. 299
Boethius 98, 102, 105, 107 f., 112, 118, 222, 227 f., 232
Boler, J. 192, 197
Bolz, N. 365
Bostock, D. 55
Bottin, F. 216
Bouveresse, J. 257, 267
Bradley, F. H. 105
Bradwardine → Thomas Bradwardine
Brinkmann, K. 350
Bröcker, W. 350
Brockhaus, K. 10
Brüntrup, A. 239 f., 242 f., 248, 250
Buber, M. 353, 361, 363-365
Buridan → Johannes Buridanus

Casarella, P. 240, 243
Celsus 167
Chisholm, R. 333
Chittick, W. C. 170
Courtenay, W. J. 10, 138, 144, 156, 259
Coxon, A. H. 28 f., 34 f.
Curley, E. M. 263
Cusanus → Nikolaus von Kues

Dangelmayr, S. 240
Davidson, H. 138

Deck, J.   144
Dennett, D.   333 f.
Descartes, R.   236, 255-272, 276
Detel, W.   296
Dilthey, W.   353, 362 f.
Dretske, F.   338, 341 f.
Druart, Th.-A.   141, 143
Dufour, C. A.   10
Dumont, St.   191
Dunlop, D. M.   137
Duns Scotus   → Johannes Duns Scotus

Earman, J.   336
Elders, L. J.   162
Eudemos   222

Faust, A.   238 f., 253
Fichte, J. G.   293, 298, 301-304
Flasch, K.   215
Fleischer, M.   296
Forbes, G.   10, 110
Frankfurt, H.   256-258, 265
Franzen, W.   10
Fritz, K. von   37
Funkenstein, A.   259

Galen   167 f., 221
Garber, D.   268
Garlandus Compotista   99
Gaskin, R.   226
Gastaldelli, F.   116
Geach, P.   209
Georgulis, K.   10
Ghisalberti, A.   204
Gilbert von Poitiers   231 f.
Gilbert, N.   167, 173
Gilson, E.   230
Goddu, A.   208
Goodman, L.   130

Grant, E.   215
Gregor von Nyssa   150
Grünewald, B.   300
Gueroult, M.   264

Hegel, G. W. F.   298, 347, 353
Heidegger, M.   305-315
Heinrich von Gent   206
Heitsch, E.   36, 38
Hintikka, J.   226, 275
Hippokrates   168 f.
Hödl, L.   10
Honderich, T.   333 f. 336, 343
Honnefelder, L.   10, 155, 235, 238
Hourani, G.   137, 143
Hughes, G. E.   219
Humboldt, W. von   353
Husserl, E.   362

Ibn al-Arabi   170
Ibn Rushd   → Averroes
Ibn Sabin   172
Ibn Sina   → Avicenna
Inwagen, P. van   333
Ishiguro, H.   266
Isidor von Sevilla   168
Ivry, A.   143

Jacobi, K.   28, 69, 79, 97, 117, 123, 126, 147 f., 163 f., 201, 232, 237 f., 240, 252, 274, 321, 353
James, W.   333, 336 f., 339 f.
Jamme, M.   10
Janke, W.   301, 303
Johannes Buridanus   219-223, 228-235
Johannes Duns Scotus   175-199, 203, 205-207, 209, 213, 215, 229, 235 f., 238
Johannes Philoponos   131 f.
Johannes von Salisbury   99

Jünger, E. 311

Kahn, Ch. H. 30 f.
Kane, R. 333 f., 338
Kant, I. 144, 273 f., 283, 293-304, 333-335, 345, 362
Karger, E. 211 f.
Kauffmann, St. 342
Kaulbach, F. 10
Keckermann, B. 173
Kilwardby → Richard Kilwardby
King, P. 117
Kirwan, C. 231
Knebel, S. K. 67
Knuuttila, S. 99, 123, 126, 131, 176, 195, 209, 213, 215, 259
Kobusch, Th. 10, 317
Kogan, B. 128, 134, 136, 143 f.
Kovacic, F. 167
Koyré, A. 256
Kripke, S. 210
Kristeller, P. O. 166
Kukkonen, T. 129, 138, 140-142, 232

La Rocca, C. 296
Lagerlund, H. 219, 227, 233
Langston, D. A. 176
Lator, S. 172
Lauth, R. 303
Lecq, R. van der 176, 183
Leibniz, G. W. 12, 130, 230, 256, 273-292, 319, 321-327, 336-338, 340 f., 353
Lethen, H. 311
Lewis, N. T. 191
Long, A. A. 28
Lovejoy, A. O. 231
Lull → Raimundus Lullus

MacDonald, S. 191

Marenbon, J. 108
Marion, J.-L. 261
Marmura, M. 144, 221
Marrone, S. P. 176, 191 f., 194, 196
Martin, C. J. 219, 222, 227
Mathews, G. B. 67
Mattern, R. 265
Maturana, H. R. 342
Mayer, C. P. 230
McCord Adams, M. 211, 213
McDowell, J. 343, 345
Mehring, R. 311
Melnick, A. 299
Menn, St. 258
Menne, A. 10
Mersenne, M. 256
Miethke, J. 215
Mikkeli, H. 167
Mittelstraß, J. 350
Mondadori, F. 184, 196
Moore, G. E. 362
Murdoch, J. E. 215
Musil, R. 21-23, 201, 313

Nagel, G. 299
Nasti de Vicentis, M. 80
Newton, I. 230, 275
Nielsen, L. 222
Nietzsche, F. 332
Nikolaus von Autrecourt 216
Nikolaus von Kues 237-253, 331
Nobis, H. M. 10
Normore, C. G. 176, 183, 195, 198
Nortmann, U. 16
Nuchelmans, G. 181

Oeing-Hanhoff, L. 10
Origenes 231
Osler, M. J. 261

Park, S.-Ch.   175
Parmenides   25-42
Patterson, R.   16
Patzig, G.   349
Paulus   305
Peirce, Ch. S.   353, 362 f.
Perler, D.   206, 210
Perzanowski, J.   11
Petrus Abaelardus   17, 69, 79-95, 97-124, 147, 231 f.
Petrus Aureoli   207, 222
Petrus Damiani   231
Petrus Lombardus   156, 208
Pinborg, J.   209
Pizzi, C.   80
Plantinga, A.   110
Platon   34, 40, 140, 143, 168, 289, 305 f., 313, 350 f., 354-361
Plessner, H.   311
Plotin   33, 230 f., 276
Porphyrius   102 f., 109
Pothast, U.   336
Prauss, G.   295
Prigogine, I.   342, 344
Prior, A. N.   275
Pseudo-Duns Scotus   233

Quine, W. V.   210-213

Rahman, S.   80
Raimundus Lullus   165-173, 251
Read, St.   80
Renan, E.   127
Rescher, N.   10, 137, 143, 221, 275
Richard Kilwardby   233
Ricken, F.   11
Rijen, J. van   226 f., 233
Riker, St.   138
Rosen, S.   28
Röttgers, K.   10

Rückert, H.   80
Ruiz Simon, J. M.   170
Russell, B.   362

Sachta, P.   299
Santogrossi, A.   192, 198
Schelling, F. W. J.   339
Schlüter, D.   10
Schmidt-Biggemann, W.   173
Schmitt, C.   311
Schneiders, W.   282
Schopenhauer, A.   276, 292
Seebaß, G.   336, 338-340
Seidl, H.   10, 150, 155, 253
Serene, E. F.   62, 64, 74
Simplikios   28, 31 f., 34-36, 220 f., 227, 229, 231
Smith, G.   125 f.
Sorabji, R.   225, 230 f.
Spade, P.   219
Spinoza, B. de   125, 274 f., 278
Stallmach, J.   239, 243, 253
Strawson, P. F.   343
Strub, Ch.   117
Suárez, F.   236, 261

Tachau, K.   216
Tertullian   231
Thierry von Chartres   244
Thöle, B.   299
Thom, P.   54-56
Thomas Bradwardine   236
Thomas von Aquin   13, 18-21, 125 f., 135, 144, 147-164, 165, 175, 201, 203, 205, 207, 220, 233-235, 238 f., 242 f., 253, 258, 289, 319-321, 326, 329
Thomasius, Ch.   282
Timpler, C.   173
Tugendhat, E.   346

Personenregister

Ulmer, K.   166
Urvoy, M.-Th. u. D.   172

Voltaire   276, 292
Vos, A.   196
Vossenkuhl, W.   204

Wanke, O.   10
Wardy, R.   220
Waterlow, S.   226, 353
Weidemann, H.   10, 98
Weinberg, J.   128
White, J.   226
Whitehead, A. N.   286, 340
Wilhelm von Champeaux   85

Wilhelm von Lucca   99, 114-124
Wilhelm von Ockham   201-217, 222, 233, 234 f.
Williamson, T.   80
Wittgenstein, L.   273, 353, 361, 363-365
Wolf, U.   16 f., 353
Wolter, A. B.   195
Wolters, G.   365
Wright, G. H. von   269 f., 274 f.
Wundt, M.   350

Yrjönsuuri, M.   219, 235

Zenon von Elea   39